普通高等教育“十一五”国家级规划教材
清华大学土木工程系列教材

普通高等教育土建学科专业“十一五”规划教材
全国精品资源共享课教材

Foundation Engineering
(Third Edition)

基础工程
（第3版）

周景星　李广信　张建红　虞石民　王洪瑾　编著
ZHOU Jingxing　LI Guangxin　ZHANG Jianhong　YU Shimin　WANG Hongjin

清华大学出版社
北京

内容简介

本书依据基础工程相关的勘察、设计和施工等最新规范编写，同时注意学科的系统性和技术的新成就及发展。

全书共分 8 章，包括地基勘察，天然地基上浅基础的设计，柱下条形基础、筏形基础和箱形基础，桩基础与深基础，地基处理，基坑开挖与地下水控制，特殊土地基以及地基抗震分析和设计等内容。

本书可作为高等院校土木建筑工程专业、水电工程建筑专业的教材，也可作为大中专院校相关专业的教学参考书以及有关专业科技人员的技术参考书。

图书在版编目(CIP)数据

基础工程/周景星等编著. —3 版. —北京：清华大学出版社，2015（2024.1重印）
（清华大学土木工程系列教材）
ISBN 978-7-302-38063-4

Ⅰ. ①基… Ⅱ. ①周… Ⅲ. ①基础（工程）—高等学校—教材 Ⅳ. ①TU47

中国版本图书馆 CIP 数据核字(2014)第 221032 号

责任编辑：秦 娜
封面设计：傅瑞学
责任校对：刘玉霞
责任印制：曹婉颖

出版发行：清华大学出版社
网 址：https://www.tup.com.cn，https://www.wqxuetang.com
地 址：北京清华大学学研大厦 A 座 **邮 编**：100084
社 总 机：010-8347000 **邮 购**：010-62786544
投稿与读者服务：010-62776969，c-service@tup.tsinghua.edu.cn
质量反馈：010-62772015，zhiliang@tup.tsinghua.edu.cn
印 装 者：北京同文印刷有限责任公司
经 销：全国新华书店
开 本：185mm×260mm **印 张**：28 **字 数**：681 千字
版 次：2000 年 7 月第 1 版 2015 年 1 月第 3 版 **印 次**：2024 年 1 月第 20 次印刷
定 价：79.80 元

产品编号：060357-06

第 3 版前言

由周景星、李广信、虞石民和王洪瑾编写的《基础工程》教材第 1 版出版于 1996 年，第 2 版出版于 2007 年，并被列为“十一五”国家级规划教材。《基础工程》教材是参考国家标准如《建筑地基基础设计规范》(GB 50007—2011)，行业标准如《建筑桩基技术规范》(JGJ 94—2008)等十几本规范编写的。近十年来，我国开展的土木工程建设规模大、投资高、发展迅速，也带动了岩土科学技术的发展和进步。目前教材编写所参考的这十余本规范都已进行了修订，体现在设计要求有所提高，分析方法有所改进，计算参数有不少调整。因此，需要对《基础工程》教材进行修订，同时也尽可能地反映工程技术的发展和科学研究的成果。这一版在以下几个方面做了补充和调整：

(1) 根据《建筑地基基础设计规范》(GB 50007—2011)等对第 2 章天然地基上的浅基础设计进行修订：原采用的荷载效应组合改称为作用组合，饱和软黏土采用室内不排水试验或者现场十字板剪切试验测得的不排水强度进行设计计算。

(2) 根据《高层建筑筏形与箱形基础技术规范》(JGJ 6—2011)等对第 3 章柱下条形基础、筏形基础和箱形基础进行了修订：增加在建的天津 117 大厦实例，通过几个实例体现现代高层建筑地基基础设计思想和布置原则；增加筏形、箱形基础抗浮计算；修改地基反力分布规律的数值。

(3) 根据《建筑地基处理技术规范》(JGJ 79—2012)和《复合地基技术规范》(GB/T 50783—2012)对第 5 章地基处理进行修订：提高对填土施工质量的要求；修改复合地基桩土承载力的分配比例以及复合地基变形计算方法。

(4) 依据《建筑基坑支护技术规程》(JGJ 120—2012)，《建筑地基基础设计规范》(GB 5007—2011)，以及一些基坑的地方规范对第 6 章进行了修订：增加了各类支护的适用条件；增加了基坑工程设计方法和作用组合的介绍；修改了土钉墙的整体滑动和抗拔稳定验算；增加了桩墙式支挡结构的设计计算和稳定验算。

(5) 根据《膨胀土地区建筑技术规范》(GB 50112—2013)对第 7 章特殊土地基进行了修订：增加了膨胀土地基设计要求。

(6) 根据《建筑抗震设计规范》(GB 50011—2010)对第 8 章地基抗震

分析和设计进行修订：修改波动方程的表达形式使读者能够更好地理解地震波各分量的物理概念；修改了加速度反应谱的表达式和地基土液化判别式。

修订工作除了原作者外，还邀请了张建红教授参加。其中第 1、2、4、6 章由李广信负责，第 3、5 章由张建红负责，第 7 章由王洪瑾负责，第 8 章由周景星负责。全书由李广信与周景星统稿。本书在修订过程中，得到了岩土工程研究所的许多老师与同学的帮助，在这里深致谢意。

尽管在修订工作中，尽可能参考了新规范、新工艺和新的研究成果，并经认真编写与校对，但疏漏与差错仍在所难免，敬请读者批评指正，以便改进。

请有需要的读者登录中国大学精品开放课程网站，网址：http://www.icourses.cn/coursestatic/course_2957.html，注册后可免费获取土力学课程相关教学资源。

编　者

2014.10

第 2 版前言

《基础工程》一书，从 1996 年初版以来，使用至今已快 10 年了，中间重印过 5 次。在这段时间内，基础工程在设计、勘察、施工和科研等各方面又有很大的发展，相关规范也已作了修订。为了使教材内容能反映学科的最新成果，使读者学到的知识能适应现代建设的需要，编者经过两年的努力，学习新规范、规程及相关资料，对本书进行了全面修订。

修订工作不限于用新规范代替老规范，而是力图按教材应有的要求修改，使内容更侧重于基本原理和基本方法的阐述。同时对下列三方面进行了较大的补充和调整。

(1) 国内建筑结构设计均已全面采用可靠度设计原则，并采用以概率理论为基础的极限状态设计方法。为使读者明了这种设计方法及其在基础工程中的应用状况，在第 2 章中对这种方法作了简明的介绍，并对新的《建筑地基基础设计规范》(GB 50007—2002)的基本规定，参照概率极限状态设计方法，进行了初步的对比分析。

(2) 本书第 1 版第 4 章主要依据《建筑桩基础技术规范》(JGJ 94—1994)编写，与《建筑地基基础设计规范》(GB 50007—2002)所规定的设计方法有较大的差异。为使教材内容与现行规范尽量保持一致，对第 4 章作了改写。

(3) 考虑到在高、重建筑物施工中，基坑开挖和支护已成为基础工程中人们经常遇到的难度大、技术要求高的重大问题，因此将原书第 6 章“深基础施工中的土力学问题”的内容，按基坑工程的要求进行了调整，并改名为“基坑开挖与降水”。

修订工作基本上由原书各章的编者分工负责，但第 4 章改由李广信重新编写，全书由周景星和李广信统稿。

在修订工作中，宋二祥教授审阅了第 3 章，张建红副教授审阅了第 2,4,5 章，岩土工程研究所的许多老师对这一工作给予了多方面的支持和帮助，多位读者曾对本书内容提出了很宝贵的指正、批评和建议，在此我们表示由衷的感谢。

虽然修订工作是努力和认真的，但限于水平，错误和不当之处依然难免，尚望读者能继续给予批评指正，使教材质量得以不断提高。

编　者

2006 年 3 月

第2版前言

第 1 版前言

基础工程是阐述建筑物在设计和施工中有关地基和基础问题的学科，是土建类专业的一门主要课程。

基础是指建筑物最底下的构件或部分结构，其功能是将上部结构所承担的荷载传递到支承它们的地基上（图 0-1）。地基是指支承建筑物的整个地层。地层是广阔的半空间体，其表面承受荷载后，理论上在整个半空间体内都要发生应力与变形，都算是建筑物的地基；但是实用意义上的地基，则是指数倍于基础宽度范围内、直接承载并相应产生大部分变形的地层（图 0-1）。

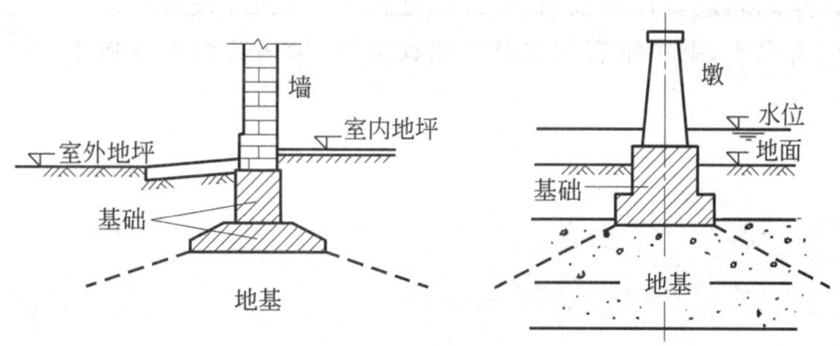

图 0-1　地基与基础

在平原地区，由于基岩埋藏较深，地表覆盖土层较厚，因此建筑物经常建造在由土层所构成的地基上，这种地基称为土基。在丘陵地区和山区，由于基岩埋藏浅，甚至裸露于地表，因此建筑物能直接建造于基岩上，这种地基称为岩基。本书仅限于讨论土基问题。

土是一种碎散、多孔隙、粒间没有黏结或很少黏结的材料，作为建筑物地基，必须满足承载后整体稳定和变形控制在建筑物容许范围内的要求。由于地基基础设计不周、施工不善，产生过量沉降或不均匀沉降而导致房屋倾斜、墙体开裂，影响建筑物正常使用的情况屡见不鲜，甚至地基滑移、结构倒塌也时有发生，因此，做好地基基础的设计和施工是保证建筑物安全应用的关键环节。特别是在软弱地基上建造高、重建筑物，在整个建筑物的设计和施工中，基础工程常常是技术难度大、投资比例高、施工时间长的组成部分，正确解决好地基基础的问题就尤为重要。

地基、基础和上部结构是建筑物的三个组成部分，三者的功能不同，但彼此联系，相互制约。目前将它们完全统一起来进行计算尚有困难，但在处理地基、基础问题时，应该从地基-基础-上部结构相互作用的整体概念出发全面考虑，才能收到较为理想的效果。

掌握土力学中关于土的基本性质和土体稳定、变形和渗流的各项原理，是成功处理好基础工程问题的必要条件。在以往的大学课程中，土力学与基础工程是合成一门课讲授。由于大规模现代化建设的发展，所遇到的基础工程问题日益增多，并且日益复杂，为了加强对基础工程的学习，在清华大学土建类专业的教学计划中，将土力学和基础工程分为连续设置的两门课程。可以认为，本书是已出版的教材《土力学》的续篇。本书内容是以读者已具备了土力学的基本知识为前提的。另一方面，为独立使用方便，书中对土力学中关于地基的计算方法有若干重复，使基础工程本身更为完整。因此，本书也可单独作为相关工程技术人员的参考书。

本书是根据清华大学“水利水电工程建筑”专业和“建筑工程结构”专业所用的“基础工程”课程教学大纲，参照近年国家颁布的有关地基勘察、地基基础设计、地基基础抗震、桩基、箱形筏形基础、特殊土地基和地基处理等十多种现行规范和规程，结合作者多年教学经验所编写的一本教材。内容共分8章，其中第1、2、5、8章由周景星编写，第4、7章由王洪瑾编写，第3章由虞石民编写，第6章由李广信编写，全书由周景星统稿。

在编写过程中，土力学基础工程教研组很多同志给予热情的支持和帮助，书中例题由张晓江和刘铁军同志进行仔细校对，在此向他们表示衷心的感谢。

限于作者水平，书中定有欠妥甚至错误之处，敬请读者批评指正。

编 者

1996年3月

符　号　表

A

a——压缩系数，基础底面长边

a_c——柱断面长边

A——面积，孔隙水压力系数

A_p——桩断面积

A_s——钢筋面积

B

b——基础底面宽度

b_c——柱断面宽度

b_p——冲切破坏锥面上下边周长平均值

B——垫层宽度，孔隙水压力系数

C

c——黏聚力

c_u——不排水抗剪强度

c_v——竖向固结系数

c_r——径向固结系数

C——作用效应系数，基坑支护结构和周边建筑物变形和沉降的限值

C_c——曲率系数

C_u——不均匀系数

D

d——基础埋置深度，直径

d_a——大气影响深度

d_c——控制性勘探孔深度

d_g——一般性勘探孔深度

d_w——地下水埋深，砂井直径

d_0——液化土特征深度，砂石桩直径

d_s——标贯点深度

d_e——等效直径

D——颗粒直径，孔隙直径

D_r——相对密度

E

e——孔隙比，偏心距

e_{max}——最大孔隙比

e_{min}——最小孔隙比

e_e——有效孔隙比

e_p——压力 p 相应孔隙比

e'_p——压力 p 浸水稳定后孔隙比

E——变形模量，能量

E_a——总主动土压力

E_p——旁压模量，桩身压缩模量，总被动土压力

E_s——侧限压缩模量

E_{sp}——复合土层压缩模量

F

f——摩擦系数

f_a——承载力特征值

f_{rk}——岩石饱和单轴抗压强度标准值

f_{sk}——桩间土承载力特征值

f_{pk}——桩体承载力特征值

f_{spk}——复合地基承载力特征值

f_b——钢筋与砂浆黏结强度设计值

f_h——弹性支点水平反力

f_t——混凝土轴心抗拉强度设计值

f_y——钢筋抗拉强度设计值

F——基础上竖向作用力

F_E——水平地震作用或水平地震力

F_s——安全系数

G

g——重力加速度

G——基础自重，永久荷载，剪切模量

G_s——土粒比重

G_{eq}——等效总动力荷载

H

h——土层厚度，基础高度，基坑深度

h_{max}——允许残留冻土层最大厚度

h_u——上覆非液化土层厚度

h_0——基础截面有效高度,土样原始高度

h_c——临界深度

$\bar{h}$——折算深度

h_p——压力 p 作用下试件高度

h'_p——浸水稳定后试件高度

H——建筑物高度,总水平力

H_0——桩顶水平力

I

i——水力坡降

I_P——塑性指数,桩底集中应力影响系数

I_L——液性指数

I_{lE}——液化指数

I_s——桩侧分布应力影响系数

I——刚度系数,截面惯性矩

I_c——角点影响系数

J

j——渗透力

K

k——渗透系数,地基抗力系数,下沉系数

k_h——水平抗力系数

K——侧压力系数,安全系数

K_a——主动土压力系数

K_0——静止土压力系数

K_p——被动土压力系数

L

l——基础长度,桩长度

l_d——支护结构的插入深度

l_f——锚杆自由段长度

l_n——中性点深度

L——建筑物长度

M

m——面积置换率,频数,水平抗力系数的比例系数

M——力矩,弯矩,震级,扭矩

M_R——抗滑力矩

M_S——滑动力矩

M_b,M_d,M_c——地基承载力系数

MU——砖强度等级

N

n——孔隙度,孔隙率,桩土应力比,个数

N——贯入锤击数,桩身轴力、可灌比值,作用基本组合下锚杆轴向拉力设计值

N——标准贯入锤击数

N_0——标准贯入锤击数基准值

N_q,N_γ,N_c——地基极限承载力系数

N_{qE},$N_{\gamma E}$,N_{cE}——地震地基极限承载力系数

N_{cr}——液化临界标准贯入锤击数

N_{eq}——等效循环周数

N_k——土钉、锚杆轴向拉力标准值

O

O——土工织物有效孔径,倾覆稳定验算的原心

P

p——基底压力

p_0——基底附加压力

p_{c0}——基底自重压力

p_e——膨胀力

p_j——基底净压力

p_c——自重压力

p_z——深度 z 处附加压力

p_h——水平向压力

p_s——比贯入阻力

p_u——极限荷载

p_{cr}——临塑荷载

p_{uh}——水平向极限荷载

p_{crh}——水平向临塑荷载

p_{uE}——地震作用地基极限荷载

p_w——水压力

p_a——主动土压力

p_p——被动土压力

p_{sh}——湿陷起始压力

p_f——失效概率

P——静力触探试验总阻力

Q

q_p——单位面积端阻力

q_{pu}——单位面积极限端阻力

q_n——单位面积负摩擦力

q_s——桩、土钉、锚杆单位面积极限摩阻力

q_u——无侧限抗压强度

Q——单桩竖向荷载,可变荷载

Q_{uk}——单桩竖向极限承载力标准值

Q_p——单桩总端阻力

Q_u——单桩极限荷载

R

r——半径

R——总抗力,支座反力,净空比

R_a——单桩竖向承载力特征值

R_k——单桩极限抗力的标准值

$[R]$——地基允许承载力

S

s——变形量,沉降量,土钉、锚杆间距,降水深度

s_a——桩中心距

s_e——地面下沉量,膨胀变形量

s_i——基坑降水深度

s_0——桩顶下沉量

s_p——桩尖下沉量

s_s——桩身变形量

$[s]$——允许变形量

S——作用效应,填料适宜性系数

S_d——作用的基本组合

S_G——永久作用效应

S_Q——可变作用效应

S_k——作用的标准组合

S_0——震陷经验系数

S_r——饱和度

T

t——时间

T——设计基准期,自振周期,拉拔力

T_u——极限抗拔力

T_a——单桩抗拔力特征值,筋材单宽允许抗拉强度

T_p——筋材单宽抗拔力

T_g——特征周期

T_v——竖向渗流固结时间因数

T_r——径向渗流固结时间因数

U

u——孔隙水压力

u_p——桩断面周长

U——固结度,x 轴方向位移,扬压力

V

v_P——纵波波速

v_S——横波波速

v_R——瑞利波波速

v_L——乐甫波波速

v_{se}——等效剪切波速

V——体积,y 轴方向位移,剪力

ΔV——体积增量

$[V]$——斜截面受剪承载力

W

w——天然含水量,梁的挠度

w_L——液限含水量

w_P——塑限含水量

W——断面抵抗矩,z 轴方向位移,层位影响权函数

W_u——有机质含量

X

X——随机变量

X_m——随机变量均值

Z

z——深度

z_0——标准冻结深度、最大弯矩点深度

z_d——设计冻结深度

Z——功能函数

Z_{cr}——临界液化势

α

α——刚性角,地震影响系数,桩的水平变形系数,附加应力系数

$\bar{\alpha}$——平均附加应力系数

α_w——含水比

α_d——挤密效应系数

α_p——桩端处地基土承载力折减系数

α_{max}——地震影响系数最大值

β

β——边坡坡角,湿陷量计算修正系数,可靠指标,桩间土承载力折减系数,冲切系数

β_0——自重湿陷量计算修正系数

β_h——截面高度影响系数

γ

γ——土的重度,衰减指数,分项系数

$\bar{\gamma}$——基础及其上填土平均重度

γ_{cs}——水泥土重度

γ_F——作用基本组合的综合分项系数

γ_m——土的平均重度

γ_0——结构重要性系数

γ_{sat}——土的饱和重度

γ_w——水的重度

γ'——土的浮重度

Γ_d——地震力校正系数

δ

δ——变异系数

δ_n——顶部附加地震作用系数

δ_s——黄土湿陷系数

δ_{ef}——自由膨胀率

δ_{ep}——膨胀率

δ_{sr}——线缩率

δ_{zs}——自重湿陷系数

Δ_s——湿陷量计算值

Δ_{zs}——自重湿陷量计算值

$\boldsymbol{\delta}$——柔度矩阵

ε

ε——应变

ε_v——体应变

ζ

ζ——荷载折减系数,阻尼比,墙面倾斜主动土压力调整系数

ζ_a——抗震承载力调整系数

η

η——膨胀率,平均冻胀率

η_b——承载力宽度修正系数

η_d——承载力深度修正系数

η_p——群桩效应系数

η_1——斜率调整系数

η_2——阻尼调整系数

θ

θ——圆心角,压力扩散角,条分法滑弧中心倾角

λ

λ——介质弹性参数,角桩冲跨比,弹性地基梁特征系数

λ_c——压实系数

λ_p——桩抗拔摩阻力折减系数

λ_s——收缩系数

ν

ν——泊松比

ξ

ξ——振陷计算修正系数

ξ_n——负摩擦力系数

ρ

ρ——土的密度

ρ_c——黏粒含量

ρ_d——土的干密度

ρ_{sat}——土的饱和密度

σ

σ——应力,标准差

σ_1、σ_3——第一、第三主应力或大、小主应力

σ_c——自重应力,也即自重压力

τ

τ——剪应力

τ_d——动剪应力,抗液化剪应力

τ_f——抗剪强度

τ_{av}——等效地震剪应力

τ_{eq}——等价剪应力

φ

φ——内摩擦角，转角

φ_k——内摩擦角标准值

φ_m——内摩擦角平均值

ψ

ψ——统计修正系数，计算胀缩变形量的经验系数

ψ_c——荷载组合值系数，混凝土工作条件系数

ψ_e——计算膨胀变形量的经验系数

ψ_q——准永久值系数

ψ_p——深基础沉降计算经验系数

ψ_r——岩石承载力折减系数

ψ_v——锚杆抗滑力矩的计算系数

ψ_s——沉降计算经验系数，计算收缩变形量的经验系数

ψ_w——膨胀土的湿度系数

ψ_{ze}——环境对冻深影响系数

ψ_{zs}——土类别对冻深影响系数

ψ_{zw}——土冻胀性对冻深影响系数

ω

$\bar{\omega}_x$——对 x 轴转动分量

$\bar{\omega}_y$——对 y 轴转动分量

$\bar{\omega}_z$——对 z 轴转动分量

目　录

第1章 地基勘察

1.1 概　　述

岩土工程勘察在工程地质课中称为“工程地质和水文地质勘察”。其主要任务是查明建筑物场地及其附近的工程地质及水文地质条件，为建筑物场地选择、建筑平面布置、地基与基础的设计和施工提供必要的资料。**场地**是指工程建筑所处的和直接使用的土地，而**地基**则是指场地范围内直接承托建筑物基础的岩土。

岩土工程勘察的内容、方法及工程量的确定取决于：①工程的规模和技术要求；②建筑场地地质和水文地质条件的复杂程度；③地基岩土层的分布和性质的优劣。通常勘察工作都是由浅入深，由表及里，随着工程的不同阶段逐步深化。岩土工程勘察工作可分为**可行性研究勘察**（或称选择场地勘察）、**初步勘察**和**详细勘察**三个阶段，以满足相应的工程建设阶段对地质资料的要求。对于地质条件复杂、有特殊要求的重大建筑物地基，尚应进行**施工勘察**。反之，对地质条件简单，面积不大的场地，且无特殊要求，其勘察阶段可以适当简化。每一勘察阶段的内容、要求、勘察方法以至于具体的细则，如勘察点的间距、勘探深度、取样数量等，详见《岩土工程勘察规范》（GB 50021—2001）（2009年版）及各类工程的“岩土工程勘察规程”，这里不予详述。

本章地基勘察主要是指建筑总平面确定后的施工图设计阶段的勘察（详细勘察），即把勘察工作的主要对象缩小到具体建筑物的地基范围内。由于场地和地基是不可分割的，因而也涉及场地勘察的内容。

1.2 地基勘察任务和勘探点布置

1.2.1 地基勘察任务

地基勘察任务是对建筑物地基作出岩土工程评价，为地基基础设计提供岩土参数，并对地基基础设计和施工以及地基加固和不良地质现象的防治工程提出具体的方案和建议。因此,在进行地基勘察之前应详细了解设计意图,全面收集和研究建筑场地及邻近地段的已有勘察报告和建筑经验,并取得下列各项资料:

(1) 比例尺不小于1:2000的现状地形图及拟建建筑物的平面位置图;

(2) 拟建建筑物的性质、规模、荷载、结构特点、有无地下结构,所采用的基础类型、尺寸、埋置深度以及对地基基础设计、施工的特殊要求等;

(3) 拟建场地的历史沿革以及地下管线、电缆、地下构筑物的分布情况和水准基点的位置与高程。

通过地基勘察应该完成如下工作:

(1) 查明不良地质作用的类型(如滑坡、岩溶、地裂缝、古河道等)、成因、分布范围、发展趋势和危害程度,并提出整治方案和建议;

(2) 查明建筑物范围内岩土层的类型、深度、分布、工程特性,并分析和评价地基的稳定性、均匀性和承载能力;

(3) 对需要进行变形计算的建筑物,提供地基变形计算参数,预测建筑物的变形特征;

(4) 查明埋藏的墓穴、防空洞、孤石等对工程不利的埋藏物;

(5) 查明地下水的埋藏条件,提供地下水位及其变化幅度;

(6) 对季节性冻土地区,提供场地土的标准冻结深度;

(7) 对于地震烈度等于或大于6度的地区,应进行场地和地基的地震效应岩土工程勘察,以划分场地类别,提供地基土层的剪切波速和地震液化判别(详见第8章);

(8) 判定水和土对建筑材料的腐蚀性。

1.2.2 勘探点的布置

本阶段勘探点的数量和间距应根据建筑物的安全等级和建筑场地的复杂程度确定。建筑场地按地形、地貌、地层土质和地下水位等的变化复杂程度分为以下三类:

(1) **简单场地**:指抗震设防烈度不大于6度,地形平坦,地基岩土均匀良好,成因单一,地下水位对工程无影响,无不良地质作用的场地。

(2) **中等复杂场地**:指对抗震不利地段,地形微起伏,地基岩土比较软弱、不够均匀,基础位于地下水位以下,不良地质作用一般发育的场地。

(3) **复杂场地**:指对抗震危险的地段,地形起伏大,地基岩土成因复杂,土质软弱且显著不均匀,地下水位高、对建筑物有不良影响,不良地质作用强烈发育的场地。

根据地基的复杂程度,详细勘察阶段勘探点的间距可采用如下间距:

复杂场地　　10～15m

中等复杂场地　　15～30m

简单场地　　30～50m

同时,为了较好地评价地基的均匀性,对于单栋的高层建筑,勘探点甲级不少于5个,乙级不少于4个;对于密集的高层建筑群,勘探点可以适当减少,但每栋建筑物至少应有一个控制性的勘探点。土质地基中的桩基勘探点间距,一般是,端承型桩宜为12～24m,摩擦型桩宜为20～35m,复杂地基的一柱一桩工程时,宜每柱设置勘探孔。

勘探点分为**一般性勘探点**和**控制性勘探点**两种。确定勘探点深度的原则,对一般性勘探点应能控制地基的主要受力层，对于一般条形基础，不小于基础宽度 b 的 3 倍，对于单独柱基可取 1.5b，且不应少于 5m。对控制性勘探点则要求能控制地基压缩层的计算深度，一般情况下，可按表 1-1 取值。

表 1-1　控制性勘探孔深度　　m

基础形式	基础宽度				
	1	2	3	4	5
条形基础	6	10	12		
单独基础		6	9	11	12

对于箱形、筏形和其他宽度很大的基础，一般性勘探点的深度 d_g 可按式(1-1)选择：

$$d_g = d + \alpha_g \beta b \tag{1-1}$$

式中：d_g——一般性勘探孔的深度，m；

d——基础埋置深度，m；

α_g——与土层有关的经验系数，根据基础下主要受力土层的类别按表 1-2 取值；

β——与高层建筑层数或基底压力有关的经验系数，对勘察等级为甲级的高层建筑可取 1.1，对乙级的高层建筑可取 1.0；

b——基础底面宽度，m，对圆形基础或环形基础，按最大直径计算，对形状不规则的基础，按面积等代成方形、矩形或圆形面积的宽度或直径计算，m。

控制性勘探孔的深度应大于地基压缩层深度，可按式(1-2)估算：

$$d_c = d + \alpha_c \beta b \tag{1-2}$$

式中：d_c——控制性勘探孔的深度，m；

α_c——与土层有关的经验系数，根据地基主要压缩层土类按表 1-2 取值。

表 1-2　经验系数 α_c、α_g

经验系数	岩土类别				
	碎石土	砂土	粉土	黏性土	软土
α_c	0.5～0.7	0.7～0.9	0.9～1.2	1.0～1.5	2.0
α_g	0.3～0.4	0.4～0.5	0.5～0.7	0.6～0.9	1.0

注：表中范围值对同类土，地质年代老、密实或地下水位深者取小值，反之取大值。

对于桩基础，一般性勘探孔深度应达到预计桩长以下 3～5d(d 为桩径)，且不小于 3m；对于大直径桩，桩长以下不小于 5m；控制性勘探孔深度应满足下卧层验算要求及沉降计算要求。

当钻孔在预定深度内遇到基岩时，除了控制性钻孔应钻进基岩适当深度外，其他钻孔达到确认基岩后就可以终止钻进。若在预定的深度内有厚度较大且分布均匀的坚实土层(如碎石土、密实砂、老沉积土等)时，控制性钻孔仍应达到规定的深度，一般性探孔则可以适当减小孔深而不必达到规定的深度。

探孔除了测定地基土层的分布外，另一个重要的作用是采集土样和进行原位测试工作。用以取样或原位测试的探孔，其数量应视地基基础设计等级和土层分布的复杂程度而定，一般可占探孔总数的1/2,钻孔取样孔数不应少于勘探孔总数的1/3;对于高层建筑不宜少于总数的2/3。对于甲级的建筑物(见第2章),要求每栋不宜少于4个。另外还要求地基内每一主要土层的原状土样件数或原位测试点数不应小于6件(组),且厚度大于0.5m的夹层或透镜体都应采集土样或进行原位测试工作以鉴定土的特性。所谓原状土样是指基本上保持土的天然结构和物理状态的土样。

通过勘探点还要注意调查含水层的埋藏条件,地下水类型及补给、排泄条件,确定各层地下水的水位和变化幅度。对于地下水可能浸湿基础时,还应采取水样,进行腐蚀性评价。

1.3 地基勘探方法

为了查明地基内岩土层的构成及其在竖直方向和水平方向上的变化,岩土的物理力学性质,地下水位的埋藏深度及变化幅度,以及不良地质现象及其分布范围等,需要进行地基勘探。地基勘探所采用的方法通常有下列几种。

1.3.1 地球物理勘探

地球物理勘探是用物理的方法勘测地层分布、地质构造和地下水埋藏深度等的一种勘探方法。不同的岩土层具有不同的物理性质,例如导电性、密度、波速和放射性等,所以,可以用专门的仪器测量地基内不同部位物理性质的差别,从而判断、解释地下的地质情况,并测定某些参数。地球物理勘探是一种简便而迅速的间接勘探方法,如果运用得当,可以减少直接勘探(如钻探和坑槽探)的工作量,降低勘探成本,加快勘探进度。

地球物理勘探的方法很多,如地震勘探(包括各类测定波速的方法)、电法勘探、磁法勘探、放射性勘探、声波勘探、雷达勘探、重力勘探等,其中最常用的是地震勘探。在《建筑抗震设计规范》(GB 50011—2010)中,要求按剪切波速的大小进行场地的岩土类型划分,这时就必须进行现场地震勘探以确定岩土的传播速度。有关这类方法的原理、设备和测试内容可参阅有关专门资料。

1.3.2 坑槽探

坑槽探也称为**掘探法**,即在建筑场地开挖**探坑**、**探井**或**探槽**直接观察地基岩土层情况,并从坑槽中取高质量原状土进行试验分析。这种方法用于要了解的土层埋藏不深,且地下水位较低的情况。图1-1是探坑的示意图。探坑深度一般不超过4m,但当地下水位较深,土质较好时,有时探坑也可挖4m以上。

1.3.3 钻探

钻探就是用钻机向地下钻孔以进行地质勘探,是目前应用最广的勘探方法。通过钻探可以达到:①划分地层,确定土层的分界面高程,鉴别和描述土的表观特征;②取**原状土样**

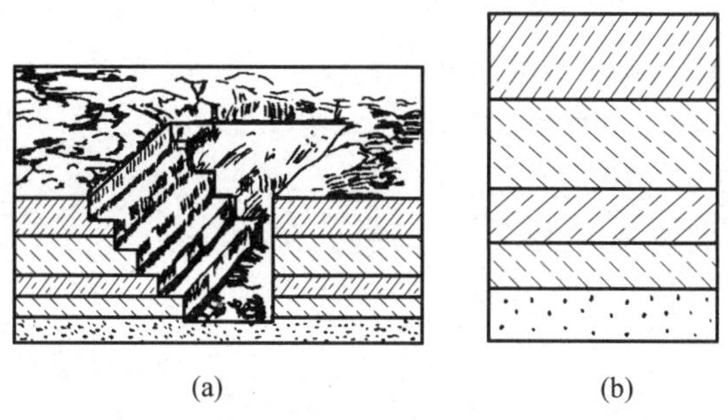

图 1-1　探坑

(a) 探坑示意图；(b) 探坑柱状图

或**扰动土样**供试验分析；③确定地下水位埋深，了解地下水的类型；④在钻孔内进行原位试验，如触探试验、旁压试验等。

土基钻探所用的工具有机钻和人力钻两种。机钻的种类很多，图 1-2 是一种回转式机钻，钻孔直径为 110～200mm，钻探深度一般为几十米，有时可达百米以上。可以在钻进过程中连续取出土样，从而能比较准确地确定地下土层随深度的变化以及地下水的情况。人力钻常用麻花钻、勺形钻、洛阳铲为钻具，借人力打孔，设备简单，使用方便，但只能取结构被破坏的土样，用以查明地基土层的分布，其钻孔深度一般不超过 6m。

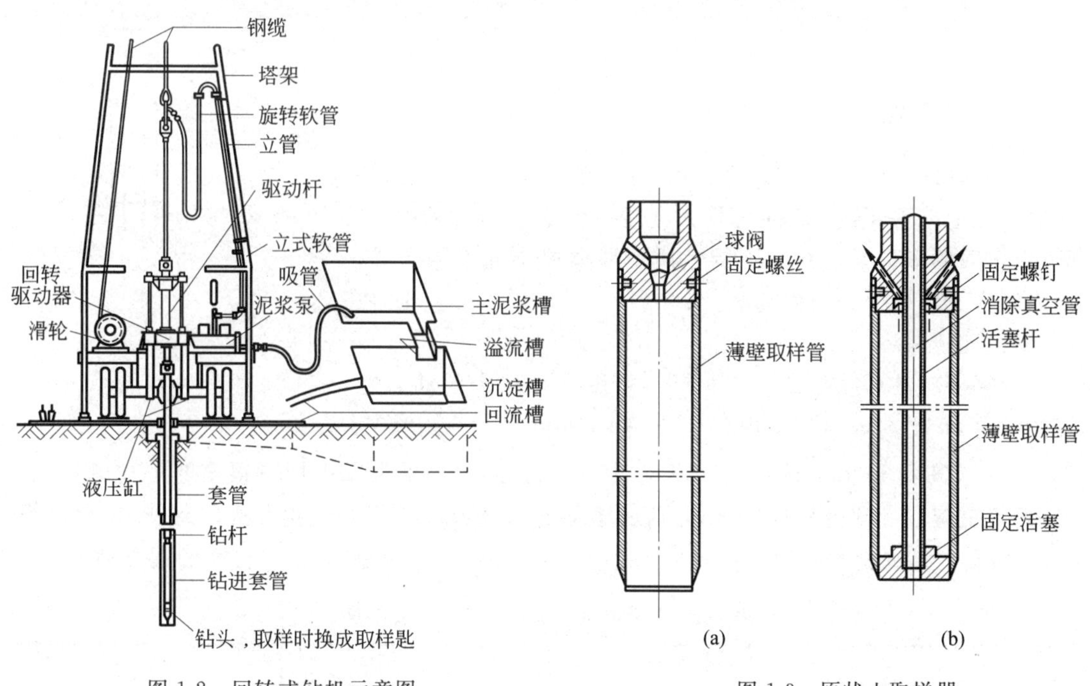

图 1-2　回转式钻机示意图

图 1-3　原状土取样器

(a) 敞口薄壁取样器；(b) 固定活塞薄壁取样器

从钻孔中取原状土样，需用**原状土取样器**。原状土取样器为壁厚 1.25～2.0mm 的薄壁取样器，分敞口式和活塞式两种，见图 1-3。敞口式薄壁取样器构造简单，取样操作方便，但在上提过程中筒中土样容易脱落。活塞式取样器在取土管内另装一套活塞装置，活塞上有管杆直通地表。取样前,活塞与取土管的管口齐平以防止孔中泥浆或其他杂物进入管内。取土时,先固定活塞杆,再将取土管压入土中;切取土样后,固定内杆(活塞杆)与外杆(取土器管杆)的相对位置,再拔断土样、取出土样。由于活塞上移产生的真空压力托住土样,提升过程中,土样不容易脱落。

1.3.4 触探

触探是一种勘探方法,同时也是一种现场测试方法。但是测试结果所提供的指标并不是概念明确的土的物理量,通常需要将它与土的某种物理力学参数建立统计关系才能使用,而且这种统计关系因土而异,并有很强的地区性。因此本章仍将其列入勘探方法中。

触探法具有很多优点,它不但能较准确地划分土层,且能在现场快速、经济、连续测定土的某种性质,以确定地基的承载力、桩的侧壁阻力和桩端阻力、地基土的抗液化能力等。因此,近数十年来,无论是在试验机具、传感技术、数据采集技术方面,还是在数据处理、机理分析与应用理论的探讨方面,都取得了较大进展,与此同时,试验的标准化程度也在不断提高,成为地基勘探的一种重要手段。

按触探头入土方式的不同,触探法分为动力触探和静力触探两大类。

1. 动力触探

动力触探是用一定重量的击锤,从一定高度自由下落,锤击插入土中探头,测定使探头贯入土中一定深度所需要的击数,以击数的多少判定被测土的性质。根据探头的不同形式,动力触探又可以分为两种类型。

(1) 管形探头

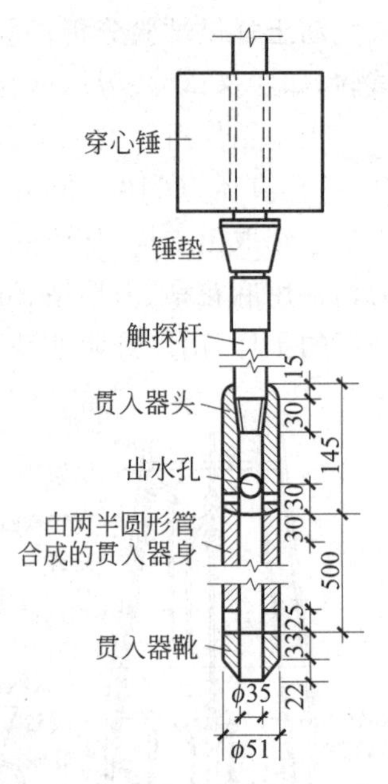

图 1-4 标准贯入试验装置(mm)

管形探头的形状如图 1-4 所示。采用这种探头的动力触探法称为**标准贯入试验(SPT)**。击锤的质量 63.5kg,落距 760mm,以贯入 300mm 的锤击数 N 作为贯入指标,是目前勘探中用得很多的一种触探法。在《建筑抗震设计规范》中以它作为判定地基土层是否可液化的主要方法。此外,还可以根据 N 值确定砂的密实程度。表 1-3 是我国《岩土工程勘察规范》砂土密实度的划分表。

表 1-3 按标准贯入击数确定砂土密实度

N 值	密实度	N 值	密实度
$N \leqslant 10$	松 散	$15 < N \leqslant 30$	中 密
$10 < N \leqslant 15$	稍 密	$N > 30$	密 实

实际上,同等密度的砂层,其标准贯入击数还与砂层的深度,也即上覆压力有关,图 1-5 是美国吉布斯(Gibbs)和荷尔兹(Holtz)等提出的标准贯入击数,有效上覆压力和相对密度

的相关关系曲线，可供参考采用。

(2) 圆锥形探头

这类动力触探试验按其贯入能量不同，可分为轻型、重型和超重型3类，其规格见表1-4。轻型动力触探也称为**轻便触探试验**，其设备如图1-6(a)所示；重型和超重型触探器探头的形状见图1-6(b)。轻便触探试验常用于施工验槽、人工填土勘察以及清查局部软弱土和洞穴的分布，重型和超重型动力触探试验则是评价碎石和卵石、砾石地层密实度的有效试验方法。评价的标准见表1-5和表1-6。其中表1-5适用于平均粒径小于或等于50mm且最大粒径小于100mm的碎石土；表1-6适用于平均粒径大于50mm或最大粒径大于100mm的碎石土。

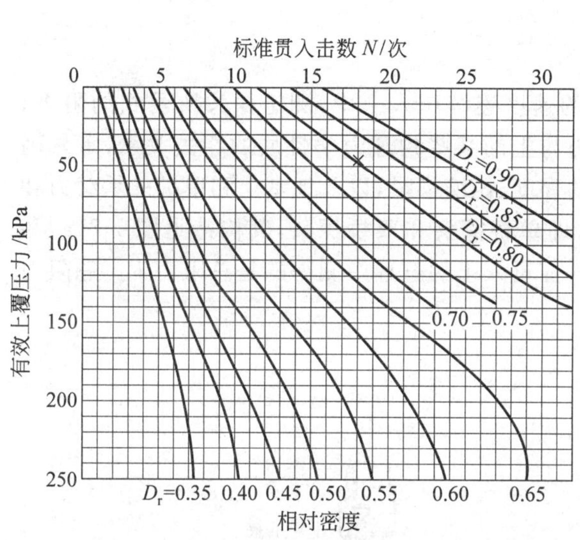

图1-5 N值和有效上覆压力与相对密度的关系

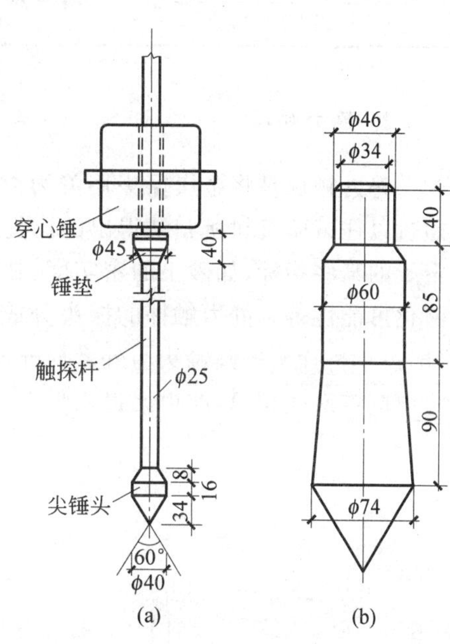

图1-6 圆锥动力触探装置(mm)

表1-4 圆锥动力触探类型

类　型		轻　型	重　型	超重型
落锤	锤的质量/kg	10	63.5	120
	落距/cm	50	76	100
探头	直径/mm	40	74	74
	锥角/(°)	60	60	60
探杆直径/mm		25	42	50～60
指标		贯入30cm的读数N_{10}	贯入10cm的读数$N_{63.5}$	贯入10cm的读数N_{120}
主要适用岩土		浅部的填土、砂土、粉土、黏性土	砂土、中密以下的碎石土、极软岩	密实和很密的碎石土、软岩、极软岩

表 1-5　碎石土密实度按 $N_{63.5}$ 分类

重型动力触探锤击数 $N_{63.5}$	密实度	重型动力触探锤击数 $N_{63.5}$	密实度
$N_{63.5} \leqslant 5$	松散	$10 < N_{63.5} \leqslant 20$	中密
$5 < N_{63.5} \leqslant 10$	稍密	$N_{63.5} > 20$	密实

表 1-6　碎石土密实度按 N_{120} 分类

超重型动力触探锤击数 N_{120}	密实度	超重型动力触探锤击数 N_{120}	密实度
$N_{120} \leqslant 3$	松散	$11 < N_{120} \leqslant 14$	密实
$3 < N_{120} \leqslant 6$	稍密	$N_{120} > 14$	很密
$6 < N_{120} \leqslant 11$	中密		

2. 静力触探

静力触探是将金属探头用静力以一定的速度连续压入土中，测定探头所受到的阻力。通过以往试验资料所归纳得出的**比贯入阻力**与土的某些物理力学性质的相关关系，定量确定土的某些指标，如砂土的密实度、黏性土的强度、压缩模量，以及地基土和单桩的承载力和液化可能性等。静力触探的探头分成两种，即**单桥探头**和**双桥探头**，其构造见图 1-7(a)和(b)。单桥探头的圆锥头与外套筒连成一体，在贯入土的过程中测得的是总阻力 P。总阻力除以圆锥底面积 A，即得比贯入阻力 p_s，即

$$p_s = \frac{P}{A} \tag{1-3}$$

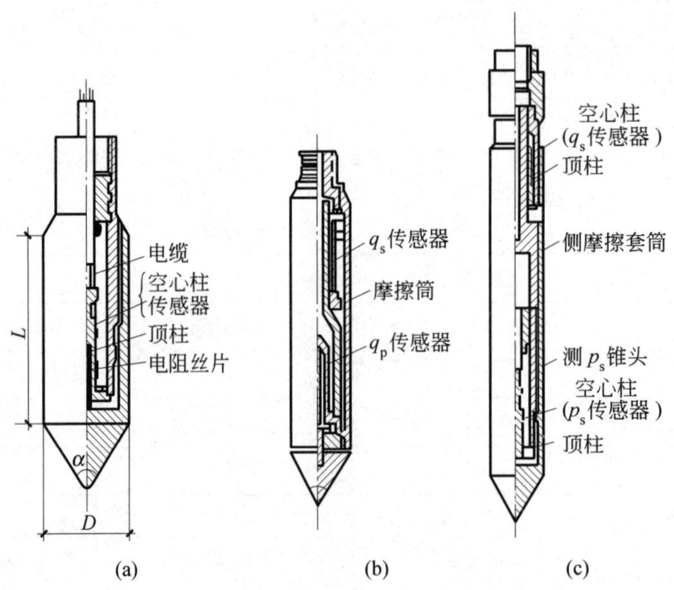

图 1-7　静力触探探头

(a) 单桥探头；(b) 双桥探头；(c) 综合双桥探头

双桥探头的圆锥头与外套筒分开，压入土的过程中，能分别测得锥底的总阻力 Q_p 和侧壁的总摩擦阻力 Q_s，则锥头上单位面积的阻力和侧壁单位面积的摩擦力分别为

$$q_p = \frac{Q_p}{A} \tag{1-4}$$

$$q_s = \frac{Q_s}{S} \tag{1-5}$$

式中：S——外套筒的表面积。

为使单桥探头和双桥探头所测得结果能互换使用和相互验证，后来又研制出一种特殊形式的“综合双桥探头”，如图1-7(c)所示，其特点是可同时测出单桥触探指标和双桥触探指标，故可充分结合现有的经验和资料，最大限度地发挥测试结果的效用。近年来还发展了在探头中装孔隙水压力传感器的技术，可以测定贯入过程中土层中的超静孔隙水压力的发展和以后孔隙水压力的消散，从而可以推算土的固结特性。

例1-1　在钻孔内5m深处测得砂层的标准贯入击数$N=18$，已知地下水位接近地面，砂土的饱和重度$\gamma_{sat}=19.8\text{kN/m}^3$，最大孔隙比$e_{max}=1.05$，最小孔隙比$e_{min}=0.55$，求该砂层的天然孔隙比。

解　5m深处的有效自重应力

$$\sigma_s = 5 \times (19.8 - 9.8) = 50(\text{kN/m}^2)$$

按$N=18$，查图1-5求砂土的相对密度，得

$$D_r = 0.80$$

计算天然孔隙比：

$$D_r = \frac{e_{max} - e}{e_{max} - e_{min}}$$

$$e = e_{max} - D_r(e_{max} - e_{min})$$

$$= 1.05 - 0.80 \times (1.05 - 0.55) = 0.65$$

1.4　地基岩土分类

依照我国《岩土工程勘察规范》中土的分类法，按地质年代划分，第四纪晚更新世(Q_3)及以前沉积的土，称为**老沉积土**；第四纪全新世(Q_4)早期沉积的土称为一般黏性土；第四纪全新世(Q_4)中近期沉积的土，称为**新近沉积土**。按地质成因划分，可分为**残积土**、**坡积土**、**洪积土**、**冲积土**、**淤积土**、**冰碛土**和**风积土**等。按土中有机质含量W_u划分，$W_u<5\%$的土为**无机土**，$5\%\leqslant W_u\leqslant 10\%$的土为**有机质土**，$10\%<W_u\leqslant 60\%$的土为**泥炭质土**，$W_u>60\%$的土为**泥炭**。而在《建筑地基基础设计规范》(GB 50007—2011)中，按组成将地基岩土分成**岩石**、**碎石土**、**砂土**、**粉土**、**黏性土**和**人工填土**六类。

岩石是一种由多种造岩矿物以一定结合规律组成的地质体，是组成岩体的物质；具有非均匀性、各向异性和裂隙性等特征。对于岩石，除了应确定岩石的地质名称外(如花岗岩、砂岩、片麻岩等)，还要划分岩石的坚硬程度和完整程度。按饱和单轴抗压强度f_r，岩石可分为**坚硬岩**、**较硬岩**、**较软岩**、**软岩**和**极软岩**五类，划分标准见表1-7。

表 1-7 岩石坚硬程度分类

坚硬程度	坚硬岩	较硬岩	较软岩	软岩	极软岩
饱和单轴抗压强度/MPa	$f_r>60$	$60\geqslant f_r>30$	$30\geqslant f_r>15$	$15\geqslant f_r>5$	$f_r\leqslant 5$

注：当岩体完整程度为极破碎时，可不进行坚硬程度分类。

岩体中由于存在着解理和裂隙，波的传播速度较岩块为低，以岩体纵波的波速与岩块纵波波速之比的平方定义为岩体**完整指数**，则完整指数越高，完整程度越好。按完整指数，岩体的完整程度可分为**完整**、**较完整**、**较破碎**、**破碎**和**极破碎**五类，见表1-8。

表 1-8 岩体完整程度分类

完整程度	完整	较完整	较破碎	破碎	极破碎
完整性指数	>0.75	0.75～0.55	0.55～0.35	0.35～0.15	<0.15

碎石土指粒径大于2mm颗粒含量超过土粒的总质量50%的土。根据粒组含量及颗粒形状，下面再细分为**漂石**、**块石**、**卵石**、**碎石**、**圆砾**、**角砾**六类，如表1-9所示。碎石土的密实度见表1-5和表1-6。

表 1-9 碎石土分类

土的名称	颗粒形状	颗 粒 级 配
漂石	圆形及亚圆形为主	粒径大于200mm的颗粒质量超过总质量的50%
块石	棱角形为主	
卵石	圆形及亚圆形为主	粒径大于20mm的颗粒质量超过总质量的50%
碎石	棱角形为主	
圆砾	圆形及亚圆形为主	粒径大于2mm的颗粒质量超过总质量的50%
角砾	棱角形为主	

注：定名时，应根据颗粒级配由大到小以最先符合者确定。

砂类土指粒径大于2mm的颗粒含量不超过土粒的总质量50%，而粒径大于0.075mm的颗粒含量超过总质量的50%的土。砂土根据粒组含量不同又细分为**砾砂**、**粗砂**、**中砂**、**细砂**和**粉砂**五类，如表1-10所示。砂土的密实度见表1-3。

表 1-10 砂土分类

土的名称	颗粒级配
砾砂	粒径大于2mm的颗粒质量占总质量的25%～50%
粗砂	粒径大于0.5mm的颗粒质量超过总质量的50%
中砂	粒径大于0.25mm的颗粒质量超过总质量的50%
细砂	粒径大于0.075mm的颗粒质量超过总质量的85%
粉砂	粒径大于0.075mm的颗粒质量超过总质量的50%

注：定名时应根据颗粒级配由大到小以最先符合者确定。

粉土指粒径大于0.075mm的颗粒含量小于土粒的总质量50%，而塑性指数$I_P\leqslant 10$的土。这类土按以前的分类法属于黏性土，称为轻亚黏土或少黏性土。也有的规范将粉土按塑性指数进一步分为砂质粉土($3<I_P\leqslant 7$)和黏质粉土($7<I_P\leqslant 10$)。粉土既不具有砂土的透水性大、容易排水固结、抗剪强度较高的优点，又不具有黏性土的防渗、抗水性能好、不易

被水流所冲蚀流失，具有较高黏聚力的优点。在许多工程问题上，粉土常表现出较差的性质，如受振动作用容易液化，冻胀性大等。因此在《建筑地基基础设计规范》中，将其单列一类，以利于工程中重视和进一步研究。影响粉土工程性质很重要的物理指标是密实度，常用孔隙比 e 表示，如表 1-11 所示。当有经验时，也可用上述原位测试的方法，确定粉土的密实度。

表 1-11　粉土密实度分类

孔隙比 e	密实度
$e<0.75$	密实
$0.75\leqslant e\leqslant 0.90$	中密
$e>0.9$	稍密

黏性土指塑性指数 I_P 大于 10 的土。其中，$10<I_P\leqslant 17$ 的土称为**粉质黏土**，$I_P>17$ 的土称为**黏土**。影响黏性土工程性质的重要物理指标是其存在的状态，用**液性指数** I_L 表示：

$$I_L=\frac{w-w_P}{w_L-w_P} \tag{1-6}$$

式中：w_L——黏性土的液限含水量，%；

w_P——黏性土的塑限含水量，%；

w——黏性土的天然含水量，%。

按液性指数的大小，黏性土可以分成表 1-12 所示的五种状态。当有经验时，黏性土的状态也可以用静力触探的探头阻力或标准贯入试验的锤击数判定。

表 1-12　黏性土状态分类

液性指数	状态	液性指数	状态
$I_L\leqslant 0$	坚硬	$0.75<I_L\leqslant 1$	软塑
$0<I_L\leqslant 0.25$	硬塑	$I_L>1$	流塑
$0.25<I_L\leqslant 0.75$	可塑		

淤泥为在静水或缓慢的流水环境中沉积，并经生物化学作用形成的，其天然含水量大于液限含水量，天然孔隙比大于或等于 1.5 的黏性土。天然含水量大于液限含水量而天然孔隙比小于 1.5 但大于或等于 1.0 的黏性土或粉土为淤泥质土。

人工填土根据其组成和成分，可分为**素填土**、**压实填土**、**杂填土**和**冲填土**。素填土是由碎石土、砂土、粉土、黏性土等成分所组成的填土。若经过压实或夯实的素填土则称为压实填土。杂填土则含有建筑垃圾、工业废料、生活垃圾等杂物的填土。冲填土为水力冲填泥砂所形成的填土。人工填土由于成分复杂，堆填的时间短，除了压实填土外，往往没有经过很好压实。对于含水量高的饱和或接近饱和的冲填土，固结过程往往尚未完成，一般压缩性大且不均匀，作为建筑物地基应该慎重对待、认真研究。

此外，自然界中还分布有许多由特有的工程地质和气候条件形成的具有与一般土不同的特殊性质的土，如：干旱或半干旱地区形成的**湿陷性土**；碳酸岩系在湿热条件下形成的**红土**；严寒地区常年(2 年以上)冻结而不融化的**多年冻土**；含大量亲水矿物，湿度变化时伴以较大体积变化的**膨胀性岩土**；蒙脱石含量高且孔隙水中含大量钠离子，造成黏土矿物结构不稳定，遇水即引起颗粒分离、土体崩解的**分散性土**；含有较多易溶性盐(岩盐和芒硝等含量在0.3%以上),具有溶陷、盐胀和腐蚀特性的**盐渍土**以及现代由于污染源侵入而造成的**污染土**(contaminated soil)等。它们的分类标准常各有专门的规范或规程确定。读者在实际工作中,遇到具体的工程问题时,可选择相应的规范查用。

1.5 土工试验

土工试验是地基勘察的重要组成部分,通过试验测定地基岩土的各项物理力学特性,提供相应的指标,作为地基计算分析和工程处理的依据。按照试验的环境和方法不同,土工试验可以分成两大类,即室内试验和原位试验。

1.5.1 室内试验

通常所说的室内试验是指在实验室内对从现场取回的土样或土料进行物理力学性质试验。室内试验的优点是简便,试验条件明确(如试样的边界条件、排水条件等),试验中的一些因素能够预先控制,所以得到普遍采用。缺点是试样的体积小,且在取样、运输、保存和制样的过程中难免受到不同程度的扰动,因此,有时不完全能代表土体的原位宏观特性。

地基勘察必须包括的室内试验项目视地基计算的要求而定,可以参阅表1-13所列的内容。应该指出,天然生成的土,即使划分属于同一土层,性质也不完全一致,因此用体积很小的一块土样所测得的指标难以代表整个土层的性质。为了使试验结果有较好的代表性,每项试验都必须从同一土层的不同部位取样,做若干个或若干组试验,并对结果进行统计分析,然后提出比较有代表性的指标。显然,平行试验的个数或组数越多,试验结果的代表性就越强。通常要求同一项试验的个数不少于6个或6组。

表1-13 基础工程要求的室内土工试验项目

目　的	应用指标	试验项目
定名和状态	1. 土的分类 黏性土和粉土:I_P(塑性指数) 粉土、砂土和碎石土:d(颗粒组成) 2. 土的状态 黏性土:e(孔隙比),I_L(液性指数) 粉土:e(孔隙比),w(含水量) 砂土:e(孔隙比),D_r(相对密度)	液限试验(w_L),塑限试验(w_P),颗粒分析试验(筛分法或比重计法),比重试验(G_s),含水量试验(w)*,密度试验(ρ)*
地基变形量和沉降随时间发展关系计算	a或E_s,E'_s(压缩系数或压缩模量、回弹再压缩模量),p_c(先期固结压力),c_v(固结系数)	侧限压缩试验(或称固结试验)*
用公式确定地基承载力,基坑边坡稳定分析和土压力计算	c(黏聚力) φ(内摩擦角)	三轴剪切试验或直剪试验*
基坑降水或排水	k(渗透系数)	渗透试验*
填土质量控制	w_{op}(最优含水量),ρ_{max}(最大干密度)	击实试验

* 应该用原状土样的试验项目。

n 组试验或测试的资料可以提供有关岩土参数的数据数目和分布范围，通过这些数据可分析计算参数的平均值、标准差和变异系数，最后计算参数的标准值。

以土的强度指标为例，根据土的 n 组强度试验的结果，按下列公式计算内摩擦角 φ 和黏聚力 c 的平均值 μ_m，标准差 σ，变异系数 δ；然后按照统计理论计算它们的统计修正系数 ψ_φ、ψ_c；最后计算它们的标准值 φ_k 和 c_k。

$$\mu_m = \frac{\sum_{i=1}^{n}\mu_i}{n} \tag{1-7}$$

$$\sigma = \sqrt{\frac{\sum_{i=1}^{n}\mu_i^2 - n\mu_m^2}{n-1}} \tag{1-8}$$

$$\delta = \frac{\sigma}{\mu_m} \tag{1-9}$$

式中：μ_m——φ 或 c 试验的平均值；

σ——φ 或 c 的**标准差**；

δ——φ 或 c **变异系数**。

根据内摩擦角 φ 和黏聚力 c 的变异系数 δ_φ、δ_c 按下列公式计算它们的统计修正系数 ψ_φ、ψ_c：

$$\psi_\varphi = 1 - \left(\frac{1.704}{\sqrt{n}} + \frac{4.678}{n^2}\right)\delta_\varphi \tag{1-10}$$

$$\psi_c = 1 - \left(\frac{1.704}{\sqrt{n}} + \frac{4.678}{n^2}\right)\delta_c \tag{1-11}$$

再根据二者的平均值 φ_m、c_m 及统计修正系数 ψ_φ、ψ_c 分别计算其标准值 φ_k 与 c_k：

$$\varphi_k = \psi_\varphi \varphi_m \tag{1-12}$$

$$c_k = \psi_c c_m \tag{1-13}$$

1.5.2　原位试验

原位试验是指直接在现场地基土层中进行的试验。由于试验土体的体积大，所受的扰动小，测得的指标有较好的代表性，因此近年来，此类试验技术和应用范围均有很大的发展。前面阐述的触探试验也可算是原位试验，不过它所测定的不是土的某种物理、力学性质指标。直接测定原位土的物理、力学性质指标，常用的有平板载荷试验、旁压试验、十字板试验、大型直剪试验、压水和注水试验等。

1. 平板载荷试验

平板载荷试验是一种模拟实体基础承受荷载的原位试验，用以测定地基土的变形模量、地基承载力以及估算建筑物的沉降量等。工程中常认为这是一种能够提供较为可靠成果的试验方法，所以在取原状土样很困难时，如对于重要建筑物地基或复杂地基，特别是碰到松散砂土或高灵敏度软黏土，均要求进行这种试验。

进行现场载荷试验要在建筑场地选择适当的地点按要求的深度挖坑，在坑底设立如

图 1-8(a)所示的装置。试验时对荷载板逐级加载,测量每级载荷 p 相应的载荷板的沉降量 s,得到 p-s 曲线,如图 1-8(b)所示。直至出现下列现象之一时即认为地基破坏,可终止试验。

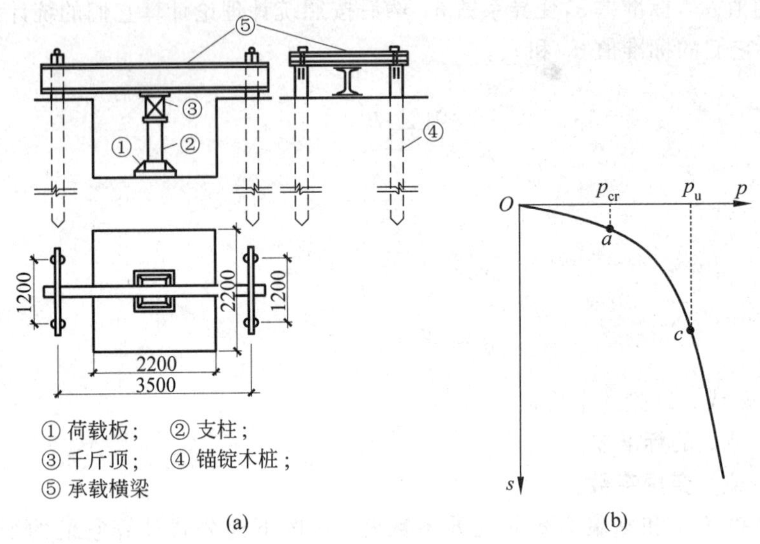

图 1-8 平板载荷试验(单位:mm)

(a) 现场载荷试验布置;(b) p-s 关系曲线

(1) 荷载板周围的土有明显侧向挤出或发生裂纹;

(2) 荷载 p 增加很小但沉降量 s 却急剧增加,p-s 曲线出现陡降段;

(3) 在某级荷载下,24h 内沉降速率不能达到稳定标准。

如果没有出现上述破坏现象,地基仍可继续承载,但当沉降量 s 与荷载板宽度 b(或直径 d)之比 $s/b \geqslant 0.06$ 时,也可终止试验。

根据每级荷载 p 所对应的沉降量 s,绘制 p-s 曲线,如图 1-8(b)所示。曲线的前段 Oa 接近于直线,表明在这阶段内,地基处于线性变形阶段,没有发生局部塑性破坏。相应的荷载 p_{cr} 称为临塑荷载或比例界限。地基出现破坏的前一级荷载称为极限荷载 p_u。

p-s 曲线的工程应用,主要有如下两方面。

(1) 求地基土的变形模量

从 p-s 曲线的直线段可以用式(1-14)求土的变形模量 E:

$$E = \frac{pb(1-\nu^2)}{s} I \tag{1-14}$$

式中:p——在 p-s 曲线直线段 Oa 上,相应于沉降为 s(m)时所对应的板底压强,kPa;

b——荷载板宽度,m;

ν——土的泊松比(对于饱和土 $\nu=0.50$);

I——反映荷载板形状和刚度的系数,对刚性方形荷载板,可取 0.886;圆形板取 0.785。

(2) 求地基的承载力

利用现场载荷试验的结果确定地基的承载力时,可根据 p-s 曲线的特性,按如下标准选用:

① 当 p-s 曲线有明显直线段时，可取直线段的比例界限点 p_{cr} 作为地基承载力；

② 当从 p-s 曲线上能够确定极限荷载 p_u，当 p_u 小于 p_{cr} 的 2 倍时，取 p_u 的一半作为地基承载力；

③ 当无法采用上述两种标准时，若荷载板面积为 0.25～0.50m^2，可取 s/b＝0.01～0.015 所对应的荷载值作为地基承载力，但其值不应大于最大加载量的一半。

通常要求同一土层必须做 3 个以上的现场载荷试验。当试验实测值的极差不超过平均值的 30％时，取平均值作为承载力的特征值，标为 f_{ak}。地基的承载力的设计值还与基础的埋置深度和基础的宽度有关，因此还要经过基础埋深和宽度的修正。修正方法见第 2 章。

2. 旁压试验

旁压试验又称**横压试验**，是在钻孔内进行的横向载荷试验，能测定较深处土层的变形模量和承载力。

旁压仪是由旁压器、充水系统、加压系统和变形量测系统 4 部分组成，系统简图见图 1-9(a)。旁压器是旁压仪的主要部分。它是外径为 56mm 的圆柱形橡皮囊，内部用横隔膜分成中腔和上下腔。中腔直接用以量测，称为量测室；上下腔用以保持中腔的变形均匀，将空间问题简化成平面应变问题，称为辅助室。其他各部分的布置和管路连接如图 1-9(a)所示。

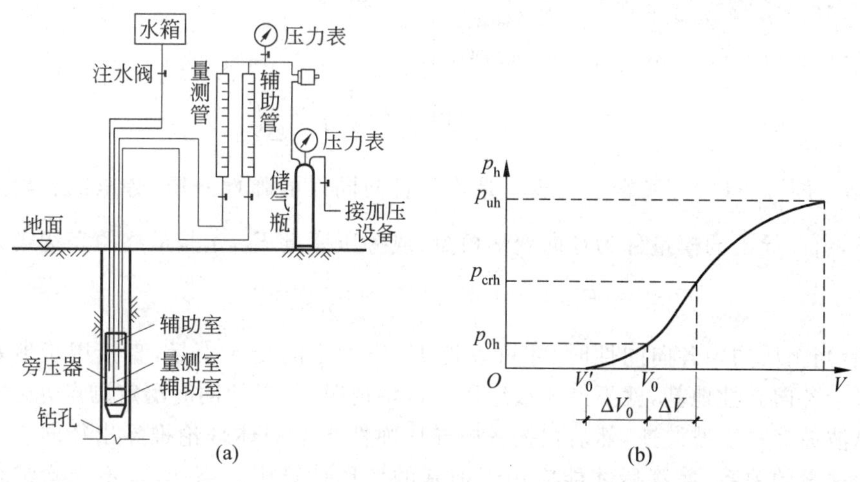

图 1-9　旁压试验装置及试验曲线

试验时，先将旁压器竖立于地面上，打开充水系统的注水阀，向旁压器及管路充水。充满后，关闭注水阀门。将旁压器置于钻孔中预定的测试位置。这时旁压器的橡皮囊尚未紧贴在四周的岩土表面上。随后利用加压系统，经量测管(包括辅助管)分级向旁压器加压，量测室和辅助室因内部水压升高而体积膨胀。先是让橡皮囊紧贴于岩土面上，继而挤压四周岩土体，产生轴对称径向变形。显然量测段钻孔的扩张量就是该段橡皮囊的膨胀量，也就是加压时所注入的水量，可以从量测管上的刻度读取。如是，分级加压，直至四周土体破坏。绘制量测室孔壁所受的压力 p_h 与量测室体积 V 变化曲线如图 1-9(b)所示。图中 p_h 是量测室内的静水压经过橡皮囊约束力校正后的孔壁实际压力。

若加压前量测室的体积为 V_0'，加压 p_{0h} 时，橡皮囊紧贴于孔壁，这时注入量测室的水量

为 ΔV_0，以此作为起始状态，即室压为 p_{0h} 时试验段的体积为 $V_0=V'_0+\Delta V_0$，逐级加压至孔壁土体出现塑性屈服的压力 p_{crh}，相应注入量测室的水量为 ΔV。按弹性理论平面应变问题，孔的初始半径为 r_0，当孔内压力增加 Δp 时，相应半径增量为 Δr，则有

$$\frac{\Delta p}{\Delta r}=\frac{E}{(1+\nu)r_0} \tag{1-15}$$

式中：E——弹性模量；

ν——泊松比。

用式(1-15)分析旁压试验曲线，当 $\Delta p=p_{crh}-p_{0h}$ 时，量测段的体积增量为 ΔV，根据几何关系有

$$\begin{aligned}\Delta V &= 2\pi\left(r_0+\frac{\Delta r}{2}\right)\Delta r\times l\\ &= 2\pi r'^2 l\,\frac{\Delta r}{r'}=2V\,\frac{\Delta r}{r'}\end{aligned} \tag{1-16}$$

式中：r_0——孔压为 p_{0h} 时孔的半径；

Δr——孔压增加 Δp 时孔的半径增量；

l——量测段的长度；

$r'=r_0+\dfrac{\Delta r}{2}$；

$V=\pi r'^2 l=V_0+\dfrac{\Delta V}{2}$。

将式(1-16)中 Δr 代入式(1-15)，整理后得

$$E=2(1+\nu)\left(V_0+\frac{\Delta V}{2}\right)\frac{r_0}{r'}\,\frac{\Delta p}{\Delta V} \tag{1-17}$$

因为 $r'\approx r_0$，即 $\frac{r_0}{r'}\approx1.0$。又岩土一般不是均匀各向同性的弹性介质，旁压试验测定的是径向的变形，由此导出的模量称为径向变形模量，或旁压模量 E_p，于是最终的表达式为

$$E_p=2(1+\nu)\left(V_0+\frac{\Delta V}{2}\right)\frac{\Delta p}{\Delta V} \tag{1-18}$$

显然，只有当土质均匀各向同性时，才可以把 E_p 作为土的变形模量，直接用于地基变形计算中。对于各向异性地基，就不能直接应用。这种情况下，必须同时测定测点处岩土竖向和横向的纵波波速和横波波速，然后根据各向异性弹性半空间体理论推导出径向变形模量和竖向变形模量的关系，换算后才能应用于地基的变形计算中。当然，也不排除结合地区经验，直接根据旁压试验的结果，选用变形计算参数。我国已研制成具有测双向波速功能的新型旁压仪，可用于各向异性地基的测试中。

上述旁压试验是在已钻成的孔内进行的，这类旁压仪称为**预钻式旁压仪**。众所周知，钻孔过程中，不但使孔壁土体受扰动，同时也改变了孔壁土体的应力状态，常使旁压试验结果失真。为了减少对土的扰动，保持土体的天然应力状态，20世纪70年代又发展了**自钻式旁压仪**。就是在测试段的下部带有钻孔切削和冲洗设备，可以自行钻到试验部位。此外，还可以装孔隙压力传感器，同时测定土中的孔隙水压力，使旁压试验更加完善。

3. 十字板剪切试验

十字板剪切试验是快速测定饱和软黏土不排水抗剪强度的一种简易而可靠的方法。仪

器主要由十字板头和加荷装置及测力装置组成，如图1-10所示。近年来新式仪器多用自动记录显示器和数据处理的计算机代替旧有的读数表盘。十字板头的常用尺寸见表1-14。在软黏土中选用75mm×100mm或75mm×150mm板头，在较硬的土中则选用50mm×100mm的板头较为合适。

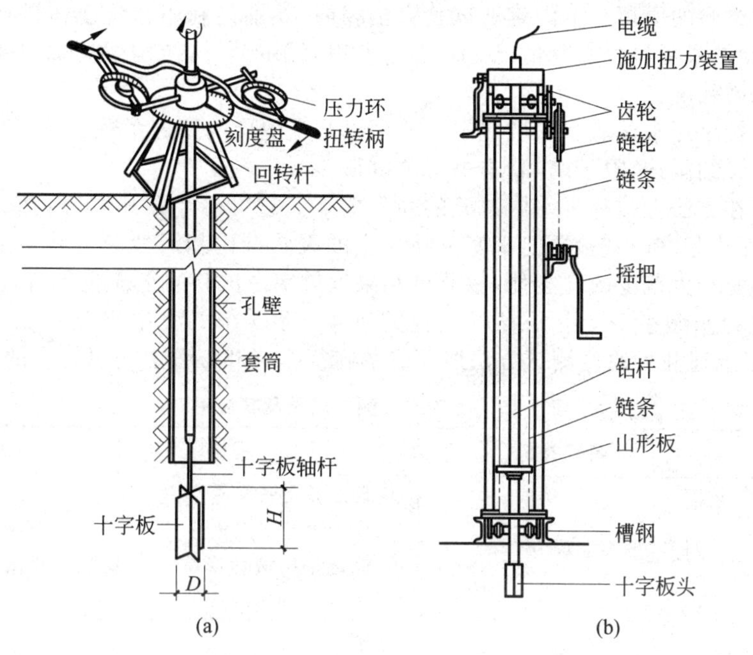

图1-10 十字板剪力试验装置

(a) 简易式；(b) 电测式

表1-14 常用十字板头尺寸 mm

直径	高度	板厚
50	100	2～3
75	100	2～3
75	150	2～3

十字板剪切试验在钻孔中进行。试验时，通过钻杆将十字板头插入拟测试的土层中预定深度处，然后由安放在地面上的加力装置对钻杆施加扭矩，使板头等速扭转。我国通常的扭转剪切速率为(1°～2°)/10s。测得剪损时的峰值扭矩M_{max}，再用式(1-19)计算土的不排水抗剪强度τ_f：

$$\tau_f = \frac{M_{max}}{\frac{\pi D^2}{2}\left(\frac{D}{3}+H\right)} \tag{1-19}$$

式中：D——十字板的直径，mm；

H——十字板的高度，mm。

式(1-19)给出的是土的峰值强度，用于工程时一般偏高。土的长期强度只有峰值强度的60%～70%。因此需根据土质条件和当地经验，对十字板测定的强度值作必要的修正，以供设计使用。

同时,式(1-19)是在假设十字板试样的侧壁和两端的抗剪强度相同而推导出来的,实际上这两个方面的抗剪强度常常是不等的,这时圆柱侧壁产生的抗扭力矩为 $M_1=\frac{\pi}{2}D^2H\tau_{f1}$,圆柱两端面产生的抗扭力矩为 $M_2=\frac{\pi}{6}D^3\tau_{f2}$;要用多个试验才能分别测出 τ_{f1} 和 τ_{f2}。

大型直剪试验的原理与室内直剪试验完全相同,差别是利用原位土体进行大尺寸的剪切试验,使试验结果更符合实际情况。此外还可用以测定岩体结构面的抗剪强度和岩土与混凝土面的抗剪强度。

现场钻孔抽水压水试验和探坑注水试验用以测定地层的渗透系数。在工程地质和水文地质课中有较详细阐述,限于篇幅,本书不再讲述。

原位测试在方法上弥补了室内试验的固有弱点。它可不经钻孔取样,直接测定岩土的力学性质,因而比起室内试验更能真实反映岩土的天然结构和天然应力状态下的特性。由于它所测试的是较大范围的岩土体,故测试结果远较室内试验的土样更具有代表性;此外,可以在现场进行重复验证,并可缩短试验的周期,所以在工程中得到日益广泛的应用。表1-15归纳了上述几种原位测试方法所测定的特征指标和工程上用以解决的问题。

表1-15 土工原位测试成果及其应用

测试方法	特征指标	主要工程应用	适用土类
标准贯入试验	标准贯入击数 N	① 确定砂土密实度 ② 评价地基土液化势 ③ 确定土层液化影响折减系数(用于桩基)	砂土、粉土、一般黏性土
轻型动力触探试验	N_{10}	① 施工验槽 ② 填土勘查 ③ 局部软土、洞穴勘查	浅层的填土、砂土、粉土和黏性土
重型和超重型触探试验	$N_{63.5}$ N_{120}	① 评价碎石土的密实度 ② 评价场地的均匀性和地基承载力	砂土、碎石土、极软岩和软岩
静力触探试验 单桥探头 双桥探头	比贯入阻力 p_s 侧壁阻力 q_s 锥底阻力 q_p	① 评价土的密实度或塑性状态 ② 评价地基土承载力 ③ 估算单桩承载力 ④ 评价地基土液化势	软土、一般黏性土、粉土、砂土、含少量碎石的土
平板载荷试验	变形模量 E 临塑荷载(比例界限) p_{cr} 极限荷载 p_u	① 地基变形计算 ② 评价地基承载力	各种土和软质岩
旁压试验	旁压模量 E_p 旁压临塑荷载 p_{crh} 旁压极限荷载 p_{uh}	① 地基变形计算 ② 评价地基承载力	各种土和软质岩
十字板剪切试验	不排水抗剪强度 τ_f	① 不排水强度 ② 评价地基承载力 ③ 求地基土灵敏度	饱和软黏性土
大型直剪试验	岩土的抗剪强度指标 c、φ 结构面和接触面摩擦系数 f	① 评价地基承载力 ② 评价地基稳定性	粗粒土及含大量粗颗粒的土、软质岩

例 1-2　在黏性土地基上进行现场载荷试验，采用 0.5m×0.5m 荷载板，得到 p-s 曲线，如图 1-11 所示，求地基土的变形模量 E 和承载力(黏性土的泊松比 $\nu=0.35$)。

解　(1) 求地基土的变形模量

现场载荷试验 p-s 曲线有直线段，$p_{cr}=200\text{kPa}$，相应的沉降量为 8mm(8×10^{-3}m)。

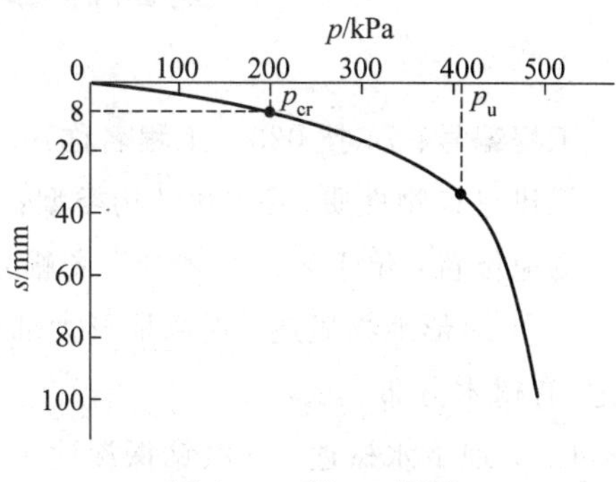

图 1-11　例 1-2 插图

由式(1-14)

$$E=\frac{pb(1-\nu^2)}{s}I$$

$$=\frac{200\times0.5\times(1-0.35^2)}{0.008}\times0.886$$

$$=9719(\text{kPa})$$

(2) 求地基承载力

根据 p-s 曲线　$p_{cr}=200\text{kPa}$

$p_u=410\text{kPa}$

通常可用 p_{cr} 或 $\frac{1}{2}p_u$ 作为未经基础埋置深度和宽度修正的地基载承力，故取

$$f=200\text{kPa}$$

1.6　地基勘探报告

在工程地质测绘、现场调查、勘探和室内外试验等工作的基础上，经过对资料的综合分析、统计计算和编绘图件，最终提供地基勘探报告。

地基勘探报告应包括如下基本内容：①任务说明，包括拟建工程的位置、结构特点、采用的勘探方法和工作量等；②有无影响建筑场地稳定性的不良地质条件及其危害程度，同时对场地的稳定性和建筑适宜性作出评价；③地下水的埋藏情况、类型和水位变化幅度及变化规律，以及对建筑材料的腐蚀性；④建筑物范围内的地层结构及其均匀性，以及各层岩土的物理力学性质；⑤位于抗震设防区时，应划分场地土类型和场地类别，并对地基内饱和砂土和粉土进行液化判别；⑥在分析以上材料的基础上对可供采用的地基基础设计方案进行论证分析，提出经济合理的设计方案建议；提供与设计要求相应的地基承载力及变形计算参数，并对施工中应注意的问题提出建议。当工程需要时，尚应补充提供：①深基础开挖的边坡稳定计算和支护设计所需的岩土技术参数，论证深开挖对周围已有建筑物和地下设施的影响；②地下水控制的建议，提出施工降水或隔水措施以及评估地下水位变化对地区环境造成的影响。

报告应附有必要的图件，包括：①建筑物和勘探点平面布置图；②钻孔(探坑和探井)柱状图；③工程地质剖面图；④原位测试成果图表；⑤室内试验成果图表；⑥其他必要的专门图件和计算分析图表。

以下是某勘察单位编写的一份简明地基勘探报告可供参考。

某勘探部门简明技勘报告

工程编号：74技023　工程名称：×××××

拟建建筑物性质、层数和结构类型：5层住宅($4^{\#}$、$5^{\#}$)两幢，配筋砌体结构。

场地位置：位于×××××　图幅号：Ⅳ-1-3-1177

(一) 地形地物概述：现场地形大部分平坦，地面标高基本为52.79～54.10m。基本为空地，有树木分布。

(二) 地下水概述：本次钻探深达10.90m，标高至42.54m，未见地下水位。

1. 历年最高水位：根据附近勘测资料，最高水位可达49.50m左右。

2. 地下水质的侵蚀性：根据附近资料，本场地水质不具有任何侵蚀性。

(三) 地质土层概述：表层为1.05～3.00m厚的人工填土①$_{-1}$层及粉质黏土填土①层，以下为第四纪冲积的粉质黏土②层，粉质黏土与黏土②$_{-1}$层，粉土③层，土层为中密，详见图1-12。

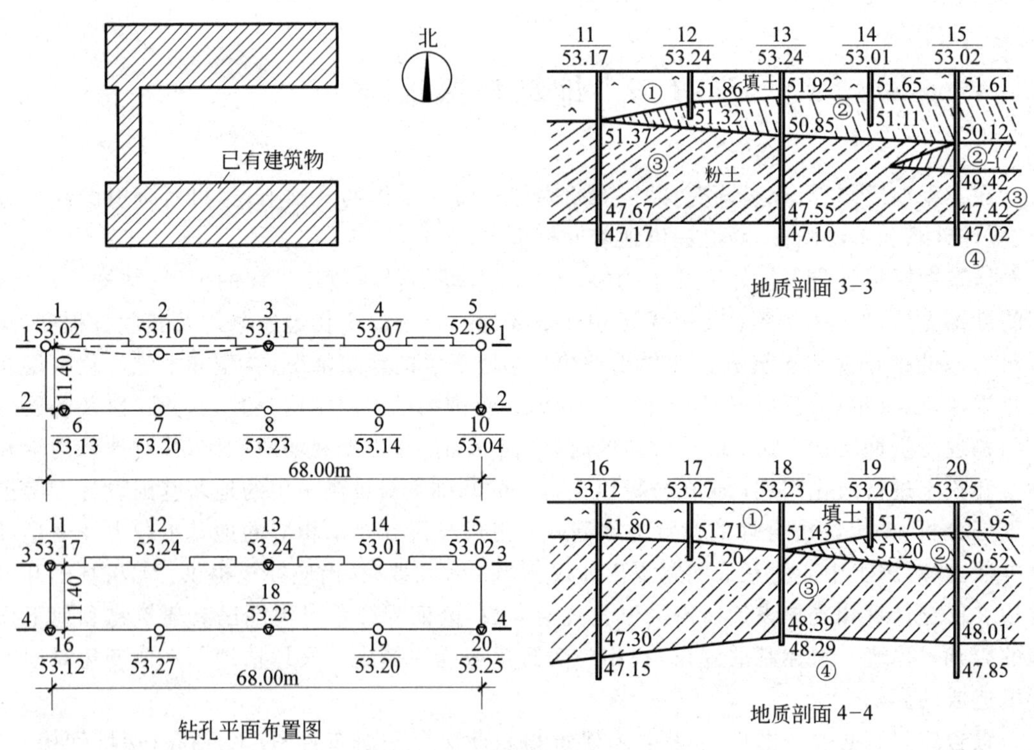

图1-12　勘探报告插图(单位：m)

（四）结束语及建议

方案	地基类型	基础砌置标高	持力层土质	地基承载力特征值/kPa	其他建议
Ⅰ	浅埋天然地基（局部按设计需要处理）	详见天然老土起始标高分区图	粉质黏土②层 粉土③层	$f_{ak}=180$	甲$_2$：土的密度分布不均匀，要求加强上部结构丙$_1$、丙$_2$、丙$_3$、戊$_5$、戊$_6$

注：甲、乙、丙、丁、戊为勘探单位对加强结构或地基采取的各种措施（略）。

备注：1. 本报告书中的 f_{ak} 值是综合值（即多种方法综合确定，未加基础埋深和宽度修正）。

2. 本场地土质湿度相差较大，土的密度和强度也不均匀，要求槽底严格进行钎探，结合钎探数据必须对过软、过硬土层进行妥善处理。

抄写××　　核对××　　工程主持人×××　　审核××

1990 年 2 月 25 日

思考题和练习题

1-1　什么叫场地？什么叫地基？什么叫基础？

1-2　地基勘探主要该完成什么工作？

1-3　从勘探工作的角度，建筑场地分成几类？相应勘探点的距离多少？

1-4　何谓一般性勘探点和控制性勘探点？对于不同的基础形式，相应勘探点的深度如何确定？

1-5　什么叫做地球物理勘探？通常采用的有哪些方法？

1-6　坑槽探的主要优点是什么？适用于什么条件？

1-7　钻探的主要内容之一是取原状土样，什么叫原状土样？

1-8　标准贯入试验（SPT）常用以测定砂土的密实程度，试说明用以确定砂土密实程度的标准。

1-9　地基中，砂层的相对密度 D_r 是否能由标准贯入锤击数 N 唯一决定？还与哪些因素有关？

1-10　地基中碎石土的密实度如何分类？

1-11　何谓静力触探？单桥探头和双桥探头各有什么特点？能测得什么指标？

1-12　地基土如何分类？分成哪些种类？

1-13　岩石按坚硬程度分成哪几类？

1-14　岩体按完整程度分成哪几类？

1-15 粉土的密实度如何分类?

1-16 黏性土用什么指标定义其状态?分成几种状态?

1-17 人工填土分成哪几类?各有什么特点?

1-18 土是一种很不均匀的材料,试验结果离散性很大,如何整理试验结果提供有代表性的试验指标?

1-19 现场载荷试验是一项很重要的原位试验,它能提供哪些主要的结果?

1-20 什么叫临塑荷载 p_{cr} 和极限荷载 p_u?如何用以确定地基的承载力?

1-21 如果从现场载荷试验测得的 p-s 曲线难以确定 p_{cr} 和 p_u,该如何从现场载荷试验的结果确定地基承载力?

1-22 何谓旁压试验?旁压器为什么要分成量测室和辅助室?

1-23 旁压试验测得的地基土的变形模量与现场载荷试验测得的变形模量有什么不同?在什么情况下才可以等同?

1-24 何谓十字板试验?它常用以测定什么土的抗剪强度?为什么说测得的抗剪强度是不排水强度?

1-25 试总结各种土工原位测试方法测得的特征指标、工程应用及所适用的土类。

1-26 在某一中等复杂场地上拟建一幢高层建筑。高 80m,矩形筏板基础 40m×25m,埋深 6m。邻近无可供参考的地质勘测资料。试拟订一个勘探计划,内容包括:钻孔布置,取土样和室内外试验要求。

1-27 某场地要建造高层建筑,钻孔取土样和进行原位试验,问:

(1) 若地基为一般黏性土,满足地基计算要求需要做什么室内外试验?

(2) 若地基为砂层,且地下水位较高,满足地基计算要求,需要做什么试验?

1-28 地基土层分布自地表以下 0~3m 为粉质黏土,4~6m 为细砂,再往下为密实砂砾石层。地下水位埋深 3m。粉质黏土的天然密度 $\rho=1.85\text{g/cm}^3$;细砂的饱和密度 $\rho_{sat}=1.95\text{g/cm}^3$,土粒比重 $G_s=2.65$,最大孔隙比 $e_{max}=0.90$,最小孔隙比 $e_{min}=0.55$。按《建筑抗震设计规范》,细砂层的标准贯入击数应满足 $N\geqslant10$ 的要求。问相应的相对密度多大?该砂层是否满足这一要求?

1-29 用两种规格十字板在黏土层同一深度处测土的抗剪强度,十字板的尺寸和测得的最大扭矩值如下表,问在此深度处土的垂直抗剪强度和水平抗剪强度各有多大?

十字板	直径/mm	长度/mm	最大扭矩/(N·mm)
A	50	150	17 000
B	50	50	7000

1-30 某工程在地基的 5m 深度砾石层处进行旁压试验,得到 p-V 曲线如图 1-13 所示,砾石层的泊松比 $\nu=0.25$,旁压器工作室的体积为 $V'_0=1130\text{cm}^3$。求砾石层的旁压模量 E_p。

1-31 在上述砾石层上进行平板载荷试验,荷载板面积 $A=0.71\text{m}\times0.71\text{m}$,得到 p-s 曲线如图 1-14 所示,曲线没有很明显的直线段,试估算砾石层的变形模量 E。

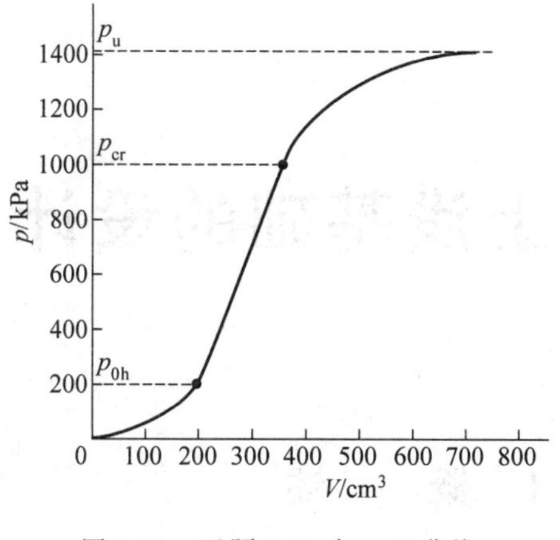

图 1-13 习题 1-30 中 p-V 曲线

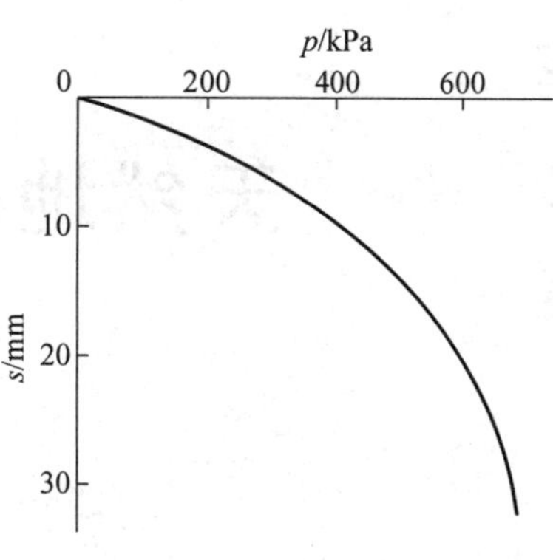

图 1-14 习题 1-31 中 p-s 曲线

参考文献

[1] 建设综合勘察研究设计院. GB 50021—2001 岩土工程勘察规范[S]. 2009 年版. 北京：中国建筑工业出版社，2009.

[2] 中国建筑科学研究院. GB 50007—2011 建筑地基基础设计规范[S]. 北京：中国建筑工业出版社，2012.

[3] 机械工业勘察设计研究院. JGJ 72—2004 高层建筑岩土工程勘察规程[S]. 北京：中国建筑工业出版社，2004.

[4] 中国建筑科学研究院. JGJ 6—2011 高层建筑筏形与箱型基础技术规范[S]. 北京：中国建筑工业出版社，2011.

[5] 中国建筑科学研究院. JGJ 83—1991 软土地区工程地质勘察规范[S]. 北京：中国建筑工业出版社，1992.

[6] 北京市勘察设计研究院，北京市建筑设计研究院. DBJ 11—501—2009 北京地区建筑地基基础勘察设计规范[S]. 北京：中国计划出版社，2009.

[7] 陈仲颐，叶书麟. 基础工程学[M]. 北京：中国建筑工业出版社，1990.

[8] 《建筑工程勘察技术措施》编委会. 建筑工程勘察技术措施[M]. 合肥：合肥工业大学出版社，2007.

第 2 章 天然地基上浅基础的设计

2.1 概　　述

在建筑物的设计和施工中，地基和基础占有很重要的地位，它对建筑物的安全使用和工程造价有着很大的影响，因此，正确选择地基基础的类型十分重要。在选择地基基础类型时，主要考虑两个方面的因素：一是建筑物的性质（包括它的用途、重要性、结构形式、荷载性质和荷载大小等）；二是地基的工程地质和水文地质情况（包括岩土层的分布，岩土的性质和地下水等）。

如果地基内是良好的土层或者上部有较厚的良好土层时，一般将基础直接做在天然土层上，这种地基叫做“**天然地基**”。置于天然地基上、埋置深度小于 5m 的一般基础（柱基或墙基）以及埋置深度虽超过 5m，但小于基础宽度的大尺寸的基础（如箱形、筏形基础），在计算承载力时基础的侧面摩擦阻力不必考虑，统称为**天然地基上的浅基础**（图 2-1(a)）。

如果地基范围内都属于软弱土层（通常指承载力低于 100kPa 的土层），或者上部有较厚的软弱土层，不适于做天然地基上的浅基础时，常可采用以下三种解决方案。

(1) 加固上部土层，提高土层的承载能力，再把基础做在这种经过人工加固后的土层上。这种地基叫做**人工地基**（图 2-1(b)），相应的人工加固、改善地基的方法称为地基处理。

(2) 在地基中打桩，把建筑物支撑在桩承台上，建筑物的荷载由桩传到地基深处较为密实的土层。这种基础叫做**桩基础**（图 2-1(c)）。

(3) 把基础直接做在地基深处承载力较高的土层上。埋置深度大于 5m 或大于基础宽度，在计算承载力时应考虑基础侧壁摩擦力的影响。这类基础叫做**深基础**（图 2-1(d)），桩基础也可认为是深基础中最常见的一种。

在上述地基基础类型中，天然地基上的浅基础常常是施工方便、技术简单、造价经济的方案，在一般情况下，应尽可能采用。如果天然地基上的浅基础不能满足工程的要求，或者经过周密论证比较后认为不经济，才考虑采用其他类型的地基基础。选用人工地基、桩基础或其他深基础，要根据建筑物地基的地质和水文地质条件，结合工程的具体要求，通过方案比较选定。本章主要讨论天然地基上浅基础的设计问题。

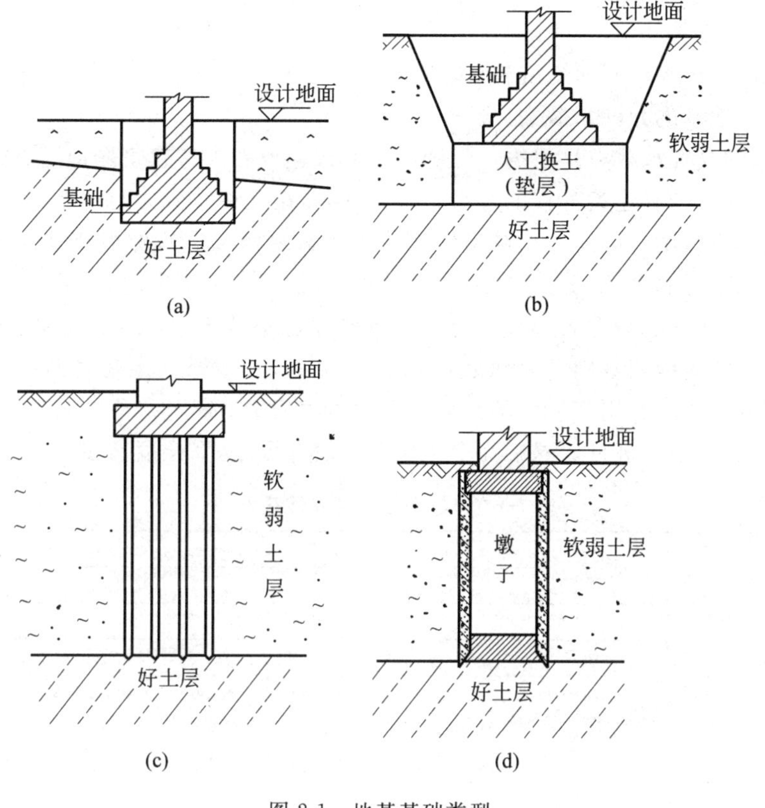

图 2-1　地基基础类型

2.2　浅基础的设计方法和设计步骤

地基基础的设计，必须坚持因地制宜、就地取材、保护环境和节约资源的原则。应该根据地质勘探资料，综合考虑结构类型、材料供应与施工条件等因素，精心设计，以保证建筑物在规定使用年限内，安全适用，而且经济合理。

2.2.1　地基基础的设计方法

随着建筑科学技术的发展，地基基础的设计方法也在不断改进。

1. 允许承载力设计方法

建筑物荷载通过基础传递到地基岩土上，作用在基础底面单位面积上的压力称为**基底压力**。设计中要求基底压力不能超过地基的极限承载力，而且要有足够的安全度；同时所引起的地基变形不能超过建筑物的允许变形值。满足这两项要求，地基单位面积上所能承受的最大压力就称为**地基的允许承载力**。如果地基允许承载力[R]确定了，则要求的基础底面积 A 就可用下式计算：

$$A = \frac{S}{[R]} \tag{2-1}$$

式中：S——作用在基础上的总荷载,包括基础自重;

$[R]$——地基的允许承载力。

最早地基的允许承载力是根据工程师的经验或建设者参考建筑场地附近建筑物地基的承载状况确定的。随着建筑工程的发展,人们不断总结允许承载力与地基土的性状的关系。通过长期经验累积,用规范的形式给出地基的允许承载力与土的种类及其某些物理性质指标(如孔隙比 e、液性指数 I_L 等)或者原位测试指标(如标准贯入击数等)的关系。就是说,可以从地基规范的允许承载力表中直接查出地基的允许承载力。例如根据我国 1974 年颁布的《工业与民用建筑地基基础设计规范》(TJ 7—1974),一般黏性土在竖向荷载下的允许承载力$[R]$值可由表 2-1 查用。砂土的允许承载力可由表 2-2 查用。有了地基的允许承载力,地基基础设计就很容易进行。这种完全按经验的设计方法,安全度有多大,不得而知。

表 2-1　一般黏性土允许承载力[R]　　t/m²

孔隙比 e	塑性指数 I_P								
	≤10			>10					
	液性指数 I_L								
	0	0.5	1.0	0	0.25	0.5	0.75	1.00	1.20
0.5	35	31	28	45	41	37	(34)		
0.6	30	26	23	38	34	31	28	(25)	
0.7	25	21	19	31	28	25	23	20	16
0.8	20	17	15	26	23	21	19	16	13
0.9	16	14	12	22	20	18	16	13	10
1.0		12	10	19	17	15	13	11	
1.1					15	13	11	10	

注:1. 有括号者仅供内插用;

2. t/m² 为该规范所用计量单位,1t/m²=10kPa。

表 2-2　砂土允许承载力[R]

标准贯入试验锤击数 N	10～15	15～30	30～50
容许承载力$[R]$/(t/m²)	14～18	18～34	34～50

注:同表 2-1 注 2。

2. 极限状态设计方法

显然,允许承载力是一种比较原始的设计方法。随着建筑业的发展,特别是高层、重型建筑的发展,结构不断更新、体型日益复杂。新型结构和复杂体型对沉降和不均匀沉降更为敏感。从以往简单一些的建筑总结得出的地基允许承载力对新型建筑物未必仍能保证安全使用。因此对复杂一些的建筑物往往还要单独进行地基变形验算。这样,允许承载力就失去了它原来的意义。实际上,地基稳定和变形允许是对地基的两种不同要求,要充分发挥地基承载作用,并不能简单地用一个允许承载力概括。更好的做法应该是分别验算,了解控制的因素,对薄弱环节采取必要的工程措施,才能真正充分发挥地基的承载能力,在保证安全可靠的前提下达到最为经济的目的,这也就是极限状态设计方法的本质。按极限状态设计方法，地基必须满足如下两种极限状态的要求。

1）**承载能力极限状态或稳定极限状态**

其意是让地基土最大限度地发挥承载能力，荷载超过此种限度时，地基土即发生强度破坏而丧失稳定或发生其他任何形式的危及人们安全的破坏。表达式为

$$\frac{S}{A}=p\leqslant\frac{p_{\mathrm{u}}}{F_{\mathrm{s}}} \tag{2-2}$$

式中：p——基底压力；

p_{u}——地基的极限承载力，它等于极限荷载，可通过试验或计算确定；

F_{s}——安全系数。

2）**正常使用极限状态或变形极限状态**

对于地基主要是其受载后的变形应该小于建筑物地基变形的允许值，表达式为

$$s\leqslant[s] \tag{2-3}$$

式中：s——建筑物地基的变形；

$[s]$——建筑物地基的允许变形值。

极限状态设计方法原则上既适用于建筑物的上部结构，也适用于地基基础，但是由于地基与上部结构是性质完全不同的两类材料，对两种极限状态的验算要求也就有所不同。结构构件的刚度远远比地基土层的刚度大，在荷载作用下，构件强度破坏时的变形往往不大，而地基土则相反，常常已经产生很大的变形但不容易发生强度破坏而丧失稳定。已有大量地基工程事故资料表明，绝大多数地基事故都是由于变形过大而且不均匀造成的。所以上部结构的设计首先是验算强度，必要时才验算变形，而地基设计则相反，常常首先是验算变形，必要时才验算因强度破坏而引起的地基失稳。

这种设计思想以 20 世纪苏联的地基设计规范为代表。按当年苏联地基规范，地基计算首先要进行地基变形验算。变形验算的内容包括以下两个部分。

（1）验算地基是否处于弹性状态。由于目前地基变形计算都是以弹性理论（或称线性变形体理论）为基础，因此必须保证基底压力不大于**临塑荷载** p_{cr}，最多不应超过**临界荷载** $p_{1/4}$，使地基内不出现塑性区或者塑性区的发展深度不超过基础宽度的 1/4（有关 p_{cr} 和 $p_{1/4}$ 的概念参阅土力学教材），即

$$S/A=p\leqslant p_{\mathrm{cr}}\quad(\text{或 } p_{1/4}) \tag{2-4}$$

（2）验算地基变形，满足式(2-3)的要求。

因为一般建筑物的地基设计受变形所控制，故可以不再进行式(2-2)的极限承载力验算。实际上因为已进行式(2-4)验算，通常也可以满足式(2-2)的要求。但是对于承受较大水平荷载的建筑物，如水工建筑物或挡土结构以及建造在斜坡上的建筑物，地基稳定可能是控制因素，这种情况，则必须用式(2-2)或其他类似分析方法进行地基的稳定性验算。

用这种设计方法，地基的安全程度都是用单一的安全系数表示，为了与后面第三种方法相区别，可称为**单一安全系数的极限状态设计方法**。

3. 可靠度设计方法

可靠度设计方法也称以概率理论为基础的极限状态设计方法，所以实际上它也属于承载能力极限状态设计方法。

1) 基本概念

前面所讲的两种设计方法,都是把荷载和抗力当成确定的量;当然,衡量建筑物安全度的安全系数也是一个确定值,所以也称定值设计。如果我们稍加深入思索就会发现,无论是荷载或者抗力,实际上都有很大的不确定性,很难确定其准确的数值。譬如,以试验研究某土层的内摩擦角 φ 值为例,进行几次试验,每次试验结果都不会完全一致,因为取样的位置、试验的具体操作都不可能完全一样。就是说,内摩擦角 φ 这个土的重要力学指标不是一个能够完全确定的数值,它的变化是随机的,故称为**随机变量**。随机变量并不是变化莫测、毫无规律,因为是属于同一层土,基本性质应该大致相同,其变化服从于某一统计规律。内摩擦角是这样,土的其他特性指标也是这样;推而广之,其他材料的特性指标以至于作用在建筑物上的荷载以及很多事物和现象也都是这样。

另一方面,工程上对安全系数数值的确定,仅是根据以往的工程经验,比较粗糙,而且不同方法之间,要求也不尽相同。例如用式(2-2)验算地基稳定时,一般要求安全系数达到2～3;而改用圆弧滑动法验算地基稳定性时,一般要求安全系数为1.3～1.5。但这完全不表示前者地基的安全度高于后者,仅仅是采用方法不同、准确性不一样,所以要求不同而已。以上说明这种用确定数值的荷载和抗力以单一的安全系数所表征的设计方法尚有不够科学之处。于是另一种新的分析方法,即可靠度分析方法就逐渐发展起来。

可靠度的研究早在20世纪30年代就已开始,当时是围绕飞机失效所进行的研究。如果飞机设计师按以往的设计方法得到安全系数是3或者更大,这对安全飞行提供的只是一个很模糊的概念,因为再大的安全系数也避免不了飞行事故的可能性。如果采用新的方法,提供的结果是每飞行一小时,失事的可能性为百万分之几的概率,则人们对飞行安全性的认识就要具体得多,这种以失效概率为表征的分析方法就是可靠度分析方法。第二次世界大战中,德国用可靠度分析方法研究火箭。美国在对其新型飞机的研究中也进行可靠度分析。以后可靠度分析方法逐渐推广应用到多个生产部门。大约20世纪40年代已应用于结构设计中。1983年我国颁布《建筑结构统一标准》(草案)就完全按国际上正在发展推行的建筑结构可靠度设计的基本原则,采用以概率统计理论为基础的极限状态设计方法,以后又先后颁布了多本类似的标准和规范。为了说明这种方法,首先就得对随机变量的概率统计分析有一个最基本的了解。

2) 随机变量概率分布的基本概念

概率是指一组相互关联事件(称随机事件)中某一事件发生的可能性。**概率论**就是研究这种可能性内在规律的理论。如前所述,研究土的内摩擦角 φ 是一个随机事件,φ 是一个随机变量。现在我们从现场取27个土样,做27组抗剪强度试验,得到27个 φ 值。为便于统计,按大小把 φ 值分成若干组,每组差限为1°。属于某组的个数 m 称为**频数**。频数 m 与总个数 n 之比 m/n 就称为概率。为了消除差限的影响,将概率除以差限,其值称为**概率密度**。将本次试验的结果,列于表2-3。以横坐标表示随机变量,纵坐标表示概率密度。根据表2-3中数据,绘制**概率密度曲线**,如图2-2所示。图中虚线表示内摩擦角 φ 的概率密度曲线 $f(\varphi)$。因为各组出现的概率之和为1.0,则概率密度曲线与 X 轴所包围的总面积也应该等于1.0,即 $\int_{-\infty}^{\infty} f(\varphi)\mathrm{d}x = 1.0$。相应地,$\int_{-\infty}^{\varphi_1} f(\varphi)\mathrm{d}x$ 称为 φ 小于 φ_1 值时的概率,$\int_{\varphi_1}^{+\infty} f(\varphi)\mathrm{d}x$ 则称为 φ 大于 φ_1 值时的概率。

表 2-3　内摩擦角 φ 值试验结果统计表($n=27$)

φ 值变化范围/(°)	频数 m	出现概率 m/n	概率密度/%
20.5～21.5	1	0.037	0.037
21.5～22.5	7	0.259	0.259
22.5～23.5	11	0.407	0.407
23.5～24.5	6	0.222	0.222
24.5～25.5	2	0.074	0.074

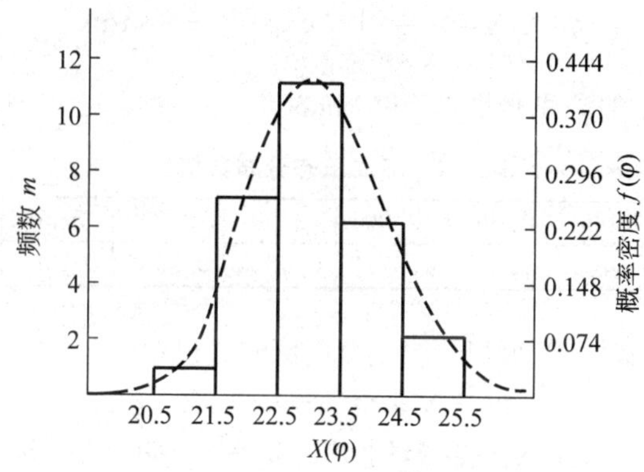

图 2-2　内摩擦角 φ 的概率密度曲线

概率分布函数有许多不同的形态，通常材料特性和永久荷载的分布曲线为正态分布曲线。若以 X 代表某一随机变量，X_m 为随机变量的均值，正态分布曲线的特点是以通过均值的竖线为中轴线，曲线呈左右对称分布，且当 $X=+\infty$ 和 $X=-\infty$ 时，$f(X)=0$。正态分布概率密度函数的数学表达式为

$$f(X)=\frac{1}{\sqrt{2\pi}\sigma_X}\exp\left[-\frac{1}{2}\left(\frac{X-X_m}{\sigma_X}\right)^2\right] \tag{2-5}$$

式中：X——随机变量，可以是内摩擦角 φ，也可以是任意的随机变量；

X_m——X 的均值，计算方法见式(1-7)；

σ_X——X 的标准差，计算方法见式(1-8)。

随机变量的标准差 σ_X 越大，则随机变量的分散程度就越高。另外，由于标准差是有量纲数，对于不同事物，量纲不同时，不好进行比较，因此又引入另一个反映随机变量相对离散程度的参数，即变异系数 δ_X，见式(1-9)。

如果均值 $X_m=0$，即概率密度曲线对称于坐标轴，且标准差 $\sigma_X=1.0$，则式(2-5)变成

$$f(X)=\frac{1}{\sqrt{2\pi}}\exp\left(-\frac{1}{2}X^2\right) \tag{2-6}$$

$f(X)$称为标准正态分布的概率密度函数，其函数值如图 2-3(a)所示。

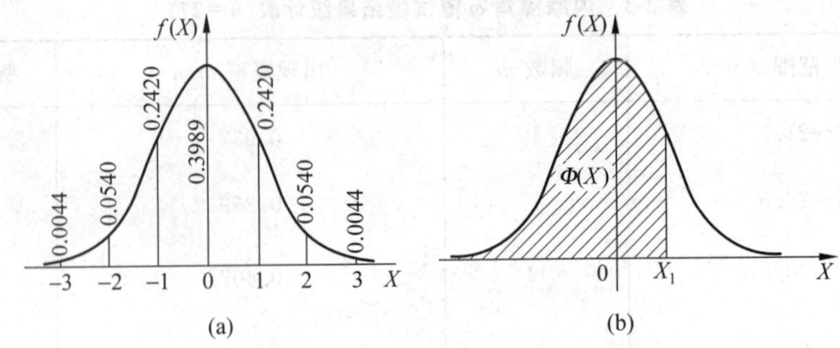

图 2-3 标准正态概率分布曲线

(a) 概率密度函数 $f(X)$；(b) 概率分布函数 $\Phi(X)$

概率密度函数的积分称为概率分布函数，标准正态概率分布函数表示为

$$\Phi(X_1)=\frac{1}{\sqrt{2\pi}}\int_{-\infty}^{X_1}\exp\left(-\frac{1}{2}X^2\right)\mathrm{d}X \tag{2-7}$$

$\Phi(X_1)$函数值与 X_1 的关系见图 2-3(b)和表 2-4。

表 2-4 标准正态分布数值表

X_1	0.0	0.50	1.00	1.50	2.00	2.50	3.00	3.50	4.00	4.50	∞
$\Phi(X_1)$	0.50	0.6915	0.8413	0.9332	0.9773	0.9938	0.9987	0.9998	0.9999	0.9999	1.00

因为曲线对称于纵坐标轴，所以当 X_1 为负值时，可取为

$$\Phi(-X_1)=1-\Phi(|X_1|) \tag{2-8}$$

$|X_1|$表示 X_1 的绝对值。例如 $X_1=-2$，则 $\Phi(-2)=1-\Phi(2)=1-0.9773=0.0227$。

3) 可靠度设计原理简介

结构的工作状态可以用作用(或荷载)或者作用效应(或荷载效应)S 与抗力 R 的关系来描述。根据《工程结构可靠性设计统一标准》(GB 50153—2008)，所谓作用是指施加在结构上的集中力或分布力(直接作用，也称为荷载)和引起结构外加变形或约束变形的原因(间接作用)。所谓作用效应是指由作用引起的结构或结构构件的反应。作用效应与抗力的关系为

$$Z=R-S \tag{2-9}$$

Z 称为**功能函数**。

当 $Z>0$ 或 $R>S$ 时，抗力大于作用效应，结构处于可靠状态；

当 $Z<0$ 或 $R<S$ 时，抗力小于作用效应，结构处于失效状态；

当 $Z=0$ 或 $R=S$ 时，抗力与作用效应相等，结构处于极限状态。

由于影响作用效应和结构抗力的因素很多，且各个因素都有不确定性，都是一些随机变量，故 S 和 R 也就是随机变量。经过对作用效应和抗力的很多统计分析表明，S 和 R 的概率分布通常属于正态分布。根据概率理论，功能函数 Z 也应该是正态分布的随机变量。这样按照式(2-5)，以功能函数 Z 为随机变量，则它的概率密度函数应为

$$f(Z)=\frac{1}{\sqrt{2\pi}\sigma_Z}\exp\left[-\frac{1}{2}\left(\frac{Z-Z_m}{\sigma_Z}\right)^2\right] \tag{2-10}$$

根据概率理论有

$$Z_m=R_m-S_m \tag{2-11}$$

$$\sigma_Z = \sqrt{\sigma_S^2 + \sigma_R^2} \tag{2-12}$$

式中：Z_m——功能函数 Z 的均值；

S_m——作用或作用效应的均值；

R_m——抗力的均值；

σ_Z——功能函数 Z 的标准差；

σ_S——作用效应的标准差；

σ_R——抗力的标准差。

这样，如果作用效应和抗力的均值 S_m 和 R_m 以及标准差 σ_S 和 σ_R 均已求得，则由式(2-10)即可绘出功能函数 Z 的概率密度分布曲线，如图2-4(a)所示，它是一般形式的正态分布曲线。图中的阴影面积表示$Z<0$的概率，也就是结构处于失效状态的概率，称为**失效概率** p_f。当然 p_f 可以由概率密度函数积分求得，即

$$p_f = \int_{-\infty}^{0} f(Z)\mathrm{d}Z = \int_{-\infty}^{0} \frac{1}{\sqrt{2\pi}\sigma_Z}\exp\left[-\frac{1}{2}\left(\frac{Z - Z_m}{\sigma_Z}\right)^2\right]\mathrm{d}Z \tag{2-13}$$

但是直接计算 p_f 比较麻烦。通常可以把一般正态分布转换成标准正态分布，并利用表 2-4 以简化计算。按照标准正态分布的定义有 $Z_m=0$，$\sigma_Z=1.0$，因此把纵坐标轴移到均值 Z_m 位置，再把横坐标的单位值除以 σ_Z，于是横坐标变成 $Z'=\frac{Z-Z_m}{\sigma_Z}$。这样变换后就可以描绘出相应的标准正态分布曲线，如图 2-4(b)所示。

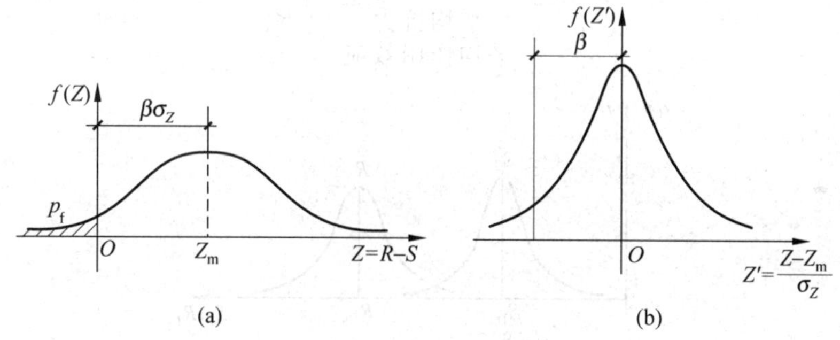

图 2-4　功能函数的概率密度

(a) 一般正态分布；(b) 标准正态分布

因为变换坐标后，$Z'=\frac{Z-Z_m}{\sigma_Z}$，故 $\mathrm{d}Z'=\frac{\mathrm{d}Z}{\sigma_Z}$，并且当 $Z=0$ 时，$Z'=-\frac{Z_m}{\sigma_Z}$，代入式(2-13)得

$$p_f = \int_{-\infty}^{-Z_m/\sigma_Z} \frac{1}{\sqrt{2\pi}}\exp\left(-\frac{1}{2}Z'^2\right)\mathrm{d}Z' \tag{2-14}$$

与式(2-7)对比，显然式(2-14)是标准正态概率分布函数。令 $-\frac{Z_m}{\sigma_Z}=\beta$，可知，失效概率由 β 唯一确定，也就是说规定了失效概率 p_f，也就是等于确定 β 值，反之亦然。例如 $\beta=3$，则

$$p_f = \int_{\infty}^{-3} \frac{1}{\sqrt{2\pi}}\exp\left(-\frac{1}{2}Z'\right)^2\mathrm{d}Z' = \Phi(-3) = 1 - \Phi(3)$$

查表 2-4，当 $X_1=\beta=3$ 时，$\Phi(3)=0.9987$，则 $p_f=1-0.9987=0.0013$。

因为 β 也是一个表示失效概率的指标，而且应用起来比 p_f 还要方便，所以在结构可靠

度的设计中,它被用来作为表示结构可靠性的指标,称**可靠指标**。许多国家的有关部门都制定β值代替安全系数作为设计的控制指标。例如美国的LRFD规范中(load and resistance factor design),对β的建议值为

临时结构　$\beta=2.5$

普通结构　$\beta=3.0$

非常重要建筑物　$\beta=4.0$

我国建筑结构设计统一标准β的规定值见表2-5。

表2-5　结构构件承载能力极限状态的可靠指标β

破坏类型	安全等级		
	一级	二级	三级
延性破坏	3.7	3.2	2.7
脆性破坏	4.2	3.7	3.2

注:当承受偶然作用时,结构构件的可靠指标应符合专门规范的规定。

可见,可靠指标β的作用类似上述的安全系数F_s,但它与F_s值的概念有明显的不同。图2-5表示两组作用效应和抗力的概率密度分布曲线S_1、R_1和S_2、R_2。令S_{1m}和R_{1m}为第一组作用效应和抗力的均值,S_{2m}和R_{2m}为第二组作用效应和抗力的均值,则安全系数F_s表示为

$$F_s=\frac{\text{平均抗力}}{\text{平均作用效应}}=\frac{R_m}{S_m} \tag{2-15}$$

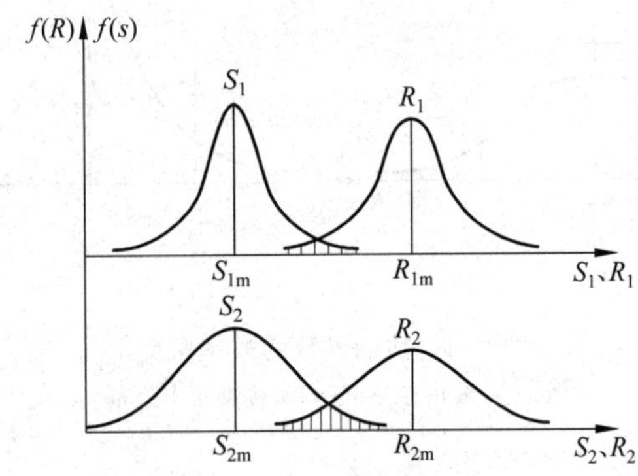

图2-5　两组作用效应S和抗力R的概率密度函数曲线

而可靠指标β则表示为

$$\beta=\frac{Z_m}{\sigma_Z}=\frac{R_m-S_m}{\sqrt{\sigma_R^2+\sigma_S^2}}=\frac{\frac{R_m}{S_m}-1}{\sqrt{\delta_S^2+\frac{R_m^2}{S_m^2}\delta_R^2}}=\frac{F_s-1}{\sqrt{F_s^2\delta_R^2+\delta_S^2}} \tag{2-16}$$

式中:σ_S、σ_R——作用效应和抗力的标准差;

δ_S、δ_R——变异系数。

由此可见,安全系数只取决于作用效应和抗力的均值,可靠指标则不但取决于S和R

的均值，而且还与它们的概率分布状况即离散程度有关。

进一步对这两组曲线进行分析表明，若 $S_{1m}=S_{2m}$，且 $R_{1m}=R_{2m}$，则安全系数 $F_{s1}=\dfrac{R_{1m}}{S_{1m}}=\dfrac{R_{2m}}{S_{2m}}=F_{s2}$，即两组曲线具有相同的安全系数。但是从概率曲线的形态分析，第二组曲线的离散程度比第一组要大，按可靠指标的概念，标准差 σ 越大，可靠指标 β 越小，故第一组的可靠指标大于第二组，即 $\beta_1>\beta_2$。不难理解，失效概率 p_f 与图中阴影面积的大小有关，显然第二组的失效概率要大于第一组，即 $p_{f1}<p_{f2}$。

总结以上内容，可靠度设计方法的要点归纳如下。

(1) 结构物在规定的时间内和条件下完成预定功能的概率称为结构可靠度。所谓规定时间就是指设计基准期，一般房屋建筑设计基准期为 50 年。规定条件就是指施工和应用各种工况的工作条件。完成预定功能就是要满足结构物功能函数 Z 的要求，即 $Z\geqslant 0$，或者说满足极限状态的设计要求。这种以概率理论为基础，以极限状态为分析方法，以可靠指标 β 值为安全标准的设计方法称为可靠度设计方法或以概率理论为基础的极限状态设计方法，以下简称为**概率极限状态设计方法**。

(2) 按可靠度设计方法，必须先对作用于结构物上的全部作用或作用效应以及所有的抗力进行统计分析，得到总荷载的均值和标准差以及全部抗力的均值和标准差。在此基础上，建立功能函数的概率密度函数表达式，如式(2-10)、式(2-11)和式(2-12)，然后才能确定结构的可靠度。显然，这种方法的精确度取决于参与分析的诸多变量概率分布的规律性和试验点的数量。概率分布规律越简明，参与统计的试验点数越多，精确度就越高。在工程所涉及的荷载和抗力中，很多都属于简单的正态分布，但是也有少数属于非正态分布，必须通过概率理论进行转换。人工配制的材料，特性指标的离散性小而且常能提供大量的试验数据，而像岩土等天然形成的材料，特性指标的离散性大而且不易获得大量的试验数据，与前者比较难以采用可靠度的设计方法。

例 2-1　对某建筑物地基持力层做了一批现场载荷试验，经统计分析，试验结果符合正态分布，承载力特征值的均值 $f_a=121\text{kPa}$，标准差 $\sigma=12\text{kPa}$。作用组合后的基底压力也符合正态分布，均值为 81kPa，标准差为 4kPa。若地基设计要求可靠指标 $\beta=3.0$，问该地基是否满足要求？其失效概率多大？

解　(1) 计算可靠指标

功能函数均值 $Z_m=R_m-S_m=121-81=40(\text{kPa})$

功能函数标准差

$$\sigma_Z=\sqrt{\sigma_R^2+\sigma_S^2}=\sqrt{12^2+4^2}=12.65$$

可靠指标 $\beta=\dfrac{Z_m}{\sigma_Z}=\dfrac{40}{12.65}=3.162>3.0$。$\beta$ 值满足要求。

(2) 计算失效概率 $p_f=\varphi(-3)=1-\varphi(\beta)$

按 $\beta=3.162$ 查表 2-4，$\varphi(3.16)=0.999\ 06$

$p_f=1-0.999\ 06=0.000\ 94$

4) 概率极限状态设计的实用方法——分项系数法

如前所述，一般的可靠度设计方法需要对结构物所涉及的每个作用和抗力都进行统计分析,工作量巨大,不是通常的工程设计者所能负担的。为了使可靠度分析在设计中实用化,将极限状态表达式写成分项系数的形式,即

$$\gamma_R R_k = \gamma_S S_k \tag{2-17}$$

式中: R_k——抗力标准值;

S_k——作用标准值的效应;

γ_R——抗力分项系数;

γ_S——作用的分项系数。

作用按其性质可分为两大类,即永久作用 G 和可变作用 Q,对应于其效应分别为 S_G 与 S_Q。于是式(2-17)可进一步表示为

$$\gamma_R R_k = \gamma_G S_{Gk} + \sum_{i=1}^{n} \gamma_{Qi} S_{Qik} \tag{2-18}$$

式中: S_{Gk}——永久作用标准值的效应;

S_{Qik}——第 i 个可变作用 Q_{ik} 标准值的效应;

γ_G——永久作用的分项系数;

γ_{Qi}——第 i 个可变作用的分项系数。

分项系数与安全系数的性质不同,安全系数是一个规定的工程经验值,不随抗力和作用效应的离散程度而变化。分项系数是根据变量的概率分布形态,经过统计分析而得到的,其值与变异系数和可靠指标有关,可分别表示为

$$\begin{aligned} \gamma_R &= 1 - 0.75\delta_R \beta \\ \gamma_G &= 1 + 0.5626\delta_G \beta \\ \gamma_Q &= 1 + 0.5626\delta_Q \beta \end{aligned} \tag{2-19}$$

式中: δ_R、δ_G、δ_Q——抗力、永久作用与可变作用的变异系数。

如上所述,作用效应是作用所引起的结构或结构中构件的反应,如力、力矩、应力或变形等,它等于作用乘以作用效应系数 C。例如简支梁上作用有均布荷载 q,跨中的弯矩为 $M=ql^2/8=Cq$。弯矩 M 就是作用 q 的效应,而 $C=l^2/8$ 成为该作用的效应系数,于是式(2-18)也可表示为

$$\gamma_R R_k = \gamma_G C_G G_k + \sum_{i=1}^{n} \gamma_{Qi} C_{Qi} Q_{ik} \tag{2-20}$$

式中: G_k——永久作用标准值;

Q_{ik}——第 i 个可变作用的标准值;

C_G——永久作用的效应系数;

C_{Qi}——第 i 个可变作用的效应系数。

式(2-20)就是一个可供具体计算的概率极限状态表达式。

5) 作用的代表值与设计值

作用的代表值是极限状态设计所采用的作用值,例如标准值、组合值、准永久值等。对于承载能力极限状态设计,作用的代表值与作用分项系数的乘积称为作用的设计值。永久作用可看成是不随时间变化的作用,如结构的自重、固定设备的重量等作用。可变作用是随时间变化的,其种类很多,如活荷载、风荷载、吊车荷载等。这些作用均应看成随机变量,但其概率分布规律并不一样,应分别选用合适的概率模型进行统计分析。在概率分布形式确

定以后，就可选择作用的代表值。作用的代表值有多种，在地基基础工程设计中常用的主要有如下三种。

（1）作用的标准值

它是作用的基本代表值，相当于设计基准期内最大作用统计分析的特征值，可以取均值或某个分位值。例如按照荷载规范，对结构自重，可按结构构件的设计尺寸乘以材料的重度；对于雪荷载可按 50 年一遇的雪压乘以屋面面积积雪分布系数等。其他类型的作用均有相应的规定，可直接由《建筑结构荷载规范》(GB 50009—2012)查用。

（2）作用的准永久值

对于可变作用，在设计基准期内，其超越的总时间约为设计基准期一半的作用值。具体地讲，对于某一随时间而变化的作用，如果设计基准期为 T，则在 T 时间内大于和等于准永久值的时间约为 $0.5T$。作用准永久值实际上是考虑可变作用施加的间歇性和分布不均匀的一种折减。例如对于地基沉降计算，短时间、随机施加的作用一般不会引起充分的地基固结沉降，可变作用就应采用作用的准永久值。作用的准永久值等于标准值乘以准永久系数 ψ_q，各种作用的准永久系数 ψ_q 可从《建筑结构荷载规范》中查用。

（3）作用的组合值

两种或两种以上的可变作用同时出现的概率会减小，因而当结构承受两种或两种以上可变荷载时，应采用作用的组合值，记为 $\psi_c S_Q$，ψ_c 称为组合值系数，它也是一个小于 1.0 的系数，可从荷载规范中查用。

6）作用的组合

设计时为了保证结构的可靠性，需要确定同时在结构上有几种作用，每种作用采用何种代表值，这一工作称为作用组合。在地基基础设计中，一般遇到的有如下几种作用组合。

（1）基本组合

按承载能力极限状态计算时最常用的一种组合就是基本组合，它包括永久作用和可变作用共同作用的组合，由可变作用控制的基本组合的效应设计值 S_d 表达式为

$$S_d = \gamma_G S_{Gk} + \gamma_{Q1} S_{Q1k} + \sum_{i=2}^{n} \gamma_{Qi} \psi_{ci} S_{Qik} \tag{2-21}$$

式中：S_{Gk}、S_{Q1k}、S_{Qik}——永久作用、第一个可变作用、第 i 个可变作用标准值的效应；

γ_G、γ_{Q1}、γ_{Qi}——永久作用、第一个可变作用、第 i 个可变作用的分项系数，因为一般可变作用的离散性高于永久作用，统计表明，可取为 $\gamma_G=1.2$，而 γ_Q 可取为 1.4；

ψ_{ci}——第 i 个可变作用的组合值系数，按《建筑结构荷载规范》的规定取值；

n——可变作用的个数。

式(2-21)是针对由可变作用控制情况，其中的第一个可变作用是最主要的可变作用。如果判断为永久作用控制时，则该式变成：

$$S_d = \gamma_G S_{Gk} + \sum_{i=1}^{n} \gamma_{Qi} \psi_{ci} S_{Qik} \tag{2-22}$$

这时 γ_G 应取为 1.35，其他系数不变。

对于这种情况，《建筑地基基础设计规范》推荐一种简化的规定，作用基本组合的效应设计值 S_d 也可按下式计算：

$$S_d = 1.35 S_k \tag{2-23}$$

式中：S_k——作用标准组合值的效应，见式(2-24)。

(2) 标准组合

这是按正常使用极限状态计算时常用的一种作用组合。作用标准组合值的效应 S_k 用下式表示：

$$S_k = S_{Gk} + S_{Q1k} + \sum_{i=2}^{n} \psi_{ci} S_{Qik} \tag{2-24}$$

对比式(2-21)与式(2-24)可以发现，当 γ_G、γ_Q 均取为 1.0 时，基本组合的效应就变成为标准组合的效应，或者如式(2-23)所示，标准组合的效应乘以分项系数 1.35 就得到基本组合的效应设计值。

(3) 准永久组合

在地基变形计算中，应采用作用准永久组合值的效应 S_k，用下式计算：

$$S_k = S_{Gk} + S_{Q1k} + \sum_{i=2}^{n} \psi_{qi} S_{Qik} \tag{2-25}$$

如上所述，地基变形计算中以永久作用为主，可变作用的施加时间是间断的，所引起的变形效应较弱，所以在准永久组合中，用准永久值系数 ψ_{qi} 代替组合值系数 ψ_{ci}，ψ_{qi} 可在《建筑结构荷载规范》中查取。因为限制变形属于正常使用极限状态的范畴，所以作用均取标准值而不必乘以分项系数。

作用组合确定以后，满足承载能力极限状态，按作用基本组合的效应，应采用下面的表达式进行计算：

$$\gamma_0 \left(\gamma_G S_{Gk} + \gamma_{Q1} S_{Q1k} + \sum_{i=2}^{n} \gamma_{Qi} \psi_{ci} S_{Qik} \right) \leqslant R \tag{2-26}$$

式中：γ_0——结构重要性系数；

R——抗力的设计值。例如对于钢筋混凝土结构，有：

$$R = R(f_c, f_s, a_k) \tag{2-27}$$

式中：f_c、f_s——混凝土、钢筋强度的设计值；

a_k——几何参数标准值，当参数的变异性对结构不利时，可另增减一个附加值，具体值可从相应规范中查用。

目前，结构可靠度设计方法已经成为一种工程设计的实用方法。我国 1992 年颁布了《工程结构可靠度设计统一标准》(GB 50153—92)，该标准于 2008 年又进行补充修订。2001 年建设部又颁布了《建筑结构可靠度设计统一标准》(GB 50068—2001)，它规定：建筑结构荷载规范及钢结构、薄壁型钢结构、混凝土结构、砌体结构、木结构等设计规范均应遵守该标准的规定。这说明，可靠度设计已经成为我国建筑结构设计的统一依据。由于岩土是自然界漫长地质年代中天然形成的产物，性质极其复杂多变，所以岩土的抗力，无论是强度指标还是变形指标，系统的统计资料还不足，短期内完全应用可靠度设计有一定困难。《建筑结构可靠度设计统一标准》规定“制定建筑地基基础和建筑抗震等规范时，宜遵守本标准规定的原则”，也就是说在原则上应当力求按照该标准的规定，但允许考虑不同行业与对象的特点。我国的《建筑地基基础设计规范》则属于遵照可靠度设计原则的同时，保留自身特点的设计方法。

4. 我国现行《建筑地基基础设计规范》设计方法要点

首先,《建筑地基基础设计规范》根据地基的复杂程度,建筑物的规模和功能与特征,以及由于地基问题可能造成建筑物破坏或影响正常使用的程度,将**地基基础**分成三个**设计等级**,见表 2-6。对不同等级的设计要求和计算方法规定,简要归纳如下。

表 2-6　地基基础设计等级

设计等级	建筑和地基类型
甲　级	重要的工业与民用建筑物 30 层以上的高层建筑 体型复杂,层数相差超过 10 层的高低层连成一体建筑物 大面积的多层地下建筑物(如地下车库、商场、运动场等) 对地基变形有特殊要求的建筑物 复杂地质条件下的坡上建筑物(包括高边坡) 对原有工程影响较大的新建建筑物 场地和地基条件复杂的一般建筑物 位于复杂地质条件及软土地区的二层及二层以上地下室的基坑工程 开挖深度大于 15m 的基坑工程 周边环境条件复杂、环境保护要求高的基坑工程
乙　级	除甲级、丙级以外的工业与民用建筑物 除甲级、丙级以外的基坑工程
丙　级	场地和地基条件简单、荷载分布均匀的七层及七层以下民用建筑物及一般工业建筑;次要的轻型建筑物 非软土地区且场地地质条件简单、基坑周边环境条件简单、环境保护要求不高且开挖深度小于 5.0m 的基坑工程

(1) 所有等级建筑物的地基设计都要满足承载力的要求。在此项计算中,作用应该按正常使用极限状态下作用的标准组合,抗力则采用地基承载力特征值。

(2) 设计等级甲级和乙级的建筑物均应该按地基变形设计。而在计算地基变形时,作用于基础底面上的作用应该按正常使用极限状态下作用的准永久组合,不应计入风荷载和地震作用。相应的极限值为地基变形允许值。

(3) 表 2-7 所列范围以内的丙级建筑物,除另有规定的一些情况外(见 2.5 节)可以不作变形验算。

(4) 对经常受水平荷载作用的高层建筑、高耸结构、水工结构和挡土结构,以及建造在斜坡上或边坡附近的建筑物和构筑物除了按上述要求进行承载力验算,变形验算外,还应该进行地基稳定性验算。作地基稳定性验算时,应该采用承载力极限状态下作用的基本组合,但分项系数均取为 1.0。

(5) 在确定基础或桩台的高度、支撑结构的截面、计算基础或支挡结构的内力,确定配筋和验算材料强度时,作用组合应按承载能力极限状态下的作用的基本组合,并采用规定的相应分项系数。

表 2-7 可不作地基变形计算的设计等级为丙级的建筑物范围

<table>
<tr><td rowspan="2">地基主要受力层情况</td><td colspan="3">地基承载力特征值 f_{ak}/kPa</td><td>$80\leqslant f_{ak}<100$</td><td>$100\leqslant f_{ak}<130$</td><td>$130\leqslant f_{ak}<160$</td><td>$160\leqslant f_{ak}<200$</td><td>$200\leqslant f_{ak}<300$</td></tr>
<tr><td colspan="3">各土层坡度/%</td><td>≤5</td><td>≤10</td><td>≤10</td><td>≤10</td><td>≤10</td></tr>
<tr><td rowspan="8">建筑类型</td><td colspan="3">砌体承重结构、框架结构/层数</td><td>≤5</td><td>≤5</td><td>≤6</td><td>≤6</td><td>≤7</td></tr>
<tr><td rowspan="4">单层排架结构(6m柱距)</td><td rowspan="2">单跨</td><td>吊车额定起重量/t</td><td>10~15</td><td>15~20</td><td>20~30</td><td>30~50</td><td>50~100</td></tr>
<tr><td>厂房跨度/m</td><td>≤18</td><td>≤24</td><td>≤30</td><td>≤30</td><td>≤30</td></tr>
<tr><td rowspan="2">多跨</td><td>吊车额定起重量/t</td><td>5~10</td><td>10~15</td><td>15~20</td><td>20~30</td><td>30~75</td></tr>
<tr><td>厂房跨度/m</td><td>≤18</td><td>≤24</td><td>≤30</td><td>≤30</td><td>≤30</td></tr>
<tr><td colspan="2">烟囱</td><td>高度/m</td><td>≤40</td><td>≤50</td><td colspan="2">≤75</td><td>≤100</td></tr>
<tr><td colspan="2" rowspan="2">水塔</td><td>高度/m</td><td>≤20</td><td>≤30</td><td colspan="2">≤30</td><td>≤30</td></tr>
<tr><td>容积/m³</td><td>50~100</td><td>100~200</td><td>200~300</td><td>300~500</td><td>500~1000</td></tr>
</table>

注：1. 地基主要受力层系指条形基础底面下深度为 $3b$(b 为基础底面宽度)，独立基础下为 $1.5b$ 且厚度均不小于 5m 的范围(二层以下一般的民用建筑除外)；

2. 表中砌体承重结构和框架结构均指民用建筑，对于工业建筑可按厂房高度、荷载情况折合成与其相当的民用建筑层数。

(6) 基础设计安全等级、结构设计使用年限、结构重要性系数应按有关规范的规定采用，但结构重要性系数 γ_0 不应小于 1.0。

以上 6 项属于最根本的规定，其他还有几项规定是局部性的，它们是：基坑工程应进行稳定性验算；地下水位埋藏较浅对地下室存在着上浮问题时，应进行抗浮验算；当验算基础裂缝宽度时，应该用正常使用极限状态下作用标准组合等。

若将上面的规定与前述 3 种地基的设计方法对比可知《建筑地基基础设计规范》的设计方法不单纯属于其中的某一种，而是考虑岩土的特点依据工程经验综合应用了上述 3 种地基基础的设计方法。对于该规范，作如下几点说明。

(1)《建筑地基基础设计规范》的基本框架是建立在以概率理论为基础的极限状态设计方法上，主要体现在作用或作用组合效应采用按《建筑结构可靠度设计统一标准》编制的《建筑结构荷载规范》；结构功能状态的判别主要以极限状态为标准。通常按极限状态设计，应进行两类验算，即承载能力极限状态验算和正常使用极限状态验算，对于建筑物地基就是地基的稳定验算和地基的变形验算。而上述《建筑地基基础设计规范》的设计要点中，却规定了 3 种验算，即地基承载力验算(对全部建筑物)、地基变形验算(对甲、乙级和部分丙级建筑物)和地基稳定验算(对经常承受水平荷载的建筑物)。应注意到，地基承载力验算所用的作用是正常使用极限状态下作用的标准组合；承载力特征值的取值，如后面所述，当用现场载荷试验时，应取若干组试验测得的临塑荷载 p_{cr} 的平均值；当用公式计算时，土的抗剪强度指标 c、φ 采用标准值。这说明，地基承载力所指的"承载力"并非地基稳定验算中的极限承载力 p_u，而是保证建筑物能正常使用的承载力，属于正常使用极限状态范畴的验算。

（2）对于按地基变形设计的建筑物，即设计等级为甲、乙级和少数丙级，且水平荷载不起主要作用的建筑物，只需要验算地基承载力和地基变形。这两项验算都是保证建筑物能正常使用的验算，无论是荷载或抗力，分项系数都取为 1.0，可以认为符合概率极限状态设计方法的要求。

（3）对于经常承受水平荷载的建筑物和构筑物，地基稳定和地基变形都要进行验算。在地基稳定验算中，《建筑地基基础设计规范》建议采用单一安全系数的圆弧滑动法。用这种方法无法与分项系数等概念联系起来，因此在采用作用或作用组合效应时，虽然表面上采用承载能力极限状态的基本组合，但各种分项系数均取为 1.0，以使与单一安全系数相一致，也就是说，《建筑地基基础设计规范》中的地基稳定验算，仍然采用单一安全系数的极限状态设计方法。

（4）从地基现场载荷试验测得的 p-s 曲线表明，定为地基承载力的临塑荷载 p_{cr} 比代表地基失稳的极限荷载 p_u 小得多，往往不及 p_u 的一半，即地基开始破坏到地基失稳还有很大的距离。所以对于进行承载力验算，不妨这样理解，对于大多数丙级和丙级以下的建筑物，地基承载力实质上就是“允许承载力”，它既保证地基变形不超过允许值，又保证地基有足够的安全度不会丧失稳定，即属于第一类设计方法；而对于其他等级的建筑物，承载力验算实际上是变形验算的必要条件，它保证地基变形可以用现行的弹性理论进行计算；自然，尚处于弹性状态的地基是不会失稳的，只不过安全度不确定而已。

这样看来，《建筑地基基础设计规范》所规定的地基验算方法实际上是因地基设计等级不同而异，对于众多丙级以下的建筑物实质上是用第一种方法，即允许承载力设计方法，这里允许承载力已经不是仅由工程师的经验决定，而是要通过原位试验或室内试验以及地区经验确定。具体方法后面还要详细阐述。对于水平荷载是主要荷载的建筑物，必须进行地基稳定验算和地基变形验算，其中，稳定验算采用的是第二种设计方法，即单一安全系数的极限状态设计方法。对于水平荷载不起主要作用的甲、乙类及部分丙类建筑物，按地基变形设计，可不必进行稳定验算，用的则是第三种方法，即概率极限状态设计方法。至于基础（包括桩基承台）可以看成是结构物与地基岩土的联结构件，与结构物的其他构件一样都应按照概率极限状态方法设计。

2.2.2　浅基础设计步骤

天然地基上浅基础的设计通常按如下步骤进行。

（1）阅读和分析建筑物场地的地质勘察资料和建筑物的设计资料，进行相应的现场勘察和调查。

（2）选择基础的结构类型和建筑材料。

（3）选择持力层，决定合适的基础埋置深度。

（4）确定地基基础设计的承载力和作用在基础上的荷载组合，计算基础的初步尺寸。

（5）根据地基基础设计等级进行必要的地基计算，包括地基持力层和软弱下卧层（如果存在）的承载力验算（对全部建筑物地基），地基变形验算（对按规定的重要建筑物地基）以及地基稳定验算（对水平荷载为主要荷载的建筑物地基）。当地下水位埋藏较浅，地下室或地下构筑物存在上浮问题时尚应进行抗浮验算。依据验算结果，必要时修改基础尺寸甚至重新确定埋置深度。

（6）进行基础的结构和构造设计。

(7) 当有深基坑开挖时,应考虑基坑开挖的支护和排水、降水问题。

(8) 编制基础的设计图和施工图。

(9) 编制工程预算书和工程设计说明书。

2.3 浅基础的类型和基础材料

2.3.1 浅基础的结构类型

基础的作用就是把建筑物的荷载安全可靠地传给地基,保证地基不会发生强度破坏或者产生过大变形,同时还要充分发挥地基的承载能力;因此,基础的结构类型必须根据建筑物的特点(结构形式、荷载的性质和大小等)和地基土层的情况来选定。浅基础的基本结构类型分下列四种。

1. 单独基础(或称独立基础)

柱的基础一般都是单独基础(图2-6)。

2. 条形基础

墙的基础通常是连续设置成长条形,称为条形基础(图2-7)。

如果柱的荷载较大而土层的承载能力又较低,做单独基础需要很大的面积,这种情况下,可采用**柱下条形基础**(图2-8),甚至**柱下交叉梁基础**(图2-9)。

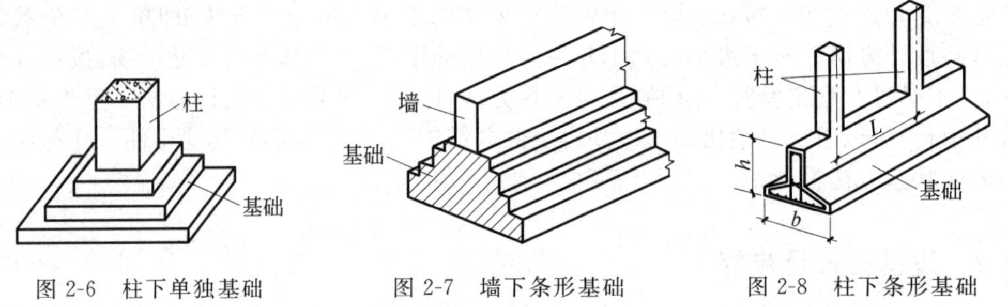

图2-6 柱下单独基础　　图2-7 墙下条形基础　　图2-8 柱下条形基础

相反,当建筑物较轻,作用于墙上的荷载不大,基础又需要做在较深处的好土层上时,做条形基础可能不经济,这时可以在墙下加一根过梁,将过梁支在单独基础上,称为**墙下单独基础**(图2-10)。

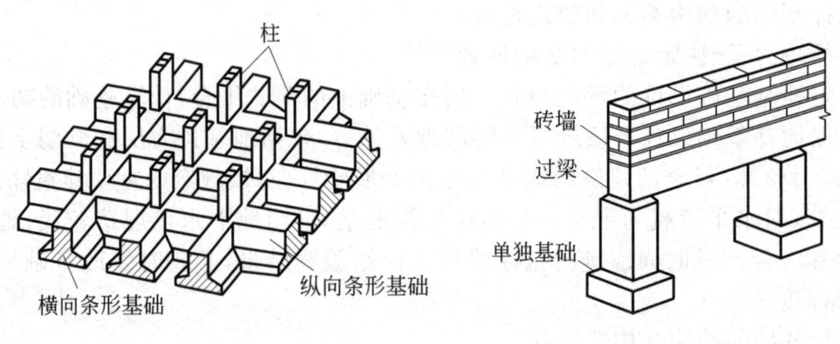

图2-9 柱下交叉梁基础　　图2-10 墙下单独基础

3. 筏形基础和箱形基础

当柱或墙传来的荷载很大，地基土较软弱，用单独基础或条形基础都不能满足地基承载力的要求时，或者地下水位常年在地下室的地坪以上，为了防止地下水渗入室内，往往需要把整个房屋底面(或地下室部分)做成一片连续的钢筋混凝土板，作为房屋的基础，称为**筏形基础**(图 2-11)。

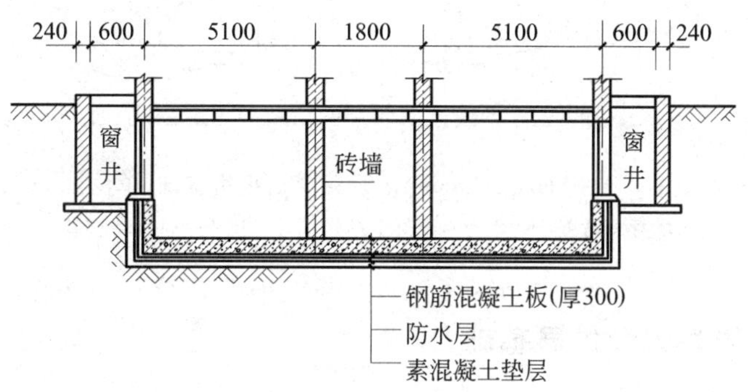

图 2-11　地下室筏形基础(单位：mm)

为了增加基础板的刚度，以减小不均匀沉降，高层建筑物往往把地下室的底板、顶板、侧墙及一定数量的内隔墙连在一起构成一个整体刚度很强的钢筋混凝土箱形结构，称为**箱形基础**(图 2-12)。

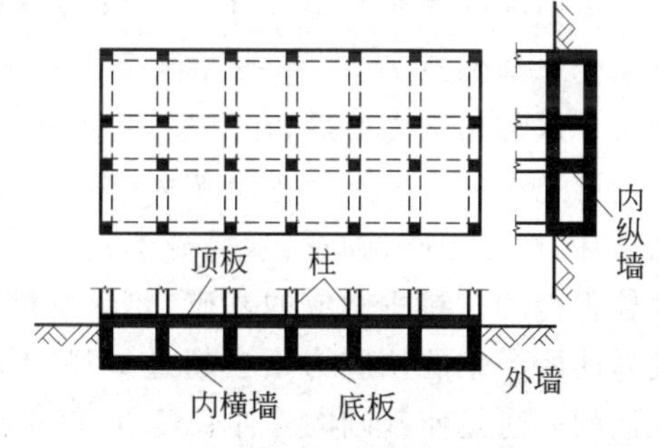

图 2-12　箱形基础

4. 壳体基础

为改善基础的受力性能，基础的形状可以不做成台阶状，而做成各种形式的壳体，称为**壳体基础**(图2-13)。

高耸建筑物，如烟囱、水塔、电视塔等基础常做成壳体基础，可利用拱效应使结构内力更加合理。图 2-14 是某高 271m 的远距离信报塔的空壳基础的结构示意图。

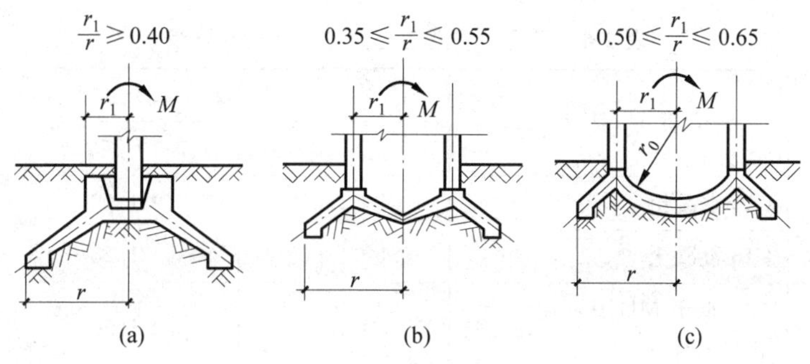

图 2-13　壳体基础的结构形式

(a) 正圆锥壳；(b) M 形组合壳；(c) 内球外锥组合壳

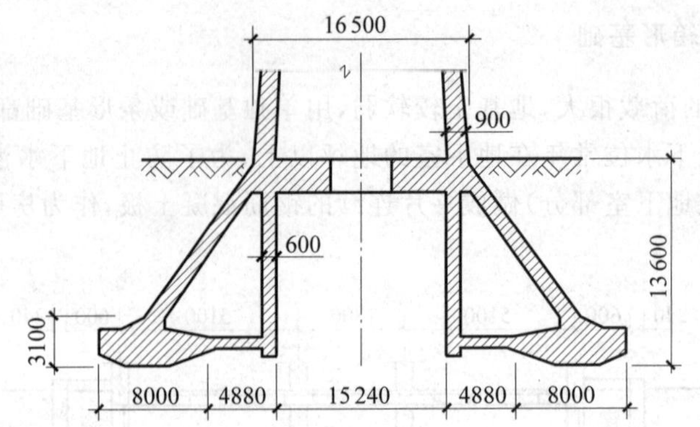

图 2-14 哈姆布格(Hamburg)远距离信报塔基础(单位：mm)
(塔身总高度 $H=271\text{m}$,混凝土结构部分高度 $h=240\text{m}$, 1967)

2.3.2 无筋扩展基础和扩展基础

1. 无筋扩展基础(又称刚性基础)

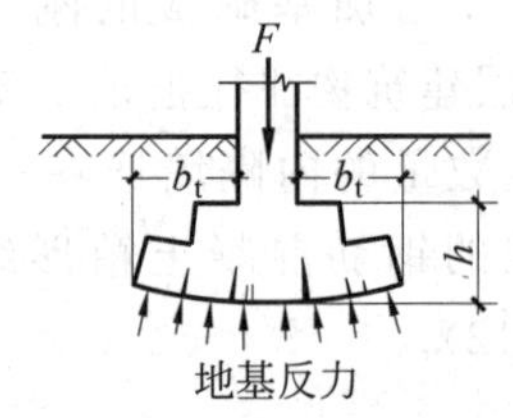

图 2-15 刚性基础受力破坏简图

单独基础或条形基础上面受柱或墙传来的荷载，下面承受地基的反力，工作条件像个倒置的两边外伸的悬臂梁。这种结构受力后，在靠柱边、墙边或断面高度突变的台阶边缘处容易产生弯曲破坏(图 2-15)。为了防止弯曲破坏，对于用砖、砌石、素混凝土、灰土和三合土等抗拉性能很差的材料所做成的基础，要求基础有一定的高度，使弯曲所产生的拉应力不会超过材料的抗拉强度。通常控制的办法是使基础的外伸长度 b_t 和基础高度 h 的比值不超过规定的容许比值。各种材料所容许的 b_t/h 值见表 2-8。

从图 2-16 中可以看出，$\tan\alpha=b_t/h$。与容许的台阶宽高比 b_t/h 值相应的角度 α 称为基础的**刚性角**。因此基础的高度 h 应符合下式的要求：

$$h=\frac{b_t}{\tan\alpha} \tag{2-28}$$

表 2-8 无筋扩展基础台阶宽高比的允许值

基础材料	质量要求	台阶宽高比的允许值		
		$p_k\leqslant 100$	$100<p_k\leqslant 200$	$200<p_k\leqslant 300$
混凝土基础	C15 混凝土	1∶1.00	1∶1.00	1∶1.25
毛石混凝土基础	C15 混凝土	1∶1.00	1∶1.25	1∶1.50
砖基础	砖不低于 MU10 砂浆不低于 M5	1∶1.50	1∶1.50	1∶1.50
毛石基础	砂浆不低于 M5	1∶1.25	1∶1.50	—

续表

基础材料	质量要求	台阶宽高比的允许值		
		$p_k \leqslant 100$	$100 < p_k \leqslant 200$	$200 < p_k \leqslant 300$
灰土基础	体积比为 3∶7 或 2∶8 的灰土，其最小干密度： 粉土 1.55t/m^3 粉质黏土 1.50t/m^3 黏土 1.45t/m^3	1∶1.25	1∶1.50	—
三合土基础	体积比 1∶2∶4～1∶3∶6（石灰∶砂∶骨料），每层约虚铺 220mm，夯至 150mm	1∶1.50	1∶2.00	—

注：1. p_k 为作用标准组合时基础底面处的平均压力值，kPa；

2. 阶梯形毛石基础的每阶伸出宽度不宜大于 200mm；

3. 当基础由不同材料叠合组成时，应对接触部分作抗压验算；

4. 基础底面处的平均压力值超过 300kPa 的混凝土基础，尚应进行抗剪验算。

由砖、砌石、素混凝土、灰土和三合土等材料做成满足刚性角要求的基础称为**无筋扩展基础**或**刚性基础**。为便于施工，刚性基础一般做成台阶形。满足刚性角要求的基础，各台阶的内缘最好落在与墙边或柱边铅垂线成 α 角的斜线上，如图 2-16(b)所示。若台阶内缘进入斜线以内，如图 2-16(a)所示，表示基础断面不够安全。若台阶内缘在斜线以外，如图 2-16(c)所示，则断面设计不经济。

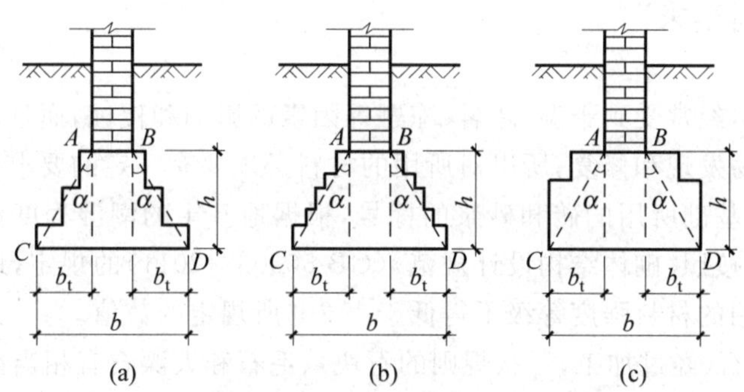

图 2-16　刚性基础断面设计

(a) 不安全设计；(b) 正确设计；(c) 不经济设计

无筋扩展基础适用于多层民用建筑和轻型厂房。

2. 扩展基础

当基础的高度不能满足刚性角要求时，可以做成钢筋混凝土基础，用钢筋承受基础底部的拉应力，以保证基础不发生断裂，称为**扩展基础**。柱下扩展基础有现浇和预制两种类型。图 2-17(a)和(b)是常用的柱下现浇扩展基础，图 2-17(c)和(d)则是柱下预制扩展基础，又称**杯口基础**。墙下扩展基础一般做成无肋的钢筋混凝土板，如图 2-18(a)所示。当地基不均匀需要考虑基础的纵向弯曲时，可做成图 2-18(b)所示带肋梁的扩展基础以加强基础的纵向刚度。

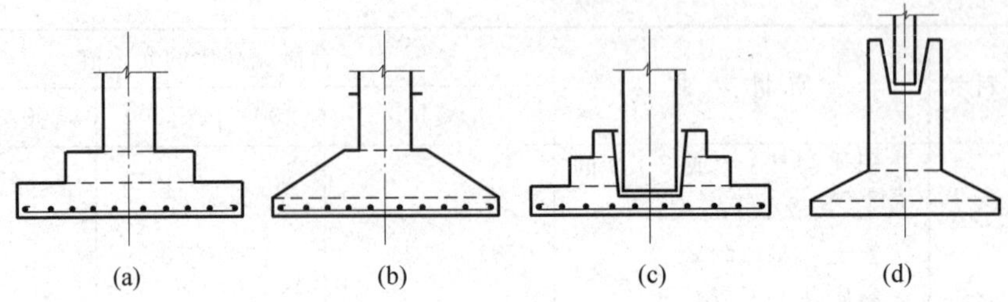

图 2-17 单独扩展基础

(a) 台阶形；(b) 锥台形；(c) 杯口形；(d) 高杯口形

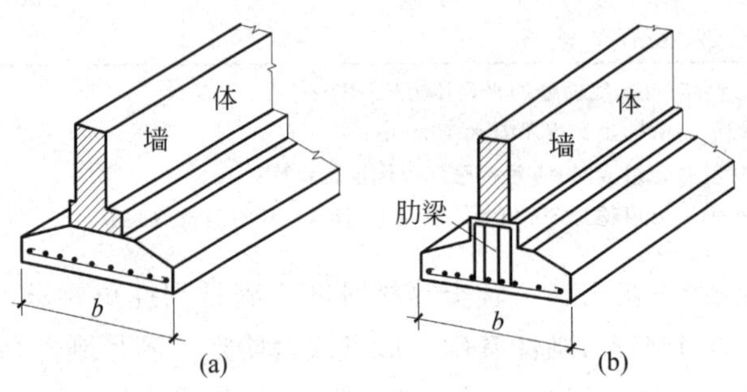

图 2-18 条形扩展基础

2.3.3 基础材料要求

基础埋于土中，经常受到干湿、寒暑、冻融等因素的影响和侵蚀，而且它是建筑物的隐蔽部分，破坏了不容易发现和修复，所以对所用的材料必须要有一定的要求。

(1) 砖　砖砌基础所用的砖和砂浆的标号，根据地基土的潮湿程度和地区的寒冷程度而有不同的要求。按照《砌体结构设计规范》(GB 50003—2011)的规定，地面以下或防潮层以下的砖砌体，所用的材料强度等级不得低于表 2-9 所规定的数值。

(2) 石料　料石(经过加工，形状规则的石块)、毛石和大漂石有相当高的抗压强度和抗冻性，是基础的良好材料。特别在山区，石料可以就地取料，应该充分利用。做基础的石料要选用质地坚硬、不易风化的岩石。石块的厚度不宜小于 150mm。石料的强度等级和砂浆的强度等级要求见表 2-9。

表 2-9 地面以下或防潮层以下的砌体、潮湿房间墙所用材料的最低强度等级

基土的潮湿程度	烧结普通砖 蒸压灰砂砖		混凝土砌块	石材	水泥砂浆
	严寒地区	一般地区			
稍潮湿的	MU10	MU10	MU7.5	MU30	M5
很潮湿的	MU15	MU10	MU7.5	MU30	M7.5
含水饱和的	MU20	MU15	MU10	MU40	M10

注：对安全等级为一级或设计使用年限大于 50 年的房屋，表中材料等级至少提高一级。

(3) 混凝土　混凝土的耐久性、抗冻性和强度都比砖好，且便于现浇和预制成整体基础，可建造比砖和砌石有更大刚性角的基础(表 2-8)；因此，同样的基础宽度，用混凝土时，基础的高度可以小一些。但是混凝土基础造价稍高，耗水泥量较大，较多用于地下水位以下的基础及垫层，强度等级一般采用 C15。为节约水泥用量，可以在混凝土中掺入 20%～30%毛石，称为**毛石混凝土**。

(4) 钢筋混凝土　钢筋混凝土具有较强的抗弯、抗剪能力，是质量很好的基础材料。用于荷载大、土质软弱的情况或地下水位以下的扩展基础、筏形基础、箱形基础和壳体基础。对于一般的钢筋混凝土基础，混凝土的强度等级应不低于 C20。

(5) 灰土　我国在 1000 多年以前就采用**灰土**作为基础垫层，效果很好。基础砌体下部受力不大时，也可以利用灰土代替砖、石或混凝土。作为基础材料用的灰土，一般为**三七灰土**，即用三分石灰和七分黏性土(体积比)拌匀后分层夯实。灰土所用的生石灰必须在使用前加水消化成粉末，并过 5～10mm 筛子。土料宜用粉质黏土，不要太湿或太干。简易的判别方法就是拌和后的灰土要"捏紧成团，落地开花"，意即可捏成团，落地则散开。灰土的强度与夯实的程度关系很大，要求施工后达到干重度不小于 14.5～15.5kN/m^3。施工时常用每层虚铺 220～250mm，夯实后成 150mm 来控制，称为一步灰土。灰土在水中硬化慢，早期强度低，抗水性差；此外，灰土早期的抗冻性也较差。所以灰土作为基础材料，一般只用于地下水位以上。

(6) 三合土　用石灰、砂和骨料拌和而成的料称为**三合土**。用以作为低层房屋基础，配比为1∶2∶4～1∶3∶6，每层虚铺 220mm，夯实后成 150mm。

2.4　基础的埋置深度

基础底面埋在地面(一般指设计地面)以下的深度，称为基础的**埋置深度**。为了保证基础安全，同时减少基础的尺寸，要尽量把基础放在良好的土层上。但是基础埋置过深不但施工不方便，并且会提高基础的造价，因此，应该根据实际情况选择一个合理的埋置深度。原则是：在保证地基稳定和满足变形要求的前提下，尽量浅埋。但是除岩基外，基础埋深不宜浅于 0.5m，因为表土一般都松软，易受雨水及植被和外界影响，不宜作为基础的持力层。另外，基础顶面应低于设计地面 100mm 以上，避免基础外露，遭受外界的破坏。

影响基础埋置深度的因素很多，其中最主要的有如下三个方面。

2.4.1　建筑物的用途、结构类型和荷载性质与大小

基础的埋置深度首先取决于建筑物的用途，如有无地下室、地下管沟和设备基础等。

如果出于建筑物使用上的要求，基础需有不同的埋深时(如地下室和非地下室连接段纵墙的基础)，应将基础做成台阶形，逐步由浅过渡到深，台阶高度 ΔH 和宽度 L 之比为 1/2(图 2-19)。有地下管道时，一般要求基础深度低于地下管道的深度，避免管道在基础下穿过，影响管道的使用和维修。

如果与邻近建筑物的距离很近时，为保证相邻原有建筑物的安全和正常使用，基础

埋置深度宜浅于或等于相邻建筑物的埋置深度。如果基础深于原有建筑物基础时。要使二基础之间保持一定距离,其净距 L 一般为相邻两基础底面高差 ΔH 的 1～2 倍(图 2-20),以免开挖基坑时,坑壁塌落,影响原有建筑物地基的稳定。如不能满足这一要求,应采取有效的基坑支护措施,同时在基坑开挖时引起的相邻建筑物的变形应满足有关规定。

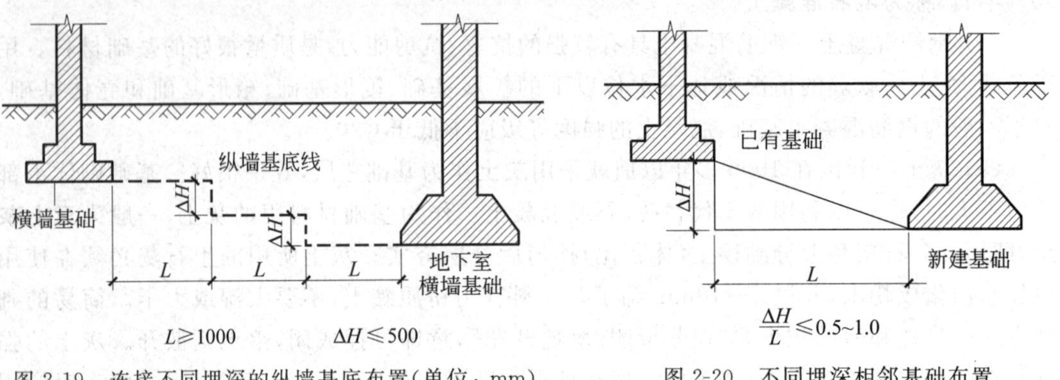

图 2-19 连接不同埋深的纵墙基底布置(单位:mm)　　图 2-20 不同埋深相邻基础布置

地基承受基础的荷载后将发生沉降,荷载越大,下沉越多。建筑物的结构类型不同,地基沉降可能造成的危害程度不一样。在对荷载大的高层建筑和对不均匀沉降要求严格的建筑物设计中,为减少沉降,取得较大的承载力,往往把基础埋置在较深的良好土层上,这样,基础的埋置深度也就比较大。同时由于挖去了较深的地基土,基底的附加压力也减少了,从而减少了基础沉降量。此外,承受水平荷载较大的基础和地震区的基础,应有足够大的埋置深度,以保证地基的稳定性。

2.4.2 地基的地质和水文地质条件

在确定浅基础的埋置深度时,应当详细分析地质勘探资料,尽量把基础埋置到好土上。然而土质的好坏是相对的,同样的土层,对于轻型的房屋可能满足承载力的要求,适合作为天然地基,但对重型的建筑就可能满足不了承载力的要求而不宜作为天然地基。所以考虑地基的因素时,应该与建筑物的性质结合起来。地基因土层性质不同,大体上可以分成下列五种典型情况。

(1) 第一种情况(图 2-21(a)) 地基内部都是好土(承载力高,分布均匀,且压缩性小),土质对基础埋深影响不大,埋深由其他因素确定。

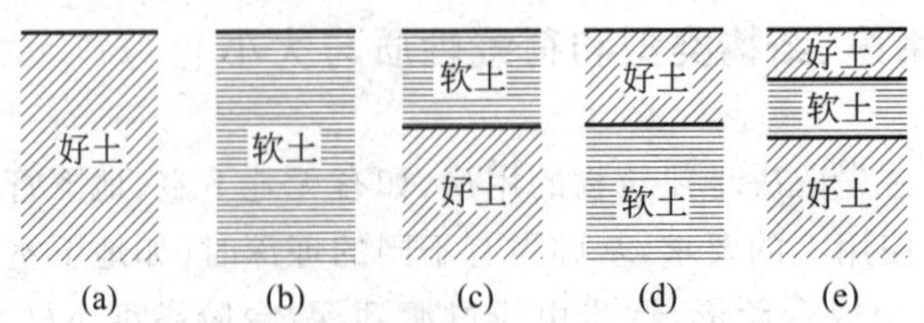

图 2-21 地基土层的组成类型

(2) 第二种情况(图 2-21(b)) 地基内部都是软土,压缩性高,承载力小,一般不宜采用天然地基上的浅基础。对于低层房屋,如果采用浅基础时,则应采用相应的措施,如增强建筑物的刚度等。

(3) 第三种情况(图 2-21(c))　地基由两层土组成,上层是软土,下层是好土。基础的埋深要根据软土的厚度和建筑物的类型来确定,分下列三种情况：

① 软土厚在 2m 以内时,基础宜砌置在下层的好土上。

② 软土厚度在 2～4m,对于低层的建筑物,可考虑将基础做在软土内,避免大量开挖土方,但要适当加强上部结构的刚度。对于重要的建筑物和带有地下室的建筑物,则宜将基础做在下层好土上。

③ 软土厚度大于 5m 时,除筏形、箱形等大尺寸基础以及地下室的基础外,除按前述第二种情况处理外,还可采用地基处理或者桩基础。

(4) 第四种情况(图 2-21(d))　地基由两层土组成,上层是好土,下层是软土。在这种情况下,应尽可能将基础浅埋,以减少软土层所受的压力,并且要验算软弱下卧层承载力。如果好土层很薄,则应归于前述第二种情况。

(5) 第五种情况(图 2-21(e))　地基由若干层好土和软土交替组成。应根据各土层的厚度和承载力的大小,参照上述原则选择基础的埋置深度。

基础应尽量埋置在地下水位以上,避免施工时要进行基坑排水或降水。如果地基有承压水时,则要校核开挖基槽后,承压水层以上的基底隔水层是否会因压力水的浮托作用而发生流土破坏的危险。

2.4.3　寒冷地区土的冻胀性和地基的冻结深度

1. 地基土的冻胀性

地下一定深度范围内,土的温度随季节而变化。在寒冷地区的冬季,上层土中,水因温度降低而冻结。冻结时,土中水体积膨胀,因而整个土层的体积也跟着膨胀。但是这种体积膨胀比较有限,更重要的是处于冻结中的土会产生吸力,吸引附近水分渗向冻结区而冻结。因此,土冻结后水分转移,含水量增加,体积膨胀,这种现象称为土的**冻胀现象**。如果冻土层离地下水位较近,冻结产生的吸力和毛细力吸引地下水,源源不断进入冻土区,形成冰晶体,严重时可形成冰夹层,地面将因土的冻胀而隆起。春季气温回升解冻,冻土层不但体积缩小而且因含水量显著增加,强度大幅度下降而产生**融陷**现象。冻胀和融陷都是不均匀的,如果基底下面有较厚的冻土层,就将产生难以估计的冻胀和融陷变形,影响建筑物的正常使用,甚至导致破坏,如图 2-22 所示。

图 2-22　地下室右侧基础下冻土融陷造成砖墙开裂

土的冻胀性决定于土的性质和四周环境向冻

土区补充水分的条件。土的颗粒越粗、透水性越强，冻结过程中未冻水被排出冰冻区的可能性越大，土的冻胀性越小。纯粗粒土，如纯净的碎石土、砾砂、粗砂、中砂乃至细砂均可视为非冻胀土。高塑性黏土，例如塑性指数 I_P 大于 22，土中水主要是结合水且透水性很小，冻结时，往往不易得到四周土和地下水的水分补充，即使天然含水量较高，冻胀性也不高。土的天然含水量越高，特别是自由水的含量越高，则冻胀性越强。冻土区与地下水位的距离越近，土的冻胀性也越大。衡量土的冻胀性大小的指标，用**平均冻胀率**可表示为

$$\eta = \frac{\Delta z}{h' - \Delta z} \times 100\% \tag{2-29}$$

式中：Δz——地表冻胀量；

h'——冻土层厚度。

地基土按冻胀性的分类见表 2-10。

表 2-10　地基土的冻胀性分类

<table>
<tr><th>土的名称</th><th>冻前天然含水量 $w/\%$</th><th>冻结期间地下水位距冻结面的最小距离 h_w/m</th><th>平均冻胀率 $\eta/\%$</th><th>冻胀等级</th><th>冻胀类别</th></tr>
<tr><td rowspan="6">碎(卵)石，砾、粗、中砂(粒径小于0.075mm颗粒含量大于15%)，细砂(粒径小于0.075mm颗粒含量大于10%)</td><td rowspan="2">$w\leqslant 12$</td><td>>1.0</td><td>$\eta\leqslant 1$</td><td>Ⅰ</td><td>不冻胀</td></tr>
<tr><td>$\leqslant 1.0$</td><td rowspan="2">$1<\eta\leqslant 3.5$</td><td rowspan="2">Ⅱ</td><td rowspan="2">弱冻胀</td></tr>
<tr><td rowspan="2">$12<w\leqslant 18$</td><td>>1.0</td></tr>
<tr><td>$\leqslant 1.0$</td><td rowspan="2">$3.5<\eta\leqslant 6$</td><td rowspan="2">Ⅲ</td><td rowspan="2">冻胀</td></tr>
<tr><td rowspan="2">$w>18$</td><td>>0.5</td></tr>
<tr><td>$\leqslant 0.5$</td><td>$6<\eta\leqslant 12$</td><td>Ⅳ</td><td>强冻胀</td></tr>
<tr><td rowspan="7">粉　砂</td><td rowspan="2">$w\leqslant 14$</td><td>>1.0</td><td>$\eta\leqslant 1$</td><td>Ⅰ</td><td>不冻胀</td></tr>
<tr><td>$\leqslant 1.0$</td><td rowspan="2">$1<\eta\leqslant 3.5$</td><td rowspan="2">Ⅱ</td><td rowspan="2">弱冻胀</td></tr>
<tr><td rowspan="2">$14<w\leqslant 19$</td><td>>1.0</td></tr>
<tr><td>$\leqslant 1.0$</td><td rowspan="2">$3.5<\eta\leqslant 6$</td><td rowspan="2">Ⅲ</td><td rowspan="2">冻胀</td></tr>
<tr><td rowspan="2">$19<w\leqslant 23$</td><td>>1.0</td></tr>
<tr><td>$\leqslant 1.0$</td><td>$6<\eta\leqslant 12$</td><td>Ⅳ</td><td>强冻胀</td></tr>
<tr><td>$w>23$</td><td>不考虑</td><td>$\eta>12$</td><td>Ⅴ</td><td>特强冻胀</td></tr>
<tr><td rowspan="9">粉　土</td><td rowspan="2">$w\leqslant 19$</td><td>>1.5</td><td>$\eta\leqslant 1$</td><td>Ⅰ</td><td>不冻胀</td></tr>
<tr><td>$\leqslant 1.5$</td><td>$1<\eta\leqslant 3.5$</td><td>Ⅱ</td><td>弱冻胀</td></tr>
<tr><td rowspan="2">$19<w\leqslant 22$</td><td>>1.5</td><td>$1<\eta\leqslant 3.5$</td><td>Ⅱ</td><td>弱冻胀</td></tr>
<tr><td>$\leqslant 1.5$</td><td rowspan="2">$3.5<\eta\leqslant 6$</td><td rowspan="2">Ⅲ</td><td rowspan="2">冻胀</td></tr>
<tr><td rowspan="2">$22<w\leqslant 26$</td><td>>1.5</td></tr>
<tr><td>$\leqslant 1.5$</td><td rowspan="2">$6<\eta\leqslant 12$</td><td rowspan="2">Ⅳ</td><td rowspan="2">强冻胀</td></tr>
<tr><td rowspan="2">$26<w\leqslant 30$</td><td>>1.5</td></tr>
<tr><td>$\leqslant 1.5$</td><td rowspan="2">$\eta>12$</td><td rowspan="2">Ⅴ</td><td rowspan="2">特强冻胀</td></tr>
<tr><td>$w>30$</td><td>不考虑</td></tr>
</table>

续表

土的名称	冻前天然含水量 w/%	冻结期间地下水位距冻结面的最小距离 h_w/m	平均冻胀率 η/%	冻胀等级	冻胀类别
黏性土	$w \leqslant w_P + 2$	>2.0	$\eta \leqslant 1$	Ⅰ	不冻胀
		$\leqslant 2.0$	$1 < \eta \leqslant 3.5$	Ⅱ	弱冻胀
	$w_P + 2 < w \leqslant w_P + 5$	>2.0			
		$\leqslant 2.0$	$3.5 < \eta \leqslant 6$	Ⅲ	冻胀
	$w_P + 5 < w \leqslant w_P + 9$	>2.0			
		$\leqslant 2.0$	$6 < \eta \leqslant 12$	Ⅳ	强冻胀
	$w_P + 9 < w \leqslant w_P + 15$	>2.0			
		$\leqslant 2.0$	$\eta > 12$	Ⅴ	特强冻胀
	$w > w_P + 15$	不考虑			

注：1. w_P——塑限含水量，%，

w——在冻土层内冻前天然含水量的平均值，%；

2. 盐渍化冻土不在表列中；
3. 塑性指数大于 22 时，冻胀性降低一级；
4. 粒径小于 0.005mm 的颗粒含量大于 60%时，为不冻胀土；
5. 碎石类土当充填物大于全部质量的 40%时，其冻胀性按充填物土的类别判断；
6. 碎石土、砾砂、粗砂、中砂(粒径小于 0.075mm 颗粒含量不大于 15%)、细砂(粒径小于 0.075mm 颗粒含量不大于 10%)均按不冻胀考虑。

2. 地基土的冻结深度

地基土的冻结深度首先决定于当地的气象条件，气温越低，低温的持续时间越长，冻结深度就越大。其次冻结深度还与土的性质以及建筑物所处的环境有关。粗粒土骨架的导热系数比细粒土大，在同样的条件下，粗粒土的冻结深度要比细粒土大。土中水在冰冻时要放出大量的潜热，含水量越大，冰冻时参加变相的水分越多，释放的潜热越大，故冻结的深度越浅。此外城市高楼密集，从外部吸收很多热量；工业设施、交通车辆、冬季取暖和人类活动都要排放很多热量，导致气温升高，称为**"热岛效应"**。这也会对冰冻深度有所影响。

冻结状态持续两年或两年以上的土称为**永久冻土**。随着季节变化而冰冻、融化相互交替变化的冻土称为**季节性冻土**。季节性冻土地基设计时，**场地冻结深度**应按下式计算：

$$z_d = z_0 \psi_{zs} \psi_{zw} \psi_{ze} \tag{2-30}$$

式中：z_0——标准冻结深度，对于非冻胀黏性土，系采用在地表平坦、裸露、城市之外的空旷场地中，不少于 10 年实测最大冻结深度的平均值，当无实测资料时，可按我国《建筑地基基础设计规范》给出的标准冻深图取值，例如我国北方一些主要城市的 z_0 取值如下：

济南 0.5m　　西安 0.5m　　天津 0.5～0.7m

太原 0.8m　　大连 0.8m　　北京 0.8～1.0m

沈阳 1.2m　　长春 1.6m　　哈尔滨 1.8～2.0m

满洲里 2.8m

ψ_{zs}——土的类别对冻深的影响系数，见表 2-11；

ψ_{zw}——土的冻胀性对冻深的影响系数,见表 2-12;

ψ_{ze}——环境对冻深的影响系数,见表 2-13。

表 2-11 土的类别对冻深的影响系数

土的类别	影响系数 ψ_{zs}	土的类别	影响系数 ψ_{zs}
黏性土	1.00	中、粗、砾砂	1.30
细砂、粉砂、粉土	1.20	碎石土	1.40

表 2-12 土的冻胀性对冻深的影响系数

冻胀性	影响系数 ψ_{zw}	冻胀性	影响系数 ψ_{zw}
不冻胀	1.00	强冻胀	0.85
弱冻胀	0.95	特强冻胀	0.80
冻胀	0.90		

表 2-13 环境对冻深的影响系数

周围环境	影响系数 ψ_{ze}	周围环境	影响系数 ψ_{ze}
村、镇、旷野	1.00	城市市区	0.90
城市近郊	0.95		

注:环境影响系数一项,当城市市区人口为 20 万～50 万时,按城市近郊取值;当城市市区人口大于 50 万小于或等于 100 万时,按城市市区取值;当城市市区人口超过 100 万时,按城市市区取值,5km 以内的郊区按城市近郊取值。

3. 季节性冻土地区基础的最小埋置深度

在季节性冻土地区,如果基础埋置深度太浅,基底下存在较厚的冻胀性土层,可能因为土的冻融变形,导致建筑物开裂甚至不能正常使用,因此在选择基础的埋深时,必须考虑冻结深度的影响。当然,如果以式(2-30)的场地冻结深度作为基础的埋置深度,则可以免除土的冻胀对建筑物的影响。不过在北方严寒地区,冻结深度很大,按这一要求,基础都要埋砌很深。实际上基底以下保留有不厚的冻土层,只要冻结时不产生过大的冻胀力,导致基础被抬起,解冻时不产生过量的融陷,就可以允许。《建筑地基基础设计规范》通过较系统的现场试验测定和理论分析后认为,在确保冻结时地基内所产生的冻胀应力不超过外荷载在相应位置所引起的附加应力的原则下,基础下允许存在一定厚度的冻土层。这样,**考虑地基土的冻胀性,基础的最小埋置深度**可由下式计算:

$$d_{\min} = z_{\mathrm{d}} - h_{\max} \tag{2-31}$$

式中:z_{d}——季节性冻土地区地基的场地冻结深度,由式(2-30)确定;

$h_{\max}$——基础底面下**允许残留冻土层的最大厚度**。

显然,土的平均冻胀率 η 越大,冻胀性越高,则允许的 $h_{\max}$ 越小;基底的平均压力越大,地基土越不容易产生冻胀变形,则 $h_{\max}$ 可以越大。再就是房屋采暖的影响,冬季采暖的房屋室内地基土不会冻结,所以,内墙和内柱的基础埋深无须考虑冻结深度的影响,而外墙和外柱的基础允许有较大的残留冻土层厚度。当然要注意到,对跨年度施工的建筑,入冬前应对地基采取相应的防护措施;冬季不能正常采暖,也应该采取保温措施。此外,在计算基底压力时，作用于基础的荷载只能计算结构的永久荷载，临时性的可变荷载不能计入。例如观众厅和教室，在演出或上课时，座无虚席，散场后则空无一人，当晚间基土冻胀时，这些可变荷载都不存在，不能起平衡冻胀力的作用，因此只能计算实际存在的不变荷载，而且宜乘以一个小于 1 的荷载系数，例如 0.9，以考虑偶然出现的最不利情况。

按《建筑地基基础设计规范》，h_{max} 值可由表 2-14 查用。

表 2-14　建筑基底允许冻土层最大厚度 h_{max}　m

冻胀性 \ 基础形式 \ 采暖情况 \ 基底平均压力/kPa			110	130	150	170	190	210
弱冻胀土	方形基础	采暖	0.90	0.95	1.00	1.10	1.15	1.20
		不采暖	0.70	0.80	0.95	1.00	1.05	1.10
	条形基础	采暖	>2.50	>2.50	>2.50	>2.50	>2.50	>2.50
		不采暖	2.20	2.50	>2.50	>2.50	>2.50	>2.50
冻胀土	方形基础	采暖	0.65	0.70	0.75	0.80	0.85	
		不采暖	0.55	0.60	0.65	0.70	0.75	
	条形基础	采暖	1.55	1.80	2.00	2.20	2.50	
		不采暖	1.15	1.35	1.55	1.75	1.95	

注：1. 本表只计算基底法向冻胀力，如果基础侧面存在切向冻胀力，应采取防切向力措施；

2. 基础宽度小于 0.6m 不适用，矩形基础取短边尺寸按方形基础计算；

3. 表中数据不适用于淤泥、淤泥质土和欠固结土；

4. 计算基底平均压力时取永久作用的标准组合值乘以 0.9，可以内插。

例 2-2　在我国长春市城区修建民用建筑，一般室内外地面高差小于 0.3m。已知建筑物采用条形基础，只考虑永久荷载时基底的平均压力为 120kPa。地层剖面如图 2-23 所示。从冻结深度考虑，求外墙基础的最小埋深。

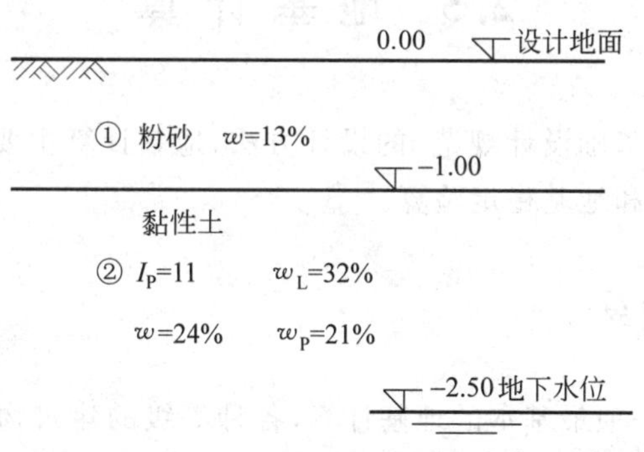

图 2-23　例 2-2 插图(单位：m)

解　(1) 地区标准冻结深度为 $z_0=1.6$m

(2) 按式(2-30)求场地冻结深度

$$z_d = z_0 \psi_{zs} \psi_{zw} \psi_{ze}$$

查表 2-11 求 ψ_{zs}。第一层为粉砂，$\psi_{zs}=1.2$；第二层为黏性土，$\psi_{zs}=1.0$。

查表 2-12 求 ψ_{zw}。第一层为粉砂，天然含水量 $w=13\%<14\%$，层底距地下水位 1.5m>

1.0m,冻胀等级为Ⅰ,即不冻胀,ψ_{zw}取1.0;第二层为黏性土,$w_P+5>w>w_P+2$,地下水位离标准冻结深度0.9m,冻胀等级为Ⅲ,属冻胀土,ψ_{zw}取0.9。

查表2-13求ψ_{ze},市区ψ_{ze}取0.9。

按第一层土计算:

$$z_{d1} = 1.6 \times 1.2 \times 1.0 \times 0.9 = 1.73(\text{m})$$

按第二层土计算:

$$z_{d2} = 1.6 \times 1.0 \times 0.9 \times 0.9 = 1.30(\text{m})$$

对于这种在场地冻深范围内有多层地基土的情况,在具体设计计算中可以近似取冻深最大的土层(土层①)作为场地冻深,即

$$z_d = z_{d1} = 1.73\text{m}$$

但是基础底部位于土层②中,应按照条形基础、冻胀土、采暖、基底平均压力为120kPa等条件查表2-14得到第二层土的允许冻土层最大厚度:$h_{max}=1.67$m。再由式(2-24)计算基础的最小埋深:

$$d_{min} = z_d - h_{max} = 1.73 - 1.67 = 0.06(\text{m}) < 0.5(\text{m})$$

可见本工程的基础埋深不是由冻深所控制的。

如果考虑两层土对冻深的影响,可以通过折算来计算实际的场地冻深。首先考虑第一层土的冻深z_{d1}与土层厚h_1之差为$1.73-1.0=0.73$(m)。而实际上在第二层土不会冻结0.73m,而应折算为$\Delta z_{d2}=0.73\times\dfrac{1.3}{1.73}=0.55$(m),则实际场地冻深为$z_d=1+0.55=1.55$(m)。

$$d_{min} = z_d - h_{max} = 1.55 - 1.67 < 0$$

即本工程的基础埋深不是由冻深所控制的,而是由其他因素确定。

2.5 地基计算

按照现行《建筑地基基础设计规范》的设计方法,地基计算主要包括三项内容:地基承载力验算,地基变形验算和地基稳定验算。

2.5.1 地基承载力验算

地基承载力验算是一项最基本的地基计算,各种等级的建筑物地基都必须满足承载力的要求。而且地基往往是由多层岩土所组成,各层岩土均应满足这一要求。验算地基承载力所用的作用组合是正常使用极限状态下作用的标准组合,即式(2-24)。

1. 地基承载力的确定方法

地基承载力有如下三种确定方法。

(1) 现场载荷试验或其他原位测试方法

现场载荷试验确定地基承载力的方法见1.5节。其他原位测试方法,如静、动力触探

等，不能直接测定地基的承载力，而只能测定一些反映地基土性质的物理量，如标准贯入击数 N，比贯入阻力 p_s 等。这些物理量经过统计分析后，与以往累积的原位测试指标和地基承载力的关系资料进行对比，从而评估出地基的承载力值。用这种方法时要注意，所积累的地基承载力资料常有明显的地区性，不一定可普遍应用，要因地制宜，具体分析。

用原位试验确定地基承载力时，并没有考虑基础的宽度和埋置深度对承载力的影响，需要用下式进行承载力的基础宽度和埋置深度修正后，才得到可供实际设计用的地基承载力特征值。

$$f_a = f_{ak} + \eta_b \gamma (b-3) + \eta_d \gamma_m (d-0.5) \tag{2-32}$$

式中：f_a——**修正后地基承载力特征值**，kPa。

f_{ak}——**按现场载荷试验或其他原位试验及工程经验确定的地基承载力特征值**，kPa。

γ——基底以下土的天然重度，地下水位以下用浮重度，kN/m^3。

γ_m——基础底面以上土的加权平均重度，地下水位以下用浮重度，kN/m^3。

b——基础宽度，m；当宽度小于 3m 时按 3m 计，大于 6m 时按 6m 计。

d——基础埋置深度，m；一般自室外地面标高算起；在填方平整地区，可自填土地面标高算起，但填土在上部结构施工后才完成时，应从天然地面标高算起；对于地下室，如采用箱基或筏基时，自室外地面标高算起；采用独立基础或条形基础时，应从室内地面标高算起。

η_b、η_d——相应于基础宽度和埋置深度的**承载力修正系数**，按基底下土类，查表 2-15。

表 2-15　承载力修正系数

土的类别		η_b	η_d
淤泥和淤泥质土		0	1.0
人工填土 e 或 I_L 大于等于 0.85 的黏性土		0	1.0
红黏土	含水比 $a_w>0.8$	0	1.2
	含水比 $a_w\leqslant 0.8$	0.15	1.4
大面积压实填土	压实系数大于 0.95、黏粒含量 $\rho_c\geqslant 10\%$ 的粉土	0	1.5
	最大干密度大于 $2.1t/m^3$ 的级配砂石	0	2.0
粉　土	黏粒含量 $\rho_c\geqslant 10\%$ 的粉土	0.3	1.5
	黏粒含量 $\rho_c<10\%$ 的粉土	0.5	2.0
e 及 I_L 均小于 0.85 的黏性土		0.3	1.6
粉砂、细砂(不包括很湿与饱和时的稍密状态)		2.0	3.0
中砂、粗砂、砾砂和碎石土		3.0	4.4

注：1. 强风化和全风化的岩石，可参照所风化成的相应土类取值，其他状态下的岩石不修正；

2. 含水比 $a_w=\dfrac{w}{w_L}$，w 为天然含水量，w_L 为液限；

3. 大面积压实填土是指填土范围大于 2 倍基础宽度的填土。

(2) 规范建议的地基承载力公式

如果作用于基础上的竖向力偏心 e 不大于基础宽度 b 的 0.033 倍时,基底压力近似于均匀分布,这种情况可用式(2-33)求地基承载力特征值。

$$f_a = M_b\gamma b + M_d\gamma_m d + M_c c_k \tag{2-33}$$

式中:f_a——已计入基础宽度和埋置深度影响的地基承载力特征值,kPa;

c_k——基础下1倍基础宽度范围内土的黏聚力标准值,kPa;

φ_k——基础下1倍基础宽度范围内土的内摩擦角标准值,确定方法见式(1-12),(°);

M_b、M_d、M_c——**承载力系数**,见表2-16;

b——基础底面宽度,大于6m时按6m取值,对于砂土小于3m时按3m取值;

d、γ、γ_m——与式(2-32)相同。

在式(2-33)中地基土的抗剪强度指标 φ_k,c_k,可采用原状土的室内剪切试验、无侧限抗压强度试验、现场剪切试验、十字板剪切试验等方法测定。对于黏性地基土,当采用原状土样室内剪切试验时,宜选用三轴压缩的不固结不排水试验;经过预压固结的地基,可采用固结不排水试验。对于砂土和碎石土,应采用有效应力强度指标,φ'可根据标准贯入试验或重型动力触探击数,根据经验推算确定。

表2-16 承载力系数 M_b、M_d、M_c

土的内摩擦角标准值 φ_k/(°)	M_b	M_d	M_c	土的内摩擦角标准值 φ_k/(°)	M_b	M_d	M_c
0	0	1.00	3.14	22	0.61	3.44	6.04
2	0.03	1.12	3.32	24	0.80	3.87	6.45
4	0.06	1.25	3.51	26	1.10	4.37	6.90
6	0.10	1.39	3.71	28	1.40	4.93	7.40
8	0.14	1.55	3.93	30	1.90	5.59	7.95
10	0.18	1.73	4.17	32	2.60	6.35	8.55
12	0.23	1.94	4.42	34	3.40	7.21	9.22
14	0.29	2.17	4.69	36	4.20	8.25	9.97
16	0.36	2.43	5.00	38	5.00	9.44	10.80
18	0.43	2.72	5.31	40	5.80	10.84	11.73
20	0.51	3.06	5.66				

式(2-33)并非地基极限承载力理论解的简化公式,而是《建筑地基基础设计规范》给出的经验公式;相应的荷载值略大于临塑荷载 p_{cr},即地基内允许发生塑性破坏区,但塑性破坏区的范围很小,其深度不超过基础宽度的1/4。

(3) 工程实践经验

表2-1和表2-2就是依据以往工程经验总结得到的地基土承载力表,虽然目前已不列入《建筑地基基础设计规范》中,但仍然是有价值的参考资料。由于土的工程性质具有很强的地区性,不同地区的土,虽然某些物理性质相同或相似,但承载力可能有较大的差异,想要总结出一套适用于全国各个地区的地基土承载力表几乎是不可能的,所以各个地区,特别是许多大城市,常各自总结适用于本地区的地基土承载力表或承载力的确定方法,便于初步设

计时参考。

岩石地基的承载力也可以用现场载荷试验确定。当无条件进行岩基载荷试验时，对完整程度较好的岩石（包括完整、较完整和较破碎三类），可以根据岩石的**饱和单轴抗压强度**按式（2-34）计算岩基的承载力。

$$f_a = \psi_r f_{rk} \tag{2-34}$$

式中：f_a——岩石地基承载力特征值，kPa；

f_{rk}——岩石的饱和单轴抗压强度标准值，kPa；

ψ_r——折减系数，根据岩体的完整程度以及结构面的间距、宽度、产状和组合，由地区经验确定，无经验时，对完整岩体可取 0.5，对较完整岩体可取 0.2～0.5，对较破碎岩体可取 0.1～0.2。

对于黏土质岩，经过饱和处理后，强度会大幅度降低，因此工程中，若能确保施工期间和使用期间该基岩不致遭水浸泡，也可以采用天然湿度的岩样进行单轴抗压试验，求单轴抗压强度标准值 f_{rk}。

2. 持力层的承载力验算

直接支承基础的地基土层称为**持力层**，要求作用在持力层上的平均基底压力不能超过该土层的承载能力，表示为

$$p_k \leqslant f_a \tag{2-35}$$

式中：p_k——相应于作用的标准组合时，基底平均压力值，kPa；

f_a——地基承载力特征值，kPa。

各种类型的基础，包括第 3 章的筏形和箱形基础，在验算地基承载力时，基底压力均简化为按直线分布，用材料力学方法求之，当作用为中心荷载时，为

$$p_k = \frac{F_k + G_k}{A} \tag{2-36}$$

式中：F_k——相应于作用标准组合时，上部结构传至基础顶面的竖向力值，kN；

G_k——基础自重和基础上土重，kN；

A——基础底面积，m^2。

当作用为偏心荷载时，为

$$p_{kmax} = \frac{F_k + G_k}{A} + \frac{M_k}{W} \tag{2-37}$$

$$p_{kmin} = \frac{F_k + G_k}{A} - \frac{M_k}{W} \tag{2-38}$$

$$M_k = (F_k + G_k)e \tag{2-39}$$

式中：p_{kmax}——基础底面边缘最大压力值，kPa；

p_{kmin}——基础底面边缘最小压力值，kPa；

M_k——相应于作用标准组合时，作用于基础底面的力矩值，kN·m；

W——基础底面的抵抗矩，m^3；

e——合力在基底的偏心矩，m。

当偏心矩 $e > b/6$ 时，$p_{kmin} < 0$，基础一侧底面与地基土脱开，这种情况下，基底的压力分

布如图2-24所示。p_{kmax}可表示为

$$p_{kmax} = \frac{2(F_k + G_k)}{3ac} \tag{2-40}$$

式中：a——垂直于力矩作用方向的基础底面边长，m；

c——合力作用点至基础底面最大压力边缘的距离，m。

对于偏心荷载，除要求满足式(2-35)外，还要求

$$p_{kmax} \leqslant 1.2 f_a \tag{2-41}$$

此外，如果 p_{kmin}/p_{kmax}之值很小，表示基底压力分布很不均匀，容易引起过大的不均匀沉降，应尽量避免。对高层建筑的箱形和筏形基础，还要求 $p_{kmin} \geqslant 0$。若考虑地震组合，则允许基础底面可以局部与地基土脱开，但零应力区的面积不应超过基础底面积的15%，即$3c \geqslant 0.85b$。高耸结构的基础设计也有类似的要求。

3. 软弱下卧层承载力验算

持力层以下，若存在强度与模量明显低于持力层的土层，称为**软弱下卧层**。如果软弱下卧层埋藏不够深，扩散到下卧层的应力大于下卧层的承载力时，地基仍然有失效的可能，因此需要进行软弱下卧层的承载力验算。

按弹性半空间体理论，下卧层顶面的应力，在基础中轴线处最大，向四周扩散呈非线性分布，如果考虑上下层土的性质不同，应力分布规律就更为复杂，难以进行承载力验算。为简化计算，通常假定基底压力以某一角度 θ 向下扩散，如图2-25所示。条形基础作用在软弱下卧层顶面上的附加压力 p_z 为

$$p_z = \frac{b(p_k - p_{c0})}{b + 2z\tan\theta} \tag{2-42}$$

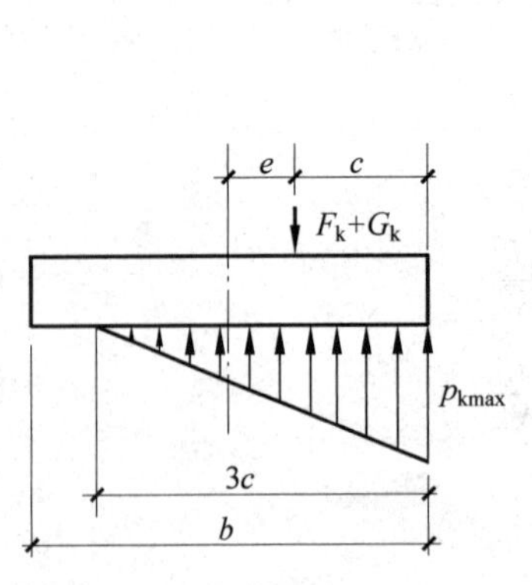

图2-24　偏心荷载($e>b/6$)下基底压力分布示意图

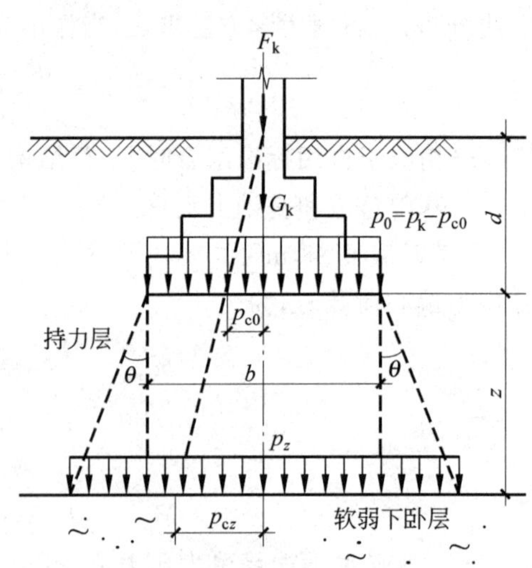

图2-25　软弱下卧层承载力验算图

矩形基础为

$$p_z = \frac{ab(p_k - p_{c0})}{(a + 2z\tan\theta)(b + 2z\tan\theta)} \tag{2-43}$$

式中：b——矩形基础或条形基础底面的宽度，m；

a——矩形基础底面的长度，m；

p_k——基础底面压力，kPa；

p_{c0}——基础底面处土的自重压力，kPa；

z——基础底面与软弱下卧层顶面的距离，m；

θ——地基压力扩散角，可按表 2-17 查用。

按双层地基中应力分布的概念，若地基中有坚硬的下卧层，则地基中的应力分布，较之均匀地基将向荷载轴线方向集中；相反，若地基内有软弱的下卧层时，较之均匀地基，应力分布将向四周更为扩散，也就是说持力层与下卧层的模量比 E_{s1}/E_{s2} 越大，应力将越扩散，故 θ 值越大。另外按均匀弹性体应力扩散的规律，荷载的扩散程度，随深度的增加而增加。表 2-17 的扩散角 θ 大小就是根据这种规律确定的。

表 2-17　地基压力扩散角 θ

$\frac{E_{s1}}{E_{s2}}$	z/b	
	0.25	0.50
3	6°	23°
5	10°	25°
10	20°	30°

注：1. E_{s1}、E_{s2} 分别为上层与下层土的压缩模量。

2. $z<0.25b$ 时一般 $\theta=0$，必要时，宜由试验确定；$z>0.50b$ 时 θ 值不变，z/b 在 0.25 到 0.50 之间时，可插值选用。

作用在下卧层顶面上的应力除附加应力 p_z 外，还有该深度处的自重应力 p_{cz}，因此下卧层的承载力验算要满足

$$p_{cz}+p_z\leqslant f_{d+z} \tag{2-44}$$

式中：f_{d+z}——软弱下卧层顶面埋深为 $d+z$ 处，经过深度修正后，地基承载力特征值，kPa。

经验算，若软弱下卧层承载力不满足式(2-44)要求，得更改基底面积，减小基底压力，直至满足要求。必要时，甚至要改变地基基础方案。

2.5.2　地基变形验算

1. 地基变形验算的范围和变形特征

在地基极限状态设计中，变形验算是最主要的验算。原则上所有类型的建筑物都必须进行这项验算以满足下式的要求，即

$$s\leqslant[s]$$

但是对于大量的地质条件简单、层数不高、荷载不大的建筑物，已经累积有足够多的工程经验，表明满足了上述承载力的要求，也就满足了地基变形的要求。所以，《建筑地基基础设计规范》对地基变形验算的范围作如下规定：设计等级为甲级和乙级的建筑物，均应按地基变形设计；对前述表 2-7 所列范围内设计等级为丙级的建筑物可不作变形验算，但是虽属表 2-7 所列范围而有下列情况之一者，仍应进行变形验算。

(1) 地基承载力特征值小于130kPa,且体型复杂的建筑;

(2) 在基础上及其附近有地面堆载或相邻基础荷载差异较大,可能引起地基产生过大的不均匀沉降时;

(3) 软弱地基上的建筑物存在偏心荷载时;

(4) 相邻建筑距离近,可能产生倾斜时;

(5) 地基内有厚度较大或厚薄不均的填土,其自重固结未完成时。

地基变形引起基础沉降可以分为**沉降量**、**沉降差**、**倾斜**和**局部倾斜**四类,如图2-26所示。建筑物的结构类型不同,起控制作用的沉降类型也不一样,通常砌体承重结构受局部倾斜值控制;框架结构和单层排架结构受相邻柱基础的沉降差控制;多层、高层建筑以及高耸建筑由倾斜值控制,必要时还需验算平均沉降量。

地基变形指标	图　例	计算方法
沉降量	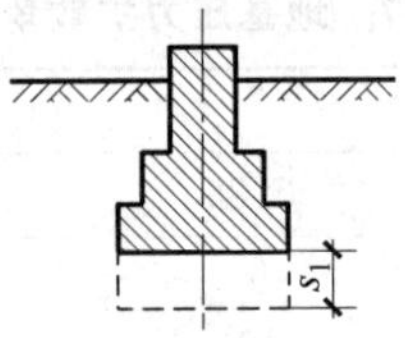 s_1	s_1 基础中点沉降值
沉降差	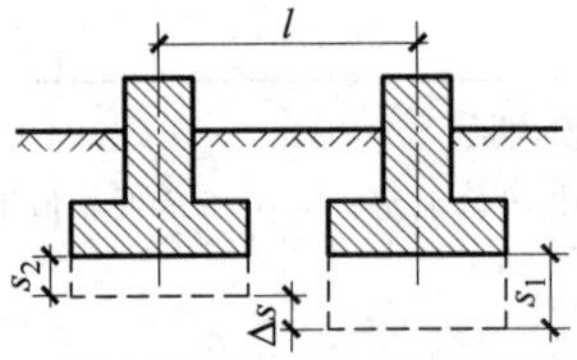 l；s_2；Δs；s_1	两相邻独立基础沉降值之差 $\Delta s = s_1 - s_2$
倾斜	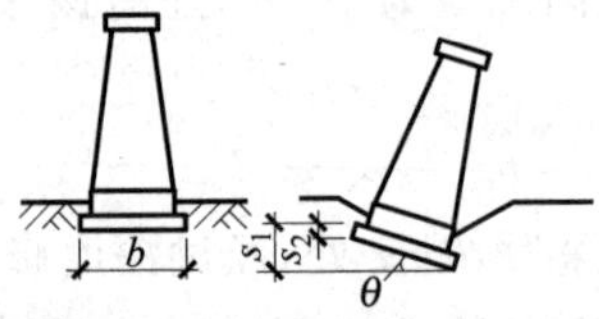 b；s_1；s_2；θ	$\tan\theta = \frac{s_1 - s_2}{b}$
局部倾斜	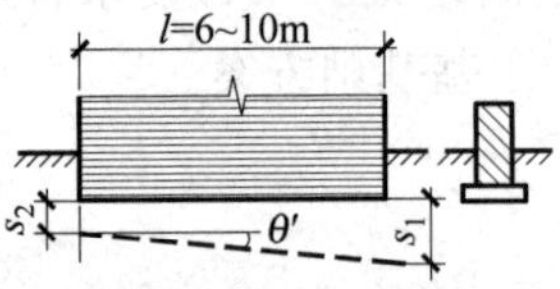 l=6~10m；s_2；θ'；s_1	$\tan\theta' = \frac{s_1 - s_2}{l}$

图2-26　基础沉降分类

地基变形验算所用的作用组合为准永久组合,由式(2-25)所表述,且不计入风荷载和地震作用。

2. 地基变形量计算

地基的变形计算是一个影响因素多,比较复杂的问题,在土力学教材中有较详细的阐述。《建筑地基基础设计规范》总结大量的工程经验,建议采用分层总和法计算,其表达式为

$$s = \psi_s s' = \psi_s \sum_{i=1}^{n} s'_i \tag{2-45}$$

式中:s——地基最终变形量,mm;

s'——地基计算最终变形量，mm；

s'_i——在变形计算深度内，第 i 层土的计算变形量，mm；

ψ_s——**沉降计算经验系数**，根据地区沉降观测资料及经验确定，表 2-18 为规范推荐的数值。

按分层总和法，地基内第 i 层土的计算变形量的表达式为

$$s'_i = \frac{\bar{\sigma}_{zi} h_i}{E_{si}} \tag{2-46}$$

如图 2-27 所示，E_{si} 为第 i 层土的压缩模量。$\bar{\sigma}_{zi}$ 为该层土的平均附加应力，则 $\bar{\sigma}_{zi} h_i$ 为附加应力图 $efdc$ 的面积，表示为 A_i。它等于 z_i 范围内附加应力分布图 $abdc$ 的面积减去 z_{i-1} 范围内附加应力分布图 $abfe$ 的面积，其值均可从应力分布图积分求得。令矩形面积 $\bar{\alpha}_i p_0 z_i$ 等于面积 $abdc$，$\bar{\alpha}_{i-1} p_0 z_{i-1}$ 等于面积 $abfe$，其中 p_0 为基础底面附加压力。z_i 和 z_{i-1} 分别为 i 层土的底面和顶面深度，则有

$$A_i = \bar{\sigma}_{zi} h_i = p_0 (\bar{\alpha}_i z_i - \bar{\alpha}_{i-1} z_{i-1}) \tag{2-47}$$

式中，$\bar{\alpha}_i$、$\bar{\alpha}_{i-1}$ 为**平均附加应力系数**，可根据基础的长宽比 a/b 和深度比 z/b 从表 2-19 中查用。于是，式(2-45)可表示为

$$s = \psi_s \sum_{i=1}^{n} \frac{p_0}{E_{si}} (\bar{\alpha}_i z_i - \bar{\alpha}_{i-1} z_{i-1}) \tag{2-48}$$

式中，p_0 等于基础底面压力 p 减去底面处地基土的自重压力 p_{c0}，但是要注意到，由于计算地基变形所用的荷载组合与验算地基承载力所用的组合不一样，所以这里所指的基底压力 p 与式(2-36)中的 p_k 在数值上并不相同。

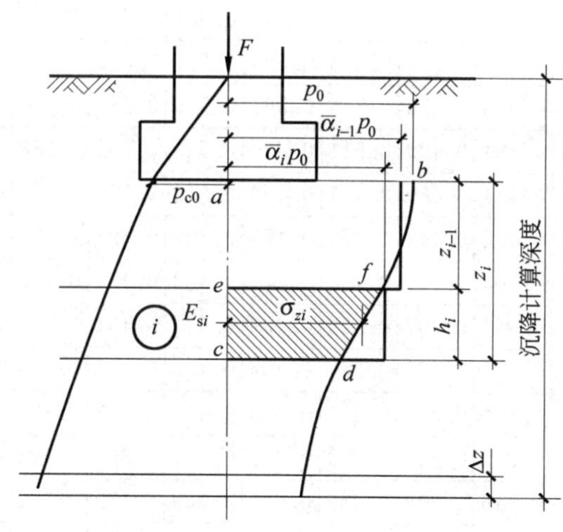

图 2-27　分层总和法计算地基沉降量

在使用表 2-18 查用沉降计算经验系数 ψ_s 时，$\bar{E}_s$ 值为变形计算深度范围内**压缩模量的当量值**，即假定地基为均匀地基，当压缩模量为 $\bar{E}_s$ 时，地基的计算变形量相当于分层计算变形量之和，即

$$\frac{1}{\bar{E}_s} \sum \bar{\sigma}_{zi} h_i = \sum \frac{\bar{\sigma}_{zi} h_i}{E_{si}}$$

故

$$\overline{E}_s=\frac{\sum A_i}{\sum \frac{A_i}{E_{si}}} \tag{2-49}$$

表 2-18 沉降计算经验系数 ψ_s

基底附加压力	$\overline{E}_s$/MPa				
	2.5	4.0	7.0	15.0	20.0
$p_0 \geqslant f_{ak}$	1.4	1.3	1.0	0.4	0.2
$p_0 \leqslant 0.75 f_{ak}$	1.1	1.0	0.7	0.4	0.2

表 2-19 矩形面积均布荷载作用下,通过中心点竖线上的平均附加应力系数 $\overline{\alpha}$

z/b	a/b												
	1.0	1.2	1.4	1.6	1.8	2.0	2.4	2.8	3.2	3.6	4.0	5.0	>10.0(条形)
0.0	1.000	1.000	1.000	1.000	1.000	1.000	1.000	1.000	1.000	1.000	1.000	1.000	1.000
0.2	0.987	0.990	0.991	0.992	0.992	0.992	0.993	0.993	0.993	0.993	0.993	0.993	0.993
0.4	0.936	0.947	0.953	0.956	0.958	0.960	0.961	0.962	0.962	0.963	0.963	0.963	0.963
0.6	0.858	0.878	0.890	0.898	0.903	0.906	0.910	0.912	0.913	0.914	0.914	0.915	0.915
0.8	0.775	0.801	0.810	0.831	0.839	0.844	0.851	0.855	0.857	0.858	0.859	0.860	0.860
1.0	0.698	0.738	0.749	0.764	0.775	0.783	0.792	0.798	0.801	0.803	0.804	0.806	0.807
1.2	0.631	0.663	0.686	0.703	0.715	0.725	0.737	0.744	0.749	0.752	0.754	0.756	0.758
1.4	0.573	0.605	0.629	0.648	0.661	0.672	0.687	0.696	0.701	0.705	0.708	0.711	0.714
1.6	0.524	0.556	0.580	0.599	0.613	0.625	0.641	0.651	0.658	0.663	0.666	0.670	0.675
1.8	0.482	0.513	0.537	0.556	0.571	0.583	0.600	0.611	0.619	0.624	0.629	0.633	0.638
2.0	0.446	0.475	0.499	0.518	0.533	0.545	0.563	0.575	0.584	0.590	0.594	0.600	0.606
2.2	0.414	0.443	0.466	0.484	0.499	0.511	0.530	0.543	0.552	0.558	0.563	0.570	0.577
2.4	0.387	0.414	0.436	0.454	0.469	0.481	0.500	0.513	0.523	0.530	0.535	0.543	0.551
2.6	0.362	0.389	0.410	0.428	0.442	0.455	0.473	0.487	0.496	0.504	0.509	0.518	0.528
2.8	0.341	0.366	0.387	0.404	0.418	0.430	0.449	0.463	0.472	0.480	0.486	0.495	0.506
3.0	0.322	0.346	0.366	0.383	0.397	0.409	0.427	0.441	0.451	0.459	0.465	0.474	0.487
3.2	0.305	0.328	0.348	0.364	0.377	0.389	0.407	0.420	0.431	0.439	0.445	0.455	0.468
3.4	0.289	0.312	0.331	0.346	0.359	0.371	0.388	0.402	0.412	0.420	0.427	0.437	0.452
3.6	0.276	0.297	0.315	0.330	0.343	0.353	0.372	0.385	0.395	0.403	0.410	0.421	0.436
3.8	0.263	0.284	0.301	0.316	0.328	0.339	0.356	0.369	0.379	0.388	0.394	0.405	0.422
4.0	0.251	0.271	0.288	0.302	0.314	0.325	0.342	0.355	0.365	0.373	0.379	0.391	0.408
4.2	0.241	0.260	0.276	0.290	0.300	0.312	0.328	0.341	0.352	0.359	0.366	0.377	0.396
4.4	0.231	0.250	0.265	0.278	0.290	0.300	0.316	0.329	0.339	0.347	0.353	0.365	0.384
4.6	0.222	0.240	0.255	0.268	0.279	0.289	0.305	0.317	0.327	0.335	0.341	0.353	0.373
4.8	0.214	0.231	0.245	0.258	0.269	0.279	0.294	0.300	0.316	0.324	0.330	0.342	0.362
5.0	0.206	0.223	0.237	0.249	0.260	0.269	0.284	0.296	0.306	0.313	0.320	0.332	0.352

注:a,b——矩形的长边与短边;

z——从荷载作用平面起算的深度。

在分层总和法中，**变形计算深度**一般按式(2-50)计算。

$$\Delta s' \leqslant 0.025 s' \tag{2-50}$$

式中：$\Delta s'$——由计算深度向上取厚度为 Δz(图 2-27)的土层变形计算值，mm。

当不满足式(2-50)的要求时，应加大变形计算深度，直至满足要求为止。通常 $\Delta z = 0.3 \sim 0.5\text{m}$，取决于基础宽度 b，如表 2-20 所示。

表 2-20　Δz 值

b/m	$\leqslant 2$	$2 < b \leqslant 4$	$4 < b \leqslant 8$	$b > 8$
Δz/m	0.3	0.6	0.8	1.0

3. 地基的允许变形

建筑物的结构类型和使用功能不同，对地基变形的敏感程度，或者说变形造成的危害情况和对使用功能的影响程度不一样。例如，排架结构对柱基之间的沉降差的反应要比对沉降量的反应更灵敏，高耸建筑物对地基倾斜变形比沉降量应有更严格的限制，砖石承重墙基础对地基不均匀变形的适应能力较低等。因此，对不同建筑物应选用对其影响最大的地基变形特征作为地基允许变形的控制依据。按变形特征，地基变形可以归纳为如图 2-26 所示的沉降量、沉降差、倾斜、局部倾斜等四种类型。《建筑地基基础设计规范》对大量各种已建建筑物进行沉降观测和使用状况调查，结合地质情况，分类整理，提出表 2-21 的建筑物的地基变形允许值，可供工程分析应用。对于表中未包括的其他建筑物的地基变形允许值，可根据上部结构对地基变形的适应能力和使用上的要求确定。

进行地基变形验算，防止建筑物产生有危害性的沉降和不均匀沉降，是建筑物设计中极重要的一环。但地基变形验算的影响因素很多，目前采用的地基变形值的计算方法还不完善，例如土不是弹性体却用弹性理论计算地基的附加应力分布，地基不是在侧限的条件下压缩却用土的侧限压缩模量，基础和上部结构刚度对基底压力和地基变形的影响也很难考虑等。至于允许变形值，除了如表 2-21 所示与结构的性质和土的类别有关外还与变形的持续时间以及建筑物的使用要求等因素有关。因此地基变形验算除了要依据《建筑地基基础设计规范》的要求进行外，尚应密切结合实际，注意参考建筑地区的工程实践经验。

表 2-21　建筑物的地基变形允许值[s]

变形特征	定　义	地基土类别	
		中、低压缩性土	高压缩性土
砌体承重结构基础的**局部倾斜**		0.002	0.003
工业与民用建筑相邻柱基的**沉降差** Δs (1) 框架结构 (2) 砖石墙填充的边排柱 (3) 当基础不均匀沉降时不产生附加应力的结构		 $0.002l$ $0.0007l$ $0.005l$	 $0.003l$ $0.001l$ $0.005l$

续表

变形特征	定义	地基土类别	
		中、低压缩性土	高压缩性土
单层排架结构(柱距 6m)柱基的**沉降量** s/mm	s_1	(120)	200
桥式吊车轨面的**倾斜** (按不调整轨道考虑) 纵向 横向		 0.004 0.003	
多层和高层建筑的整体**倾斜** $H_g \leqslant 24$ $24 < H_g \leqslant 60$ $60 < H_g \leqslant 100$ $H_g > 100$	$\tan\theta=\frac{s_1-s_2}{l}$	 0.004 0.003 0.0025 0.002	
体型简单的高层建筑基础的平**均沉降量**/mm		200	
高耸结构基础的**倾斜** $H_g \leqslant 20$ $20 < H_g \leqslant 50$ $50 < H_g \leqslant 100$ $100 < H_g \leqslant 150$ $150 < H_g \leqslant 200$ $200 < H_g \leqslant 250$	b, s_1, s_2, θ	 0.008 0.006 0.005 0.004 0.003 0.002	
高耸结构基础的**沉降量** s/mm $H_g \leqslant 100$ $100 < H_g \leqslant 200$ $200 < H_g \leqslant 250$	H_g, s	 400 300 200	

注：1. 有括号者仅适用于中压缩性土；
2. 本表数值为建筑物地基实际最终变形允许值。

2.5.3 地基稳定验算

竖向荷载导致地基失稳的情况很少见,所以满足地基承载力的一般建筑物不需要再进行地基稳定验算。经常承受水平荷载的建筑物,如水工建筑物、挡土结构物以及高层建筑和高耸结构等,地基的稳定性可能成为设计中的主要问题,必须进行地基稳定验算。在水平和竖直荷载共同作用下,地基失稳破坏的形式有两种：一种是沿基底产生**表层滑动**,如图 2-28(a)所示；另一种是**深层整体滑动**破坏,如图 2-28(b)所示。

地基稳定验算所用的作用组合应该是承载能力极限状态的基本组合,但由于前述原因,

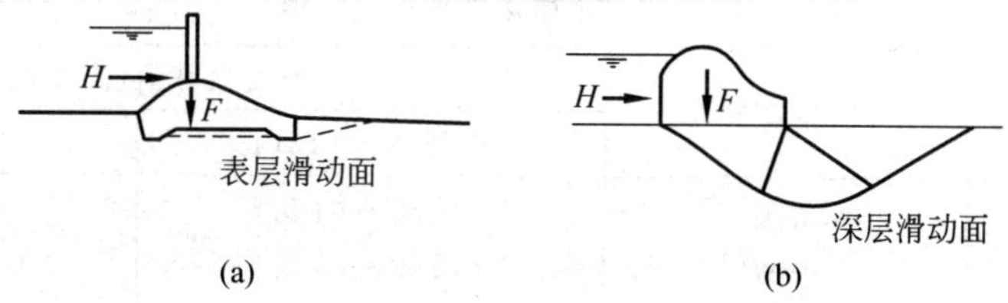

图 2-28 倾斜荷载下地基的破坏形式

各作用的分项系数均取为 1.0，数值与承载力验算所用的作用的标准组合相同。

目前地基的稳定验算仍采用单一安全系数的方法。当判定属于表层滑动时，可用式(2-51)计算稳定安全系数：

$$F_s = \frac{fF}{H} \tag{2-51}$$

式中：F_s——表层滑动安全系数，可根据建筑物等级，查有关设计规范，一般为 1.2～1.4；

F——作用于基底的竖向力的总和，包括结构物自重和其他荷载的竖向分量，kN；

H——作用于基底荷载的水平分量的总和，kN；

f——基础与地基土的摩擦系数，可参考表 2-22 选用。

表 2-22 基础与地基土的摩擦系数

土的类型		摩擦系数 f
黏性土	可塑	0.25～0.30
	硬塑	0.30～0.35
	坚硬	0.35～0.45
粉土		0.30～0.40
中砂、粗砂、砾砂		0.40～0.50
碎石土		0.40～0.60
软质岩石		0.40～0.60
表面粗糙的硬质岩石		0.65～0.75

当判定地基失稳形式属于深层滑动时，可用圆弧滑动法进行验算。稳定安全系数指作用于最危险的滑动面上诸力对滑动中心所产生的**抗滑力矩**与**滑动力矩**的比值，其值应满足下式要求：

$$F_s = \frac{M_R}{M_S} \geqslant 1.2 \tag{2-52}$$

式中：M_R——抗滑力矩，kN·m；

M_S——滑动力矩，kN·m。

关于圆弧滑动法可参阅土力学教材的有关内容。

对于土坡顶上建筑物的地基稳定问题，首先要核定土坡本身是否稳定。若边坡土质良好、均匀，且地下水位较低，不会出现地下水从坡脚逸出的情况，则安全坡角可由表 2-23 查用。同时要避免建筑物太靠近边坡的临空面，以防止基础荷载使边坡失稳。为此，要求基础底面的外边缘线至坡顶的水平距离 a 满足式(2-53)和式(2-54)条件，且不得少于 2.5m。

表 2-23 土质边坡坡度允许值

土的类别	密实度或状态	坡度允许值(高宽比)	
		坡高在 5m 以内	坡高为 5～10m
碎石土	密实	1∶0.35～1∶0.50	1∶0.50～1∶0.75
	中密	1∶0.50～1∶0.75	1∶0.75～1∶1.00
	稍密	1∶0.75～1∶1.00	1∶1.00～1∶1.25
黏性土	坚硬	1∶0.75～1∶1.00	1∶1.00～1∶1.25
	硬塑	1∶1.00～1∶1.25	1∶1.25～1∶1.50

注：1. 表中碎石土的充填物为坚硬或硬塑状态的黏性土；

2. 对于砂土或充填物为砂土的碎石土，其边坡坡度允许值均按自然休止角确定。

对条形基础
$$a \geqslant 3.5b - \frac{d}{\tan\beta} \tag{2-53}$$

对矩形基础
$$a \geqslant 2.5b - \frac{d}{\tan\beta} \tag{2-54}$$

式中：b——垂直于坡顶边缘线的基础底面边长，m；

d——基础埋置深度，m；

β——边坡坡角，见图 2-29。

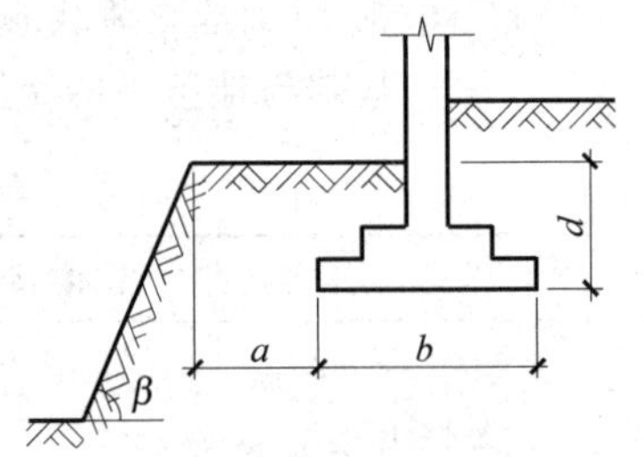

图 2-29 基础底面外边缘线至坡顶的水平距离示意图

当土坡的高度过大、坡角太陡，不在表 2-23 适用的范围内，或因建筑物布置上受限制而不能满足式(2-53)或式(2-54)的要求时，应该用圆弧滑动法或其他类似的边坡稳定分析方法验算边坡连同其上建筑物地基的整体稳定性。

例 2-3 条形基础宽 $b=2.5\text{m}$，埋置深度 $d=1.6\text{m}$。地基为均匀粉质黏土，比重 $G_s=2.70$，塑限 $w_P=18.2\%$，液限 $w_L=30.2\%$，天然密度 $\rho=1.87\text{g/cm}^3$，天然含水量 $w=22.5\%$，地下水位很深。三组现场载荷试验测得的临塑荷载和极限荷载见表 2-24，分别用现场载荷试验结果和计算公式求地基的承载力。

表 2-24 现场载荷试验数据表

承 载 力	第 1 组	第 2 组	第 3 组
临塑荷载 p_{cr}/kPa	215	252	233
极限荷载 p_u/kPa	516	705	629

解 根据现场载荷试验结果求地基承载力

(1) 分析 3 组试验结果，临塑荷载平均值 $\bar{p}_{cr}=233.3\text{kPa}$，极限荷载平均值为 $\bar{p}_u=616.7\text{kPa}$，且试验值的极差不超过平均值的 30%。$p_u>2p_{cr}$，故取 $\bar{p}_{cr}=233.3\text{kPa}$ 为地基承载力特征值 f_{ak}；

(2) 求宽度、深度修正后地基承载力

按式(2-32)求经宽度和深度修正后的地基承载力

$$f_a = f_{ak} + \eta_b\gamma(b-3) + \eta_d\gamma_m(d-0.5)$$

基础宽度 $b=2.5\text{m}<3.0\text{m}$，故不作第 2 项宽度修正。基底以上土的天然重度 $\gamma_m=9.8\times1.87=18.33(\text{kN/m}^3)$。经三相比例换算求得黏性土的孔隙比 $e=0.769$，查表 2-15 得 $\eta_d=1.6$，代入上式得

$$f_a=233.3+1.6\times9.8\times1.87\times(1.6-0.5)$$
$$=233.3+32.3=265.6(\text{kPa})$$

例 2-4　某柱基基底面积为 2m×3m，对应于作用的标准组合时的中心荷载为 $F_k=800\text{kN}$，地基土层分布情况如图 2-30 所示，试验算地基下卧层的承载力。

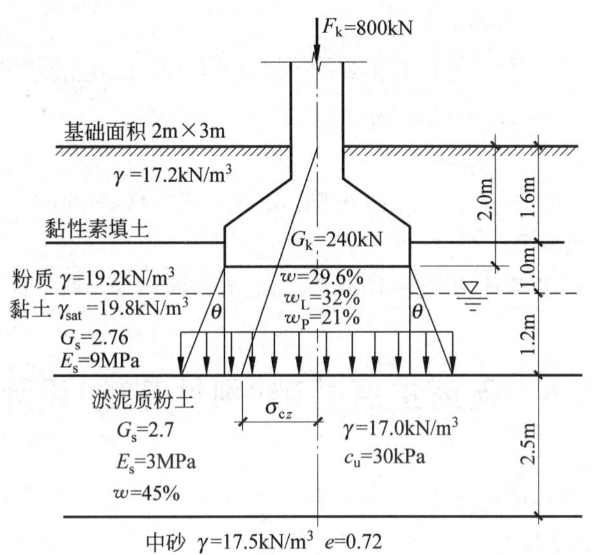

图 2-30　例 2-4 附图

解　(1) 求基底压力

$$p_k=\frac{F_k+G_k}{A}=\frac{800+240}{2\times3}=173.3(\text{kN/m}^3)$$

(2) 求下卧层承载力

用式(2-33)　　$f_a=M_b\gamma b+M_d\gamma_m d+M_c c_k$

由 $\varphi_k=0°$ 查表 2-16 得：$M_b=0, M_d=1.0, M_c=3.14$

地基第三层淤泥质粉土为软弱下卧层。基础底面至下卧层顶面距离为 $z=1.8\text{m}$，$z/b=0.9$，$E_{s1}/E_{s2}=9/3=3$，查表 2-17，得应力扩散角 $\theta=23°$。下卧层埋深为

$$d=1.6+2.2=3.8(\text{m})$$

下卧层以上土的加权平均重度为

$$\gamma_m=(1.6\times17.2+1.0\times19.2+1.2\times10)/3.8=15.4(\text{kN/m}^3)$$

代入式(2-33)

$$f_a=3.14\times30+1.0\times15.4\times3.8=153(\text{kPa})$$

(3) 求作用于下卧层上的压力

下卧层顶面自重压力

$$p_{cz}=17.2\times1.6+19.2\times1.0+(19.8-9.8)\times1.2=58.72(\text{kN/m}^2)$$

下卧层顶面附加压力

$$p_z = \frac{ab(p_k - p_{c0})}{(a + 2z\tan\theta)(b + 2z\tan\theta)}$$

基底自重压力

$$p_{c0} = 17.2 \times 1.6 + 19.2 \times 0.4 = 35.2(\mathrm{kN/m^2})$$

基底附加压力

$$p_k - p_{c0} = 173.3 - 35.2 = 138.1(\mathrm{kN/m^2})$$

代入

$$p_z = \frac{138.1 \times 3 \times 2}{(3 + 2 \times 1.8 \times \tan 23°)(2 + 2 \times 1.8\tan 23°)}$$
$$= 51.82(\mathrm{kN/m^2})$$

下卧层顶面总压力

$$p_{cz} + p_z = 58.72 + 51.82 = 110.54(\mathrm{kN/m^2})$$

(4) 下卧层承载力验算

由前面计算得下卧层承载力 $f_a = 153\mathrm{kPa}$。故 $f_a > p_{cz} + p_z$,即下卧层满足承载力要求。

2.6 无筋扩展基础(刚性基础)设计

基础的类型和埋置深度确定以后,就可以根据地基土层的承载力和作用在基础上的荷载,计算基础底面积和基础高度,完成基础设计。

2.6.1 作用在基础上的荷载计算

基础必须要有足够的底面积以保证基底压力不超过地基岩土的承载力,按规定,这项计算应采用正常使用极限状态下作用的标准组合。基础应该有足够的高度以保证受力后不发生强度破坏,按规定,这项计算应采用承载能力极限状态下作用的基本组合。不过如前所述,满足表2-8的台阶宽高比允许值的要求,就保证基础不发生强度破坏,因此无筋扩展基础可以按构造要求设计而不必进行强度验算。

计算荷载时应自建筑物顶部开始,按照传力系统自上而下累计到设计地面。当室内外地平不同时,对于外墙或外柱可累计到室内外设计地面的平均高程 $\bar{d}$(图2-31)。

计算作用在墙下条形基础上的荷载时,要注意计算段的选取,通常有以下几种情况:

(1) 墙体没有门、窗,而且作用在墙上的荷载是均布荷载(例如一般的内横墙),可以沿墙的长度方向取1m长的一段进行计算。

(2) 对于有门窗的墙体,且作用在墙上的荷载是均布荷载(例如一般的外纵墙),可以沿墙的长度方向,取门或窗中线至中线间的一段(等于1个开间的长度)算出总荷载,再均分到全段上,得到作用在每米长度上的荷载。

(3) 对于作用有梁等集中荷载的墙体,应考虑集中荷载在墙内的扩散作用,计算段的选取应根据实际情况选定。

各种不同计算工况下如何确定荷载值和荷载组合，详见 2.2 节中作用的代表值和作用的组合，并按《建筑结构荷载规范》选取各类系数。经组合后，作用于基础上的作用或作用效应可分成如图 2-32 所示的四种情况。一般房屋建筑物的基础主要是承受竖向力，水平力如土压力、风压力等所占的比例很小，因此在上述四种情况中，着重分析第一种和第二种情况。第一种受力情况，基础是中心受压，称为中心荷载下的基础；第二种情况，基础底面的压力是非均布的，属偏心荷载下的基础。以下分别讲述这两种情况下基础的计算。

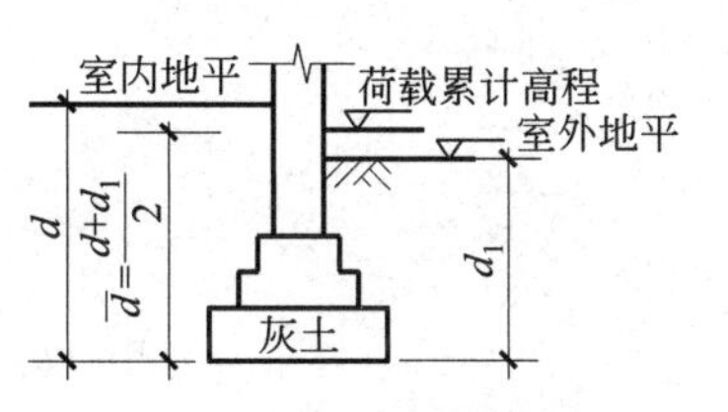

图 2-31　外墙(柱)荷载累计高程

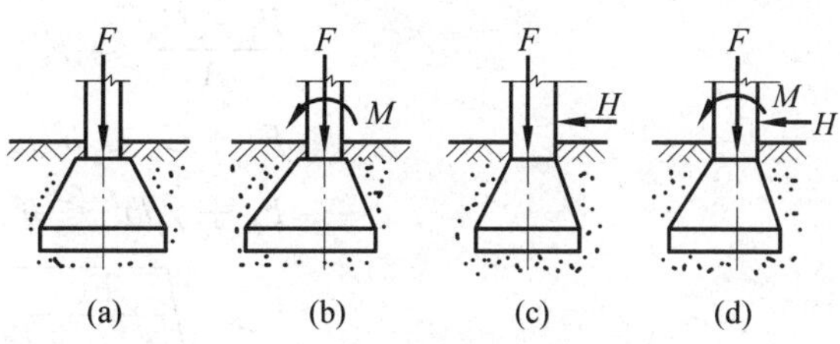

图 2-32　基础受力情况

2.6.2　中心荷载作用下基础的计算

在基础的设计中，通常假定基础底面压力是直线分布，受中心荷载作用时，则为均匀分布，相当于图 2-32(a)情况。这时，基础要采用对称形式，使荷载作用线通过基底形心。具体计算步骤如下：

1. 计算基础底面积 *A*(矩形)或基础底面宽度 *b*(条形、正方形)

中心荷载作用下的基础，按承载力特征值计算，应满足式(2-35)条件：

$$p_k \leqslant f_a$$

在中心荷载作用下按式(2-36)计算：

$$p_k = \frac{F_k + G_k}{A}$$

初步估算时，可假定基础与其上土的平均重度 $\bar{\gamma}=19.6\text{kN/m}^3$(工程计算中，常简化取为 20kN/m^3)，则

$$G_k = \bar{\gamma} dA \tag{2-55}$$

式中：d——基础的埋置深度，m；

A——基础底面积，m^2。

在实际计算时 G_k 为基础自重和基础上土重的标准值，地下水位以下部分扣除水的浮力。

(1) 条形基础，取 1m 长计算(图 2-33)，底面积 $A=1\times b$，式(2-35)可改写为

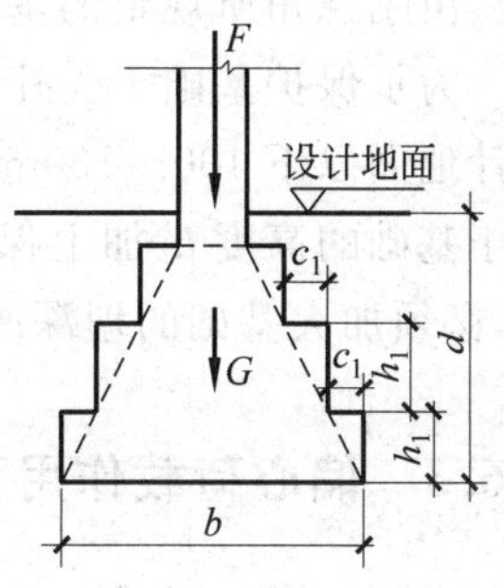

图 2-33　刚性基础尺寸确定

$$\frac{F_k + G_k}{1\times b} \leqslant f_a$$

$$F_k + G_k \leqslant bf_a$$

$$F_k + \bar{\gamma} bd \leqslant bf_a$$

$$b \geqslant \frac{F_k}{f_a - \bar{\gamma} d} \tag{2-56}$$

若荷载较小而地基的承载力又比较大时，按上式计算，可能基础需要的宽度较小。但为了保证安全和便于施工，承重墙下的基础宽度不得小于600～700mm，非承重墙下的基础宽度不得小于500mm。

(2) 正方形基础，$A=b^2$，$G_k=\bar{\gamma}db^2$，式(2-35)可写为

$$\frac{F_k + G_k}{A} \leqslant f_a$$

$$F_k + G_k \leqslant b^2 f_a$$

$$F_k + \bar{\gamma} d b^2 \leqslant b^2 f_a$$

$$b \geqslant \sqrt{\frac{F_k}{f_a - \bar{\gamma} d}} \tag{2-57}$$

(3) 矩形基础，与式(2-57)相似，得

$$A = \frac{F_k}{f_a - \bar{\gamma} d} \tag{2-58}$$

如果用上述公式计算得到的基础宽度(指短边)大于3m时，需要修正承载力 f_a，再用式(2-56)～式(2-58)重新计算，求得比较准确的基础面积。A 值确定后，根据柱子的断面形状和基础材料刚性角要求，选择基础的宽度 b 和长度 a，使 $b \times a$ 尽量接近于 A 或略大于 A。

2. 确定基础的高度

基础在宽度确定后，应该按刚性角的要求，确定基础的高度，如图2-34所示。若墙或柱的宽度为 b_c，基础的宽度为 b，则基础两侧的外伸长度为：$b_t = \frac{1}{2}(b - b_c)$，按刚性角的要求。

$$\frac{b_t}{h} \leqslant \tan\alpha$$

所以，基础的最小高度

$$h = \frac{b_t}{\tan\alpha} = \frac{1}{2\tan\alpha}(b - b_c) \tag{2-59}$$

由刚性角所规定的基础台阶的最大宽高比见表2-8。

为了保护基础不受外力的破坏，基础的顶面必须埋在设计地面以下100～150mm，所以基础的埋置深度 d 必须大于基础的高度 h 加上保护层的厚度。不满足这项要求时，必须加大基础的埋深或者采取其他措施。

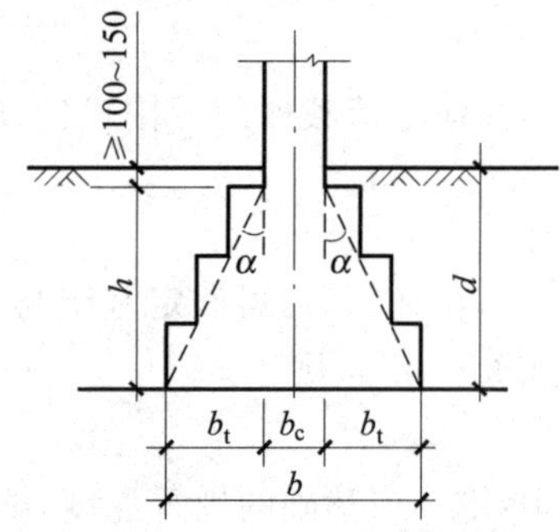

图2-34　刚性基础高度
(单位：mm)

2.6.3　偏心荷载作用下基础的计算

偏心荷载作用下，基础底面的尺寸一般用逐次渐近法进行计算。计算步骤如下：

(1) 先不考虑偏心，用式(2-58)或式(2-56)计算出基础的底面积 A_1(对于单独基础)或

基础宽度 b_1（对于条形基础）。

（2）根据偏心大小，把面积 A_1（或 b_1）适当提高 10%～40%，作为偏心荷载作用下基础底面积（或宽度）的第一次近似值，即

$$A = (1.1 \sim 1.4)A_1$$

（3）按假定的基础底面积 A，用下式计算基底的最大和最小的边缘压力：

$$p_{\substack{\text{kmax}\\ \text{kmin}}} = \frac{F_k + G_k}{A} \pm \frac{M_k}{W}$$

对于矩形基础，依据力矩 M 的作用方向取 $W = ab^2/6$，或 $W = a^2b/6$；对于条形基础，取 1m 长计算，$W = b^2/6$。

按照《建筑地基基础设计规范》，检查基底应力是否满足式(2-35)及式(2-41)要求：

$$p_k = \frac{1}{2}(p_{\text{kmax}} + p_{\text{kmin}}) \leqslant f_a$$

$$p_{\text{kmax}} \leqslant 1.2f_a$$

如不满足要求，或应力过小，地基承载力未能充分发挥，应调整基础尺寸，直至既满足上式的要求而又能发挥地基的承载力为止。

基础高度的确定方法与受中心荷载作用的方法相同，不再赘述。

若地基中有软弱下卧层时，应进行下卧层的承载力验算。若建筑物属于必须进行变形验算的范围，应按要求进行变形验算。必要时还要对尺寸进行调整，并重新进行各项验算。

对于图 2-32 中的(c)、(d)情况，基础的设计方法基本相同。但计算中还应该考虑：(1)水平力 H_k 在基底引起的力矩 M_k'，并从而改变基底压力 p_k 的分布；(2)水平力 H_k 一般假定均匀分布于基底全面积，在沉降分析时要计算基底水平荷载所引起的影响；(3)当水平力 H_k 较大时，还要校核基础埋深是否足以保证地基的稳定。

2.6.4　基础的构造

上述各项验算都满足要求后，就可以最后确定基础的构造。

刚性基础经常做成台阶形断面，有时也可做成梯形断面。确定构造尺寸时最主要的一点是要保证断面各处都能满足刚性角的要求，同时断面又应经济合理，便于施工。

1. 砖基础

砖的尺寸规格多，容易砌成各种形状的基础。砖基础大放脚的砌法有两种，一种是按台阶的宽高比为 1/1.5(图 2-35(a))进行砌筑；另一种按台阶的宽高比为 1/2(图 2-35(b))进行砌筑。

为了得到一个平整的基槽底，以便于砌砖，在槽底可以浇筑 100～200mm 厚的素混凝土垫层。对于低层房屋也可在槽底打两步(300mm)三七灰土，代替混凝土垫层。

为防止土中水分以毛细水形式沿砖基上升，可在砖基中，在室内地面以下 50mm 左右处铺设防潮层，如图 2-36 所示。防潮层可以是掺有防水剂的 1∶3 水泥砂浆，厚 20～30mm；也可以铺设沥青油毡。

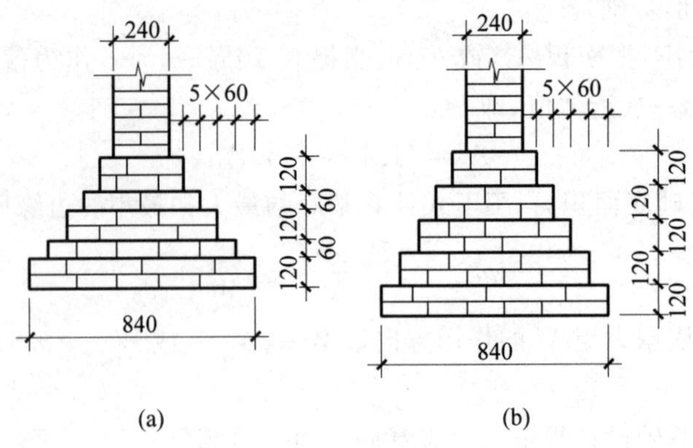

图 2-35 砖基础(单位：mm)

(a) $\frac{b_t}{h}=\frac{1}{1.5}$；(b) $\frac{b_t}{h}=\frac{1}{2}$

2. 砌石基础

台阶形的砌石基础每台阶至少有两层砌石，所以每个台阶的高度要不小于 300mm。为了保证上一层砌石的边能压紧下一层砌石的边块，每个台阶伸出的长度不应大于 150mm(图 2-37)。按照这项要求，做成台阶形断面的砌石基础，实际的刚性角小于允许的刚性角，因此往往要求基础要有比较大的高度。有时为了减少基础的高度，可以把断面做成锥形。

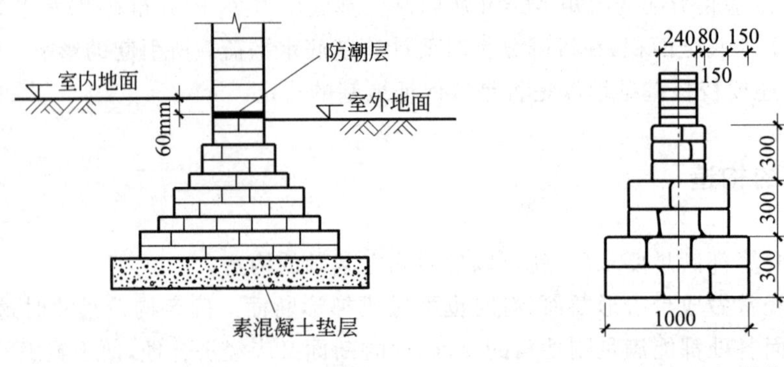

图 2-36 基础上的防潮层

图 2-37 砌石基础(单位：mm)

3. 素混凝土基础

素混凝土基础可以做成台阶形或锥形断面。做成台阶形时，总高度在 350mm 以内做一层台阶；总高度为 350mm$<h\leqslant$900mm 时，做成两层台阶；总高度大于 900mm 时，做成三层台阶，每个台阶的高度不宜大于 500mm(图 2-38)。置于刚性基础上的钢筋混凝土柱，其柱脚的高度 h_1 应大于外伸宽度 b_1 (图 2-39)，且不应小于 300mm 以及 20 倍受力钢筋的直径。当纵向钢筋在柱脚内的锚固长度不能满足锚固要求时，钢筋可沿水平向弯折以满足锚固要求。水平锚固长度不应小于 10 倍钢筋直径，也不应大于 20 倍钢筋直径。

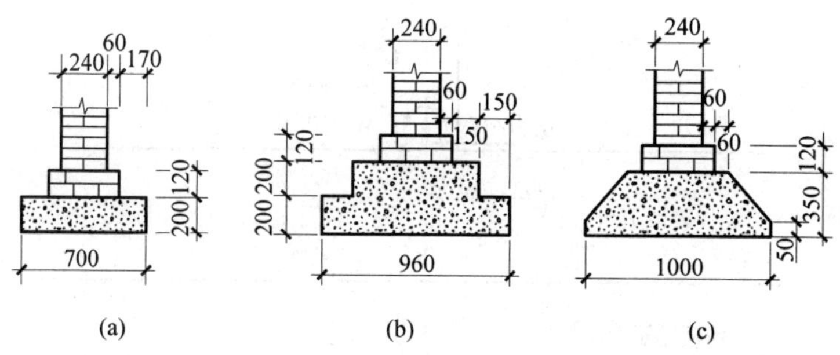

图 2-38　混凝土基础(单位：mm)
(a) 一层台阶；(b) 两层台阶；(c) 梯形断面

4. 灰土基础

灰土基础一般与砖、砌石、混凝土等材料配合使用，做在基础下部，厚度通常采用 300～450mm(2 步或 3 步)，台阶宽高比为 1∶1.5，如图 2-40 所示。由于基槽边角处灰土不容易夯实，所以用灰土基础时，实际的施工宽度应该比计算宽度每边各放出 50mm 以上。

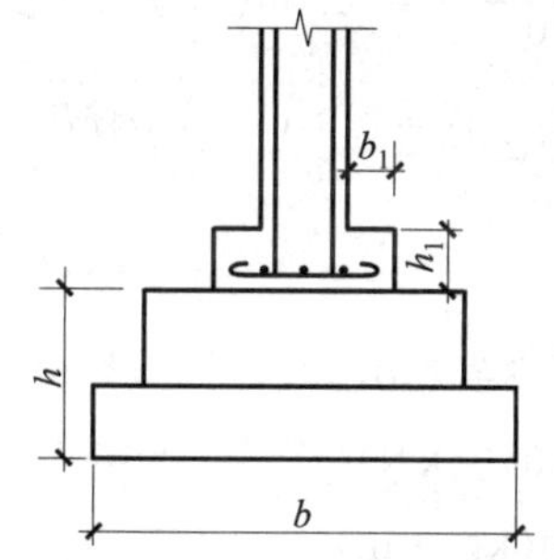

图 2-39　刚性基础上的钢筋混凝土柱

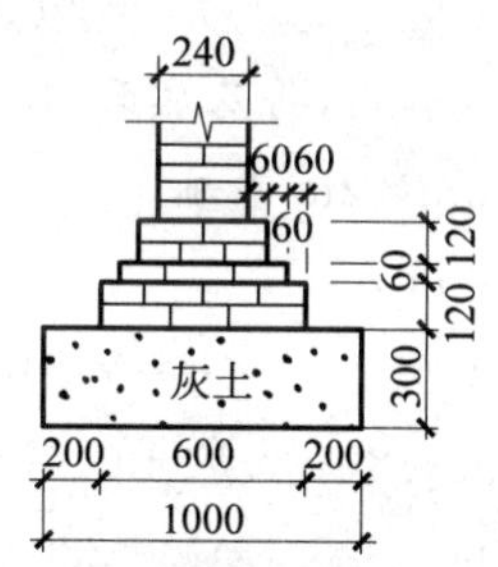

图 2-40　灰土基础(单位：mm)

例 2-5　某厂房柱子断面 600mm×400mm。作用标准组合的效应为：竖直荷载 F_k=800kN，力矩 M_k=220kN·m，水平荷载 H_k=50kN。地基土层剖面如图 2-41 所示。基础埋置深度 2.0m。试设计柱下刚性基础。

解　(1) 地基承载力修正

粉质黏土孔隙比

$$e = \frac{G_s(1+w)\gamma_w}{\gamma} - 1$$

$$e = \frac{2.76 \times (1+0.26) \times 10}{19.2} - 1 = 0.811$$

粉质黏土液性指数

$$I_L = \frac{w - w_P}{w_L - w_P} = \frac{26-21}{32-21} = 0.455$$

查表 2-15，深度修正系数 η_d=1.6。预计基础宽度小于 3.0m，可暂不作宽度修正。按式(2-32)，修正后地基承载力特征值为

$$f_a = f_{ak} + \eta_d \gamma_m (d - 0.5) = 170 + 1.6 \times 17.6 \times 1.5 = 212.2(\text{kPa})$$

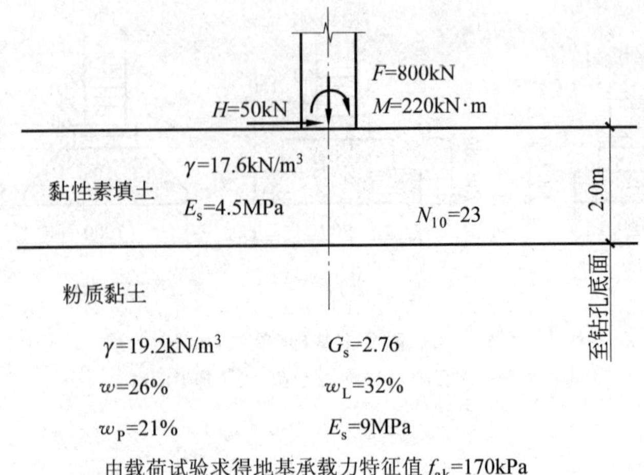

图 2-41 例 2-5 附图

(2) 按中心荷载初估基底面积，由式(2-58)

$$A_1 = \frac{F}{f_a - \bar{\gamma} d} = \frac{800}{212.2 - 20 \times 2} = 4.65(\text{m}^2)$$

考虑偏心荷载作用，将基底面积扩大 1.3 倍，即：$A=1.3A_1=6.04\text{m}^2$。

采用 $a \times b = 3\text{m} \times 2\text{m}$ 基础。

(3) 验算基底压力

基础及回填土重　　$G_k = \bar{\gamma} dA = 20 \times 2 \times 2 \times 3 = 240(\text{kN})$

基础的总竖直荷载　　$F_k + G_k = 800 + 240 = 1040(\text{kN})$

基底的总力矩　　$M_k = 220 + 50 \times 2 = 320(\text{kN} \cdot \text{m})$

总荷载的偏心　　$e = \dfrac{320}{1040} = 0.31(\text{m}) < \dfrac{a}{6} = 0.5(\text{m})$

按式(2-37)计算基底边缘最大应力：

$$p_{\text{kmax}} = \frac{F_k + G_k}{A} + \frac{M_k}{W} = \frac{1040}{3 \times 2} + \frac{6 \times 320}{3^2 \times 2}$$

$$= 173.3 + 106.7 = 280(\text{kN/m}^2) > 1.2 f_a = 1.2 \times 212.2 = 254.6(\text{kPa})$$

边缘最大应力超过地基承载力特征值的 1.2 倍，不满足要求。

(4) 修正基础尺寸，重新进行承载力验算。

基础底面尺寸采用　　$3\text{m} \times 2.4\text{m}$

基础及回填土重　　$G_k = 20 \times 2 \times 3.0 \times 2.4 = 288(\text{kN})$

基底的总竖向荷载　　$F_k + G_k = 800 + 288 = 1088(\text{kN})$

荷载偏心距　　$e = \dfrac{M_k}{F_k + G_k} = \dfrac{320}{1088} = 0.294(\text{m}) < \dfrac{a}{6} = 0.5(\text{m})$

基底最大边缘应力　　$p_{\text{kmax}} = \dfrac{F_k + G_k}{A} + \dfrac{M_k}{W} = \dfrac{1088}{3.0 \times 2.4} + \dfrac{6 \times 320}{3.0^2 \times 2.4}$

$$= 151.1 + 88.9 = 240(\text{kN/m}^2)$$

故：最大边缘应力　　$p_{kmax}=240(kPa)<1.2f_a=254.6(kPa)$

基底平均应力　　$p_k=151.1(kPa)<f_a=212.2(kPa)$

满足地基承载力要求。

(5) 确定基础构造尺寸

基础材料采用 C15 混凝土，基底平均压力 $p_k\leqslant 200kPa$，根据表 2-8，台阶宽高比允许值为 1：1.0，即允许刚性角为 45°。按长边及刚性角确定基础的尺寸如图 2-42 所示(单位：mm)。

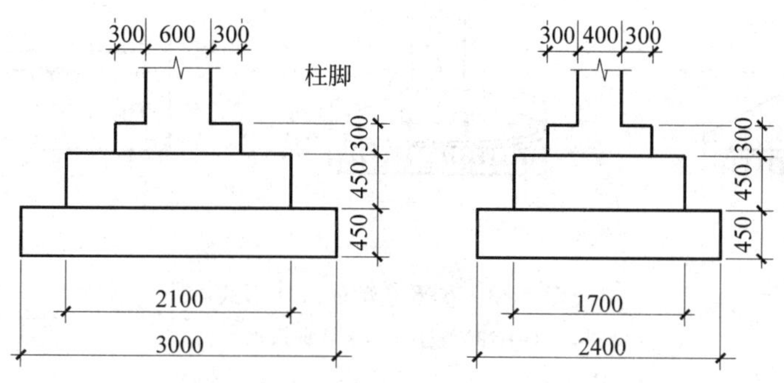

图 2-42　基础构造尺寸图

2.7　扩展基础设计

扩展基础包括柱下钢筋混凝土单独基础和墙下钢筋混凝土条形基础。这种基础的埋置深度和平面尺寸的确定方法与刚性基础相同。由于采用钢筋承担弯曲所产生的拉应力，基础不需要满足刚性角的要求，高度可以较小，但需要满足抗弯、抗剪、抗冲切破坏以及局部抗压的要求。

扩展基础可视为联结上部结构与地基的一个钢筋混凝土构件，在对其进行强度验算时，应采用承载能力极限状态下作用的基本组合，即按式(2-21)作用组合的效应。

2.7.1　基础的破坏形式

扩展基础是一种受弯和受剪的钢筋混凝土构件，在荷载作用下，可能发生如下几种破坏形式。

(1) 冲切破坏

钢筋混凝土学科研究表明，构件在弯、剪荷载共作用同下，主要的破坏形式是先在弯剪区域出现斜裂缝，随着荷载增加，裂缝向上扩展，未开裂部分的正应力和剪应力迅速增加。当正应力和剪应力组合后的主应力出现拉应力，且大于混凝土的抗拉强度时，斜裂缝被拉断，出现**斜拉破坏**，在扩展基础上也称**冲切破坏**(图 2-43(a))。一般情况下，冲切破坏控制扩展基础的高度。

(2) 剪切破坏

当单独基础的宽度较小，冲切破坏锥体可能落在基础以外时，可能在柱与基础交接处或

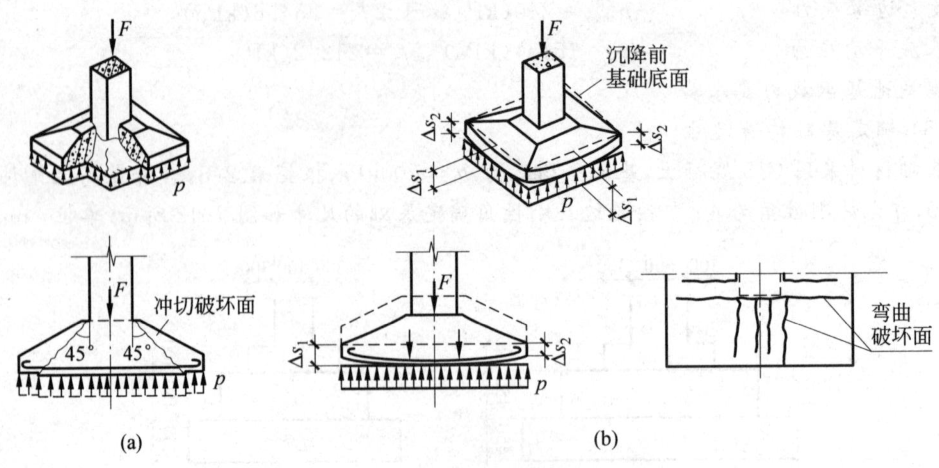

图 2-43　扩展基础的破坏形式
(a) 冲切破坏；(b) 弯曲破坏

台阶的变阶处沿着铅直面发生剪切破坏。

(3) 弯曲破坏

基底反力在基础截面产生弯矩，过大弯矩将引起基础弯曲破坏。这种破坏沿着墙边、柱边或台阶边发生，裂缝平行于墙或柱边(图 2-43(b))。为了防止这种破坏，要求基础各竖直截面上由于基底反力产生的弯矩 M 小于或等于该截面的抗弯强度 M_u，设计时根据这个条件，决定基础的配筋。

(4) 当基础的混凝土强度等级小于柱的混凝土强度等级时，基础顶面可能发生局部受压破坏。

因此设计扩展基础时，应进行如下几项验算。

2.7.2　单独基础冲切破坏验算

图 2-44 表示基础底面积为 $a\times b$ 的锥形扩展基础受竖向轴心荷载 F 作用，基底的净压力为 p_j(不考虑基础自重及基础上覆土重时的压力)。基底冲切锥范围以外，净压力 p_j 在破坏锥面上引起的冲切荷载为 F_l：

$$F_l=A_c\cdot p_j \tag{2-60}$$

式中：A_c——基础底面上冲切锥范围以外的面积(图 2-44 中阴影面积)，m^2；

$$A_c = a\times b-(a_c+2h_0)(b_c+2h_0) \tag{2-61}$$

式中符号如图 2-44 所示。h_0 为冲切锥体的有效高度，m，等于基础高度 h 减去保护层的厚度。

冲切破坏面，即基础板冲切锥的斜截面的受剪承载力为

$$[V] = 0.7\beta_{hp} f_t b_p h_0 \tag{2-62}$$

式中：β_{hp}——截面高度影响系数，按《混凝土结构设计规范》(GB 50010—2010)，当 $h\leqslant 800$mm 时，取 $\beta_{hp}=1.0$，当 $h\geqslant 2000$mm 时，取 $\beta_{hp}=0.9$，其间按线性内插法取用；

f_t——混凝土轴心抗拉强度设计值，可按混凝土强度等级由规范查用；

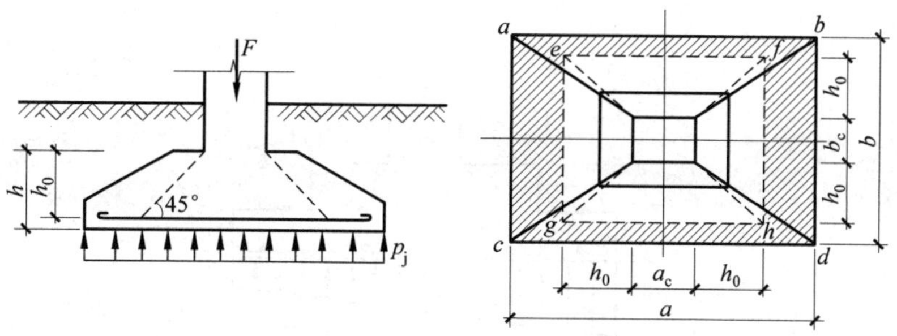

图 2-44　中心荷载冲切验算图形

b_p——冲切锥体破坏面上下边周长的平均值，m。

$$b_p = 2\left[\frac{a_c + (a_c + 2h_0)}{2} + \frac{b_c + (b_c + 2h_0)}{2}\right] = 2(a_c + b_c + 2h_0) \tag{2-63}$$

冲切破坏验算要求：

$$F_l \leqslant [V] \tag{2-64}$$

若不满足要求，则要加大基础的高度 h（减去保护层的厚度后即为 h_0），直至满足要求。

对于台阶形的扩展基础，破坏锥体可能从柱边发生，也可能从变阶处发生，要对每一台阶进行验算。

实际上单独基础经常承受偏心荷载作用，基底反力非均匀分布；而且冲切破坏锥体不一定完全落在基础底面以内。考虑这些较为复杂的情况，《建筑地基基础设计规范》规定：(1)冲切破坏锥体落在基础底面以内时验算冲切破坏，冲切破坏锥体不完全落在基础底面以内时，验算剪切破坏；(2)验算冲切破坏时，不论轴心荷载或偏心荷载只考虑最不利的一侧。

图 2-45 中，地基反力非均匀分布。冲切破坏锥体最不利一侧对锥面产生的冲切力为 F_l：

$$F_l = p_j A_l \tag{2-65}$$

式中：A_l——冲切验算时取用的部分基底面积，m^2（图 2-45 中的阴影面积 $ABCDEF$）；

p_j——相应于作用的基本组合时，地基土单位面积净反力，kPa，对偏心受压基础可取基础边缘处地基土最大单位面积净反力 p_{jmax}。

从图 2-45 推出，产生冲切的基底面积为

$$A_l = \left(\frac{a}{2} - \frac{a_c}{2} - h_0\right)b - \left(\frac{b}{2} - \frac{b_c}{2} - h_0\right)^2 \tag{2-66}$$

相应于最不利一侧，基础板的冲切锥体斜截面的抗冲切承载力仍为式(2-62)

$$[V] = 0.7\beta_{hp} f_t b_p h_0$$

$$b_p = (b_c + b_b)/2 = b_c + h_0 \tag{2-67}$$

式中：b_p——冲切破坏锥体最不利一侧计算长度，m；

b_c——冲切破坏锥体最不利一侧斜截面的上边长，m，当计算柱与基础交接处的受冲切承载力时，取柱宽；

b_b——冲切破坏锥体最不利一侧斜截面在基础底面积范围内的下边长，m，当冲切破坏锥体的底面落在基础底面以内，计算柱与基础交接处的受冲切承载力时，取柱宽加 2 倍基础有效高度；

同样，满足抗冲切要求的条件为式(2-64)。

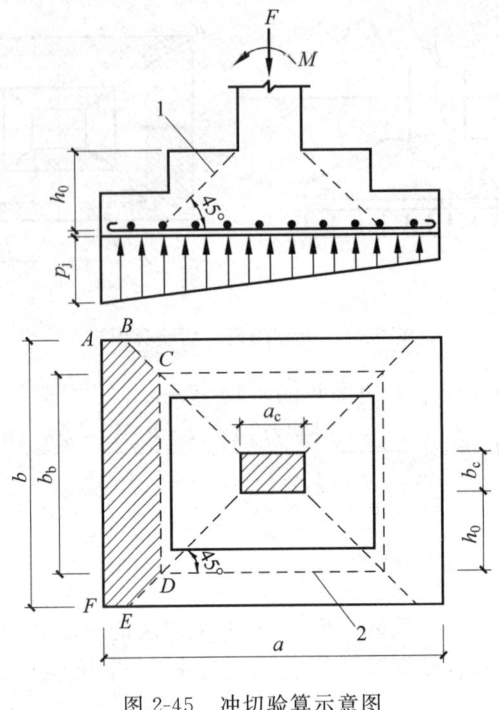

图 2-45 冲切验算示意图

对于台阶形独立基础的变阶处的冲切验算,也可采用类似的方法。显然,在上述验算中,只考虑了锥体一个斜截面的强度,忽略其他侧面强度的有利影响,是偏于安全的。

2.7.3 单独基础剪切破坏验算

当单独基础底面宽度小于或等于柱宽加2倍基础有效高度时,应按下列公式验算柱与基础交接处截面受剪承载力:

$$V_s \leqslant 0.7\beta_{hs} f_t A_0 \tag{2-68}$$

$$\beta_{hs} = (800/h_0)^{1/4} \tag{2-69}$$

式中:V_s——柱与基础交接处的剪力设计值,kN,图2-46中的阴影区$ABCD$面积乘以基底平均净反力p_j;

β_{hs}——受剪切承载力截面高度影响系数:当$h_0<800$mm时,取$h_0=800$mm,当$h_0>2000$mm时,取$h_0=2000$mm;

A_0——BD验算截面处基础的有效截面面积,m^2,按图2-46,$A_0=b\times h_{02}+b_1\times h_{01}$。

2.7.4 单独基础弯曲破坏验算

单独扩展基础受基底反力作用,产生双向弯曲。分析时可将基底按柱角点与基础四个顶点分别连线分成四个区域。沿柱边缘的截面Ⅰ—Ⅰ及Ⅱ—Ⅱ处,弯矩最大(图2-47)。当基础为中心受压时,作用在底面A_{acji}上的压力对Ⅰ—Ⅰ断面引起的弯矩为

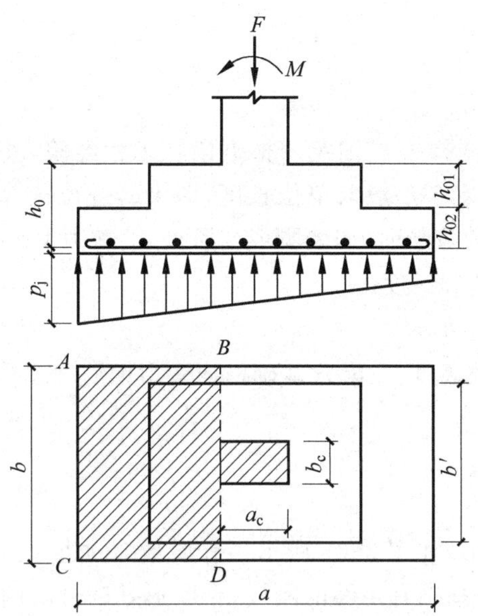

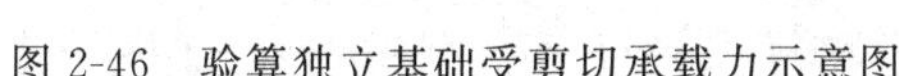

图 2-46 验算独立基础受剪切承载力示意图

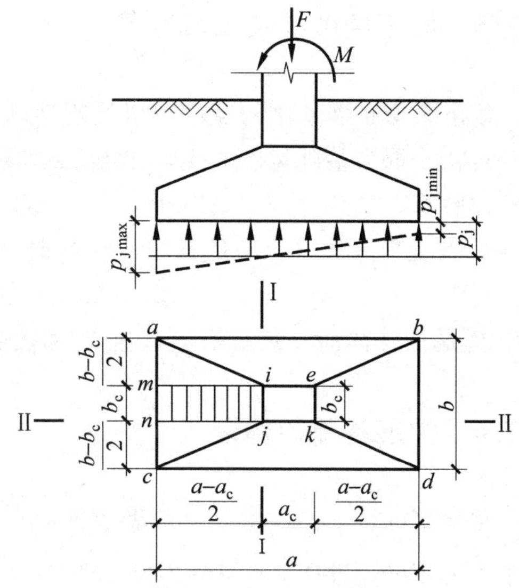

图 2-47 偏心荷载下基础弯矩计算

$$M_{\mathrm{I}} = p_j \times A_{ijnm} \times \frac{1}{4}(a-a_c) + 2p_j \times A_{aim} \times \frac{1}{3}(a-a_c) \tag{a}$$

式中：

$$A_{ijnm} = \frac{1}{2}(a-a_c)b_c \tag{b}$$

$$A_{aim} = \frac{1}{8}(b-b_c)(a-a_c) \tag{c}$$

将式(b)、式(c)代入式(a)，简化后得

$$M_{\mathrm{I}} = \frac{p_j}{24}(a-a_c)^2(2b+b_c) \tag{2-70}$$

同理作用在面积 A_{jkdc} 上的压力对Ⅱ—Ⅱ断面产生的弯矩为

$$M_{\mathrm{II}} = \frac{p_j}{24}(b-b_c)^2(2a+a_c) \tag{2-71}$$

当基础为偏心受压时，基底净压力分布为梯形。若基底最大边缘净压力为 $p_{j\max}$，Ⅰ—Ⅰ断面处的基底净压力为 $p_{j\mathrm{I}}$，可以推导出，这时Ⅰ—Ⅰ断面的弯矩为

$$M_{\mathrm{I}} = \frac{1}{48}(a-a_c)^2[(p_{j\max}+p_{j\mathrm{I}})(2b+b_c)+(p_{j\max}-p_{j\mathrm{I}})b] \tag{2-72}$$

而Ⅱ—Ⅱ断面上的弯矩，则仍为式(2-71)不变。

任意截面处的弯矩也可以用同样的方法求得。基础各截面的弯矩求得后，就可按式(2-73)计算基础需要的受力钢筋面积。

$$A_s = \frac{M}{0.9f_y h_0} \tag{2-73}$$

式中：f_y——钢筋抗拉强度设计值。

经上述三种验算满足要求后，若基础的混凝土强度等级小于柱的混凝土等级时，尚应验算柱下基础顶面的局部受压承载力。

2.7.5 墙下条形扩展基础验算

墙下条形扩展基础的宽度可以按刚性基础的同样方法确定。根据以往工程经验，基础高度可初步取为基础宽度的1/8，再经抗剪验算确定。一般取单位长度，即1m，进行抗剪和抗弯曲验算。验算时按基底净压力 p_j 分布，计算危险断面(如墙脚或变阶处)的剪力 V 和弯矩 M。按受剪承载力应满足式(2-73)要求，核算基础高度。

$$V_s \leqslant 0.7\beta_{hs} f_t h_0 \tag{2-74}$$

式中 β_{hs} 的取法同前。然后根据弯矩 M 和截面有效高度 h_0 配置基础横向受力钢筋。

2.7.6 扩展基础的构造

现浇型的柱下扩展基础一般做成锥形和台阶形，如图2-48所示。锥形基础的边缘高度通常不小于200mm，锥台坡度 $i \leqslant 1:3.0$。为保证基础有足够的刚度，台阶形基础台阶的宽高比不大于2.5，每台阶高度通常为300～500mm。基础下宜设素混凝土垫层，厚度不小于70mm。当有垫层时，钢筋保护层厚度不宜小于40mm，没有垫层时不宜小于70mm。底板受力钢筋按计算确定，最小配筋率不应小于0.15%，钢筋直径不宜小于10mm，间距宜为100～200mm。分布钢筋的面积不应小于受力钢筋面积的1/15。要注意柱子与基础的牢固连接，插筋的数量、直径和钢筋种类应与柱内纵向钢筋相同。插筋的锚固长度以及与柱的纵向钢筋连接方法应符合《混凝土结构设计规范》的要求。预制柱杯口基础的设计，原则上与现浇单独基础相同，具体构造可参阅《建筑地基基础设计规范》及工业厂房结构设计方面的书籍，本书限于篇幅，不予详述。墙下扩展基础分无肋型和带肋型两种，见图2-18(a)、(b)。当墙体为砖砌体，且放大脚不大于1/4砖长，计算基础弯矩时，悬臂长度应取自放大脚边缘起算的实际悬臂长度加1/4砖长，即 $b_t + 0.06$m，见图2-49。

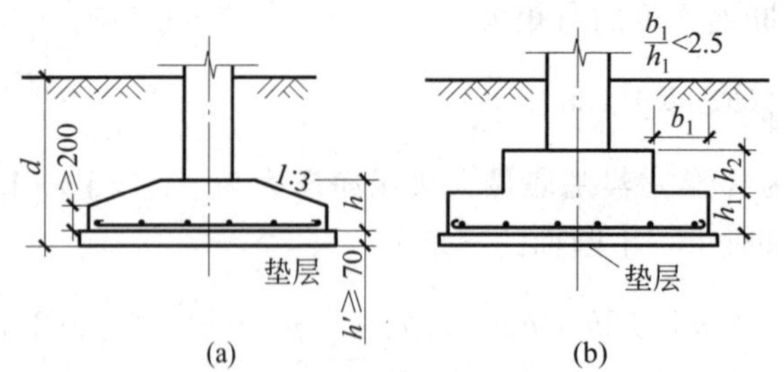

图2-48 柱下现浇扩展基础(单位：mm)
(a) 锥形；(b) 台阶形

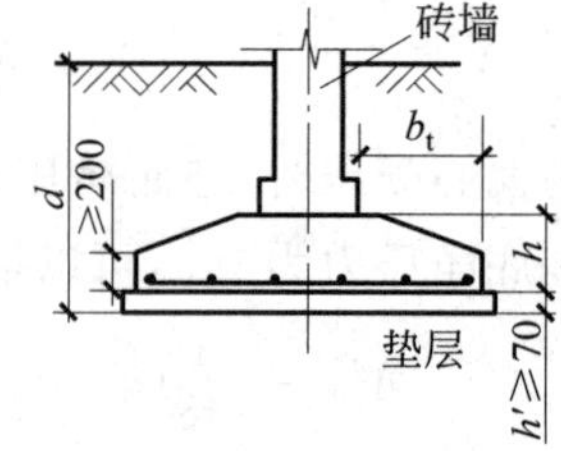

图2-49 砖墙下扩展基础(单位：mm)

例2-6 在例2-5中若基础改用单独扩展基础，混凝土为C20(f_t=(1100kPa)，高度取为600mm，其余情况不变，基础尺寸见图2-50，试进行基础验算。

解 1) 荷载组合

在例2-5中，根据地基承载力确定基础底面积以及选用基础台阶的宽高比(即刚性角)，都是选用作用的标准组合，本题要进行扩展基础的计算应采用作用的基本组合。按地基设

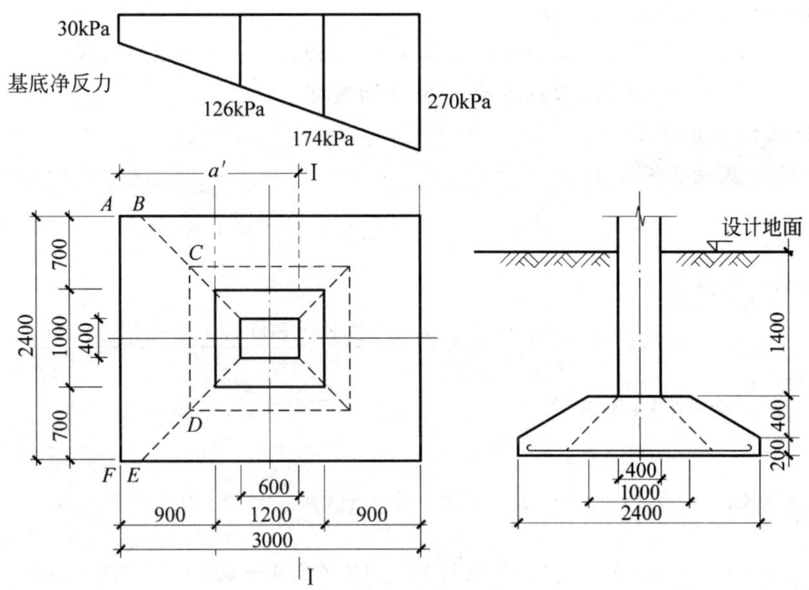

图 2-50　一例 2-6 附图(单位：mm)

计规范，作用的基本组合效应可采用标准组合效应乘以 1.35 分项系数，即式(2-23)。因此作用在基础上的外荷载 $F=1.35\times800=1080(\mathrm{kN})$，$M=1.35\times220=297(\mathrm{kN\cdot m})$，$H=1.35\times50=67.5(\mathrm{kN})$。

2) 基础底面净反力计算

荷载偏心距　$e=\dfrac{M}{F}=\dfrac{297+67.5\times2}{1080}=0.4(\mathrm{m})<\dfrac{a}{6}=0.5(\mathrm{m})$

由式(2-37)和式(2-38)求基底净反力

$$p_{\substack{\mathrm{j\,max}\\\mathrm{j\,min}}}=\frac{F}{A}\pm\frac{M}{W}=\frac{1080}{3.0\times2.4}\pm\frac{6\times432}{3^2\times2.4}$$

$$=150\pm120=\frac{270}{30}(\mathrm{kPa})$$

$$p_\mathrm{j}=150\mathrm{kPa}$$

3) 基础冲剪验算

(1) A_l 面积上地基总净反力 F_l 计算

由式(2-66)　$A_l=\left(\dfrac{a}{2}-\dfrac{a_\mathrm{c}}{2}-h_0\right)b-\left(\dfrac{b}{2}-\dfrac{b_\mathrm{c}}{2}-h_0\right)^2$

$$h_0=600-50=550(\mathrm{mm})=0.55(\mathrm{m})$$

$$A_l=\left(\frac{3.0}{2}-\frac{0.6}{2}-0.55\right)\times2.4-\left(\frac{2.4}{2}-\frac{0.4}{2}-0.55\right)^2$$

$$=1.3575(\mathrm{m}^2)$$

按 A_l 面积上作用着 $p_{\mathrm{j\,max}}$ 计，则

$$F_l=p_{\mathrm{j\,max}}\times A_l=270\times1.3575=366.5(\mathrm{kN})$$

(2) 验算冲切破坏面的抗剪承载力

按式(2-62)　$[V]=0.7\beta_{\mathrm{hp}}f_\mathrm{t}(b_\mathrm{c}+h_0)h_0$

因为 $h_0=550\mathrm{mm}<800\mathrm{mm}$，故 $\beta_h=1.0$。基础用 C20 混凝土，其轴心抗拉强度设计值为

$f_t = 1.1\text{kN/mm}^2 = 1100\text{kN/m}^2$,故

$$[V] = 0.7 \times 1.0 \times 1100 \times (0.4 + 0.55) \times 0.55 = 402.3(\text{kN})$$

满足　　$F_l < [V]$要求,基础不会发生冲切破坏。

4) 柱边基础弯矩计算

柱边与远侧基础边缘距离

$$a' = a_c + \frac{1}{2}(a - a_c) = 0.6 + 1.2 = 1.8(\text{m})$$

柱边处的地基净反力 $p_{j\text{I}}$

$$p_{j\text{I}} = \frac{(p_{j\max} - p_{j\min})a' + p_{j\min}a}{a} = \frac{(270 - 30) \times 1.8 + 30 \times 3.0}{3.0} = 174(\text{kN/m}^2)$$

由式(2-72)

$$\begin{aligned} M_{\text{I}} &= \frac{1}{48} \times (a - a_c)^2[(p_{j\max} + p_{j\text{I}})(2b + b_c) + (p_{j\max} - p_{j\text{I}})b] \\ &= \frac{1}{48} \times (3.0 - 0.6)^2 \times [(270 + 174) \times (2 \times 2.4 + 0.4) + (270 - 174) \times 2.4] \\ &= \frac{1}{48} \times 5.76 \times (444 \times 5.2 + 96 \times 2.4) = 304.7(\text{kN} \cdot \text{m}) \end{aligned}$$

由式(2-71)

$$\begin{aligned} M_{\text{II}} &= \frac{p_j}{24}(b - b_c)^2(2a + a_c) \\ &= \frac{150}{24}(2.4 - 0.4)^2(2 \times 3 + 0.6) = 165(\text{kN} \cdot \text{m}) \end{aligned}$$

根据 M_{I} 和 M_{II},计算纵向和横向受力筋面积,然后布置钢筋。

2.8 减轻建筑物不均匀沉降危害的措施

由于地基不均匀或上部结构荷重差异较大等原因,都会使建筑物产生不均匀沉降,当不均匀沉降超过容许限度,将会使建筑物开裂、损坏,甚至带来严重的危害。

采取必要的技术措施,避免或减轻不均匀沉降危害,一直是建筑设计中的重要课题。由于建筑物上部结构、基础和地基是相互影响和共同工作的,因此在设计工作中应尽可能采取综合技术措施,才能取得较好的效果。

2.8.1 建筑设计措施

1. 建筑物体型应力求简单

建筑物的体型设计应当力求避免平面形状复杂和立面高差悬殊。平面形状复杂的建筑物如图2-51所示,在其纵横交接处,地基中附加应力叠加,将造成较大的沉降,引起墙体产生裂缝。当立面高差悬殊,会使作用在地基上的荷载差异大,易引起较大的沉降差,使建筑物倾斜和开裂(图2-52)。因此宜尽量采用长高比较小的"一"字形建筑,如果因建筑设计需

要，建筑平面及体型复杂，就应采取工程措施，避免不均匀沉降危害建筑物。

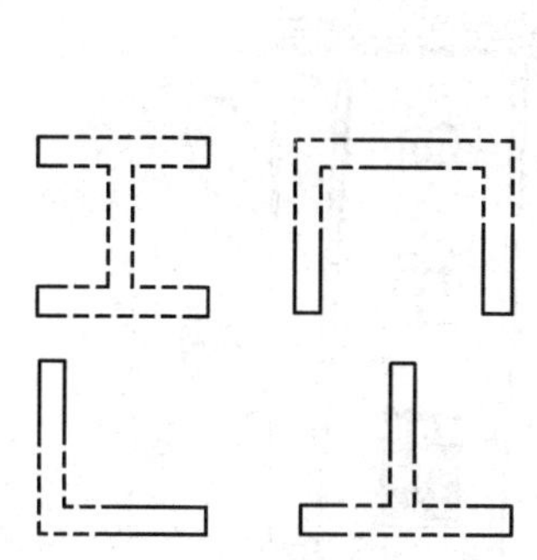

图 2-51 建筑平面复杂，易因不均匀沉降产生开裂的部位示意图(虚线处)

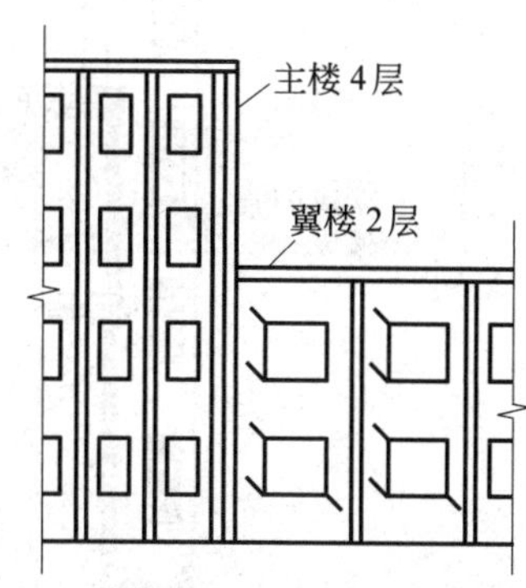

图 2-52 建筑立面高差大的建筑物，因为不均匀沉降引起开裂的部位示意图

2. 控制建筑物的长高比

建筑物的长高比是决定结构整体刚度的主要因素。过长的建筑物，纵墙将会因较大挠曲出现开裂(图 2-53)。一般经验认为，2、3 层以上的砖承重房屋的长高比不宜大于 2.5。对于体型简单、横墙间隔较小、荷载较小的房屋可适当放宽比值，但一般不大于 3.0。

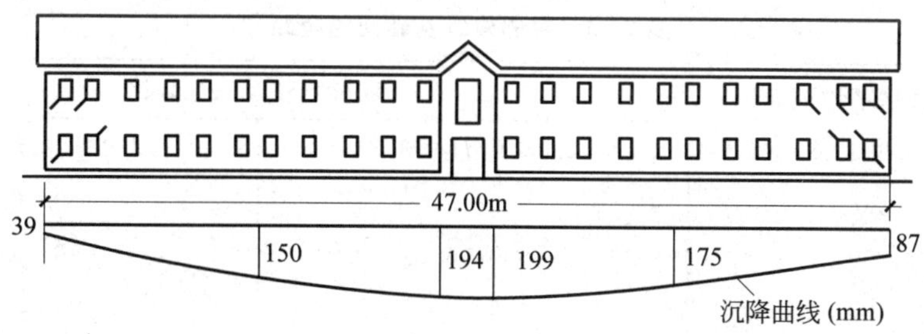

图 2-53 过长建筑物的开裂实例(长高比 7.6)

3. 合理布置纵横墙

地基不均匀沉降最易产生于纵向挠曲方面，因此一方面要尽量避免纵墙开洞、转折、中断而削弱纵墙刚度；另一方面应使纵墙尽可能与横墙连接，缩小横墙间距，以增加房屋整体刚度，提高调整不均匀沉降的能力。

4. 合理安排相邻建筑物之间的距离

由于邻近建筑物或地面堆载作用，会使建筑物地基的附加应力增加而产生附加沉降。在软弱地基上，当相邻建筑物越近，这种附加沉降就越大，可能使建筑物产生开裂或倾斜，如图 2-54 所示。

为减少相邻建筑物的影响，应使相邻建筑保持一定的间隔，在软弱地基上建造相邻的新建筑时，其基础间净距可按表 2-25 采用。

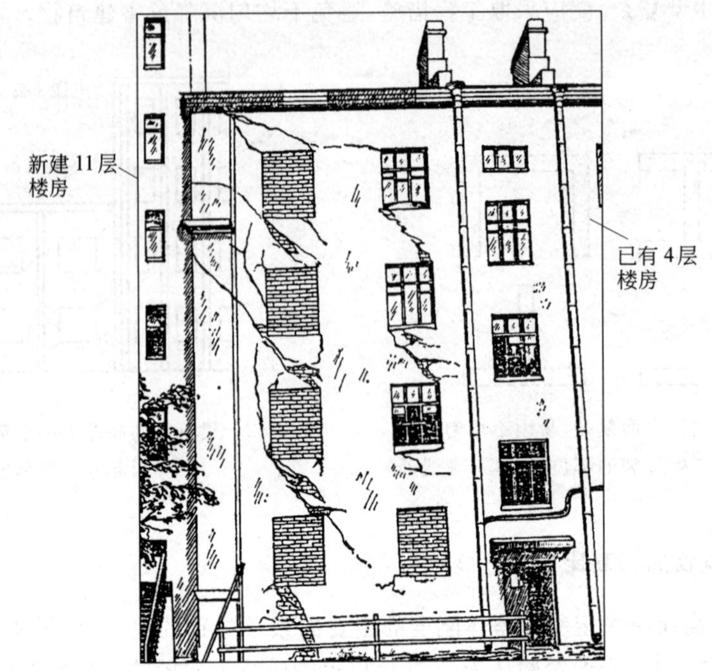

图 2-54　新建高层建筑引起原有楼房裂缝

表 2-25　相邻建筑基础间的净距　　m

新建建筑的预估平均沉降量 s/mm	被影响建筑的长高比	
	$2.0\leqslant L/H_f<3.0$	$3.0\leqslant L/H_f<5.0$
70～150	2～3	3～6
160～250	3～6	6～9
260～400	6～9	9～12
>400	9～12	≥12

注：1. 表中 L 为房屋或沉降缝分隔的单元长度，m，H_f 为自基础底面标高算起的房屋高度，m；

2. 当被影响建筑的长高比为 $1.5<L/H_f<2.0$ 时，其基础间净距可适当缩小。

5. 设置沉降缝

用**沉降缝**将建筑物分割成若干独立的沉降单元，这些单元体型简单，长高比小，整体刚度大，荷载变化小，地基相对均匀，自成沉降体系，因此可有效地避免不均匀沉降带来的危害。沉降缝的位置应选择在下列部位上。

(1) 建筑平面转折处；

(2) 建筑物高度或荷载差异处；

(3) 过长的砖石承重结构或钢筋混凝土框架结构的适当部位；

(4) 建筑结构或基础类型不同处；

(5) 地基土的压缩性有显著差异或地基基础处理方法不同处；

(6) 分期建造房屋交界处；

（7）拟设置**伸缩缝**处。

沉降缝应从屋顶到基础把建筑物完全分开，其构造可参见图 2-55。缝内不可填塞（寒冷地区为防寒可填以松软材料），缝宽以不影响相邻单元的沉降为准，特别应注意避免相邻单元相互倾斜时，在建筑物上方造成挤压损坏。工程中建筑物沉降缝宽度一般可参照表 2-26 选用。

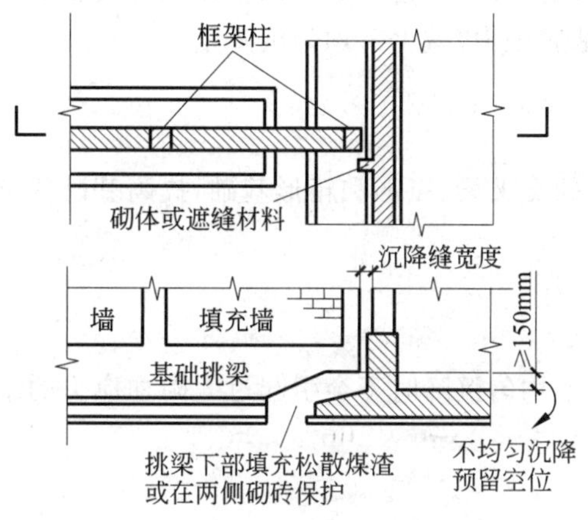

图 2-55　沉降缝构造

表 2-26　房屋沉降缝宽度

房屋层数	沉降缝宽度/mm
2～3	50～80
4～5	80～120
＞5	≥120

为了建筑立面易于处理，沉降缝通常与伸缩缝及**抗震缝**结合起来设置。

如果地基很不均匀，或建筑物体型复杂，或高差（或荷载）悬殊所造成的不均匀沉降较大，还可考虑将建筑物分为相对独立的沉降单元，并相隔一定的距离以减少相互影响，中间用能适应自由沉降的构件（例如简支或悬挑结构）将建筑物连接起来。

6. 控制与调整建筑物各部分标高

根据建筑物各部分可能产生的不均匀沉降，采取一些技术措施，控制与调整各部分标高，减轻不均匀沉降对使用上的影响：

（1）适当提高室内地坪和地下设施的标高；

（2）对结构或设备之间的联结部分，适当将沉降大者的标高提高；

（3）在结构物与设备之间预留足够的净空；

（4）有管道穿过建筑物时，预留足够尺寸的孔洞或采用柔性管道接头。

2.8.2　结构措施

1. 减轻建筑物的自重

一般建筑物的自重占总荷载的 50%～70%，因此在软土地基建造建筑物时，应尽量减小建筑物自重，有如下措施可以选取：

（1）采用轻质材料或构件，如加气砖、多孔砖、空心楼板、轻质隔墙等。

（2）采用轻型结构，例如预应力钢筋混凝土结构、轻型钢结构以及轻型空间结构（如悬索结构、充气结构等)和其他轻质高强材料结构。

(3) 采用自重轻、覆土少的基础形式,例如空心基础、壳体基础、浅埋基础等。

2. 减小或调整基底的附加压力

设置地下室或半地下室,利用挖除的土重去补偿一部分,甚至全部建筑物的重量,有效地减少基底的附加压力,起到均衡与减小沉降的目的。此外,也可通过调整建筑与设备荷载的部位以及改变基底的尺寸,来达到控制与调整基底压力,减少不均匀沉降量。

3. 增强基础刚度

在软弱和不均匀的地基上采用整体刚度较大的交叉梁、筏形和箱形基础,提高基础的抗变形能力,以调整不均匀沉降。

4. 采用对不均匀沉降不敏感的结构

采用铰接排架、三铰拱等结构,对于地基发生不均匀沉降时不会引起过大附加应力的结构,可避免结构产生开裂等危害。

5. 设置圈梁

设置**圈梁**可增强砖石承重墙房屋的整体性,提高墙体的抗挠、抗拉、抗剪的能力,是防止墙体裂缝产生与发展的有效措施,在地震区还起到抗震作用。

因为墙体可能受到正向或反向的挠曲,一般在建筑物上下各设置一道圈梁,下面圈梁可设在基础顶面上,上面圈梁可设在顶层门窗以上(可结合作为过梁)。更多层的建筑,圈梁数可相应加多。圈梁在平面上应成闭合系统,贯通外墙、承重内纵墙和内横墙,以增强建筑物整体性。如果圈梁遇到墙体开洞,应在洞的上方添设加强圈梁,按图2-56所示的要求处理。

圈梁一般是现浇的钢筋混凝土梁,宽度可同墙厚,高度不小于120mm,混凝土的强度等级不低于C15,纵向钢筋宜不小于4Φ8,钢箍间距不大于300mm,当兼作过梁时应适当增加配筋。

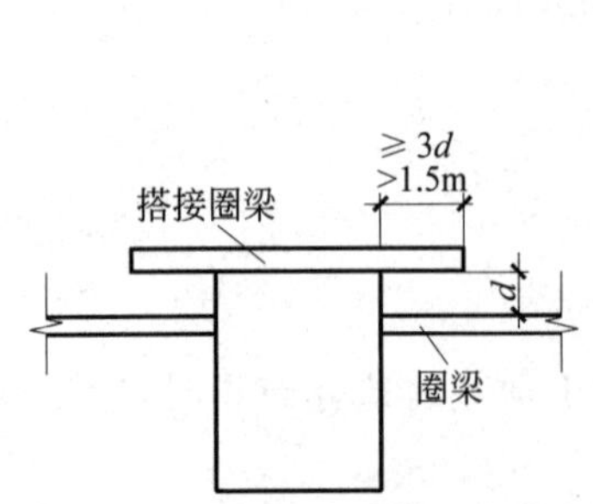

图2-56 圈梁被墙洞中断时的处理

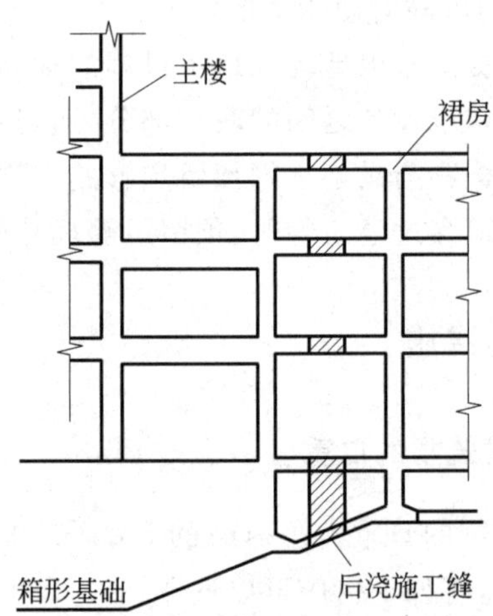

图2-57 某高层建筑物主楼与裙房间预留后浇施工缝

2.8.3　施工措施

对于灵敏度较高的软黏土，在施工时应注意不要破坏其原状结构，在浇筑基础前需保留约 200mm 覆盖土层，待浇筑基础时再清除。若地基土受到扰动，应注意清除扰动土层，并铺上一层粗砂或碎石，经压实后再在砂或碎石垫层上浇筑混凝土。

当建筑物各部分高低差别很大或荷载大小悬殊时，可以采用预留施工缝的办法，并按照先高后低、先重后轻的原则安排施工顺序；待预留缝两侧的结构已建成且沉降基本稳定后再浇筑封闭施工缝，把建筑物连成整体结构，如图 2-57 所示。必要时还可在高的或重的建筑物竣工后，间歇一段时间再建低的或轻的建筑物以达到减少沉降差的目的。

此外，施工时还需特别注意基础开挖时，由于井点排水、基坑开挖、施工堆载等原因可能对邻近建筑造成的附加沉降。

思考题和练习题

2-1　地基基础有几种类型？各有什么特点？用于什么情况？

2-2　何谓地基允许承载力？如何按允许承载力方法设计地基基础？

2-3　按极限状态设计方法，地基应满足哪几种极限状态的要求？

2-4　何谓地基的承载能力极限状态？试用表达式表示。

2-5　何谓地基的正常使用极限状态？试用表达式表示。

2-6　地基按正常使用极限状态设计，为什么除了要满足 $s \leqslant [s]$ 的要求外，还要满足 $p \leqslant p_{cr}$（或 $p_{1/4}$）的要求？

2-7　何谓结构可靠度？用什么指标表示可靠度？它与安全系数有些什么不同？

2-8　可靠度设计方法与极限状态设计方法有什么联系？为什么又可称为以概率理论为基础的极限状态设计方法？

2-9　按可靠度设计方法，当验算结构物能否满足承载能力极限状态要求时，作用值该如何选用？作用该如何组合？试用公式表示。

2-10　按可靠度设计方法，当验算结构物能否满足正常使用极限状态时，作用值该如何选用？作用该如何组合？试用公式表示。

2-11　按现行《建筑地基基础设计规范》地基基础设计分成几个等级？相应于各等级，地基计算有什么要求？

2-12　按极限状态设计方法，应进行承载能力极限状态验算和正常使用极限状态验算，而《建筑地基基础设计规范》则规定三项验算，即承载力验算、变形验算和必要时进行地基稳定验算，应如何理解两种极限状态和地基计算的三项验算？

2-13　按《建筑地基基础设计规范》的方法验算地基的稳定性，是否符合可靠度设计方法的要求，为什么？

2-14　为什么说《建筑地基基础设计规范》的设计原则是按地基变形设计？这一原则是如何体现的？在什么情况下才需要验算地基的稳定性？

2-15 按《建筑地基基础设计规范》进行地基承载力验算时,作用取什么组合? 抗力取什么值? 如何确定?

2-16 按《建筑地基基础设计规范》,进行地基变形验算时,作用取什么组合? 必须满足什么要求?

2-17 浅基础有哪些结构类型? 各适用于什么条件?

2-18 按基础的受力条件,如何理解允许基础宽高比(刚性角)的作用?

2-19 为什么基础台阶宽高比的允许值除了取决于基础材料的质量外,还与基底的平均压力 p_k 有关?

2-20 常用的基础材料为砖、石、混凝土和钢筋混凝土,有时也可用毛石混凝土、灰土和三合土,试解释后三种材料是如何合成的? 各用于什么条件?

2-21 确定基础的埋置深度是地基基础设计的重要组成部分,确定埋置深度时要考虑哪些因素?

2-22 在寒冷地区,为什么确定基础埋深时,还要考虑地区土的冻胀性和地基土的冻结深度? 在什么条件下就可以不必考虑它们的影响?

2-23 何谓平均冻胀率? 冻胀率的高低取决于哪些因素?

2-24 平均冻胀率分成几个等级? 它与地基土的冻胀等级有何关系?

2-25 地基土的冻结深度取决于哪些因素? 如何确定地基的设计冻结深度?

2-26 什么叫做允许残留冻土层最大厚度 h_{max}? 理论上如何确定 h_{max}?

2-27 按《建筑地基基础设计规范》如何确定允许残留冻土层最大厚度 h_{max}?

2-28 按《建筑地基基础设计规范》,地基承载力特征值可用什么方法确定?

2-29 什么叫做地基承载力的宽度和深度修正? 如何修正?

2-30 为什么在有地下室时,确定地基承载力的深度修正系数时,外墙的条形基础从室内地面算起,而箱形基础则可按室外地面算起?

2-31 为什么在填方地面,确定地基承载力的深度修正系数时,一般可按填土标高地面算起,而在上部结构施工后刚完成填土时,则从天然地面算起?

2-32 计算基底附加压力 p_0 时,$p_0 = p - \gamma d$,其中的基础埋深 d,什么时候与确定承载力深度修正系数时的 d 不同?

2-33 地基持力层承载力验算需要满足什么要求? 如何进行这项验算?

2-34 何谓地基软弱下卧层承载力验算? 如何进行这项验算?

2-35 在地基变形验算中,规范建议采用分层总和法。分层总和法的特点是什么? 采用什么基本假定?

2-36 建筑物的地基变形可归纳成几种类型? 举例说明不同种类的建筑物受哪类变形控制?

2-37 何谓扩展基础? 较之刚性基础它有什么优点?

2-38 进行基础的强度验算和钢筋配置计算时,应该采用什么作用组合? 基础底面作用压力应该如何计算?

2-39 何谓基础的冲切破坏? 如何进行基础的冲切验算?

2-40 如何从建筑物的布置上减轻不均匀沉降?

2-41 有哪些结构措施可以减轻建筑物的不均匀沉降?

2-42　为减轻建筑物不均匀沉降所造成的危害，施工时可以采用什么措施？

2-43　中等城市（人口约 30 万）市区某建筑物地基的地质剖面如图 2-58 所示，正方形单独基础的基底平均压力为 120kPa（按永久荷载标准值乘以 0.9 计），地区的标准冻深 $z_0=1.8\text{m}$，从冰冻条件考虑，求基础的最小埋置深度。

0.00
w=20%, wL=22%, wP=14%
d>0.075mm 占土重 10%
−1.20
砂　粒径　d>0.5mm　占 40%
d>0.25mm　占 55%
−2.00 (地下水位)
−4.40
砂砾石

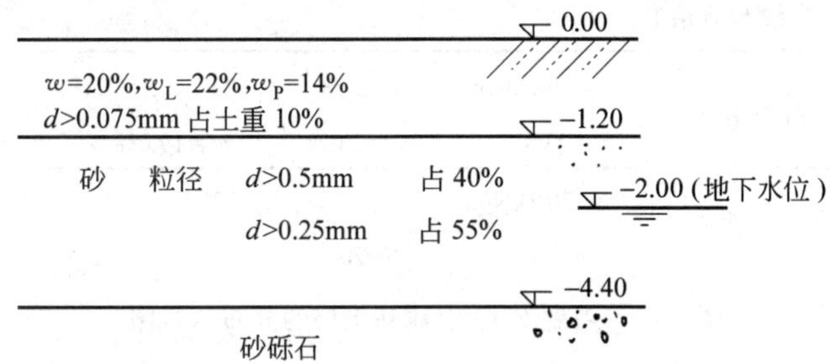

图 2-58　习题 2-43 中某市区建筑物地基的地质剖面图（标高：m）

2-44　地基工程地质剖面如图 2-59 所示，条形基础宽度 $b=2.5\text{m}$，如果埋置深度分别为 0.8m 和 2.4m，试用《建筑地基基础设计规范》公式确定土层②和土层③层顶处的承载力特征值 f_a。

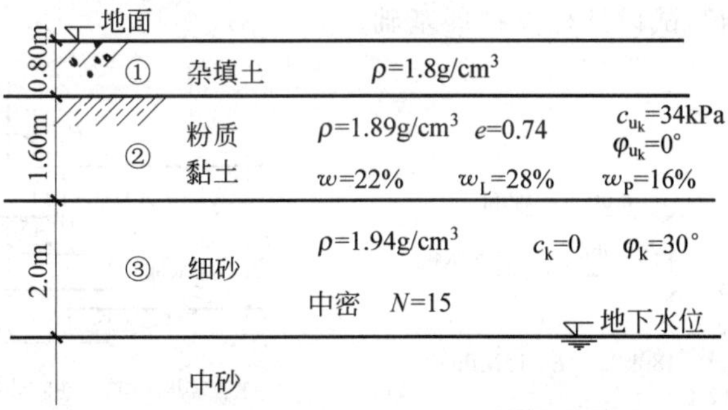

地面
0.80m
①　杂填土　ρ=1.8g/cm³
1.60m
②　粉质黏土　ρ=1.89g/cm³　e=0.74　cuk=34kPa　φuk=0°
w=22%　wL=28%　wP=16%
2.0m
③　细砂　ρ=1.94g/cm³　ck=0　φk=30°
中密　N=15
地下水位
中砂

图 2-59　习题 2-44 中某地基工程地质剖面图

2-45　地基土层如图 2-60 所示。在该地基上建桥，桥墩承受的荷载（包括地面以上桥墩的自重）为 5000kN，按基础宽度 $b=3.0\text{m}$，求②、③、④各土层顶部的承载力。若采用第二层为持力层，现场载荷试验结果见表 2-27，桥墩平面尺寸为6m×2m，试设计桥墩的基础（考虑河床冲刷，桥墩基础至少要在现地面以下 2m）。

表 2-27　土层②现场载荷试验结果

试验编号	临界塑荷载 p_{cr}/kPa	极限荷载 p_u/kPa
1#	203	455
2#	252	444
3#	213	433

2-46　已知按荷载标准组合承重墙每 1m 中心荷载（至设计地面）为 188kN，刚性基础埋置深度 $d=1.0\text{m}$，基础宽度 1.2m，地基土层如图 2-61 所示，试验算第③层软弱土层的承载力是否满足要求？

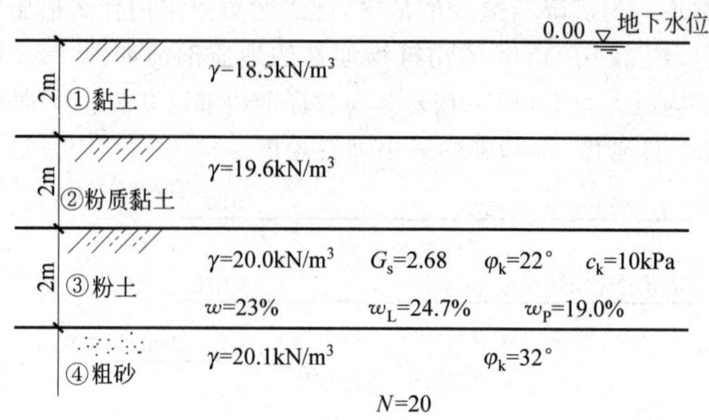

图 2-60　习题 2-45 中地基土层的分布示意图

2-47　在人口为 30 万的城镇建造单层工业厂房,厂房柱子断面为 0.6m×0.6m。按荷载标准组合作用在柱基上的荷载(至设计地面)为竖向力 $F=1000\text{kN}$,水平力 $H=60\text{kN}$,力矩 $M=180\text{kN}\cdot\text{m}$,基础梁端集中荷载 $P=80\text{kN}$。地基为均匀粉质黏土,土的性质和地下水位见图 2-62。地区的标准冻结深度为 $z_0=1.6\text{m}$,厂房采暖。试设计柱下刚性基础。

2-48　情况同习题 2-47,试设计柱下扩展基础。

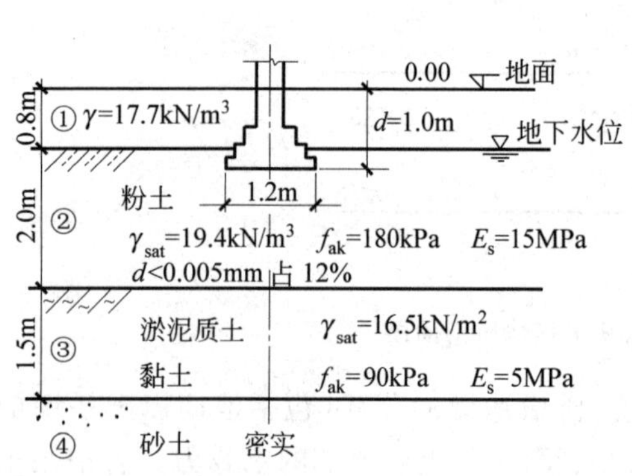

图 2-61　习题 2-46 中地基土层的分布示意图

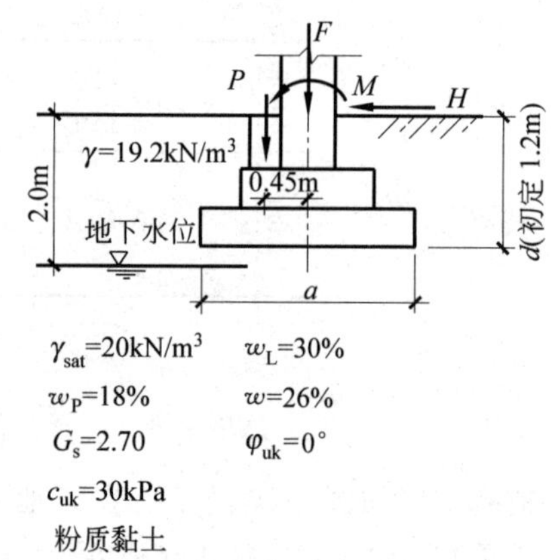

图 2-62　习题 2-47 中土的性质和地下水位高度

参 考 文 献

[1]　中国建筑科学研究院. GB 50007—2011 建筑地基基础设计规范[S]. 北京:中国建筑工业出版社,2012.

[2]　北京市勘察设计研究院,北京市建筑设计研究院. DBJ 11—501—2009 北京地区建筑地基基础勘察设计规范[S]. 北京:中国计划出版社,2009.

[3]　中国建筑科学研究院. GB 50009—2012 建筑结构荷载规范[S]. 北京:中国建筑工业出版社,2012.

[4]　中国建筑科学研究院. GB 50068—2001 建筑结构可靠度设计统一标准[S]. 北京:中国建筑工业出版社,2002.

[5]　中国建筑科学研究院. GB 50153—2008 工程结构可靠度设计统一标准[S]. 北京：中国建筑工业出版社,2008.

[6]　陈仲颐,叶书麟. 基础工程学[M]. 北京：建筑工业出版社,1990.

[7]　罗福午. 单层工业厂房结构设计[M]. 2 版. 北京：清华大学出版社,1992.

[8]　BRAJA M D. Principle of Foundation Engineering. [M]. 2nd ed. PWS-KENT Publishing Company, 1990.

第3章 柱下条形基础、筏形基础和箱形基础

3.1 概　　述

随着我国社会经济的发展和现代化建设事业的推进，需要在各个地区、各种地质条件的地基上建造规模大、层数多、结构复杂、安全使用条件较高的各种类型的住宅楼、办公楼、科技与文化体育会馆、企业与商贸场所以及大型综合性公共建筑物。万丈高楼平地起，地基基础的设计与施工是建造这类现代建筑物的关键技术经济条件，是确保建筑物稳定安全与正常使用的根本。**柱下条形基础**、**筏形基础**和**箱形基础**因其上能连接与承载高重上层建筑，下可传播载荷并嵌固于地基，发挥建筑物-基础-地基共同作用，保证建筑物安全与使用要求，成为这类高重建筑的主要基础类型。在广泛运用中，其结构类型、设计理论与方法、施工技术等均有了创新与发展。

早在20世纪50年代，北京展览馆和上海工业展览馆就采用了箱形基础，以后这类基础虽陆续有所发展，但规模与速度都较有限。直到80年代以来，随着沿海经济与科技开发区和各大都市高层建筑的大量兴建，桩基、柱下条形基础、筏形基础和箱形基础得到了广泛的应用，取得了丰富的设计与施工的经验。由于我国沿海的许多大城市，都是在大江大河的冲淤三角洲上，地基土质十分软弱，难以满足建造高重建筑物的承载与沉降的要求，柱下条形基础已难以适应，而筏形与箱形基础也只限用于高度50m以下的建筑物，更高的建筑多采用桩与筏基、桩与箱基相结合的形式，称为桩筏基础和桩箱基础。在我国已建成的诸多百米以上的建筑，大多数建造在这类基础上。筏基与箱基，尤其是箱基，技术要求和造价较高，施工中需要处理大基坑、深开挖的许多工程技术问题，也是最容易造成工程质量与工程事故的因素。因此需要根据实际情况，通过技术经济比较和安全可靠性分析，才能正确选用。近年来，现代化城市的高层建筑对地下空间的应用有更大更多的要求，需用作停车场、商场、储备仓库、公共设施场地等。箱形基础的地下空间被纵横隔墙分割成狭窄开间，无法满足要求，而筏形基础有厚大平整的筏板，可形成较大可利用的空间，因此，筏形基础在现代化高层建筑中得到更多的应用。例如1998年已建成使用的上海金茂大厦和目前在建的天津高银117大厦。

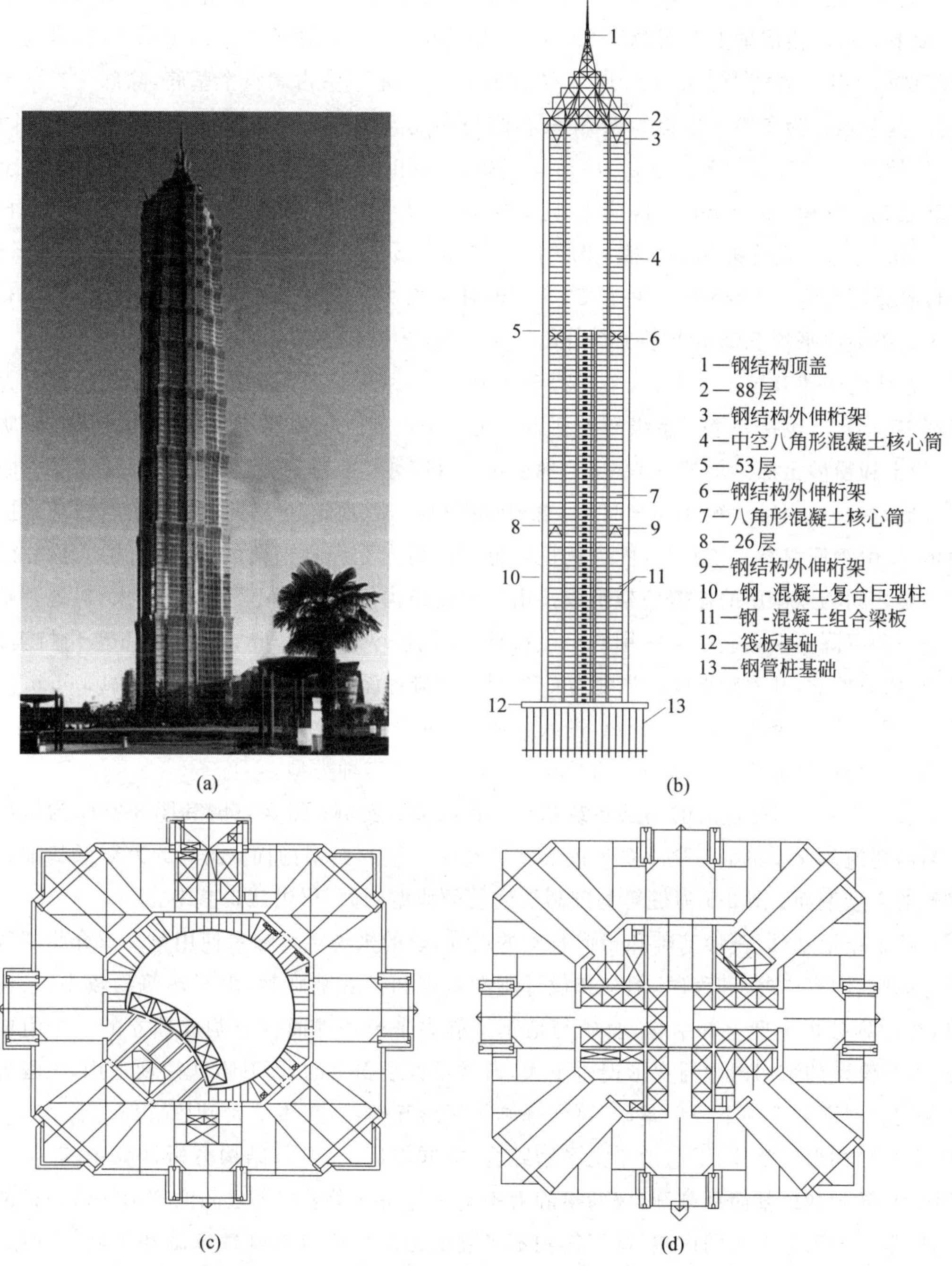

图 3-1　上海金茂大厦

（桩筏基础建筑物）

(a) 全景图；(b) 塔楼剖面图；(c) 塔楼大厅平面图；(d) 塔楼标准层平面图

上海金茂大厦(图 3-1)场地为软弱的淤泥质黏土与粉质黏土层,塔楼高420.5m,地上88层、地下3层。裙房地上7层总高32.08m,地下也是3层。建筑占地24 488m²,总建筑面积289 500m²(其中塔楼197 938m²、地下室57 151m²)。地下室占满整个基底,除部分为设备用房外,其余均作为车库。塔楼为钢-混核心筒与外围巨柱的组合结构,嵌固于基础上共同工作,塔楼总重2 600 000kN。基础为4m厚筏板,埋深18m。塔楼下筏板宽52.70m,扩展至裙房基底,总面积19 650m²。楼高与基础宽度比为8∶1。筏板下为桩基础,塔楼下用ϕ914mm打入式钢管桩共429根,裙底下为ϕ609.6mm的钢管桩640根,筏板兼作桩承台,筏板底总压力为2060kN/m²,桩长57～64m伸入持力土层中,单桩容许承载力为7500kN,桩筏基础最终平均沉降不大于100mm。工程总造价5.4亿美元。

在建的天津高银117大厦(图 3-2)于2010年3月开工,采用桩筏基础、框筒结构。大厦以写字楼为主,包括一家六星级商务酒店。建造场地为人工堆积层和第四纪沉积的粉质黏土、粉土和粉砂土层。塔楼高597 m,地面以上117层,另有3层地下室。塔楼楼层平面呈正方形,首层平面尺寸约67m×67 m,总建筑面积约37万m²。117大厦采用三重结构抗侧力体系,由钢筋混凝土核心筒(内含钢柱)、带有巨型支撑和腰桁架的外框架、构成核心筒与外框架之间相互作用的伸臂桁架组成。由于大厦结构复杂,传递至基础荷载大,对地基基础承载力和沉降要求高。塔楼采用群桩筏板承台,筏板厚度为6.5m,宽度约86m,由抗剪(冲切)承载力控制,其混凝土设计强度为C60,筏板基础埋深约25m。工程桩采用ϕ1000mm大直径超长灌注桩,桩端埋深101.58m,进入粉砂层,桩身混凝土等级为C45,根据受力大小,单桩承载力特征值分为13 000kN、15 000kN、16 500kN三种类型。

表3-1是我国已建成的高层建筑基础工程的部分实例;图3-1(b)和图3-2(b)为桩筏基础高层建筑的典型剖面。图3-3为筏形基础高层建筑的典型剖面;图3-4为箱形基础高层建筑的典型剖面;图3-5为桩箱基础高层建筑的典型剖面,可供认识参考。

柱下条形基础、筏形基础和箱形基础的设计,总的来说仍可参考使用第2章介绍的基本设计原则、内容、方法和程序,但是在设计刚性基础和扩展基础时,由于建筑物较小,结构简单,在计算分析中把上部结构、基础与地基按静力平衡条件简单分割成独立的三个组成部分,由此设计的结构内力与变形误差不大,通常是偏于安全的,因其方法简便适用,工程界乐于采用。然而对于柱下条形基础、筏形基础与箱形基础,因其体型大、埋置较深、承受很大荷载,上与结构形成整体,下与地基土紧密结合,共同作用,在进行结构分析计算中,若仍将上部结构、基础和地基简单分开,仅满足静力平衡条件而不考虑三者之间的变形协调条件的影响,则常常会引起较大的误差,甚至得到不正确的结果。所以与刚性基础和扩展基础相比,设计这类基础时,上部结构、基础与地基三者之间不但**要满足静力平衡条件,而且还要满足变形协调条件**,以符合接触点应力与变形的连续性,反映共同作用的机理。

为了解答共同作用问题,在这类基础的设计中,需要有相适应的一套计算理论与分析方法,主要有两项:

(1) **建立能较好反映地基土变形特性的地基模型及确定模型参数的方法**,其目的就是表达地基的刚度,以便在共同作用分析中,可定量计算。

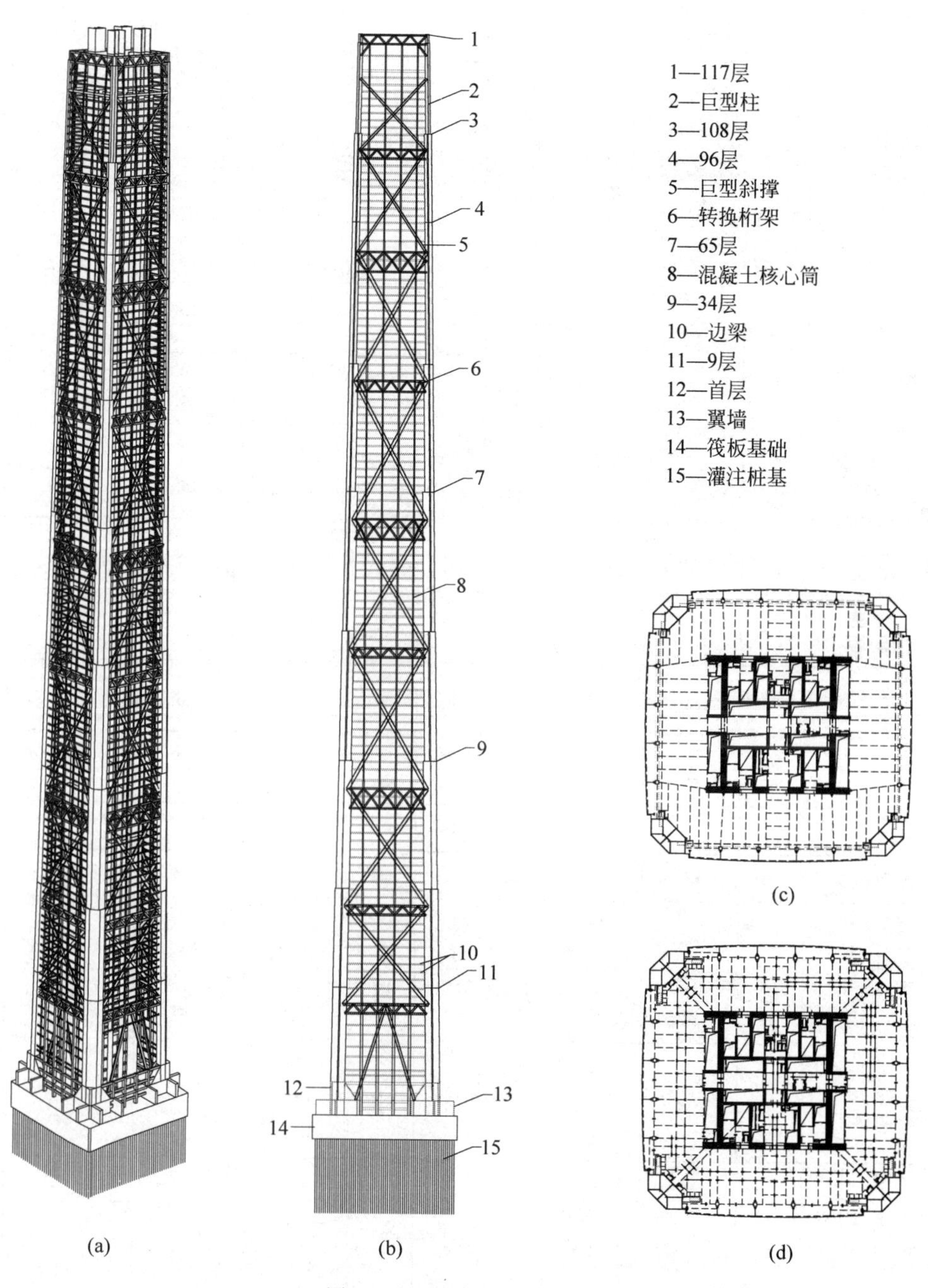

图 3-2　天津高银 117 大厦

(a) 全景图；(b) 塔楼剖面图；(c) 塔楼大厅平面图；(d) 塔楼标准层平面图

(2) **建立上部结构、基础与地基共同作用理论与分析计算方法**。其原理是根据上部结构、基础和地基的各自刚度进行变形协调计算。上部结构与基础间的结构连接，可采用结构力学的方法求解，而基础与地基间的连接是性质软弱的天然地基土体与刚劲的结构物的紧密连接与相互作用，需要应用专门的地基模型理论与结构计算方法来解答。因此，上部结

表 3-1 我国高层建筑基础工程部分实例

工程名称	建设年份	塔楼高度/m	塔楼层数 $\left(\frac{\text{地上}}{\text{地下}}\right)$	裙房层数 $\left(\frac{\text{地上}}{\text{地下}}\right)$	塔楼结构形式	场地类别	抗震设计烈度	基础结构							设计单位
								基础形式	基础埋深/m	箱基高度/m	筏板厚度/m	桩基类型	桩径 ϕ/mm	桩长/m	
天津117大厦	2010开工	597	$\frac{117}{3}$	—	框筒	Ⅲ	7	桩筏	25		6.5	灌注桩	1000	76	华东建筑设计研究院有限公司
上海环球金融中心	2003—2008	492	$\frac{101}{3}$	$\frac{5}{3}$	筒中筒	Ⅲ	7	桩筏	20			打入式钢管桩	700	58	日本森大厦株式会社一级建筑师事务所 美国KDF设计事务所
东方明珠上海广播电视塔	1991—1995	468	350m塔身+118m桅杆 / 2层箱基	15m半拱形大厅 / 2层箱基	预应力带斜撑空间框架结构	Ⅲ	8	桩箱	13.5	13.5	底板1.55	预制桩	500×500	36	华东建筑设计研究院有限公司
上海金茂大厦	1993—1998	420.5	$\frac{88}{3}$	$\frac{7}{3}$	筒柱组合结构	Ⅲ	7	桩筏	18		4.0	钢管桩	914	57～61	美国SOM建筑设计事务所
上海明天广场	1996—2003	282	$\frac{58}{3}$	$\frac{6}{3}$	框筒柱组合结构	Ⅲ	7	桩筏	15		3.8	钻孔灌注桩	850	61.5	美国约翰·波特曼建筑事务所
上海恒隆广场	2001	282	$\frac{66}{3}$	$\frac{5}{3}$	框筒	Ⅲ	7	桩箱	18.2	7.3	底板3.3	钻孔灌注桩	800	63.5	香港冯庆延建筑师事务所
上海交通金融大厦	2002	230	$\frac{55}{4}$	$\frac{5}{4}$	框筒	Ⅲ	7	桩筏	12		3.4	预应力高强混凝土管桩	600	24.8	德国ABB+OBER MEYER 华东建筑设计研究院有限公司
上海万都中心	1998	211	$\frac{55}{2}$	$\frac{4}{2}$	框筒	Ⅲ	7	桩筏	12.4		3.6	钻孔灌注桩	850	60	华东建筑设计研究院有限公司 美国海波设计事务所
上海国际航运大厦	1999	203	$\frac{52}{3}$	$\frac{5}{3}$	框筒	Ⅲ	7	桩箱			底板3.6	预应力高强混凝土管桩	800	28	加拿大B+W工程公司 华东建筑设计研究院有限公司
上海森贸大厦	1998	202	$\frac{46}{4}$	$\frac{2}{4}$	框筒	Ⅳ	7	桩筏	18.5		2.85	钢管桩	610	27	日本藤田·大林株式会社

续表

工程名称	建设年份	塔楼高度/m	塔楼层数$\left(\frac{地上}{地下}\right)$	裙房层数$\left(\frac{地上}{地下}\right)$	塔楼结构形式	场地类别	抗震设计烈度	基础结构							设计单位
								基础形式	基础埋深/m	箱基高度/m	筏板厚度/m	桩基类型	桩径ϕ/mm	桩长/m	
北京京广大厦	1986—1992	208	$\frac{53}{3}$	$\frac{4}{3}$	筒体	Ⅱ	8	桩箱	16.0	5.2	底板1.0	矩形挖孔桩	285×200	40	日本熊谷组香港有限公司
广东国际大厦	1987—1991	197.2	$\frac{62}{2}$	$\frac{5}{2}$	框筒	Ⅱ	7	箱基	14	3.7					广东建筑设计院
北京京城大厦	1985—1991	183.5	$\frac{52}{4}$	$\frac{3}{4}$	框筒	Ⅱ	9	箱基	23.5	4.0					日本清水建设株式会社
中国国际贸易中心办公楼	1986—1990	155.25	$\frac{39}{2}$	$\frac{4}{2}$	筒体	Ⅱ	8.5	筏基	15.73		4.5				日建设计株式会社美国索伯尔/罗思公司
中央彩电中心大楼	1982—1986	135.6	$\frac{26}{3}$	$\frac{3}{2}$	筒中筒	Ⅱ	9	箱基	12.5	6.23					广播电视部设计院
北京国际大厦	1985	101.6	$\frac{30}{3}$	$\frac{3}{3}$	框筒	Ⅱ	8	箱基	13.5	11.0					北京市建筑设计院
清华科技园科技大厦	2003—2005	110	$\frac{25}{3}$	$\frac{4}{3}$	框筒	Ⅱ	8	桩筏	17.4		2.8	混凝土桩		28	清华大学建筑设计研究院
北京国际饭店	1985	104.4	$\frac{31}{3}$	$\frac{3}{2}$	剪力墙	Ⅱ	8	箱基	14.53	9.1					建设部建筑勘探设计院
北京嘉禾公寓	2001	97	$\frac{32}{2}$	$\frac{3}{3}$	框剪	Ⅲ	8	框箱	10.35	9.15	底板1.2	混凝土桩		25	清华大学建筑设计研究院
北京西苑饭店	1981—1984	93	$\frac{29}{3}$	$\frac{3}{3}$	剪力墙	Ⅱ	8	箱基	12.0	6.6					北京建筑设计院
北京翠微综合楼	2002	85	$\frac{24}{3}$	$\frac{3}{3}$	框剪	Ⅱ	8	筏基	15		1.8～2.3				清华大学建筑设计研究院
重庆沙坪饭店	1985—1988	83.1	$\frac{26}{1}$	$\frac{4}{0}$	框剪	Ⅰ	6	条基	8.25						重庆建筑勘探设计院
重庆曾家岩饭店	1985—1988	73.5	$\frac{23}{1}$	$\frac{1}{1}$	剪力墙	Ⅱ	6	条基	6.7						重庆建筑勘探设计院

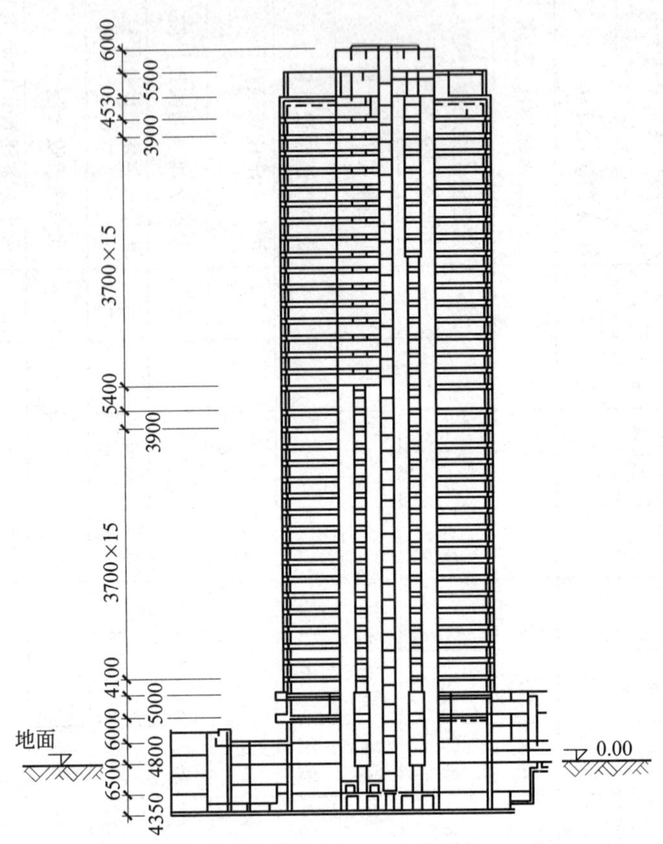

图3-3 筏形基础建筑的典型剖面(单位：mm)
(北京某大厦)

构、基础与地基的各自刚度对三者相互作用的影响，是共同作用理论的核心；而基础与地基接触面的反力计算，则是解答共同作用理论的关键问题。

本章的内容是在第2章所介绍的刚性基础和扩展基础设计的基础上，着重分析在柱下条形基础、筏形基础和箱形基础的设计中如何考虑上部结构、基础与地基的共同作用，主要包括地基模型选择、地基反力计算及各类基础结构计算等内容。为了更容易学习掌握共同作用的基本概念与分析计算方法，选择结构简单，受各种因素影响小的柱下条形基础，分析了三种基本的共同作用类型和相应的三种最基本的分析计算方法。这样有助于举一反三，去学习与研究较复杂的筏形与箱形基础的设计问题。筏形与箱形基础的设计方法，因为维数增加，更为繁冗，但其基本原理与方法则相通，本章不再重复论述，仅就解决一些结构构造的设计问题作梗概的介绍，以引导学习与应用筏、箱基础工程设计范例。向实际工程学习，总结吸取新经验，研究发展新设计方法，是学习掌握这门基础工程设计课程最重要的途径。

应该指出，这类基础工程设计应该充分考虑上层结构、基础与地基的共同作用，但要建立精确的理论计算解答却相当困难。虽然通过大量工程设计实践，取得了丰富经验，也总结

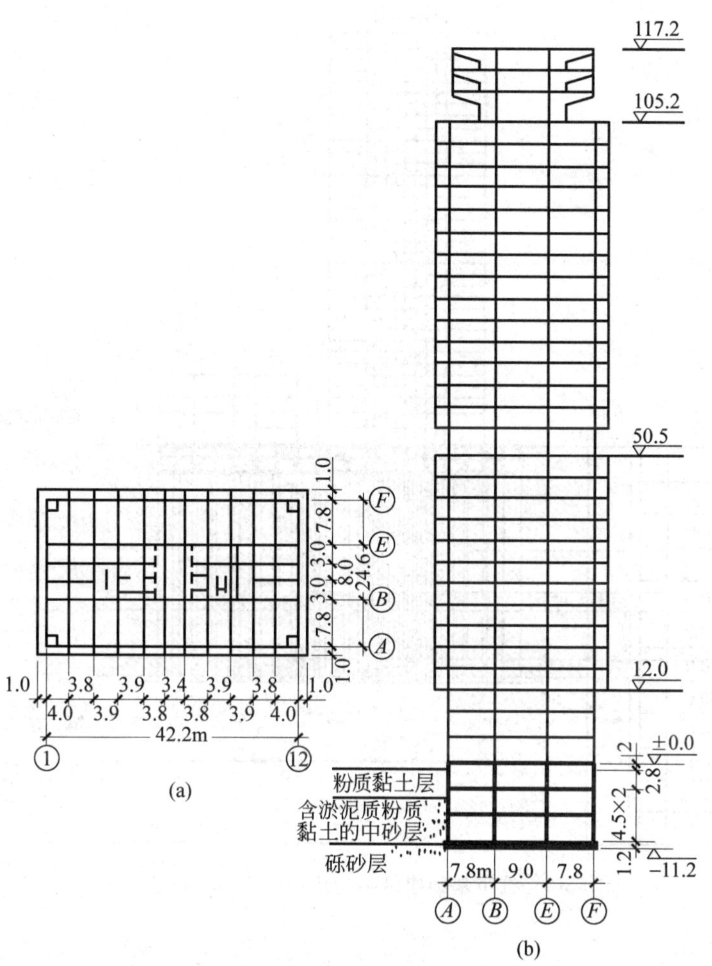

图 3-4　箱形基础建筑物的典型剖面(单位：m)
(沈阳某大厦)

出很多设计原理与方法，但实际情况复杂，牵涉的影响因素很多，尤其是地基是很复杂的材料，难以建立理想的地基模型。共同作用的概念虽然清晰，但难以准确地表达与计算，因此为了解决实际的设计问题，难免要做些理论上的假设、方法的简化、对参数的适当选择与修正，但考虑共同作用的分析计算结果与实测资料的对比，往往存在不同程度的差异，有时差别还较大，说明理论分析计算方法尚有待进一步完善。因此在设计中有许多设计人员提出"构造为主、计算为辅"的原则，即根据实际工程提供的经验与方法设计基础的结构与构造，再辅以各类理论计算作校核，也是一种有效的解决问题的途径。本章采用的规范是《建筑地基基础设计规范》与《高层建筑筏形与箱形基础技术规范》(JGJ 6—2011)。

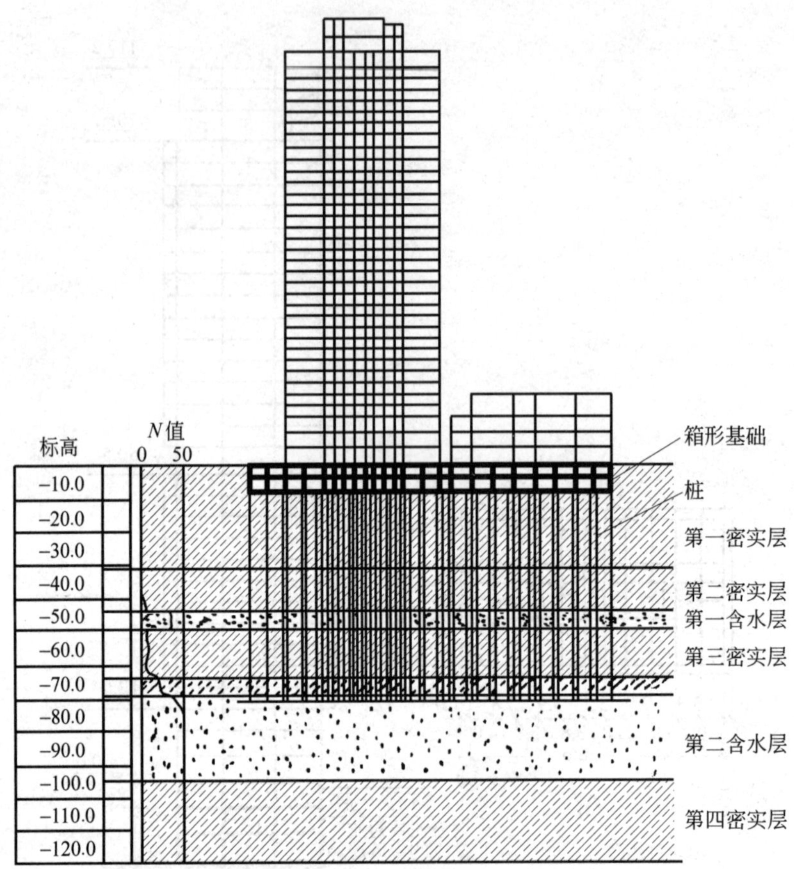

图 3-5 桩箱基础建筑物的典型剖面(单位：m)

3.2 上部结构、基础、地基的共同作用

3.2.1 上部结构、基础、地基共同作用基本概念

上部结构通过墙、柱与基础相连接，基础底面直接与地基相接触，三者组成一个完整的体系，在接触处既传递荷载，又相互约束和相互作用。若将三者在界面处分开，则不仅各自要满足静力平衡条件，还必须在界面处满足变形协调、位移连续条件。它们之间相互作用的效果主要取决于它们的刚度。下面分别分析上部结构、基础和地基如何通过各自的刚度在体系的共同工作中发挥作用。

1. 上部结构与基础的共同作用

先不考虑地基的影响，假设地基是变形体且基础底面反力均匀分布，如图 3-6(a)所示。若上部结构为**绝对刚性体**(例如刚度很大的现浇剪力墙结构)，基础为刚度较小的条形或筏形基础，当地基变形时，由于上部结构不发生弯曲，各柱只能均匀下沉，**约束基础不能发生整**

体弯曲。这种情况，基础犹如支承在把柱端视为不动铰支座上的倒置连续梁，以基底反力为荷载，**仅在支座间发生局部弯曲**。

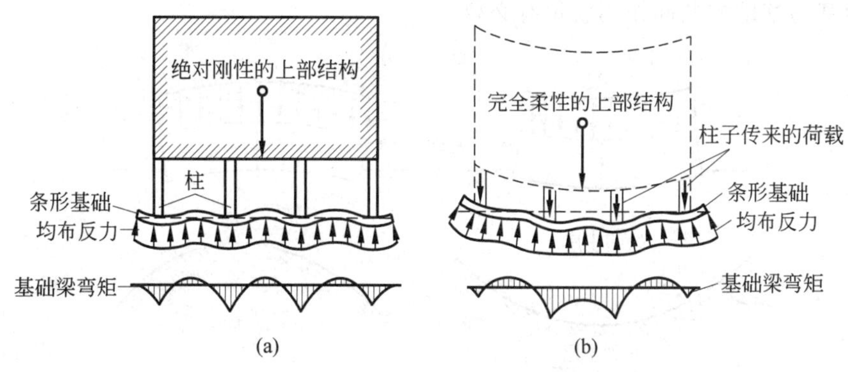

图 3-6　结构刚度对基础变形的影响

(a) 结构绝对刚性；(b) 结构完全柔性

如图 3-6(b)所示，若上部结构为**柔性结构**（例如整体刚度较小的框架结构），基础也是刚性较小的条、筏基础，这时上部结构对基础的变形没有或仅有很小的约束作用。因而基础不仅因跨间受地基反力而产生**局部弯曲**，同时还要随结构变形而产生**整体弯曲**，两者叠加将产生较大的变形和内力。

若上部结构刚度介于上述两种极端情况之间，在地基、基础和荷载条件不变的情况下，显然，随着上部结构刚度的增加，基础挠曲和内力将减小，与此同时，上部结构因柱端的位移而产生次生应力。进一步分析，若基础也具有一定的刚度，则上部结构与基础的变形和内力必定受两者的刚度所影响，这种影响可以通过接点处内力的分配来进行分析，它属于结构力学问题，本章不展开阐述。

2. 地基与基础的共同作用

现在把地基的刚度也引入体系中。所谓地基的刚度就是地基抵抗变形的能力，表现为土的软硬或压缩性。若地基土不可压缩，则基础不会产生挠曲，上部结构也不会因基础不均匀沉降而产生附加内力，这种情况，共同作用的相互影响很微弱，上部结构、基础和地基三者可以分割开来分别进行计算，岩石地基和密实的碎(砾)石及砂土地基的建筑物就接近于这种情况，如图 3-7(b)所示。通常地基土都有一定的压缩性，在上部结构和基础刚度不变的情况下，地基土越软弱，基础的相对挠曲和内力就越大，而且相应对上部结构引起较大次应力，如图 3-7(a)所示。

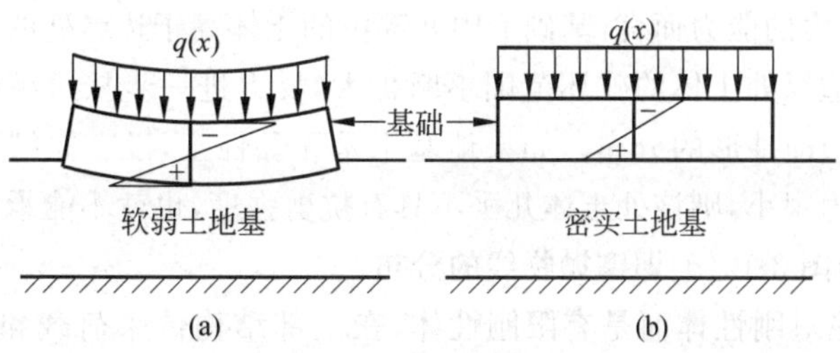

图 3-7　不同压缩性地基对基础挠曲与内力的影响

当地基压缩土层非均匀分布如图 3-8 所示，显然，两种不同的非均布形式对基础与上部结构的挠曲和内力将产生两种完全不同的结果。因此对于压缩性大的地基或非均匀性地基，考虑地基与基础的共同作用就很有必要。

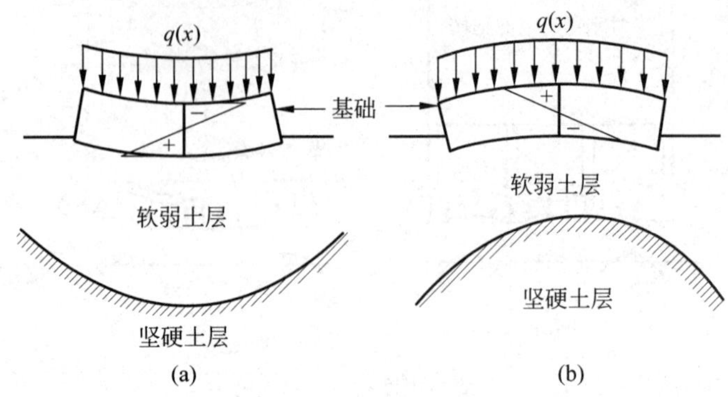

图 3-8 非均匀地基对基础挠曲与内力的影响

基础将上部结构的荷载传递给地基，在这一过程中，通过自身的刚度，对上调整上部结构荷载，对下约束地基变形，使上部结构、基础和地基形成一个共同受力、变形协调的整体，在体系的工作中，基础起承上启下的关键作用。为便于分析，先不考虑上部结构的作用，假设基础是完全柔性，这时荷载的传递不受基础的约束也无扩散的作用，则作用在基础上的分布荷载 $q(x,y)$ 将直接传到地基上，产生与荷载分布相同、大小相等的地基反力 $p(x,y)$，当荷载均匀分布时，反力也均匀分布，如图 3-9(a) 所示。但是地基上的均布荷载，将引起地表呈图中所示的凹曲变形，显然，要使基础沉降均匀，则荷载与地基反力必须按中间小两侧大的抛物线形分布，见图 3-9(b)。

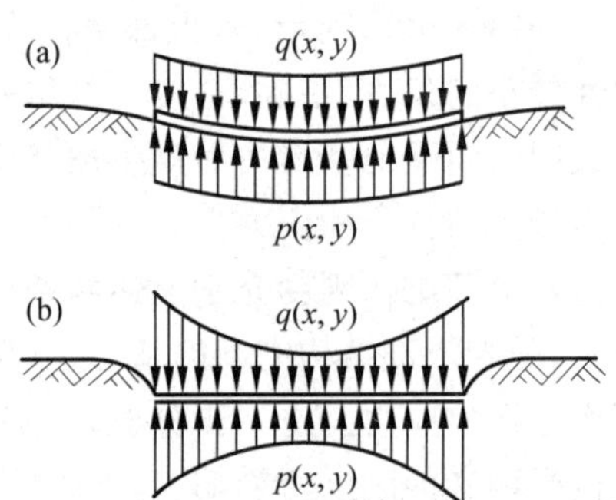

图 3-9 柔性基础基底反力

(a) 荷载均布时，$p(x,y)=$常数；

(b) 沉降均匀时，$p(x,y)\neq$常数

刚性基础对荷载的传递和地基的变形要起约束与调整作用。假定基础绝对刚性，在其上方作用有均布荷载，为适应绝对刚性基础不可弯曲的特点，基底反力将向两侧边缘集中，迫使地基表面变形均匀以适应基础的沉降。当把地基土视为完全弹性体时，基底的反力分布将呈图 3-10(a)所示的抛物线分布形式。实际的地基土仅具有有限的强度，基础边缘处的应力太大，土要屈服而发生塑性变形，部分应力将向中间转移，于是反力的分布呈图 3-10(b)即**马鞍形的分布**。就承受剪应力的能力而言，基础下中间部位的土体高于边缘处的土体，因此当荷载继续增加时，基础下面边缘处土体的破坏范围不断扩大，反力进一步从边缘向中间转移，其分布形式就成为图 3-10(c)即**钟形的分布**。如果地基土是无黏性土，没有黏结强度，且基础埋深很浅，边缘外侧自重压力很小，则该处土体几乎不具有抗剪强度，也就不能承受任何荷载，因此反力的分布就可能成为图 3-10(d)即**倒抛物线的分布**。

如果基础不是绝对刚性体而是有限刚性体，在上部结构传来荷载和地基反力共同作用下，基础要产生一定程度的挠曲，地基土在基底反力作用下产生相应的变形。根据地基和基

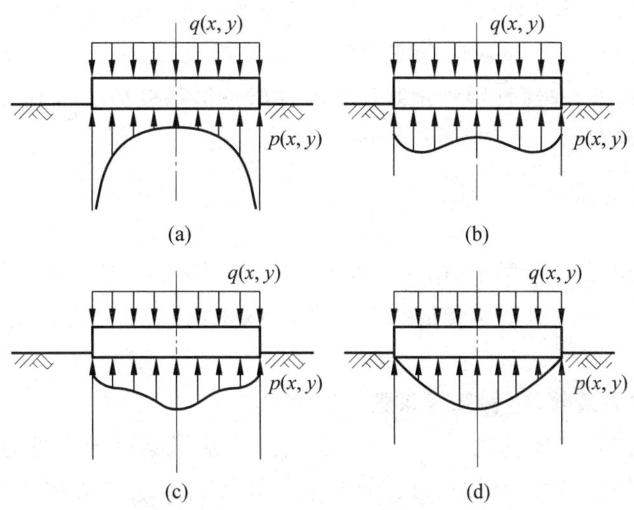

图 3-10　刚性基础基底反力的分布

础变形协调的原则，理论上可以根据两者的刚度求出反力分布曲线。曲线的形式同样是图 3-10 中的某一种分布曲线。显然实际的分布曲线的形状取决于基础与地基的相对刚度。基础的刚度越大，地基的刚度越小，则基底反力向边缘集中的程度越高。

3. 上部结构、基础和地基的共同作用

进一步设想，若把上部结构等价成一定的刚度，叠加在基础上，然后用叠加后的总刚度与地基进行共同作用的分析，求出基底反力分布曲线，这条曲线就是考虑上部结构—基础—地基共同作用后的反力分布曲线。将上部结构和基础作为一个整体，将反力曲线作为边界荷载与其他外荷载一起加在该体系上就可以用结构力学的方法求解上部结构和基础的挠曲和内力。反之，把反力曲线作用于地基上就可以用土力学的方法求解地基的变形。也就是说，原则上考虑上部结构—基础—地基的共同作用，分析结构的挠曲和内力是可能的，其关键问题是求解**考虑共同作用后的基底反力分布**。

但不难理解，求解基底的实际反力分布是一个很复杂的问题。因为**真正的反力分布图受地基—基础变形协调这一要求所制约**。其中基础的挠曲取决于作用于其上的荷载（包括基底反力）和自身的刚度。地基表面的变形则取决于全部地面荷载（即基底反力）和土的性质。即便把地基土当成某种理想的弹性材料，利用基底各点地基与基础变位协调条件以推求反力分布就已经是一个不简单的问题，更何况土并非理想的弹性材料，变形模量随应力水平而变化，而且还容易产生塑性变形，这时的模量将进一步降低，因而使问题的求解变得十分复杂。因此直至目前，共同作用的问题原则上都可以求解，而实用上则尚没有一种完善的方法能够对各类地基条件均给出满意的解答，其中最重要的困难，就是选择正确的**地基模型**。

3.2.2　地基模型

基础设计最大的难点是如何描述地基对基础作用的反应，即确定基底反力与地基变形之间的关系。这就需要建立能较好反映地基特性又能便于分析不同条件下基础与地基共同作用的地基模型。目前这类地基计算模型很多,依其对地基土变形特性的描述可分为3大类:**线性弹性地基模型,非线性弹性地基模型和弹塑性地基模型**。本节简要介绍较简单、常用的**线性弹性地基模型**。

1. 文克尔地基模型

文克尔地基模型是由文克尔(E. Winkler)于1867年提出的。该模型假定地基土表面上任一点处的变形 s_i 与该点所承受的压力强度 p_i 成正比,而与其他点上的压力无关,即

$$p_i = ks_i \tag{3-1}$$

式中:k——**地基抗力系数**,也称**基床系数**,kN/m³。

文克尔地基模型是把地基视为在刚性基座上由一系列**侧面无摩擦**的土柱组成,并可以用**一系列独立的弹簧**来模拟,如图3-11(a)所示。其特征是地基**仅在荷载作用区域下**发生与压力成正比例的变形,**在区域外的变形为零**。基底反力分布图形与地基表面的竖向位移图形相似。显然当基础的刚度很大,受力后不发生挠曲,则按照文克尔地基的假定,基底反力成直线分布,如图3-11(c)所示。受中心荷载时,则为均匀分布。

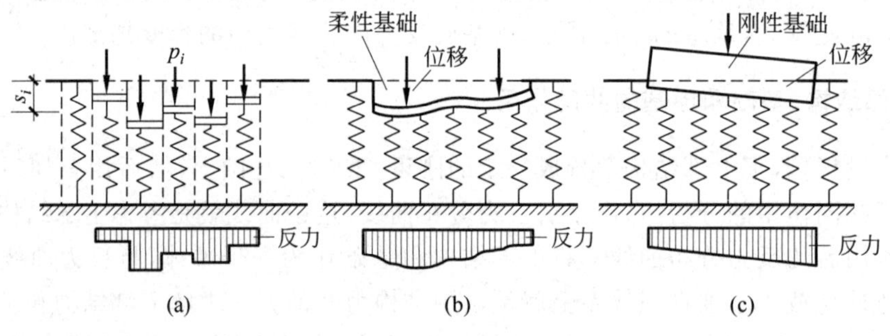

图3-11 文克尔地基模型示意图

(a) 侧面无摩阻力的土柱弹簧体系;(b) 柔性基础下的弹簧地基模型;
(c) 刚性基础下的弹簧地基模型

实际上地基是一个很宽广的连续介质,表面任意点的变形量不仅取决于直接作用在该点上的荷载,而且与整个地面荷载有关,因此,严格符合文克尔地基模型的实际地基是不存在的。但是对于抗剪强度较低的软土地基,或地基压缩层较薄,其厚度不超过基础短边的一半,荷载基本上不向外扩散的情况,可以认为比较符合文克尔地基模型。对于其他情况,应用文克尔地基模型则会产生较大的误差,但是可以在选用地基抗力系数 k 时,按经验方法作适当修正,减小误差,以扩大文克尔地基模型的应用范围。文克尔地基模型表述简单,应用方便,因此在柱下条形、筏形和箱形基础的设计中,这一地基模型已得到广泛的应用,并已积累了丰富的设计资料和经验,可供设计时参考。

2. 弹性半无限空间地基模型

该模型假设地基是一个**均质、连续、各向同性的半无限空间弹性体**,按布辛内斯克(J. Boussinesq)课题的解答,弹性半空间表面上作用一竖向集中力 P,则半空间表面上离作

用点半径为 r 处的地表变形值 s（图 3-12(a)）为

$$s=\frac{1-\nu^2}{\pi E}\cdot\frac{P}{r} \tag{3-2}$$

式中：ν——土的泊松比；

E——土的变形模量。

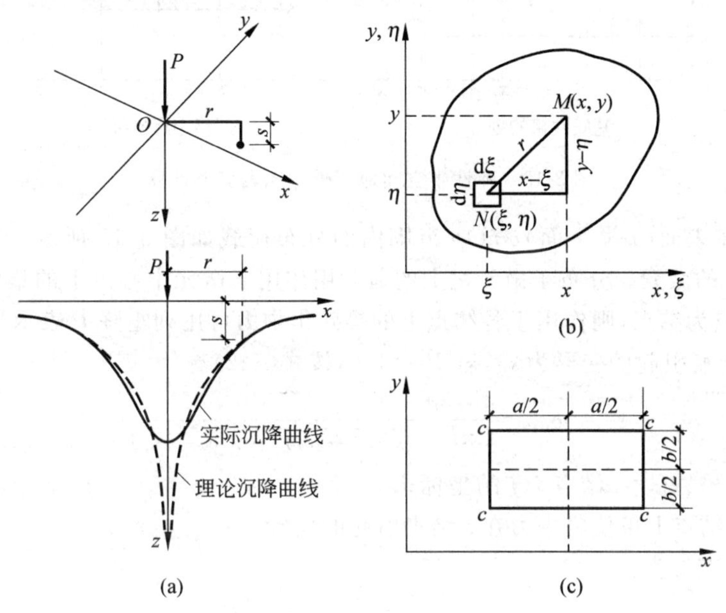

图 3-12　弹性半空间地基模型

(a) 集中荷载作用下任意点地面沉降 s；(b) 任意有限面积上作用连续荷载 p；

(c) 矩形面积上作用分布荷载 p

分布在有限面积 A 上(图 3-12(b))，强度为 p 的连续荷载，可通过对基本解进行积分，求得地基表面各点的变形。例如均匀分布在 $a\times b$ 矩形面积内的荷载(图 3-12(c))，通过积分，求得矩形角点处变形值为

$$s_c=\frac{pb(1-\nu^2)}{E}I_c \tag{3-3}$$

式中：I_c——角点影响系数，见表 3-2。

在土力学中，用弹性半空间地基模型计算地基应力与变形的常规方法，已有很多成果可供应用。但把这些结果用于解决基础与地基相互作用时，还要考虑基础与地基变形的协调，计算相当繁杂，可通过各种数值方法求解。

表 3-2　基础角点影响系数 I_c

基础刚度	基础形状									
	圆形	矩形(边长 $m=a/b$)								
		1.0	1.5	2.0	3.0	5.0	10	20	50	100
刚性	0.79	0.88	1.07	1.21	1.42	1.70	2.10	2.46	3.00	3.43
柔性	0.64	0.56	0.68	0.77	0.89	1.05	1.27	1.49	1.80	2.00

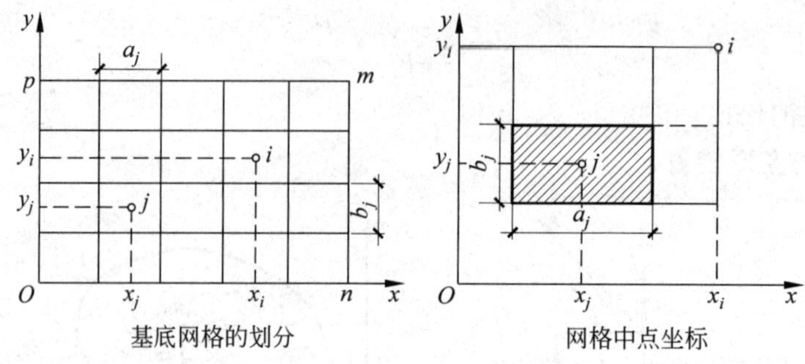

图 3-13　弹性半空间地基模型地表变形计算

作用于地基表面(x-y 平面)$mnOp$ 范围内的分布荷载如图 3-13 所示。把荷载面积划分为 n 个$a_j \times b_j$的微元。分布于微元之上的荷载用作用于微元中心点上的集中力 P_j 表示。以微元的中心点为结点,则作用于各结点上的等效集中力可用列矩阵 $\boldsymbol{P}$ 表示。P_j 对地基表面任一结点 i 上所引起的变形为 s_{ij},若 $\bar{P}_j=1.0$,按式(3-2)有

$$s_{ij}=\delta_{ij}=\frac{1-\nu^2}{\pi E}\frac{1}{\sqrt{(x_j-x_i)^2+(y_j-y_i)^2}} \tag{3-4}$$

式中:x_i、y_i 与 x_j、y_j——结点 i、j 的坐标;

δ_{ij}——j 结点上单位集中力在 i 结点引起的变形。

i 结点总的变形为

$$\boldsymbol{s}_i=(\delta_{i1}\quad \delta_{i2}\quad \cdots \quad \delta_{in})\begin{bmatrix}P_1\\P_2\\\vdots\\P_n\end{bmatrix} \tag{3-5}$$

于是,地基表面各结点的变形可表示为

$$\begin{bmatrix}s_1\\s_2\\\vdots\\s_n\end{bmatrix}=\begin{bmatrix}\delta_{11} & \delta_{12} & \cdots & \delta_{1n}\\\delta_{21} & \delta_{22} & \cdots & \delta_{2n}\\\vdots & \vdots & & \vdots\\\delta_{n1} & \delta_{n2} & \cdots & \delta_{nn}\end{bmatrix}\begin{bmatrix}P_1\\P_2\\\vdots\\P_n\end{bmatrix} \tag{3-6}$$

可简写为

$$\boldsymbol{s}=\boldsymbol{\delta P} \tag{3-7}$$

$\boldsymbol{\delta}$ 称为地基的**柔度矩阵**。

式(3-7)就是用矩阵表示的弹性半空间地基模型中地基反力与地基变形的关系式。它清楚表明,与文克尔地基模型假定不同,地基表面一点的变形量不仅取决于作用在该点上的荷载,而且与全部地面荷载有关。对于常见情况,基础宽度比地基土层厚度小,土也并非十分软弱,那么较之文克尔地基,弹性半空间地基模型更接近实际情况。但是应该指出,半空间模型假定 E、ν 是常数,同时深度无限延伸,而实际上地基压缩土层都有一定的厚度,且变形模量 E 随深度而增加。因此,如果说文克尔地基模型因为没有考虑计算点以外荷载对计算点变形的影响,从而导致变形量偏小,则半空间模型由于夸大了地基的深度和土的压缩性而常导致计算得到的变形量过大。

弹性半无限空间地基上的绝对刚性基础受上部结构荷载作用时基底的反力分布如图 3-10(a)所示，基底的边缘压力趋于无穷大。一般情况下，也是边缘压力比中间大，这点与上述的文克尔地基模型有很大的区别。

3. 有限压缩层地基模型

当地基土层分布比较复杂时，用上述的文克尔地基模型或弹性半空间地基模型均较难模拟，而且要正确合理地选用 k、E、ν 等地基计算参数也很困难。这时采用有限压缩层地基模型就比较合适。

有限压缩层地基模型把地基当成侧限条件下有限深度的压缩土层，以分层总和法为基础，建立地基压缩层变形与地基作用荷载的关系。其特点是地基可以分层，地基土假定是在完全侧限条件下受压缩，因而可较容易在现场或室内试验中取得地基土的压缩模量 E_s 作为地基模型的计算参数。地基计算压缩层厚度 H 仍按分层总和法的规定确定。

为了应用有限压缩层地基模型建立地基反力与地基变形的关系，可将基础平面划分成 n 个网格，并将其下的地基也相应划分成截面与网格相同的 n 个土柱，如图 3-14 所示。土柱的下端终止于压缩层的下限。将第 i 个棱柱土体按沉降计算方法的分层要求划分成 m 个计算土层，分层单元编号为 $t=1,2,3,\cdots,m$。假设在面积为 A_j 的第 j 个网格中心上，作用 1 个单位的集中力 $\overline{P}_j=1.0$，则网格上的竖向均布荷载 $\overline{p}_j=1/A_j$。该荷载在第 i 网格下第 t 土层中点 z_{it} 处产生的竖向应力为 σ_{zijt}，可用角点法求解。那么 j 网格上的单位集中荷载在 i 网格中心点产生的变形量为

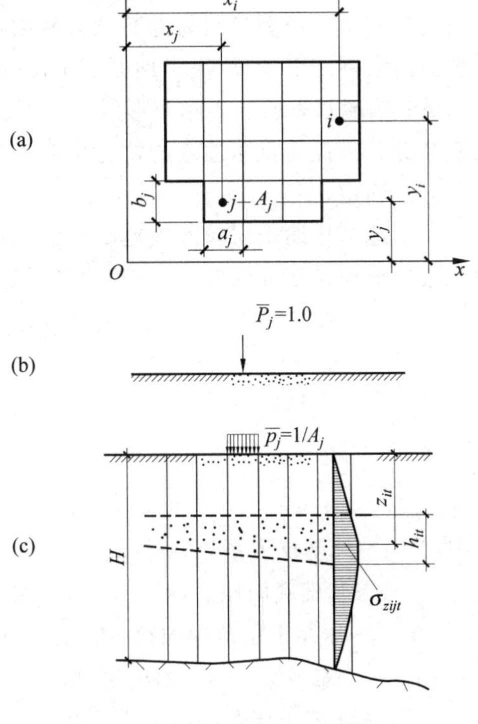

图 3-14　有限压缩层地基模型

(a) 基底平面网格图；(b) 结点 j 上的集中荷载；(c) 结点 j 上的荷载在结点 i 下引起的应力分布

$$\delta_{ij}=\sum_{t=1}^{m}\frac{\sigma_{zijt}h_{it}}{E_{sit}} \tag{3-8}$$

式中：E_{sit}——i 土柱中第 t 层土的压缩模量；

h_{it}——该土层的厚度。

δ_{ij} 是反映作用在微元 j 上的单位荷载对基底 i 点的变形影响，同样称为变形系数或柔度矩阵 $\boldsymbol{\delta}$ 的元素。在整个基底范围内，作用着实际的荷载，那么在整个基底所引起的变形可以用矩阵表示为

$$\begin{bmatrix} s_1 \\ s_2 \\ \vdots \\ s_n \end{bmatrix}=\begin{bmatrix} \delta_{11} & \delta_{12} & \cdots & \delta_{1n} \\ \delta_{21} & \delta_{22} & \cdots & \delta_{2n} \\ \vdots & \vdots & & \vdots \\ \delta_{n1} & \delta_{n2} & \cdots & \delta_{nn} \end{bmatrix}\begin{bmatrix} P_1 \\ P_2 \\ \vdots \\ P_n \end{bmatrix} \tag{3-9}$$

可简写为

$$s = \delta P$$

式(3-9)表达了基底作用荷载(其反向即基底反力)与地基变形的关系式。

有限压缩层地基模型原理简明,适应性也较好,具有分层总和法的优缺点,但是计算工作操作烦琐,工作量很大,是其推广使用的主要困难。

4. 地基模型参数的确定

在上述三种地基模型中,弹性半空间地基模型的模型参数是土的**变形模量 E** 和**泊松比 ν**,有限压缩层地基模型的模型参数为土的**侧限压缩模量 E_s**,这些参数都是物理概念明确,可以采用现场试验或室内土工试验直接测定的指标,在土力学教材和第1章中都有所阐述。

文克尔地基模型参数为**地基抗力系数 k**,它虽然也有明确的物理意义,但是由于:①地基表面的实际变形量,取决于地面上全部荷载作用的结果,而不仅取决于直接作用于该点上的荷载;②地基表面的实际变形量与其下压缩土层的厚度直接相关,显然,**k 值不是单纯的土质常数**。因此文克尔地基的抗力系数 k 要根据工程的实际情况,分别选用下面所述的某一种方法确定。

对于地基压缩土层较薄或地基土较软弱时,可以认为地基土层基本无侧向变形,按分层总和法计算地基变形的概念,地基的变形量为

$$s = p\sum_{i=1}^{n}\frac{h_i}{E_{si}} \tag{3-10}$$

根据地基抗力系数的定义:

$$k = \frac{p}{s} = \frac{1}{\sum_{i=1}^{n}\frac{h_i}{E_{si}}} \tag{3-11}$$

式中:k——地基抗力系数,kN/m^3;

p——基础底面压力,kN/m^2;

h_i——压缩土层范围内第 i 层土的厚度,m;

E_{si}——第 i 层土的压缩模量,kN/m^2;

n——压缩土层范围内的土层数。

当只有一层均匀土层,厚度为 h 时,有

$$k = \frac{E_s}{h} \tag{3-12}$$

式(3-11)和式(3-12),就是当地基土层基本无侧向变形情况确定地基抗力系数的公式。

对于地基中压缩土层较厚,土质非软弱的情况,地基土层侧向变形不能忽略,且又没有明确的压缩土层界限,这时可用下述方法求地基抗力系数 k。

按弹性半空间体地基模型,地基变形量可用式(3-13)计算:

$$s = \frac{pb(1-\nu^2)}{E}I \tag{3-13}$$

将上式代入式(3-11)得

$$k = \frac{E}{b(1-\nu^2)I} \tag{3-14}$$

式中：b——基础宽度，m；

E——地基土变形模量，kN/m^2，由载荷试验确定，当无试验资料时，可用表3-3的参考数值；

ν——地基土的泊松比；

I——反映基础形状和刚度的系数，把基础当成刚性基础，均匀下沉时可采用表3-2中 I_c 的刚性值。

必须指出，式(3-14)中的地基抗力系数，实质上是根据弹性半空间体上某一定尺寸基础所导出的，因而：①具有该模型所内含的缺点，把有限压缩土层当成无限深土层，且不考虑变形模量随深度变化，因而使计算变形量比实际的大，也即求得的地基抗力系数 k 值比实际的小。②它是一定基础形状和尺寸下的地基抗力系数，用于其他形状和尺寸的基础要经过修正。

表3-3　E 的平均参考数值　　MPa

土类 \ 饱和度 \ 密度 \ 模量		E		土类 \ 饱和度 \ 密度 \ 模量		E	
		密实	中密			密实	中密
砾石	无关	65～45		砂质粉土	稍湿	16	12.5
砾砂、粗砂		48	31		很湿	12.5	9
中砂		42	31		饱和	9	5
细砂	稍湿	36	25	粉质黏土	坚硬状态	39～16	
	很湿、饱和	31	19		塑性状态	16～4	
粉砂	稍湿	21	17.5	黏土	坚硬状态	59～16	
	很湿	17.5	14		塑性状态	16～4	
	饱和	14	9				

以上确定 k 值的方法都有一定的局限性和应用范围。各国学者还提出了一些确定 k 值的其他方法，其中实用价值较大的是太沙基(K. Terzaghi)于1955年提出的通过现场荷载板实测的方法。在现场用0.3m×0.3m(即1ft×1ft)的荷载板进行载荷试验，测得沉降-位移关系的 p-s 曲线，选该曲线上直线段上两点 p_1、p_2 和相应的沉降值 s_1、s_2，根据地基抗力系数的定义，这种情况下的地基抗力系数 $k_{0.3}$ 为

$$k_{0.3}=\frac{p_2-p_1}{s_2-s_1} \tag{3-15}$$

如果基础是边长为 b 的方形基础，按太沙基的研究，这时的地基抗力系数 k 值可按下式修正：

对于砂土地基为

$$k=k_{0.3}\left(\frac{b+0.3}{2b}\right)^2 \tag{3-16}$$

对于黏土则为

$$k=k_{0.3}\left(\frac{0.3}{b}\right) \tag{3-17}$$

以上公式中，k 的单位以 kN/m^3 计；b 的单位为m。

若基础为 $b\times a$ 的矩形基础，则地基抗力系数为

$$k_{R}=\frac{k\left(1+0.5\frac{b}{a}\right)}{1.5} \tag{3-18}$$

通常土的模量随深度而增加,因而 k 值也随基础埋置深度 d 的增加而增加,也需作深度修正,可乘以 $\left(1+\frac{2d}{b}\right)$ 的深度修正系数。

当无载荷试验资料时,可参照表 3-4 查用土的 $k_{0.3}$ 值。

表 3-4 地基抗力系数 $k_{0.3}$ MN/m^3

砂土			黏性土	
松	干和湿	8～25	硬 $q_u=(100\sim200)\text{kN/m}^2$ *	12～25
	饱和	10～15		
中密	干和湿	25～125	很硬 $q_u=(200\sim400)\text{kN/m}^2$	25～50
	饱和	35～40		
密实	干和湿	125～375	坚硬 $q_u>400\text{kN/m}^2$	>50
	饱和	130～150		

* q_u 为土的无侧限抗压强度。

3.2.3 基础分析方法概要

柱下条形、筏形和箱形基础的分析方法大致可分为三个发展阶段,形成相应的三种类型的方法。这些方法是与建立更完善的地基计算模型、改进分析共同作用问题相配套发展的。

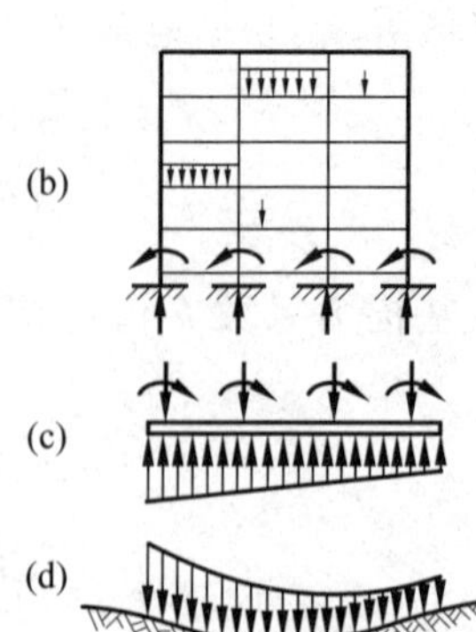

图 3-15 不考虑共同作用的分析方法示意图
(a) 高层框架结构系统简图; (b) 上部结构; (c) 基础结构; (d) 地基计算

1. 不考虑共同作用分析法

该法是假定基础底面反力呈直线分布的结构力学方法。分析时将上部结构、基础与地基按静力平衡条件分割成3个独立部分求解: 先把上部结构看成为柱端固接于基础上的独立结构,用结构力学方法求出柱底反力与结构内力,如图 3-15(b)所示; 再以求出的柱端作用力反向作用于基础上; 并按基底反力为直线分布的假定,求出基底反力,然后用结构力学方法求基础的内力,如图 3-15(c)所示; 最后,不考虑基础刚度的调节作用,直接把基底反力反向作用于地基表面以计算地基的变形,如图 3-15(d)所示。

这种方法**只满足静力平衡条件**,但完全不考虑3个部分在连接处因需要满足变形协调条件而引起的支座与基底反力的重分配和调整。对于地基刚度很大、变形量很小,或结构刚度很大、基础的挠曲很小时,近似于这种情况。其他情况，就有不同程度的误差，甚至导致计算结果与实测资料很不一致。但该方法计算容易，且积累了较丰富的工程实用经验，仍然是工程中常用的计算方法，除用于刚性基础和扩展基础外，在上部结构对变形不敏感等情况下的条形、筏形和箱形基础上也有不少应用。在这类方法中，常用的有**静定分析法**、**倒梁法**和**倒楼盖法**等。

静定分析法把基础梁、板当成静定结构，柱子只传递荷载，对基础不起约束作用，在柱荷载和地基反力作用下，梁、板可以产生整体弯曲，因此这种方法用于上部结构不约束基础变位，相当于上部结构为柔性结构的情况。倒梁法和倒楼盖法则假定柱端为不动支座，在地基反力作用下，梁、板只产生局部弯曲，不产生整体弯曲，相当于上部结构整体刚度很大的情况。

2. 考虑基础-地基共同作用分析法

分析时，根据地基土层情况选用上述某种地基模型。同时按静力平衡条件将上部结构与基础分割开，用结构力学方法求出柱端作用力，并反向作为荷载加于基础上。于是基础成为设置在某种地基模型上的承载结构或构件。然后根据选用的地基模型，分别由式(3-1)、式(3-6)或式(3-9)求得这一体系中基底反力 $\boldsymbol{P}$ 和地基变形 $\boldsymbol{s}$ 的关系。因为反力 $\boldsymbol{P}$ 和变形 $\boldsymbol{s}$ 都是未知量，显然这组公式中未知量为方程数的 2 倍，无法求解。因此必须应用体系的变形条件。如上所述，**基础-地基共同作用必须满足两者变形协调的要求**，或者说在上部结构荷载和地基反力 $\boldsymbol{P}$ 的作用下基础各点的位移 $\boldsymbol{w}$ 与地表该点的变形 $\boldsymbol{s}$ 相同，即 $\boldsymbol{w}=\boldsymbol{s}$。根据基础的柔度可以得到另一组代数方程，即

$$\boldsymbol{w} = \boldsymbol{s} = \boldsymbol{\delta}'\boldsymbol{P} \tag{3-19}$$

式中：$\boldsymbol{\delta}'$——基础的柔度矩阵。

矩阵元素 δ'_{ij} 表示基础 j 点作用的单位力在基础 i 点引起的竖向位移。联立式(3-19)与式(3-1)、式(3-6)或式(3-9)中任一式即可求解基底的反力 $\boldsymbol{P}$。

将基底反力与上部结构的荷载(例如通过柱端传递)一起加在基础上就可以用结构力学方法求基础的内力。将基础反力反向作用于地基上，用所选用的地基模型，就可求解地基的变形，即为建筑物的沉降，如图 3-16 所示。

以上就是不考虑上部结构刚度，仅考虑基础-地基共同作用时进行基础计算的简要概念。显然，不论采用什么地基模型，考虑基础-地基共同作用的基础计算，都要比完全不考虑共同作用的单纯结构力学方法复杂得多。

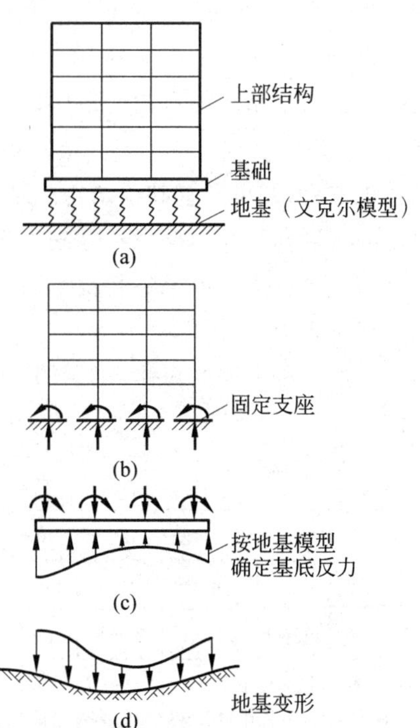

图 3-16 考虑基础-地基共同作用的分析方法示意图

(a) 整体；(b) 上部结构；(c) 基础；(d) 地基

根据选用地基模型不同，基础梁、板计算方法主要有文克尔地基上的梁、板计算，弹性半空间地基上的梁、板计算(其简化方法如链杆法)以及有限压缩层上的梁板计算等，业已发展形成了梁、板、箱形基础的设计理论与方法，并已编制出了相关的规范，成

为当前设计的常规方法。本章重点是介绍这类方法的基本内容。

这类方法的计算结果与实际情况仍然有所差别。一是因为不考虑上部结构的刚度贡献,导致地基变形量偏大,因而基础内力偏高,对设计基础而言,这是偏于安全的；二是没有考虑基础的变形会引起上部结构产生附加应力与变形,对设计上部结构而言,则是偏于不安全的。这类方法较适用于上部结构刚性较小而基础刚度较大的情况。

3. 考虑上部结构-基础-地基共同作用分析法

这种方法的基本原则是要求上部结构、基础和地基相互之间在连接点处**不仅要满足静力平衡条件,而且都必须满足变形协调条件**,即上部结构柱端的位移 s_j 与该点基础上表面的位移 w_j 相一致；基底任一点的位移 w_i 与该点的地基变形 s_i 也相一致：

$$s_j = w_j \tag{3-20}$$

$$s_i = w_i \tag{3-21}$$

解法与上述考虑基础-地基共同作用的方法相似,但在求地基反力时要考虑上部结构刚度的影响,可以用空间子结构方法解决。

空间子结构法的概念是将上部结构的刚度与荷载逐层向下传递,凝聚到基础子结构的上边界,形成所有上部结构的等效边界刚度矩阵 $\boldsymbol{k}_{\mathrm{B}}$ 和等效边界荷载向量 $\boldsymbol{F}_{\mathrm{B}}$,将它们叠加到基础子结构上。同理地基土刚度的贡献和基底反力也凝聚到基础下边界,形成等效的边界刚度矩阵 $\boldsymbol{k}_{\mathrm{s}}$ 与基底反力向量 $\boldsymbol{P}=\boldsymbol{k}_{\mathrm{s}}\boldsymbol{s}_{\mathrm{s}}$。根据位移连续条件,基底的变形 $\boldsymbol{s}_{\mathrm{s}}$ 与基础的挠度 $\boldsymbol{w}_{\mathrm{s}}$ 相一致,即 $\boldsymbol{P}=\boldsymbol{k}_{\mathrm{s}}\boldsymbol{w}_{\mathrm{s}}$。当取基础子结构刚度矩阵为 $\boldsymbol{k}$、内力向量为 $\boldsymbol{Q}$、节点位移向量为 $\boldsymbol{u}$,那么根据基础与地基接触点的变形协调条件,可得三个部分共同工作的基本方程,即

$$(\boldsymbol{k}+\boldsymbol{k}_{\mathrm{B}}+\boldsymbol{k}_{\mathrm{s}})\boldsymbol{u}=\boldsymbol{Q}+\boldsymbol{F}_{\mathrm{B}}+\boldsymbol{k}_{\mathrm{s}}\boldsymbol{w}_{\mathrm{s}} \tag{3-22}$$

求解该方程,即可得基础子结构的结点位移和结点力。基础底面结点的位移与结点力即为地基的变形与基底的反力。基础顶面边界结点的位移与结点力,即为上部结构柱端的支座位移与支座反力。如果将其自下而上向上部结构的子结构回代,即可得到上部结构各结点的位移与内力。

上述三种方法的对比,可用图3-17和表3-5所示的某一单层框架的基础梁的计算结果为例,予以说明。

表3-5 三种方法计算结果比较

计算方法	基础梁弯矩/10kN·m						基础相对挠曲/%	柱子轴向力/10kN				
	柱间跨中			柱下处								
	11～12	12～13	13～14	12	13	14		10	11	12	13	14
方法1	−5.27	−7.35	−7.35	12.7	12.7	12.7	0					
方法2	30.22	40.93	43.73	57.24	62.68	63.66	0.055	20.32	39.52	40.19	39.97	40.01
方法3	4.86	5.15	8.84	35.19	36.51	34.51	0.022	25.04	38.24	38.95	38.50	38.95

三种方法计算结果比较如下：

(1) **结构力学方法**(即表3-5中方法1)不考虑相互作用,把柱端看作不动铰支座,使柱

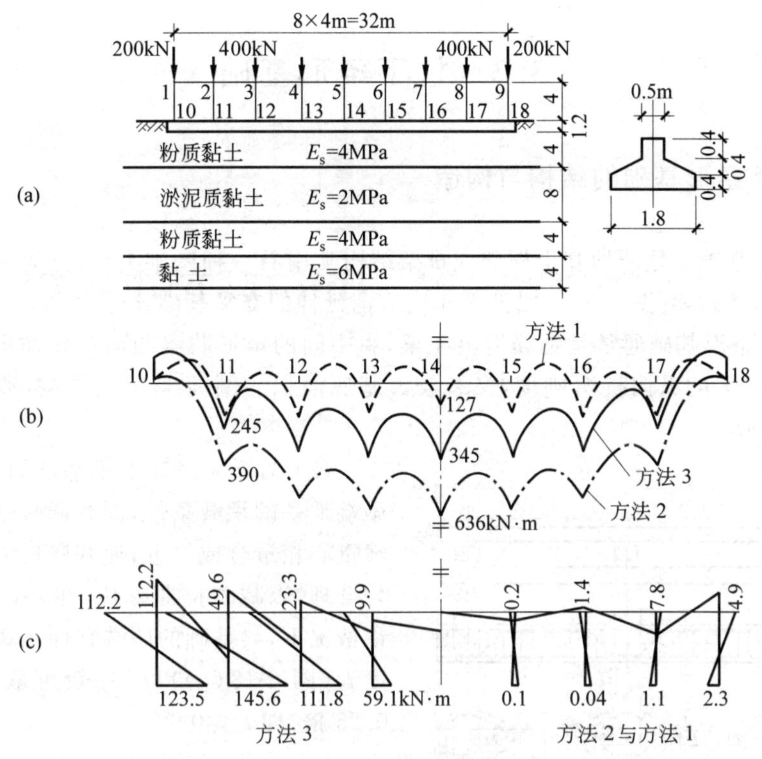

图 3-17　三种方法计算结果比较

(a) 计算简图；(b) 基础梁弯矩；(c) 上部单层框架弯矩

下基础梁呈正弯矩，柱间为负弯矩，梁中点处弯矩为 127kN·m，仅为完全考虑共同作用的 37%，对于基础梁偏不安全。由于没有反映基础沉降在上部结构中产生次应力，对上部结构也偏不安全的。另外，计算中没有考虑地基变形对基础挠曲影响，将基础视为绝对刚性，相对挠曲为 0，也不符合基础发生整体挠曲的实际情况。

(2) **部分共同作用方法**(即表 3-5 中方法 2)，不考虑上部结构刚度的贡献，基础梁仅依靠自身与地基的刚度抵抗挠曲，故整体挠曲较大。除两端外，基础梁受正弯矩作用，中点弯矩值为全部共同作用计算结果的 184%，说明此法计算的相对挠曲偏大，内力偏高，设计的基础梁偏于浪费。另一方面，此法也没有考虑基础沉降在结构内部引起的次应力，就结构而言，则偏于不安全。

(3) **全部共同作用方法**(即表 3-5 中方法 3)计算结果表明基础梁的弯矩介于上述两种方法之间，整体挠曲仍占有较大比重，除端部外，基础梁也都承受正弯矩。条形和筏形基础常采用端部外伸的方法扩大基础底面积，可起调整与改善梁的弯矩分布的作用。由于考虑了基础的挠曲对上部结构将产生次应力和上部荷载由中柱向边柱的转移，与前两方法相比，边柱荷载增大 25%，中柱减少 5%，较为符合实际的判断。这一实例虽然只是对某一具体工程的计算分析，但它所得到的结论说明，考虑上部结构的刚度，能有效地降低基础的内力，使设计更为经济合理。

3.3 柱下条形基础

3.3.1 柱下条形基础的结构与构造

柱下条形基础是软弱地基上框架或排架结构常用的一种基础类型，分为沿柱列一个方向延伸的**条形基础梁**(图 2-8)和沿两个正交方向延伸的**交叉基础梁**(图 2-9)。

(1) 柱下条形基础通常是钢筋混凝土梁，由中间的矩形肋梁与向两侧伸出的翼板所组成，形成既有较大的纵向抗弯刚度，又有较大基底面积的倒 T 形梁的结构，典型的构造如图 3-18(d)所示。

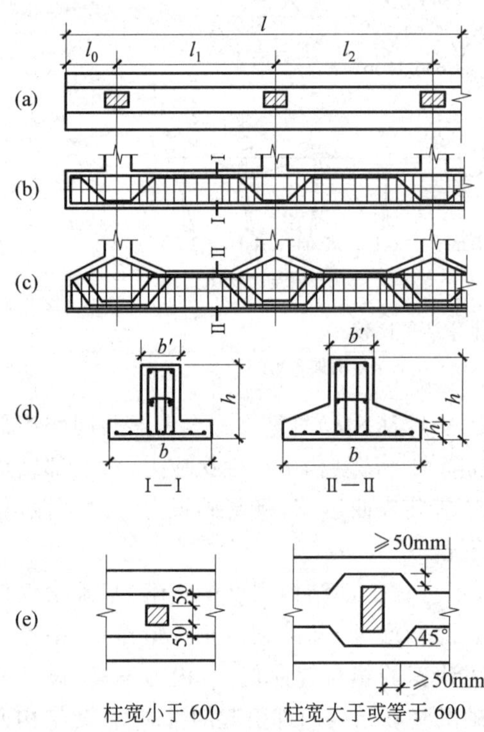

图 3-18 柱下条形基础的构造(单位：mm)
(a) 平面图；(b)、(c) 纵剖面图；
(d) 横剖面；(e) 柱与梁交接处平面尺寸

(2) 为增大边柱下梁基础的底面积，改善梁端地基的承载条件，同时调整基底形心与荷载重心相重合或靠近，使基底反力分布更为均匀合理，以减少挠曲作用，在基础平面布置允许情况下，梁基础的两端宜伸出边柱一定的长度 l_0(图 3-18(a))，l_0 一般可取边跨跨度的 0.25 倍，即 $l_0 \leqslant 0.25 l_1$。

(3) 为提高柱下条形基础梁的纵向抗弯刚度，并保证有足够大的基底面积，基础梁的横截面通常取为倒 T 形(图 3-18(d))，梁高 h 根据抗弯计算确定，一般宜取为柱距的 1/8～1/4。底部伸出的翼板宽度由地基承载力决定，翼板厚度 h' 由梁截面的横向抗弯计算确定，一般不宜小于 200mm，当翼板厚度为 200～250mm 时，宜用等厚板；当翼板厚度大于 250mm 时，宜做成变厚板，变厚板的顶面坡度取 $i \leqslant 1/3$。

(4) 条形基础梁纵向一般取等截面，为保证与柱端可靠连接，除应验算连接结构强度外，为改善柱端连接条件，梁宽度宜略大于该方向的柱边长，若柱底截面短边垂直梁轴线方向，肋梁宽度每边比柱边要宽出 50mm；若柱底截面长边与梁轴方向垂直，且边长≥600mm 或大于、等于肋梁宽度时，需将肋梁局部加宽，且柱的边缘至基础边缘的距离不得小于 50mm(图 3-18(e))。

(5) 柱下基础梁受力复杂，既受纵向整体弯曲作用，柱间还有局部弯曲作用，二者叠加后，实际产生的柱支座和柱间跨中的弯矩方向难以完全按计算确定。故通常梁的上下侧均要配置纵向受力钢筋(图 3-18(b)、(c))，且每侧的配筋率各不小于 0.2%，顶部和底部的纵向受力筋除要满足计算要求外，顶部钢筋按计算配筋数全部贯通，底部的通长钢筋不应少于底部受力钢筋总面积的1/3。基础梁内柱下支座受力筋宜布置在支座下部，柱间跨中受力筋宜布置在跨中上部。梁的下部纵向筋的搭接位置宜在跨中，而梁的上部纵向筋的搭接位置宜在支座处，且都要满足搭接长度要求。

(6) 当梁高大于700mm时，应在梁的两侧沿高度每隔300～400mm加设构造腰筋，直径大于10mm，肋梁的箍筋应做成封闭式，直径不小于8mm(图3-18(d))。弯起筋与箍筋肢数按弯矩及剪力图配置。当梁宽$b \leqslant 350$mm时用双肢箍，当$b > 350$mm时用4肢箍，当$b > 800$mm时用6肢箍。箍筋间距的限制与普通梁相同。

(7) 柱下钢筋混凝土基础梁的混凝土强度等级一般不低于C20，在软弱土地区的基础梁底面应设置厚度不小于100mm的砂石垫层；若用素混凝土垫层，则一般强度等级为C7.5，厚度不小于75mm。当基础梁的混凝土强度等级小于柱混凝土强度等级时，尚应验算柱下基础梁顶面的局部受压强度。

3.3.2　柱下条形基础的内力计算

在进行内力计算之前，先要确定基础的尺寸，也如墙下条形扩展基础的设计一样，假定基底反力为线性分布，进行各项地基验算，确定基础尺寸。柱下条形基础与墙下条形扩展基础计算上最大的不同是基础的内力分析，墙的荷载是纵向连续分布荷载，通常可以视为纵向均布荷载，所以墙下条形基础可以按平面问题取单宽横断面(图2-49)进行内力分析。而柱下条形基础承受的柱的荷载可认为是集中荷载，均匀或不均匀地分布于基础梁的几个结点上，在柱荷载和地基反力的共同作用下，基础梁要产生纵向挠曲，因此必须进行整体梁的内力分析。

如前所述，柱下条形基础的内力分析关键是如何确定地基的反力分布，其实质又是如何考虑上部结构、基础、地基的共同作用问题。为了能够较完整学习基础设计的基本理论和较全面了解实用的几种计算方法，本节选择不考虑共同作用的倒梁法、考虑基础与地基共同作用的文克尔地基上梁计算方法以及弹性半空间地基上梁计算的链杆法三种有代表性而又较为常用的方法，以分析几种地基模型的应用，阐明共同作用的基本概念、原理和计算方法的要点，为进一步学习地基模型和基础分析方法打下基础。考虑上部结构-基础-地基共同作用的方法，计算很复杂，而内容更多涉及上部结构刚度的折算问题，本书不予详细介绍。

1. 倒梁法

倒梁法是不考虑上部结构-基础-地基共同作用的基础梁分析计算方法。它适用于上部结构刚度和基础刚度都较大，基础梁的高度不小于1/6柱距，上部结构荷载分布比较均匀，即柱距和柱荷载差别不大，且地基土层分布和土质比较均匀的情况。这些条件使得基础梁的挠度很小，基础底面反力大体符合直线分布，可认为上部结构-基础-地基间没有相互约束，可不考虑三者的共同作用，即三者之间的关系仅需要满足静力平衡条件，而不必考虑变形协调条件。这时，由于上部结构的刚度较大，柱脚不会有明显的位移差，基础梁就像是上边固定铰接于柱端，而下边受直线分布的地基反力作用的倒置多跨连续梁(图3-19(b))，可以应用结构力学方法，即直接应用弯矩分配法或经验弯矩系数法求解基础梁内力，故称为倒梁法。

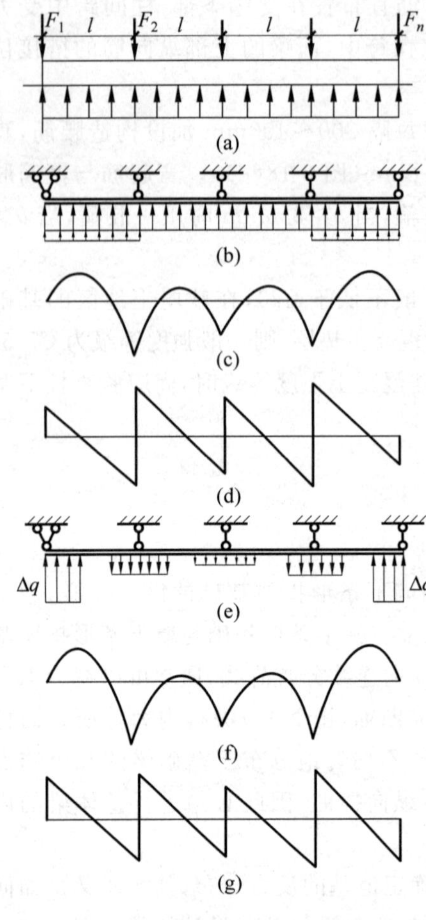

图 3-19 基础梁倒梁法计算图

倒梁法计算步骤如下:

(1) 根据地基计算所确定的基础尺寸,改用承载能力极限状态下作用的基本组合进行基础的内力计算。

(2) 计算基底净反力分布(图 3-19(a)),在基底反力计算中不计基础自重,认为基础自重不会在基础梁中引起内力。在下面的叙述中,不计基础梁的自重。所以基底反力 p 也代表了净反力 p_j。基底净反力可按下式计算:

$$\begin{matrix} p_{\text{jmax}} \\ p_{\text{jmin}} \end{matrix} = \frac{\sum F}{bL} \pm \frac{\sum M}{W} \tag{3-23}$$

式中:p_{jmax}、p_{jmin}——基底最大和最小净反力,kPa;

$\sum F$——各竖向荷载设计值总和,kN;

$\sum M$——外载荷对基底形心的弯矩设计值总和,kN·m;

W——基底面积的抵抗矩,$W=\frac{1}{6}bL^2$,m³;

b,L——基础梁底面的宽度和长度,m。

(3) 确定计算简图。以柱端作为不动铰支座,以基底净反力为荷载,绘制多跨连续梁计算简图,见图 3-19(a)。如果考虑实际情况,上部结构与基础地基相互作用会引起拱架作用,即在地基基础变形过程会引起端部地基反力增加,故在条形基础两端边跨宜增加 15%～20%的地基反力,如图 3-19(b)所示。

(4) 用弯矩分配法或其他解法计算基底反力作用下连续梁的弯矩分布(图 3-19(c))、剪力分布(图 3-19(d))和支座的反力 R_i。

(5) 调整与消除支座的不平衡力。显然第一次求出的支座反力 R_i 与柱荷载 F_i 通常不相等,不能满足支座处静力平衡条件,其原因是在本计算中既假设柱脚为不动铰支座,同时又规定基底反力为直线分布,两者不能同时满足。对于不平衡力,需通过逐次调整予以消除。调整方法如下。

① 首先根据支座处的柱荷载 F_i 和支座反力 R_i 求出不平衡力 ΔP_i:

$$\Delta P_i = F_i - R_i \tag{3-24}$$

② 将支座不平衡力的差值折算成分布荷载 Δq,均匀分布在支座相邻两跨的各 1/3 跨度范围内,分布荷载为

对边跨支座

$$\Delta q_i = \frac{\Delta P_i}{l_0 + \frac{l_i}{3}} \tag{3-25}$$

对中间跨支座

$$\Delta q_i = \frac{\Delta P_i}{\frac{l_{i-1}}{3} + \frac{l_i}{3}} \tag{3-26}$$

式中：Δq_i——不平衡力折算的均布荷载，kN/m^2；

l_0——边柱下基础梁的外伸长度，m；

l_{i-1}、l_i——支座左右跨长度，m。

将折算的分布荷载作用于连续梁上，如图 3-19(e)所示。

③ 再次用弯矩分配法计算连续梁在 Δq 作用下的弯矩 ΔM、剪力 ΔV 和支座反力 ΔR_i。将 ΔR_i 叠加在原支座反力 R_i 上，求得新的支座反力 $R_i' = R_i + \Delta R_i$。若 R_i' 接近于柱荷载 F_i，其差值小于 20%，则调整计算可以结束。反之，则重复调整计算，直至满足精度的要求。

(6) 叠加逐次计算结果，求得连续梁最终的内力分布，见图 3-19(f)和图 3-19(g)。

倒梁法根据基底反力线性分布假定，按静力平衡条件求基底反力，并将柱端视为不动铰支座，忽略了梁的整体弯曲所产生的内力以及柱脚不均匀沉降引起上部结构的次应力，计算结果与实际情况常有明显差异，且偏于不安全方面，因此只有在比较均匀的地基上，上部结构刚度较好，荷载分布较均匀，且基础梁有足够大的刚度$\left(梁的高度大于柱距的\frac{1}{6}\right)$时才可以应用。

倒梁法的具体算法，属于结构力学的基本内容，不再详述。

例 3-1 基础梁长 24m，柱距 6m，受柱荷载 F 作用，$F_1 = F_2 = F_3 = F_4 = F_5 = 800kN$。基础梁为 T 形截面，尺寸见图 3-20(b)，采用混凝土强度等级为 C20。试用反梁法求地基净反力分布和截面弯矩。

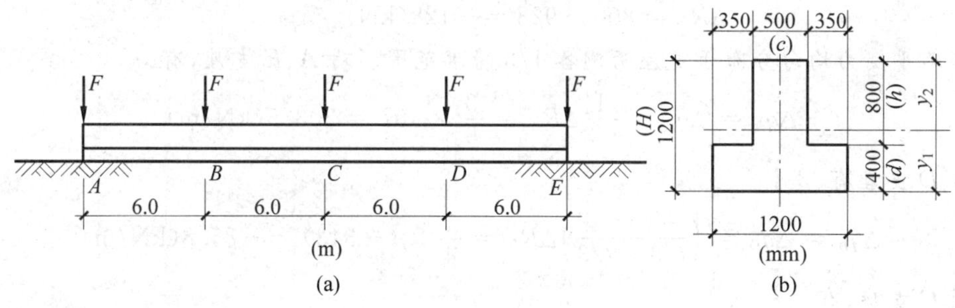

图 3-20 例 3-1 附图(一)

解 1. 计算梁的截面特性

(1) 轴线至梁底距离

$$y_1 = \frac{cH^2 + d^2(b-c)}{2(bd+hc)} = \frac{0.5 \times 1.2^2 + 0.4^2 \times (1.2-0.5)}{2 \times (1.2 \times 0.4 + 0.8 \times 0.5)}$$

$$= \frac{0.832}{2 \times 0.88} = 0.473(m)$$

$$y_2 = H - y_1 = 1.2 - 0.473 = 0.727(m)$$

(2) 梁的截面惯性矩

$$I=\frac{1}{3}[c\cdot y_2^3+b\cdot y_1^3-(b-c)(y_1-d)^3]$$
$$=\frac{1}{3}[0.5\times0.727^3+1.2\times0.473^3-(1.2-0.5)\times(0.473-0.4)^3]$$
$$=0.106(\mathrm{m}^4)$$

(3) 梁的截面刚度

混凝土弹性模量 $E_c=2.55\times10^7\mathrm{kN/m^2}$

截面刚度 $E_cI=2.55\times10^7\times0.106=2.7\times10^6(\mathrm{kN\cdot m^2})$

2. 按反梁法计算地基的净反力和基础梁的截面弯矩

(1) 假定基底净反力均匀分布,如图 3-20(a)所示,每米长度基底净反力值为

$$\bar{p}_j=\frac{\sum F}{L}=\frac{5\times800}{4\times6}=166.7(\mathrm{kN/m})$$

若根据柱荷载和基底均布净反力,按静定梁计算截面弯矩,则结果如图 3-21(b)所示。它相当于梁不受柱端约束可以自由挠曲的情况。

(2) 反梁法则把基础梁当成以柱端为不动支座的四跨连续梁,当底面作用以均布净反力 $\bar{p}_j=166.7\mathrm{kN/m}$ 时,各支座反力为

$$R_A=R_E=0.393\bar{p}_jl=0.393\times166.7\times6=393(\mathrm{kN})$$
$$R_B=R_D=1.143\bar{p}_jl=1.143\times166.7\times6=1143(\mathrm{kN})$$
$$R_C=0.928pl=0.928\times166.7\times6=928(\mathrm{kN})$$

(3) 由于支座反力与柱荷载不相等,在支座处存在不平衡力。各支座的不平衡力为

$$\Delta R_A=\Delta R_E=800-393=407(\mathrm{kN})$$
$$\Delta R_B=\Delta R_D=800-1143=-343(\mathrm{kN})$$
$$\Delta R_C=800-928=-128(\mathrm{kN})$$

把支座不平衡力均匀分布于支座两侧各 1/3 跨度范围。对 A、E 支座,有

$$\Delta q_A=\Delta q_E=\frac{1}{l/3}\Delta R_A=\frac{3}{6}\times407=203.5(\mathrm{kN/m})$$

B、D 支座有

$$\Delta q_B=\Delta q_D=\left(\frac{1}{l/3+l/3}\right)\Delta R_B=\frac{1}{4}\times(-343)=-85.8(\mathrm{kN/m})$$

对 C 支座,有

$$\Delta q_C=\left(\frac{1}{l/3+l/3}\right)\Delta R_C=\frac{1}{4}\times(-128)=-32(\mathrm{kN/m})$$

(4) 把均布不平衡力 Δq 作用于连续梁上,如图 3-21(c)所示,求支座反力 $\Delta R'_A$,$\Delta R'_B$,$\Delta R'_C$,$\Delta R'_D$,$\Delta R'_E$。

(5) 将均布净反力 $\bar{p}_j$ 和不平衡力 Δq 所引起的支座反力叠加,得第一次调整后的支座反力为

$$R'_A=R_A+\Delta R'_A$$
$$R'_B=R_B+\Delta R'_B$$
$$R'_C=R_C+\Delta R'_C$$

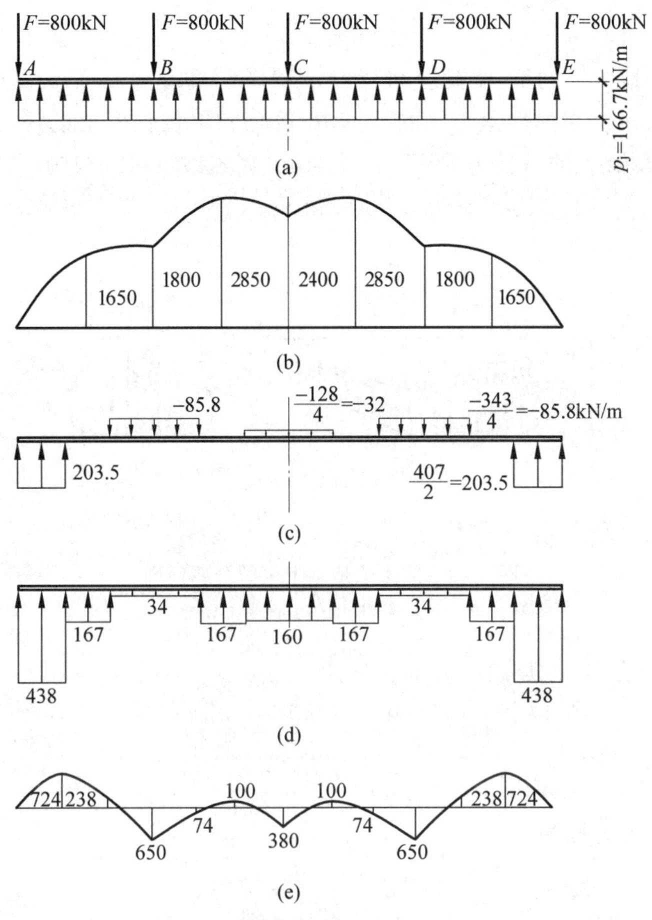

图 3-21　例 3-1 附图(二)

(a) 均匀分布反力(kN/m)；(b) 静定梁截面弯矩(kN·m)；(c) 梁上不平衡力分布(kN/m)；
(d) 反梁法最终地基反力(kN/m)；(e) 反梁法最终截面弯矩(kN·m)

$$R'_D = R_D + \Delta R'_D$$
$$R'_E = R_E + \Delta R'_E$$

(6) 比较调整后的支座反力与柱荷载，若差值在容许范围以内，将均布净反力 $\bar{p}_j$ 与不平衡力 Δq 相叠加，即为满足支座竖向力平衡条件的地基净反力分布。用叠加后的地基净反力与柱荷载作为梁上荷载，求梁截面弯矩分布图。若经调整后的支座反力与柱荷载的差值超过容许范围，则重复(3)至(6)步骤，直至满足要求。

本例题经过两轮计算，满足要求的地基净反力如图 3-21(d)所示，相应的梁截面弯矩分布如图 3-21(e)所示。图 3-21(e)表示基础梁在柱端处受完全约束，不产生挠度时的截面弯矩分布。与梁完全自由不受柱端约束的静定梁弯矩分布图 3-21(b)比较，差别很大。说明上部结构刚度很大，基础梁不能产生整体弯曲，仅产生局部弯曲时梁上的弯矩，比起上部结构刚度很小，基础梁可产生整体弯曲时要小得多，分布的规律也很不一样。

2. 文克尔地基上梁的计算

1）文克尔地基上梁计算的基本原理

如前所述文克尔地基的基本假定是压应力 p 与地面变形 s 符合式(3-1)的要求：

$$p = ks$$

放置在文克尔地基上的梁,受到分布荷载 q(kN/m)和基底反力 p(kN/m^2)的作用发生挠曲,如图 3-22 所示。在弹性地基梁的计算中,通常取单位长度上的压力计算,即 $\overline{p}=pb$,b(m)为基础梁的宽度,$\overline{p}$ 的单位为 kN/m。这时,文克尔假定可改写为

$$\overline{p} = k_s s \tag{3-27}$$

式中:$k_s=kb$,kN/m^2。

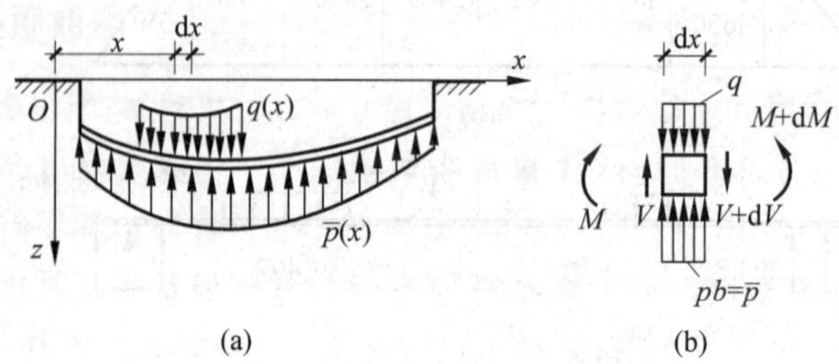

图 3-22 文克尔地基上梁的分析简图
(a) 分析简图;(b) 截面受力分析

从梁上截取微元 dx,由竖向静力平衡条件:

$$V-(V+\mathrm{d}V)+\overline{p}\mathrm{d}x-q\mathrm{d}x=0$$

$$\frac{\mathrm{d}V}{\mathrm{d}x}=\overline{p}-q \tag{3-28}$$

已知梁的挠曲线微分方程为

$$E_c I\frac{\mathrm{d}^2 w}{\mathrm{d}x^2}=-M \tag{3-29}$$

或

$$E_c I\frac{\mathrm{d}^4 w}{\mathrm{d}x^4}=-\frac{\mathrm{d}^2 M}{\mathrm{d}x^2} \tag{3-30}$$

式中:E_c——梁材料的弹性模量,kN/m^2;

w——梁的挠度,即 z 方向的位移,m;

I——梁截面惯性矩,m^4;

b——梁宽,m。

由于$\frac{\mathrm{d}^2 M}{\mathrm{d}x^2}=\frac{\mathrm{d}V}{\mathrm{d}x}$,即可改写式(3-30)为

$$E_c I\frac{\mathrm{d}^4 w}{\mathrm{d}x^4}=q-\overline{p} \tag{3-31}$$

梁的挠曲应与地基变形相协调,即梁的挠度 w 等于地基相应点的变形 s。引入文克尔假设 $\overline{p}=k_s w$,即可得文克尔地基上梁挠曲微分方程:

$$E_c I\frac{\mathrm{d}^4 w}{\mathrm{d}x^4}=q-k_s w \tag{3-32}$$

如果假设 $q=0$,代入上式,整理后得

$$\frac{\mathrm{d}^4 w}{\mathrm{d}x^4}+4\lambda^4 w=0 \tag{3-33}$$

式中：λ——弹性地基梁的特征系数。

$$\lambda = \sqrt[4]{\frac{k_s}{4E_c I}} \tag{3-34}$$

它是反映梁挠曲刚度和地基刚度之比的系数，单位为 m^{-1}，故其倒数 $1/\lambda$ 称为**特征长度**。

式(3-33)称为文克尔地基梁挠曲微分方程，这是四阶常系数线性常微分方程，其通解为

$$w = e^{\lambda x}(C_1\cos\lambda x + C_2\sin\lambda x) + e^{-\lambda x}(C_3\cos\lambda x + C_4\sin\lambda x) \tag{3-35a}$$

式中：C_1、C_2、C_3、C_4——待定系数，根据荷载及边界条件确定；

λx——无量纲数，当 $x=l$(基础梁长)，λl 反映梁对地基相对刚度，同一地基，l 越长即 λl 值越大，表示梁的柔性越大，故称 λl 为**柔度指数**。

为了解方程(3-35a)，确定待定系数，特别需要对边界条件进行分析，以便找出针对不同情况的解。

图 3-23 表示放在同一地基上的短梁与长梁。在相同荷载 F 作用下，可看出两种梁的挠曲与地基反力有很大不同。短梁有较大相对刚度，因而挠曲较平缓，基底反力较均匀；长梁相对较柔软，梁的挠曲与基底反力均集中在荷载作用的局部范围内，向远处逐渐衰减而趋于零。因此进行分析时，先要区分地基梁的性质。对于文克尔地基上的梁，按柔度指数 λl 值区分为

$\lambda l < \frac{\pi}{4}$　　**短梁**(或称**刚性梁**)；

$\frac{\pi}{4} < \lambda l < \pi$　　**有限长梁**(也称**有限刚性梁**，或**中长梁**)；

$\lambda l > \pi$　　**无限长梁**(或称**柔性梁**)。

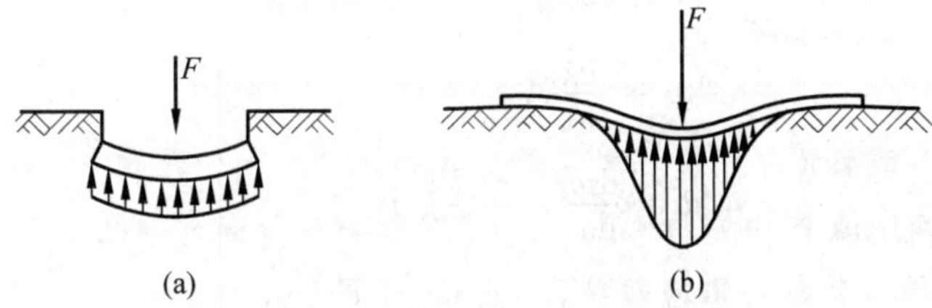

图 3-23　地基梁受弯时的地基反力

(a) 短梁的地基反力；(b) 长梁的地基反力

根据以上分类，分别确定各类梁的边界条件与荷载条件，求出解的系数，以供选用。

2) 文克尔地基上无限长梁的解

无限长梁是指在梁上任一点施加荷载时，沿梁长方向上各点的挠度随着离开加荷点距离的增加而减小，当梁的无载荷端离荷载作用点无限远时，此无载荷端(即两端点)的挠度为零，则此地基梁称为无限长梁。实际上当梁端与加荷点距离足够大，其柔度指数 $\lambda l>\pi$ 时就可视为是无限长梁。

(1) 竖向集中力作用下的解

令梁上作用着集中力 F，以作用点为坐标原点，当 $x\to\infty$时，则 $w=0$，由式(3-35a)可得 $C_1=C_2=0$，即

$$w = e^{-\lambda x}(C_3\cos\lambda x + C_4\sin\lambda x) \tag{3-35b}$$

考虑梁的连续性、荷载及地基反力对称于原点,即当 $x=0$ 时,该点挠曲曲线的切线是水平的,故有

$$\theta=\left(\frac{\mathrm{d}w}{\mathrm{d}x}\right)_{x=0}=0 \tag{3-36}$$

式中：θ——梁截面的转角。

将式(3-35b)代入式(3-36)中可得

$$-(C_3-C_4)=0$$

$$C_3=C_4=C$$

故

$$w=C\mathrm{e}^{-\lambda x}(\cos\lambda x+\sin\lambda x) \tag{3-37}$$

根据对称性,在 $x=0$ 处梁断面的剪应力等于地基总反力的一半,即

$$V=\frac{\mathrm{d}M}{\mathrm{d}x}=\frac{\mathrm{d}}{\mathrm{d}x}\left(-E_cI\frac{\mathrm{d}^2w}{\mathrm{d}x^2}\right)=-E_cI\left.\frac{\mathrm{d}^3w}{\mathrm{d}x^3}\right|_{x=0}=-\frac{F}{2} \tag{3-38}$$

对式(3-37)求三阶导数,再回代入式(3-38)得

$$C=\frac{F\lambda}{2k_s} \tag{3-39}$$

将式(3-39)代入式(3-37)中,得梁的挠曲方程：

$$w=\frac{F\lambda}{2k_s}\mathrm{e}^{-\lambda x}(\cos\lambda x+\sin\lambda x) \tag{3-40}$$

再将式(3-40)分别对 x 取一阶、二阶和三阶导数,就可求得梁的右半侧 $x\geqslant 0$ 梁截面的转角 $\theta=\frac{\mathrm{d}w}{\mathrm{d}x}$,弯矩 $M=-E_cI\frac{\mathrm{d}^2w}{\mathrm{d}x^2}$ 和剪力 $V=-E_cI\left(\frac{\mathrm{d}^3w}{\mathrm{d}x^3}\right)$。将所得公式集中如式(3-41)和式(3-42)所示。

$$\left.\begin{aligned}
&\text{挠度} && w=\frac{F\lambda}{2k_s}A_x\\
&\text{转角} && \theta=\frac{\mathrm{d}w}{\mathrm{d}x}=\frac{-F\lambda^2}{k_s}B_x\\
&\text{弯矩} && M=-E_cI\frac{\mathrm{d}^2w}{\mathrm{d}x^2}=\frac{F}{4\lambda}\cdot C_x\\
&\text{剪力} && V=\frac{\mathrm{d}M}{\mathrm{d}x}=-\frac{F}{2}D_x\\
&\text{单位梁长地基净反力} && \bar{p}_j=k_sw=\frac{F\lambda}{2}A_x\\
&\text{地基净反力强度} && p=\frac{\bar{p}_j}{b}=\frac{k_sw}{b}=\frac{F\lambda}{2b}A_x
\end{aligned}\right\} \tag{3-41}$$

式中

$$\left.\begin{aligned}
A_x&=\mathrm{e}^{-\lambda x}(\cos\lambda x+\sin\lambda x)\\
B_x&=\mathrm{e}^{-\lambda x}\sin\lambda x\\
C_x&=\mathrm{e}^{-\lambda x}(\cos\lambda x-\sin\lambda x)\\
D_x&=\mathrm{e}^{-\lambda x}\cos\lambda x
\end{aligned}\right\} \tag{3-42}$$

将 A_x、B_x、C_x、D_x 制成表格,见表3-6。

表 3-6 A_x、B_x、C_x、D_x 函数表

λx	A_x	B_x	C_x	D_x
0	1	0	1	1
0.02	0.999 61	0.019 60	0.960 40	0.980 00
0.04	0.998 44	0.038 42	0.921 60	0.960 02
0.06	0.996 54	0.056 47	0.883 60	0.940 07
0.08	0.993 93	0.073 77	0.846 39	0.920 16
0.10	0.990 65	0.090 33	0.809 98	0.900 32
0.12	0.986 72	0.106 18	0.774 37	0.880 54
0.14	0.982 17	0.121 31	0.739 54	0.860 85
0.16	0.977 02	0.135 76	0.705 50	0.841 26
0.18	0.971 31	0.149 54	0.672 24	0.821 78
0.20	0.965 07	0.162 66	0.639 75	0.802 41
0.22	0.958 31	0.175 13	0.608 04	0.783 18
0.24	0.951 06	0.186 98	0.577 10	0.764 08
0.26	0.943 36	0.198 22	0.546 91	0.745 14
0.28	0.935 22	0.208 87	0.517 48	0.726 35
0.30	0.926 66	0.218 93	0.488 80	0.707 73
0.35	0.903 60	0.241 64	0.420 33	0.661 96
0.40	0.878 44	0.261 03	0.356 37	0.617 40
0.45	0.851 50	0.277 35	0.296 80	0.574 15
0.50	0.823 07	0.290 79	0.241 49	0.532 28
0.55	0.793 43	0.301 56	0.190 30	0.491 86
0.60	0.762 84	0.309 88	0.143 07	0.452 95
0.65	0.731 53	0.315 94	0.099 66	0.415 59
0.70	0.699 72	0.319 91	0.059 90	0.379 81
0.75	0.667 61	0.321 98	0.023 64	0.345 63
$\pi/4$	0.644 79	0.322 40	0	0.322 40
0.80	0.635 38	0.322 33	−0.009 28	0.313 05
0.85	0.603 20	0.321 11	−0.039 02	0.282 09
0.90	0.571 20	0.318 48	−0.065 74	0.252 73
0.95	0.539 54	0.314 58	−0.089 62	0.224 96
1.00	0.508 33	0.309 56	−0.110 79	0.198 77
1.05	0.477 66	0.303 54	−0.129 43	0.174 12
1.10	0.447 65	0.296 66	−0.145 67	0.150 99
1.15	0.418 36	0.289 01	−0.159 67	0.129 34
1.20	0.389 86	0.280 72	−0.171 58	0.109 14
1.25	0.362 23	0.271 89	−0.181 55	0.090 34
1.30	0.335 50	0.262 60	−0.189 70	0.072 90
1.35	0.309 72	0.252 95	−0.196 17	0.056 78
1.40	0.284 92	0.243 01	−0.201 10	0.041 91
1.45	0.261 13	0.232 86	−0.204 59	0.028 27

续表

λx	A_x	B_x	C_x	D_x
1.50	0.238 35	0.222 57	−0.206 79	0.015 78
1.55	0.216 62	0.212 20	−0.207 79	0.004 41
$\pi/2$	0.207 88	0.207 88	−0.207 88	0
1.60	0.195 92	0.201 81	−0.207 71	−0.005 90
1.65	0.176 25	0.191 44	−0.206 64	−0.015 20
1.70	0.157 62	0.181 16	−0.204 70	−0.023 54
1.75	0.140 02	0.170 99	−0.201 97	−0.030 97
1.80	0.123 42	0.160 98	−0.198 53	−0.037 56
1.85	0.107 82	0.151 15	−0.194 48	−0.043 33
1.90	0.093 18	0.141 54	−0.189 89	−0.048 35
1.95	0.079 50	0.132 17	−0.184 83	−0.052 67
2.00	0.066 74	0.123 06	−0.179 38	−0.056 32
2.05	0.054 88	0.114 23	−0.173 59	−0.059 36
2.10	0.043 88	0.105 71	−0.167 53	−0.061 82
2.15	0.033 73	0.097 49	−0.161 24	−0.063 76
2.20	0.024 38	0.089 58	−0.154 79	−0.065 21
2.25	0.015 80	0.082 00	−0.148 21	−0.066 21
2.30	0.007 96	0.074 76	−0.141 56	−0.066 80
2.35	−0.000 84	0.067 85	−0.134 87	−0.067 02
$3\pi/4$	0	0.067 02	−0.134 04	−0.067 02
2.40	−0.005 62	0.061 28	−0.128 17	−0.066 89
2.45	−0.011 43	0.055 03	−0.121 50	−0.066 47
2.50	−0.016 63	0.049 13	−0.114 89	−0.065 76
2.55	−0.021 27	0.043 54	−0.108 36	−0.064 81
2.60	−0.025 36	0.038 29	−0.101 93	−0.063 64
2.65	−0.028 94	0.033 35	−0.095 63	−0.062 28
2.70	−0.032 04	0.028 72	−0.089 48	−0.060 76
2.75	−0.034 69	0.024 40	−0.083 48	−0.059 09
2.80	−0.036 93	0.020 37	−0.077 67	−0.057 30
2.85	−0.038 77	0.016 63	−0.072 03	−0.055 40
2.90	−0.040 26	0.013 16	−0.066 59	−0.053 43
2.95	−0.041 42	0.009 97	−0.061 34	−0.051 38
3.00	−0.042 26	0.007 03	−0.056 31	−0.049 26
3.10	−0.043 14	0.001 87	−0.046 88	−0.045 01
π	−0.043 21	0	−0.043 21	−0.043 21
3.20	−0.043 07	−0.002 38	−0.038 31	−0.040 69
3.40	−0.040 79	−0.008 53	−0.023 74	−0.032 27
3.60	−0.036 59	−0.012 09	−0.012 41	−0.024 50
3.80	−0.031 38	−0.013 69	−0.004 00	−0.017 69
4.00	−0.025 83	−0.013 86	−0.001 89	−0.011 97

续表

λx	A_x	B_x	C_x	D_x
4.20	−0.020 42	−0.013 07	0.005 72	−0.007 35
4.40	−0.015 46	−0.011 68	0.007 91	−0.003 77
4.60	−0.011 12	−0.009 99	0.008 86	−0.001 13
$3\pi/2$	−0.008 98	−0.008 98	0.008 98	0
4.80	−0.007 48	−0.008 20	0.008 92	0.000 72
5.00	−0.004 55	−0.006 46	0.008 37	0.001 91
5.50	0.000 01	−0.002 88	0.005 78	0.002 90
6.00	0.001 69	−0.000 69	0.003 07	0.002 38
2π	0.001 87	0	0.001 87	0.001 87
6.50	0.001 79	0.000 32	0.001 14	0.001 47
7.00	0.001 29	0.000 60	0.000 09	0.000 69
$9\pi/4$	0.001 20	0.000 60	0	0.000 60
7.50	0.000 71	0.000 52	−0.000 33	0.000 19
$5\pi/2$	0.000 39	0.000 39	−0.000 39	0
8.00	0.000 28	0.000 33	−0.000 38	−0.000 05

基础梁左半部($x\leqslant 0$)的解答恰与右半部成正或负的对称关系，二者放在一起即得完整的解。图 3-24(a)表示集中力 F 作用下无限长梁的挠度、转角、弯矩与剪力分布。

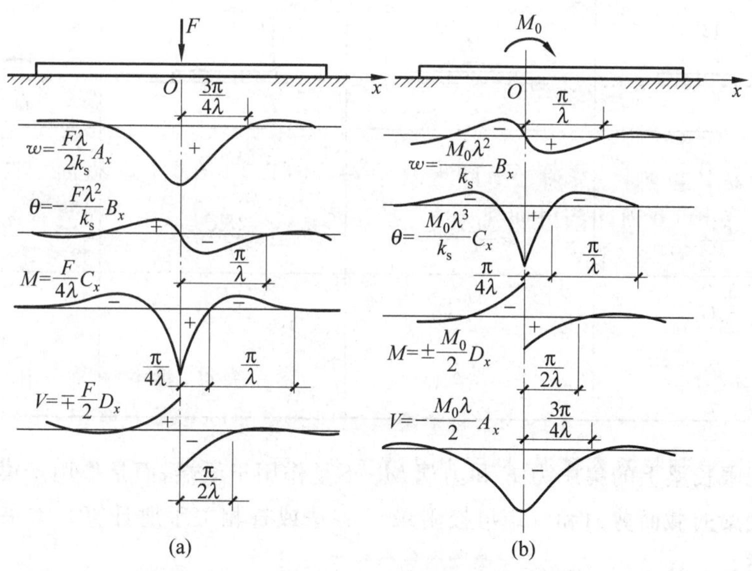

图 3-24　文克尔地基上无限长梁的挠度和内力

(a) 集中力作用；(b) 集中力偶作用

(2) 集中力偶作用下的解

同理可求出集中力偶 M_0 作用下无限长梁的挠度、转角、弯矩和剪力，如图 3-24(b)，并可表示为

$$w=\frac{M_0\lambda^2}{k_s}B_x,\quad \theta=\frac{M_0\lambda^3}{k_s}C_x,\quad M=\pm\frac{M_0}{2}D_x,\quad V=\frac{-M_0\lambda}{2}A_x \tag{3-43}$$

式(3-43)中的 A_x、B_x、C_x、D_x 与式(3-42)相同。

(3) 对于其他类型的荷载,也可按上述方法求解。对于受多种荷载作用的无限长梁,可分别求解,然后用叠加原理求和。

3) 文克尔地基上半无限长梁的解

半无限长梁是指梁的一端在荷载作用下产生挠曲和位移,随着离开荷载作用点的距离加大,挠曲和位移减小,直至无限远端,挠曲和位移为零,成为一无载荷端。半无限长梁的柔度指数 $\lambda l>\pi$。

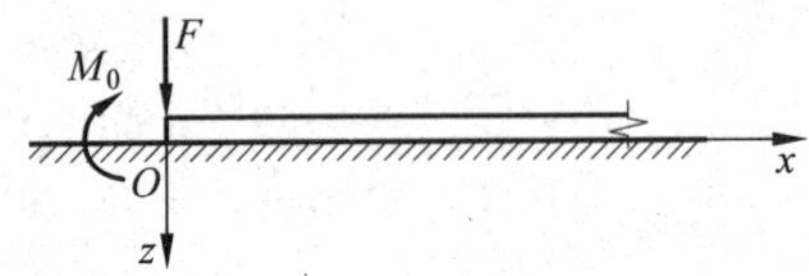

图 3-25 梁端有集中荷载的半无限长梁

半无限长梁的边界条件为,当 $x=\infty$ 时,$w\to 0$;$x=0$ 时,$M=M_0$,$V=-F$,见图 3-25。根据荷载条件,同理可求出相应的梁的位移、内力和反力以及其中所包含的系数。

表 3-7 列出在集中力 F 与力偶 M_0 作用下无限长梁与半无限长梁的 w,θ,M,V 解答。

表 3-7 无限长梁与半无限长梁的计算式

	无限长梁		半无限长梁	
	受集中力 F	受力偶 M_0	梁端受集中力 F	梁端受力偶 M_0
w	$\frac{F\lambda}{2k_s}A_x$	$\pm\frac{M_0\lambda^2}{k_s}B_x$	$\frac{2F\lambda}{k_s}D_x$	$-\frac{2M_0\lambda^2}{k_s}C_x$
θ	$\mp\frac{F\lambda^2}{k_s}B_x$	$+\frac{M_0\lambda^3}{k_s}C_x$	$-\frac{2F\lambda^2}{k_s}A_x$	$\frac{4M_0\lambda^2}{k_s}D_x$
M	$\frac{F}{4\lambda}C_x$	$\pm\frac{M_0}{2}D_x$	$-\frac{F}{\lambda}B_x$	M_0A_x
V	$\mp\frac{F}{2}D_x$	$-\frac{M_0\lambda}{2}A_x$	$-FC_x$	$-2M_0\lambda B_x$

如果半无限长梁上的集中力 F 和力偶 M_0 不是作用于梁端,而是作用于梁端附近时,地基反力和基础梁的截面剪力和弯矩可按附录 C 方法或查相关手册计算。本书限于篇幅,不作进一步阐述。

4) 文克尔地基上有限长梁的解

实际工程中的条形基础不存在真正的无限长梁或半无限长梁,都是有限长的梁。若梁不很长,荷载对梁两端的影响尚未消失,即梁端的挠曲或位移不能忽略,这种梁称为有限长梁。按上述无限长梁的概念,当梁长满足荷载作用点距两端距离都有 $x<\frac{\pi}{\lambda}$时,该类梁即属于有限长梁范围。有限长梁的长度下限是梁长 $l\leqslant\frac{\pi}{4\lambda}$。这时,梁的挠曲很小,可以忽略,称

为刚性梁。

从以上分析中可知，无限长梁和有限长梁并不完全是用一个绝对的尺度来划分，而要以荷载在梁端引起的影响是否可以忽略来判断。例如当梁上作用有多个集中荷载时，对每一个荷载而言，梁按何种模式计算，就应根据荷载作用点的位置与梁长，用表 3-8 进行判断。

表 3-8　基础梁的类型

梁长 l	集中荷载位置(距梁端)	梁的计算模式
$l \geqslant 2\pi/\lambda$	距两端都有 $x \geqslant \pi/\lambda$	无限长梁
$l \geqslant \pi/\lambda$	作用于梁端，距另一端有 $x \geqslant \pi/\lambda$	半无限长梁
$\pi/4\lambda < l < 2\pi/\lambda$	距两端都有 $x < \pi/\lambda$	有限长梁
$l \leqslant \pi/4\lambda$	无关	刚性梁

有限长梁求解内力、位移的方法，可按无限长梁与半无限长梁的解答，运用叠加原理求解。图 3-26 表示有限长梁 AB(梁Ⅰ)受集中力 F 作用，求解内力和位移的计算步骤。

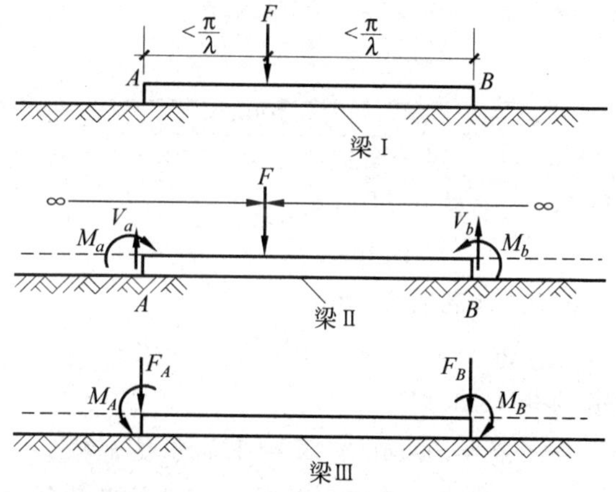

图 3-26　有限长梁内力、位移计算

(1) 将梁Ⅰ两端无限延伸，形成无限长梁Ⅱ，按无限长梁的方法解梁Ⅱ在集中力 F 作用下的内力和位移，并求得在原来梁Ⅰ的两端 A、B 处产生内力 M_a、V_a 和 M_b、V_b。梁Ⅰ和梁Ⅱ AB 段内力的差别在于前者 A、B 点的内力为零，后者 A、B 点的内力为 M_a、V_a、M_b、V_b。

(2) 将梁Ⅰ两端无限延伸，并在 A、B 处分别加以待定的外荷载 M_A、F_A 和 M_B、F_B，如图中梁Ⅲ。利用表 3-7 计算 M_A、F_A 和 M_B、F_B 在 A、B 点产生的内力 M'_a，V'_a 和 M'_b，V'_b，显然它们都是外荷载 M_A、F_A 和 M_B、F_B 的线性函数。

(3) 令 $M'_a=-M_a$，$V'_a=-V_a$，$M'_b=-M_b$，$V'_b=-V_b$，求得待定的荷载 M_A、F_A 和 M_B、F_B。

(4) 用确定后的荷载 M_A、F_A 和 M_B、F_A 作为梁Ⅲ的外荷载，解梁Ⅲ的内力和位移，并将其与梁Ⅱ的内力和位移相叠加，得出的结果就是有限长梁 AB 在荷载 F 作用下的内力和位移。

具体计算公式推演从略。

例 3-2　例 3-1 的基础梁放置在均匀土层上，土层的侧限压缩模量 $E_s=14\ 800\text{kN/m}^2$，

泊松比 $\nu=0.3$,试用文克尔地基模型计算地基反力和基础梁截面弯矩。

解 (1) 求地基反力系数

地基的变形模量 E

$$E=\beta E_s=\left(1-\frac{2\nu^2}{1-\nu}\right)E_s=\left(1-\frac{2\times0.3^2}{1-0.3}\right)\times15\,000$$

$$=0.743\times14\,800=11\,000(\mathrm{kN/m^2})$$

根据式(3-1)和式(3-3),地基抗力系数 k 为

$$k=\frac{E}{b(1-\nu^2)I_c}$$

基础梁的边比 $m=l/b=\dfrac{24}{1.2}=20$,查表 3-2 按刚性基础,影响系数 $I_c=2.46$,代入上式得

$$k=\frac{11\,000}{1.2\times(1-0.3^2)\times2.46}=\frac{11\,000}{2.69}=4089(\mathrm{kN/m^3})$$

$$k_s=bk=1.2\times4089=4906(\mathrm{kN/m^2})$$

(2) 求基础梁性质

$$\lambda=\sqrt[4]{\frac{k_s}{4E_cI}}=\sqrt[4]{\frac{4906}{4\times2.55\times10^7\times0.106}}=0.146$$

对于梁端荷载 F_1 和 F_5,远端梁长 24m,则

$$\lambda l=0.146\times24=3.5>\pi$$

属于半无限长梁。对 F_2 和 F_4,远端长度 18m,则

$$\lambda l=0.146\times18=2.628<\pi$$

对中间荷载 F_3,两侧梁长均为 12m,则

$$\lambda l=0.146\times12=1.752<\pi$$

因此,对于中间 3 个荷载均应按有限长梁进行计算。有限长梁计算方法比较烦琐,本例题为了说明计算方法,均按半无限长梁 $\lambda=0.146$ 计算。对于集中力 F 作用于半无限长梁的梁端附近时,地基反力的计算方法可参阅附录 C 或相关计算手册。

以 F_2 为例,荷载距梁端 $a=6$m,求距梁端 $x=12$m 处基底的反力,按附录 C 有

$$\alpha=a\lambda=6\times0.146=0.876$$

$$\xi=x\lambda=12\times0.146=1.752$$

由附录 C 表 C1,查得 $\bar{p}=0.2886$,则该处的基底反力 $p_x=F\lambda\bar{p}=800\times0.146\times0.2886=33.71(\mathrm{kN/m})$。

同理可分别求荷载 F_1、F_2、F_3、F_4、F_5 对梁底 A、B、C、D、E 点所引起的反力,然后叠加就可以求得梁底地基的反力,列表计算如下。表 3-9 中数值表明,本情况把有限长梁当成半无限长梁所引起的误差不大。

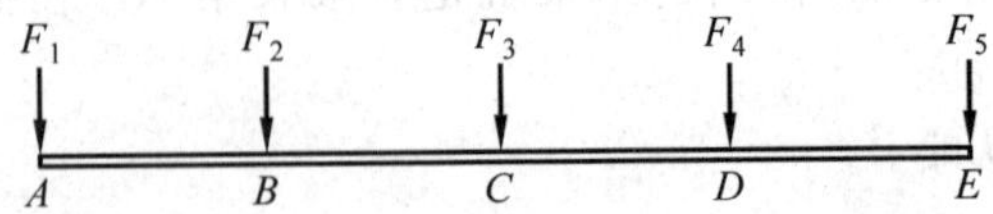

表 3-9　例 3-2 计算表　kN/m

反力计算＼点号	A	B	C	D	E
$\bar{p}_{i1}$	2.000	0.5385	−0.0599	−0.1255	
$p_{i1}=F\lambda\bar{p}_{i1}$	233.6	62.90	−7.00	−14.66	
$\bar{p}_{i2}$	0.5392	0.5656	0.2886	0.0565	−0.0172
$p_{i2}=F\lambda\bar{p}_{i2}$	62.98	66.06	33.71	6.60	−2.00
$\bar{p}_{i3}$	−0.0599	0.2849	0.5103	0.2849	−0.0599
$p_{i3}=F\lambda\bar{p}_{i3}$	−7.00	33.28	59.60	33.28	−7.00
p_{i4}	−2.00	6.60	33.71	66.06	62.98
p_{i5}		−14.66	−7.00	62.90	233.6
$p_i=\sum_{j=1}^{5}p_{ij}$	287.6	154.2	113.02	154.2	287.6

地基反力分布如图 3-27(a)所示。

根据荷载和地基反力可以计算出基础梁的截面弯矩，如图 3-27(b)所示。

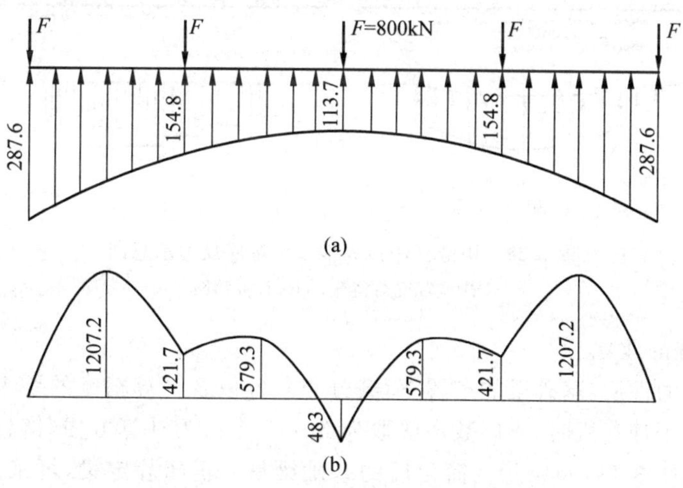

图 3-27　例 3-2 反力图和弯矩图

(a) 反力(单位：kN/m)；(b) 弯矩(单位：kN・m)

3. 弹性半空间地基上梁的简化计算——链杆法

1）基本概念

如果把地基看成连续均匀的弹性半空间地基，放置在半空间地基表面上的梁，受荷载后的变形和内力，同样可以按基础-地基共同作用的原则，由静力平衡条件和变形协调条件求得解答，但是方法要比文克尔地基上梁的解法复杂得多。这是因为文克尔地基上任一点的变形只取决于该点上的荷载，而弹性半空间地基表面上任一点的变形，则不仅取决于该点上的荷载，而与全部作用荷载有关。这个问题的理论解法比较复杂，通常只能寻求简化的方法求解,一种途径是做出一些假设,建立解析关系,采用数值法(有限元法或有限差分法)求解;另一种途径是对计算图式进行简化,链杆法就属后者。

链杆法解地基梁的基本思路是:把连续支承于地基上的梁简化为用**有限个链杆支承于地基上的梁**(图3-28)。这一简化实质上是将无穷个支点的超静定问题变为支承在若干个弹性支座上的连续梁,因而可以用结构力学方法求解。

链杆起联系基础与地基的作用,通过链杆传递竖向力。每根刚性链杆的作用力,代表一段接触面积上地基反力的合力,因此连续分布的地基反力就被简化为阶梯形分布的反力(对梁为集中力,对地基为阶梯形分布反力)。很显然本法计算的精度依所设链杆的数目而定,链杆数很多,简化的阶梯形分布反力就接近于实际连续分布的反力,所得的解也就接近于理论解。为了保证简化的连续梁体系的稳定性,还设置一水平铰接链杆,形成的计算简图如图3-28(b)所示。将各链杆切断,用待定的反力代替链杆,则基础梁在外荷载与链杆力作用下发生挠曲,而地基也在链杆力作用下发生变形。梁的挠曲与地基的变形必须是相协调的,如图3-29所示。

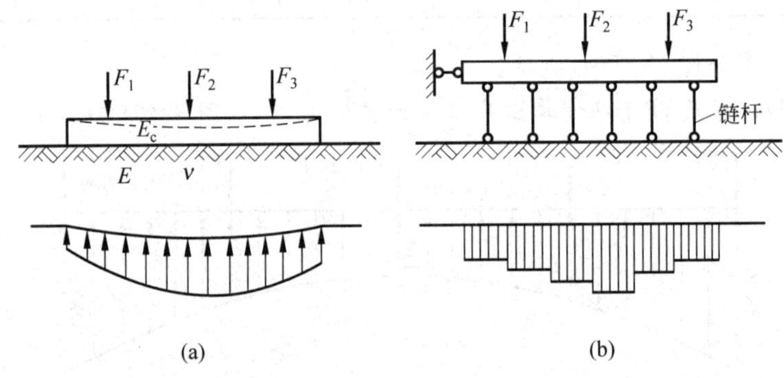

图3-28 用链杆法计算地基梁基底反力示意图

(a) 实际受荷情况;(b) 计算简图

2) 协调方程的建立

根据地基土的性质、基础梁的布置、荷载分布条件以及计算精度的要求,拟设几个链杆支座。当不用电子计算机时,支座数一般取为6~10个。为计算方便,链杆宜等距离布置。绘出计算草图如图3-29(a)所示。简化后的基础梁是一根超静定梁,可采用结构力学的力法、位移法或混合法求解。

现选取常用的混合法,以悬臂梁作为基本体系。由于梁端增加两个约束,故相应增加两个未知量。设固定端未知竖向变位为s_0,角变位为φ_0。切开链杆,在梁和地基相应于链杆的位置处加上链杆力$X_1,X_2,X_i,\cdots,X_n$。以上共有未知变量$n+2$个,见图3-29(b)。

切开n个链杆可列出n个变形协调方程,再加上两个静力平衡方程,方程数也是$n+2$,显然可以求解。

第k根链杆处梁的挠度为

$$\Delta_{bk}=-X_1w_{k1}-X_2w_{k2}-\cdots-X_iw_{ki}-\cdots-X_nw_{kn}+s_0+a_k\varphi_0+\Delta_{kF} \quad (3\text{-}44)$$

相应点处地基的变形为

$$\Delta_{sk}=X_1s_{k1}+X_2s_{k2}+\cdots+X_is_{ki}+\cdots+X_ns_{kn} \quad (3\text{-}45)$$

根据共同作用的概念,地基、基础的变形应相协调,即

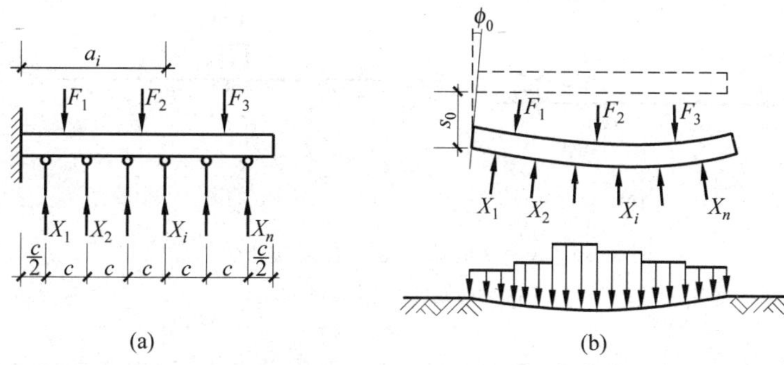

图 3-29　链杆法基础梁计算

(a) 基础梁的作用力；(b) 基础梁和地基的变形

$$\Delta_{\mathrm{b}k} = \Delta_{\mathrm{s}k} \tag{3-46}$$

故有

$$X_1(w_{k1}+s_{k1})+X_2(w_{k2}+s_{k2})+\cdots+X_i(w_{ki}+s_{ki})+\cdots \\ +X_n(w_{kn}+s_{kn})-s_0-a_k\varphi_0-\Delta_{kF}=0 \tag{3-47}$$

或

$$X_1\delta_{k1}+X_2\delta_{k2}+\cdots+X_i\delta_{ki}+\cdots+X_n\delta_{kn}-s_0-a_k\varphi_0-\Delta_{kF}=0 \tag{3-48}$$

$$\delta_{ki}=w_{ki}+s_{ki} \tag{3-49}$$

式中：w_{ki}——链杆 i 处作用以单位力，在链杆 k 处引起梁的挠度；

s_{ki}——链杆 i 处作用以单位力，在链杆 k 处引起地基表面的竖向变形；

a_k——梁的固端与链杆 k 的距离；

Δ_{kF}——外荷载作用下，链杆 k 处的挠度。

此外，按静力平衡条件，得

$$\sum Z=0 \text{ 即} \qquad -\sum_{i=1}^{n}X_i+\sum F_i=0 \tag{3-50}$$

$$\sum M=0 \text{ 即} \qquad -\sum_{i=1}^{n}X_i a_i+\sum M_F=0 \tag{3-51}$$

式中：$\sum F_i$—— 全部外荷载竖向投影之和，kN；

$\sum M_F$—— 全部外荷载对固端力矩之和，kN・m；

a_i——第 i 根链杆至固端的距离，m。

以上取得与超静定未知数相等的方程组，可以利用此方程组解出全部 $n+2$ 个未知数 X_i，s_0，φ_0。求解方程组的关键是求出全部 δ_{ki} 值。

3) 空间问题 δ_{ki} 系数的计算

δ_{ki} 表示在第 i 个链杆处有一单位力 $X_i=1$ 作用，在 k 处产生的相对竖向位移，此位移应是由两部分组成，一部分是由于 $X_i=1$ 作用，在 k 链杆处地基的变形 s_{ki}，另一部分是由于 $X_i=1$ 作用，在 k 链杆处梁的竖向位移 w_{ki}，见图 3-30，即 $\delta_{ki}=s_{ki}+w_{ki}$。

(1) 地基变形 s_{ki} 的计算

如图 3-30(b)所示，设梁底宽为 b，链杆间距为 c，第 i 个链杆处单位力 $X_i=1$ 分布在 bc

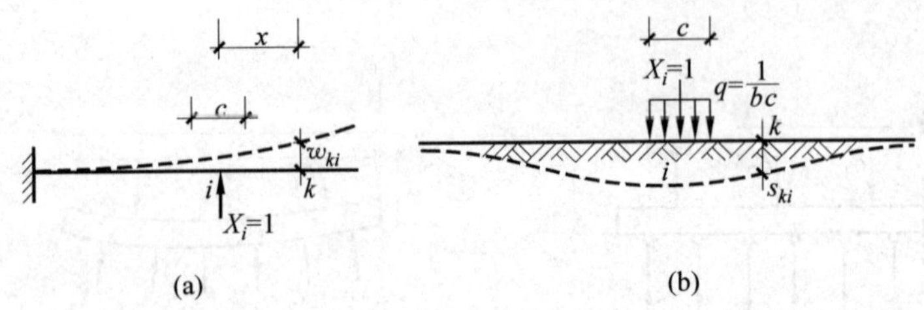

图 3-30 $X_i=1$ 时梁和地基在 k 处产生的变位

(a) 梁的变位；(b) 地基变位

面积上的均布荷载 $q=\dfrac{1}{bc}$，地基表面在 bc 面积上作用着荷载 q，离荷载中心距离 x 处的 k 点，地基变形 s_{ki}，可按布辛内斯克公式求解

$$s_{ki}=\frac{1-\nu^2}{\pi Ec}\cdot\xi_{ki} \tag{3-52}$$

式中：ν——地基的泊松比；

E——地基的变形模量，kPa；

ξ_{ki}——空间问题沉降系数，与 x/c 及 b/c 有关的函数，可查表 3-10，表中 x 为 i 和 k 两点间的距离。

表 3-10 弹性半空间沉降系数 ξ_{ki} 值

$\frac{x}{c}$	$\frac{c}{x}$	ξ_{ki}					
		$\frac{b}{c}=\frac{2}{3}$	$\frac{b}{c}=1$	$\frac{b}{c}=2$	$\frac{b}{c}=3$	$\frac{b}{c}=4$	$\frac{b}{c}=5$
0	∞	4.265	3.525	2.406	1.867	1.542	1.322
1	1	1.069	1.038	0.929	0.829	0.746	0.678
2	0.500	0.508	0.505	0.490	0.469	0.446	0.424
3	0.333	0.336	0.335	0.330	0.323	0.315	0.305
4	0.250	0.251	0.251	0.249	0.246	0.242	0.237
5	0.200	0.200	0.200	0.199	0.197	0.196	0.193
6	0.167	0.167	0.167	0.166	0.165	0.164	0.163
7	0.143	0.143	0.143	0.143	0.142	0.141	0.140
8	0.125	0.125	0.125	0.125	0.124	0.124	0.123
9	0.111	0.111	0.111	0.111	0.111	0.111	0.111
10	0.100	0.100	0.100	0.100	0.100	0.100	0.099
11	0.091	0.091					
12	0.083	0.083					
13	0.077	0.077					
14	0.071	0.071					
15	0.067	0.067					
16	0.063	0.063					
17	0.059	0.059					
18	0.056	0.056					
19	0.053	0.053					
20	0.050	0.050					

(2) 静定梁的竖向位移 w_{ki} 的计算

如图 3-31 所示为一静定梁，i 点作用以单位力，在 k 点引起的挠度可按图乘法计算。

$$w_{ki} = \frac{c^3}{6E_c I}\eta_{ki} \tag{3-53}$$

式中：E_c——梁的弹性模量，kPa；

I——梁截面的惯性矩，m^4；

η_{ki}——梁的挠度系数，与 a_i/c 及 a_k/c 有关的函数（a_i 和 a_k 分别代表 i 点和 k 点与固端的距离），可查表 3-11。

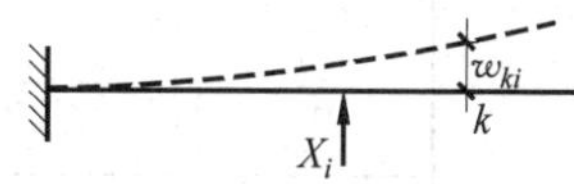

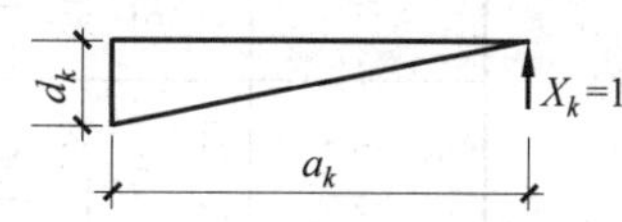

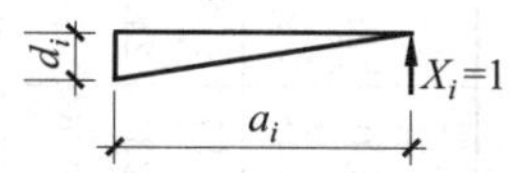

图 3-31　用图乘法计算梁的变位

由式(3-52)及式(3-53)可得

$$\delta_{ki} = s_{ki} + w_{ki} = \frac{1-\nu^2}{\pi Ec}\cdot\xi_{ki} + \frac{c^3}{6E_c I}\eta_{ki} \tag{3-54}$$

4) 方程组求解

对每一根链杆，都列出变形协调方程，如式(3-48)所示，并将 w_{ki} 和 s_{ki} 代入方程的 δ_{ki} 中，整理后可得方程组为

$$\frac{1-\nu^2}{\pi Ec}\begin{bmatrix}\xi_{11} & \xi_{12} & \cdots & \xi_{1n}\\ \xi_{21} & \xi_{22} & \cdots & \xi_{2n}\\ \vdots & \vdots & & \vdots\\ \xi_{n1} & \xi_{n2} & \cdots & \xi_{nn}\end{bmatrix}\begin{bmatrix}X_1\\X_2\\ \vdots\\X_n\end{bmatrix} + \frac{c^3}{6E_c I}\begin{bmatrix}\eta_{11} & \eta_{12} & \cdots & \eta_{1n}\\ \eta_{21} & \eta_{22} & \cdots & \eta_{2n}\\ \vdots & \vdots & & \vdots\\ \eta_{n1} & \eta_{n2} & \cdots & \eta_{nn}\end{bmatrix}\begin{bmatrix}X_1\\X_2\\ \vdots\\X_n\end{bmatrix} = s_0 + \varphi_0\begin{bmatrix}a_1\\a_2\\ \vdots\\a_n\end{bmatrix} + \begin{bmatrix}\Delta_{1F}\\ \Delta_{2F}\\ \vdots\\ \Delta_{nF}\end{bmatrix} \tag{3-55}$$

将方程组式(3-55)与式(3-50)，式(3-51)联立求解，可求得 s_0，φ_0 及 X_i。

将 X_i 除以相应区段的基底面积 bc 即可得该区段单位面积上地基反力值 $p_i = X_i/bc$。

利用静力平衡条件即可求出梁的内力 M 和 V。

例 3-3　用链杆法计算例 3-2 中基础梁的地基净反力和截面弯矩。

解　(1) 布置链杆，为便于计算，在基础梁下设置 8 根链杆，位置见图 3-32。截断链杆，代以待定集中力 $X_1, X_2, X_3, \cdots, X_8$。同时，解除固定端多余约束，代以角变位 φ_0 和位移 s_0。

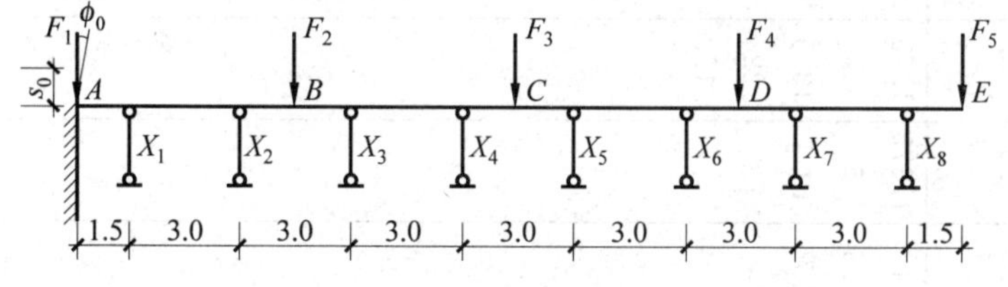

图 3-32　例 3-3 链杆布置(单位：m)

(2) 列出基础梁的变形协调方程式与静力平衡条件：

$$X_1\delta_{11} + X_2\delta_{12} + X_3\delta_{13} + X_4\delta_{14} + X_5\delta_{15} + X_6\delta_{16} + X_7\delta_{17} + X_8\delta_{18} - s_0 - 1.5\tan\varphi_0 - \Delta_{1F} = 0$$

$$X_1\delta_{21} + X_2\delta_{22} + X_3\delta_{23} + X_4\delta_{24} + X_5\delta_{25} + X_6\delta_{26} + X_7\delta_{27} + X_8\delta_{28} - s_0 - 4.5\tan\varphi_0 - \Delta_{2F} = 0$$

$$X_1\delta_{31} + X_2\delta_{32} + X_3\delta_{33} + X_4\delta_{34} + X_5\delta_{35} + X_6\delta_{36} + X_7\delta_{37} + X_8\delta_{38} - s_0 - 7.5\tan\varphi_0 - \Delta_{3F} = 0$$

$$X_1\delta_{41} + X_2\delta_{42} + X_3\delta_{43} + X_4\delta_{44} + X_5\delta_{45} + X_6\delta_{46} + X_7\delta_{47} + X_8\delta_{48} - s_0 - 10.5\tan\varphi_0 - \Delta_{4F} = 0$$

表 3-11 由单位集中力所产生的梁变位系数 η_{ki}

$\frac{a_k}{c}$ \ $\frac{a_i}{c}$	0.5	1	1.5	2.0	2.5	3.0	3.5	4.0	4.5	5.0	5.5	6.0	6.5	7.0	7.5	8.0	8.5	9.0	9.5	10.0
0.5	0.25	0.265	1	1.375	1.75	2.125	2.5	2.87	3.25	3.62	4	4.37	4.75	5.12	5.5	5.87	6.25	6.625	7	7.375
1.0		2	3.5	5	6.5	8	9.5	11	12.5	14	15.5	17	18.5	20	21.5	23	24.5	26	27.5	29
1.5			6.75	10.1	13.5	16.8	20.2	23.6	27	30.3	33.7	37	40.5	43.8	47.2	50.6	54	57.3	60.7	64.1
2.0				16	22	28	34	40	46	52	58	64	70	76	82	88	94	100	106	112
2.5					31.2	40.6	50	59.3	68.7	78	87.5	96	106	115	125	134	143	153	162	171
3.0						54	67.5	81	94.5	108	121	135	148	162	175	189	202	216	229	243
3.5							85	104	122	140	159	177	196	214	232	251	269	287	306	324
4.0								128	152	176	200	224	248	272	296	320	344	368	392	416
4.5									182	212	243	273	303	334	364	394	425	455	486	516
5.0										250	287	325	362	400	437	475	512	550	587	625
5.5											332	378	423	486	514	559	605	650	695	741
6.0												432	486	540	594	648	702	756	810	864
6.5													549	612	676	739	802	866	929	992
7.0														686	759	833	906	980	1053	1127
7.5															843	928	1012	1096	1181	1265
8.0																1024	1120	1216	1812	1408
8.5																	1228	1336	1445	1553
9.0																		1458	1579	1701
9.5																			1714	1850
10.0																				2000

$$X_1\delta_{51}+X_2\delta_{52}+X_3\delta_{53}+X_4\delta_{54}+X_5\delta_{55}+X_6\delta_{56}+X_7\delta_{57}+X_8\delta_{58}-s_0-13.5\tan\varphi_0-\Delta_{5F}=0$$
$$X_1\delta_{61}+X_2\delta_{62}+X_3\delta_{63}+X_4\delta_{64}+X_5\delta_{65}+X_6\delta_{66}+X_7\delta_{67}+X_8\delta_{68}-s_0-16.5\tan\varphi_0-\Delta_{6F}=0$$
$$X_1\delta_{71}+X_2\delta_{72}+X_3\delta_{73}+X_4\delta_{74}+X_5\delta_{75}+X_6\delta_{76}+X_7\delta_{77}+X_8\delta_{78}-s_0-19.5\tan\varphi_0-\Delta_{7F}=0$$
$$X_1\delta_{81}+X_2\delta_{82}+X_3\delta_{83}+X_4\delta_{84}+X_5\delta_{85}+X_6\delta_{86}+X_7\delta_{87}+X_8\delta_{88}-s_0-22.5\tan\varphi_0-\Delta_{8F}=0$$
$$X_1+X_2+X_3+X_4+X_5+X_6+X_7+X_8=4000(\text{kN})$$
$$1.5X_1+4.5X_2+7.5X_3+10.5X_4+13.5X_5+16.5X_6+19.5X_7+22.5X_8$$
$$=(6+12+18+24)\times 800$$

(3) 求 δ_{ki}

$$\delta_{ki}=s_{ki}+w_{ki}$$
$$s_{ki}=\frac{1-\nu^2}{\pi Ec}\cdot\xi_{ki}=\frac{1-0.3^2}{\pi\times 11\,000\times 3}\xi_{ki}$$
$$=8.78\times 10^{-6}\xi_{ki}$$

由 b/c 值查表 3-10 求 ξ_{ki}，本题 $b/c=\dfrac{1.2}{3.0}=0.4$，而表 3-10 中 b/c 最小值为 2/3，故按 $b/c=0.667$ 求得 ξ_{ki} 值，列表如下：

ξ_{ki} 值

k \ i	1	2	3	4	5	6	7	8
1	4.265							
2	1.069	4.265			对			
3	0.508	1.069	4.265					
4	0.336	0.508	1.069	4.265			称	
5	0.251	0.336	0.508	1.069	4.265			
6	0.200	0.251	0.336	0.508	1.069	4.265		
7	0.167	0.200	0.251	0.336	0.508	1.069	4.265	
8	0.143	0.167	0.200	0.251	0.336	0.508	1.069	4.265

将 ξ_{ki} 值代入 s_{ki} 计算公式，求 s_{ki} 值，列表如下：

s_{ki} 值 10^{-6} m

k \ i	1	2	3	4	5	6	7	8
1	36.96							
2	9.263	36.96			对			
3	4.402	9.263	36.96					
4	2.911	4.402	9.263	36.96			称	
5	2.175	2.911	4.402	9.263	36.96			
6	1.733	2.175	2.911	4.402	9.263	36.96		
7	1.447	1.733	2.175	2.911	4.402	9.263	36.96	
8	1.239	1.447	1.733	2.175	2.911	4.402	9.263	36.96

又
$$w_{ki}=\frac{c^3}{6E_cI}\eta_{ki}$$

钢筋混凝土弹性模量 E_c 取为 $2.55\times10^7\,\text{kN/m}^2$。基础梁截面惯性矩 $I=0.106\text{m}^4$。代入上式得,

$$w_{ki}=\frac{3^3}{6\times2.55\times10^7\times0.106}\eta_{ki}=1.67\times10^{-6}\eta_{ki}$$

由表 3-11 求 η_{ki} 值,列表计算如下:

η_{ki} 值

k \ i	1	2	3	4	5	6	7	8
1	0.25							
2	1.0	6.75			对			
3	1.75	13.5	31.2					
4	2.5	20.2	50.0	85.0			称	
5	3.25	27.0	68.7	122.0	182.0			
6	4.0	33.7	87.5	159.0	243.0	332.0		
7	4.75	40.5	106.0	196.0	303.0	423.0	549.0	
8	5.50	47.2	125.0	232.0	364.0	514.0	676.0	843.0

将 η_{ki} 值代入上式求 w_{ki},列表计算如下:

w_{ki} 值 10^{-6}m

k \ i	1	2	3	4	5	6	7	8
1	0.416							
2	1.665	11.239			对			
3	2.914	22.478	51.948					
4	4.163	33.633	83.250	141.525			称	
5	5.411	44.955	114.386	203.13	303.03			
6	6.660	56.111	145.688	264.735	404.595	552.78		
7	7.909	67.433	176.49	326.34	504.495	704.295	914.085	
8	9.158	78.588	208.125	386.28	606.06	855.81	1125.54	1403.60

将 s_{ki} 与 w_{ki} 相加,得 δ_{ki} 如下表。

$\delta_{ki}=s_{ki}+w_{ki}$ 10^{-6}m

k \ i	1	2	3	4	5	6	7	8
1	37.372							
2	10.928	48.195			对			
3	7.316	31.741	88.904					
4	7.047	38.035	92.513	178.481			称	
5	7.586	47.866	118.788	212.393	339.986			
6	8.393	58.286	148.599	269.137	413.858	589.736		
7	9.356	69.166	178.665	329.251	508.897	713.558	951.041	
8	10.397	80.035	209.858	388.455	608.971	860.212	1134.803	1440.551

(4) 求荷载 F 在各链杆处引起的变位 Δ_{kF}

把基础梁当成 A 端固支的悬臂梁求外荷载 $F_n(n=1,2,3,4,5)$ 在链杆 k 处($k=1,2,3,4,5,6,7,8$)引起梁的挠度，也就是该处链杆的位移 Δ_{kF}，这是静定梁的计算问题，可直接用材料力学公式求解，本题不写出计算过程，只列出结果如下。

$$\Delta_{1F} = 1.9312 \times 10^{-2}\,\mathrm{m}$$
$$\Delta_{2F} = 1.6182 \times 10^{-1}\,\mathrm{m}$$
$$\Delta_{3F} = 4.1637 \times 10^{-1}\,\mathrm{m}$$
$$\Delta_{4F} = 7.545 \times 10^{-1}\,\mathrm{m}$$
$$\Delta_{5F} = 1.1537\,\mathrm{m}$$
$$\Delta_{6F} = 1.592\,56\,\mathrm{m}$$
$$\Delta_{7F} = 2.0555\,\mathrm{m}$$
$$\Delta_{8F} = 2.5307\,\mathrm{m}$$

(5) 求解变形协调方程组

把 δ_{ki} 和 Δ_{kF} 代入变形协调方程组得：

$$(37.372X_1 + 10.928X_2 + 7.316X_3 + 7.047X_4 + 7.586X_5 + 8.393X_6 + 9.356X_7 + 10.397X_8) \times 10^{-6} - s_0 - 1.5\tan\varphi_0 - 1.9312 \times 10^{-2} = 0$$

$$(10.928X_1 + 48.195X_2 + 31.741X_3 + 38.035X_4 + 47.866X_5 + 58.286X_6 + 69.166X_7 + 80.035X_8) \times 10^{-6} - s_0 - 4.5\tan\varphi_0 - 0.161\,82 = 0$$

$$(7.316X_1 + 31.741X_2 + 88.904X_3 + 92.513X_4 + 118.788X_5 + 148.599X_6 + 178.665X_7 + 209.858X_8) \times 10^{-6} - s_0 - 7.5\tan\varphi_0 - 0.416\,37 = 0$$

$$(7.047X_1 + 38.035X_2 + 92.513X_3 + 178.481X_4 + 212.393X_5 + 269.137X_6 + 329.251X_7 + 388.455X_8) \times 10^{-6} - s_0 - 10.5\tan\varphi_0 - 0.7545 = 0$$

$$(7.586X_1 + 47.866X_2 + 118.788X_3 + 212.393X_4 + 339.986X_5 + 413.858X_6 + 508.897X_7 + 608.971X_8) \times 10^{-6} - s_0 - 13.5\tan\varphi_0 - 1.1537 = 0$$

$$(8.393X_1 + 58.286X_2 + 148.599X_3 + 269.137X_4 + 413.858X_5 + 589.736X_6 + 713.558X_7 + 860.212X_8) \times 10^{-6} - s_0 - 16.5\tan\varphi_0 - 1.592\,56 = 0$$

$$(9.356X_1 + 69.166X_2 + 178.665X_3 + 329.251X_4 + 508.897X_5 + 713.558X_6 + 951.041X_7 + 1134.803X_8) \times 10^{-6} - s_0 - 19.5\tan\varphi_0 - 2.0555 = 0$$

$$(10.397X_1 + 80.035X_2 + 209.858X_3 + 388.455X_4 + 608.971X_5 + 860.212X_6 + 1134.803X_7 + 1440.551X_8) \times 10^{-6} - s_0 - 22.5\tan\varphi_0 - 2.5307 = 0$$

解线性方程组得

$$X_1 = 832.81\,\mathrm{kN} \quad X_2 = 464.97\,\mathrm{kN}$$
$$X_3 = 354.80\,\mathrm{kN} \quad X_4 = 345.99\,\mathrm{kN}$$
$$X_5 = 340.43\,\mathrm{kN} \quad X_6 = 377.79\,\mathrm{kN}$$
$$X_7 = 445.67\,\mathrm{kN} \quad X_8 = 837.54\,\mathrm{kN}$$
$$s_0 = 0.0457 \qquad \tan\varphi_0 = -0.003\,43\ (\varphi_0 = -196^\circ)$$

由于荷载的对称性，应有 $X_1=X_8$，$X_2=X_7$，$X_3=X_6$，$X_4=X_5$。

取其平均值，最后得

$$X_1 = X_8 = 835.2\text{kN}$$
$$X_2 = X_7 = 455.3\text{kN}$$
$$X_3 = X_6 = 366.3\text{kN}$$
$$X_4 = X_5 = 343.2\text{kN}$$

每延米地基均布净反力为

$$\bar{p}_{j1} = \bar{p}_{j8} = \frac{835.2}{3} = 278.4(\text{kN/m})$$

$$\bar{p}_{j2} = \bar{p}_{j7} = \frac{455.3}{3} = 151.8(\text{kN/m})$$

$$\bar{p}_{j3} = \bar{p}_{j6} = \frac{366.3}{3} = 122.1(\text{kN/m})$$

$$\bar{p}_{j4} = \bar{p}_{j5} = \frac{343.2}{3} = 114.4(\text{kN/m})$$

基础梁下地基净反力分布见图3-33(a)。

(6) 根据柱荷载F和地基净反力p_j求基础梁截面弯矩分布图，如图3-33(b)所示。

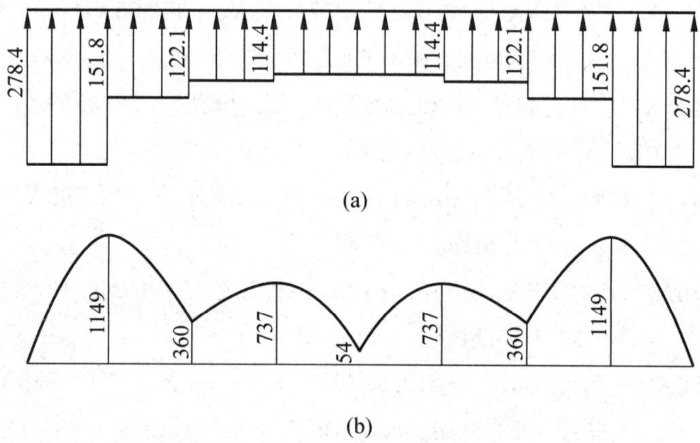

图3-33 例3-3反力图及弯矩图

(a) 反力(单位：kN/m)；(b) 弯矩(单位：kN·m)

讨论：比较图3-21、图3-27和图3-33各种不同方法的计算结果，可以得出如下初步结论：

① 文克尔地基与弹性半无限空间地基中的链杆法都考虑基础与地基的共同作用而不计上部结构刚度的影响，地基净反力分布两者差别不大。反梁法虽然没有考虑上部结构-基础-地基的共同作用，但是由于把柱端当成不动铰支座，相当于上部结构和基础的刚度很大，限制了整体弯曲的发生，这种情况，地基净反力向边侧集中的现象更为显著(图3-21(d))。

② 由于净反力分布比较接近，所以用文克尔地基和弹性半无限空间地基的链杆法计算，基础梁的截面弯矩也比较接近。反梁法由于上述原因，截面弯矩的绝对值有明显减小。

③ 用不同假定计算基础梁的截面弯矩差别经常较大，特别是假定地基净反力均匀分布，上部结构为柔性结构不约束基础变形，按静定方法计算基础梁内力时，截面弯矩加大很多(图3-21(b))，显然不够合理。此外，要注意到不同计算方法可以导致截面弯矩变号，配置基础梁的受力钢筋时要注意这一特点。

3.3.3　柱下十字交叉基础

当上部荷载较大、地基土较软弱，只靠单向设置柱下条形基础已不能满足地基承载力和地基变形要求时，可用双向设置的**正交格形基础**，又称**十字交叉基础**。十字交叉基础将荷载扩散到更大的基底面积上，减小基底附加压力，并且可提高基础整体刚度、减少沉降差，因此这种基础常作为多层建筑或地基较好的高层建筑的基础，对于较软弱的地基，还可与桩基连用。

柱下十字交叉基础的布置如图 2-9 所示。为调整结构荷载重心与基底平面形心相重合和改善角柱与边柱下地基受力条件，常在转角和边柱处，基础梁做构造性延伸。梁的截面大多取 T 形，梁的结构构造的设计要求与条形基础类同。在交叉处翼板双向主筋需重叠布置，如果基础梁有扭矩作用时，纵向筋应按承受弯矩和扭矩进行配置。

柱下十字交叉基础上的荷载是由柱网通过柱端作用在交叉结点上，如图 3-34 所示。基础计算的基本原理是**把结点荷载分配给两个方向的基础梁**，然后分别按单向的基础梁用前述方法进行计算。

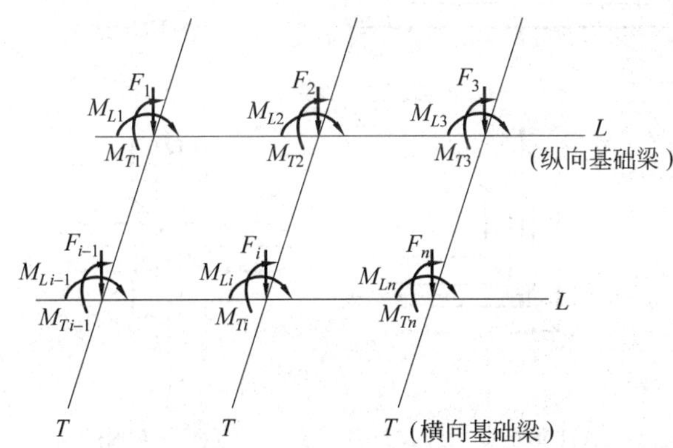

图 3-34　十字交叉基础结点受力图

结点荷载在正交的两个条形基础上的分配必须满足两个条件：

(1) **静力平衡条件**，即在结点处分配给两个方向条形基础的荷载之和等于柱荷载，即

$$F_i = F_{ix} + F_{iy} \tag{3-56}$$

式中：F_i——i 结点上的竖向柱荷载，kN；

F_{ix}——x 方向基础梁在 i 结点的竖向荷载，kN；

F_{iy}——y 方向基础梁在 i 结点的竖向荷载，kN。

结点上的弯矩 M_x、M_y 直接加于相应方向的基础梁上，不必再作分配，即不考虑基础梁承受扭矩。

(2) **变形协调条件**，即分离后两个方向的条形基础在交叉结点处的竖向位移应相等。

$$w_{ix} = w_{iy} \tag{3-57}$$

式中：w_{ix}——x 方向梁在 i 结点处的竖向位移；

w_{iy}——y 方向梁在 i 结点处的竖向位移。

由式(3-56)与式(3-57)可知，每个结点均可建立两个方程，其中只有两个未知量 F_{ix} 和

F_{iy}。方程数与未知量相同。若有 n 个结点,即有 $2n$ 个方程,恰可解 $2n$ 个未知量。

但是实际计算显然很复杂,因为必须用上述方法求弹性地基上梁的内力和挠度才能解结点的位移,而这两组基础梁上的荷载又是待定的。就是说,必须把柱荷载的分配与两组弹性地基梁的内力与挠度联合求解。为减少计算的复杂程度,一般采用文克尔地基模型,略去本结点的荷载对其他结点挠度的影响,即便如此,计算也还相当复杂。

十字交叉基础有三种结点,即Ⓐ**Γ形结点**,Ⓑ**T形结点**,Ⓒ**十字形结点**,如图3-35所示。十字形结点可按两条正交的无限长梁交点计算梁的挠度,Γ形结点按两条正交的半无限长梁计算梁的挠度,T形结点则按正交的一条无限长梁和一条半无限长梁计算梁的挠度。

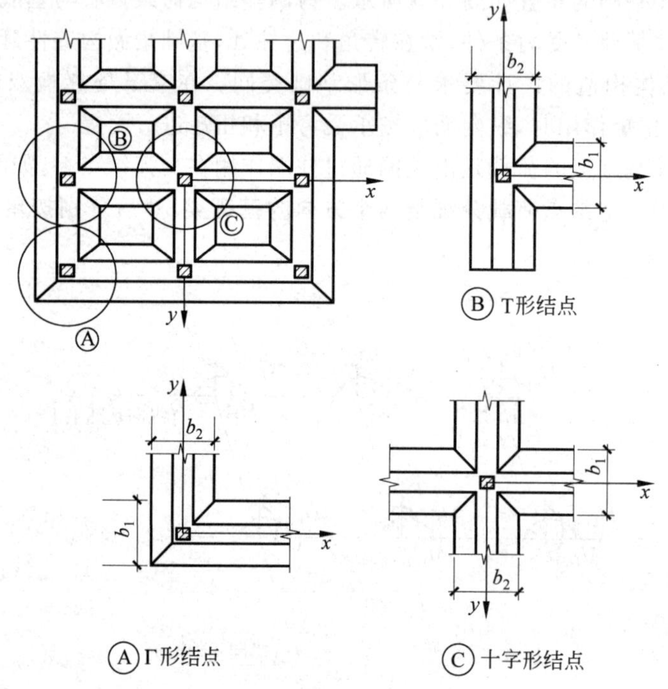

图3-35 十字交叉基础结点类型

采用文克尔地基模型,用表3-7中计算无限长梁和半无限长梁受集中力 F 作用下的挠度公式以计算交点的挠度。在交点处(荷载作用点),$x=0$,式中的参数 $A_x=1, D_x=1$。对无限长梁交点处的挠度为

$$w=\frac{F\lambda}{2k_s}=\frac{F\lambda}{2kb} \tag{3-58}$$

对半无限长梁,交点处的挠度为

$$w=\frac{2F\lambda}{k_s}=\frac{2F\lambda}{kb} \tag{3-59}$$

现以图3-35中T形结点Ⓑ为例分配柱荷载 F_i。设分配于纵、横方向基础梁上的结点力分别为 F_{ix} 与 F_{iy},结点的竖直位移为 w_{ix} 与 w_{iy},对于纵向 x 基础梁,按半无限长梁计算交点挠度,用式(3-59)计算:

$$w_{ix}=\frac{2F_{ix}\lambda_1}{b_1 k},\quad \lambda_1=\sqrt[4]{\frac{b_1 k}{E_c I_1}} \tag{3-60}$$

对于横向 y 基础梁，按无限长梁计算交点挠度，用式(3-58)计算：

$$w_{iy}=\frac{F_{iy}\lambda_2}{2b_2k},\quad \lambda_2=\sqrt[4]{\frac{b_2k}{E_cI_2}} \tag{3-61}$$

纵、横方向基础梁在结点 i 处的挠度必须符合变形协调条件，则

$$w_{ik}=w_{iy},\quad 4F_{ix}\lambda_1=F_{iy}\lambda_2\frac{b_1}{b_2} \tag{3-62}$$

同时必须符合静力平衡条件，则

$$F_{ix}+F_{iy}=F_i$$

上列式中：b_1、b_2——纵向基础梁和横向基础梁的宽度，m；

I_1、I_2——纵向基础梁和横向基础梁的截面惯性矩，m^4；

E_c——基础梁的材料弹性模量，kN/m^2；

k——地基的抗力系数，kN/m^3。

式(3-62)和式(3-56)联立求解，得

$$F_{ix}=\frac{b_1\lambda_2}{b_1\lambda_2+4b_2\lambda_1}F_i \tag{3-63}$$

$$F_{iy}=\frac{4b_2\lambda_1}{b_1\lambda_2+4b_2\lambda_1}F_i \tag{3-64}$$

同理，对于十字形和 Γ 形结点，得到纵横基础梁所分配的结点荷载均为

$$F_{ix}=\frac{b_1\lambda_2}{b_1\lambda_2+b_2\lambda_1}F_i \tag{3-65}$$

$$F_{iy}=\frac{b_2\lambda_1}{b_1\lambda_2+b_2\lambda_1}F_i \tag{3-66}$$

在将结点上的柱荷载分配给纵、横方向基础梁的计算中，在交叉结点处，基底面积重复计算一次，即图 3-36 中的阴影面积多算了一次，结果使基底单位面积上的反力较实际的反力减少了，计算结果偏于不安全，必须进行调整修正。

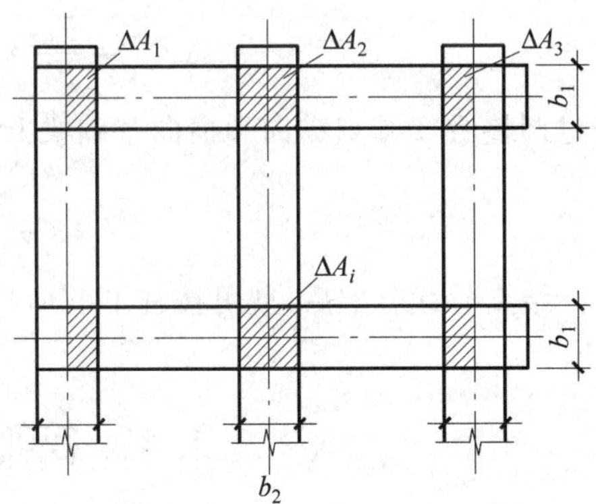

图 3-36　交叉面积计算简图

调整的办法是先计算因有重叠基底面积引起基底压力的变化量 Δp，然后增加一荷载增量 ΔF，恰恰能抵消基底压力的变化量，使得基底压力能维持不变。

调整前的基底压力平均计算值为

$$p=\frac{\sum_{i=1}^{n}F_i}{A+\sum_{i=1}^{n}\Delta A_i} \tag{3-67}$$

式中：$\sum_{i=1}^{n}F_i$—— 作用在诸结点上集中力的总和；

A—— 基础的实际底面积；

$\sum_{i=1}^{n}\Delta A_i$—— 交叉基础各结点重叠的基底面积之和。

调整后即消除了重叠基底面积影响的实际基底压力为

$$p' = \frac{\sum_{i=1}^{n} F_i}{A} \tag{3-68}$$

调整前后基底压力值的变化值 Δp 就是由于有重叠基底面积 $\sum\Delta A_i$ 所引起,其值为

$$\Delta p = p' - p = \frac{\sum_{i=1}^{n}\Delta A_i}{A}\cdot p \tag{3-69}$$

显然,基础梁由于多算了基底面积 $\sum_{i=1}^{n}\Delta A_i$,因而使得基底压力的减小量为 Δp,故应在该结点处增加一荷载增量 ΔF_i,使其引起基底压力的增量恰好等于 Δp,才能消除基底面积的重叠计算的影响,使基底压力维持不变。

$$\frac{\Delta F_i}{A} = \Delta p = \frac{\sum_{i=1}^{n}\Delta A_i}{A}\cdot p$$

$$\Delta F_i = \sum_{i=1}^{n}\Delta A_i\cdot p \tag{3-70}$$

将结点 i 的荷载增量 ΔF_i,按比例分配给纵向和横向基础梁:

$$\Delta F_{ix} = \frac{F_{ix}}{F_i}\cdot\Delta F_i = \frac{F_{ix}}{F_i}\cdot\sum_{i=1}^{n}\Delta A_i\cdot p \tag{3-71}$$

$$\Delta F_{iy} = \frac{F_{iy}}{F_i}\cdot\Delta F_i = \frac{F_{iy}}{F_i}\cdot\sum_{i=1}^{n}\Delta A_i\cdot p \tag{3-72}$$

经过调整后,i 结点纵向和横向基础梁上的荷载应该为

$$F'_{ix} = F_{ix} + \Delta F_{ix} \tag{3-73}$$

$$F'_{iy} = F_{iy} + \Delta F_{iy} \tag{3-74}$$

结点荷载分配后,就可按柱下条形基础内力计算方法计算结点的位移与基底反力。

3.4 筏形基础与箱形基础

3.4.1 筏形基础与箱形基础的类型和特点

在现代经济、科技和文化事业蓬勃发展的大城市,要求兴建一些能提供集约调控管理,有多种用途可配套互动,具备高水平、高质量、高效率的装备设施与应用功能的建筑物,而这种地区土地十分昂贵,因此需要建造占地少而有很高建筑面积的大型高层建筑物。这类建筑物上部结构的荷载很大,高耸复杂结构对地基沉降与不均匀变形较敏感,对抗震也有更高的标准,而且对建筑物地下空间还有更大更多的使用要求。显然,采用单独基础、条形基础、桩基础均难以满足安全与使用要求,从而使更能适应需求的筏形基础、箱形基础得到广泛应

用。筏形基础是埋置于地基的一块整体连续的厚钢筋混凝土基础板，故又称为筏板基础，简称筏基；箱形基础是埋置于地基中由底板、顶板、外墙和相当数量的纵横隔墙构成的单层或多层箱形钢筋混凝土结构，简称箱基；桩-筏与桩-箱基础是筏基与箱基同贯穿软弱土层直达密实坚硬持力土层的桩联合共同工作，结合构成桩-筏与桩-箱基础。

筏形基础按其与上部结构联系的特点可分为墙下筏形基础(图 2-11)与柱下筏形基础；按其自身结构特点，可分为平板式筏形基础和梁板式筏形基础，如图 3-37 所示。当荷载不大，柱距较小且等距的情况，可做成等厚的筏板，如图 3-37(a)和(b)所示。当柱荷载较大而均匀，且柱距也较大时，为提高筏板的抗弯刚度，可沿柱网的纵横轴线布置肋梁，形成梁板式筏形基础，如图 3-37(c)和(d)所示。肋梁设置在板下时，可用地模法施工，以获得平整的筏板面作为室内地坪，这种做法较为经济，但施工不方便，见图 3-37(d)。若肋梁设置在筏板上方，则要架空室内地坪，但可加强柱基，施工也较方便。

当地基软弱且不均匀，建筑物对差异沉降很敏感，筏形基础的刚度尚不足于调整可能发生的差异沉降时，可以改用箱形基础。箱形基础按其自身刚度特性可分为单层箱形基础(图 3-38(a))和多层箱形基础(图 3-38(b))。

与一般基础相比较，筏形基础和箱形基础具有以下几个特点：

(1) 基础面积大　基础面积大既可以减小基底压力，又能提高地基的承载力，因而容易承担上部结构的巨大荷载，满足地基承载力的要求。基础面积大能降低建筑物高度与基础宽度的比值，增加地基的稳定性。根据国内外筏基和箱基的统计，高层建筑物的高宽比一般为 6：1～8：1。例如天津 117 大厦的高宽比为 6.9：1；上海金茂大厦的高宽比为 8：1；

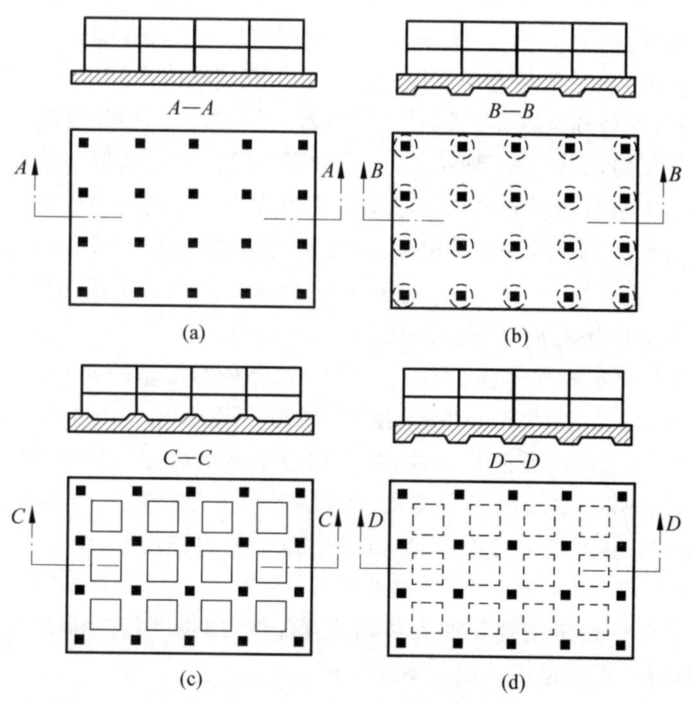

图 3-37　筏形基础的种类

(a)，(b) 平板式；(c)，(d) 梁板式

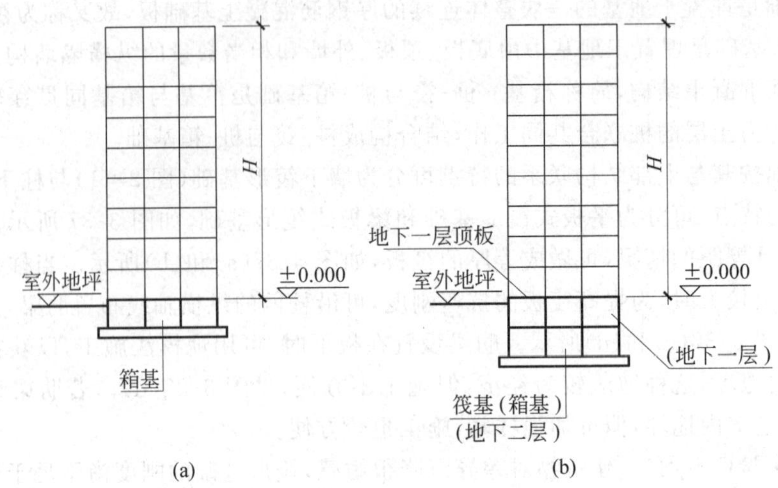

图 3-38 单层和多层箱形基础

美国西尔斯大厦高442m,高宽比为6.4∶1;汉考克大厦高344m,高宽比为6.6∶1。同时也应注意到,基础面积越大,基底附加应力扩散的深度也越深,当地基深层处埋藏有压缩性较大的土层时,会引起较大的地基变形。

(2) 基础埋置深 筏基与箱基用作高重建筑物基础时,通常需要埋置一定的深度,视地基土层性质和建筑物性质而定,一般最小埋深为3~5m。现代高层和超高层建筑物基础埋深已超过20m,例如天津117大厦的筏基埋深为25m;上海金茂大厦的筏基埋深为18m;北京京城大厦的箱基埋深达22.5m。埋深大,由于补偿作用可以减少基底的附加应力,同时还可提高地基的承载力,易于满足地基承载力的要求。基础较深嵌固于地基中,对减小地基的变形,增加地基的稳定性和建筑物的抗震性能都是有利的。《高层建筑筏形与箱形基础技术规范》规定,在抗震设防区,除岩石地基外,天然地基上的筏形与箱形基础埋置深度不宜小于建筑物高度的1/15;桩筏与桩箱基础的埋置深度不宜小于建筑物高度的1/18。

筏形基础有时也会用于地基虽然软弱,但比较均匀,或地基上部有硬壳层的不太高的多层承重墙民用建筑,例如作为6~7层以下的住宅楼基础。这种情况通常采用浅埋式,有时可直接在地基表面上浇筑筏基,筏板厚一般为0.5~1.0m。

(3) 具有较大的刚度和整体性 通过上部结构、基础与地基的共同作用,能调整地基的不均匀变形。随着高重多层建筑的兴建,为了扩散分布荷载,为了与上部结构相联结共同工作,改善上部结构抗倾斜、抗震的稳定性,为了适应不断加大柱网间距,扩大地下室使用空间,要求加大基础的刚度,做成厚筏板基础或多层箱形基础,现在3~5m的厚筏板基础与3~4层箱形基础在工程上应用已不少见,其所创造与积累的经验,促进了筏基与箱基设计与施工的新发展。

(4) 可与地下室建造相结合 加大基础埋置深度,提供利用基础之上的地下空间以建造地下室的良好条件,筏板也成了地下室的底板。

现代化高层建筑对地下室的需求越来越高,使得箱基由于被纵横隔墙分割成狭小开间而难以作为地下车库或活动场所,而筏形基础因有平整的大筏板面可利用而深受欢迎。为使地下室有更大的通畅空间,基础之上柱网的柱距也日益加宽,已由通常的6m增加成8m、

10m、12m，加宽的柱网又对增加基础刚度提出了要求。因此多层大柱网的地下室已成为基础设计的重要内容。

（5）可与桩基联合使用　建在软弱地基上，又要严格控制不均匀沉降的建筑物，如软弱地基上的超高层建筑、高低层错落的建筑、对沉降及不均匀沉降反应敏感的高精度装备或设施等，当采用筏形或箱形基础，尽管采用了加大基底面积，增加基础刚度和加大埋深的措施，但只解决满足承载力要求；由于基础底面积的加大，使地基受压层加深，地基仍可能产生较大的变形，不能满足这类建筑物的容许沉降与沉降差的要求。在这种情况下，可在筏基或箱基下打桩以减少沉降，即为桩筏基础（图3-1及图3-2）或桩箱基础（图3-5）。根据上海地区高层建筑的经验，采用桩筏或桩箱基础，由于打了桩使得高层与超高层建筑物的最大沉降值都能控制在容许范围150～200mm之内，有相当多的高层建筑的沉降实测值，大多数在20～30mm内。上海金茂大厦高420.5m，是一栋超高层建筑，采用桩筏基础，1998年建成使用以来，实测最大沉降值为88mm，并已趋稳定，足见桩基对于控制沉降的显著作用。

（6）需要处理大面积深开挖基础对筏形基础与箱形基础设计与施工的影响　大面积深开挖除需解决基坑边坡支护、人工降水及对相邻建筑物影响的问题外，对基础工程最直接重要的影响作用，一是大量开挖地基土，从原理上可抵消很大一部分建筑结构的荷载，使地基容易满足承载力要求，但是这种补偿作用是需要通过精心设计与施工来保证的；二是深开挖的回填土对基础的嵌固作用，涉及嵌固部位的确定及作用在基础外墙的土压力计算，直接影响外墙的结构设计；其三是地下水回升对深埋的基础与地下室的影响，必须根据实际情况采取可靠防渗措施，以防止浸淹地下室，通常是做硬止水或软止水加上对渗入水的导排。此外地下水回升还会形成浮托力，特别是裙房部位的基础与地下室受浮托力的作用，有可能造成结构损坏或上浮，为了对抗浮托力，需要采取措施降低浮托力或在有危害部位加做抗拔桩。因此基础工程设计时就要充分考虑这些特性，以免出了问题再处理这类隐蔽工程问题，就相当困难又造成损失。

（7）造价高、技术难度大　筏形与箱形基础体型大，需要花费大量钢材和混凝土，大体积钢筋混凝土施工，需要精心控制质量与温度影响。大面积深开挖和基础深埋置带来了诸多土工问题的处理，使得造价要比一般基础贵得多。

3.4.2 地基验算

进行筏形基础和箱形基础的地基计算，在理论上也是一个复杂问题。目前仍参照柱下条形基础简化处理的原理，按第2章介绍的方法进行地基承载力验算、变形验算，必要时还要进行地基稳定性验算。

1. 地基承载力验算

地基承载力验算时，作用在基础上的荷载按正常使用极限状态下作用的标准组合，地基抗力则采用地基承载力特征值。地基承载力的确定方法与浅基础地基相同。根据地基承载力验算，核定初步确定的基础面积是否合适。验算中筏基或箱基下的基底压力可简化为线性分布。

当为中心荷载时,按式(2-36)计算:

$$p_{k}=\frac{F_{k}+G_{k}}{A} \tag{2-36}$$

当为偏心荷载时,按式(3-75)计算:

$$p_{k}(x,y)=\frac{F_{k}+G_{k}}{A}\pm\frac{M_{kx}}{I_{x}}y\pm\frac{M_{ky}}{I_{y}}x \tag{3-75}$$

式中:M_{kx}——作用于基础底面对 x 轴的力矩值,kN·m;

M_{ky}——作用于基础底面对 y 轴的力矩值,kN·m;

I_{x}——基础底面积对 x 轴的惯性矩,m^4;

I_{y}——基础底面积对 y 轴的惯性矩,m^4;

x、y——计算点的坐标。

与一般浅基础一样,基底压力要满足式(2-35)和式(2-41)的要求:

$$p_{k}\leqslant f_{a} \tag{2-35}$$

$$p_{kmax}\leqslant 1.2f_{a} \tag{2-41}$$

当基础下有软弱的下卧层时,尚应按第2章所讲述的方法进行软弱下卧层承载力验算。此外,对于抗震设防地区的建筑,尚应按第8章的要求,验算地基的抗震承载力。

当不能满足承载力要求时,可适当加大基底面积,并尽量使基底平面形心与建筑物荷载重心相重合,避免偏心过大,造成基底压力分布不均匀而引起建筑物过度倾斜。当基底形心与荷载重心不能重合时,偏心距应满足如下要求:

(1) 按作用的准永久组合计算

$$e\leqslant 0.1\frac{W}{A} \tag{3-76}$$

(2) 考虑地震作用,对高宽比大于4的高层建筑物,基础边缘不宜出现零应力区,即

$$e\leqslant\frac{W}{A} \tag{3-77}$$

而对于其他建筑物,则允许基础出现小范围零应力区,一般不得超过基底面积的15%。

2. 地基变形验算

筏形基础和箱形基础的特点是基底面积大、埋置深,因而基坑挖土的时间长、挖出的土量大。假如挖土后,基底高程保持不变,则在施工上部结构的加载初期,当增加的荷载相当于挖土所卸除的荷载时,基底实际上没有增加荷载,地基内不产生附加应力,因而也不产生变形。直至加载重量超过挖除的土重,地基方产生变形,这就是所谓的"补偿作用"。但是实际上因为挖土卸载与重新加载要经历相当长的时间,在这一过程中,地基土因卸载而回弹,基底要隆起,在隆起后的基底上加荷载,地基就要产生变形。当荷载不超过挖除的土重时,变形的性质仅是把隆起的土面再压下去,这就是地基土卸载回弹,加载再压缩的过程。从土力学理论得知,受同等荷载作用,正常压缩(或称初次压缩)与再压缩的压缩量很不一样,前者要比后者大得多,即土的压缩模量 E_{s} 要比再压缩模量 E_{s}' 小得多,只有当施加的荷载大于挖除的荷载,其增量才会引起地基土的正常压缩。通过以上分析,对这类大面积、深开挖的基础,地基变形计算显然有如下两个特点:

(1) 当基底压力小于或等于该处的自重应力时,需要计算的是地基的再压缩变形量。

(2) 当基底压力大于该处的自重压力时,地基变形分为两部分,一是相当于自重应力所引起的再压缩变形量,另一是压力增量,即基底处的附加应力所引起的正常压缩变形量。

地基沉降计算方法见相关的教材或手册,实用上常采用《高层建筑筏形与箱形基础技术规范》推荐的方法,按下式计算:

$$s = \psi' \sum_{i=1}^{m} \frac{p_c}{E'_{si}}(z_i\bar{\alpha}_i - z_{i-1}\bar{\alpha}_{i-1}) + \psi_s \sum_{i=1}^{n} \frac{p_0}{E_{si}}(z_i\bar{\alpha}_i - z_{i-1}\bar{\alpha}_{i-1}) \tag{3-78}$$

式中: s——最终沉降量;

ψ'——考虑回弹影响的沉降计算经验系数,无经验时,取 $\psi'=1$;

ψ_s——沉降计算经验系数,见表 2-18;

p_c——基础底面处地基土的自重压力标准值;

p_0——基础底面附加压力标准值;

m——基础底面以下回弹影响深度范围内划分的地基土层数;

n——沉降计算深度范围内所划分的地基土层数;

E'_{si}、E_{si}——基础底面下第 i 层土的回弹再压缩模量和压缩模量;

z_i、z_{i-1}——基础底面至第 i 层、第 $i-1$ 层底面的距离;

$\bar{\alpha}_i$、$\bar{\alpha}_{i-1}$——基础底面计算至第 i 层,第 $i-1$ 层底面范围内平均附加应力系数,见表 2-19。

筏形和箱形基础的地基变形允许值可按地区经验确定,当无地区经验时则应符合《建筑地基基础设计规范》的规定,即满足表 2-21 的要求。

3. 稳定性验算

高层建筑承受各种竖向荷载和水平荷载的作用,为了保证其安全,除了应验算地基承载力和地基变形之外,对建造在斜坡上或承受较大水平作用的建筑还应依据具体情况进行抗滑移稳定、抗倾覆稳定、抗浮稳定等验算;若地基内存在着软弱土层时还应进行深层整体稳定性验算。

沿基础底面抗滑移稳定应满足式(3-79)的要求。

$$K_s Q \leqslant F_1 + F_2 + (E_p - E_a)l \tag{3-79}$$

式中: F_1——基底摩擦力合力,kN,按照基础底面竖向总压力乘以基底混凝土与土之间的摩擦系数,同时按照地基土的抗剪强度进行计算,取二者中的小值;

F_2——平行于剪力方向的侧壁摩擦力合力,kN;

E_a——垂直于剪力方向的基础外墙上单位长度主动土压力合力,kN/m;

E_p——垂直于剪力方向的基础外墙上单位长度被动土压力合力,kN/m;

l——垂直于剪力方向的基础外墙边长,m;

Q——作用在基础顶面的风荷载、地震作用或其他水平荷载,kN,风荷载、地震作用分别按照现行国家标准《建筑结构荷载规定》、《建筑抗震设计规范》确定,其他水平荷载按照实际发生的情况确定;

K_s——抗滑移稳定安全系数,取 1.3。

基底土与混凝土之间的摩擦系数可根据试验或经验取值,也可参照表3-12所示的经验数值。

表3-12 土与混凝土之间的摩擦系数

土的类别		摩擦系数
黏性土	可塑	0.25～0.30
	硬塑	0.30～0.35
	坚硬	0.35～0.45
粉土		0.30～0.40
中砂、粗砂、砾砂		0.40～0.50
碎石土		0.40～0.60
软质岩		0.40～0.60
表面粗糙的硬质岩		0.65～0.75

当建筑物基础的一部分或全部在地下水位以下时,尚需按照式(3-80)进行抗浮稳定性验算。

$$F'_k + G_k \geqslant K_f F_f \tag{3-80}$$

式中:F'_k——上部结构传至基础顶面的竖向永久荷载,kN;

G_k——基础自重和基础上的土重之和,kN;

F_f——水浮力,kN,建筑物使用阶段的最高水位,或施工阶段的最高水位;

K_f——抗浮稳定安全系数,根据工程重要性和水位统计数据的完整性取1.0～1.1。

关于基础的抗倾覆稳定性验算和地基深层整体滑动稳定性验算方法可参阅《土力学》书中的有关章节。

3.4.3 筏形基础的布置、结构和构造

1. 埋置深度

(1) 筏形基础的埋置深度首先应满足一般基础埋置深度的要求,即选择埋置于较好的土层,并进行地基承载力与下卧层的验算。对于在较均匀或上部有硬壳层的软弱地基上建造6～7层以下的多层承重墙民用建筑,筏形基础可尽量浅埋或不埋,直接做在地基表面上,这就属于浅基础类的筏形基础。

(2) 高层建筑的筏形基础通常也作为地下室的底板,即应考虑按建筑物对地下室结构的要求确定埋置深度。而且高重的高层建筑对地基的影响范围较大,因而还要考虑对相邻建筑物和地下管线或设施的影响,对埋置深度需作合理调整或采取必要的措施,以消除相互的有害影响,确保安全应用。

(3) 高层建筑经常承受风、地震等水平力作用,应有足够的埋深以保证建筑物和地基的稳定性。通常抗震设防区天然地基上高层建筑物基础的埋置深度不宜小于建筑物高度的1/15。

2. 平面形状和面积

(1) 筏形基础的形状和面积取决于建筑的平面布置,要力求规整,尽可能做成矩形、圆形等对称形状。基底面积大小按满足承载力的要求确定。要力求使面积的形心与竖向荷载

的重心重合，当荷载过大或合力偏心过大不能满足承载力要求时，可适当地将筏板外伸悬挑出上部结构底面，以扩大基础面积，改善筏板边缘的压力。对于梁板式筏基，如肋梁要外伸至筏板边缘，外伸长度从基础梁中心线算起，横向不宜大于 2000mm，纵向不宜大于 1500mm；对于平板式筏基，外伸长度应减小，横向不宜大于 1500mm，纵向不宜大于 1000mm；如果外伸筏板做成坡形，其边缘厚度不应小于 200mm。

(2) 如果高层或超高层建筑的裙房带地下室，基础的布置可能与主楼的筏形基础相结合，当筏板有足够刚度(或适当加大筏板刚度)，即可将筏板向外扩 1～2 跨柱距成为裙房地下室的基础，做成厚大整体筏板。适当外扩加宽的筏板，降低了建筑物与筏板的高宽比，有利于建筑物与地基的稳定。如果裙房带地下室与高层主体建筑的高重相差过大，或筏板刚度不够大，或裙房下地下室的面积过大等情况，做成整体筏板有困难也不经济，则可分缝做成应用要求不同、工作条件不同的两个基础板，但要做好分缝与连接(图 3-39)。

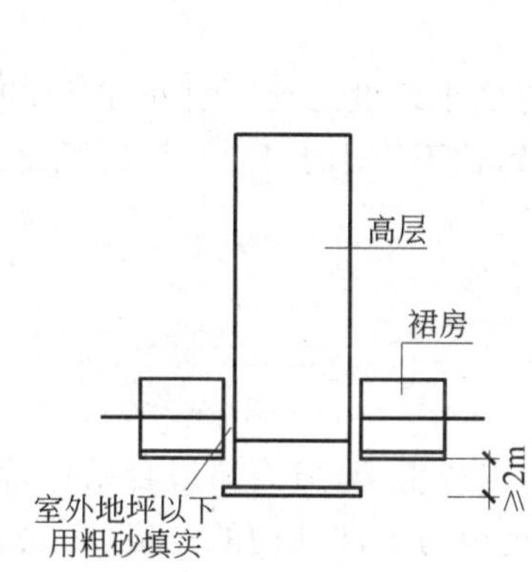

图 3-39　高层建筑与裙房间的连接

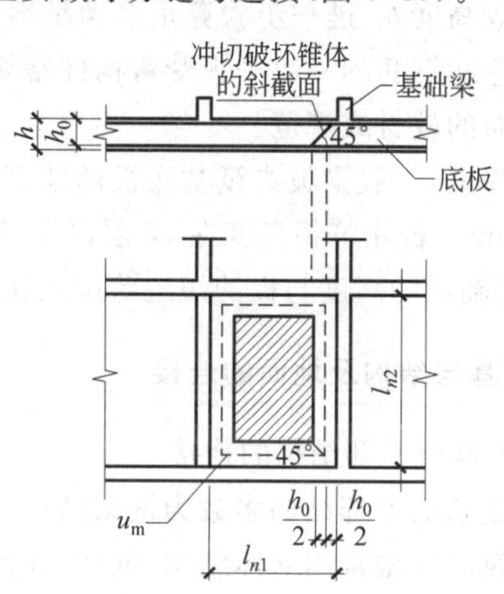

图 3-40　底板冲切计算示意图

3. 筏板厚度

(1) 筏板面积较大，又要承载高重建筑物，通常要做成有足够刚度的厚重整体钢筋混凝土板。根据实践经验，可按每层楼 50mm 厚拟设，然后进行抗弯、抗冲切、抗剪承载力验算，再综合考虑各种因素确定，必须十分慎重。

(2) 平板式筏板结构简单，施工便捷，较之梁板式筏板具有更好的抗冲切和抗剪切能力，适应性也较强。筏板的厚度除了要满足受弯承载力外，尚应满足筒形结构下和柱下抗冲切承载力和筒边及柱边抗剪承载力的要求。对边柱和角柱进行冲切验算时冲切力应分别乘以 1.1 和 1.2 的放大系数。平板式筏板的最小厚度不应小于 500mm。具体验算方法详见《高层建筑筏形与箱形基础技术规范》。当柱荷载较大，等厚板不能满足抗冲切承载力要求时可在筏板上增设柱墩、局部加厚或采用抗冲切箍筋以提高抗冲切承载力。

(3) 梁板式双向筏板，冲切破坏锥体的形状如图 3-40 所示，作用在锥底的冲切荷载为

$$F_l = A_c \times p_j = (l_{n1} - 2h_0)(l_{n2} - 2h_0) \times p_j \tag{3-81}$$

抗力则为

$$[V] = 0.7\beta_h f_t u_m h_0 \tag{3-82}$$

上两式中：l_{n1}、l_{n2}——板的边长；

h_0——板的有效高度；

u_m——破坏面的平均周长，如图3-40所示；

f_t——混凝土抗拉强度设计值，可按混凝土强度等级从有关规范查用；

β_h——截面高度影响系数，按式(2-62)取值；

p_j——基底净压力。

令 $F_l=[V]$，简化后即可求得满足抗冲切要求时板的有效高度 h_0，即

$$h_0=\frac{(l_{n1}+l_{n2})-\sqrt{(l_{n1}+l_{n2})^2-\dfrac{4p_j l_{n1} l_{n2}}{p_j+0.7\beta_h f_t}}}{4} \tag{3-83}$$

h_0 加上保护层厚度后即为满足抗冲切要求的板厚 h。

用有效高度 h_0 进一步验算是否满足斜截面抗剪承载力的要求。通常基础板可按不配置箍筋和弯起钢筋的一般平板受弯构件验算斜截面受剪承载力。计算方法可参阅混凝土结构设计方面的教材或规范。

在工程上，一般梁板式筏基底板的厚度与板格的最小跨度之比不宜小于1/20，且不应小于300mm。若建筑物高度在12层以上，则最小厚跨比不宜小于1/14，板的厚度不应小于400mm，基础梁的高度与板的短边跨度之比不宜小于1/6。

4. 筏基与结构及地面的连接

(1) 筏基与上部结构的连接

多层建筑的上部结构多数为框架结构、剪力墙结构或框架-剪力墙组合结构，而高层或超高层建筑的塔楼常用筒体结构、框架-筒体结构。筏板与上部结构的连接，必须满足结构安全工作要求，并采取必要的构造措施，以确保上部结构可靠地嵌固于筏板上，二者相互支持，共同工作。

框架式或剪力墙结构的地下室底层柱或剪力墙与筏板基础梁的连接结构要求如图3-41所示：①梁板式筏基，当交叉基础梁的宽度小于柱截面的边长时，与基础梁连接处

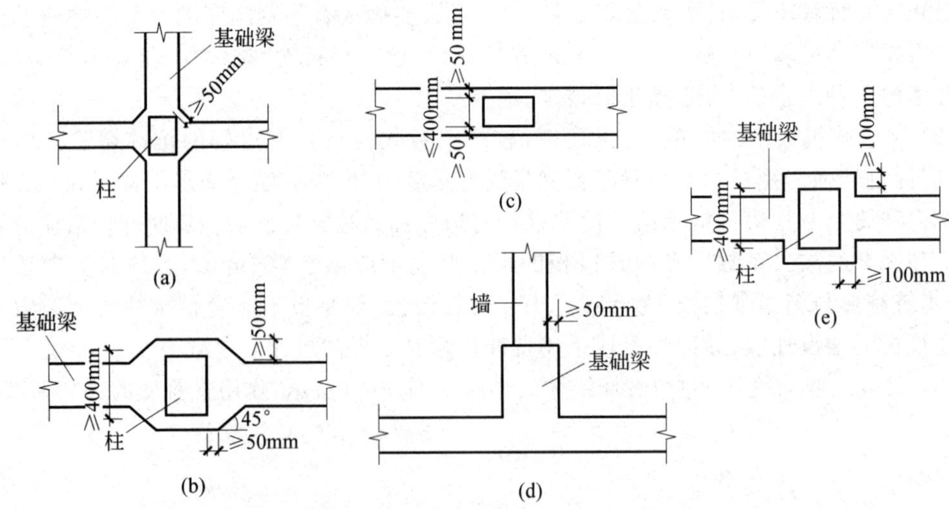

图3-41　地下室底层柱或剪力墙与基础梁连接的构造要求

应设置八字角，柱角与八字角边缘的净距不宜小于 50mm(图 3-41(a))。②柱或墙的边缘至基础梁的边缘距离不应小于 50mm，如图 3-41(c)与(d)所示。③单向基础梁与柱的连接，若柱截面的边长大于 400mm 时，可按图 3-41(b)或(e)布置。

(2) 筏板与地下室外墙的连接

因地下室外墙要承受外部土压力与地下水压力的作用，墙的设计除满足承载力要求外，尚应考虑变形、抗裂及防渗等要求，一般外墙厚度不应小于 250mm，内墙厚度不小于 200mm。如果地下室有抗渗要求时，则外墙与筏板应采用防水混凝土，或者采用沥青油毡做防水层包裹起来。

(3) 筏板与地面的连接

筏基底面通常要铺设垫层，厚度一般为 100mm。当需要做基底排水时，通常是做砂砾石垫层，必要时得设架空排水层。

5. 筏板配筋与混凝土等级

(1) 筏板的配筋应根据内力计算确定。当内力计算只考虑局部弯曲作用时，无论是梁板式筏基的底板和基础梁，或是平板式筏基的柱下板带和跨中板带，除按内力计算配筋外，尚应考虑变形、抗裂及防渗等方面的要求。

(2) 筏板的配筋率一般为 0.5%～1.0%。考虑到整体弯曲的影响，无论是平板式或梁板式筏板，按内力计算的底部钢筋，应有 1/3 贯通全跨。顶部钢筋则要全部贯通，且上下配筋率均不小于 0.15%。受力钢筋最小直径不小于 ϕ8mm，间距 100～150mm。分布筋当板厚 $h\leqslant$250mm 时，水平钢筋的直径不应小于 12mm，竖向钢筋直径不应小于 10mm，间距不应大于 200mm。

(3) 考虑筏板纵向弯曲的影响，当筏板的厚度大于 2000mm 时，宜在板的中间部位设置直径不小于 ϕ12mm，间距不大于 300mm 的双向钢筋网。底板垫层一般厚度为 100mm，这种情况，钢筋保护层的厚度不宜小于 35mm。

(4) 当考虑到上部结构与地基基础相互作用引起拱架作用，可在筏板端部的 1～2 个开间范围适当将受力钢筋面积增加 15%～20%。

(5) 筏板边缘的外伸部分应在上下层配置钢筋。在筏板的外伸板角底面，应配置 5～7 根辐射状的附加钢筋。

(6) 筏板混凝土强度等级不应低于 C30。当与地下室结合有防水要求时，应采用防水混凝土。防水混凝土的抗渗等级应根据基础的埋置深度从表 3-13 选用，但不应小于 P6。必要时须设置架空排水层。

表 3-13　筏形和箱形基础防水混凝土的抗渗等级

埋置深度 d/m	设计抗渗等级	埋置深度 d/m	设计抗渗等级
$d<10$	P6	$20\leqslant d<30$	P10
$10\leqslant d<20$	P8	$30\leqslant d$	P12

3.4.4　筏形基础的基底反力和基础内力计算

筏形基础的内力计算分三种方法，即：不考虑共同作用；考虑基础-地基共同作用和考虑上部结构-基础-地基共同作用。第三种方法是在第二种方法的基础上，把上部结构的刚度化引叠加在基础的刚度上。简单结构的刚度方法详见3.4.6节箱式基础的内力分析。本节只限于讨论前两种方法。

理论上筏板在荷载作用下产生的内力可以分解成两个部分。一是由于地基沉降，筏板产生整体弯曲引起的内力；二是柱间筏板或肋梁间筏板受地基反力作用产生局部挠曲所引起的内力。实际上地基的最终变形是由上部结构、基础和地基共同决定，很难截然区分为“整体变形”和“局部变形”。在实际的计算分析中，如果上部结构属于柔性结构，刚度较小而筏板较厚，相对于地基可视为刚性板，这种情况，如刚性基础的计算一样，用静定分析法，将柱荷载和直线分布的反力作为条带上的荷载，直接求解条带的内力。相反，如果上部结构的刚度很大，且荷载分布比较均匀，柱距基本相同，每根柱的荷载差别不超过20%，地基土质比较均匀且压缩层内无较软弱的土层或可液化土层，这种情况可视为整体弯曲，由上部结构承担，筏板只受局部弯曲作用，地基反力也可按直线分布考虑，筏板则按倒楼盖板分析内力。

(1) 条带法

条带法也称**截条法**，该法认为，筏板如刚性板，受荷载后基底始终保持平面，基底净反力$p_j(x,y)$可用下式计算：

$$p_j(x,y)=\frac{F}{A}\pm\frac{M_x}{I_x}\cdot y\pm\frac{M_y}{I_y}\cdot x \tag{3-84}$$

式中符号虽然与式(3-75)相似，但计算上却有差别，第一是按《建筑地基基础设计规范》，计算基础内力时，F和M都应按极限状态下作用的基本组合，其次是基础的自重和其上的土重不产生内力，不必计入，即$G=0$，亦即p_j为净反力。

为求筏板截面内力，可将筏板截分为互相垂直的条带，条带以相邻柱列间的中线为分界线，假定各条带都是独立彼此不相互影响，条带上面作用着柱荷载$F_1,F_2,\cdots$，底面作用着由式(3-84)求得的基底净反力$p_j(x,y)$，如图3-42所示。然后用静定分析方法计算截面内力。

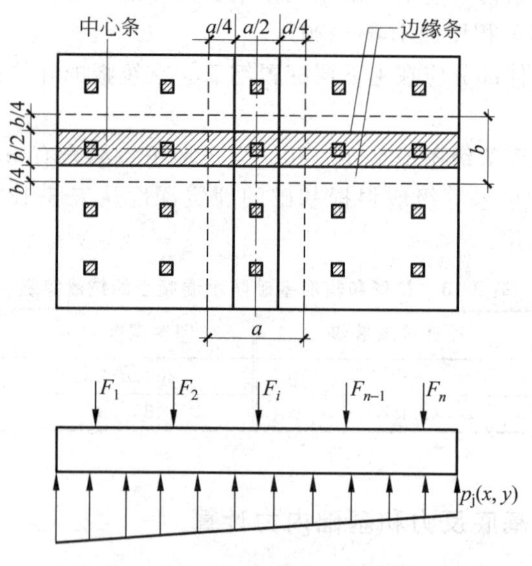

图3-42　条带法分析筏形基础

对于横向条带也用同法计算。在这种计算方法中，纵向条带和横向条带都用全部柱荷载和地基反力而不考虑纵横向的分担作用，计算结果，内力偏大。如果因柱荷载或柱距不均需考虑相邻条带间荷载的传递影响或考虑纵横向的分担作用，可参考十字交叉基础梁的荷载分配方法进行纵横向荷载分配。

(2) 倒楼盖法

倒楼盖法如同倒梁法，将地基上筏板简化为倒置楼盖。筏板被基础梁分割为不同条件的双向板或单向板。如果板块两个方向的尺寸比值小于 2，则可将筏板视为承受地基净反力作用的双向多跨连续板。图 3-43 所示的筏板被分割为多列连续板。各板块支承条件可分为三种情况：①为二邻边固定、二邻边简支；②为三边固定、一边简支；③为四边固定。根据计算简图查阅弹性板计算公式或计算手册即可求得各板块的内力，见附录 A。

板块跨中弯矩为

$$M_{ix} = \varphi_{ix} p_{\mathrm{j}} l_x^2 \tag{3-85}$$

$$M_{iy} = \varphi_{iy} p_{\mathrm{j}} l_y^2 \tag{3-86}$$

板块支座弯矩为

$$M_{ix}^0 = \varphi_{ix}^0 p_{\mathrm{j}} l_x^2 \tag{3-87}$$

$$M_{iy}^0 = \varphi_{iy}^0 p_{\mathrm{j}} l_y^2 \tag{3-88}$$

式中：p_{j}——基底净反力，kPa；

l_x、l_y——双向板计算长度，m；

φ_{ix}、φ_{iy}、φ_{ix}^0、φ_{iy}^0——跨中及支座弯矩计算系数，可查阅弹性理论矩形板计算表或本书附录 A。

筏形基础梁上的荷载可将板上荷载沿板角 45°分角线划分范围，分别由纵横梁承担，荷载分布成三角形或梯形，如图 3-44 所示。基础梁上的荷载确定后即可采用倒梁法进行梁的内力计算。

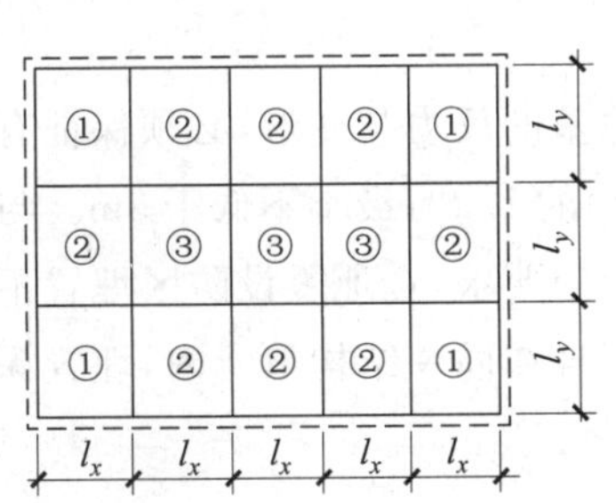

图 3-43　连续板的支撑条件

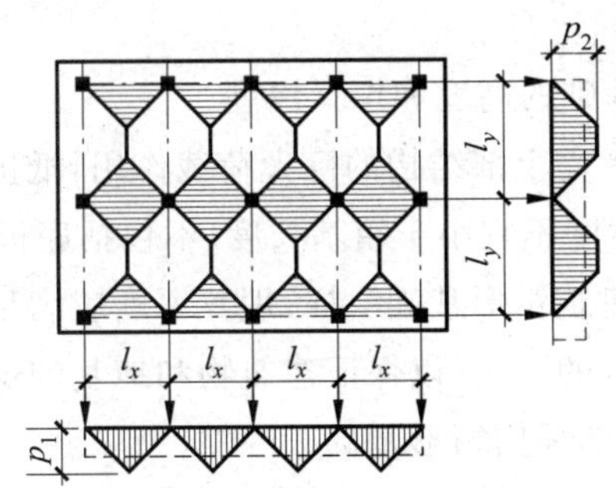

图 3-44　筏底反力在基础梁上的分配

一般筏板属有限刚度板，上层结构既非柔性，其刚度也没有大到足以承担整体弯曲。这种情况，按《高层建筑筏形与箱形基础技术规范》的要求，应考虑基础与地基的共同作用。共同作用的主要标志就是基底反力非直线分布，这时应用弹性地基梁板计算方法先求地基反力，然后再计算筏板的内力。严格计算比较复杂，简化的计算方法如下：图 3-45 表示长度为 l，宽度为 b 的筏形基础。先将其当作宽度为 b，长度为 l 的一根梁进行计算(图 3-45(a))，梁的断面对平板式筏基为矩形,对梁板式筏基则为齿形(图 3-45(c)),梁上荷载 $F_1,F_2,\cdots,F_n$ 分别为横向 y 宽度 b 上各列柱荷载的总和。选用上述某种地基模型进行分析,求得纵向 x 的反力分布图(图 3-45(b)),这时横向反力分布假定是均匀的。实际上弹性地基板下横向反力分布也非均匀,因此必须进行调整。取横向一单宽截条(如阴影部分),以上述长度方向计算所得该截面处的反力 p_i(均布)作为荷载 q_i,仍按选用的地基模型计算截条的地基反力分布(图 3-45(d))。这样计算几个横向截条就可以求得整个筏板下的基底反力分布。基底反力分布求出后,再根据筏板的构造形式,用结构力学方法求解筏板的内力。

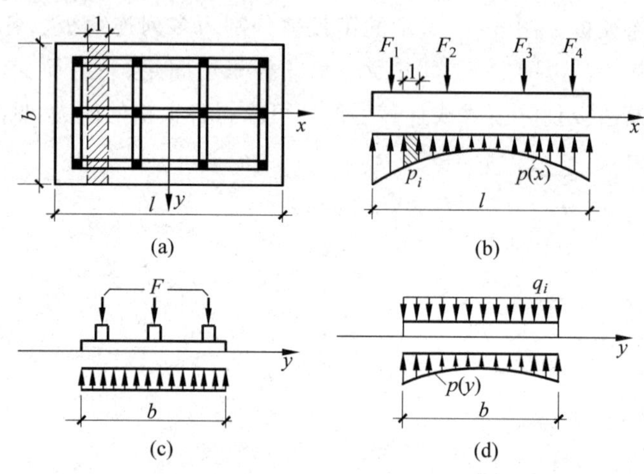

图 3-45 弹性地基上板的简化计算

随着计算技术的发展,弹性地基板的数值计算方法已有很大的进展,本书只阐述解题方法和基本概念。对更复杂的计算,尚待读者结合需要进一步深入学习。

3.4.5 箱形基础的布置、结构与构造

(1) 基础的高度和埋置深度

箱基承受上部结构的巨大荷载作用,抵抗和适应地基的反力与变形,必须保证有足够的刚度;其高度不宜小于箱基长度(不包括底板悬挑部分)的 1/20,最小不低于 3m。与带地下室的高层建筑筏形基础一样,埋置深度应满足地下结构的要求,在地震设防区埋置不宜小于建筑物高度的 1/15 以保证建筑物和地基的稳定性。而且在同一结构单元内,埋置深度宜一致,不得局部采用箱形基础。

(2) 基础的平面布置和面积

箱形基础的平面布置要根据地基土的性质、建筑物平面布置以及上部结构的荷载分布等因素确定;平面形状力求简单、对称,并尽量使基底平面形心与结构竖向荷载重心重合。图 3-46 是国内十栋已建工程的箱基平面图。基础面积应满足地基承载力要求并控制偏心距满足前述规定。

(3) 当地基压缩层深度范围内土层比较均匀且上部结构为平立面布置比较规则的剪力墙、框架、框架-剪力墙体系时,顶底板可仅按局部弯曲计算内力。配筋时,跨中钢筋应按实

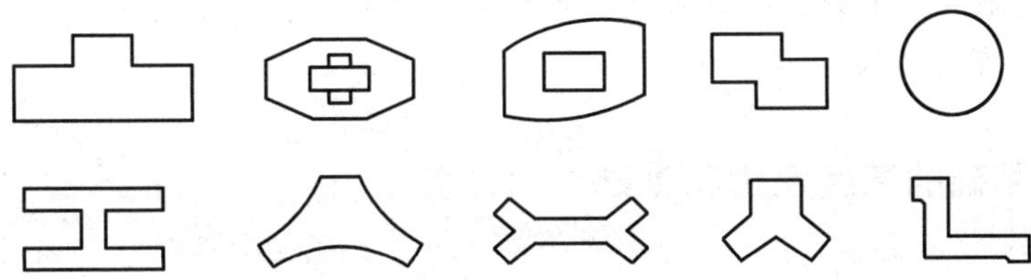

图 3-46　十个已建工程箱基平面图

际配筋量全部贯通，支座钢筋应有 1/4 贯通全跨，且底板上下贯通钢筋的配筋率都不应小于 0.15%。

当不符合上述规定时，应同时计算局部弯曲及整体弯曲作用，但局部弯曲产生的弯矩应乘以 0.8 的折减系数。计算整体弯曲时可采用下述方法，将上部结构的刚度化引到箱基上，与箱基共同承担整体弯曲产生的内力。

(4) 顶板要具有传递上部结构的剪力至地下室墙体的承载能力，其厚度应根据跨度及荷载值，经正截面抗弯、斜截面抗剪和抗冲切验算确定，一般不小于 200mm。底板厚度除满足抗弯、抗剪、抗冲切要求外，要具有较大的刚度和良好的防水性能，一般不应小于 400mm，且板厚与最大双向板格的短边净跨之比不应小于 1/14，如有人防抗爆炸和抗塌落荷载的要求，所需厚度另行计算确定。

(5) 箱基的墙体连接顶板和底板，传递竖直与水平荷载给地基，围护基础，起保证箱基整体刚度和纵横方向抗剪强度的作用。箱基外墙沿建筑物四周布置，内墙一般沿上部结构柱网或剪力墙纵横均匀布置。墙体分布密度对荷载的分布和抗震有重要的作用，因此不但要有足够的密度，而且要控制其间隔，合理布置。墙体水平截面的总面积不小于基础面积的 1/12，墙体间距不大于 10m。当基础平面长宽比大于 4 时，纵墙面积不宜小于基础面积的 1/18。墙体厚度应根据实际受力情况和防水要求确定，外墙不应小于 250mm，内墙不应小于 200mm。

墙身尽量少开洞，门洞应设在柱间居中部位，要避免开高洞(高 2m 以上)、宽洞(宽大于 1.2m)、偏洞、边洞(柱边或墙边开洞)、连洞(一个柱距内开两个以上的洞)、对位洞(开洞集中在同一断面上)和在内力最大的断面上开洞。墙体开洞时应采取加强措施，洞口上过梁的高度不宜小于层高的 1/5。洞口面积不宜大于柱距与箱形基础全高乘积的 1/6。洞口周围应设置加强钢筋，洞口四周附加钢筋面积不应小于洞口宽度内被切断的钢筋面积的一半，且不小于两根直径为 14mm 的钢筋，此钢筋应从洞口边缘处延长 40 倍钢筋直径。

墙体内应设置双面钢筋，横竖向和水平钢筋的直径不应小于 10mm，间距不应大于 200mm。除上部为剪力墙外，内、外墙的墙顶处宜配置两根直径不小于 20mm 的通长构造钢筋。

(6) 当箱基的外墙设有窗井时，窗井的分隔墙应与内墙连成整体。窗井分隔墙可视作由箱基内墙伸出的挑梁。窗井的底板按支撑在箱基外墙、窗井外墙和分隔墙上的单向板或双向板计算。

(7) 与高层建筑相连的门厅等低矮单元的基础，可采用从箱形基础挑出的基础梁方案。挑出长度不宜大于 0.15 倍箱基宽度，并应考虑挑梁对箱基产生的偏心荷载的影响。

(8) 箱形基础混凝土的强度等级不应低于C25。如采用防水混凝土时,其抗渗等级应根据基础的埋置深度按表3-12选用。

3.4.6 箱形基础的基底反力和基础内力计算

箱形基础是由顶板、底板和内外隔墙组成的一个复杂的箱形空间结构,结构分析是这类基础设计中的重要内容。任何结构计算,首先要确定荷载,但是箱基上与结构物组成整体,下与地基相连接,荷载的传递和基底反力的分布不仅与上部结构、基础、地基各自的条件有关,而且取决于三者的共同作用状态。由于问题很复杂,在实用中,无论是确定基底反力大小与分布上,抑或根据上部结构、基础和地基的刚度选用内力计算方法上,都得做适当简化,现分述如下。

1. 基底反力分析

箱形基础本身具有很大的刚度,即便软弱地基上,挠曲变形也很小。在与地基共同作用的分析中,如果选用文克尔地基模型,反力接近于直线分布,当竖向荷载的合力通过基底平面的形心时则呈均匀分布。如果采用弹性半空间体地基模型,则刚性板下的反力分布应如图3-47中虚线所示,边缘处反力很大。但是实际上土体仅有有限的强度,当应力超过极限应力 p_u 值时,土体产生塑性破坏,引起地基应力重分布,结果,边缘应力下降,中间应力增加,经调整后的应力分布如图3-47中实线所示。显然实际的地基反力分布应介于文克尔地基模型与弹性半无限空间模型之间。原位实测资料表明,一般土基上箱形基础底面反力分布基本上也是边缘略大于中间的马鞍形分布形式,如图3-48所示,只有当地基土很弱、基础边缘处发生塑性变形的范围较大,基底反力才可能中间比边缘处大。

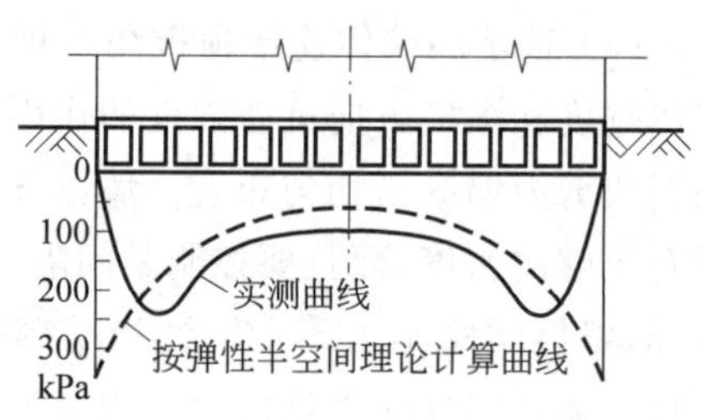

图3-47 箱形基础基底反力分布图

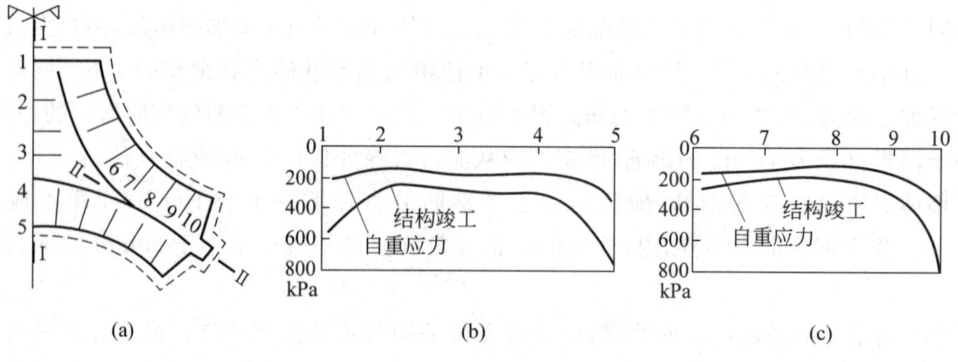

图3-48 北京某大饭店基底实测反力分布

(a) 基础平面;(b) Ⅰ—Ⅰ剖面;(c) Ⅱ—Ⅱ剖面

高层建筑筏形与箱形基础技术规范收集许多实测资料,经过统计分析,提出一套箱基底面反力分布图表，可供选用。以黏性土地基上、边比为 $a/b=2\sim3$ 为例，规范中将整个箱基底面纵向分成 8 等份，横向分成 5 等份，共 40 个区格(表 3-14)。每个区格按基础形状和土质不同，分别给予基底反力系数 k_i 值。反力系数表示基础底面第 i 区格的反力 p_i 与平均基础反力 $\bar{p}$ 的比值，即

$$k_i=\frac{p_i}{\bar{p}}=\frac{p_i\times A}{\sum F+G} \tag{3-89}$$

式中：$\sum F$——作用于箱基上全部竖向荷载的设计值，kN；

G——箱基及其上填土的自重，kN；

A——箱基底面积，m^2。

其他各种基础形状和各类地基土上的箱形基础地基反力系数，详见附录 B。

表 3-14　黏性土地基反力系数 $k(a/b=2\sim3)$

1.265	1.115	1.075	1.061	1.061	1.075	1.115	1.265
1.073	0.904	0.865	0.853	0.853	0.865	0.904	1.073
1.046	0.875	0.835	0.822	0.822	0.835	0.875	1.046
1.073	0.904	0.865	0.853	0.853	0.865	0.904	1.073
1.265	1.115	1.075	1.061	1.061	1.075	1.115	1.265

2. 结构内力分析

箱基是由顶板、底板、内外墙构成的刚性箱形空间结构，承受上部结构传来的荷载与地基反力，产生整体弯曲，同时顶、底板及内外墙还分别在各自荷载作用下引起局部弯曲。整体弯曲与局部弯曲同时发生，但对箱基内力计算的影响却因上部结构、基础和地基刚度的不同而异。因此必须区分不同的情况进行内力计算。

(1) 对于能满足上述 3.4.5 节第(3)项要求的箱基，基础的挠曲变形很小，整体弯曲可以忽略，这时箱形基础的顶、底板计算中，只需考虑局部弯曲作用。计算时，顶板取实际荷载，底板的反力可简化为均匀分布的净反力(不包括底板自重)。

(2) 对于不满足上述 3.4.5 节第(3)项要求的箱基，其刚度较低，箱基的内力计算应同时考虑整体弯曲和局部弯曲作用。计算整体弯曲时，应考虑箱形基础与上部结构共同作用，箱形基础承受的弯矩按下式计算：

$$M_F=M\frac{E_F I_F}{E_F I_F+E_B I_B} \tag{3-90}$$

$$E_B I_B=\sum_{i=1}^{n}\left[E_b I_{bi}\left(1+\frac{K_{ui}+K_{li}}{2K_{bi}+K_{ui}+K_{li}}m^2\right)\right]+E_w I_w \tag{3-91}$$

式中：M_F——箱形基础承受的整体弯矩；

M——建筑物整体弯曲产生的弯矩，可把整个箱基当成静定梁，承受上部结构荷载和地基反力作用，分析断面内力得出，也可采用其他有效的方法计算；

$E_F I_F$——箱形基础的刚度，其中 E_F 为箱基混凝土的弹性模量，I_F 为按工字形截面计算的箱形基础截面惯性矩，工字形截面的上下翼缘分别为箱形基础顶、底板

的全宽，腹板厚度为在弯曲方向的墙体厚度的总和；

$E_B I_B$——上部结构的总折算刚度；

E_b——梁和柱的混凝土弹性模量；

K_{ui}、K_{li}、K_{bi}——第 i 层上柱、下柱和梁的线刚度，其值分别为$\dfrac{I_{ui}}{h_{ui}}$、$\dfrac{I_{li}}{h_{li}}$和$\dfrac{I_{bi}}{l}$；

I_{ui}、I_{li}、I_{bi}——第 i 层上柱、下柱和梁的截面惯性矩；

h_{ui}、h_{li}——第 i 层上柱及下柱的高；

L——上部结构弯曲方向的总长度；

l——上部结构弯曲方向的柱距；

E_w——在弯曲方向与箱形基础相连的连续钢筋混凝土墙的弹性模量；

I_w——在弯曲方向与箱形基础相连的连续钢筋混凝土墙的截面惯性矩，其值为$\dfrac{th^3}{12}$；

t——在弯曲方向与箱形基础相连的连续钢筋混凝土墙体厚度的总和；

h——在弯曲方向与箱形基础相连的连续钢筋混凝土墙体的高度；

m——在弯曲方向的节间数，如图 3-49 所示；

n——建筑物层数，层数对刚度的影响随高度而减弱，一定高度以后，其影响可以忽略，因此不大于 5 层时，n 取实际楼层数，大于 5 层时，n 取 5。

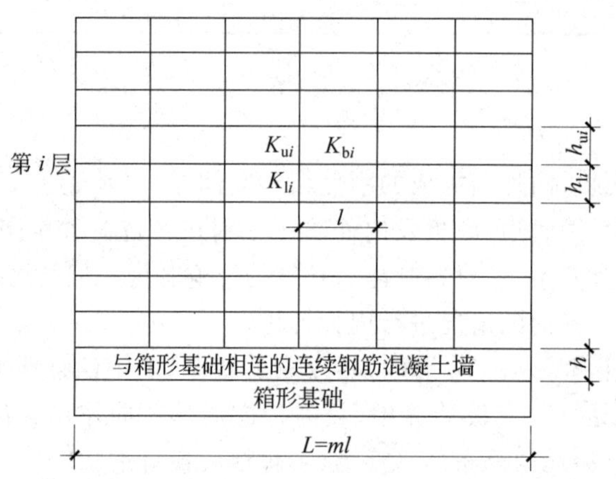

图 3-49 式(3-91)中符号的示意图

局部弯曲一般采用弹性或考虑塑性的双向板或单向板计算方法，可参阅有关的计算手册。基底净反力可按上述反力系数或其他有效方法确定。由于要同时考虑整体弯曲和局部弯曲作用，底板局部弯曲产生的弯矩应乘以 0.8 的折减系数。

通常在箱基的计算中，局部弯曲内力起主要作用，但是在配筋时应考虑受整体弯曲的影响，而且要注意承受整体弯曲和局部弯曲的钢筋配置，使能发挥各自作用的同时，也起互补作用。

作用在箱基上的荷载和地基反力确定以后，就可以按结构设计的要求对底板、顶板和内、外墙进行抗弯、抗剪及抗冲切等各项强度验算并配置钢筋。

思考题和练习题

3-1 把柱下条形基础、筏形基础和箱形基础合在一章，其主要的共性是什么？

3-2 什么叫做基础的局部弯曲？什么叫做基础的整体弯曲？

3-3 在什么情况下，分析基础内力时，可以仅仅考虑局部弯曲作用？

3-4 理想半无限弹性地基上，刚性很大的基础，受均匀分布荷载作用，基础底面反力分布是什么形式？

3-5 实际地基土都有一定的抗剪强度，习题 3-4 基础底面反力的分布将发生什么变化？与均布荷载的强度有什么关系？

3-6 什么叫做文克尔地基模型？用公式表示。

3-7 什么叫做弹性半空间地基模型？通过式(3-2)，分析影响地基变形的因素，并说明它与文克尔地基模型的最主要区别。

3-8 什么叫做有限压缩层地基模型？它与弹性半空间地基模型有何差别？

3-9 总结上述三种地基模型的优缺点，并说明各适用于什么地基条件。

3-10 若不考虑地基-基础-上部结构的共同作用，可用什么方法计算基础的内力？

3-11 若不考虑上部结构，只考虑地基基础共同作用时，可用什么方法计算基础的内力？

3-12 考虑地基-基础-上部结构共同作用，原则上如何计算基础的内力？

3-13 倒梁法的基本假定是什么？如何用倒梁法进行基础梁的内力计算？

3-14 用文克尔地基模型分析基础梁内力时，如何区分短梁、有限长梁和无限长梁？

3-15 归纳链杆法的要点，为什么说它用的是半无限弹性地基模型？

3-16 柱下十字交叉基础依据什么原则分配柱荷载，一般情况下采用什么地基模型分析？

3-17 筏形基础和箱形基础有哪些主要的特点？

3-18 筏形基础和箱形基础多用于高层建筑，这时对荷载的偏心距有什么要求？

3-19 筏形基础和箱形基础的地基变形验算有什么特点？如何进行验算？

3-20 筏形和箱形基础上高层建筑的沉降用什么特征值控制？控制的标准是什么？

3-21 筏形基础中，筏板分成几类？其厚度如何确定？

3-22 简要说明本章中，筏板基底压力的计算方法、种类及其要点。

3-23 按《高层建筑筏形与箱形基础技术规范》，箱基底面反力分布如何计算？这种计算方法的依据是什么？

3-24 何谓桩筏基础和桩箱基础？

3-25 图 3-50 所示承受对称柱荷载的钢筋混凝土条形基础，长 $l=17\text{m}$，底宽 $b=2.5\text{m}$，基础抗弯刚度 $E_cI=4.3\times10^3\text{MPa}\cdot\text{m}^4$。地基土层厚 5m，压缩模量 $E_s=10\text{MPa}$。试计算基础的基底净反力和基础梁内力及中点挠度。

3-26 图 3-51 所示为一柱下交叉梁基础轴线图。x、y 轴为基底平面和柱荷载的对称轴。x、y 方向纵、横梁的宽度和截面抗弯刚度分别为 $b_x=1.4\text{m}$，$b_y=0.8\text{m}$，$E_cI_x=800\text{MPa}\cdot\text{m}^4$，$E_cI_y=500\text{MPa}\cdot\text{m}^4$，基床系数 $k=5\text{MN/m}^3$。已知柱的竖向荷载 $F_1=1.3\text{MN}$，$F_2=2.2\text{MN}$，$F_3=1.5\text{MN}$。试将各荷载分配到纵横梁上。

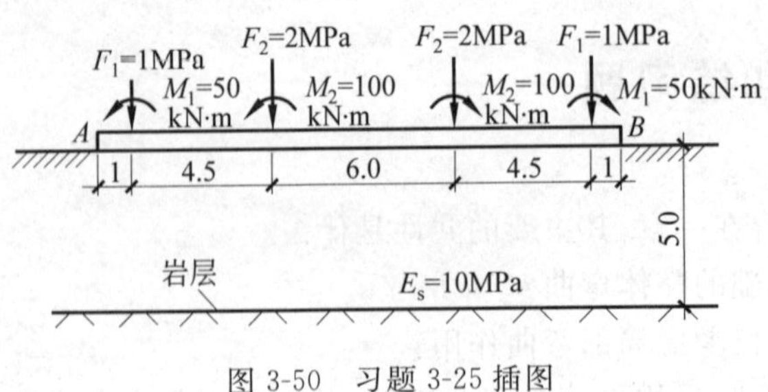

图 3-50 习题 3-25 插图

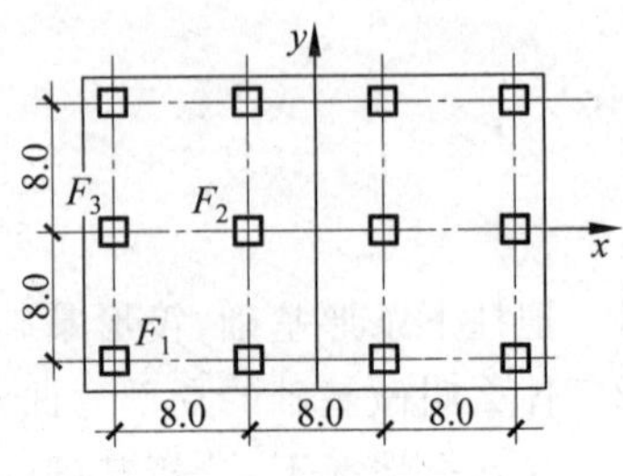

图 3-51 习题 3-26 插图

3-27 粉质黏土地基上的柱下条形基础,各柱传递到基础上的轴力设计值如图 3-52 所示,基础梁底宽$b=2.5\text{m}$,高 $h=1.2\text{m}$,地基承载力设计值取 $f=120\text{kPa}$,试用倒梁法求基底反力分布与基础梁内力。

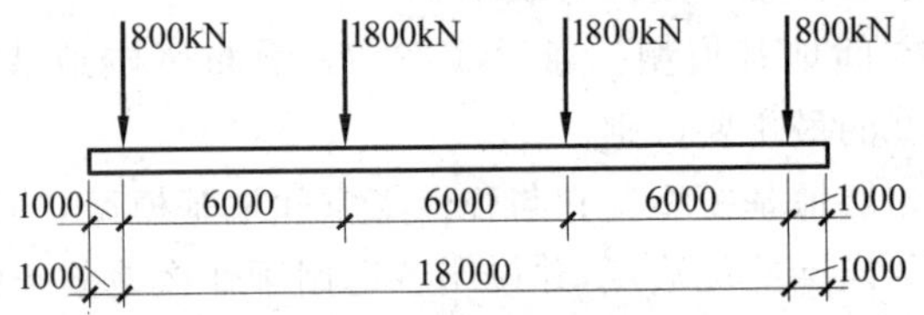

图 3-52 习题 3-27 插图

3-28 习题 3-27 中,若地基土的变形模量 $E=8.0\text{MPa}$,泊松比 $\nu=0.3$,试用链杆法计算基础梁的基底反力,并与上题进行对比。

3-29 基础梁置于文克尔地基上,如图 3-53 所示。该梁长 $l=40\text{m}$,梁底宽 $b=4.1\text{m}$,高 $h=1.15\text{m}$,梁截面 $I=0.12\text{m}^4$,采用 C20 等级混凝土,考虑到梁施工与受弯时可能出现一些微小裂缝,取 $E_c=2.1\times10^7\text{kN/m}^2$,地基基床系数 $k=2\times10^3\text{kN/m}^3$。梁上承受的柱荷载:两边跨的端荷载 $F_1=F_7=1200\text{kN}$,中间各跨的柱荷载为 $F_2=F_3=F_4=F_5=F_6=1800\text{kN}$。另如该梁仅在中轴上作用有柱荷载 $F_4=1800\text{kN}$ 时,求基础梁的内力。

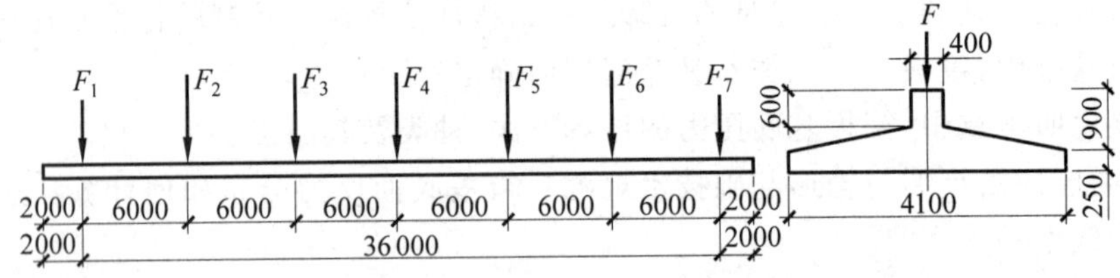

图 3-53 习题 3-29 插图

3-30 如果习题 3-29 的基础梁上,仅在一梁边跨处作用有柱荷载 $F_1=1200\text{kN}$,试求梁的内力。

参 考 文 献

[1]　中国建筑科学研究院. GB 50007—2011 建筑地基基础设计规范[S]. 北京：中国建筑工业出版社,2012.

[2]　中国建筑科学研究院. JGJ 6—2011 高层建筑筏形与箱形基础技术规范[S]. 北京：中国建筑工业出版社,2011.

[3]　陈仲颐,叶书麟. 基础工程学[M]. 北京：中国建筑业出版社,1990.

[4]　宰金珉,宰金璋. 高层建筑基础分析与设计[M]. 北京：中国建筑工业出版社,1993.

[5]　上海市建设和管理委员会科学技术委员会. 上海高层超高层建筑设计与施工(结构设计)[M]. 上海：上海科学普及出版社,2004.

[6]　何颐华. 高层建筑箱形基础基底反力确定方法 [J]. 建筑结构学报,1980(1).

[7]　岩土工程手册编委会. 岩土工程手册[M]. 北京：中国建筑工业出版社,1994.

[8]　华南理工大学 . 地基及基础[M]. 北京：中国建筑工业出版社,1991.

[9]　高大钊. 土力学与基础工程[M]. 北京：中国建筑工业出版社,1998.

[10]　王成华. 基础工程学[M]. 天津：天津大学出版社,2002.

[11]　王秀丽. 基础工程学[M]. 重庆：重庆大学出版社,2001.

第4章 桩基础与深基础

4.1 概　　述

当天然地基上的浅基础不能满足建筑物的承载力或沉降要求时，可考虑利用基底以下较深处相对较好的土层承载。向深部土层传递荷载的方式有桩基础、墩基础和沉井基础等。

所谓**桩**是指垂直或者稍倾斜布置于地基中，其断面积相对其长度是很小的杆状构件。在我国，经常将预制的和现浇的，小直径与大直径的这类杆件统称为桩(pile)。桩的功能是通过杆件的侧壁摩阻力和端部阻力将上部结构的荷载传递给深处的地基土。

桩基是一种古老的基础形式。早在史前时期人们为了穿越河谷和在沼泽区就使用了木桩。在距今7000年前的浙江河姆渡遗址中，就发现古人已经采用木桩支承房屋。北京的御河桥、上海的龙华塔、西安的灞桥都是我国古代使用木桩的例子。

近年来，桩的使用越来越广泛，桩的形式也有较大发展。特别是20世纪80年代以来，我国经济建设和土木工程建筑得到迅速发展，使得桩的技术也有很大进展。据不完全统计，近二十年我国每年所用的各种桩达数千万根。

虽然桩基础一般比天然地基的浅基础造价要高，但它可以大幅度提高地基承载力，减少沉降，还可以承担水平荷载和向上拉拔荷载，同时有较好的抗震(振)性能，所以应用很广泛。目前桩基础主要用于以下方面。

(1) 上部荷载很大，只有在较深处才有能满足承载力要求的持力层情况；

(2) 为了减少基础的沉降或不均匀沉降，利用较少的桩将部分荷载传递到地基深处，从而减少基础沉降，按沉降控制设计，这种桩基础称为减沉复合疏桩基础；

(3) 当设计基础底面比天然地面高或者基础底部的土可能被冲蚀，形成承台与地基土不接触的高承台桩基；

(4) 有很大的水平方向荷载情况，如风、浪、水平土压力、地震荷载和冲击力等荷载，可采用垂直桩、斜桩或交叉桩承受水平荷载；

（5）地下水位较高，加深基础埋深需要进行深基坑开挖和人工降水，这可能不经济或者对环境有不利影响，这时可考虑采用桩基础；

（6）在水的浮力作用下，地下室或地下结构可能上浮，这时用桩抗浮承受上拔荷载；

（7）在机器基础情况下，可用桩基础控制地基基础系统振幅、自振频率等；

（8）用桩穿过湿陷性土、膨胀性土、人工填土、垃圾土、淤泥、沼泽土和可液化土层等，可保证建筑物的稳定。

除以上情况使用桩基础以外，目前桩还广泛用于基坑的支挡结构，也可用桩作为锚固结构，还有用于滑坡治理的抗滑桩等。图 4-1 为使用桩的几种情况。

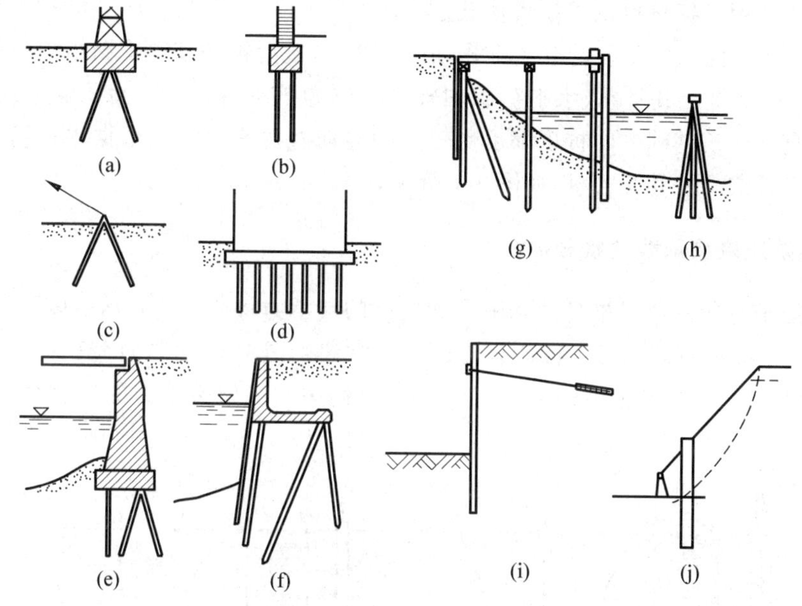

图 4-1　桩的工程应用情况

本章着重介绍桩的荷载传递机理和桩基设计的基本原理及步骤。由于我国各行业目前关于桩基础设计的理论和方法尚不统一，本章中的设计方法和构造要求主要依据《建筑地基基础设计规范》并参考《建筑桩基技术规范》(JGJ 94—2008))和《北京地区建筑地基基础勘察设计规范》(DBJ 11—501—2009)及其他有关资料。

4.2　桩的分类及选用

人们可从不同的角度按不同的标准对桩进行分类，目的在于明确其特点，从而因地制宜地进行合理选用和合理设计。

4.2.1 桩的分类

1. 按桩的使用功能分类

按桩的使用功能可以分为如下四类。

(1) 竖向抗压桩　这是使用最广泛、用量最大的一种桩。它组成的桩基础可以提高地基承载力和(或)减少地基沉降量。

(2) 竖向抗拔桩　例如抗浮桩。随着大跨度轻型结构(如机场停机坪)和浅埋的地下结构(如地下停车场)的大量兴建,这类桩的使用也越来越广泛,并且用量往往很大。在单桩竖向静载试验中使用的锚桩也承受拉拔荷载。

(3) 水平受荷桩　主要承受水平荷载,最典型的是抗滑桩和基坑支挡结构中的排桩。

(4) 复合受荷桩　其竖向、水平荷载均较大。例如码头、挡土墙、高压输电线塔和在强地震区中的高层建筑基础中的桩也都承受较大的竖向及水平荷载。根据水平荷载的性质,这类桩也可设计成斜桩和交叉桩,如图4-1所示。

2. 竖向抗压桩按承载性状分类

竖向抗压桩一般是通过桩身的摩阻力和桩端的端承力将荷载传到承台以下较深层地基土中去的。图4-2为不同情况下桩荷载传递的示意图。图中 Q 为竖向荷载(kN),τ 为桩侧的剪应力(kPa),N 为桩身轴力(kN)。按照桩身摩阻力和桩端端承力的比例可分为以下两大类。

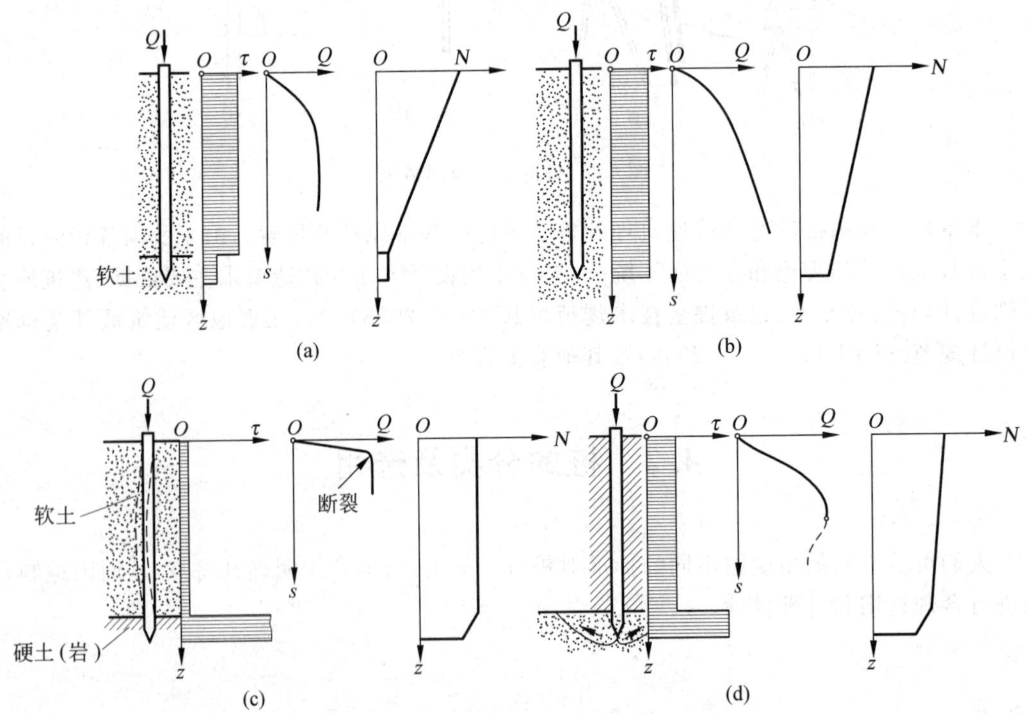

图4-2　摩擦型桩与端承型桩示意图

（1）**摩擦型桩**　又可分为摩擦桩和端承摩擦桩两种。摩擦桩是指在承载能力极限状态下，桩顶竖向荷载基本由桩侧阻力承受，端阻力小到可以忽略不计（图 4-2(a)）。端承摩擦桩是指在承载能力极限状态下，桩顶竖向荷载主要由桩侧阻力承受（图 4-2(b)），是一种最常用的桩。

（2）**端承型桩**　又可分为端承桩和摩擦端承桩两种。端承桩是指在承载能力极限状态下，桩顶竖向荷载基本由桩端阻力承受，桩侧阻力小到可以忽略不计（图 4-2(c)）。摩擦端承桩是指在承载能力极限状态下，桩顶荷载主要由桩端阻力承受（图 4-2(d)）。这四种桩的划分主要取决于土层分布，但也与桩长、桩的刚度、桩身形状、是否扩底、成桩方法等条件有关。例如随着桩**长径比**$\frac{l}{d}$的增大，在承载能力极限状态下，传递到桩端的荷载就会减少，桩身下部侧阻和端阻的发挥会相对降低。当$\frac{l}{d}\geqslant 40$时，在均匀土层中端阻分担**荷载比**趋于零；当$\frac{l}{d}\geqslant 100$时，即使桩端位于坚硬土（岩）层上，端阻的分担荷载值也小到可以忽略。

3. 按桩身材料分类

木桩是最古老的桩材，但是由于资源的限制，及其易于腐蚀和不易接长等缺点，目前已很少使用，所以现代的桩按材料可分为以下三类。

（1）混凝土桩　一般均由钢筋混凝土制作。按照施工制作方法又可分为灌注桩和预制桩。预制桩又可分为现场预制和工厂预制两种，后者要经受运输的考验。预制桩还可分为预应力桩和非预应力桩。使用高强水泥和钢筋制作的预应力桩具有很高的桩身强度。

（2）钢桩　按照断面形状可分为钢管桩、钢板桩、型钢桩和组合断面桩，见图 4-3。钢桩较易打入土中，由于挤土少，对地层扰动小，但是造价较高，抗腐蚀性差，需做表面防腐处理。

（3）组合材料桩　这类桩种类很多，并且不断地有新类型出现。比如作为抗滑桩时，在混凝土中加入大型工字钢承受水平荷载；在用深层搅拌法制作的水泥墙中内插入 H 形钢，形成地下连续墙。最近在我国，研究人员在水泥土中插入高强钢筋混凝土桩作为劲芯，所形成的桩承载能力高于一般的灌注桩。另外一种复合载体夯扩桩则是在桩端夯入砖石，其上夯入干硬性混凝土，再浇注钢筋混凝土桩身，应用很广泛。

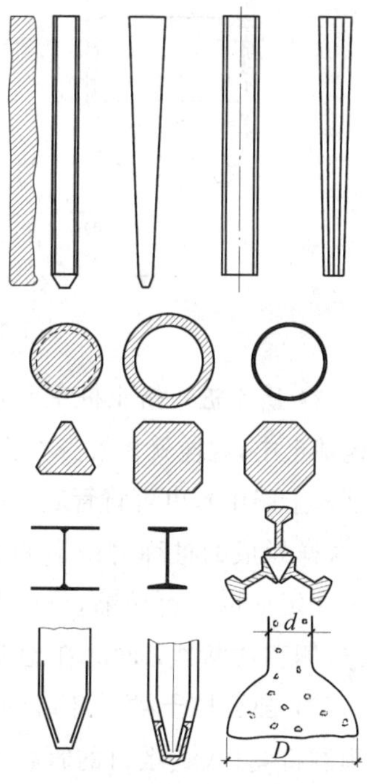

图 4-3　不同断面形式的桩

4. 按成桩方法分类

按成桩方法也可有多种依据进行桩的分类，其中，因成桩过程中挤土与否对桩和地基土的性状影响较大，所以常按此将桩分为三类。

(1) **非挤土桩** 非挤土桩的特点是预先取土成孔,成孔的方法是用各种钻机钻孔或人工挖孔。人工挖孔通常在地下水位以上,如图4-4(a)所示;钻孔可以在水上,也可在水下。水下钻孔需对井孔护壁,通常采用泥浆护壁,即在井孔中注入泥浆,并保持泥浆水位高于地下水位1～2m,以确保井壁的稳定,如图4-4(b)所示。但这种方法往往会在井底沉淀浮泥和在井壁形成泥皮,从而降低了桩的承载力,在施工中应采取措施尽量减少其影响。另一种护壁方式是采用套管,常用于不稳定的土层,如图4-4(c)所示。成桩的方法分为现场灌注法和植入预制桩法,现场灌注桩施工是先向孔内放入钢筋笼,使其就位后浇筑混凝土,在地下水位以下则用导管法浇筑混凝土。植入预制桩法是首先将预制桩吊装入井孔中,然后向桩孔间的间隙中灌浆。

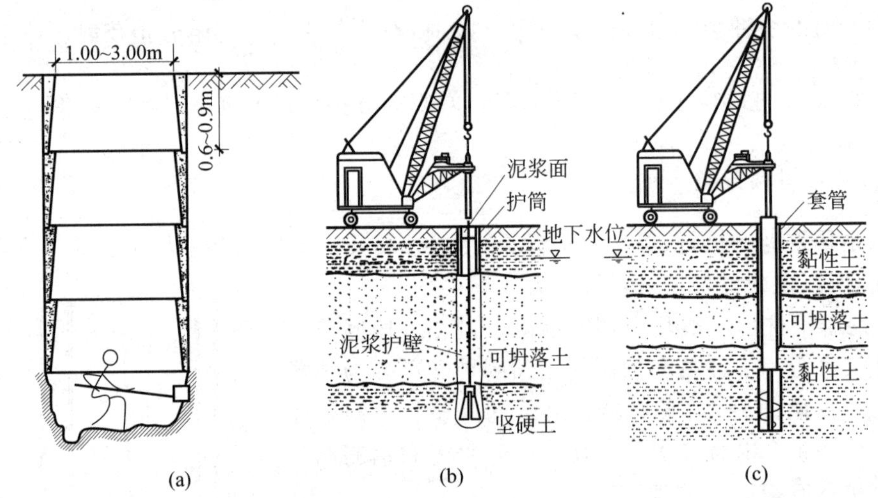

图4-4 几种非挤土桩的施工

(a) 人工挖孔桩;(b) 泥浆护壁灌注桩;(c) 套筒护壁灌注桩

(2) **挤土桩** 挤土桩主要是预制桩。施工方法:将预制桩用锤击、振动或者静压的方法植入地基土中,这样就将桩身所占据的地基土挤到桩的四周了。在合适的土层(如饱和度不高的可挤密土层中),也可将管底有活动瓣门的封闭套管打入地基土中,成孔后边拔管边浇筑混凝土,这样形成的桩称为挤土的灌注桩。对于饱和的软黏土,当沉入的挤土桩较多较密时,由于土在短期内不可压缩,可能会使地面上抬,造成相邻建筑物或管线损坏,引起已入土的桩上浮、侧移或断裂;同时在地基土中会引起较高的超静孔隙水压力,这些都是十分不利的。

(3) **部分挤土桩** 开口的沉管取土灌注桩,先预钻较小孔径的钻孔(称为引孔),然后打入预制桩,打入式敞口的管桩等都属于部分挤土桩。

5. 按桩的几何特性分类

桩的几何尺寸和形状差别很大,因而对桩的承载性状有较大的影响,在这方面也可从不同的角度进行分类。

1) 按桩径大小分类

按桩径 d 的不同桩可分为以下三类:

(1) 大直径桩：$d \geqslant 800\mathrm{mm}$

(2) 中等直径桩：$250\mathrm{mm} < d < 800\mathrm{mm}$

(3) 小直径桩：$d \leqslant 250\mathrm{mm}$

一般认为,对于直径大于 800mm 的灌注桩,由于开挖成孔可能使桩孔周边的土应力松弛而降低其承载能力,尤其是对于砂土和碎石类土。这种情况,设计时应参考 4.10 节墩基础承载力的确定方法,乘以尺寸效应系数。桩径小、长细比大的小直径桩也称微型桩。

2) 按长度 l 或折算桩长 αl 分类

通常按桩的长度可分为如下四类：

(1) $l \leqslant 10\mathrm{m}$ 称为短桩；

(2) $10\mathrm{m} < l \leqslant 30\mathrm{m}$ 称为中长桩；

(3) $30\mathrm{m} < l \leqslant 60\mathrm{m}$ 称为长桩；

(4) $l > 60\mathrm{m}$ 称为超长桩。

但这种按桩的绝对长度分类并不能表述桩的综合性质,所以也有按折算桩长 αl 进分类的,其中 α 为水平变形系数,其计算公式如下：

$$\alpha = \sqrt[5]{\frac{mb_0}{EI}} \tag{4-1}$$

式中：E、I——桩材料的弹性模量和截面惯性矩；

b_0——桩的计算宽度,见表 4-8；

m——地基土水平抗力系数的比例系数,见表 4-10。

$\alpha l \leqslant 2.5$ 为刚性短桩；

$2.5 < \alpha l < 4.0$ 为弹性中长桩；

$\alpha l \geqslant 4.0$ 为弹性长桩。

3) 按桩的几何形状分类

按桩的纵向形状有柱式桩、楔式桩；按桩端是否有扩底可分为扩底桩和非扩底桩；按桩的横断面可分为方形桩、三角形桩、圆形桩和圆筒形桩等,如图 4-3 所示。

其中扩底桩按照扩底部分的施工方法又可分为挖扩桩、钻扩桩、挤扩桩、夯扩桩、爆扩桩、振扩桩等。此外,还有支盘桩、分岔挤扩桩、螺纹桩、变断面桩等各种异形桩。

4.2.2　桩型选用

桩型与成桩工艺的选择应当根据上部结构类型、荷载性质、桩的使用功能、穿越土层、桩端持力层土类、地下水条件、施工设备、施工环境、施工经验、制桩材料供应等条件因地制宜地进行。其原则应当是经济合理、安全适用和保护环境。

表 4-1 为桩基础中桩的主要类型选择原则参考表。一般除了特殊情况外,同一建筑单元内应避免采用不同类型的桩。

表 4-1 桩基础类型选择参照表

桩类型	建筑物类型	地层条件	施工条件
预制桩	一般高层与多层建筑；对基础沉降有较高要求的工业与民用建筑物和构筑物	表层土质及厚度不均匀；地下水位浅，有缩孔可能；在一定深度内有可利用的较好的持力层；上部无难以穿透的硬夹层及无对挤土效应敏感的土层	场地空旷，邻近无危险建筑，没有对噪声、振动及侧向挤压等限制
灌注桩	一般高层住宅及多层建筑	可供利用的桩端持力层起伏较大或持力层以上有不易为预制桩穿透的硬夹层，无缩孔现象	① 要求有一定的场地，供施工机械装卸与运输；② 施工时能解决出土堆放问题；③ 地下无障碍物
短桩与扩底短桩	一般6层以下建筑物	表土较差，填土厚度在4～6m以下，有可供利用的一般第四纪土，而硬层及地下水位都比较深	① 要求有一定的场地，供施工机械装卸与运输；② 施工时能解决出土堆放问题；③ 地下无障碍物
大直径桩	重要的大型公共建筑或高层住宅，对基础沉降有严格要求的工业与民用建筑物和构筑物	表层土质及厚度不均匀，不缩孔，在一定深度内有较好的持力土层	如采用机械成孔要求有一定的场地，供钻孔机械装卸与运输；如采用人工成孔，应具有充分的安全及质量保障措施

4.3 竖向承压桩的荷载传递

桩基础的主要作用是将竖向荷载传递到下部土层，这种荷载传递是通过桩与桩周及桩下土之间的相互作用进行的。

4.3.1 承压的单桩竖向承载力的组成

作用于桩顶的竖向压力由作用于桩侧的总摩阻力 Q_s 和作用于桩端的总端阻力 Q_p 共同承担，见图4-5，可表示为

$$Q = Q_s + Q_p \tag{4-2}$$

桩侧阻力与桩端阻力的发挥过程就是桩土体系的荷载传递过程。桩顶受竖向压力后，桩身压缩并向下位移，桩侧表面与相邻土间发生相对运动，桩侧表面开始受土的向上摩擦阻力，荷载通过侧阻力向桩周土中传递，就使桩身的轴力与桩身压缩变形量随深度递减。随着荷载增加，桩身下部的侧阻力也逐渐发挥作用，当荷载增加到一定值时，桩端才开始发生竖向位移，桩端的反力也开始发挥作用。所以，靠近桩身上部土层的侧阻力比下部土层的先发

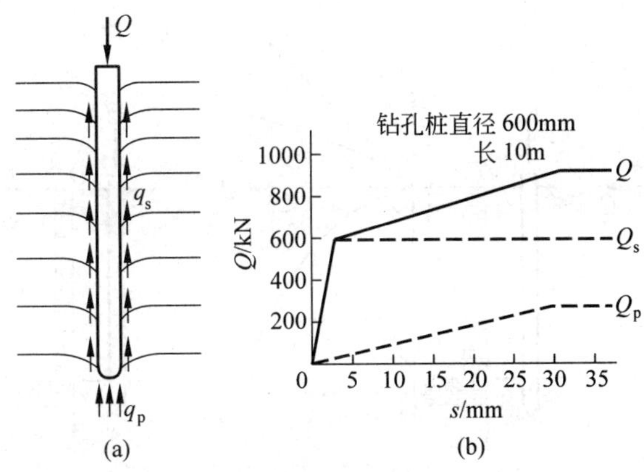

图 4-5　桩的侧阻力与端阻力

挥作用，侧阻力先于端阻力发挥作用。研究表明，侧阻力与端阻力发挥作用所需要的位移量也是不同的。大量的常规直径桩的测试结果表明，侧阻力发挥作用所需的相对位移一般不超过 20mm。对于大直径桩，一般在位移量 $s=(3\%\sim6\%)d$ 情况下，侧阻力已发挥绝大部分的作用。但是端阻力发挥作用的情况比较复杂，与桩端土的类型与性质及桩长度、桩径、成桩工艺和施工质量等因素有关。

对于岩层和硬的土层，只需很小的桩端位移就可充分使其端阻力发挥作用，对于一般土层，完全发挥端阻力作用所需位移量则可能很大。以桩端持力层为细粒土的情况为例，要充分发挥端阻力作用，打入桩$\frac{s_p}{d}$约为 10%；钻孔桩$\frac{s_p}{d}$可达 20%～30%，其中 s_p 为桩端的沉降量。

这样，对于一般桩基础，在工作荷载作用下，侧阻力可能已发挥出大部分作用，而端阻力只发挥了很小一部分作用。只有支承于坚硬岩基上的刚性短桩，由于其桩端很难下沉，而桩身压缩量很小，摩擦阻力无法发挥作用，端阻力才先于侧阻力发挥作用。

综上所述，可归纳为如下几点：

(1) 在荷载增加的过程中，桩身上部的侧阻力先于下部侧阻力发挥作用；

(2) 一般情况下，侧阻力先于端阻力发挥作用；

(3) 在工作荷载 Q_k 下，对于一般摩擦型桩，侧阻力发挥作用的比例明显高于端阻力发挥作用的比例；

(4) 对于$\frac{l}{d}$较大的桩，即使桩端持力层为岩层或坚硬土层，由于桩身本身的压缩，在工作荷载下端阻力也很难发挥，当$\frac{l}{d}\geqslant100$ 时，端阻力基本可以忽略而成为摩擦桩。

图 4-6 表示了三种情况下端阻力与侧阻力发挥作用的情况。图中 Q_k 相应于作用标准组合时，单桩上的竖向力，Q_u 为单桩的极限荷载，Q_{su} 为极限荷载时的总侧阻力，Q_{pu} 为极限荷载时的总端阻力。

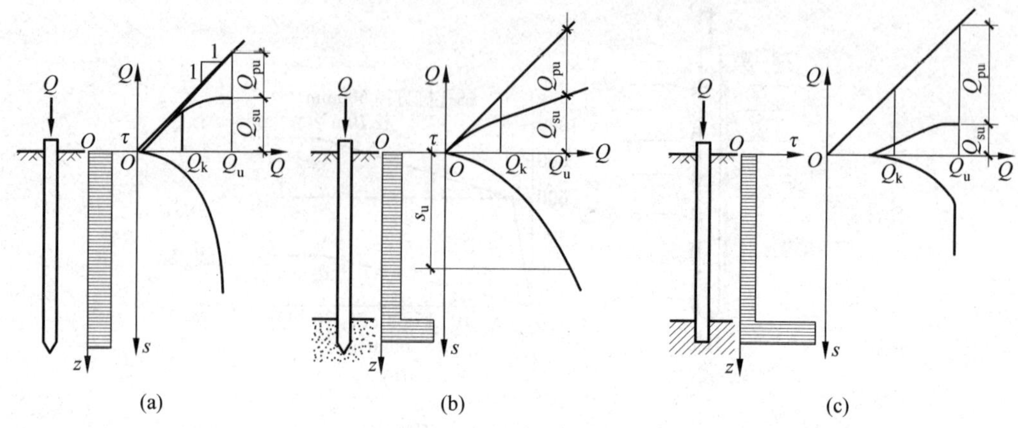

图 4-6 几种情况下的端阻力与侧阻力

(a) 均匀土中的摩擦型桩;(b) 端承于砂层中的摩擦端承桩;(c) 嵌入坚实基岩中的端承桩

4.3.2 桩的侧阻力

1. 侧阻力沿桩身的分布

如上所述,桩侧摩阻力发挥作用的程度与桩和桩土间的相对位移有关。对于摩擦桩,当桩顶有竖向压力 Q 时,桩顶位移为 s_0。s_0 由两部分组成:一部分为桩端的下沉量 s_p,s_p 包括桩端土体的压缩量和桩尖刺入桩端土层而引起的整个桩身的位移;另一部分为桩身在轴向力作用下产生的压缩变形 s_s。于是,$s_0=s_p+s_s$,见图 4-7(e)。若图 4-7 中所示的单桩长度为 l,截面积为 A,直径为 d,桩身材料的弹性模量为 E,则实测的各截面轴力 $N(z)$ 沿桩的入土深 z 的分布曲线如图 4-7(c)所示。由于桩侧摩阻力向上,所以轴力 $N(z)$ 随着深度 z 增加而减少。其减少的速度则反映了单位侧阻 q_s 的大小。在图 4-7(a)中,在深度 z 处取桩的微分段 dz,根据微分段的竖向力的平衡条件可得(忽略桩的自重)

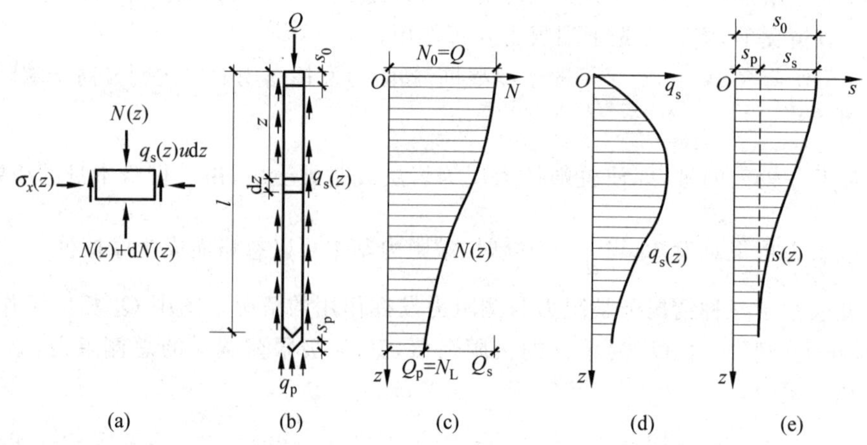

图 4-7 桩的轴向力、位移与桩侧摩阻力沿深度的分布

$$q_s(z)\pi d\mathrm{d}z + N(z) + \mathrm{d}N(z) - N(z) = 0$$

$$q_s(z) = -\frac{1}{\pi d}\frac{\mathrm{d}N}{\mathrm{d}z} \tag{4-3}$$

式(4-3)表明，任意深度 z 处，由于桩土间相对位移 s 所发挥的单位侧阻力 q_s 的大小与桩在该处的轴力 N 的变化率成正比，式(4-3)被称为桩荷载传递的基本微分方程。

在测出桩顶竖向位移 s_0 以后，还可利用上述已测的轴力分布曲线 $N(z)$ 计算出桩端位移和任意深度处桩截面的位移 $s(z)$，即

$$s_p = s_0 - \frac{1}{AE}\int_0^l N(z)\mathrm{d}z \tag{4-4}$$

$$s(z) = s_0 - \frac{1}{AE}\int_0^z N(z)\mathrm{d}z \tag{4-5}$$

图 4-7(e)为桩身各断面的竖向位移分布图。

值得指出的是，图 4-7 中的荷载传递曲线(N-z 曲线)，侧阻分布曲线(q_s-z 曲线)和桩的各断面竖向位移曲线(s-z 曲线)都是随着桩顶荷载的增加而不断变化的。

很多实测的荷载传递曲线表明，q_s 的分布可能为多种形式的曲线。对打入桩，在黏性土中，q_s 沿深度的分布类似于抛物线形，如图 4-7(d)所示；在极限荷载下，砂土中 q_s 值开始时随深度近似线性增加，至一定深度后接近于均匀分布，此深度称为临界深度。图 4-8 为在砂土中的模型桩试验结果。可见侧阻临界深度与砂土密实程度有关。这种存在着临界深度的现象被认为与一定密度的砂土存在着临界围压有关。所谓临界围压是指当实际围压小于它时，在剪切荷载作用下该砂土会发生剪胀，围压大于它时，该砂土会发生剪缩。

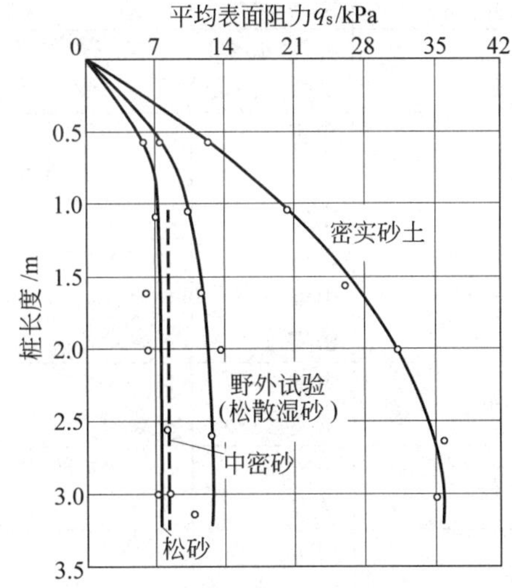

图 4-8　桩的测阻力试验与临界深度

2. q_s 的主要影响因素

单位侧阻力 q_s 的影响因素很多，最主要取决于土的类型和状态。砂土的单位侧阻力比黏土的大；密实土的比松散土的大。桩的极限侧阻力标准值 q_{sk} 应根据当地的静力现场载荷试验资料统计分析得到，当缺乏地区经验时，可参考表 4-2。侧阻力作用的大小与桩土间相对位移有关，随着相对位移的增加，q_s 的作用发挥的越充分，直至达到极限侧阻力。这个相对位移又与荷载大小、桩土模量比 $\frac{E_p}{E_s}$ 有关。

单位侧阻力 q_s 还与桩径和桩的入土深度有关。影响 q_s 的另一个重要的因素是成桩的工艺。对于打入的挤土桩，如果桩周土是可挤密的土，打入的桩会将四周的土挤密，可明显提高单位侧阻力。如果桩周土为饱和的黏性土，打入桩的挤压和振动会在土中形成较高的超静孔隙水压力，使有效应力降低，结构的扰动和超静孔隙水压力升高会使桩周土抗剪强度降低，侧阻力也就大为降低。但是如果放置一段时间，随着土中超静孔压的消散，再加上土的触变性可恢复土的结构强度，也会使侧阻力逐渐提高，这就是所谓桩承载力的“时效性”。

所以在有关规范中规定：开始单桩静现场载荷试验的时间，预制桩在砂土中应在入土7天后，黏性土不得少于15天，对于饱和软黏土不得少于25天。

对于钻(挖)孔灌注桩，由于需要预先成孔，这就可能引起桩周土的回弹和应力松弛，从而使桩的侧阻力减少，尤其是对于 d 大于800mm的大孔径桩尤为明显。对于水下泥浆护壁成孔的灌注桩，在桩侧形成的泥皮及水下浇注混凝土的质量问题也可使侧阻力减小。

表4-2 桩的极限侧阻力标准值 q_{sk}(选自《建筑桩基技术规范》) kPa

土的名称	土的状态		混凝土预制桩	泥浆护壁钻(冲)孔桩	干作业钻孔桩
填土			22～30	20～28	20～28
淤泥			14～20	12～18	12～18
淤泥质土			22～30	20～28	20～28
黏性土	流塑	$I_L>1$	24～40	21～38	21～38
	软塑	$0.75<I_L\leqslant 1$	40～55	38～53	38～53
	可塑	$0.50<I_L\leqslant 0.75$	55～70	53～68	53～66
	硬可塑	$0.25<I_L\leqslant 0.50$	70～86	68～84	66～82
	硬塑	$0<I_L\leqslant 0.25$	86～98	84～96	82～94
	坚硬	$I_L\leqslant 0$	98～105	96～102	94～104
红黏土	$0.7<a_w\leqslant 1$		13～32	12～30	12～30
	$0.5<a_w\leqslant 0.7$		32～74	30～70	30～70
粉土	稍密	$e>0.9$	26～46	24～42	24～42
	中密	$0.75\leqslant e<0.9$	46～66	42～62	42～62
	密实	$e<0.75$	66～88	62～82	62～82
粉细砂	稍密	$10<N\leqslant 15$	24～48	22～46	22～46
	中密	$15<N\leqslant 30$	48～66	46～64	46～64
	密实	$N>30$	66～88	64～86	64～86
中砂	中密	$15<N\leqslant 30$	54～74	53～72	53～72
	密实	$N>30$	74～95	72～94	72～94
粗砂	中密	$15<N\leqslant 30$	74～95	74～95	76～98
	密实	$N>30$	95～116	95～116	98～120
砾砂	稍密	$5<N_{63.5}\leqslant 15$	70～110	50～90	60～100
	中密(密实)	$N_{63.5}>15$	116～138	116～130	112～130
圆砾、角砾	中密、密实	$N_{63.5}>10$	160～200	135～150	135～150
碎石、卵石	中密、密实	$N_{63.5}>10$	200～300	140～170	150～170
全风化软质岩		$30<N\leqslant 50$	100～120	80～100	80～100
全风化硬质岩		$30<N\leqslant 50$	140～160	120～140	120～150
强风化软质岩		$N_{63.5}>10$	160～240	140～200	140～220
强风化硬质岩		$N_{63.5}>10$	220～300	160～240	160～260

注：1. 对于尚未完成自重固结的填土和以生活垃圾为主的杂填土，不计算其侧阻力；

2. a_w 为含水比，$a_w=w/w_l$，w 为土的天然含水量，w_l 为土的液限；

3. N 为标准贯入击数，$N_{63.5}$ 为重型圆锥动力触探击数；

4. 全风化、强风化软质岩和全风化、强风化硬质岩系指其母岩分别为 $f_{rk}\leqslant 15$MPa、$f_{rk}>30$MPa 的岩石。

4.3.3　桩的端阻力

桩的端阻力是其承载力重要组成部分，它的大小受很多因素影响，其作用的发挥也与桩和土的各种条件有关。

1. 经典理论计算法

在 20 世纪 60 年代以前，人们大都用基于土为刚塑性假设的经典承载力理论分析桩端阻力。将桩视为一宽度为 b(相当于桩径 d)，埋深为桩入土深度 l 的基础进行计算。在桩加载时，桩端土发生剪切破坏，根据假设的不同滑裂面形状，用土力学教材中所介绍的地基极限承载力理论求出桩端的极限承载力，确定极限单位端阻力 q_{pu}。但是由于桩的入土深度相对于桩的断面尺寸大很多，所以桩端土体大多数属于冲剪破坏或局部剪切破坏，只有桩长相对很短，桩穿过软弱土层支承于坚实土层时，才可能发生类似浅基础下地基的整体剪切破坏。图 4-9 为较常用的太沙基型与梅耶霍夫型滑动面形状。根据极限承载力理论，q_{pu} 的一般表达式为

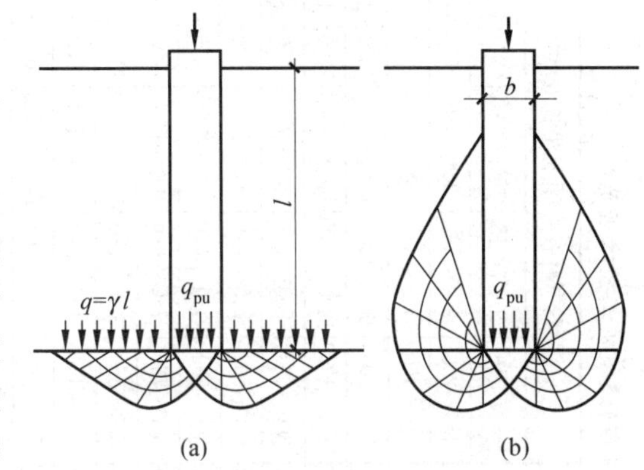

图 4-9　桩端地基破坏的两种模式

(a) 太沙基型；(b) 梅耶霍夫型

$$q_{pu}=\frac{1}{2}b\gamma N_{\gamma}+cN_{c}+qN_{q} \tag{4-6}$$

式中：N_{γ}，N_{c}，N_{q}——承载力系数，其值与土的内摩擦角 φ 有关，可参考有关土力学教材的图表；

$b(d)$——桩的宽度或直径，mm；

c——土的黏聚力，kPa；

q——桩底标高处土中的竖向自重应力，$q=\gamma l$，kPa。

2. 桩的端阻力的影响因素

桩的端阻力与浅基础的承载力一样，同样主要取决于桩端土的类型和性质。一般而言，粗粒土高于细粒土；密实土高于松散土。桩的极限端阻力标准值 q_{pk} 可参考表 4-3。

桩的端阻力受成桩工艺的影响很大。对于挤土桩，如果桩周围为可挤密土(如松砂)，则桩端土受到挤密作用而使端阻力提高，并且使端阻力在较小桩端位移下即可发挥作用。对于密实的土或者饱和黏性土，挤压的结果可能不是挤密，而是扰动了原状土的结构，或者产生超静孔隙水压力，端阻力反而可能会受不利影响。对于非挤土桩，成桩时可能扰动原状土，在桩底形成沉渣和虚土，则端阻力会明显降低。其中大直径的挖(钻)孔桩，由于开挖造成的应力松弛，使端阻力随着桩径增大而降低。

对于水下施工的灌注桩，由于桩底沉渣不易清理，一般端阻力比干作业灌注桩要小。

表 4-3 桩的极限端阻力标准值 q_{pk}(选自《建筑桩基技术规范》) kPa

土名称	土的状态 \ 桩型		混凝土预制桩桩长 l/m				泥浆护壁钻(冲)孔桩桩长 l/m				干作业钻孔桩桩长 l/m		
			$l\leqslant 9$	$9<l\leqslant 16$	$16<l\leqslant 30$	$l>30$	$5\leqslant l<10$	$10\leqslant l<15$	$15\leqslant l<30$	$30\leqslant l$	$5\leqslant l<10$	$10\leqslant l<15$	$15\leqslant l$
黏性土	软塑	$0.75<I_L\leqslant 1$	210~850	650~1400	1200~1800	1300~1900	150~250	250~300	300~450	300~450	200~400	400~700	700~950
	可塑	$0.50<I_L\leqslant 0.75$	850~1700	1400~2200	1900~2800	2300~3600	350~450	450~600	600~750	750~800	500~700	800~1100	1000~1600
	硬可塑	$0.25<I_L\leqslant 0.50$	1500~2300	2300~3300	2700~3600	3600~4400	800~900	900~1000	1000~1200	1200~1400	850~1100	1500~1700	1700~1900
	硬塑	$0<I_L\leqslant 0.25$	2500~3800	3800~5500	5500~6000	6000~6800	1100~1200	1200~1400	1400~1600	1600~1800	1600~1800	2200~2400	2600~2800
粉土	中密	$0.75\leqslant e\leqslant 0.9$	950~1700	1400~2100	1900~2700	2500~3400	300~500	500~650	650~750	750~850	800~1200	1200~1400	1400~1600
	密实	$e<0.75$	1500~2600	2100~3000	2700~3600	3600~4400	650~900	750~950	900~1100	1100~1200	1200~1700	1400~1900	1600~2100
粉砂	稍密	$10<N\leqslant 15$	1000~1600	1500~2300	1900~2700	2100~3000	350~500	450~600	600~700	650~750	500~950	1300~1600	1500~1700
	中密、密实	$N>15$	1400~2200	2100~3000	3000~4500	3800~5500	600~750	750~900	900~1100	1100~1200	900~1000	1700~1900	1700~1900
细砂	中密、密实	$N>15$	2500~4000	3600~5000	4400~6000	5300~7000	650~850	900~1200	1200~1500	1500~1800	1200~1600	2000~2400	2400~2700
中砂			4000~6000	5500~7000	6500~8000	7500~9000	850~1050	1100~1500	1500~1900	1900~2100	1800~2400	2800~3800	3600~4400
粗砂			5700~7500	7500~8500	8500~10000	9500~11000	1500~1800	2100~2400	2400~2600	2600~2800	2900~3600	4000~4600	4600~5200
砾砂	中密、密实	$N>15$	6000~9500		9000~10 500		1400~2000		2000~3200		3500~5000		
角砾、圆砾		$N_{63.5}>10$	7000~10 000		9500~11 500		1800~2200		2200~3600		4000~5500		
碎石、卵石		$N_{63.5}>10$	8000~11 000		10 500~13 000		2000~3000		3000~4000		4500~6500		
全风化软质岩		$30<N\leqslant 50$	4000~6000				1000~1600				1200~2000		
全风化硬质岩		$30<N\leqslant 50$	5000~8000				1200~2000				1400~2400		
强风化软质岩		$N_{63.5}>10$	6000~9000				1400~2200				1600~2600		
强风化硬质岩		$N_{63.5}>10$	7000~11 000				1800~2800				2000~3000		

注：1. 砂土和碎石类土中桩的极限端阻力取值，宜综合考虑土的密实度，桩端进入持力层的深度比 h_b/d，土越密实，h_b/d 越大，取值越高；

2. 预制桩的岩石极限端阻力指桩端支承于中、微风化基岩表面或进入强风化岩、软质岩一定深度条件下极限端阻力；

3. 全风化、强风化软质岩和全风化、强风化硬质岩指其母岩分别为 $f_{rk}\leqslant 15$MPa、$f_{rk}>30$MPa 的岩石。

3. 端阻力的深度效应

从式(4-6)可以看出，按照经典的极限承载力理论，桩的单位极限端阻力 q_p 应当随桩的入土深度 l 的增加而线性增加。但许多学者在室内模型试验和现场原型观测中发现，桩端阻力有明显的深度效应，即存在着一个**临界深度** h_c，当桩端进入均匀持力层的深度小于临界深度 h_c时，其极限端阻力随深度基本上是线性增加；当进入深度大于临界深度 h_c 时，极限端阻力基本不再增加，趋于一个常数。如图 4-10 所示的模型试验中，曲线①、②为均匀砂土层的情况；对于多层土的情况也存在临界深度，并且在两土层中分别存在各自的临界深度。

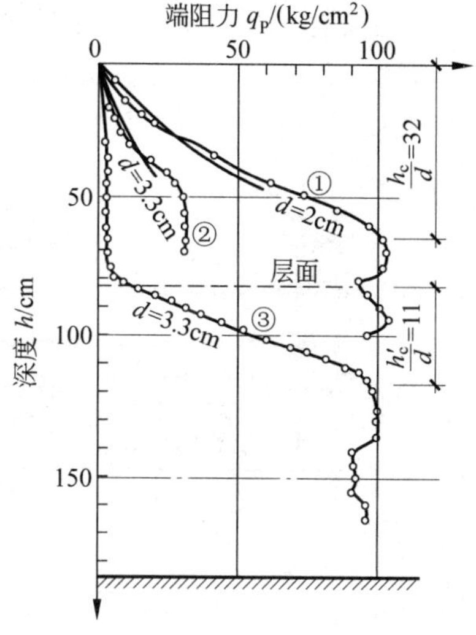

图 4-10　桩的端阻力试验与临界深度

①—均匀砂土 $D_r=0.7$，$q_p=10000$kPa；

②—均匀砂土 $D_r=0.5$，$q_p=3000$kPa；

③—双层砂土 $D_{r上}=0.2$，$D_{r下}=0.7$

图 4-10 的试验和其他的研究表明，桩的端阻力的临界深度有如下特点：

(1) 桩的端阻力的临界深度 h_c随持力层砂土的相对密度的提高而提高。

(2) 对于图 4-10 中曲线③的第二层是相对密度 D_r 为 0.7 的砂土，它从两层土界面起算的临界深度h'_c与 D_r 为 0.7 的均匀土之临界深度 h_c 相比，$h'_c<h_c$，亦即上部覆盖压力使临界度减小，但是曲线①与③的极限端阻力基本相同。

(3) 端阻临界深度 h_c 随桩径增大而增加。

如上所述，与侧阻力的临界深度一样，端阻的临界深度也是由于砂土的剪胀和剪缩特性决定的。

4.4　竖向承压桩单桩承载力的确定

所谓单桩承载力应满足以下三个要求：

(1) 在荷载作用下，桩在地基土中不丧失稳定性；

(2) 在荷载作用下，桩顶不产生过大的位移；

(3) 在荷载作用下，桩身材料不发生破坏。

在《建筑地基基础设计规范》中规定：设计中，按单桩承载力确定桩数时，传至承台底面上的作用应按正常使用极限状态下作用的标准组合；相应的抗力采用单桩承载力特征值。

如 4.3 节所述，竖向承压桩的单桩承载力影响因素很多，包括土类、土质、桩身材料、桩径、桩的入土深度、施工工艺等。在长期的工程实践中，人们提出了多种确定单桩承载力的方法。目前在工程实践中主要采用如下方法。

4.4.1 现场试验法

1. 单桩竖向静载荷试验

单桩竖向静载荷试验既可在工程桩施工前进行,用以测定单桩的承载力;也可用以对施工后的工程桩进行检测。这种试验是在施工现场,按照设计施工条件就地成桩,试验桩的材料、长度、断面以及施工方法均与实际工程桩一致。它适用于各种情况下对单桩承载力的确定。尤其是重要建筑物或者地质条件复杂、桩的施工质量可靠性低及不易准确地用其他方法确定单桩竖向承载力的情况。规范要求,在同一条件下的试桩数量,不宜少于总桩数的1%,并且不应少于3根。图4-11为工程中常用的两种单桩竖向静载荷试验的装置示意图。千斤顶向下加载必须有足够的反力,可以用如图4-11(a)中所示的锚桩;当桩的侧阻力所占比例较小时,锚桩不能提供足够的反力,也可在千斤顶上架设平台堆载提供反力。试验时,在桩顶用千斤顶逐级加载,记录变形稳定时每级荷载下的桩顶沉降量s,直到桩失稳为止。由试验结果绘制出的荷载Q与桩顶的沉降s曲线如图4-12所示。

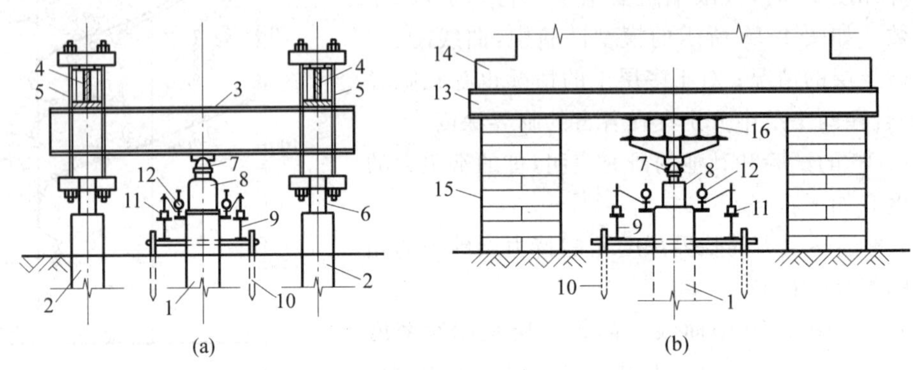

图4-11 两种单桩静载荷试验装置

(a) 锚桩横梁反力装置;(b) 堆载平台反力装置

1—试桩;2—锚桩;3—主梁;4—次梁;5—拉杆;6—锚筋;7—球座;8—千斤顶;9—基准梁;10—基准桩;11—磁性表座;12—位移计;13—载荷平台;14—堆载;15—支墩;16—托梁

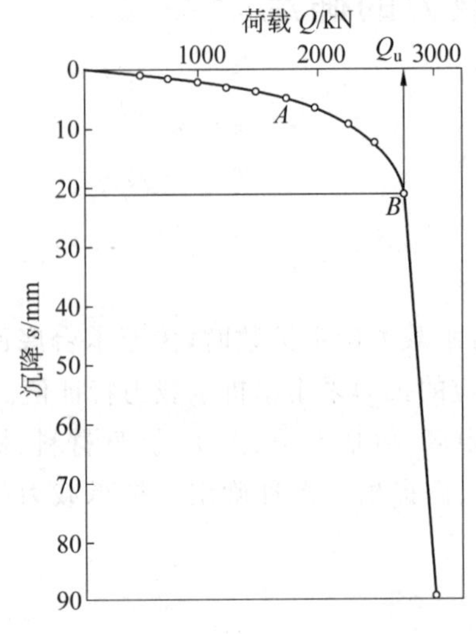

图4-12 单桩试验的Q-s曲线

根据测得的曲线可按下列方法确定单桩的竖向极限承载力:

(1) 当曲线的陡降段明显时,取相应陡降段起点的荷载值,如图4-12中曲线的B点。

(2) 当曲线是缓变型时,取桩顶总沉降量$s=40$mm所对应的荷载值,当桩长大于40m时,可考虑桩身弹性压缩,适当增加对应的总沉降量。

(3) 当在试验中出现$\frac{\Delta s_{n+1}}{\Delta s_n}\geqslant 2$并且24小时未达

到稳定时，取 s_n 所对应的荷载值。其中 $\Delta s_n = s_n - s_{n-1}$，$\Delta s_{n+1} = s_{n+1} - s_n$，即分别为第 n 级和第 $n+1$ 级荷载产生的桩顶沉降增量。

(4) 按上述方法判断有困难时，可结合其他辅助方法综合判定，对地基沉降有特殊要求者，可根据具体情况选取。

对于参加统计的试验桩，当各个单桩竖向极限承载力极差不超过平均值的 30%时，可取其平均值作为单桩的竖向极限承载力标准值。极差超过平均值的 30%时，宜分析其原因并增加试桩数量，结合工程具体情况确定极限承载力。对于柱下桩承台只有 3 根桩或少于 3 根桩的情况，则取最小值。

将上述确定的单桩极限承载力标准值除以安全系数 K，则为单桩竖向承载力的特征值 R_a。亦即

$$R_a = \frac{1}{K} Q_{uk} \tag{4-7}$$

式中：Q_{uk}——单桩竖向极限承载力标准值；

K——安全系数，取 $K=2.0$。

2. 其他现场试验方法

(1) 动测桩法

可利用高应变法检测桩的竖向抗压承载力和桩身的完整性。但其承载力检测的精度不是很可靠，应参考现场或本地区相近条件下单桩静载荷试验的可靠对比资料。它一般用于施工后对工程桩的承载力检测，或者作为单桩静载荷试验的辅助检测手段。不宜做大直径扩底桩和 Q-s 曲线缓变型的大直径灌注桩的竖向抗压承载力的检测。

(2) 深层平板载荷试验

当桩端持力层为密实砂卵石或其他坚硬土层时，对于单桩承载力很高的大直径端承桩，可采用深层平板载荷试验确定桩端承载力特征值。深层平板载荷试验采用的刚性承压板直径与桩径一致，桩端承载力的特征值可直接取该试验 p-s 曲线的比例界限对应的荷载值；当极限承载力小于比例界限的 2 倍时，可取极限荷载之半；不能按上述两种条件确定时，可取 $\frac{s}{d}=0.01 \sim 0.015$ 所对应的荷载值，作为单位面积桩端承载力的特征值，但它不能大于最大加载下单位面积压力值的一半。

(3) 岩基载荷试验

嵌岩桩是指桩端嵌入完整、较完整的未风化或中等风化的硬质岩体的桩，嵌入最小深度不小于 0.5m，对于桩端无沉渣的嵌岩桩，桩端岩石承载力的特征值可用岩基载荷试验确定。试验采用圆形的刚性承压板，直径为 300mm。当岩石埋藏深度较大时，可采用钢筋混凝土桩试验，但桩周需采取措施以清除其侧摩阻力，取试验 p-s 线直线段的终点为比例界限，作为岩石地基承载力特征值，或者取极限承载力除以安全系数 3.0 为桩端承载力的特征值，二者取小值。

4.4.2　触探法

对于地基基础设计等级为丙级的建筑物，可采用原位测试的静力触探法及标准贯入试

验参数确定单桩竖向承载力的特征值 R_a。对于地质条件简单、设计等级为乙级的建筑桩基,可参照地质条件相同的试桩资料,结合静、动触探综合确定单桩承载力。

静力触探与桩的入土过程非常相似,可以把静力触探看成是小尺寸打入桩的现场模拟试验。由于它设备简单,自动化程度高,被认为是一种很有发展前途的单桩承载力确定方法。但是由于尺寸及条件不同于桩的静载试验,所以一般是将测得的比贯入阻力 p_s 与侧阻力 q_{sk} 和端阻力 q_{pk} 间建立经验关系,表 4-4 为参考《北京地区建筑地基基础勘察设计规范》所推荐的经验关系。然后即可用式(4-8)确定单桩竖向承载力标准值。

表 4-4 用比贯入阻力 p_s 值评价预制桩极限桩侧阻力标准值 q_{sk} 与极限桩端阻力标准值 q_{pk}

土的名称	p_s/MPa	q_{sk}/kPa	q_{pk}/kPa
黏性土	0.5～1.0	30～40	—
	1.0～1.5	40～50	—
	1.5～2.0	50～60	—
	2.0～3.0	60～70	—
粉土	1.0～3.0	40～70	2000～3000
	3.0～6.0	70～90	3000～4000
砂土	5.0～15.0	40～60	3600～4400
	15.0～25.0	60～80	4400～6400
	25.0～30.0	80～90	6400～8400

注:静力触探试验探头规格为锥底面积 $10cm^2$、锥角 60°、侧壁长度 7cm、贯入速度 0.8～1.4m/min。

对于砂土和碎石土也可以利用标准贯入试验击数 N 和重型动力触探击数 $N_{63.5}$,首先判断其密实度,然后从表 4-2 和表 4-3 中选取相应的 q_{sk} 和 q_{pk} 值。

4.4.3 经验参数法

经验参数法与静力触探法适用的条件相同。单桩竖向极限承载力的标准值 Q_{uk} 可以用式(4-8)估算:

$$Q_{uk} = Q_{sk} + Q_{pk} = u\sum q_{sik}l_i + q_{pk}A_p \tag{4-8}$$

式中:u——桩身周长;

l_i——桩身穿越第 i 层岩土的厚度;

A_p——桩底横断面面积;

q_{sik}——桩侧第 i 层土的极限侧阻力标准值;

q_{pk}——极限端阻力标准值。

其中 q_{sik} 和 q_{pk} 可根据不同地区的静载试验结果的统计分析得到,当无当地经验时,也可根据土的物理性质指标,按表 4-2 和表 4-3 取值。

在使用式(4-8)估算单桩竖向极限承载力的标准值时,应注意以下几点:

(1) 对于大直径钻孔灌注桩(d>800mm),q_{sik} 和 q_{pk} 均应乘以小于 1.0 的尺寸效应系数;

(2) 对于嵌岩桩,嵌岩段的总极限阻力标准值可根据岩石的饱和单轴抗压强度标准值确定;

(3) 对于后注浆的灌注桩,其极限侧阻力和端阻力都乘以大于 1.0 的增强系数。

4.5　桩的抗拔承载力与桩的负摩擦力

一般的竖向受压桩都是桩在竖向荷载下相对于桩周土有向下的相对位移，桩周土则对桩身作用向上的摩阻力，但有时会发生相反的情况，这就是抗拔桩和发生**负摩擦力**的工作状态。

4.5.1　单桩的抗拔承载力

深埋的轻型结构和地下结构的抗浮桩、冻土地区受到冻拔的桩、高耸建筑物受到较大倾覆力后，往往都会发生部分或全部桩承受上拔力的情况，应对桩基进行抗拔验算。

与承压桩不同，当桩受到拉拔荷载时，桩相对于土向上运动，这使桩周土产生的应力状态、应力路径和土的变形都不同于承压桩的情况，所以抗拔的摩阻力一般小于抗压的摩阻力。尤其是砂土中的抗拔摩阻力比抗压的小得多。而在饱和黏土中，较快的上拔可在土中产生较大的负超静孔隙水压力，可能会使桩的拉拔更困难，但由于其会随时间而消散，所以一般不计入抗拔力中。在拉拔荷载下的桩基础可能发生两种拔出情况，即全部单桩都被单个拔出与群桩整体(包括桩间土)的拔出，这取决于哪种情况提供的总抗力较小。

由于对桩的抗拔机理的研究尚不够充分，所以对于重要的建筑物和在没有经验的情况下，最有效的单桩抗拔承载力的确定方法是进行现场拔桩静现场载荷试验。对于非重要建筑物，当无当地经验时可按式(4-9)计算单桩抗拔极限承载力 T_{uk}的标准值：

$$T_{uk} = \sum_{i=1}^{n} \lambda_{pi} q_{sik} u_i l_i \tag{4-9}$$

式中：λ_{pi}——第 i 层土的抗拔折减系数，可参考表 4-5 取值；

u_i——桩身周长，对于等直径桩，$u=\pi d$，对于扩底桩，在桩底以上 $l_i=(4\sim10)d$ 范围中，$u=\pi D$，土的内摩擦角越大，l_i越大；

q_{sia}——第 i 层土抗压时桩侧极限侧阻力标准值，可按表 4-2 和表 4-4 取值。

表 4-5　抗拔系数 λ_p

土　　类	λ_p
砂土	0.5～0.7
黏性土、粉土	0.7～0.8

注：桩长 l 与桩径 d 之比小于 20 时，λ_p 取小值。

单桩的抗拔验算可用式(4-10)进行：

$$N_k \leqslant T_{uk}/2 + G_p \tag{4-10}$$

式中：N_k——相应于作用标准组合的效应，单桩上的上拔力；

G_p——单桩自重的标准值，地下水位以下扣除浮力。

当群桩呈整体被拔出时，群桩中的每一根桩的抗拔极限承载力 T_{gk}可按下式计算：

$$T_{gk} = \frac{1}{n} u \sum \lambda_i q_{sik} l_i \tag{4-11}$$

式中：u——群桩的外围周长。

这时单桩的抗拔验算可用下式进行：

$$N_k \leqslant T_{gk}/2 + G_{gp} \tag{4-12}$$

式中：N_k——按作用标准组合效应计算的单桩拔力；

G_{gp}——群桩基础所包围的体积的桩土总自重除以总桩数 n，地下水位扣除浮力。

4.5.2 桩土的负摩擦力

1. 负摩擦力的概念和形成

在桩顶压力作用下，桩相对周围土体向下运动，因而土对桩施加向上的摩擦力，这构成了承压桩承载力的一部分。这种摩擦力通常被称为正摩擦力，或简称侧摩阻力或侧阻力。

但是由于某些原因，使桩本身向下的位移量小于周围土体向下的位移量，从而使作用在桩上的摩擦力向下，这种摩擦力实际上成为作用在桩侧的下拉荷载，被称为**负摩擦力**。负摩擦力减少了受压桩的承载力，增加桩上荷载，并可能导致过量的沉降，因而在不能避免时应进行验算。

产生负摩擦力的原因有多种，例如：

(1) 桩周地面上分布大面积的较大荷载，例如仓库中大面积堆载(图 4-13(a))；

(2) 桩身穿过欠固结软黏土或新填土层，桩端支承于较坚硬的土层上，桩周土在自重作用下随时间固结沉降；

(3) 由于地下水大面积下降(例如大量抽取地下水)使易压缩土层有效应力增加而发生压缩(图 4-13(b))；

(4) 自重湿陷性黄土浸水下沉，冻土融陷；

(5) 在灵敏性土内打桩引起桩周围土的结构破坏而重塑和固结(图 4-13(c))，图中 M 为十字板剪切仪在土体破坏时的力矩。某现场测试表明，由此引起的负摩擦力大约为 17%黏土的不排水强度。

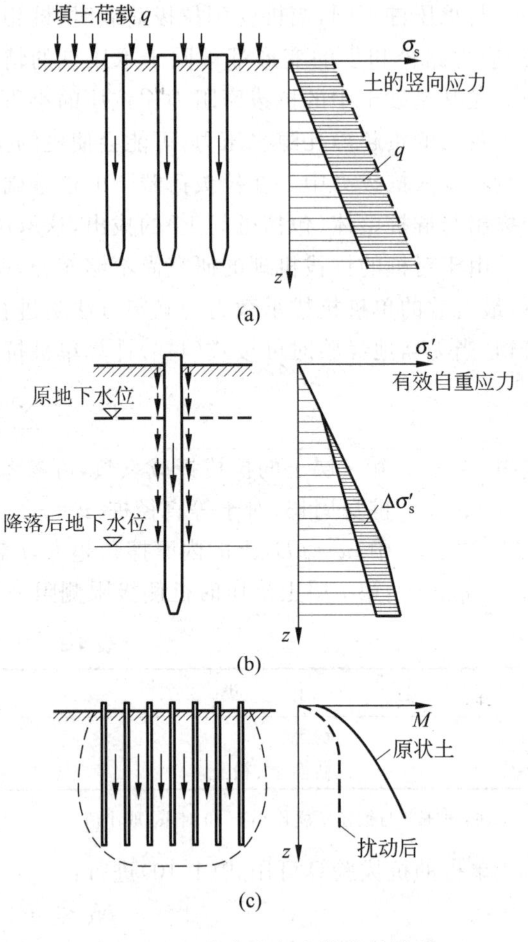

图 4-13 几种产生负摩擦力的情况

2. 负摩擦力的分布

桩身上负摩擦力的分布范围视桩身与桩周土的相对位移情况而定。一般除了支承在基岩上的非长桩以外，都不是沿桩身全部分布着负摩擦力。

图4-14(b)中 ab 线代表桩周土层下沉量随深度的分布，其中 s_e 表示地面土的沉降量；cd 线为桩身各截面的向下位移曲线，该线上所表示的桩身任一截面位移量 $s_D=s_p+s_{sz}$，其中 s_p 为桩端的下沉量，表示桩整体向下平移；s_{sz} 为该断面以下桩身材料的压缩量，即该断面与桩端断面的位移差。可以看出 ab 线与 cd 线的交点为 O，在 O 点处桩与桩周土位移相等，二者没有相对位移及摩擦力的作用，因而称 O 点为**中性点**。在中性点以上，各断面处土的下沉量大于桩身各点向下位移量，所以是负摩擦区；在中性点以下，土的下沉量小于桩身各点向下的位移，因而是正摩擦区。中性点是正负摩擦分界点，因而它是桩轴力的最大点，亦即轴力分布曲线在该点的斜率为0，见图4-14(d)。作用于桩侧摩阻力的分布如图4-14(c)所示。

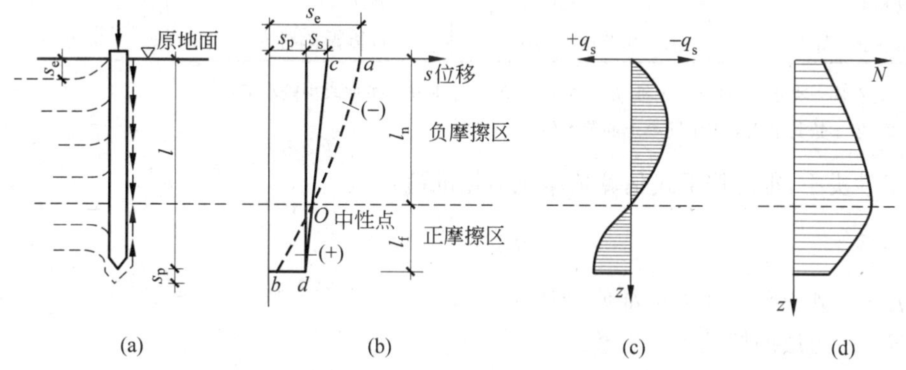

图4-14　桩的负摩擦力分布与中性点

(a) 正负摩擦力分布；(b) 中性点位置的确定；(c) 桩侧摩阻力分布；(d) 桩身轴向力分布

中性点的深度 l_n 与桩周土的压缩性和变形条件、土层分布及桩的刚度等条件有关。但实际上较难准确地确定中性点的位置。显然，桩端沉降量 s_p 越小，l_n 就越大，当 $s_p=0$ 时 $l_n=l$，亦即全桩分布负摩擦力。对产生负摩擦力的桩，《建筑桩基技术规范》给出的中性点深度与桩长的比值如表4-6所示。

表4-6　中性点深度 l_n

持力层性质	黏性土、粉土	中密以上砂	砾石、卵石	基岩
中性点深度比 l_n/l_r	0.5～0.6	0.7～0.8	0.9	1.0

注：1. l_n，l_r——自桩顶算起的中性点深度和桩周软弱土层下限深度；

2. 桩穿越自重湿陷性黄土层时，l_n 按表列值增大10%(持力层为基岩除外)；

3. 当桩周土固结与桩基固结同时完成时，取 $l_n=0$；

4. 当桩周土计算沉降量小于20mm时，l_n 按表列值乘以0.4～0.8折减。

上述中性点位置 l_n 是指桩与周围土沉降稳定时的情况，由于桩周土固结随时间而发展，所以中性点位置也随时间变化。

3. 负摩擦力的计算

在国内外均提出了一些计算负摩擦力的方法，但由于影响桩身负摩擦力的因素较多，准确计算比较困难。多数学者认为桩侧面摩擦力大小与桩侧有效应力有关，根据大量试验及工程实测表明，贝伦(L. Bjerrum)提出的“有效应力法”较为接近实际，因此我国的《桩基规范》也规定用该方法计算负摩擦力的标准值：

$$q_{si}^{n} = K\tan\varphi'\sigma' = \xi_{n}\sigma' \tag{4-13}$$

式中：K——土的侧压力系数，可取为静止土压力系数；

φ'——土的有效应力内摩擦角；

σ'——桩周土中竖向有效应力，kPa；

ξ_{n}——桩周土负摩擦系数，与土的类别和状态有关，可参考表4-7。

表4-7 负摩擦力系数 ξ_{n}(摘自《建筑桩基技术规范》)

土 类	ξ_{n}	土 类	ξ_{n}
饱和软土	0.15～0.25	砂土	0.35～0.50
黏性土、粉土	0.25～0.40	自重湿陷性黄土	0.20～0.35

注：1. 在同一类土中，对于挤土桩，取表中较大值，对于非挤土桩取表中较小值；

2. 填土按其组成取表中同类土的较大值。

对于砂类土，也可按下式估算负摩擦力标准值：

$$q_{s}^{n} = \frac{N}{5} + 3 \tag{4-14}$$

式中：q_{s}^{n}——砂土负摩擦力标准值，kPa；

N——土层的标准贯入击数。

负摩擦力的存在减少了桩的承载力和增加了桩上荷载，在桩基设计施工中可采用一些措施避免或减少负摩擦力。对于预制钢筋混凝土桩和钢桩，可在桩身上涂敷一层具有相当黏度的沥青滑动层；对于灌注桩，在浇混凝土之前在孔壁铺设塑料膜或用高稠度膨润土泥浆，在桩壁形成滑动层。调整施工次序，采取措施减小建筑物使用后的桩土相对位移，也是减少负摩擦力的有效方法。

在桩基设计时，可根据具体情况考虑负摩擦力对桩基承载力和沉降的影响，当缺乏可参照的工程经验时，《建筑桩基技术规范》建议按下列规定验算：

(1) 对于摩擦型桩可取桩身计算中性点以上侧阻力为零，并可按下式验算桩的承载力：

$$N_{k} \leqslant R_{a} \tag{4-15}$$

(2) 对于端承型桩除应满足上式要求外，尚应考虑负摩阻力引起桩的下拉荷载 Q_{g}^{n}，并可按下式验算基桩承载力：

$$N_{k} + Q_{g}^{n} \leqslant R_{a} \tag{4-16}$$

上两式中：R_{a} 只计中性点以下部分侧阻值及端阻值。

(3) 当土层不均匀或建筑物对不均匀沉降较敏感时，尚应将负摩擦力引起的下拉荷载计入附加荷载验算桩基沉降。

4.6 桩在水平荷载下的性状及承载力确定

对于工业与民用建筑工程，大多数桩基以承受竖向压荷载为主，但有时也要承受一定的水平荷载，如瞬时作用的风荷载、吊车制动荷载和地震荷载等。由于大多数情况下水平荷载不大，为了施工便利，往往采用竖直桩同时抵抗水平力。所以下面讨论竖直桩在水平荷载下的情况及承载力。

4.6.1　单桩水平承载力的影响因素

桩在水平荷载的作用下发生变位，会促使桩周土发生变形而产生抗力。当水平荷载较低时，这一抗力主要是由靠近地面部分的土提供的，土的变形也主要是弹性压缩变形，随着荷载加大，桩的变形也加大，表层土将逐步发生塑性屈服，从而使水平荷载向更深土层传递。当变形增大到桩所不能允许的程度，或者桩周土失去稳定时，就达到了桩的水平极限承载能力。

单桩水平承载力，也如竖向抗压承载力一样，应满足如下三个要求：

(1) 桩周土不会丧失稳定。

(2) 桩身不会发生断裂破坏。

(3) 建筑物不会因桩顶水平位移过大而影响正常使用。

显然能否满足要求取决于桩周的土质条件、桩的入土深度、桩的截面刚度、桩的材料强度以及建筑物的性质等因素。土质越好，桩入土越深，土的抗力越大，桩的水平承载力也就越高。抗弯性能差的桩，如低配筋率的灌注桩，常因桩身断裂而破坏，而抗弯性能好的桩如钢筋混凝土桩和钢桩，承载力往往受周围土体的性质所控制。为保证建筑物能正常使用，按工程经验，应控制桩顶水平位移不大于10mm，而对水平位移敏感的建筑物，则不应大于6mm。

另外一些影响单桩水平承载力的因素还有桩顶的嵌固条件和群桩中各桩的相互影响。当有刚性承台约束时，桩顶不能转动，只能平移，在同样的水平荷载下，它使承台的水平位移减小，而使桩顶的弯矩加大。图 4-15 表示不同类型的桩在有无桩顶嵌固条件下变形与破坏性状的示意图。群桩的影响表现为，在刚性承台的约束下，水平荷载使各桩发生水平位移，前排桩的位移所留下的空隙使后排桩的抗力减少；当桩数较多且桩距较小时，这种影响尤为显著。

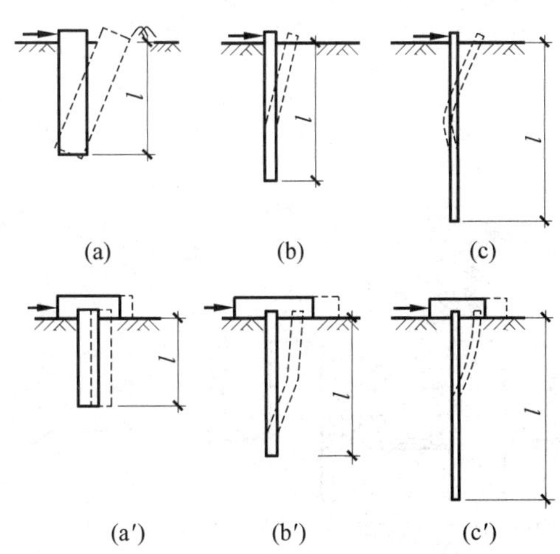

图 4-15　水平受力桩的破坏形式

(a)、(a′) 刚性桩；(b)、(b′) 半刚性桩(弹性中长桩)；(c)、(c′) 柔性桩(弹性长桩)；(a)、(b)、(c) 桩顶自由；(a′)、(b′)、(c′) 桩顶嵌固

此外当桩基承台周围的土未经扰动或者回填土经过夯击密实时，可计入周围土对于承台的水平抗力，减少了作用于桩上的水平荷载。

4.6.2 桩的水平静载试验

对于受水平荷载较大的重要建筑物,单桩水平承载力的特征值应通过单桩静力水平载荷试验确定。图4-16为试验的示意图。首先,可在现场制作两根相同的试桩,两桩间水平放置加载用的千斤顶。加载方法常采用循环加卸载法,以便与桩基所承载的瞬时、反复的水平荷载情况一致;对于受长期水平荷载的桩基,也可采用慢速加载法进行试验。

试验前首先取单桩预估水平极限承载力的$\frac{1}{15}\sim\frac{1}{10}$作为每级的加载增量。每级荷载施加后,保持恒载4min测读水平位移,然后卸载到零,停2min测读残余水平位移,至此完成一个加卸载循环,如此循环5次便完成了一级荷载的试验观测。然后再进行下一级荷载的试验,如此循环共进行10～15级荷载的测试。试验不得中途停顿,直至因桩身折断或在恒载下水平位移急剧增如,或者水平位移超过30～40mm时,可终止试验。

根据水平载荷试验,绘制水平荷载-时间-位移(H_0-t-x_0)曲线,取该曲线明显陡降的前一级荷载为极限荷载H_u(kN),见图4-17。

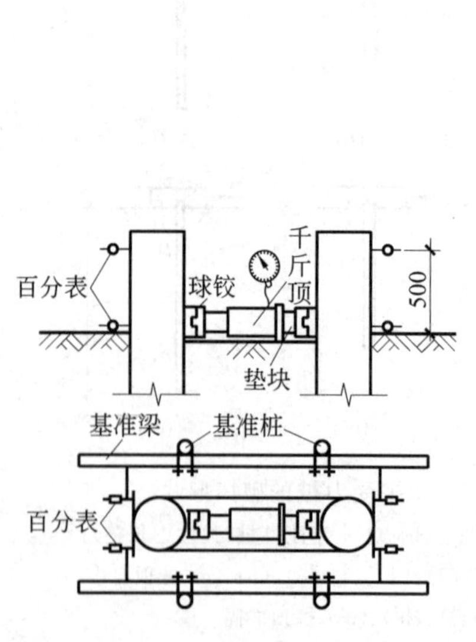

图4-16 单桩静力水平载荷试验装置

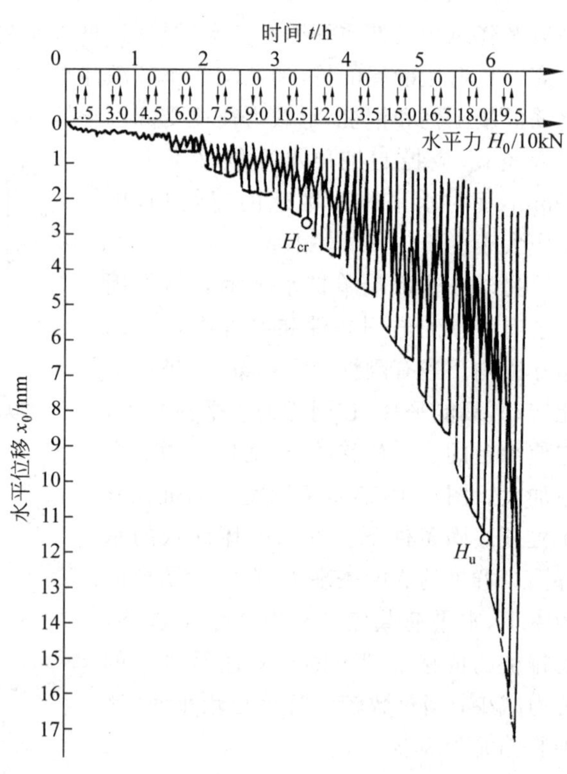

图4-17 水平载荷试验曲线(H_0-t-X_0曲线)

当桩身允许裂缝时,极限水平承载力除以安全系数2.0,可作为单桩水平承载力的特征值R_{ha}。对于钢筋混凝土预制桩、钢桩、桩身全截面配筋率不小于0.65%的灌注桩,也可根据静载试验结果取地面处水平位移为10mm(对水平位移敏感的建筑物取水平位移6mm)所对应的荷载的75%作为单桩水平承载力特征值;当桩身不允许裂缝时,取水平临界荷载统计值的 0.75 倍为单桩水平承载力特征值。取桩身折断前一级荷载为极限荷载。如果没有明显的陡变和断桩,可取水平力-位移梯度(H_0-$\Delta X_0/\Delta H_0$)曲线第二直线段的终点荷载为极限荷载,见图 4-18。

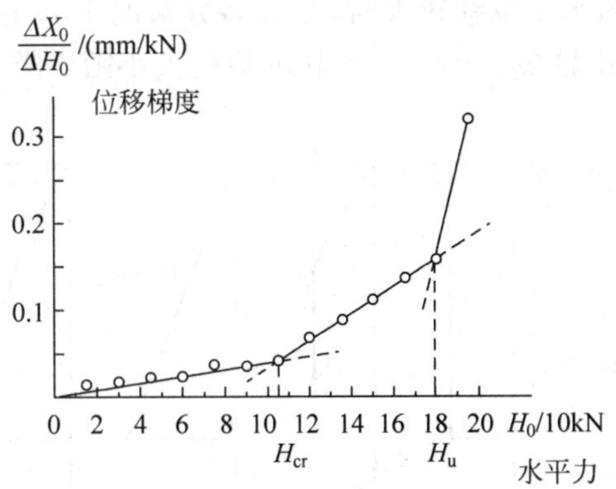

图 4-18 H_0-$\Delta X_0/\Delta H_0$ 曲线

4.6.3 弹性长桩在水平荷载作用下的理论分析

弹性长桩的水平变形与承载力通常按侧向弹性地基梁的方法进行分析。采用文克尔地基模型研究在横向荷载和桩侧土抗力共同作用下桩的挠度曲线(见图 4-19(a)),通过挠度曲线微分方程,可求出桩身各截面的弯矩、剪力和变形。

桩的挠度曲线的微分方程为

$$EI\frac{\mathrm{d}^4 x}{\mathrm{d}z^4} = -p_x \tag{4-17}$$

式中:p_x——土作用于桩上的水平抗力,kN/m,按文克尔假定为

$$p_x = k_h x b_0 \tag{4-18}$$

式中:b_0——桩的计算宽度,m,见表 4-8;

x——桩的水平位移,m;

k_h——土的**水平抗力系数**,或称为水平基床系数,$\mathrm{kN/m^3}$。

表 4-8 桩身截面计算宽度 b_0

截面宽度 b 或直径 d/m	圆桩	方桩
>1	$0.9(d+1)$	$b+1$
≤1	$0.9(1.5d+0.5)$	$1.5b+0.5$

水平抗力系数 k_h 的大小与分布,直接影响上述微分方程(4-17)的求解、截面的内力及桩身变形计算,k_h 与土的种类和桩的入土深度有关,由于对 k_h 的分布所作的假定不同,故有不同的计算分析方法,采用较多的是图 4-19 所示的 4 种假定,其一般表达式为

$$k_h = mz^n \tag{4-19}$$

(1) 常数法——假定 k_h 沿桩的深度为常数(图 4-19(b)),亦即式(4-19)中 $n=0$。

(2) k 法——假定 k_h 在挠度面曲线的第一零点 z_t 以上为沿深度按直线($n=1$)或抛物线($n=2$)增加,其下则为常数($n=0$),见图 4-19(c)。

(3) m 法——假定 k_h 随深度成比例增加(图 4-19(d)),亦即式(4-19)中 $n=1.0$。

(4) c 法——假定 k_h 随深度量呈抛物线变化(图 4-19(e)),亦即式(4-21)中 $n=0.5$,$m=c$。

实测资料表明,当桩的水平位移较大时,在大多数情况下 m 法的计算结果较为接近实际,在我国 m 法应用的也比较多。式(4-19)中 m 值的大小随土类及土状态而不同。

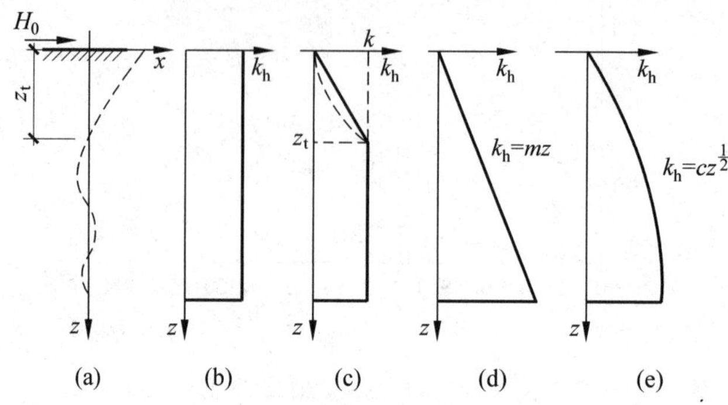

图 4-19 水平荷载下桩的变形及不同的水平抗力系数假定

1. 单桩挠度曲线微分方程

将 $n=1$ 的式(4-19)代入式(4-18),已知单桩桩顶作用荷载为水平荷载 H_0,弯矩 M_0,则得到微分方程

$$\frac{\mathrm{d}^4 x}{\mathrm{d}z^4}+\frac{mb_0}{EI}zx=0 \tag{4-20}$$

根据式(4-1)

$$\alpha=\sqrt[5]{\frac{mb_0}{EI}}$$

α 为桩的水平变形系数,单位为 m^{-1},则式(4-20)变成

$$\frac{\mathrm{d}^4 x}{\mathrm{d}z^4}+\alpha^5 zx=0 \tag{4-21}$$

代入边界条件,这一微分方程可用幂函数求解,得到完全埋置桩沿桩身 z 的水平土压力、各截面的内力和变形,其简化表达式如下:

$$\left.\begin{aligned}
&\text{位移} && x_z=\frac{H_0}{\alpha^3 EI}A_x+\frac{M_0}{\alpha^2 EI}B_x\\
&\text{转角} && \varphi_z=\frac{H_0}{\alpha^2 EI}A_\varphi+\frac{M_0}{\alpha EI}B_\varphi\\
&\text{弯矩} && M_z=\frac{H_0}{\alpha}A_M+M_0B_M\\
&\text{剪力} && V_z=H_0A_V+\alpha M_0B_V\\
&\text{土抗力} && p_{x(z)}=\frac{1}{b_0}(\alpha H_0A_p+\alpha^2M_0B_p)
\end{aligned}\right\} \tag{4-22}$$

对弹性长桩,式中 $A_x,B_x,A_\varphi,B_\varphi,A_M,B_M,A_V,B_V,A_p,B_p$ 均可从表 4-9 中查出,其中设 $\alpha z=\bar{h}$,称为折算深度。按上式可计算并绘出单桩的水平土压力、内力和变形随深度的分布,如图 4-20 所示。

表 4-9 长桩的内力和变形计算常数

$\bar{h}=\alpha z$	A_x	A_φ	A_M	A_V	A_p	B_x	B_φ	B_M	B_V	B_p
0.0	2.435	−1.623	0.000	1.000	0.000	1.623	−1.750	1.000	0.000	0.000
0.1	2.273	−1.618	0.100	0.989	−0.227	1.453	−1.650	1.000	−0.007	−0.145
0.2	2.112	−1.603	0.198	0.956	−0.422	1.293	−1.550	0.999	−0.028	−0.259
0.3	1.952	−1.578	0.291	0.906	−0.586	1.143	−1.450	0.994	−0.058	−0.343
0.4	1.796	−1.545	0.379	0.840	−0.718	1.003	−1.351	0.987	−0.095	−0.401
0.5	1.644	−1.503	0.459	0.764	−0.822	0.873	−1.253	0.976	−0.137	−0.436
0.6	1.496	−1.454	0.532	0.677	−0.897	0.752	−1.156	0.960	−0.181	−0.451
0.7	1.353	−1.397	0.595	0.585	−0.947	0.642	−1.061	0.939	−0.226	−0.449
0.8	1.216	−1.335	0.649	0.489	−0.973	0.540	−0.968	0.914	−0.270	−0.432
0.9	1.086	−1.268	0.693	0.392	−0.977	0.448	−0.878	0.885	−0.312	−0.403
1.0	0.962	−1.197	0.727	0.295	−0.962	0.364	−0.792	0.852	−0.350	−0.364
1.2	0.738	−1.047	0.767	0.109	−0.885	0.223	−0.629	0.775	−0.414	−0.268
1.4	0.544	−0.893	0.772	−0.056	−0.761	0.112	−0.482	0.668	−0.456	−0.157
1.6	0.381	−0.741	0.746	−0.193	−0.609	0.029	−0.354	0.594	−0.477	−0.047
1.8	0.247	−0.596	0.696	−0.298	−0.445	−0.030	−0.245	0.498	−0.476	0.054
2.0	0.142	−0.464	0.628	−0.371	−0.283	−0.070	−0.155	0.404	−0.456	0.140
3.0	−0.075	−0.040	0.225	−0.349	0.226	−0.089	0.057	0.059	−0.213	0.268
4.0	−0.050	0.052	0.000	−0.106	0.201	−0.028	0.049	−0.042	0.017	0.112
5.0	−0.009	0.025	−0.033	0.015	0.046	0.000	−0.011	−0.026	0.029	−0.002

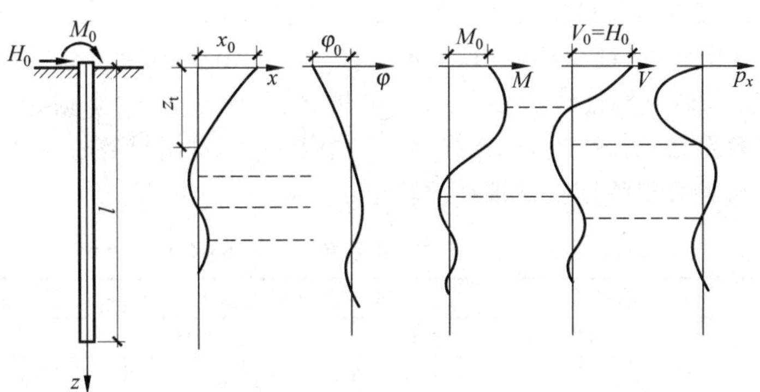

图 4-20 水平荷载下弹性长桩的内力与变形

桩受水平荷载的理论分析，在 m 法中反映地基土性质的参数是 m 值。m 值应通过水平静载试验确定。当无试验资料时，可参考表 4-10 所列的经验值。

表 4-10 地基土水平抗力系数的比例系数 m 值(摘自《建筑桩基技术规范》)

序号	地基土类型	预制桩、钢桩		灌注桩	
		m/(MN/m^4)	相应单桩在地面处水平位移/mm	m/(MN/m^4)	相应单桩在地面处水平位移/mm
1	淤泥；淤泥质土；饱和湿陷性黄土	2～4.5	10	2.5～6	6～12

续表

序号	地基土类型	预制桩、钢桩		灌注桩	
		$m/(\mathrm{MN/m^4})$	相应单桩在地面处水平位移/mm	$m/(\mathrm{MN/m^4})$	相应单桩在地面处水平位移/mm
2	流塑($I_L>1$)、软塑($0.75<I_L\leqslant 1$)状黏性土；$e>0.9$粉土；松散粉细砂；松散；稍密填土	4.5～6.0	10	6～14	4～8
3	可塑($0.25<I_L\leqslant 0.75$)状黏性土、湿陷性黄土；$e=0.75\sim 0.9$粉土；中密填土；稍密细砂	6.0～10	10	14～35	3～6
4	硬塑($0<I_L\leqslant 0.25$)、坚硬($I_L\leqslant 0$)状黏性土；湿陷性黄土；$e<0.75$粉土；中密的中粗砂；密实老填土	10～22	10	35～100	2～5
5	中密、密实的砾砂、碎石类土	—	—	100～300	1.5～3

注：1. 当桩顶水平位移大于表列数值或灌注桩配筋率较高(≥0.65%)时，m值应适当降低，当预制桩的水平向位移小于10mm时，m值可适当提高；

2. 当水平荷载为长期或经常出现的荷载时，应将表列数值乘以0.4降低采用。

2. 桩顶的水平位移 x_0

桩顶水平位移是控制单桩横向承载力的主要因素，从表4-9中查出折算深度$\bar{h}=\alpha z=0$时的A_x和B_x值，代入式(4-22)第一式求得的位移$x_{z=0}$就是弹性长桩的水平位移，对于弹性中长桩($2.5<\alpha l<4$)及刚性短桩($\alpha l\leqslant 2.5$)的情况，可由表4-11根据αl及桩端支承条件查得桩顶处的位移系数A_x和B_x，代入式(4-22)中第一式，即可计算桩顶的水平位移。

同样方法也可计算出弹性长桩桩顶的转角$\varphi_{z=0}$。

表4-11 各类桩的桩顶位移系数 $A_x(z=0)$ 和 $B_x(z=0)$

αl	桩端支承在土上		桩端支承在岩石上		桩端嵌固在岩石中	
	$A_x(z=0)$	$B_x(z=0)$	$A_x(z=0)$	$B_x(z=0)$	$A_x(z=0)$	$B_x(z=0)$
0.5	72.004	192.026	48.006	96.037	0.042	0.125
1.0	18.030	24.106	12.049	12.149	0.329	0.494
1.5	8.101	7.349	5.498	3.889	1.014	1.028
2.0	4.737	3.418	3.381	2.081	1.841	1.468
3.0	2.727	1.758	2.406	1.568	2.385	1.586
≥4.0	2.441	1.621	2.419	1.618	2.401	1.600

3. 桩身最大弯矩及其位置

为进行配筋计算，设计受水平荷载桩时需要确定桩身最大弯矩的大小及位置，当配筋率较小时，桩身能承受的最大弯矩决定了桩的水平承载力。

最大弯矩点的深度z_0的位置为

$$z_0 = \frac{\bar{h}_0}{\alpha} \tag{4-23}$$

式中：$\bar{h}_0$——最大弯矩点的折算深度，对弹性长桩，可在表 4-12 中，通过系数 C_{I} 查得 $\bar{h}_0$。

$$C_{\mathrm{I}} = \alpha \frac{M_0}{H_0} \tag{4-24}$$

最大弯矩值可用下式计算：

$$M_{\max} = C_{\mathrm{II}} M_0 \tag{4-25}$$

对于弹性长桩，式中系数 C_{II} 也可从表 4-12 中根据 C_{I} 查得。

表 4-12　计算最大弯矩位置及弯矩系数 C_{I} 和 C_{II} 值

$\bar{h}_0=\alpha z_0$	C_{I}	C_{II}	$\bar{h}_0=\alpha z_0$	C_{I}	C_{II}
0.0	∞	1.000	0.9	1.238	1.441
0.1	131.252	2.001	1.0	0.824	1.728
0.2	34.182	1.001	1.1	0.503	2.299
0.3	15.544	1.012	1.2	0.246	3.876
0.4	8.781	1.029	1.3	0.034	23.438
0.5	5.539	1.057	1.4	−0.145	−4.596
0.6	3.710	1.101	1.5	−0.299	−1.876
0.7	2.566	1.169	1.6	−0.434	−1.128
0.8	1.791	1.274	1.7	−0.555	−0.740
1.8	−0.665	−0.530	2.6	−1.420	−0.074
1.9	−0.768	−0.396	2.8	−1.635	−0.045
2.0	−0.862	−0.304	3.0	−1.893	−0.026
2.2	−1.048	−0.187	3.5	−2.994	−0.003
2.4	−1.230	−0.118	4.0	−0.045	−0.011

注：此表是根据 $\alpha l=4.0$ 的情况编制，对 $\alpha l>4.0$，也可使用。

当缺少单桩水平静载试验资料时，可根据上述的理论分析计算桩顶的变形和桩身内力，然后按一定的标准确定单桩水平承载力。对于预制桩、钢桩、桩身配筋率不小于 0.65%的灌注桩，桩的水平承载力主要是由桩顶位移控制；而对于桩身配筋率小于 0.65%的灌注桩，桩的水平承载力则主要由桩身强度控制，它们都可通过上述的侧向弹性地基梁法计算。同时当建筑物对桩有抗裂要求时，对水平受力桩也应进行抗裂验算。

4.7　桩基的沉降计算

尽管桩基础与天然地基上的浅基础比较，沉降量可大为减少，但随着建筑物的规模和尺寸的增加以及对于沉降变形要求的提高，很多情况下，桩基础也需要进行沉降计算。《建筑地基基础设计规范》规定，对于桩基，需要进行沉降验算的有：地基基础设计等级为甲级的建筑物桩基；体型复杂，荷载不均匀或桩端以下存在软弱土层的、设计等级为乙级的建筑物桩基；摩擦型桩基(包括摩擦桩和端承摩擦桩)。可见对于多数桩基均应进行沉降验算。

与浅基础沉降计算一样，桩基最终沉降计算应采用作用准永久组合的效应。计算的基本方法仍然是基于土的单向压缩、均质各向同性和弹性假设的分层总和法。

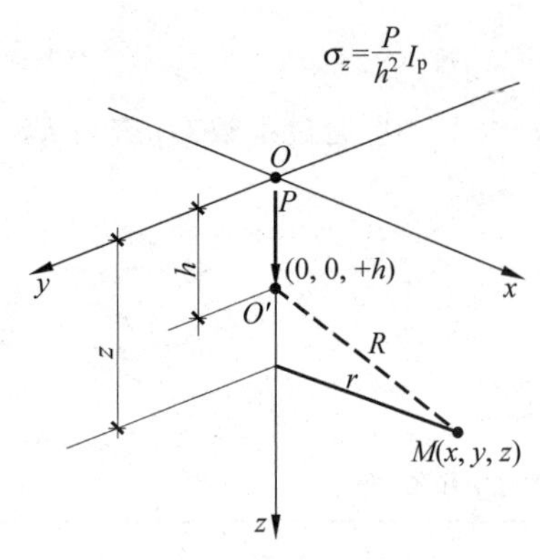

图 4-21 半无限弹性体内集中力引起的应力——明德林课题

目前在工程中应用较广泛的桩基沉降分层总和计算方法主要有两大类。一类是所谓假想的**实体深基础法**,另一类是用**明德林**(Mindlin)**应力计算**的方法。

在浅基础沉降计算的分层总和法中,土中应力计算用的是布辛内斯克解,它是将荷载作用于半无限弹性体的表面求解的。对于浅基础,只需将埋深 d 以上的土当成 γd 的均布荷载,然后以基底表面为荷载作用表面求解即可。但是桩的入土深度有时很深,桩身的摩擦力和桩端荷载实际上是作用于半无限土体的内部,所以用布氏解有明显的误差。明德林解是当荷载作用于半无限弹性体内部时求弹性体内部应力场的解答。图 4-21 中,半无限弹性体表面坐标原点 O 以下 h 深处的 O' 上作用有竖向集中力 P 时,在弹性体内任意点 $M(x,y,z)$ 处引起的竖向应力,按明德林解,可表示为 $\sigma_z=\left(\frac{P}{h^2}\right)I_p$,$I_p$ 称为应力影响系数,是该点位置(z,r)的函数。显然对于桩基中地基土的应力计算,明德林解比布辛内斯克解更接近于实际情况。

以下分别介绍这两种应力解在桩基沉降计算中的应用。

4.7.1 实体深基础法

这类方法的本质是将桩端平面作为弹性体的表面,用布辛内斯克解计算桩端以下各点的附加应力,再用与浅基础沉降计算一样的单向压缩分层总和法计算沉降。所谓假想实体深基础,就是将在桩端以上的一定范围的承台、桩及桩周土当成一实体深基础,也就是说不计从地面到桩端平面间的压缩变形。这类方法适用于桩距 $s\leqslant 6d$ 的情况。

关于如何将上部附加荷载施加到桩端平面,有两种假设,其一是荷载沿桩群外侧扩散,其二是扣除群桩四周的摩阻力。前者的作用面积大一些;后者桩底的附加压力可能小一些。

1. 荷载扩散法

这种计算的示意图如图 4-22(a)所示。扩散角取为桩所穿过各土层内摩擦角加权平均值的$\frac{1}{4}$。在桩端平面处的附加压力 p_0 可用式(4-26)计算:

$$p_0=\frac{F+G_T}{\left(b_0+2l\times\tan\frac{\bar{\varphi}}{4}\right)\left(a_0+2l\times\tan\frac{\bar{\varphi}}{4}\right)}-p_c \tag{4-26}$$

式中:F——对应于作用准永久组合时作用在桩基承台顶面的竖向力,kN;

G_T——在扩散后面积上,从桩端平面到设计地面间的承台、桩和土的总重量,可按 20kN/m^3 计算,水下部分扣除浮力,kN;

a_0,b_0——群桩的外缘矩形面积的长、短边的长度,m;

$\bar{\varphi}$——桩所穿过土层的内摩擦角加权平均值,(°);

l——桩的入土深度,m;

p_c——桩端平面上地基土的自重压力($(l+d)$深度),kPa,地下水位以下部分应扣除浮力。

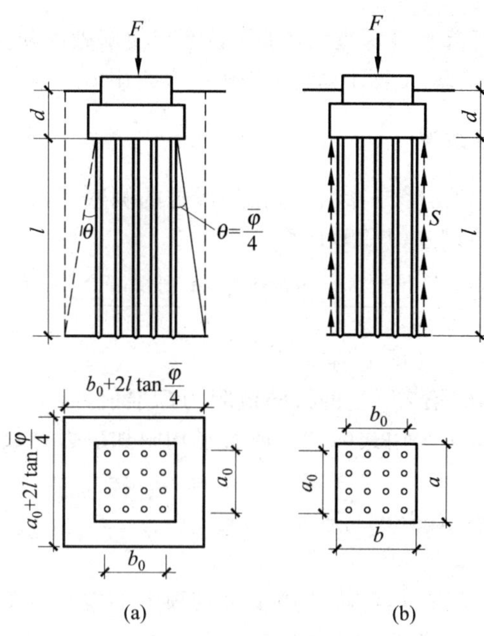

图4-22　实体深基础的底面积

有时可忽略桩身长度 l 部分桩土混合体的总重量与同体积原地基土间总重量之差,则可用式(4-27)近似计算:

$$p_0=\frac{F+G-p_{c0}\times a\times b}{\left(b_0+2l\times\tan\frac{\bar{\varphi}}{4}\right)\left(a_0+2l\times\tan\frac{\bar{\varphi}}{4}\right)}\tag{4-27}$$

式中:G——承台和承台上土的自重,可按 20kN/m^3 计算,水下部分扣除浮力,kN;

p_{c0}——承台底面高程处地基土的自重压力,地下水位以下部分扣除浮力,kPa;

a、b——承台的长度和宽度,m。

在计算出桩端平面处的附加压力 p_0 以后,则可按扩散以后的面积进行分层总和法沉降计算:

$$s=\psi_p\sum_{i=1}^{n}\frac{p_ih_i}{E_{si}}\tag{4-28}$$

式中:s——桩基最终计算沉降量,mm;

n——计算分层数;

E_{si}——第 i 层土在自重应力至自重应力加上附加应力作用段的压缩模量,MPa;

h_i——桩端平面下第 i 个分层的厚度,m;

p_i——桩端平面下第 i 个分层土的竖向附加应力平均值,kPa;

ψ_p——桩基沉降计算经验系数,可按不同地区当地工程实测资料统计对比确定,在不具备条件下,可参考表4-13,其中 $\bar{E}_s$ 见式(2-49)。

表 4-13 实体深基础计算桩基沉降计算经验系数ψ_p

$\bar{E}_s$/MPa	≤15	25	35	≥45
ψ_p	0.5	0.4	0.35	0.25

关于附加应力计算、沉降计算深度、计算分层等与浅基础沉降计算一样。也同样可以采用式(2-48)用平均附加应力系数法计算,但式中的ψ_s改用ψ_p。

2. 扣除群桩侧壁摩阻力法

另一种假想实体深基础沉降计算法,为扣除群桩的侧壁摩阻力法,见图4-22(b)。这时桩端平面的附加压力p_0通过式(4-29)计算:

$$p_0=\frac{F+G-p_{c0}ab-(a_0+b_0)\sum q_{sik}h_i}{a_0b_0} \tag{4-29}$$

式中:h_i——桩身所穿越的第i层土的厚度,m;

q_{sik}——桩身所穿越的第i层土的极限侧阻力标准值,kPa。

在计算最终沉降时,也可采用式(4-28)或者平均附加应力系数法。

4.7.2 明德林-盖得斯(Geddes)法

盖得斯根据桩的传递荷载特点,将作用于单桩顶上的总荷载Q分解为桩端阻力Q_p(=αQ)和桩侧阻力Q_s(=$(1-\alpha)Q$)两部分;而桩侧阻力Q_s又可分为均匀分布的总摩阻力Q_{s1}(=βQ)和随深度线性增加的总摩阻力Q_{s2}(=$(1-\alpha-\beta)Q$),如图4-23所示,其中α为端阻力占总荷载的比例,β为均布摩阻力占总荷载的比例。与此相应,盖得斯又根据明德林解,推导出Q_p、Q_{s1}和Q_{s2}在地基土中产生的附加应力计算公式。应用这些公式就能计算各类桩在地基中产生的附加应力,进而计算出桩基的沉降。这种方法称为明德林-盖得斯法,简称明德林法。

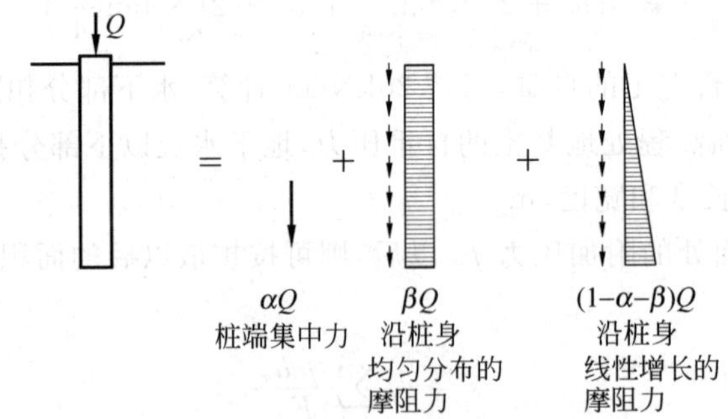

图 4-23 明德林-盖得斯单桩荷载的分解

系数α和β应根据当地工程的实测资料统计确定。对于一般摩擦桩可假设桩侧阻力全部是沿桩身线性增长,即$\beta=0$。这样每根摩擦桩在地基中某点的竖向附加应力为该桩的桩端荷载Q_p及桩侧荷载Q_s产生的竖向附加应力σ_{zp}和σ_{zs}之和;对于有m根桩的情况,再将每根桩在该点所产生的附加应力逐根叠加,按下式计算:

$$p_i=\sum_{k=1}^{m}(\sigma_{zp,k}+\sigma_{zs,k}) \tag{4-30}$$

式中：p_i——第 i 个土层中点处产生的附加应力；

$\sigma_{zp,k}$——第 k 根桩的桩端荷载在第 i 个土层中点处产生的附加应力，

$$\sigma_{zp,k} = \frac{\alpha Q}{l^2} I_{p,k} \tag{4-31}$$

对于一般摩擦桩，可假设桩摩阻力全部沿桩身三角形分布，则 $\beta=0$，第 k 根桩的桩侧荷载在该点产生的竖向附加应力为

$$\sigma_{zs,k} = \frac{Q}{l^2}(1-\alpha) I_{s2,k} \tag{4-32}$$

式中：l——桩在土中的长度；

I_p，I_{s2}——应力影响系数，可用明德林应力公式进行积分推导得出，其中：I_p 为桩底集中力的应力影响系数，经积分推导得出

$$I_p = \frac{1}{8\pi(1-\nu)}\left\{\frac{(1-2\nu)(m-1)}{A^3} - \frac{(1-2\nu)(m-1)}{B^3} + \frac{3(m-1)^3}{A^5} + \frac{3(3-4\nu)m(m+1)^2 - 3(m+1)(5m-1)}{B^5} + \frac{30m(m+1)^3}{B^7}\right\} \tag{4-33}$$

I_{s2} 为桩侧分布荷载沿桩身线性增长时的应力影响系数，经积分推导为

$$\begin{aligned} I_{s2} = \frac{1}{4\pi(1-\nu)}\Bigg\{ & \frac{2(2-\nu)}{A} - \frac{2(2-\nu)(4m+1) - 2(1-2\nu)(1+m)m^2/n^2}{B} \\ & - \frac{2(1-2\nu)m^3/n^2 - 8(2-\nu)m}{F} - \frac{mn^2 + (m-1)^3}{A^3} \\ & - \frac{4\nu n^2 m + 4m^3 - 15n^2 m - 2(5+2\nu)(m/n)^2(m+1)^3 + (m+1)^3}{B^3} \\ & - \frac{2(7-2\nu)mn^2 - 6m^3 + 2(5+2\nu)(m/n)^2 m^3}{F^3} - \frac{6mn^2(n^2-m^2) + 12(m/n)^2(m+1)^5}{B^5} \\ & + \frac{12(m/n)^2 m^5 + 6mn^2(n^2-m^2)}{F^5} + 2(2-\nu)\ln\left(\frac{A+m-1}{F+m} \times \frac{B+m+1}{F+m}\right)\Bigg\} \end{aligned} \tag{4-34}$$

式中：$A^2=n^2+(m-1)^2$；$B^2=n^2+(m+1)^2$；$F^2=n^2+m^2$；$n=r/l$；$m=z/l$；

ν——地基土的泊松比；

r——计算点离桩身轴线的水平距离；

z——计算应力点离承台底面的竖向距离。

将 $\sigma_{zp,k}$ 及 $\sigma_{zs,k}$ 代入式(4-30)就得到该点由 m 根桩引起的附加应力。然后仍然按单向压缩的分层总和法计算沉降，亦即将 p_i 代入式(4-28)进行沉降计算，式(4-28)就可表示为

$$s = \psi_{pm}\frac{Q}{l^2}\sum_{i=1}^{n}\frac{\Delta h_i}{E_{si}}\sum_{k=1}^{m}\left[\alpha I_{p,k} + (1-\alpha) I_{s2,k}\right] \tag{4-35}$$

这时的桩基沉降计算经验系数 ψ_{pm} 应根据当地工程实测资料统计确定。《建筑地基基础设计规范》给出如下经验数值，见表 4-14。

表 4-14　明德林应力公式法计算桩基沉降经验公式 ψ_{pm}

$\bar{E}_s$/MPa	≤15	25	35	≥40
ψ_{pm}	1.00	0.8	0.6	0.3

采用明德林应力公式比布辛内斯克解更符合桩的荷载传递实际情况,但是计算公式稍显复杂,随着计算机的普及,这应当不成为其使用的障碍。

4.8 桩基础的设计

实际工程中的桩基础,除了独立柱基础下大直径桩有时采用一柱一桩外,一般都是由多根桩组成,桩顶用承台连接。因而桩基础的设计中要综合考虑及验算其承载力和变形。

4.8.1 群桩及群桩效应

由三根或三根以上的桩组成的桩基础叫做**群桩基础**。由于桩、桩间土和承台三者之间的相互作用和共同工作,使群桩中的承载力和沉降性状与单桩明显不同。群桩基础受力(主要是竖向压力)后,其总的承载力往往并不等于各个单桩的承载力之和,这种现象称为**群桩效应**。群桩效应不仅发生在竖向压力作用下,在受到水平力时,前排桩对后排桩的水平承载力有屏蔽效应;在受拉拔力时,群桩可能发生的整体拔出都属于群桩效应。这里着重分析在竖向压力下的群桩效应问题。

首先分析桩与土间的相互作用问题。如上所述,对于挤土桩,在不很密实的砂土、饱和度不高的粉土和一般黏性土中,由于群桩成桩的挤土效应使土被挤密,从而增加桩的侧阻力。而在饱和软黏土中沉入较多的挤土桩则会引起超静孔隙水压力,从而降低桩的承载力,且随着地基土的固结沉降还会发生负摩擦力。

桩所承受的力最终将传递到地基土中。对于端承桩,桩上的力通过桩身直接传到桩端土层上,若该土层较坚硬,桩端承压的面积很小,各桩端的压力彼此间基本不会相互影响,如图4-24(a)所示。在这种情况下,群桩的沉降量与单桩基本相同,同时群桩的承载力就等于各单桩承载力之和。摩擦型桩通过桩侧面的摩擦力将竖向力传到桩周土,然后再传到桩端土层上。一般认为桩侧摩擦力在土中引起的竖向附加应力按某一角度 θ 沿桩长向下扩散到桩端平面上,如图4-24中的阴影所示。当桩数少,并且桩距 s_a 较大时,例如 $s_a>6d$(d 为桩径),桩端平面处各桩传来的附加压力互不重叠或重叠不多(图4-24(b)),这时群桩中各桩的工作状态类似于单桩。但当桩数较多,桩距较小时,例如常用的桩距 $s_a=(3\sim4)d$ 时,桩端处地基中各桩传来的压力就会相互叠加(图4-24(c)),使得桩端处压力要比单桩时数值增

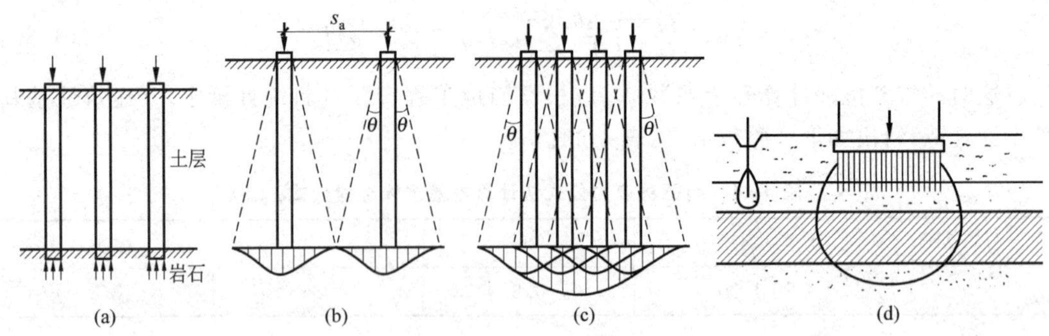

图4-24 群桩效应

大，荷载作用面积加宽，影响深度更深。其结果，一方面可能使桩端持力层总压力超过土层承载力；另一方面由于附加应力数值加大，范围加宽、加深，而使群桩基础的沉降大大高于单桩的沉降，特别是如果在桩端持力层之下存在着高压缩性土层的情况，如图4-24(d)所示，则可能由于沉降控制而明显减小桩的承载力。对于端承摩擦桩及摩擦端承桩，由于群桩摩擦力的扩散和相邻桩的端承压力，使每个桩端底面的外侧上附加应力增加，这相当于在计算桩端承力的公式(4-6)中，增加了竖向自重应力 q，从而也会提高单桩的端承力。

其次，承台在群桩效应中也起重要的作用。承台与承台下桩间土直接接触，在竖向压力作用下承台会发生向下的位移，桩间土表面承压，分担了作用于桩上的荷载，有时承受的荷载高达总荷载的1/3，甚至更高的比例。只有在如下几种情况下，承台与土面可能分开或者不能紧密接触，导致分担荷载的作用不存在或者不可靠：(1)桩基础承受经常出现的动力作用，如铁路桥梁的桩基。(2)承台下存在可能产生负摩擦力的土层，如湿陷性黄土、欠固结土、新近填土、高灵敏度黏土、可液化土。(3)在饱和软黏土中沉入密集的群桩，引起超静孔隙水压力和土体隆起，随后桩间土逐渐固结而下沉的情况。(4)桩周堆载或降水可能使桩周地面与承台脱开等。不过在设计中出于安全考虑，一般不计承台下桩间土的承载作用。

第三，承台对于各桩的摩阻力和端承力也有影响。由于在承台底部，土、桩、承台三者有基本相同的位移，因而减少了这部分桩与土间相对位移，使桩顶部位的桩侧阻力不能充分发挥出来。另一方面，承台底面向地面施加的竖向附加应力，又使桩的侧阻力和端阻力有所增加。由刚性承台联结群桩，可起调节各桩受力的作用。在中心荷载作用下尽管各桩顶的竖向位移基本相等，但各桩分担的竖向力并不相等，一般是角桩的受力分配大于边桩的，边桩的大于中心桩的，亦即是马鞍形分布。同时整体作用还会使质量好、刚度大的桩多受力，质量差、刚度小的桩少受力，最后使各桩共同工作，增加了桩基础的总体可靠度。

总之，群桩效应有些是有利的，有些是不利的，这与群桩基础的土层分布和各土层的性质、桩距、桩数、桩的长径比、桩长及承台宽度之比、成桩工艺等诸多因素有关。用以度量群桩承载力因群桩效应而降低或提高的幅度的指标叫做**群桩效应系数** η_p，具体表示为

$$\eta_p = \frac{\text{群桩基础承载力}}{\text{组成群桩基础的各单桩承载力之和}} \tag{4-36}$$

η_p 值受上述各因素影响，砂土、长桩、大间距情况下，η_p 值大一些，但在工程设计中一般取 $\eta_p=1.0$。

对软土地基上的多层建筑，采用天然地基上的浅基础时地基承载力可基本满足要求，但沉降量偏大时，可设置穿过软土层进入相对好土层疏布的摩擦桩，由桩和桩间土共同承担荷载，这种基础也叫减沉复合疏桩基础，这时 η_p 会比1.0大很多。这时在布桩时应考虑承台的承载力效应，沉降计算时考虑承台下地基土沉降和桩土相互作用产生的沉降。

4.8.2　桩基础的设计步骤

桩基础的设计可按下述步骤进行。

1. 调查研究，收集设计资料

设计必需的资料包括：建筑物的有关资料、地质资料和周边环境、施工条件等资料。建

筑物资料包括建筑物的形式、荷载及其性质、建筑物的安全等级、抗震设防烈度等。

由于桩基础可能涉及埋藏较深的持力层,设计前详细掌握建筑物场地的工程地质勘察资料十分重要,并且对于勘探孔的深度和间距有特殊的要求。

在设计中还需要相邻建筑物及周边环境的资料,包括相邻建筑物的安全等级,基础形式和埋置深度;周边建筑物对于防振或噪声的要求;排放泥浆和弃土的条件以及水、电、施工材料供应等。

2. 选定桩型、桩长和截面尺寸

在对以上收集的资料进行分析研究的基础上,根据土层分布情况,考虑施工条件、设备和技术等因素,决定采用端承桩还是摩擦桩,挤土桩还是非挤土桩,最终可通过综合经济技术和环境比较确定。

由持力层的深度和荷载大小确定桩长、桩截面尺寸,同时进行初步设计与验算。桩端全断面进入持力层的深度应考虑地质条件,荷载和施工工艺,一般为1到3倍桩径;对于嵌岩灌注桩,桩周嵌入倾斜的完整和较完整的岩体的全断面深度不宜小于0.5m,且不小于$0.4d$;对于嵌入平整、完整的坚硬岩和较硬岩的全断面深度不宜小于0.2m,且不小于$0.2d$。当持力层以下存在软弱下卧层时,桩端以下硬持力层厚度不宜小于$4d$。

3. 确定单桩承载力的特征值,确定桩数并进行桩的布置

按照4.4节的方法确定单桩承载力的特征值,然后根据基础的竖向荷载和承台及其上自重确定桩数,当中心荷载作用时,桩数n为

$$n \geqslant \frac{F_k + G_k}{R_a} \tag{4-37}$$

式中:F_k——作用的标准组合下桩基承台顶面的竖向力,kN;

G_k——承台及其上土自重的标准值,kN;

R_a——单桩竖向承载力特征值,kN;

n——初估桩数,取整数。

当桩基础承受偏心竖向力时,按式(4-37)计算的桩数可以按偏心程度增加10%~20%。

在初步确定了桩数之后,就可以布置桩并初步确定承台的形状和尺寸。合理地布置桩是使桩基设计经济合理的重要环节,考虑的原则是:

(1) 桩距:对于非挤土桩,桩中心距不小于$3d$;对于挤土桩桩距不小于$(3.5\sim4.5)d$;对于扩底桩桩距不小于$1.5D$(D为扩底直径),对于排数不少于3排且桩数不少于9的摩擦型扩底桩,桩距不小于$2D$。

(2) 群桩的承载力合力作用点应与长期荷载的重心重合,以便使各桩均匀受力;对于荷载重心位置变化的建筑物,应使群桩承载力合力作用点位于变化幅度之中。

(3) 对于桩箱基础,宜将桩布置于墙下;对于带肋的桩筏基础,宜将桩布置在肋下;同一结构单元,避免使用不同类型的桩。

4. 桩基础的验算

在完成布桩之后,根据初步设计进行桩基础的验算。验算的内容包括:桩基中单桩承

载力的验算；桩基的沉降验算及其他方面的验算等。例如，如果桩底持力层下存在承载力低于持力层承载力1/3的软弱下卧层时，还需进行软弱下卧层的验算。沉降验算见4.7节。值得注意的是，其承载力、沉降和承台及桩身强度验算采用的作用组合不同：当进行桩的承载力验算时，应采用正常使用极限状态下作用的标准组合；进行桩基的沉降验算时，应采用正常使用极限状态下作用的准永久组合；而在进行承台和桩身强度验算和配筋时，则采用承载能力极限状态下作用的基本组合。

5. 承台和桩身的设计、计算

这包括承台的尺寸、厚度和构造的设计，应满足抗冲切、抗弯、抗剪、抗裂等要求。而对于钢筋混凝土桩，要对于桩的配筋、构造和预制桩吊运中的内力、沉桩中的接头进行设计计算。对于受竖向压荷载的桩，一般按构造设计或采用定型产品。

总结以上的桩基础设计步骤，如图4-25所示。

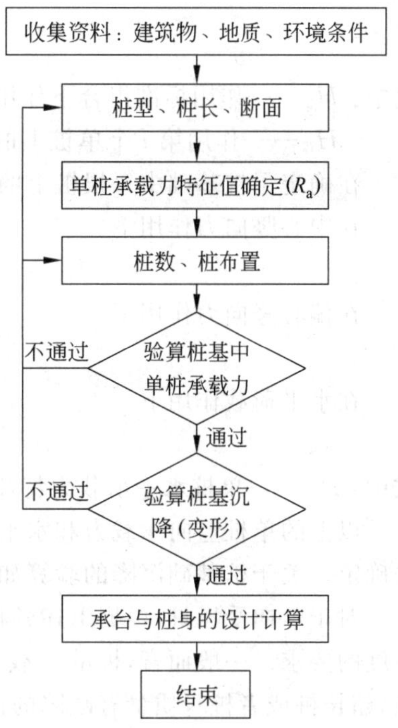

图4-25 桩基设计的步骤图

4.8.3 群桩基础中单桩承载力的验算

如上所述，在荷载作用下刚性承台下的群桩基础中各桩所分担的力一般是不均匀的，往往处于很复杂的状态，受许多因素的影响。但是在实际工程设计中，对于竖向压力，通常假设各桩的受力按线性分布。这样，在中心竖向力作用下，各桩承担其平均值；在偏心竖向力作用下，各桩上分配的竖向力按与桩群形心的距离呈线性变化，亦即如下式所示：

中心竖向力 F_k 作用下

$$N_k = \frac{F_k + G_k}{n} \tag{4-38}$$

偏心竖向力 F_k，M_{xk}，M_{yk}作用下

$$N_{ik} = \frac{F_k + G_k}{n} \pm \frac{M_{xk} y_i}{\sum_{j=1}^{n} y_j^2} \pm \frac{M_{yk} x_i}{\sum_{j=1}^{n} x_j^2} \tag{4-39}$$

式中：N_k——作用标准组合下轴心竖向力下任一桩上竖向力，kN；

n——桩基中的桩数；

N_{ik}——作用标准组合下偏心竖向力作用下第 i 根桩上的竖向力，kN；

M_{xk}、M_{yk}——作用于承台底面，通过桩群形心的 x，y 轴的力矩；

x_i、y_i——第 i 根桩中心至 y，x 轴的距离。

当作用于桩基上的外力主要为水平力时，应对桩基的水平承载力进行验算。在由相同截面桩组成的桩基础中，可假设各桩所受的横向力 H_{ik} 相同，即

$$H_{ik} = \frac{H_k}{n} \tag{4-40}$$

式中：H_k——作用标准组合下作用于承台底面水平力；

H_{ik}——作用第 i 个单桩上的水平力。

在确定了桩基础中每根桩上的受力以后，则用下面各式验算单桩的承载力：

在中心竖向力作用下

$$N_k \leqslant R_a \tag{4-41}$$

在偏心竖向力作用下

$$N_{max} \leqslant 1.2R_a \tag{4-42}$$

在水平荷载作用下

$$H_{ik} \leqslant R_{ha} \tag{4-43}$$

式中：R_{ha}——单桩水平承载力特征值。

以上的单桩竖向承载力和水平承载力特征值 R_a 和 R_{ha} 可用4.4节和4.6节所介绍的方法确定。关于桩基础沉降的验算如4.7节所述。

对于竖向受压桩，根据上述各种方法确定的单桩承载力特征值，在设计时还应考虑桩身强度的要求。一般而言，桩的承载力主要取决于地基岩土对桩的支承能力，但是对于端承桩，超长桩或者桩身质量有缺陷的情况，可能由桩身混凝土强度控制。由于与材料强度有关的设计，作用组合的效应应采用按承载能力极限状态下作用的基本组合的效应，所以应满足式(4-44)的要求。

$$N \leqslant A_p f_c \psi_c \tag{4-44}$$

式中：f_c——混凝土轴心抗压强度设计值，按《混凝土结构设计规范》取值；

N——作用基本组合的桩顶竖向力设计值；

A_p——桩身横截面积；

ψ_c——工作条件系数，预制桩取0.85，干作业非挤土灌注桩取0.9，泥浆护壁和套管护壁灌注桩取0.7～0.8，软土地区挤土灌注桩取0.6。

4.8.4 承台的设计计算

1. 承台的构造基本要求

承台可分为柱下或墙下独立承台、柱下或墙下条形承台梁、桩筏基础和桩箱基础的筏板承台及箱形承台等。

承台的尺寸与桩数和桩距有关，应通过经济技术综合比较确定，其尺寸主要满足抗弯、抗冲切、抗剪的要求。按照基本要求，承台的最小厚度不小于300mm，最小宽度不小于500mm。承台边缘距边桩的中心距离不小于桩的直径或桩的边长；且桩的外缘与承台边缘间距离不小于150mm，对于条形承台梁，桩的外缘距承台梁边缘距离不小于75mm。

为了保证桩群与承台连接的整体性，桩顶嵌入承台的长度不宜小于50mm，对于大直径桩不宜小于100mm。桩主筋插入承台的锚固长度不小于35倍主筋直径。对于大直径灌注桩，采用一柱一桩时，可设置承台或者将桩和柱直接连接起来。

承台混凝土强度等级不低于C20。纵向钢筋的混凝土保护层厚度不小于70mm；当设置混凝土垫层时，保护层不小于 50mm，尚不应小于桩头嵌入承台内的长度。矩形承台的钢筋双向均匀通长布置；三桩承台的钢筋按三向板带均匀布置，最里边的三根钢筋围成的三角形应在桩的截面范围之内，如图 4-26 所示。

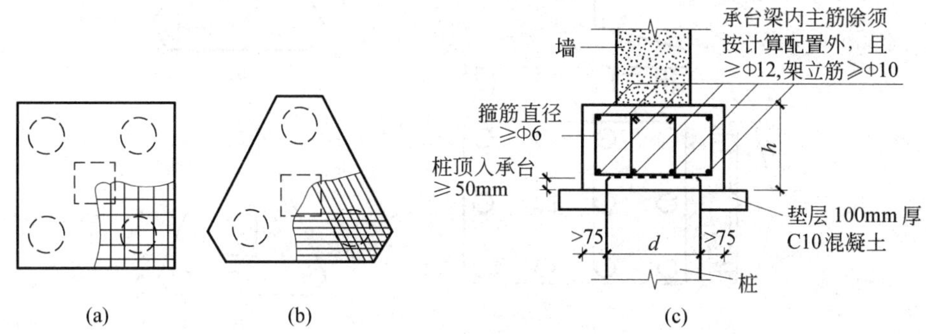

图 4-26　承台配筋示意图

(a) 矩形承台配筋；(b) 三桩承台配筋；(c) 承台钢筋的最小配筋规定

除满足设计计算的要求外，一般配筋尚需满足《混凝土结构设计规范》所规定的最小配筋率要求，并且主筋直径不小于 12mm，架立筋不小于 10mm，箍筋不小于 6mm，见图 4-26(c)。

有抗震要求的柱下单桩和两桩独立承台常常用联系梁连接。承台的埋置深度一般不是由承台底土层的承载力决定，主要考虑建筑物结构设计和环境条件，在满足这些条件下可尽量浅埋。对于有抗震要求的桩基，为增加抗水平力可加大承台埋置深度。承台位于较好土层上可发挥承台、桩、土的共同作用，增加群桩基础承载力、减少沉降。承台周围回填土应采用素土、灰土、级配砂土等分层夯实，或者在原坑浇筑混凝土承台。

应对承台进行抗弯、抗冲切、抗剪计算，当承台的混凝土强度等级低于柱或桩的混凝土强度等级时，尚应验算柱下或桩上承台的局部受压承载力。

2. 承台的抗弯计算

如果承台厚度较小，配筋量不足，承台在柱传下的力作用下，可能发生弯曲破坏。试验和工程实践表明，柱下的独立桩基承台呈梁式破坏，即挠曲裂缝在平行于柱边的两个方向出现，最大弯矩产生于柱边处，如图 4-27 所示。

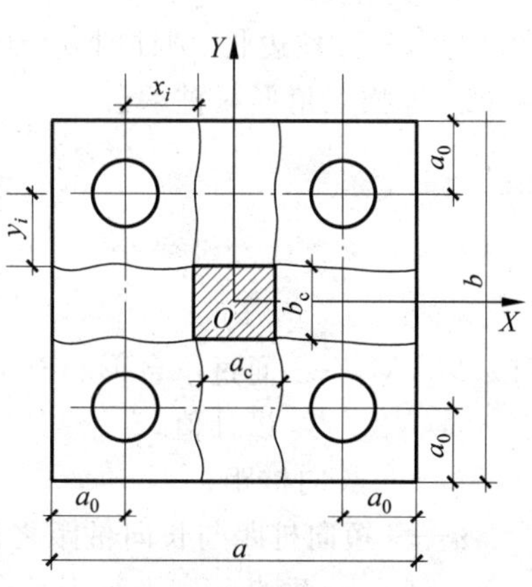

图 4-27　四桩承台的弯矩破坏模式

(1) 多桩矩形承台

对于多桩矩形承台，计算截面取在柱边和承台截面变化处，弯矩计算公式为(图 4-28)

$$M_x = \sum N_i y_i \tag{4-45}$$

$$M_y = \sum N_i x_i \tag{4-46}$$

式中：M_x、M_y——绕 X 轴和绕 Y 轴方向的计算截面处的弯矩设计值；

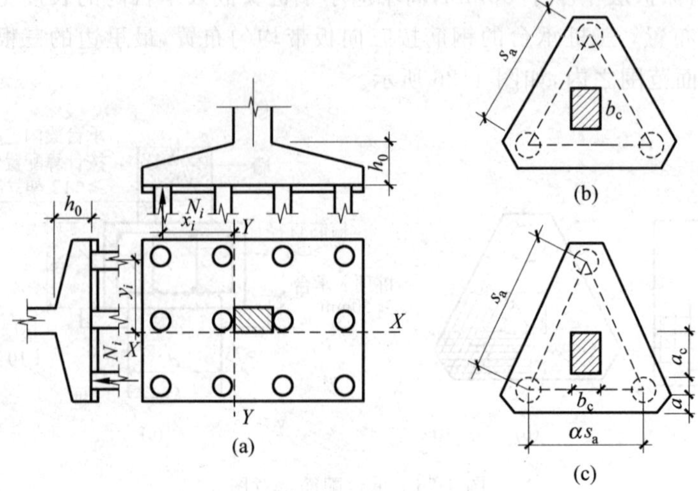

图 4-28 承台的抗矩计算示意图

x_i、y_i——垂直于 Y 轴和 X 轴方向第 i 桩中心点到相应计算截面的距离；

N_i——**不计承台及其上填土自重**作用，基本组合下第 i 桩竖向净反力设计值。

所谓桩的净反力是指不计承台及其上土的自重，作用于该桩上竖向力的反力。亦即式(4-38)和式(4-39)中，不计 G_k，并且 F、M_x、M_y 均按作用的基本组合计算。

(2) 等边三角形三桩承台

对于三桩承台，通常采用三角形承台，可分为等边三角形和等腰三角形两种形式。应以受力最大的桩计算设计弯矩。

$$M=\frac{N_{\max}}{3}\left(s_a-\frac{\sqrt{3}}{4}b_c\right) \tag{4-47}$$

式中：M——通过承台形心至各边边缘正交截面范围内板带的弯矩设计值；

$N_{\max}$——不计承台及其上土重后，作用基本组合下三桩中最大单桩竖向力设计值；

s_a——桩矩；

b_c——方柱边长，圆柱时 $b_c=0.8d$(d 为圆柱直径)。

(3) 等腰三角形三桩承台

$$M_1=\frac{N_{\max}}{3}\left(s_a-\frac{0.75}{\sqrt{4-\alpha^2}}a_c\right) \tag{4-48}$$

$$M_2=\frac{N_{\max}}{3}\left(\alpha s_a-\frac{0.75}{\sqrt{4-\alpha^2}}b_c\right) \tag{4-49}$$

式中：M_1、M_2——通过承台形心至承台两腰边缘和底边边缘的正交截面范围内板带的弯矩设计值；

s_a——长向桩距；

α——短向桩距与长向桩距之比，当 $\alpha<0.5$ 时可按变截面的二桩承台设计；

a_c、b_c——垂直于和平行于承台底边的柱截面边长。

3. 柱下桩基独立承台的冲切计算

板式承台的厚度往往由冲切验算决定。承台的冲切破坏主要有两种形式：由柱边缘或承台变阶处沿≥45°斜面拉裂形成冲切锥体破坏；或者是角桩顶部对于承台边缘形成≥45°的向上冲切半锥体破坏，如图 4-29 所示。

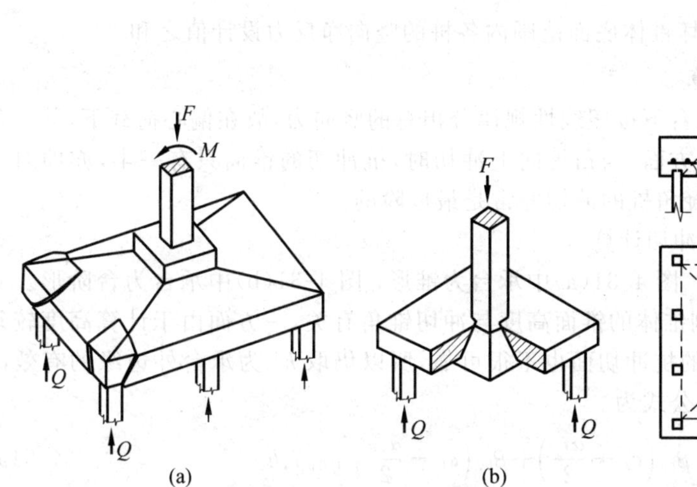

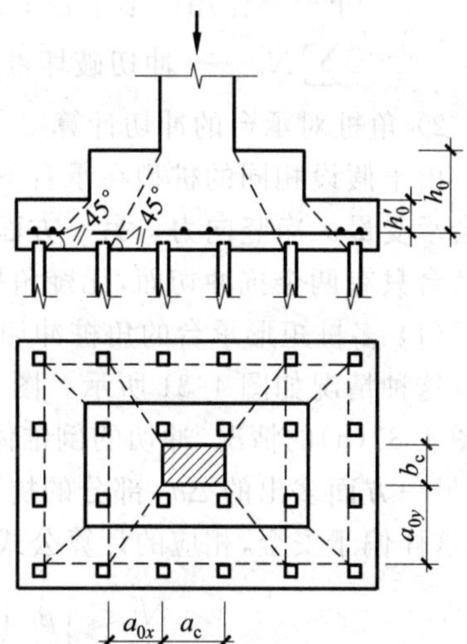

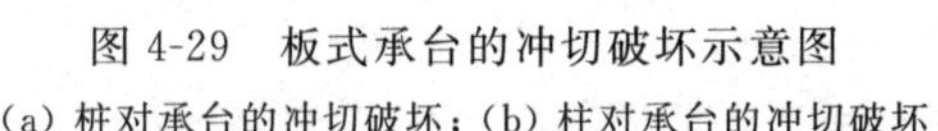

图 4-29　板式承台的冲切破坏示意图

(a) 桩对承台的冲切破坏；(b) 柱对承台的冲切破坏

图 4-30　柱对承台的冲切计算示意图

1）柱对承台的冲切

柱对承台的冲切有两种可能破坏形式，即沿柱边缘或者沿承台变阶处冲切破坏。由于柱的冲切力要扣除破坏锥体底面下各桩的净反力，当扩散角度等于 45°时，可能覆盖更多的桩，所以冲切力反而减小，因而不一定最危险。所以最危险冲切锥可能为锥体与承台底面夹角≥45°情况，并且此锥体不同方向的倾角可能不等，如图 4-30 所示。这时可按下式进行冲切计算：

$$F_l \leqslant 2[\beta_{0x}(b_c + a_{0y}) + \beta_{0y}(a_c + a_{0x})]\beta_{hp} f_t h_0 \tag{4-50a}$$

$$F_l = F - \sum N_i \tag{4-50b}$$

$$\beta_{0x} = \frac{0.84}{\lambda_{0x} + 0.2} \tag{4-50c}$$

$$\beta_{0y} = \frac{0.84}{\lambda_{0y} + 0.2} \tag{4-50d}$$

式中：F_l——不计承台及其以上填土自重，作用在冲切破坏锥体上的冲切力设计值，冲切破坏锥体应采用自柱边或承台变阶处至相应桩顶内边缘连线构成的锥体，锥体与承台底面的夹角≥45°；

f_t——承台混凝土抗拉强度设计值；

h_0——冲切破坏锥体的有效高度，一般为承台受冲切承载力截面的厚度减去保护层厚度；

β_{hp}——受冲切承载力截面高度影响系数，同式(2-62)中的 β_{hp}；

β_{0x}、β_{0y}——冲切系数；

λ_{0x}、λ_{0y}——冲跨比，$\lambda_{0x}=\frac{a_{0x}}{h_0}$，$\lambda_{0y}=\frac{a_{0y}}{h_0}$，均应满足在 0.2～1.0 取值的要求；

a_{0x}、a_{0y}——x、y 方向的柱边或变阶处至相应桩内边缘的水平距离，当 $a_{0x}(a_{0y})<0.2h_0$ 时，取 $a_{0x}(a_{0y})=0.2h_0$，当 $a_{0x}(a_{0y})>h_0$ 时，取 $a_{0x}(a_{0y})=h_0$；

F——作用基本组合下柱根部轴力设计值；

$\sum N_i$—— 冲切破坏锥体底面范围内各桩的竖向净反力设计值之和。

2）角桩对承台的冲切计算

由于假设相同的桩型在承台下按照线性规律分担总的竖向力，故在偏心荷载下，某一角桩会承受最大净竖向力。另一方面，当角桩向上冲切时，抗冲切的锥面只有一半，亦即对于四棱台只有两个抗冲切面，无疑角桩的冲切经常是最危险的。

(1) 多桩矩形承台的角桩冲切计算

这种情况如图 4-31 所示。图 4-31(a)中承台为锥形；图 4-31(b)中承台为台阶形。对于图 4-31(a)的情况，冲切的倒锥体的锥面高度与冲切锥角有关，一方面由于计算高度较复杂，另一方面多出的 Δh_0 部分的抗冲切面也不很可靠，所以仍取 h_0 为承台外边缘的有效高度，这样偏于安全，相应的计算公式为

$$N_l \leqslant \left[\beta_{1x}\left(c_2+\frac{a_{1y}}{2}\right)+\beta_{1y}\left(c_1+\frac{a_{1x}}{2}\right)\right]\beta_{hp} f_t h_0 \tag{4-51a}$$

$$\beta_{1x}=\frac{0.56}{\lambda_{1x}+0.2} \tag{4-51b}$$

$$\beta_{1y}=\frac{0.56}{\lambda_{1y}+0.2} \tag{4-51c}$$

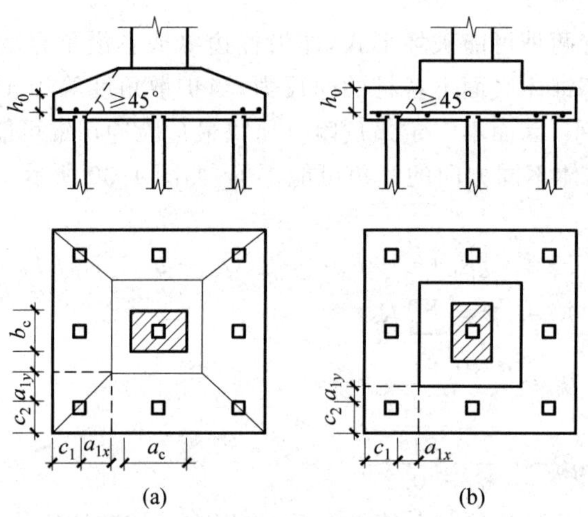

图 4-31　多桩矩形承台的角桩冲切计算

式中：N_l——不计承台及其上填土自重，角桩桩顶相应于作用基本组合时的竖向力设计值；

β_{1x}、β_{1y}——角桩冲切系数；

λ_{1x}、λ_{1y}——角桩冲跨比，其值满足 0.25～1.0，$\lambda_{1x}=\dfrac{a_{1x}}{h_0}$，$\lambda_{1y}=\dfrac{a_{1y}}{h_0}$；

c_1、c_2——从角桩内边缘至承台外边缘的距离；

a_{1x}、a_{1y}——从承台底的角桩内边缘引 45°冲切线与承台顶面交点，或承台变阶处相交点至角桩内边缘的水平距离；

h_0——承台外边缘的有效高度。

(2) 三桩三角形承台角桩的冲切计算

具体计算如图 4-32 所示，按下式计算：

底部角桩

$$N_l \leqslant \beta_{11}(2c_1 + a_{11})\tan\frac{\theta_1}{2}\beta_{hp} f_t h_0 \quad (4\text{-}52a)$$

$$\beta_{11} = \frac{0.56}{\lambda_{11} + 0.2} \quad (4\text{-}52b)$$

顶部角桩

$$N_l \leqslant \beta_{12}(2c_2 + a_{12})\tan\frac{\theta_2}{2}\beta_{hp} f_t h_0 \quad (4\text{-}53a)$$

$$\beta_{12} = \frac{0.56}{\lambda_{12} + 0.2} \quad (4\text{-}53b)$$

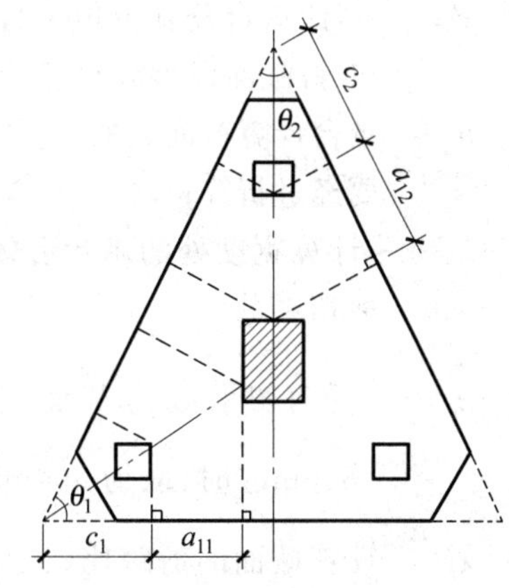

图 4-32　三角形承台的角桩冲切计算

式中：λ_{11}，λ_{12}——角桩冲跨比，$\lambda_{11}=\frac{a_{11}}{h_0}$，$\lambda_{12}=\frac{a_{12}}{h_0}$，均应满足在 0.25～1.0 取值的要求；

a_{11}，a_{12}——从承台底处角桩内边缘向相邻承台边引 45°冲切线与承台顶面相交点至角桩内边缘的水平距离，当柱边位于该 45°线之内时，则取柱边与桩内边缘连线为冲切锥体的锥线。

在进行以上的各项冲切计算时，对于圆柱和圆桩，可折算成方柱和方桩，折算公式为 $b=0.8d$。

4. 柱下桩基独立承台的受剪计算

对于柱下桩基独立承台，应验算承台斜截面的受剪承载力。剪切面为柱(墙)边与桩内边缘连线形成的斜截面，见图 4-33。这时应分别对于柱(墙)边和桩边、变阶处和桩边连线形成的斜截面进行受剪计算。当柱(墙)边有多排桩形成多个斜截面时，也应对每个斜截面进行验算。计算公式如下：

$$V \leqslant \beta_{hs}\alpha f_t b h_0 \quad (4\text{-}54a)$$

$$\alpha = \frac{1.75}{\lambda + 1.0} \quad (4\text{-}54b)$$

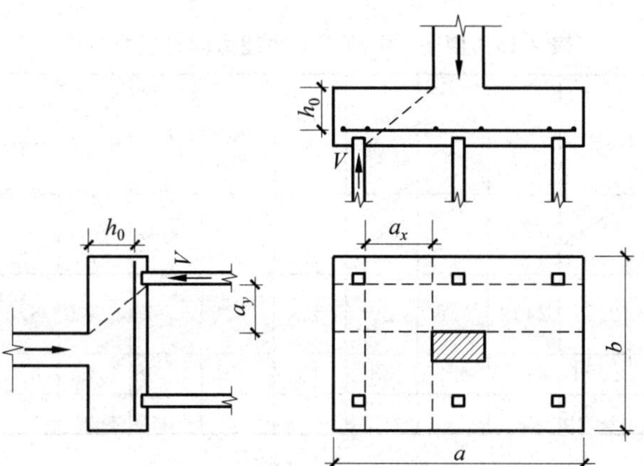

图 4-33　承台斜截面受剪计算

式中：V——不计承台及其上填土自重，在作用基本组合下斜截面的最大剪力设计值，它等于斜截面以外各桩相应竖向净反力之和；

b——承台计算截面处的计算宽度，双向阶梯形承台变阶处及双向锥形承台的计算宽度要经过折算；

h_0——计算宽度处的承台有效高度；

α——剪切系数；

β_{hs}——受剪切承载力截面高度的影响系数，按 $\beta_{hs}=\left(\frac{800}{h_0}\right)^{\frac{1}{4}}$ 计算，式中 h_0 小于 800mm 时，取为 800mm，h_0 大于 2000mm 时，取为 2000mm；

λ——计算截面的剪跨比，$\lambda_x=\frac{a_x}{h_0}$，$\lambda_y=\frac{a_y}{h_0}$，$a_x$，$a_y$ 为柱边或承台变阶处至所计算一排桩的桩边水平距离，当 $\lambda<0.25$ 时，取 $\lambda=0.25$，当 $\lambda>3.0$ 时，取 $\lambda=3.0$。

5. 桩身结构设计

钢筋混凝土预制桩有现场预制和工厂预制两种，它们均应满足搬运、堆存、吊立以及打入过程中的受力要求。对于较长桩，应分段制作并有可靠的接桩措施。选择预制桩时，一般要按施工条件加以验算。对于混凝土现场灌注桩一般只按使用阶段进行结构强度计算。尤其是对于承受较大水平荷载作用和弯矩较大的桩以及抗拔桩应进行计算确定配筋。

桩身混凝土强度应满足式(4-44)的要求。

例 4-1 某实验大厅地质剖面及土性指标如图 4-34 及表 4-15 所示。设上部结构传至设计地面处，相应于作用标准组合的竖向力 $F_k=2035\text{kN}$，弯矩 $M_k=330\text{kN}\cdot\text{m}$，水平力 $H_k=55\text{kN}$。经过经济技术比较后决定采用钢筋混凝土预制桩，设计计算该桩基础(相应于作用准永久组合时，竖向力 $F=1950\text{kN}$)的沉降。

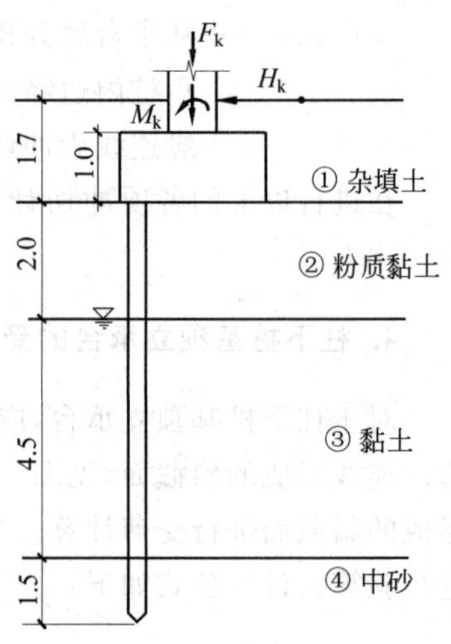

图 4-34 例 4-1 附图

表 4-15 例 4-1 中地基土物理力学性质指标表

编号	土名	厚度 h_i /m	γ/(kN/m^3)	G	w /%	e	w_L /%	w_P /%	I_P	I_L	饱和度 S_r	E_s /MPa	N	q_{pk}/(kN/m^2)	q_{sik}/(kN/m^2)
①	人工填土	1.7	16												
②	粉质黏土	2.0	18.7	2.71	24.2	0.8	29	17	12	0.6	0.82	8.5			64
③	黏土	4.5	19.1	2.71	37.5	0.95	38	18	20	0.98	1.0	6.0			41.2
④	中砂	4.6	20	2.68							1.0	20	20	5000	60.7

续表

编号	土名	厚度 h_i /m	γ/(kN/m^3)	G	w/%	e	w_L/%	w_P/%	I_P	I_L	饱和度 S_r	E_s/MPa	N	q_{pk}/(kN/m^2)	q_{sik}/(kN/m^2)
⑤	粉质黏土	8.6	19.8	2.71	27.7	0.75	29	17	12	0.89	1.0	8.0			
⑥	密实砾石层	>8	20.2										40		

注：桩穿越各层土的平均内摩擦角为 $\overline{\varphi}=20°$。

解 1）初步选择持力层，确定桩型和尺寸

根据荷载和地质条件，应初步考虑以第④层中砂土为桩端持力层。采用截面为300mm×300mm的预制钢筋混凝土方桩。桩端进入持力层为1.5m，桩长8m，承台埋深为1.7m。

2）确定单桩承载力特征值

根据式(4-8)估算单桩承载力特征值：

$$Q_{uk}=q_{pk}A_p+u\sum q_{sik}l_i$$

$$A_p=0.3\times0.3=0.09(\mathrm{m}^2)$$

$$u=0.3\times4=1.2(\mathrm{m})$$

$$R_a=Q_{uk}/2=[5000\times0.09+1.2\times(64\times2.0+41.2\times4.5+60.7\times1.5)]/2=468(\mathrm{kN})$$

3）初步确定桩数及承台尺寸

先假设承台尺寸为2m×2m，厚度为1m，承台及其上土平均重度为20kN/m^3，则承台及其上土自重的标准值为

$$G_k=20\times2\times2\times1.7=136(\mathrm{kN})$$

根据式(4-37)

$$n\geqslant\frac{F_k+G_k}{R_a}=\frac{2035+136}{468}=4.64$$

可取5根桩，设承台的平面尺寸为1.6m×2.6m，如图4-35所示。

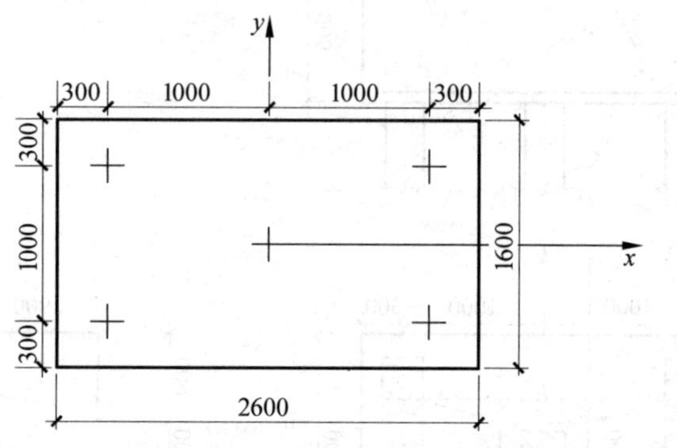

图4-35 例4-1桩的布置及承台尺寸

4）群桩基础中单桩承载力验算

按照设计的承台尺寸，计算 $G_k=1.6\times2.6\times1.7\times20=141.4(\mathrm{kN})$

单桩的平均竖向力按式(4-38)计算：

$$N_k = \frac{F_k + G_k}{n} = \frac{2035 + 141.4}{5} = 435.3(\text{kN})$$

代入式(4-41) $N_k = 435.3\text{kN} < R_a = 468\text{kN}$

符合要求。

按照式(4-39)计算单桩偏心荷载下最大竖向力为

$$N_{k\max} = \frac{F_k + G_k}{n} + \frac{M_y x_{i\max}}{\sum x_j^2}$$

$$= 435.3 + \frac{(330 + 55 \times 1.7) \times 1.0}{4 \times 1.0^2} = 435.3 + 105.9$$

$$= 541.2(\text{kN})$$

按照式(4-42)的要求：$N_{k\max} = 541.2\text{kN} < 1.2R_a = 561.6\text{kN}$。

由于水平力 $H_k = 55\text{kN}$ 较小，可不验算单桩水平承载力。

5) 抗弯计算与配筋设计

在承台结构计算中，取相应于作用基本组合有效的设计值，可按下式计算：

$$S = 1.35S_k$$

所以

$$F = 1.35F_k = 2747(\text{kN})$$

$$M = 1.35M_k = 445.5(\text{kN} \cdot \text{m})$$

$$H = 1.35H_k = 74.3(\text{kN})$$

对于承台进一步设计为：取承台厚 0.9m，下设厚度为 100mm，强度等级为 C10 的混凝土垫层，保护层为 50mm，则 $h_0 = 0.85\text{m}$；混凝土强度等级为 C20，混凝土的抗拉强度为 $f_t = 1.1\text{N/mm}^2$，钢筋选用 HRB335Ⅱ级，钢筋抗拉强度设计值为 $f_y = 300\text{N/mm}^2$，如图 4-36 所示。

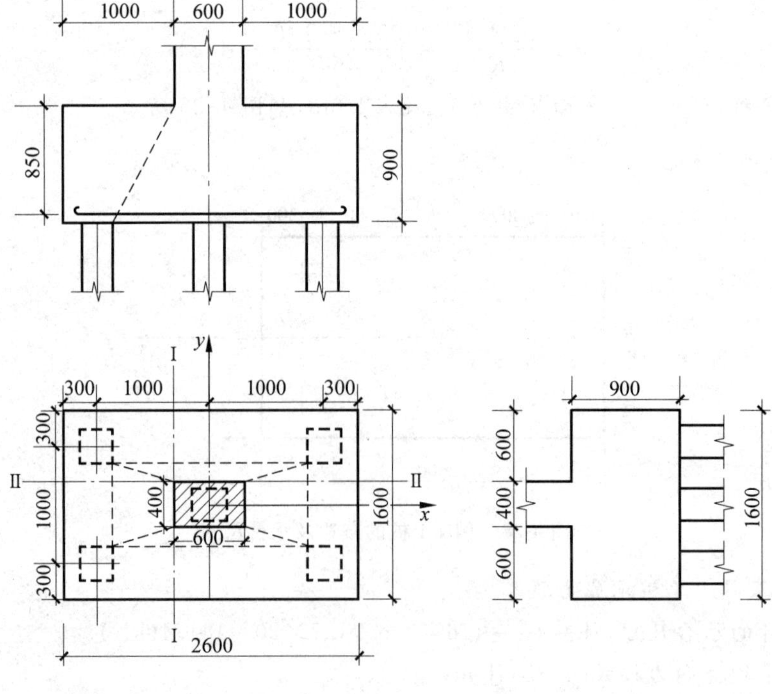

图 4-36 承台设计计算图

各桩不计承台以及其上土重 G 部分的净反力为

各桩平均竖向力 $\overline{N}=1.35\dfrac{F_k}{n}=549.45(\text{kN})$

最大竖向力 $N_{max}=1.35\left(\dfrac{F_k}{n}+\dfrac{M_y x_{max}}{\sum x_j^2}\right)=1.35\times(407+105.90)=692.4(\text{kN})$

对于Ⅰ—Ⅰ断面：

$$M_y=\sum N_i x_i=2N_{max}\times x_i=2\times692.4\times0.7=969.4(\text{kN}\cdot\text{m})$$

根据式(2-73)，钢筋面积　$A_s=\dfrac{M_y}{0.9f_y h_0}=\dfrac{969.4\times10^6}{0.9\times300\times850}=4224(\text{mm}^2)$

采用 14 根直径为 20mm 钢筋，$A_s=4397\text{mm}^2$，平行于 x 轴布置。

对于Ⅱ—Ⅱ断面：

$$M_x=\sum N_i y_i=2\overline{N}\times y_i=2\times549.5\times0.30=329.7(\text{kN}\cdot\text{m})$$

钢筋面积　$A_s=\dfrac{M_x}{0.9f_y h_0}=\dfrac{329.7\times10^6}{0.9\times300\times850}=1436.6(\text{mm}^2)$

选用 14 根直径为 12mm 钢筋，$A_s=1582\text{mm}^2$，平行于 y 轴布置。

6）承台抗冲切验算

(1) 柱的向下冲切验算

根据式(4-50a)有

$$F_l\leqslant2[\beta_{0x}(b_c+a_{0y})+\beta_{0y}(a_c+a_{0x})]\beta_{hp}f_t h_0$$

式中：　$a_{0x}=0.55\text{m}$，　$\lambda_{0x}=\dfrac{a_{0x}}{h_0}=\dfrac{0.55}{0.85}=0.647$，　$\beta_{0x}=\dfrac{0.84}{\lambda_{0x}+0.2}=0.99$

$a_{0y}=0.15\text{m}$，　$\lambda_{0y}=0.25$，　$\beta_{0y}=1.87$

$b_c=0.4\text{m}$　$a_c=0.6\text{m}$　$\beta_{hp}=1-\dfrac{1-0.9}{2000-800}(900-800)=0.992$

则

$$\begin{aligned}&2[\beta_{0x}(b_c+a_{0y})+\beta_{0y}(a_c+a_{0x})]\beta_{hp}f_t h_0\\&=2[0.99(0.4+0.15)+1.87(0.6+0.55)]\times0.992\times1100\times0.85=5000(\text{kN})\end{aligned}$$

桩顶平均净反力　$N=\dfrac{2747}{5}=549.4(\text{kN})$

根据式(4-50b)有

$$F_l=F-N=2747-549.4=2198(\text{kN})$$

满足式(4-50a)的条件。

(2) 角桩的冲切验算

根据式(4-51a)，冲切力 N_l 必须不大于抗冲切力，即满足

$$N_l\leqslant\left[\beta_{1x}\times\left(c_2+\frac{a_{1y}}{2}\right)+\beta_{1y}\left(c_1+\frac{a_{1x}}{2}\right)\right]\beta_{hp}f_t h_0$$

式中 $c_1=c_2=0.45\text{m}$，则

$$a_{1x}=0.55,\quad \lambda_{1x}=\frac{a_{1x}}{h_0}=0.647,\quad \beta_{1x}=\frac{0.56}{\lambda_{1x}+0.2}=0.66$$

$$a_{1y}=0.15,\quad \lambda_{1y}=0.25,\quad \beta_{1y}=\frac{0.56}{0.45}=1.24$$

$$N_l=N_{\max}=692.4\text{kN}$$

$$\text{抗冲切力}=\left[0.66\times\left(0.45+\frac{0.15}{2}\right)+1.24\times\left(0.45+\frac{0.55}{2}\right)\right]\times 0.992\times 1100\times 0.85$$

$$=1.246\times 0.992\times 1100\times 0.850=1156(\text{kN})$$

符合要求。

7) 承台抗剪验算

根据式(4-54a),剪切力 V 必须不大于抗剪切力,即满足

$$V\leqslant \beta_{hs}\alpha f_t b h_0$$

对于Ⅰ—Ⅰ截面:

$$a_x=0.55\text{m};\quad \lambda_x=\frac{a_x}{h_0}=0.647;\quad \alpha=\frac{1.75}{\lambda_x+1}=1.06$$

$$\beta_{hs}=\left(\frac{800}{h_0}\right)^{\frac{1}{4}}=0.985;\quad b=1.6\text{m}$$

$$V=2\times N_{\max}=2\times 692.4=1384.8(\text{kN})$$

$$\text{抗剪切力}=0.985\times 1.06\times 1100\times 1.6\times 0.85=1562(\text{kN})$$

符合要求。

对于Ⅱ—Ⅱ断面:

$$a_{1y}=0.15\text{m},\quad \lambda_y=0.25,\quad \alpha=\frac{1.75}{0.25+1}=1.4,\quad a=2.6\text{m}$$

$$V=2\times\overline{N}=2\times 549.45=1098.9(\text{kN})$$

$$\text{抗剪力}=0.985\times 1.4\times 1100\times 2.6\times 0.85=3352(\text{kN})$$

符合要求。

8) 沉降计算

沉降计算根据式(4-28),采用实体深基础计算方法,计算中心点沉降。用两种方法计算桩端处的附加应力及桩基沉降。

(1) 荷载扩散法计算

根据式(4-27)

$$p_0=\frac{F+G_k-p_{c0}\times a\times b}{\left(b_0+2l\times\tan\frac{\bar{\varphi}}{4}\right)\left(a_0+2l\times\tan\frac{\bar{\varphi}}{4}\right)}$$

式中 F 为相应于作用准永久组合时分配到桩顶的竖向力。

$F=1950\text{kN}$;$G_k=141.4\text{kN}$;$p_{c0}=16\times 1.7=27.2(\text{kN/m}^2)$;

$l=8\text{m}$;$a_0=2.3\text{m}$;$b_0=1.3\text{m}$;$a=2.6\text{m}$;$b=1.6\text{m}$

则

$$p_0=\frac{1950+141.4-27.2\times 2.6\times 1.6}{(2.3+2\times 8\tan 5^\circ)(1.3+2\times 8\tan 5^\circ)}=\frac{1978}{3.7\times 2.7}=198(\text{kPa})$$

$$s=\psi_p s'$$

s'按照第2章的方法计算。

$$s' = \sum \frac{p_0}{E_{si}}(z_i\bar{\alpha}_i - z_{i-1}\bar{\alpha}_{i-1})$$

对于扩散后实体基础，查表 2-19 确定平均附加应力系数 $\bar{\alpha}$，计算结果见表 4-16。

$$\frac{a}{b} = \frac{3.7}{2.7} = 1.37$$

表 4-16　平均附加应力系数 $\bar{\alpha}$ 计算表

z/m	z/b	$\bar{\alpha}_i$	E_s
0	0	1.0	20
1.35	0.5	0.92	20
2.7	1.0	0.747	20
3.1	1.15	0.728	20
5.4	2.0	0.4956	8
8.1	3.0	0.3634	8
8.7	3.22	0.3464	8
9.3	3.44	0.3278	8

$$\begin{aligned}\sum s_i' = 198 \times \Big\{ & [(1.35 \times 0.92) + (2.7 \times 0.747 - 1.35 \times 0.924) \\ & + (0.728 \times 3.1 - 2.7 \times 0.747)] \times \frac{1}{20} + [(5.4 \times 0.4956 - 3.1 \times 0.728) \\ & + (8.1 \times 0.3634 - 5.4 \times 0.4956) + (8.7 \times 0.3464 - 8.1 \times 0.3634)] \times \frac{1}{8} \Big\} \\ = {} & 41.1(\text{mm})\end{aligned}$$

$$\Delta s_n = (9.3 \times 0.328 - 8.7 \times 0.3464) \times \frac{0.198}{8} = 0.863(\text{mm}) < 0.025 \sum s_i = 1.0(\text{mm})$$

计算到桩端以下 8.7m 即可。计算变形计算深度内压缩模量的当量值 $\bar{E}_s$。

$$\bar{E}_s = \frac{\sum A_i}{\sum \frac{A_i}{E_{si}}} = \frac{(1.24 + 0.775 + 0.24 + 0.42 + 0.267) + 0.07}{0.1128 + 0.086 + 0.009}$$

$$= \frac{3.01}{0.21} = 14.43(\text{MPa}) < 15(\text{MPa})$$

查表 4-13 得到

$$\psi_p = 0.5$$

$$s = \psi_p s' = 41.1 \times 0.5 = 20.6(\text{mm})$$

(2) 扣除摩阻力法：根据式(4-29)：

$$p_0 = \frac{F + G - (a_0 + b_0)\sum q_{sik} h_i - p_{c_0} ab}{a_0 b_0}$$

$$a_0 = 2.3\text{m};\ b_0 = 1.3\text{m}$$

式中

$$p_0 = \frac{1950 + 141.4 - (2.3 + 1.3)(64 \times 2.0 + 41.2 \times 4.5 + 60.7 \times 1.5) - 27.2 \times 2.6 \times 1.6}{2.3 \times 1.3}$$

$$\approx\frac{1950+141-1456-113}{2.3\times1.3}=175(\text{kPa})$$

$$\frac{a}{b}=\frac{2.3}{1.3}=1.77$$

平均附加应力系数$\bar{\alpha}$计算结果见表4-17。

表4-17　平均附加应力系数$\bar{\alpha}$计算表

z_i/m	z_i/b	$\bar{\alpha}_i$	E_{si}
0	0	1.0	20
1.3	1.0	0.773	20
2.6	2.0	0.531	20
3.1	2.39	0.468	20
3.9	3.0	0.395	8
6.5	5.0	0.258	8
6.8	5.23	0.248	8

$$s'=\sum s_i=175\times\Big\{[(1.3\times0.773)+(2.6\times0.531-1.3\times0.773)$$

$$+(3.1\times0.468-2.6\times0.531)]\times\frac{1}{20}+[(3.9\times0.395-3.1\times0.468)$$

$$+(6.5\times0.258-3.6\times0.395)]\times\frac{1}{8}\Big\}=18(\text{mm})$$

$$\Delta s_n=(6.8\times0.248-6.5\times0.258)\times\frac{227}{8}=0.27(\text{mm})\leqslant0.025\sum s_i=0.57(\text{mm})$$

$$\bar{E}_s=\frac{\sum A_i}{\sum\frac{A_i}{E_{si}}}=\frac{1.678}{0.1}=16.8(\text{MPa})$$

从表4-14内插　$\psi_p=0.48$

$s=\psi_p s'=8.6(\text{mm})$

可见两种算法结果不同,相差1倍多。但沉降都不大。

4.9 桩基技术和理论的新发展

随着工程建设规模和领域的拓展,桩基的施工和设计方面近年来有很大进展。尤其是由于我国土木工程建设的快速发展,在桩基技术和理论方面都有所突破。

4.9.1 桩的形式和规模

为了充分发挥地基的承载力,人们对桩进行了扩底和扩径。扩底的施工方法有钻扩、爆扩、夯扩、振扩、挤扩、挖扩等多种,采用扩底桩可大大提高单桩承载力。

其中复合载体夯扩桩为我国近年来涌现的新桩型。它是采用细长锤夯击成孔,将护筒沉到设计标高后，分批向孔内投放废砖石及干硬性混凝土，反复击实，挤密桩底土体，在桩端形成复合载体，然后灌注桩身混凝土。该桩造价低，承载力可达相同桩径、桩长灌注桩的几倍。

DX 多节挤扩灌注桩是一种局部扩径的桩型，在钻孔后向孔内放入专用液压挤扩设备，根据土层情况在不同部位挤压出或旋转切削成分岔圆锥盘式扩大腔体，浇筑混凝土后成为支盘和支叉。该方法可明显提高单桩承载力，见图 4-37。

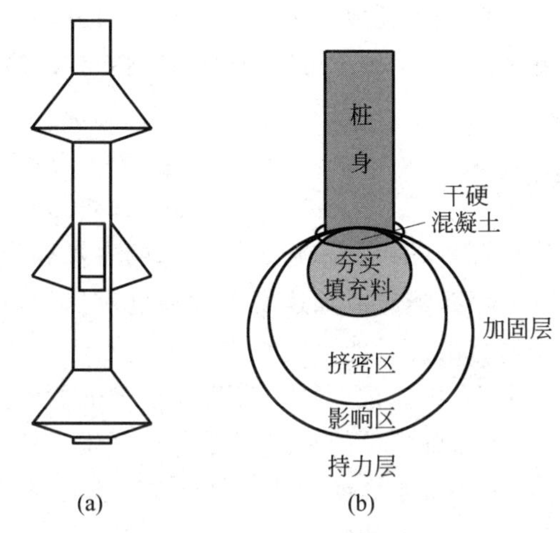

图 4-37　两种新的桩型

(a) DX 桩；(b) 复合载体夯扩桩

由于超高层建筑和大型斜拉桥梁主塔的需要，所用的桩径和桩长不断扩大。欧美和日本所用的钢管桩有时长达 100m 以上，桩径超过 2500mm；上海金茂大厦采用钢管桩，桩径为 914.4mm，进入地面以下 80m 的砂层；新加坡发展银行大楼主要由 4 个直径为 7.3m 的巨型嵌岩桩，支撑 50 层高楼；我国南京长江二桥塔墩采用直径 3m，深度 150m 的钻孔灌注桩。

4.9.2　桩的施工

为消除和减轻对于环境的不利影响，在城区软土地区采用静压桩受到欢迎，采用此法施工的桩长可达 70m 以上。为了消除泥浆护壁钻孔中循环泥浆对环境的污染，国内外常采用套管钻进法或者用稳定液代替泥浆护壁的无套管钻进法施工。

另外一类灌注桩施工法是钻孔压灌法。首先用长螺旋钻机钻到设计的深度，在提钻同时通过钻杆内腔经由钻头处的压浆孔向孔底压灌水泥浆，随后有两种施工法：其一是向孔内灌注水泥浆至地下水位以上 0.5～1.0m，保证孔壁稳定，然后起钻、放置钢筋笼，预留一根直通孔底的高压注浆管，投放骨料，再通过注浆管补浆；另一种是向孔底压灌水泥浆后，边提升钻杆边向孔内压灌高坍落度的混凝土到一定深度，以保护孔壁稳定，然后提出钻杆，放置钢筋笼，再浇筑混凝土直到桩顶设计标高。第二种灌注桩施工法可用于地下水以上，也可用于地下水以下，不必采用泥浆护壁，减少了对环境的污染，同时也避免了灌注桩通常存在的桩底虚土和孔壁的泥皮，从而明显提高了单桩的承载力。

在普通钻孔灌注桩成孔后预留注浆管,在浇筑桩身混凝土之后,采用后压浆方法置换挤密桩底虚土和增加桩壁的摩阻力也是提高承载力的有效方法,目前在我国被广泛应用。

4.9.3 单桩承载力的测定和桩的检测

上述单桩竖向静载试验法,有简单、直观和接近桩的实际工作状态的优点,但是需要一整套压重加荷装置或锚桩反力装置,而且完成一次试验要用较长的时间,是一种费钱、费工、费时的试验方法,不可能在工程中大量应用,更不可能用以检测每根桩的质量和承载力。目前这个问题有下列两种解决方法。

1. 用动测法代替静压法

近二三十年来用动力法检测桩的质量和确定桩的承载力发展很快,其法是在桩顶施加动态力(动荷载),量测在桩头位移、速度或加速度等动力响应信号,从而对桩土的性状作出分析。根据作用于桩顶上动荷载的能量能否使桩土间产生塑性位移,可把动测桩分为低应变法和高应变法。低应变法中,作用在桩上的动荷载远小于桩的使用荷载,不能将桩打动,常用来检测桩的完整性,直接用以确定桩的承载力则尚有争议。高应变法是指动荷载能使桩土间产生较大动位移,距桩顶一定距离的桩两侧对称安装力传感器和加速度传感器,测量力和采集桩土系统响应信号,通过不同的数学模型分析桩身结构的完整性和单桩的承载力。

20世纪80年代后期,加拿大和荷兰的研究单位合作开发出一种新的测桩技术,称为静动法(或称拟静力法)。其法是在桩顶上放置汽缸,燃烧一种特殊燃料,利用桩顶上压块(堆载)的反冲作用,在桩上产生反冲力,推动桩向土中移动。虽然仍然是一种动测技术,但是反冲力的作用时间较一般动载法的锤击时间长很多(前者一般可维持100~800毫秒,而后者仅为几个毫秒到十几个毫秒),因而可以把反冲力按静力法分析处理。同时因为作用的时间长,可使桩产生较大的贯入度,通常可达5~20mm。试验时,记录桩顶的作用力、位移、速度和加速度,通过计算机处理,即可得出一条完整的 p-s 曲线。目前国外用该法测桩,最大承载力可达70MN。

2. 改进静压装置

这类方法中效果最好的是自反力法。自反力法也称 Osterberg 法,它是将一个类似于千斤顶的压力盒预先放置在桩的底部,然后制桩或沉桩。桩完成后,向压力盒加液压,使压力盒向上推动桩身,向下挤压桩端土,使侧阻力与端阻力互为反力,二者之和即为单桩承载力。这是一种很有创意的测定单桩承载力的方法。它省去了在静载试验中必不可少的压重加荷装置或锚桩反力装置,尤其用于检测桥墩、码头等处的水下大型桩基更有显著的优点。这套装置如图4-38所示,在图4-38(b)中,压力盒作用约2400kN压力时,桩身及桩端同时达到极限承载力,则单桩的极限承载力 $Q_u=Q_{su}+Q_{pu}\approx4800$kN。因为要扣除桩身自重,所以图中 Q_{su} 比 Q_{pu} 稍小。在此图中因为只想测定风化岩段的摩阻力,所以在土层部分用套管将桩与土隔开。试验中,很难在同一压力下,桩端和桩身同时达到极限承载力,所以可以分段测试。目前,实际应用已测试达到150MN的极限单桩承载力。

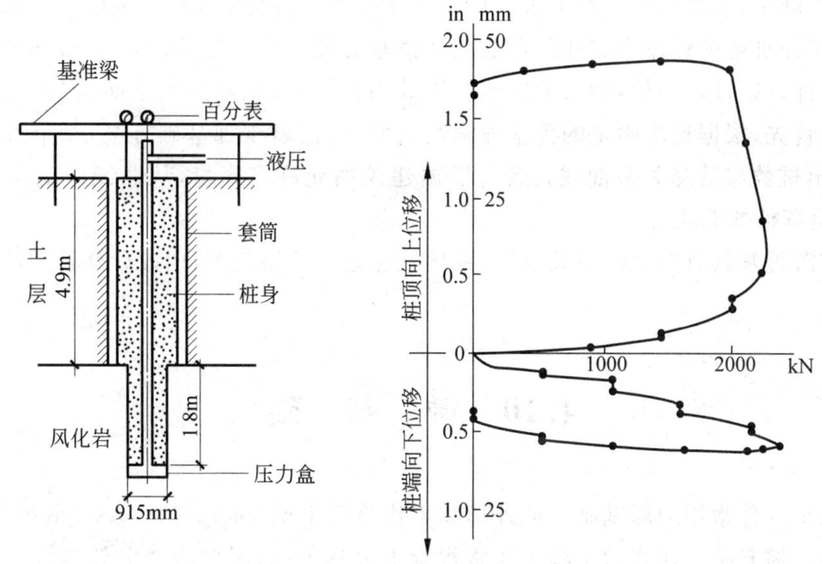

图 4-38 Osterberg 测桩法

4.9.4 桩基的设计

1. 复合桩基

如上所述，群桩基础实际上是桩、土和承台三者的共同作用。实际上承台贴地，常常承担相当部分的荷载，这种考虑承台底桩间土抗力的桩基也叫做复合桩基，其中的单桩叫做复合基桩。承台底土阻力的多少取决于桩土相对位移。一般而言，端承桩承台发挥作用小，摩擦桩的承台发挥作用大。当承台底面以下存在可液化土、湿陷性黄土、高灵敏度软土、欠固结土、新填土或可能出现震陷、降水、沉桩过程产生高孔隙水压力和土体隆起时，不必考虑承台效应。一般刚性贴地承台下土的反力是马鞍形分布的，桩群外围线之外承台下土的反力大，外围线之内土的反力小。

2. 减沉桩基（疏桩基础）

有时尽管天然地基的承载力可满足建筑物的要求，但可能沉降过大。从技术经济比较的结果来看，扩大基础尺寸或进行地基处理耗费资金较多，这时在基础下加桩，并且按控制地基沉降的原则进行桩基设计。这种情况往往所需桩数不多，桩距较大，一般为 $s_a=(4\sim6)d$，甚至更大，这种以控制沉降为目的，直接用沉降量指标来确定桩数量的桩基，称为减沉桩基或疏桩桩基。减沉桩基中的桩应为摩擦桩，但桩端也应进入较好土层，以防沉降过大，达不到预期的控制沉降效果。减沉桩在承台产生一定沉降时，桩可充分发挥其承载力并允许进入极限承载状态，同时承台也类似浅基础或复合地基，很大部分的荷载加在桩间土上，是一种承台作用发挥较大的复合桩基。

桩与承台下土分配的荷载应当按上部结构、基础与地基共同作用分析确定。由于在减沉桩基中桩可按单桩的极限承载力设计，使桩的承载力充分发挥，因而可大幅度减少用桩量,桩长也可减少,从而降低工程造价。但是也要按规定荷载验算桩身强度和桩端下卧层的承载力,以保证桩基的整体稳定性。目前减沉桩基的设计理论尚不成熟,一般结合具体地区经验进行设计。以筏基为例,如果天然地基承载力已够,而沉降过大不能接受,则可按减沉桩基设计。首先,根据初步确定的筏基埋深及尺寸,设定若干种基础方案,每个方案的桩数不同,计算出桩数与沉降关系曲线;然后根据建筑物允许沉降量,从曲线中确定所需用桩量;最后,验算桩基承载力。

由于减沉桩基具有较大经济效益,在我国软土地区应用较多,但设计计算方法尚有待进一步完善。

4.10 墩 基 础

墩基础是一种常用的深基础。从外形和工作机理上墩(pier)与桩(pile)很难严格区分,这与各国的习惯有关。在我国工程界通常将置于地基土中,用以传递上部结构荷载的杆状构件统称为桩。但墩与桩还是有区别的。墩的断面尺寸较大,墩身相对较短,体积巨大。墩身一般不能预制,也不能打入、压入地基,只能是现场灌注或砌筑而成。一般认为墩的直径大于0.8m;墩身长度为6～20m;长径比不大于30。墩常常是单独承担荷载,且承载力很高。

与浅基础相比,墩的埋深不小于4倍断面尺度;墩的侧壁摩阻力往往是承载力的重要部分。“墩”这个词还有另外一层含意,那就是指某些建筑物的基础与上部结构之间的部分,一些高承台桩的地面以上部分也可以称为墩,如桥墩。

4.10.1 墩基础的特点及应用

1. 特点

(1) 如上所述,墩的体型大,承载力高;有比单桩高得多的水平承载力;较大的自重产生较强的抗拔、抗震和抗滑能力。

(2) 墩的施工较方便。在密实的砂卵石地层及风化岩层中打桩往往很困难,而开挖施工墩基础则较为容易;墩的施工噪声小;不会像挤土桩那样造成地面上浮及侧移等。另外墩的施工无须特殊的机械,尤其是我国劳动力供给充足,用砌石的墩基础具有较大的经济优势。

(3) 由于墩的尺寸较大,成孔后很容易检查墩底持力层及侧壁土层情况及施工质量,检查人员常常可以直接下孔观察,所以施工质量容易保证。

2. 应用

为获得较大的墩的端承力,墩基础一般支承在较坚硬的土层或岩层上,尤其是扩底的情况下。墩基础广泛地应用于桥梁、海洋钻井平台和港口码头等近海建筑物中。在我国西南山区,常常用直径(或边长)达几米的大尺寸墩治理滑坡,抵抗滑动力。在广州、深圳等地较广泛采用的"一柱一桩",实际上是一柱一墩,单墩承载力可达上亿牛顿,用于作为高层建筑物基础。

4.10.2　墩的分类

墩的分类和桩一样,也可按不同的标准,从不同的角度对墩进行分类。

1. 按墩的承载性状分类

按墩的承载性状,墩可分为抗压墩、抗滑墩和抗拔墩三类。抗压墩主要承受上部结构传来的竖向压力,常用以作为高、重建筑物的基础。抗滑墩可以直接作为抗滑结构,也可作为主要承受水平荷载的结构物,如堤坝、挡墙等的基础。抗拔墩较为少用,作为锚锭结构的基础时,一般采用扩底的形式以提供更大的抗拔力。

2. 按施工方法分类

按施工方法可从成孔、护壁和浇(砌)筑三个方面考虑。

(1) 成孔方法

墩按成孔方法分为三类：挖孔墩、钻孔墩和冲孔墩。

图 4-39 为新加坡发展银行大楼的墩基础施工现场,墩直径达 7.3m,底部坐落在岩层上,用混凝土建筑。图 4-40 为英国伦敦某建筑物加固用的人工挖孔扩底墩,墩身直径 2.3m,扩底直径 3.9m。图 4-41 为直径 1.3m 的大型螺旋钻的施工情况,用冲击头冲孔成墩也是常用成孔方法,如强夯置换墩、大型柱锤冲扩墩等。

图 4-39　新加坡发展银行大楼的墩基础

图 4-40 伦敦某建筑物人工挖孔扩底墩

图 4-41 螺旋钻孔墩施工

(2) 护壁方式

墩的成孔与浇筑可以有护壁,也可无护壁。在土层较好不易塌落情况下,施工深度不大的墩时,机械钻孔时可不用护壁。但多数情况需用护壁,这包括地下水下钻孔的泥浆护壁,人工挖孔的钢筒预制或现浇混凝土圈分层护壁,也可采用木板、砖石等临时护壁。

(3) 浇(砌)筑方式

墩一般是混凝土浇筑而成的,可以是水下浇筑或干作业浇筑。另外,在山区,也可用浆砌石、砖砌筑墩基础。

3. 按墩的形状分类

墩的横断面一般为圆形,但也有方形和矩形等情况。竖向截面则有多种:图 4-42(a)表示扩底墩与不扩底墩;图 4-42(b)表示两种锥形墩,其中正锥形墩的侧壁摩阻力可以忽略,承载主要靠端承力;图 4-42(c)所示的齿形墩,它可增加土层的侧壁阻力,适用于墩侧有较硬土层的情况,但施工技术复杂。对于墩底为岩层情况,为了使墩底与岩石紧密结合,尤其防止在水平荷载下墩底的滑动,可作成嵌岩墩,如图 4-42(d)所示。

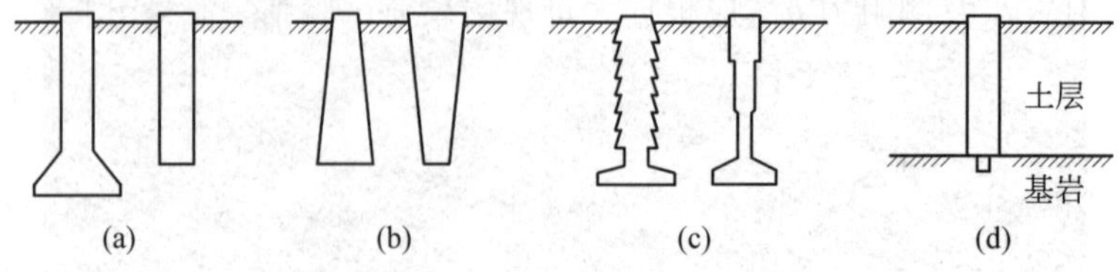

图 4-42 墩按竖向截面形式分类

(a) 柱形墩;(b) 锥形墩;(c) 齿形墩;(d) 嵌岩墩

4.10.3 墩基础的设计

由于墩和桩的工作机理相似，所以许多桩基的设计方法也适用于墩基。但是由于墩体型大、承载力高、刚度大，在许多情况下是单墩工作或者少数墩共同工作，这与群桩基础不同，也比群桩基础中的单桩承担更大的风险。由于墩基承重的复杂性和设计计算方法不完善，所以设计人员必须认真分析周边环境及特殊的条件，作出客观合理的判断与设计。

1. 墩的竖向抗压承载力

与单桩承载力一样，墩的竖向抗压承载力可通过现场载荷试验及经验公式确定，同时要满足墩身材料强度的条件。

(1) 用现场载荷试验确定墩的承载力

墩的竖向静力现场载荷试验与桩的静载试验方法类似，但试验的荷载和试验难度要大。也可参考桩的规定确定其承载力。如果试验的 Q-s 曲线有陡降段时，可取曲线发生明显陡降的起始点为墩的极限承载力 Q_u，当 Q-s 曲线为缓变型时，取墩顶总沉降量 $s=40\text{mm}$ 对应的荷载作为极限承载力 Q_u，从确定的极限承载力的标准值，计算墩的承载力特征值：

$$R_a = \frac{Q_u}{2} \tag{4-55}$$

在曲线为缓变型情况下，有时也可根据允许沉降[s]所对应的荷载确定墩承载力特征值 R_a。对于直墩：[s]＝10～25mm；对于扩底墩：[s]＝10～15mm，[s]值与土层及建筑条件有关。

(2) 经验公式法

与桩的承载力一样，在初步设计阶段估算墩承载力特征值时，可以使用类似于式(4-8)的公式计算：

$$Q_{uk} = A_b q_{bk} + u_p \sum_{i=1}^{n} l_i q_{bsik} \tag{4-56}$$

式中：q_{bk}——墩底极限端阻力标准值，kPa；

A_b——墩底面积，m^2；

u_p——墩身断面周长，m；

q_{bsik}——第 i 层土极限侧阻力标准值，kPa；

l_i——第 i 层土内墩身长度，m。

式(4-56)中的 q_{bk} 及侧阻力 q_{bsik} 应根据大量现场载荷试验结果统计分析确定。

大孔径的墩在开挖或钻孔施工中会引起墩周土和底部土的回弹松弛，使端阻力和侧阻力下降，尤其是对于砂石土地基的情况。所以如果参考施工方法类似的桩的端阻力与侧阻力计算时，应乘以尺寸效应系数：

$$q_{bk} = \psi_b q_{pk} \tag{4-57}$$

$$q_{bsk} = \psi_s q_{sk} \tag{4-58}$$

式中：q_{pk}，q_{sk}——桩的极限端阻力、极限侧阻力标准值；

ψ_b，ψ_s——墩的端阻力与侧阻力的尺寸效应系数。

$$\psi_b = \left(\frac{0.8}{D}\right)^n \tag{4-59}$$

对于砂土、碎石土：$n=\frac{1}{3}$；对于黏性土、粉土：$n=\frac{1}{4}$。

$$\psi_s = \left(\frac{0.8}{d}\right)^m \tag{4-60}$$

对于砂土、碎石土：$m=\frac{1}{3}$，对于黏性土和粉土：$m=\frac{1}{5}$。

式中：D——墩底直径，m；

d——墩身直径，m。

(3) 按墩身材料强度验算墩的承载力

对于置于坚硬土层及岩层上的墩，其承载力可能由墩身材料强度控制，亦即应满足式(4-44)的要求，乘以一定的工作条件系数 ψ_c。

2. 墩的抗拔承载力与水平承载力

墩的极限抗拔力主要通过墩的抗拔试验确定。在计算时，一般直墩可参照单桩抗拔力计算公式计算，见式(4-9)、式(4-10)。但扩底墩则可能在拉拔时带动一部分土体破坏，机理及理论计算比较复杂。

墩的水平承载力比一般单桩的水平承载力高得多。在抵抗地震力、波浪力、动力机器振动力及船舶撞击力等水平荷载时，墩是十分有效的基础形式。

对于承受水平力及弯矩的墩，与单桩情况相似，也可根据折算桩长 αl(式(4-1))进行墩的分类。可分为刚性墩($\alpha l \leqslant 2.5$)、半刚性墩($2.5<\alpha l<4$)和柔性墩($\alpha l \geqslant 4$)三种。对于多墩共同承担水平荷载的情况，各墩顶水平力可按其相对刚度加权平均分配，相对刚度大的墩，分配的水平力多。

墩的水平承载力也应按现场水平载荷试验确定。对于次要的工程及在初步设计阶段，可用与前述桩的水平力问题相似的方法计算。

3. 墩的沉降估算

墩的沉降一般由三部分组成：

$$s = s_p + s_b + s_s \tag{4-61}$$

式中：s——墩顶沉降量，m；

s_p——墩身轴向压缩量，m；

s_b——墩底土层压缩变形，m；

s_s——墩端以下沉渣压缩变形，m。

可见对于不同长度、刚度、施工方法及墩底岩土层情况，三部分的比例可以有很大不同，墩的沉降与单桩沉降计算方法相似，也无准确的计算方法。多数情况下墩是单个工作的，所以可通过原位试验测定其在工作荷载下的沉降量。

4.10.4 承台

由于墩多数为单独承载或少数墩共同工作，所以承台的设计相对简单，和桩一样要求墩顶嵌入承台及主筋伸入承台。

对于一柱一墩情况，柱下单墩宜在墩顶的两个相互垂直的方向设置联系梁。当墩与柱的截面积尺寸之比大于 2，柱底的剪力和弯矩较小时，也可不设联系梁。

4.11　沉井基础

沉井是以现场浇筑、挖土下沉方式进入地基中的深基础。一般为钢筋混凝土制成，很少情况也可使用砖石、钢筒等。沉井由于断面尺寸大、承载力高可作为高、大、重型结构物的基础，在桥梁、水闸及港口等工程中广泛应用，也可用作抽水站的进水池、地下储水池和储油池等。由于施工方便，对临近建筑物影响小，其本身既可挡土也可挡水，沉井成为水下、水边和软土地基中建筑物基础的重要形式。同时由于可以利用内部空间，所以也是地下建筑物的结构形式之一。

沉井基础有时与墩基础相似，二者最主要的区别在于沉井的特殊施工方法；另外，大多数沉井基础是封底而不全填筑成实心的基础。沉井适用于地基上部土层软弱，持力层相对较深，不能采用天然地基浅基础的情况，这时它可能比其他基础形式更经济，技术上更优越。沉井基础作为一种深基础，对相邻建筑物的影响较小。如我国长江大桥工程曾成功地下沉了一个底面尺寸为 20.2m×24.9m 的巨型沉井，穿过的覆盖层厚度达 58.87m；又如我国第一条黄浦江江底隧道两端的长达数百米的引道工程，也曾采用矩形连续沉井施工，每个沉井长 20m 左右，宽约 13m，高约 8m，共由 39 个连续沉井组成。

在下列的情况下不宜采用沉井基础：

(1) 土层中含有大孤石、大树干、沉没的旧船和被埋没的旧建筑物等障碍物时；

(2) 在地下水下的细砂、粉砂和粉土中，挖井时容易发生流砂现象，使挖土无法继续进行；

(3) 基岩面倾斜起伏大，沉井最后无法保持竖直，或者井底一部分位于基岩，一部分支承于软土，使其受力后发生倾斜。

4.11.1　沉井的类型

1. 按形状分类

(1) 按横断面分类

沉井按横断面的形状可以分为圆形、方形、矩形、椭圆形、马蹄形等。一般方形、矩形断面的沉井制作方便，便于利用内部空间；而圆形、椭圆形断面的沉井承受水、土压力的性能较好，不易产生过大弯矩，而可以使井壁薄一些。为了兼顾二者的优点，则可作成马蹄形或者将边角作得圆滑一些，见图 4-43。按横断面中的孔数可分为单孔(图 4-43(a))、单排孔(图 4-43(b))、多排孔沉井(图 4-43(c))。对于大尺寸沉井，一般做成多排孔，其中的纵横隔墙可以大大提高侧壁的抗水土压力的能力，提高总体刚度；便于分区开挖，特别是如果施工中沉井偏斜，可以分区开挖进行校正调整。

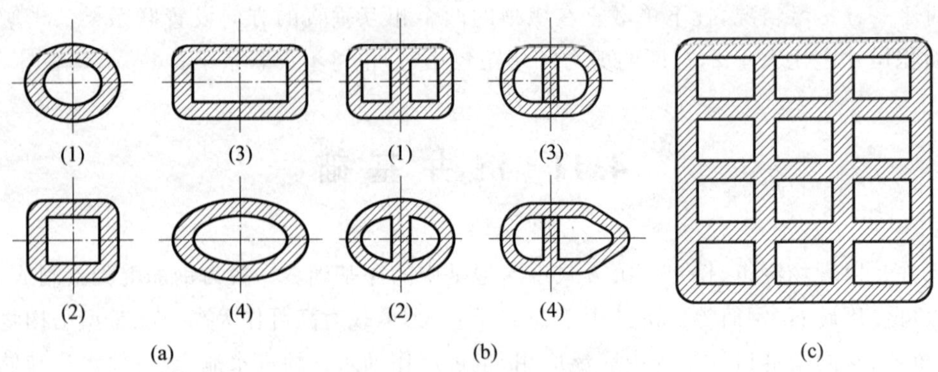

图 4-43 沉井横断面形状

(a) 单孔沉井：(1) 圆形；(2) 方形；(3) 矩形；(4) 椭圆形；

(b) 单排孔沉井：(1) 扁长矩形；(2) 椭圆形；(3) 两头带有半圆的矩形；(4) 复杂形状；(c) 多排孔沉井

(2) 按竖直向剖面分类

按竖直向剖面的不同,沉井可以分为柱形沉井、阶梯形沉井和锥形沉井,见图 4-44。阶梯形沉井井壁的厚度随深度而增加以抵抗下部较大的水、土压力。井壁外侧做成阶梯形的沉井和锥形沉井能减少侧面的摩阻力,在密实的土中较易下沉,但下沉时的稳定性较差,制作也稍为困难。

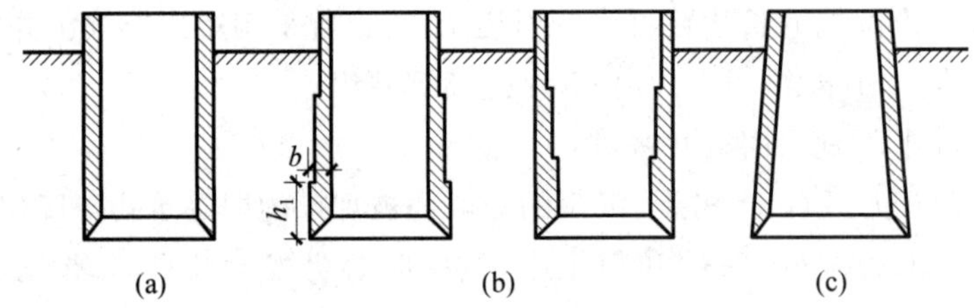

图 4-44 沉井的竖向剖面形式

(a) 柱形沉井；(b) 阶梯形沉井；(c) 锥形沉井

2. 按施工方法分类

按施工场地不同,沉井可以从天然地面下沉,也可以从自由水面下沉。从天然地面下沉时,应先清理天然地面,或从天然地面挖一定深度的坑槽,然后从地面或坑槽底挖土下沉沉井。当需要从自由水面下沉时,若水深和流速都不大,可以先在水中填筑人工砂岛,再从砂岛地面下沉；若水深和流速较大,则需采用浮运法,将岸边预先制作好的分节沉井,浮运到下沉地点处预先搭好的支架下,定位下沉。

按在地下水位以下井内挖土下沉的方法,又可分为边排水边挖土和水下挖土两种情况。当井内渗水量不大时,可以在井底挖沟排水,同时进行井下挖土作业使井身下沉。当渗水量较大时,可采用机械抓斗、吸泥浆等水下开挖方法下沉沉井,与这种方法相配合,常采用水下浇筑混凝土封底,见图 4-45。

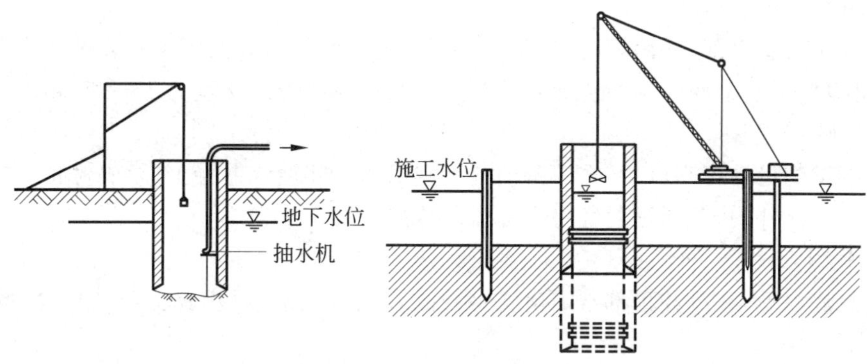

图 4-45　沉井开挖的方法

4.11.2　沉井的基本构造

沉井一般由井筒和刃脚两个主要部分组成，对于多孔沉井还有内隔墙；为了便于封底，在刃脚之上井筒内侧还留有凹槽，在沉井达到设计高程之后用混凝土封底；最后通常在沉井顶部浇筑顶盖，如图 4-46 所示。

(1) 井筒

井筒为沉井的外壁，它有两方面的作用：一方面应满足下沉过程中在最不利荷载组合下的受力要求；另一方面也靠井筒的自重使沉井开挖下沉。所以要求它有一定厚度和配筋，其厚度不宜小于 400mm，一般为 700～1500mm，有时可厚达 2m。

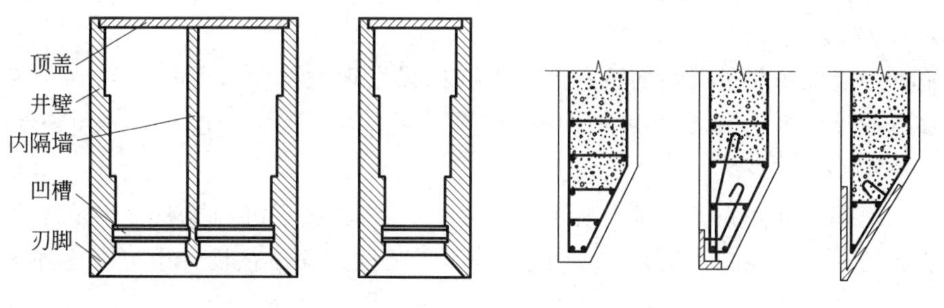

图 4-46　沉井的构造　　　图 4-47　刃脚的构造

(2) 刃脚

刃脚位于井壁最下端，如刀刃一样，使沉井更容易切入土中。刃脚斜面与水平方向夹角一般大于 45°。它是沉井受力最集中的部分，必须有足够的强度，以免产生过大的挠曲或破坏。当需通过坚硬土层或达到岩层时，刃脚底的平面部分(称为踏面)可用钢板和角钢保护，刃脚的高度和倾角的确定应考虑便于抽取其下的垫木和挖土施工，见图 4-47。

(3) 内隔墙

内隔墙可将沉井分为若干挖土小间，便于分区挖土，以防止或调整沉井的倾斜；同时它也加大了井的刚度，减少井壁的弯矩。一般厚度为 0.5～1.2m，间距不超过 5～6m。内隔墙的墙底应比刃脚高 0.5m 以上，以免妨碍沉井下沉。

(4) 凹槽

凹槽位于刃脚上部、井筒内侧,它是为了便于使井壁与封底混凝土能够很好地连接而设置的,它可以使封底下面的反力传递到井筒上。凹槽高约1m,深度为15～30cm。

(5) 封底

沉井下沉到设计标高以后,在刃脚的踏面到凹槽之间浇筑混凝土,形成封底。封底可以防止地下水涌入井内,并通过封底将上部荷载传递到地基土中。

(6) 顶盖

沉井封底以后,在沉井顶部常需浇筑钢筋混凝土顶盖板,以承托上部结构物,厚度一般为1.5～2.0m。

4.11.3 沉井的施工

1. 沉井的施工流程

沉井施工的流程见图4-48。

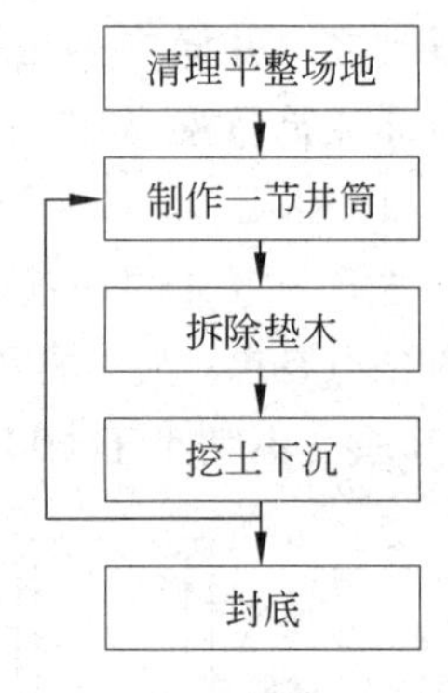

图4-48 沉井的施工流程

2. 沉井施工中常遇到的问题及其处理

(1) 难沉问题

当沉井下沉过慢或者不沉时,可根据具体原因采用加高井筒、施加压重、用水管射水冲刷、在井筒与土间添加泥浆或用其他润滑剂等。如果难沉是由障硬物造成,则用人工排除或采用小型爆破消除。

(2) 沉偏问题

在施工中应现场测量沉井的位移与下沉。如果发现倾斜和水平偏移可通过控制挖土、射水或用钢缆板拉等方法纠偏。

(3) 突沉问题

在软土地基中沉井施工常常会发生沉井突然下沉,在其下沉到接近设计标高时,更应防止因此造成的超沉。控制办法是:均匀挖土,不宜开挖过深。在设计中可考虑加大刃脚的阻力。

4.11.4 沉井的设计计算

沉井的设计计算包括如下几部分。

1. 基础承载力计算

沉井作为深基础,它应满足如下承载力要求:

$$F_k + G_k \leqslant R_{ba} + R_{sa} \tag{4-62}$$

式中:F_k——作用标准组合下沉井顶面作用的竖向力,kN;

G_k——沉井的自重标准值,kN;

R_{ba}——沉井底部地基土的承载能力标准值，kN；

R_{sa}——沉井侧壁的总摩阻力标准值，kN。

R_{ba}可根据地基承载力的特征值 f_a，R_{sa}可根据井壁极限摩阻力的标准值 q_s(除以安全系数)计算。

2. 沉井下沉要求

为了保证沉井在施工时能顺利下沉，要求在施工阶段都满足下沉力大于极限摩阻力的要求，可用下沉系数 k 表示，

$$k=\frac{G}{R_s}\geqslant 1.15\sim 1.25 \tag{4-63}$$

3. 井筒的内力计算

井筒的结构应满足在最不利条件下，抵抗产生的内力。其中最大问题在于计算井筒上的水土压力。水土压力计算可参考第 6 章的有关内容。根据井筒作用的水土压力计算井筒及刃脚上的内力，按照钢筋混凝土结构计算和设计确定其结构尺寸及配筋等。

4. 沉井抗浮验算

沉井封底以后，应按可能出现的地下水位验算抗浮稳定。在不计井壁摩阻力的情况下抗浮安全系数可采用 1.05。不满足这一要求，可加大沉井重量，设置抗浮桩和锚杆等。

思考题和练习题

4-1 按使用功能，桩可分成几类？

4-2 抗压桩按承载的性状可分成几类？影响这种分类的主要因素有哪些？

4-3 按成桩方法，桩可分成几类？各类的特点是什么？

4-4 按桩的长度或相对刚度，桩可分成几类？

4-5 何为桩的侧阻力和端阻力？桩受力后这两种阻力是如何发挥的？它们是否能充分发挥受哪些因素的影响？

4-6 砂土中抗压桩的侧阻力沿桩身一般如何分布？侧阻力的大小与哪些因素有关？

4-7 对于纯摩擦桩，采用两根直径为 d 的细桩和一根长度相同但直径为 $2d$ 的粗桩，承载力相同，哪一种较经济？

4-8 何为侧阻力的临界深度？它与哪些因素有关？

4-9 桩的极限端阻力主要取决于什么因素？根据你学过的土力学理论，如何计算桩的端阻力？

4-10 何为桩端阻力的临界深度 h_c？它受哪些因素的影响？

4-11 竖向承压桩的承载力应如何确定？

4-12 桩的抗拔承载力如何确定？同样尺寸的桩，抗压桩与抗拔桩相比，一般哪一种承载力大？

4-13 地下车库的筏板基础下需设置抗浮桩,小桩直径 $d=600$mm,大桩直径 $d=1200$mm,长度相等,桩距均为 $3d$。一般情况下选用哪种桩较为经济?

4-14 产生桩负摩擦力的机理是什么?哪些工程情况下可能出现负摩擦力?

4-15 何为中性点?何种情况下中性点的深度等于桩的长度?

4-16 如何计算桩的负摩擦力 q_n 值?

4-17 单桩水平承载力的大小取决于什么因素?

4-18 单桩水平承载力应如何确定?

4-19 用理论分析方法求单桩水平承载力时,通常用什么地基模型?在该地基模型中,地基土的水平抗力系数 k_h 有几种假定的分布形式?

4-20 当水平抗力系数 k_h 用 m 法确定时,桩顶的位移、桩身最大弯矩的位置及弯矩值如何计算?

4-21 桩基沉降计算方法分哪两大类?其主要区别是什么?

4-22 用实体深基础法分析桩基沉降时可用哪两种方法?说明其要点。

4-23 说明明德林-盖得斯桩基应力计算方法的适用条件和计算要点。

4-24 何为群桩效应和群桩效应系数?

4-25 试用框图表示桩基的设计步骤并解释每一步骤所包含的内容。

4-26 设计桩基要进行哪些验算?相应每项验算采用哪种作用组合?

4-27 如何进行群桩基础中的单桩承载力验算?

4-28 桩承台分成哪几类?尺寸如何确定?承台平面内桩如何布置?

4-29 桩承台应进行哪些内力计算?如何计算?

4-30 什么叫做 Osterberg 测桩法?要点是什么?

4-31 一个 Osterberg 测桩试验,桩径 $d=1200$mm,桩长 20m,当桩端千斤顶施加压力为 1500kN 时,桩侧阻力和桩端阻力同时达到极限状态,求该桩的极限承载力。

4-32 什么叫做复合桩基?与一般桩基比较有什么优点?

4-33 什么叫做减沉桩基(疏桩基础)?说明其优点和要点。

4-34 某电厂锅炉基础采用 458 根嵌岩桩。但是由于勘察错误,施工中只有 73 根桩嵌入基岩,其余桩端距岩面 15～30m 不等,桩下实际为含泥碎石土层和黏性土层。预估承载后,基础会出现什么问题?

4-35 如何区分深基础和浅基础?

4-36 从类型、施工方法和设计方法方面,比较墩基础和桩基础的异同。

4-37 什么叫做沉井基础?主要的特点何在?适用于什么条件?

4-38 某工程地基土层分布及土的性质如图 4-49 所示。求预制桩在各层土的桩周极限侧阻力标准值 q_{sik} 和桩端极限承载力标准值 q_{pk}。

4-39 在题 4-38 的工程中,承台底部埋深为 1m,钢筋混凝土预制方桩边长 300mm,桩长 9m,问单桩承载力特征值 R_a 为多少?

4-40 土层和桩的尺寸同上题,若该桩用为抗拔桩,计算单桩的抗拔承载力(抗拔系数取中间值)。

4-41 已知某宽 7m 的条形基础(图 4-50),其上作用有偏心垂直荷载标准值 1800kN/m,偏心距 0.4m;每延米基础上布置 5 根直径为 300mm 的桩,试计算中间桩和边桩所受的荷载值。

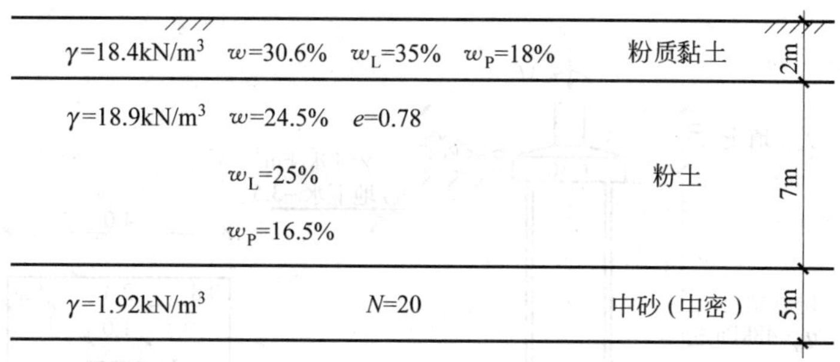

图 4-49　习题 4-38 插图

4-42　有一低桩承台的桩基(图 4-51),共 5 排 25 根桩,桩距 1.0m,桩断面 300mm×300mm,打入土中 14m,地基土性状见表 4-18。试按式(4-7)计算单桩竖向抗压承载力特征值 R_a。

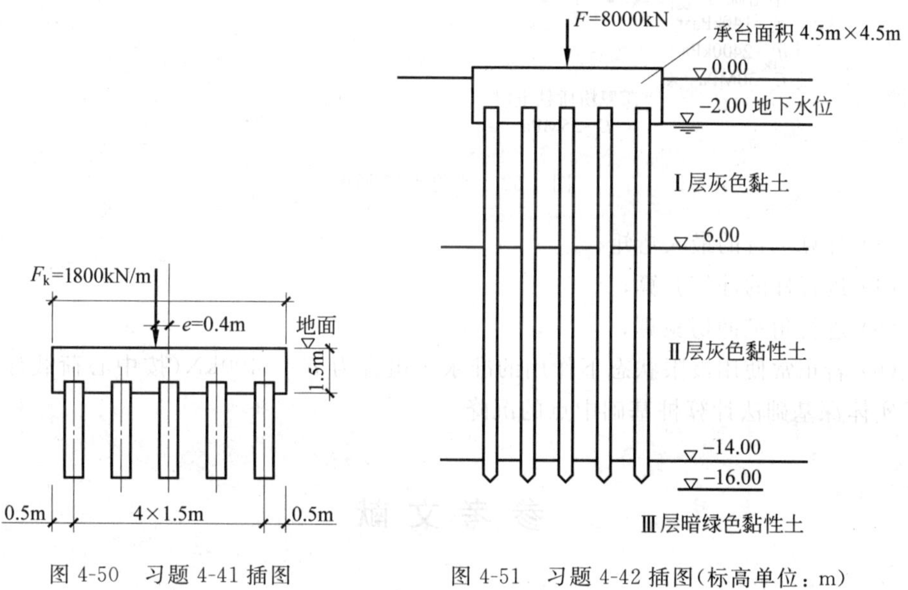

图 4-50　习题 4-41 插图　　图 4-51　习题 4-42 插图(标高单位：m)

表 4-18　习题 4-42 中地基土的物理力学特性指标

土层编号	w/%	γ/(kN/m³)	G	w_L/%	w_P/%	I_P	I_L	e
Ⅰ	45	17.7	2.70	40	20	20	1.25	1.215
Ⅱ	26	20.0	2.70	30	18	12	0.667	0.702
Ⅲ	20	20.9	2.68	27	16	11	0.364	0.536

4-43　柱下独立桩基础的承台埋深 2.5m,底面积 4m×4m,混凝土为 C30,柱断面尺寸为 1.0m×1.0m。采用 4 根水下钻孔灌注桩,直径 d=800mm,布置如图 4-52 所示。相应于作用的标准组合为 F_k=6067kN,M_k=407.4kN·m,(永久荷载效应控制)。所穿过土层的平均内摩擦为 $\bar{\varphi}$=12°。

(1) 计算单桩竖向承载力特征值 R_a;

(2) 验算桩基中的单桩承载力;

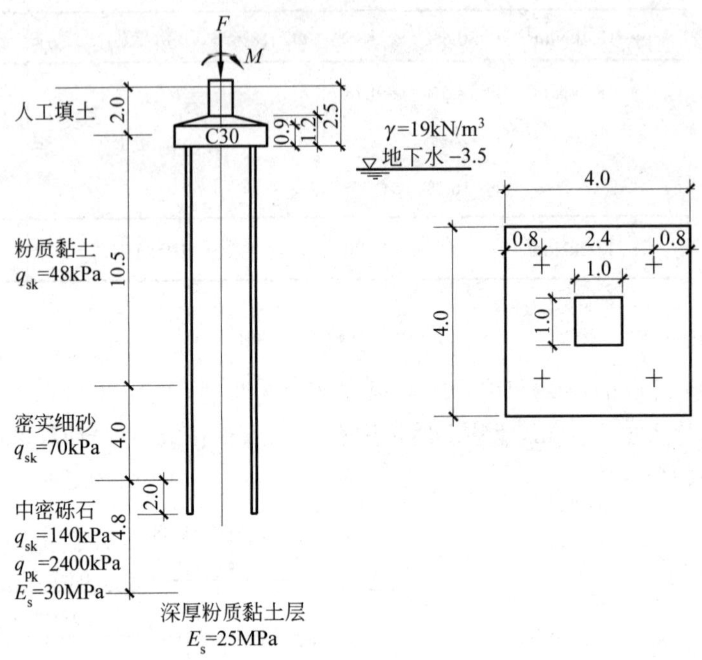

图 4-52　习题 4-43 插图

(3) 计算承台的最大弯矩;

(4) 进行柱的冲切验算;

(5) 进行角桩冲切验算;

(6) 若正常使用极限状态下作用的准永久组合为 $F=5400\text{kN}$(按中心荷载计算),用实体深基础法计算桩基础中点的沉降。

参 考 文 献

[1] 中国建筑科学研究院. GB 50007—2011 建筑地基基础设计规范[S]. 北京:中国建筑工业出版社,2012.

[2] 中国建筑科学研究院. JGJ 94—2008 建筑桩基技术规范[S]. 北京:中国建筑工业出版社,2008.

[3] 北京市勘察设计研究院,北京市建筑设计研究院. DBJ 11—501—2009 北京地区建筑地基基础勘察设计规范[S]. 北京:中国计划出版社,2009.

[4] 张雁,刘金波. 桩基工程手册[M]. 北京:中国建筑工业出版社,2009.

[5] WINTERKORN H F, FANG H Y. Foundation Engineering Handbook [M]. New York: Van Nostrand Reinhold Company, 1975.

[6] 顾晓鲁,钱鸿缙,刘惠珊,等. 地基与基础[M]. 3版. 北京:中国建筑工业出版社,2003.

[7] 高大钊. 土力学与基础工程[M]. 北京:中国建筑工业出版社,1998.

[8] 莫海鸿,杨小平. 基础工程[M]. 北京:中国建筑工业出版社,2003.

[9] 王成华. 基础工程学[M]. 天津:天津大学出版社,2002.

第
5
章

地基处理

5.1 概　　述

当地基的承载力不足、压缩性过大,或渗透性不能满足设计要求时,可以针对不同情况,对地基进行处理,以增强地基土的强度,提高地基的承载力和稳定性,减小地基变形,控制渗流量和防止渗透破坏,以满足建筑物安全承载和正常使用的要求。

5.1.1 软弱土和软弱地基

需要进行处理的地基土一般属于软弱土,它主要包括淤泥和淤泥质土、松砂、冲填土、杂填土、泥炭土和其他高压缩性土。有时对于某些特殊土,如**膨胀土**、**湿陷性黄土**等也要根据其特点进行地基处理。

1. 淤泥和淤泥质土

淤泥和**淤泥质土**指第四纪后期在静水或非常缓慢的流水环境中沉积,并经生物化学作用,天然含水量大于或等于液限,孔隙比大于或等于1.0的土。其中,当天然孔隙比e大于或等于1.5时,称为淤泥;孔隙比e为1.0～1.5时,称为淤泥质土。我国沿海在各河流的入海处三角洲,江河中下游和湖泊地区,都广泛分布着这类土,如1.4节所述。

淤泥和淤泥质土的特点是:

(1) 压缩性高,平均压缩系数为$3\times10^{-3}\sim5\times10^{-4}\text{kPa}^{-1}$;

(2) 抗剪强度低,其不排水强度为10～20kPa,标准贯入击数小于5,地基承载力小于100kPa;

(3) 渗透性小,渗透系数一般为$1\times10^{-8}\sim1\times10^{-10}\text{m/s}$;

(4) 具有显著的触变性和流变性。

2. 松砂

松砂指相对密度小于或等于$\frac{1}{3}$,或标准贯入击数小于或等于10的砂,

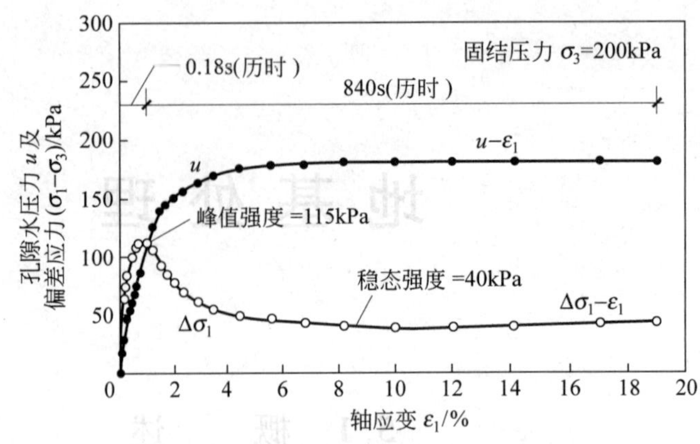

图 5-1　饱和松砂的不排水剪切特性

通常的孔隙比 e 在 0.7～0.8 以上(因组成不同而异)。饱和状态的松砂在三轴不排水试验中,偏差应力 $\sigma_1-\sigma_3$、孔隙水压力 u 和轴向应变 ε_1 的关系如图 5-1 所示。其特点是当 ε_1 不大时,$(\sigma_1-\sigma_3)$-ε_1 曲线即出现峰值,以后曲线呈快速应变软化,强度随轴向应变的发展而急剧降低,孔隙水压力 u 则随应变 ε_1 的增加而持续发展。当 ε_1 很大时,残留强度 s_u 很小,孔隙水压力接近于围压。处于这一状态的饱和松砂,在很小的剪应力作用下即可处于流滑状态,出现**流砂**现象。此外,饱和松砂受振动很容易发生**液化**。

3. 冲填土

冲填土指在治理和疏通江河时,用挖泥船或泥浆泵把江河和港口底部的泥砂用水力冲填法堆积所形成的沉积土,也称**吹填土**。冲填土的成分比较复杂,多数属于黏性土、粉土或粉砂。这种土的含水量高,常大于液限,其中黏粒含量较多的冲填土,排水固结很慢,多属于压缩性高、强度低的**欠固结土**,其力学性质比同类天然土差。

4. 杂填土

杂填土指人工活动所形成的未经认真压密的堆积物,包含工业废料、建筑垃圾和生活垃圾等。杂填土的成分复杂,分布无规律,性质随堆填的期龄而变化,一般认为,堆填期龄在 5 年以上,性质才逐渐趋于稳定。此外,杂填土常含有腐殖质和水化物,特别是以生活垃圾为主的杂填土,腐殖质含量更高。随着有机质的腐化,地基的沉降量要加大且不均匀,因而同一场地的不同位置,其承载力和压缩性往往会有较大的差别。

5. 泥炭土

土中有机质 W_u 含量小于 5%,称为**无机土**;$5\% \leqslant W_u \leqslant 10\%$,称为**有机土**;$10\% < W_u \leqslant 60\%$,称为**泥炭质土**;$W_u > 60\%$称为**泥炭土**。泥炭质土和泥炭土通常形成于低洼的沼泽和灌木林带,常处于饱和状态,含水量可高达百分之几百,密度很低,天然重度一般小于 10～12kN/m^3,是一种压缩性很大的土。由于植物的含量和分解程度不一样,使这类土的性质很不均匀,容易导致建筑物产生较严重的不均匀变形。另外,随着有机质的降解,变形往往要延续相当长的时间。由于这些原因,这类土的承载力很低,属于性质最差的土类,一般不宜作为建筑物的地基。

由上述这几类土所构成或占主要组成的地基，称为**软弱地基**。是否需要进行地基处理，不仅与地基的软弱程度有关，还与建筑物的性质有关。建筑物很重要，对地基的稳定和变形的要求很高，即便地基土的性质不很软弱，可能也要求对地基进行处理。相反，建筑物重要性低，对地基的要求不高，即便地基土比较软弱，也可能不必进行地基处理。所以地基处理是一个需要综合考虑土质和建筑物性质的复杂问题。

除上述软弱土外，另一类也经常要处理的土是渗透系数很大，粒径级配不连续（曲率系数 $C_c<1$ 及 $C_c>3$），组成很不均匀（不均匀系数 $C_u>10$）的粗粒土，当其作为水工建筑物地基时，往往渗流量过大，且易发生渗透破坏。

5.1.2　地基处理的目的和要求

地基处理的目的是对地基内一定范围的软弱土采取某种改善措施，以达到：

（1）提高土的抗剪强度，提高地基承载力，增加地基的稳定性；

（2）减小土的压缩性，减少地基变形；

（3）改善土的渗透性，减少渗流量，防止地基渗透破坏；

（4）改善土的动力特性，减轻振动反应，防止土体液化。

经过处理后的地基也应按照本书第2章所述：必须满足地基承载力、变形和稳定性的要求；并依据建筑物地基基础设计等级的不同类别进行必要的验算。对于所有等级的建筑物都应进行承载力验算。在此项验算中，由于地基处理都属于局部处理，与天然沉积的土层在承载力的宽度和深度修正上应有所不同；但目前尚没有足够的资料，以提供合理的修正方法，所以《建筑地基处理技术规范》(JGJ 79—2012)规定：除大面积压实填土外，所有经过处理的地基，其承载力宽度修正系数取为零，深度修正系数取为1.0。此外，当受力层范围内存在软弱下卧层时，还应进行软弱下卧层的地基承载力验算。对于需要进行变形验算的建筑物，应按第2章所述的基本方法和本章提供的补充规定进行变形验算。对于承受较大水平荷载或位于斜坡上的建筑物则应进行地基稳定验算。稳定验算一般可采用圆弧滑动法，但稳定安全系数要求提高到不小于1.3。对于有防渗要求的建筑物和构筑物，例如水工建筑物和基坑工程等，应按相关规范进行渗流验算和渗透变形验算以确保渗流安全。有关地震区的地基处理要求，另见本书第8章。

5.1.3　地基处理的设计程序

对软弱地基上的工程，首先要进行初步研究，判断是否需要进行地基处理。判断的依据，一是地基条件；二是建筑物的性质和要求。前者包括地形、地貌、地质成因、地基土层分布、软弱土层的厚度和范围、持力层的埋深、地下水位及补给情况、地基土的物理力学性质等。后者包括建筑物的等级、平面和立面布置、结构类型和刚度、基础类型和埋置深度、对地基稳定性和沉降的要求以及邻近建筑物的情况等。当经研究认为需要进行地基处理时，可按图5-2流程图的顺序进行工作。

首先，根据建筑物对地基的各种要求和勘察结果所提供的地基资料，初步确定需要进行

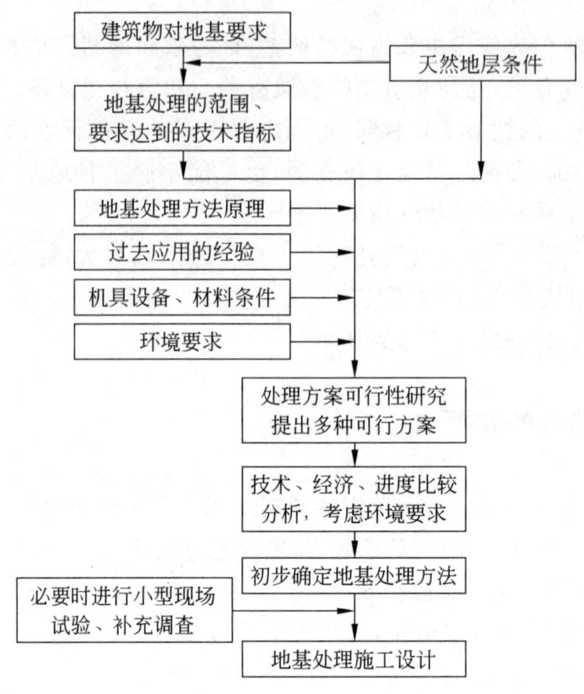

图 5-2　地基处理设计顺序

处理的地层范围及地基处理的要求。然后,根据天然地层条件和地基处理的范围和要求,分析各类地基处理方法的原理和适用性,参考过去的工程经验以及当地的技术供应条件(机械设备和材料),进行各种处理方案的可行性研究,在此基础上,提出几种可能的地基处理方案。然后对提出的处理方案进行技术、经济、进度等方面的比较。在这一过程中还应考虑环境的要求,经过仔细论证后,提出1种或2～3种拟采用的方案。即使是组成和物理状态相同或相似,地基土也常具有自身的特殊性,所以,对于要进行大规模地基处理的工程,常需要在现场进行小型地基处理试验,进一步论证处理方法的实际效果,或者进行一些必要的补充调查,以完善处理方案和肯定选用方案的实际可行性,最后进行施工设计。

在比较的过程中,常常难以得出理想的处理方法,这时,需要将几种处理方法进行有利的组合,或者稍微修改建筑物的条件,甚至需要另辟蹊径。一般来说,完美无缺的方案是很难求得的,只能选用利多弊少的方案。

此外需要注意的是,地基处理工作大都是地下隐蔽工程,加固效果很难在施工过程中直接检验,因此一定要做好施工中和施工后的监测工作,及时发现问题,验证效果。对这方面的要求,可参阅有关资料,本章不予阐述。

5.1.4　地基处理方法分类

为了使地基加固的效果更好、更经济,数十年来,国内外在地基处理技术方面发展十分迅速,老方法不断改进,新方法不断涌现。目前,对各种不良地基,经过处理后,一般均能满足重型或高层建筑对地基的要求。至今，比较成熟的方法很多，难以一一列举。就加固方法的实质而言，大体上可以分成如下四类，即：**置换法**，**加密法**，**胶结法**和**加筋法**。**置换法**就是将地基内局部软土挖除或挤出，换填以好土，可以分成水平的层式置换和竖直的柱式置换。**加密法**就是用各种压、振、挤的方法提高地基土的密度。**胶结法**就是在软弱的地基土中灌入或掺入某些胶结材料，将碎散的土颗粒变成有一定黏结强度的颗粒集合体；还可用冰冻和烧结的方法使土变成坚硬的块体。**加筋法**就是在土中排放一定数量的土工合成材料甚至钢材，其作用类似于钢筋加于混凝土中，形成新的、强度高得多的材料——钢筋混凝土；有时也可以在土中掺以纤维丝，以改善土的性能。以上四类地基处理方法，因选用的加固材料和施工技术不同，又可分成很多具体的方法，归类如下。

1）置换法

（1）垫层置换法——土（砂土、素土、灰土等）垫层，加筋土垫层；

（2）土质桩置换法（复合地基）：

① 散体材料桩（柔性桩）——砂石桩（多种成桩方法），石灰桩；

② 胶结掺和料桩（半刚性桩）——水泥粉煤灰碎石桩（简称 CFG 桩）、夯实水泥土桩、搅拌桩、高压喷射注浆桩、石灰桩。

（3）强夯置换法。

2）加密法

（1）浅层压（振）密法——机械压（振）密，重锤夯实；

（2）深层压（挤、振）密法——强夯法，土（砂土、素土、灰土）桩法，预压固结法（堆载预压法，真空预压法、联合预压法、降水预压法、电渗排水法），爆破压密法，高压灌浆压密法。

3）胶结法

（1）灌浆法——水泥黏土灌浆，化学灌浆；

（2）冷热处理法——冻结法，烧结法。

4）加筋法

（1）土工合成材料加筋；

（2）土钉加筋。

在以上的分类中，实际上，有的方法所起的加固作用是单一的，例如预压固结法就只起加密土的作用；有的方法则同时有多个作用，例如用砂石桩加固松软地基，在其施工过程中，桩周土体受到振密或挤密，起加密地基土的作用，同时，桩身用砂、石料替换原位土，又有置换作用。再如在胶结掺料桩中，桩内土体受水泥或石灰的胶结作用，而桩在地基中又起置换作用，这样的例子还很多，都给严格的分类造成困难。对这类情况，本章按其所用的分析计算方法归类，因为分析计算方法应该能反映加固方法的主要作用。

分类的目的在于便利读者掌握内容，提高学习效率。学习本章时，应注重各类方法的加固原理和设计方法，而不必拘泥于分类本身。

以下介绍每大类中最为常用的几种地基处理方法。

5.2 置换法

置换法就是把基础底面下某一范围内的软弱地基土挖除或挤出，代之以质量好的土，经压密后直接作为建筑物的持力层，或者与原来软弱的地基土组成**复合地基**以支承建筑物。按施工方法不同，工作机理不一样，置换法分成两大类。

5.2.1 换土垫层法

1. 垫层的作用和垫层料的要求

换土垫层法就是将基础下面某一范围内的软弱基土挖除，然后回填以质量好的土料，分层压密，作为建筑物的持力层，原来的地基土常成为软弱下卧层，如图5-3所示。

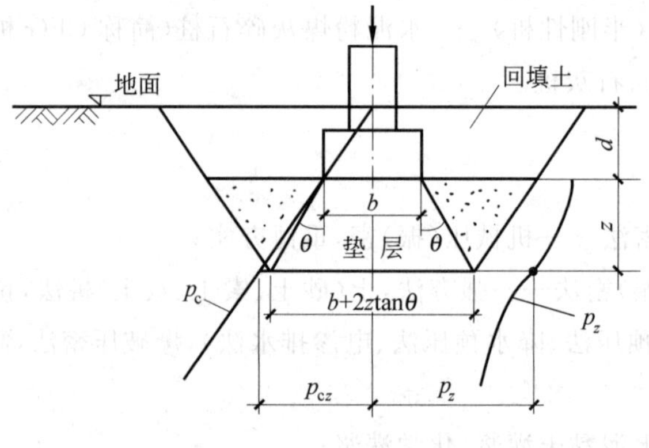

图5-3 换土垫层示意图

垫层法不但常用于工业与民用建筑的地基处理中，在港工、水工建筑中也有不少应用。图5-4(a)为某水闸地基采用黏性土垫层的实例，图5-4(b)为港工码头采用**抛石挤淤**形成垫层的实例。

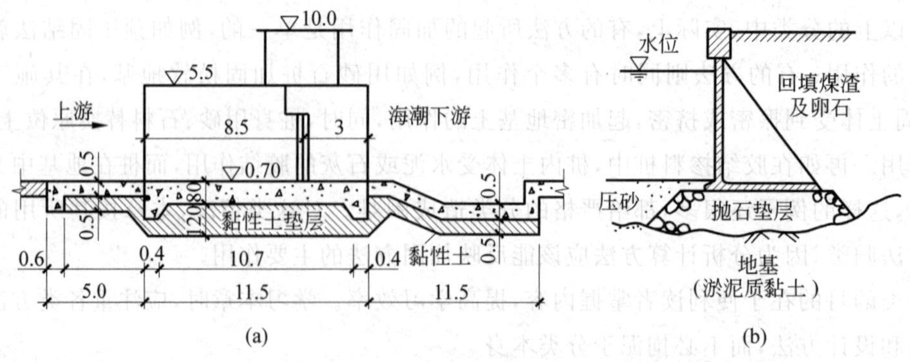

图5-4 垫层的工程应用(单位：m)

垫层的主要作用有：

(1) 提高持力层的承载能力,减少基础尺寸,同时将建筑物基底压力扩散到地基中,使垫层下软弱基土上的应力减少到许可承载力的范围内。

(2) 置换基础下软弱的高压缩性土,减少地基的变形量。通常基础下浅层地基土的变形量在总变形量中所占的比例很大,以均匀地基上的条形基础为例,在1倍基础宽度的深度内,地基的变形量可占地基总变形量的50%。

(3) 对于用砂石等透水料填筑的垫层,有加速软土层排水固结的作用。

为了起到上述的作用,填筑后的垫层料要求抗剪强度高,压缩性小,在地震区则要求抗震稳定性好,而作为水工建筑物地基时,还有相应的防渗要求。为满足这些要求,一是要选择质量好的垫层料；二是填筑时要充分压密。

垫层料可根据工程要求及供料条件选用下列材料。

(1) 砂石　要求级配良好,不含植物残体和垃圾等杂质,其中粒径小于2mm部分的含量不宜超过总量的45%。

(2) 粉质黏土　有机质含量不超过5%。

(3) 灰土　**灰土**是我国传统的建筑用料,用灰土作为垫层在我国已有千余年的历史,例如北京城墙和苏州古塔的地基很多都使用灰土垫层,至今挖出的灰土仍然质地坚硬,具有很高的强度。灰土中的土料适宜用粉质黏土,石灰则应用颗粒不大于5mm的新鲜消石灰。灰土的强度与石灰的用量有关,用于垫层一般以灰与土体积比2∶8或3∶7为最佳含灰率。

灰土中石灰的加固作用主要来源于**离子交换效应**和**凝硬效应**,前者指石灰的钙离子Ca^{2+}被吸附在黏土颗粒表面,使颗粒表面的带电状态发生变化,由于凝聚作用使颗粒团粒化而改善土的性质,后者指石灰与土中黏土矿物的二氧化硅和氧化铝等胶体产生化学反应,生成硅酸石灰水化物($CaO\text{-}SiO_2\text{-}H_2O$系化合物)及铝酸石灰水化物($CaO\text{-}Al_2O_3\text{-}H_2O$系化合物)。这些水化物具有结合力,可将土颗粒胶结,硬化后获得比素土高得多的强度。

(4) 三合土　用石灰、砂和碎石骨料按体积比1∶2∶4或1∶3∶6混合,虚铺220mm厚,夯实成150mm为一层。

(5) 粉煤灰　常用于道路、堆场和小型建筑物的垫层。使用时要注意符合有关放射性安全标准的要求,其上宜铺以0.3～0.5m的覆盖土,以防干灰飞扬,污染环境。

(6) 矿渣　主要用于堆场、道路和地坪,也可用于小型建筑物的地基垫层。填料中,有机质及含泥总量不超过5%。疏松状态下的重度不应小于$11kN/m^3$。

(7) 工业废渣　在有可靠试验结果或成功工程经验时,对质地坚硬,性能稳定,无污染,无腐蚀性和放射性危害的工业废渣也可以作为垫层填料。

(8) 土工合成材料　由分层铺设的土工合成材料与地基土组成加筋垫层。土工合成材料应采用抗拉强度较高,受力时伸长率不大于4%～5%、耐久性好、抗腐蚀的土工格栅或土工织物,垫层填料宜用砂土、碎石土或粉质黏土。

垫层铺填时一定要注意压密,以保证垫层的质量。对于砂石和土垫层要求**压实系数**λ_c(填土的干密度ρ_d与这种土的最大干密度ρ_{dmax}之比)应≥0.97。对于灰土和粉煤灰垫层要求压实系数≥0.95。一般工程的最大干密度可由击实试验确定,对于大规模的填土,则应在施工现场进行碾压试验确定。

2. 垫层尺寸确定

基础的底面尺寸取决于垫层的承载力，垫层的承载力最好是通过现场载荷试验确定。对于一般工程没有条件取得这类资料时，可参考表 5-1 确定。

表 5-1 垫层的承载力

换填材料	承载力特征值 f_{ak}/kPa	换填材料	承载力特征值 f_{ak}/kPa
碎石、卵石	200～300	石屑	120～150
砂夹石(其中碎石、卵石占全重的 30%～50%)	200～250	灰土	200～250
土夹石(其中碎石、卵石占全重的 30%～50%)	150～200	粉煤灰	120～150
中砂、粗砂、砾砂、圆砾、角砾	150～200	矿渣	200～300
粉质黏土	130～180		

注：压实系数小的垫层，承载力特征值取低值，反之取高值；原状矿渣垫层取低值，分级矿渣或混合矿渣垫层取高值。

垫层厚度应根据垫层底部软弱土层的承载力来确定，使作用在垫层底面处的自重压力与附加压力之和小于软弱土层的承载力。按图 5-3 有

$$p_{cz} + p_z \leqslant f_{az} \tag{5-1}$$

式中：p_{cz}——垫层底面处土的自重压力，按垫层料及垫层以上回填土料的重度计算，kPa；

p_z——垫层底面处的附加压力，kPa；

f_{az}——垫层底面处软弱土的承载力特征值，由于对垫层地基的破坏形式尚缺少研究，不一定能发生整体剪切破坏，所以承载力只用深度修正，不作宽度修正。也即宽度修正系数取为零，深度修正系数取为 1.0，但若垫层为大面积的密实填土，深度修正系数视密度不同，可适当提高至 1.5～2.0，kPa。

把原来软弱土层部分换成垫层以后，垫层土的压缩性比原来软土小得多，乃形成局部刚度差别较大的非均匀地基。这种情况下，理论上下卧层顶面的附加压力 p_z 值应根据非均匀地基理论进行计算。但因这类计算十分复杂，工程上仍然按均匀地基计算，用图 5-3 所示的应力扩散角的简易办法处理。

对条形基础有

$$p_z = \frac{(p_k - p_{c0})b}{b + 2z\tan\theta} \tag{5-2}$$

对矩形基础有

$$p_z = \frac{(p_k - p_{c0})ab}{(a + 2z\tan\theta)(b + 2z\tan\theta)} \tag{5-3}$$

式中：a，b——基础的长度和宽度，m；

z——垫层的厚度，m；

p_k——基础底面压力，按作用标准组合计算，kPa；

p_{c0}——基础底面标高处土的自重压力，kPa；

θ——垫层料的**压力扩散角**，可根据垫层料的种类和垫层厚度由表 5-2 查用。

表 5-2　压力扩散角 θ

换填材料 / z/b	中砂、粗砂、砾砂、圆砾、角砾、石屑、卵石、碎石、矿渣	粉质黏土、粉煤灰	灰土
0.25	20°	6°	28°
≥0.50	30°	23°	

注：1. 当 $z/b<0.25$ 时，除灰土取 $\theta=28°$ 外，其余材料均取 $\theta=0°$，必要时，宜由试验确定；

2. 当 $0.25<z/b<0.5$ 时，θ 值可内插求得；

3. 土工合成材料加筋垫层的压力扩散角宜由现场静载荷试验确定。

正好满足式(5-1)的 z 值，就是要求的垫层厚度。增加垫层的厚度会迅速增加基坑开挖和回填的工程量；对于地下水位较高的场地，还会增加施工的难度，因此，垫层太厚往往不经济。一般情况下垫层的厚度不宜小于 0.5m，也不宜大于 3m。

基底压力在垫层中不仅引起竖向附加应力，也引起侧向应力，侧向应力使垫层有侧向挤出的趋势，如果垫层的宽度不足，四周土质又比较软弱，垫层料就有可能被挤入四周软土中，使基础突然沉陷，但目前尚缺少可靠的理论方法进行验算。按应力扩散角的概念，为满足应力扩散的要求，垫层底面宽度应满足

$$B = b + 2z\tan\theta \tag{5-4}$$

式中：b——基础宽度，m；

B——垫层底面宽度，m；

z——垫层厚度，m。

整片垫层的底面宽度，还可以根据施工的要求，在式(5-4)的基础上适当加宽。

垫层底面宽度确定以后，再根据开挖基坑所要求的坡角延伸至地面以确定垫层顶面的宽度。同时还要满足垫层的顶宽应较基础宽度每边至少放出 300mm 的要求。

垫层地基也应进行变形验算。这种情况下，地基的变形应包括垫层的变形和下卧土层的变形。垫层的模量应根据试验或当地经验确定，在无试验资料或经验时，碎石、砾石的侧限压缩模量 E_s 可取为 30～50MPa，砂可取 20～30MPa，粉煤灰可取 8～20MPa。实际上当用料和压实标准均满足上述要求时，垫层本身的变形量很小，往往可以不计。变形计算方法与一般分层地基相同。

5.2.2　土质桩置换法——复合地基

1. 复合地基的概念

如前所述，换土垫层的厚度不宜太大，因此对于软弱土层较厚且基础宽度较大，应力影响较深时就不适用。另一种换填法就是仿照桩基础的布置方式，采用成孔工艺，在软土层内打孔，然后回填以适当的土石料或掺和料，形成一刚度比四周软土大的土质桩。土质桩的刚度没有混凝土桩和钢筋混凝土桩那样大，不能完全承担建筑物的全部荷载，而是与四周土一起共同承受建筑物的荷载，这种地基称为**复合地基**。

土质桩的种类很多，成孔后用砂土、黏性土、灰土、碎石等散粒材料充填密实而成的土质桩，称为**散体材料桩**。如前所述，部分散体材料桩的作用主要在于挤密桩间土，在地基计算中把桩中土与原来地基土视为一体，在分类上归属于加密法中。若刚度明显大于周围土的

散体材料桩,如砂石桩等,则视为与桩间土组成复合地基。散体材料桩的纵向刚度很小,依靠桩周土的侧面压力保持桩的形状,属于柔性桩。这类桩的工作特点是不依靠侧壁传递摩擦力,也不依靠桩端传递荷载,设计中视为与四周土体一起作为建筑物地基共同扩散基础传来的荷载。成孔后,若用加胶结材料(水泥或石灰)的掺和土料充填密实而成的桩,称为**胶结掺料桩**。这类桩的刚度,视掺料中胶结材料的性质、掺量以及成桩条件而异,但都远大于周围土体,属半刚性桩。胶结掺料桩单桩的工作性状类似于混凝土刚性桩,即依靠侧壁阻力和桩端阻力传递荷载。但就整体而言,由于基础底面与桩头之间设置砂石垫层,基础荷载经垫层分配给桩和桩间土,而不像一般桩基础,直接由承台将荷载传给桩。桩受载而下沉,再将部分荷载传给桩间土,所以这类半刚性桩在分类上归属于地基处理的复合地基。

土质桩的制作方法一般包括两个主要的工序,即造孔和填料成桩。完成这两道工序的成桩方法则是多种多样。简单的情况,例如桩径在400mm以内,桩长不超过10m,且地下水位较深时,可以用洛阳铲或螺旋钻等钻具造孔,然后直接向孔内分层填料捣实而成桩。桩径较粗、桩长较大、工程具有相当规模时则常采用振动沉管式成桩机或锤击式沉管成桩机制作土桩。这类机械都包括沉管、装料、挤密等装置,能依次将桩管下沉到预定的高程,然后逐级提升桩管并向管内灌入填料及压密填料,最后将桩管拔出地面制成土桩。另一类方法则是采用振冲法造孔成桩,有关振冲法内容将在5.3节讲述。当需要加固地基的土质很软,地下水位浅而且要求加固的桩径与深度比较大,用上述的造孔成桩方法都有困难时,就得采用专用的机具,将造孔和成桩两道工序结合一起完成土桩的制作。有关这类特殊施工方法,后面将分别介绍。

在沉管成桩的过程中,如果采用封闭的管端(加管靴),沉管时桩位处的地基土向四周挤压,四周土体受挤密,土质显著改善。如果采用开敞的管端,则沉管时,原位土基本上都挤入管内,再用取土器清除,对四周土体的加密作用不大。设计中,若以挤密地基土为目的,土桩只作为地基土的一部分,不承担更大的荷载,这种情况归类为加密法,将在5.3节阐述。若经置换后,桩体的刚度明显大于土体的刚度,能承担更大的荷载,就归类于复合地基。

2. 散体材料桩复合地基设计

在散体材料桩中最常用的是砂石桩。砂石桩常用以处理松散砂土、粉土、黏性土和人工填土等类地基。桩距一般为1.5～2.5m。施工时在桩位处将大口径的开口钢管(直径300～800mm)打入至设计深度,然后用取土器取出管内软土,再用级配良好的砂石,分层回填压密而成砂石桩。桩顶一般铺设300～500mm厚的砂石垫层,整体布置如图5-5所示。

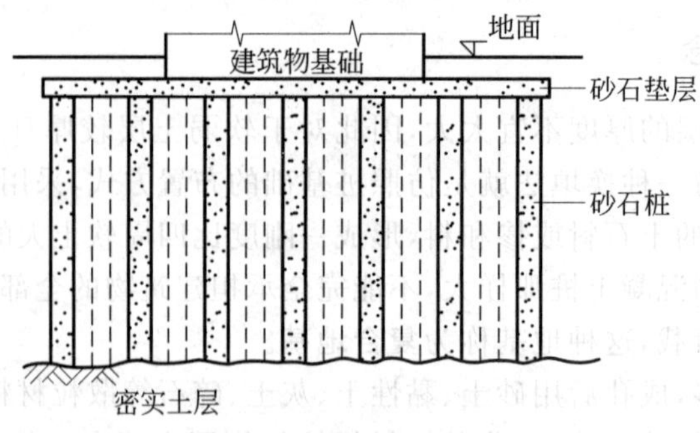

图5-5 砂石桩复合地基

(1) 处理范围

处理深度一般要穿过松软土层到达相对密实的良好土层上。当松软土层的厚度过大而不能或不必达到良好土层时，则要求处理后地基的变形量不超过建筑物地基变形的允许值，同时满足下卧层承载力的要求。另外，对于必须验算地基稳定性的工程，如承受较大水平荷载的闸坝或挡土结构，砂石桩的处理深度不应小于最危险滑动面以下 2m 的深度。

散体材料桩复合地基中应力的传播，可以认为与一般地基土类似，都是通过颗粒的接触点向下、向四周扩散，因此地基的处理宽度应比基础的宽度大，一般宜自基础外缘扩伸 1～3 排桩的距离，以利于应力的逐渐扩散。

(2) 砂石桩的平面布置

通常在加固面积内，砂石桩按等边三角形或正方形布置，如图 5-6(a)和(b)所示，图中，s_a为砂石桩的中心距，d_0为砂石桩的直径，d_e为与每根桩所控制的面积相等的圆的直径。当按等边三角形布置时，$d_e=1.05s_a$；当按正方形布置时，$d_e=1.13s_a$。每根桩的面积与其所控制的面积之比 m 称为**面积置换率**：

$$m=\frac{d_0^2}{d_e^2} \tag{5-5}$$

对于面积较小的独立基础和条形基础，桩一般采用对称于轴线的正方形、矩形布置，或者单排布置，这时的面积置换率 m 可以通过基础覆盖的桩的总截面积与基础面积之比直接计算。

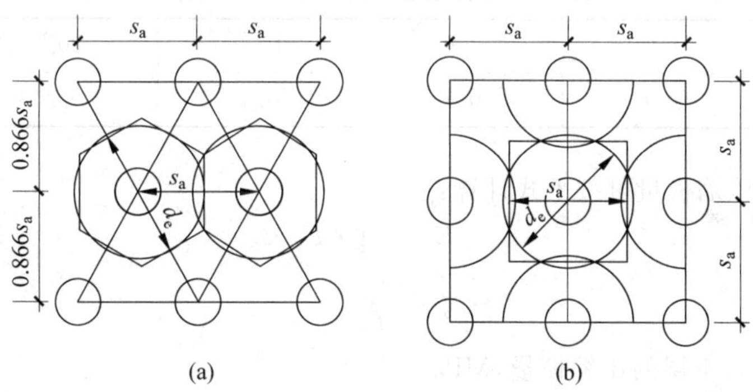

图 5-6　砂石桩的平面布置

(3) 复合地基的承载力

复合地基的承载力，最好通过做复合地基的现场载荷试验直接测定。这种试验荷载板的面积要包括砂石桩和每根砂石桩所控制范围的全部面积，甚至多根桩所控制的面积，试验工作的规模大、费用高。为减少现场载荷试验的工作量，也可以用单桩和桩间土的现场载荷试验，分别测定桩和原位土的承载力，然后由下式求复合地基的承载力：

$$f_{spk}=mf_{pk}+(1-m)f_{sk} \tag{5-6}$$

式中：f_{spk}——复合地基承载力特征值，kPa；

f_{pk}——桩体承载力特征值，kPa；

f_{sk}——处理后桩间土承载力特征值，宜按载荷试验或当地经验取值，当无经验值时，对于黏性土可取为天然地基承载力特征值，有时也可用 3 倍原位土的十字板抗剪强度代替，经挤密的松散的砂土、粉土可取原天然地基承载力特征值的

1.2～1.5 倍,原土强度低取大值,原土强度高取小值,kPa;

m——复合地基的面积置换率。

对于小型工程,当无现场载荷试验资料时,可用式(5-7)计算复合地基承载力:

$$f_{\mathrm{spk}} = [1 + m(n-1)]f_{\mathrm{sk}} \tag{5-7}$$

式中的参数 n 称为**桩土应力比**,无实测资料时,对于黏性土可取为 2～4,对于砂土和粉土,可取为 1.5～3.0,当原位土的强度较小时取大值,原位土的强度较大时则取小值。

复合地基的承载力确定以后,就可以根据建筑物的荷载,计算基础尺寸,进而做地基变形验算。

(4) 复合地基变形计算

复合地基变形计算与一般多层地基相同,复合土层的分层与天然地基相同。根据《建筑地基基础设计规范》的规定,复合地基变形计算深度应大于复合土层的深度,在确定的计算深度下部仍有软弱土层时,应继续计算。复合地基的最终变形量可按式(5-8)计算:

$$s = \psi_{\mathrm{sp}} s' \tag{5-8}$$

式中:s——复合地基最终变形量;

ψ_{sp}——复合地基计算沉降经验系数,根据地区沉降观测资料经验确定,无地区经验时可根据变形计算深度范围内压缩模量的当量值 $\overline{E}_{\mathrm{s}}$ 按照表 5-3 取值。

s'——复合地基计算变形量,采用分层总合法计算。

表 5-3 复合地基计算沉降经验系数 ψ_{sp} MPa

$\overline{E}_{\mathrm{s}}$	4.0	7.0	15.0	20.0	30.0
ψ_{sp}	1.0	0.7	0.4	0.25	0.2

复合土层的压缩模量可按下式计算:

$$E_{\mathrm{sp}} = \zeta \cdot E_{\mathrm{s}} \tag{5-9}$$

$$\zeta = \frac{f_{\mathrm{spk}}}{f_{\mathrm{ak}}} \tag{5-10}$$

式中:E_{sp}——复合土层的压缩模量,MPa;

E_{s}——天然地基的压缩模量,MPa;

f_{ak}——桩间土天然地基承载力特征值,kPa。

变形计算深度范围内压缩模量的当量值 $\overline{E}_{\mathrm{s}}$ 按下式计算:

$$\overline{E}_{\mathrm{s}} = \frac{\sum_{i=1}^{n} A_i + \sum_{j=1}^{m} A_j}{\sum_{i=1}^{n} \frac{A_i}{E_{\mathrm{sp}i}} + \sum_{j=1}^{m} \frac{A_j}{E_{\mathrm{s}j}}} \tag{5-11}$$

式中:A_i——加固土层范围内第 i 层土附加应力系数沿土层厚度的积分值,计算方法见第 2 章公式(2-47);

A_j——加固土层以下第 j 层土附加应力系数沿土层厚度的积分值,计算方法见第 2 章公式(2-47);

m——沉降计算范围内,加固土层以下的分层数;

n——沉降计算范围内,加固土层的分层数。

砂石桩除了提高地基承载力，减少变形外，还在地基中形成十分通畅的排水通道，对加快地基的固结起重要作用。值得注意的是在这种方法中，由于桩体受力远比桩间土大，桩体要发生侧面挤压变形，特别是桩头附近部位，侧向约束压力较小，难以限制侧面挤压变形。因此如果桩间土的强度很低，例如不排水强度小于 20kPa 的软土，桩头容易产生过大的鼓胀，从而导致桩顶突陷。遇到这种情况，如果没有有效的工程措施，一般不宜采用砂石桩置换法。

适合用这种计算方法的还有石灰桩复合地基。石灰桩是我国古代劳动人民创造的一种有效的地基深层加固法。天津市在修建公园时曾挖出清代道台衙门的旧址，就有长 300～500mm 不等的石灰桩。新中国成立以后，国内又开始进行这方面的研究与应用，例如天津市从 1953 年以来就用石灰桩加固了一批工业与民用建筑物的软弱地基，取得一定的成绩。据国外报道，日本从 1965 年开始应用石灰桩，至 1980 年累计总长已达 7340km，发展较快。其他国家如瑞典、美国、苏联等也都对石灰桩进行了研究，多用于道路、铁路、机场等处的软基加固。近年来国内的江苏、浙江、湖北等地进一步发展使用振动打桩机施工石灰桩方法，桩径 300～400mm，加固深度达 8m，用以加固饱和黏性土、淤泥、淤泥质土，效果良好。

石灰桩除了利用成孔时对桩间土体的挤密作用外，灌入孔内的生石灰吸收土中水分，发生体积膨胀并产生热量，挤压四周土体，起进一步加密作用，其反应是：

$$CaO + H_2O = Ca(OH)_2 + 15.5\text{kcal}^{①} \tag{5-12}$$

但是当生石灰变成熟石灰后，体积变松，即桩四周的土体虽被挤密，但桩本身却变得松软，影响地基的整体承载力。解决这一问题的方法有多种，有的是在石灰中掺火山灰或粉煤灰等水硬性材料，也有在已形成的石灰桩内打入砂桩以挤密熟石灰。

由于加固后桩的刚度与周围土的刚度差异不很大，故按散体材料桩复合地基设计。地基的承载力应通过单桩或多桩复合地基现场载荷试验确定。初步设计时，也可按式(5-6)估算，式中 f_{pk} 为石灰桩桩身抗压强度比例界限值，由单桩现场载荷试验测定。初步设计时，可取为 350～500kPa；f_{sk} 为桩间土承载力，考虑成桩的挤压作用，可取为天然地基承载力特征值的 1.05～1.20 倍；在计算面积置换率 m 时，桩径可按成孔直径的 1.1～1.2 倍计算，土质软弱时取高值。

石灰桩复合地基的变形也可按式(5-8)～式(5-10)计算。

3. 胶结掺料桩复合地基设计

工程上常用的胶结掺料桩包括用常规方法施工的**水泥粉煤灰碎石桩**(简称 CFG 桩)，夯实水泥土桩，用专门机具施工的**深层搅拌桩**和**高压喷射注浆桩**等。

(1) CFG 桩和夯实水泥土桩复合地基

CFG 桩适用于处理黏性土、粉土、砂土和已经自重固结的人工填土地基，对于淤泥质土则应按地区经验或者通过现场试验判定是否适用。由于水泥的加固作用，这种桩的材料强度较高，桩的刚度较大，具有刚性桩的传力特点，即基础传来的荷载主要通过桩传给桩端地基土，因此要选择承载力较大的土层作为桩端的持力层。桩的布置范围可以限定于基础的范围内。桩径常用 300～800mm，桩距为 3～5 倍桩径。桩顶和基础之间应设置(0.4～0.6)

---

① $1\text{kcal} = 4.1868 \times 10^3\text{J}$。

倍桩径厚度的砂石垫层。砂石垫层是胶结掺料桩复合地基的重要组成部分,起调整、分配基底荷载的作用。在一般桩基中,承台直接支撑在桩上,荷载直接由桩传递,桩基受力下沉,通过桩侧摩擦和承台下土的抗力,部分荷载转由桩间土承担,形成桩土共同作用。在复合地基中,基底荷载直接作用在砂石垫层上,受力后桩头刺入垫层中,桩的上部产生负摩擦作用,其结果使基底荷载在桩与桩间土中重新分布,形成桩土共同作用。

CFG 桩复合地基的承载力应通过复合地基现场载荷试验确定。初步设计时也可以按下式估算:

$$f_{spk} = \lambda m \frac{R_a}{A_p} + \beta(1-m) f_{sk} \tag{5-13}$$

式中:R_a——单桩竖向承载力特征值,kN;

A_p——桩的截面积,m^2;

λ——单桩承载力发挥系数;

β——桩间土承载力发挥系数。

其余符号意义同前。

λ 值与砂石垫层的厚度有关,垫层越厚桩承载力发挥越少,λ 值越小。对具体工程,宜按地区经验取值。如无地区经验,可取为 0.8~0.9。β 值取决于桩间土能够发挥承载的程度,显然与垫层的性质、桩的刚度、桩间土的承载能力等因素有关。承载后发生的变形量足以发挥出桩间土的承载能力,而桩间土的承载力又较大时,β 可以取大值,反之则取小值。对具体工程,宜按地区经验取值。如无地区经验时,可取为 0.9~1.0,天然地基土的承载力较高时,可取大值。

单桩竖向承载力特征值 R_a 应用现场单桩试验求测的极限承载力除以安全系数 2。当无条件进行现场载荷试验时,可按如下单桩承载力公式估算:

$$R_a = u_p \sum_{i=1}^{n} q_{si} h_i + \alpha q_p A_p \tag{5-14}$$

式中:u_p——桩截面的周长,m;

n——桩长范围内所划分的土层数;

h_i——第 i 层土的厚度,m;

q_{si}——桩周第 i 层土的侧阻力特征值,可参照地区桩侧阻力特征值或参考如下数值:淤泥取 4~7kPa,淤泥质土取 6~12kPa,软塑状黏性土取 10~15kPa,可塑状黏性土取 12~18kPa,稍密砂类土取 15~20kPa,中密砂类土取 20~25kPa;

q_p——桩端阻力特征值,可参照地区桩端阻力特征值,kPa;

α——桩端天然地基土承载力折减系数,对于 CFG 桩可取为 1.0。

此外,还要满足桩身材料的强度要求,具体是桩身立方体试块的 28 天抗压强度平均值 f_{cu} 应满足

$$\eta f_{cu} \geqslant \frac{R_a}{A_p} \tag{5-15}$$

η 值可取为 $\frac{1}{3}$。

经过 CFG 桩处理后的复合地基还应按上述复合地基变形计算方法进行变形验算。

与 CFG 桩复合地基很相似的还有夯实水泥土桩地基。不同的是成孔后,填以适当配比

的水泥土。通常应根据现场地基土的性质，选择水泥品种，并通过配比试验，确定水泥土的配比。夯实水泥土桩复合地基的布置和设计方法与 CFG 桩复合地基相同，单桩承载力发挥系数 λ 值可取为 1.0，桩间土承载力发挥系数 β 值可以取为 0.9～1.0。

(2) 水泥土搅拌桩复合地基

水泥土搅拌桩的施工工艺分为浆液搅拌法（以下简称湿法）和**粉体喷搅法**（简称干法）两类。湿法是在强制搅拌时喷射水泥浆与土混合成桩。该法最早在美国研制成功，称为 Mixed-In-Place Pile，意即现场拌合桩，简称 MIP 法。我国于 1978 年研制出第一台湿法的施工机具，即图 5-7 所示的 SJB 型深层搅拌机。干法是在强制搅拌时，喷射水泥粉与土混合成桩。瑞典人 Kjeld Paus 最早于 1967 年提出用石灰搅拌桩加固软基的设想，并于 1971 年研制出世界上第一台粉喷搅拌机。这种方法称为 Dry Jet Mixing Method，简称 DJM 法。我国于 1983 年由铁道部门研制出第一台粉体喷射搅拌机。

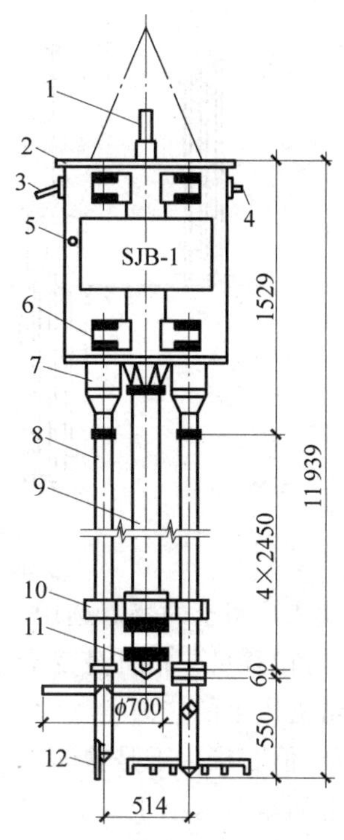

图 5-7　SJB-1 型深层搅拌机（单位：mm）
1—输浆管；2—外壳；3—出水口；
4—进水口；5—电动机；6—导向滑块；
7—减速器；8—搅拌轴；9—中心管；
10—横向系板；11—球形阀；12—搅拌头

水泥土搅拌法适用于处理正常固结的淤泥和淤泥质土、粉土、黄土、素填土、黏性土以及无流动地下水的饱和松散砂土地基。其中当地基土的天然含水量小于 30%（黄土含水量小于 25%）时不宜采用干法。另外对于泥炭土、有机质土、pH 小于 4 的酸性土、塑性指数 I_p 大于 25 的黏土，以及无工程经验的地区都需要通过现场试验以确定地基土是否适于用水泥土搅拌法处理。

深层搅拌法的工艺流程如图 5-8 所示。将深层搅拌机安放在设计的孔位上，先对地基土一边切碎搅拌，一边下沉，达到要求的深度。然后在提升搅拌机时，边搅拌边喷射水泥浆，及至将搅拌机提升到地面。再次让搅拌机搅拌下沉，又再次搅拌提升。在重复搅拌升降中使浆液与四周土均匀掺和，形成水泥土。水泥土较原位软弱土体的力学特性有显著的改善，强度有大幅度的提高。

水泥可用普通硅酸盐水泥，掺量为加固湿土质量的 12%～20%。湿法时水泥浆的水灰比可选用 0.5～0.6。也可以用石灰代替水泥作为固化材料，用同样方法搅拌成石灰土桩。初步研究表明，当石灰掺量在 10%～12%以内时，石灰土的强度随石灰含量的增加而提高。对于不排水强度为 10～15kPa 的软黏土，石灰土的强度可达到原土的 10～15 倍。当石灰的含量超过 12%以后，强度不再明显增长。

水泥土搅拌法加固体的形状可以根据上部结构的特点和对地基承载力、变形以及防渗等各方面的要求，做成圆柱形、壁板形、格栅形或块状体。用于工业与民用建筑物地基时，通常采用圆柱形。水泥土搅拌桩的布置原则与 CFG 桩相同，复合地基的设计方法也相似。

加固后地基的承载力，也用式(5-13)计算，式中的桩间土承载力折减系数 β 值则要根据

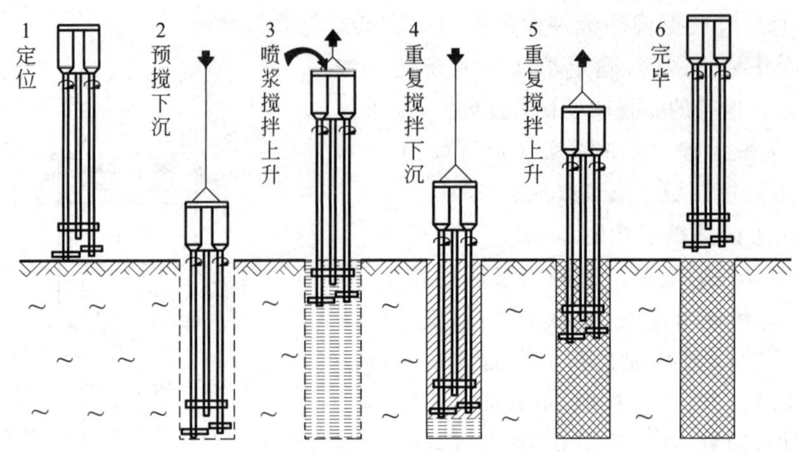

图 5-8 深层搅拌法施工工艺流程

桩的刚度和桩间土的特点选用。与刚性桩相似,水泥土搅拌桩承重后,相对于四周土要发生位移,相对位移量包括桩身变形量和桩头及桩尖的刺入量。相对位移量越大,通过侧壁摩擦作用传给桩周土的应力也越大,桩周土就越能发挥承载力作用。搅拌桩本身的刚度较大,变形量很小,但若桩尖下是软弱土,桩尖的下沉量大也能促进桩间土的承载作用。因此当桩尖下地基土的承载力小于或等于桩间土的承载力时,桩间土的承载力能得到较好的发挥,β 值可取为 0.4~0.8。当桩尖土的承载力大于桩间土的承载力时,桩间土的承载力就很难得到发挥,β 值可取为 0.1~0.4。实质上,β 值是反映桩与土相互作用的系数,目前还难以用理论分析方法确定。上述建议值仅仅是工程经验的总结,随着工程经验的积累,具体数值还会不断修改。

其次在计算单桩承载力的公式(5-14)中,由于考虑到就地搅拌成桩施工方法的特点,桩端处水泥土的质量不容易保证而且桩底处的土在制桩中受到严重扰动,从而使桩端难以良好地支撑在硬土层上,因此桩端承载力可取为桩端地基土未经修正的承载力,并乘以 0.4~0.6 的折减系数,当施工质量可靠时取高值,反之取低值。

另外,考虑到就地搅拌不容易保证桩体材料的均匀性,式(5-15)中的 η 值,干法时取为 0.20~0.25,湿法时取为 0.25,同时 f_{cu} 值取为 90 天龄期的立方强度。

变形分析方法与上述复合地基变形计算方法相同。

(3) 高压喷射注浆法复合地基

高压喷射注浆法复合地基也是采用就地搅拌成桩的方法形成的,但采用的施工机具和施工工艺与深层搅拌法不同。它是用相当高的压力,将压缩空气、水和水泥浆液,经沉入土层中的特制喷射管送到旋喷头,并从旋喷头侧面的喷嘴以很高的速度喷射出来,喷出的浆液形成一股能量高度集中的液流,直接冲击破坏土体,使土颗粒在冲击力、离心力和重力的共同作用下与浆液搅拌混合,经过一定时间,便凝固成强度很高、渗透性较低的加固土体。加固土体的形状因射浆方式不同而异,可以是柱状的旋喷桩,也可以是块状或板状的旋喷墙。

从喷嘴中喷出的浆液虽具有巨大的能量,但在土体和水中喷射时,喷射流的压力衰减很快,因此破坏土的射程较短,即形成旋喷桩的直径较小。而当液流在空气中喷射时,因阻力较小,达到的有效射程就很大。图 5-9 表示不同介质中喷嘴直径为 2mm、出口压力为 20MPa 的喷流轴上的动水压力和距离的关系。显然,同样的出口压力下,在空气中的喷射距离要比在水中的长得多。根据这一原理，旋喷法从单管法发展为二管法(或二重管法)和三管法(或三重管法)，如图 5-10 所示。

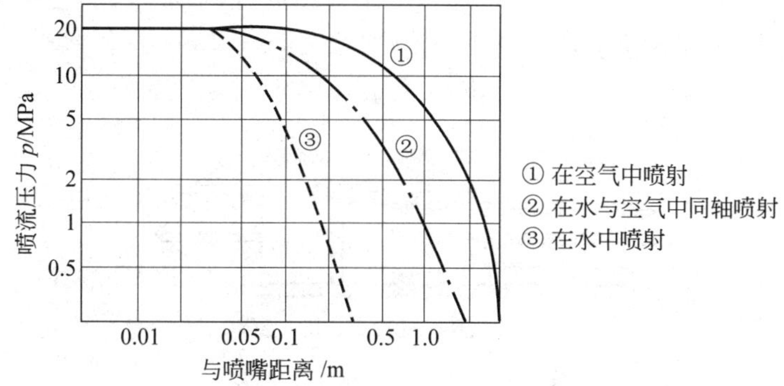

图 5-9　喷射轴上压力和距离关系

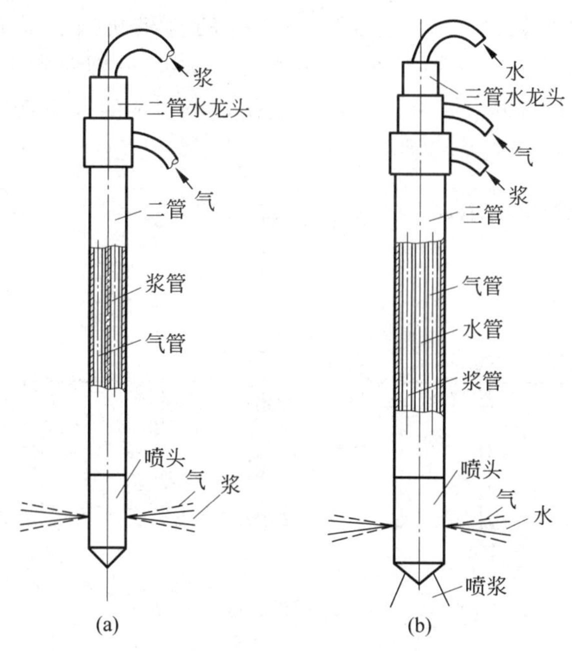

图 5-10　多管喷射装置示意图

单管法是浆液从单根管侧面的管嘴喷出，冲击破坏土体，同时借助喷嘴的旋转和提升运动，使浆液与从土体上崩落下来的土块搅拌混合。由于浆液直接在土和水中喷射，所以形成旋喷桩的直径较小，一般为 0.5～0.8m。

二管法是在喷射管内装有两根小管分别输浆和输气(二重管则是输浆管和输气管同圆心套叠)。管底有一双重喷嘴，内喷嘴喷射出高压浆液，外喷嘴则喷射压缩空气，因此在高压液流外围绕着一圈气流。在其共同作用下，破坏土体的能量显著增加，形成旋喷桩的直径也明显增加，为 1～2m。

三管法是在喷射管内装有三根小管，分别输送水、气和浆液(三重管法是以三根互不相通的钢管，按直径大小在同一轴线上同心套叠在一起)。输水管水流压力约 20MPa，输气管压力为0.7MPa,输浆管压力为2.0～3.0MPa。喷射管的下端有图5-11所示的喷头,经喷头,高压水和气从横向的管口喷出,浆液则从喷头的下端喷出。施工中边喷射,边旋转,边提升。被高压水和压缩空气所切削的地基土与水泥浆相混合,形成水泥、土和水的混合体,凝固成旋喷桩,直径可大于二重管法所形成的旋喷桩。

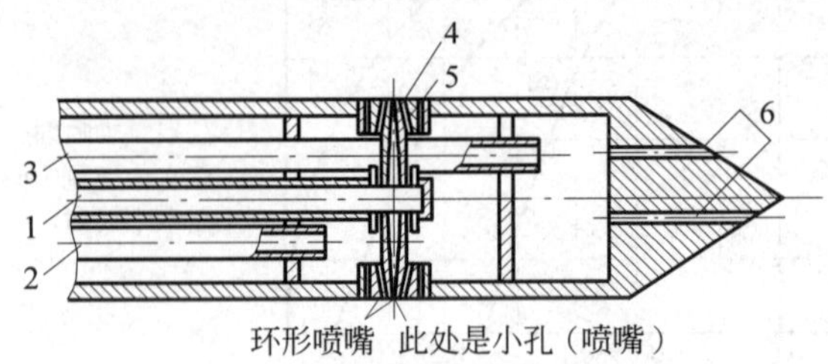

图5-11 三管喷头结构示意图

1—输水管;2—输气管;3—输浆管;4—喷水口;5—喷气口;6—喷浆口

旋喷桩的施工顺序如图5-12所示。①用振动打桩机或钻机成孔,孔径为150～200mm。②插入旋喷管。③开动高压泵、泥浆泵和空压机,分别向旋喷管输送高压水、水泥浆和压缩空气,同时开始旋转和提升。④连续工作直至预定的旋喷高度后停止。⑤拔出旋喷管和套管,形成旋喷桩。

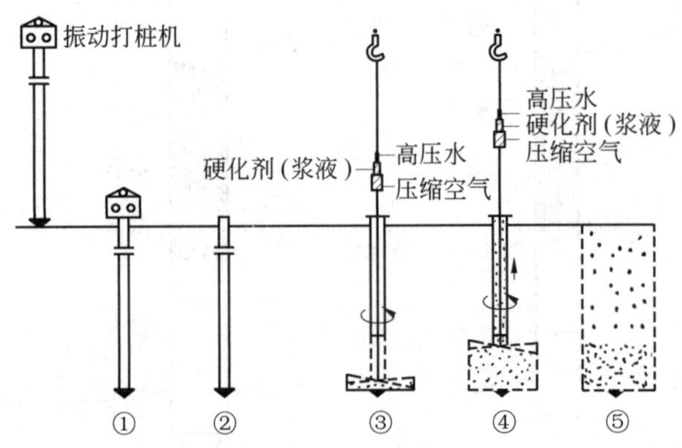

图5-12 旋喷桩的施工顺序

如果将孔距控制在喷射的有效范围内,喷射时,旋喷管只提升不旋转,即固定喷射方向,称为**定喷注浆**。或者是虽旋转,但角度较小,称为**摆喷注浆**。定喷注浆或摆喷注浆能在地下形成连续的墙体,可用于基坑的围护和地下防渗阻水作用。

高压喷射注浆法适用的土层与水泥土搅拌法相似,常用于处理淤泥、淤泥质土,流塑、软塑和可塑的黏性土,松软的粉土、黄土以及松散的砂土和碎石土。对于土层中含有大直径的块石,大量植物根茎或较高有机质含量以及地下水流速太大的工况,则应进行现场试验以确定其适用性。

此法的设计可参照CFG桩所用的方法。初步设计时,可用式(5-13)确定复合地基承载力,式中的桩间土承载力折减系数β值按经验可取为0.1～0.5,桩间土承载力低时取小值。

例5-1 按作用标准组合某砖石承重结构条形基础上的竖向荷载$F_k=190$kN/m,基础布置和地基土层断面如图5-13所示。考虑基础下用厚1.5m砂垫层处理。试设计砂垫层

（基础及其上填土的平均重度 $\overline{\gamma}$ 取 19.6kN/m³）。

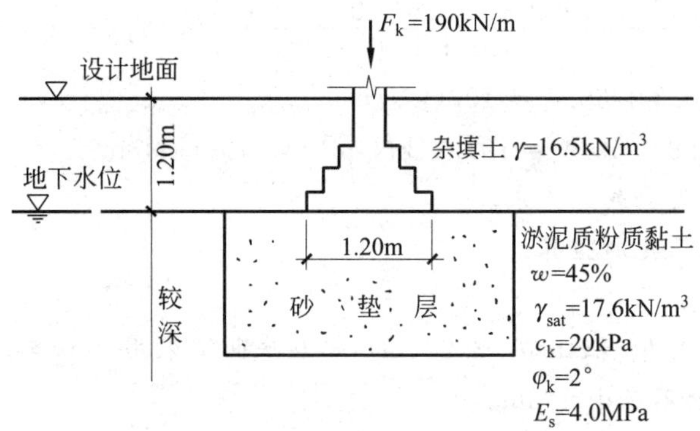

图 5-13　例 5-1 附图

解　(1) 验算砂垫层承载力

基底压力　$p_k=\dfrac{F_k+G_k}{b}=\dfrac{190+19.6\times1.2\times1.2}{1.2}=181.9(\mathrm{kN/m^2})$

查表 5-1 砂、砾料垫层承载力特征值　$f_{ak}=150\sim200\mathrm{kPa}$

取　$f_{ak}=175\mathrm{kPa}$

深度修正后承载力特征值　$f_a=f_{ak}+\eta_d\gamma_m(d-0.5)$

$=175+1.0\times16.5\times(1.2-0.5)$

$=186.5(\mathrm{kPa})>181.9(\mathrm{kPa})$

故垫层顶面承载力满足要求。

(2) 验算砂垫层底面淤泥质粉质黏土承载力，按式(5-1)要求

$$p_{cz}+p_z\leqslant f_{az}$$

求自重应力 p_{cz}。换砂垫层后，取垫层料的有效重度为 10kN/m³。

$$p_{cz}=16.5\times1.20+10\times1.50=34.8(\mathrm{kN/m^2})$$

由式(5-2)求 p_z：

$$p_z=\frac{(p_k-p_{c0})b}{b+2z\tan\theta}$$

式中：基底压力 $p_k=181.9\mathrm{kN/m^2}$

基底自重应力 $p_{c0}=1.2\times16.5=19.8(\mathrm{kN/m^2})$

由表 5-2，当 $\dfrac{z}{b}=\dfrac{1.5}{1.2}=1.25>0.5$，砂垫层应力扩散角 $\theta=30°$。

代入上式

$$p_z=\frac{(181.9-19.8)\times1.2}{1.2+2\times1.5\times0.577}=\frac{194.5}{2.93}=66.4(\mathrm{kN/m^2})$$

求垫层底面淤泥质土的承载力，按式(2-33)：

$$f_a=M_b\gamma b+M_d\gamma_m d+M_c c_k$$

由 $\varphi_k=2°$，查表 2-16 得，$M_b=0.03$，$M_d=1.12$，$M_c=3.32$。代入上式得

$$f_a = 0.03 \times (17.6 - 9.8) \times 1.2 + 1.12 \times \frac{16.5 \times 1.2 + (17.6 - 9.8) \times 1.5}{1.2 + 1.5} \times (1.2 + 1.5) + 3.32 \times 20$$

$$= 0.28 + 35.3 + 66.4 = 102(\text{kN/m}^2)$$

$$p_{cz} + p_z = 34.8 + 66.4 = 101.2(\text{kN/m}^3) < 102(\text{kN/m}^2)$$

故垫层底淤泥质土满足承载力要求。

本例题不进行地基变形验算。

(3) 垫层尺寸确定

根据应力扩散范围 $b+2z\tan\theta=2.93$(m),垫层底面宽采用 3m,其顶面尺寸可根据基坑开挖放坡要求确定,也不应小于 3m。

例 5-2 地质剖面如例 5-1,按作用标准组合,条形基础每延米荷载 $F_k=180$kN/m。基础的埋置深度 $d=1.2$m,采用砂石桩置换法处理淤泥质粉质黏土。砂石桩长 6.0m(设计地面以下 7.2m),直径 $d_0=800$mm,采用矩形布置,要求复合地基承载力提高 1.3 倍,试设计地基基础。

解:(1) 求淤泥质粉质黏土的地基承载力特征值

初设基础宽度 2.0m,埋深 1.2m,按式(2-33)求加固前地基承载力。由 $\varphi_k=2°$,查表 2-16 得,$M_b=0.03$,$M_d=1.12$,$M_c=3.32$,代入式(2-33)得 $f_a=89.0$kPa。按承载力提高 1.3 倍要求,则 $f_{spk}=1.3\times 89.0=115.7$(kPa)。

(2) 计算复合地基面积置换率

根据式(5-7):

$$f_{spk} = [1 + m(n-1)]f_{sk}$$

设 $n=3.0$,可计算出 $m=0.15$。考虑两侧至少需要一排护桩,其布置如图 5-14 所示。

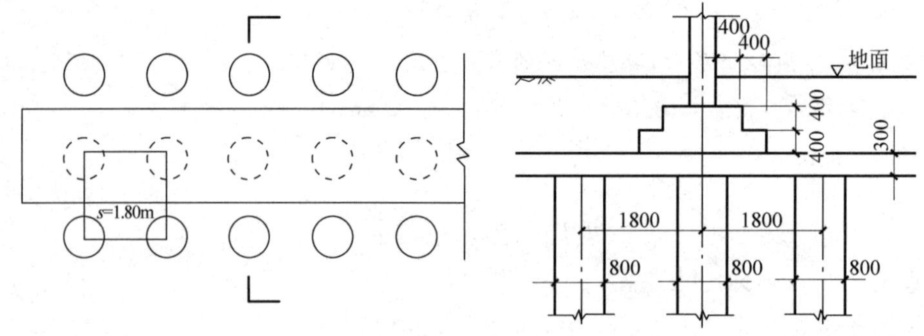

图 5-14 例 5-2 附图

(3) 确定基础宽度

$$b \geqslant \frac{F_k}{f_a - \bar{\gamma} d} = \frac{180}{115.7 - 19.6 \times 1.2} = \frac{180}{92.2} = 1.95(\text{m})$$

设计桩距

按式(5-5)

$$m = \frac{d_0^2}{d_e^2} = \frac{0.8^2}{(1.13s)^2}$$

$$s^2=\frac{0.64}{0.1916}=3.34$$

$$s=1.83\text{m}$$

按正方形布置：取 $s_x=s_y=1.80\text{m}$

基础宽度选为2.0m，砂石垫层选为300mm，如图5-14所示。

(4) 地基变形计算

由于未进行复合地基的现场载荷试验，本例题的地基经砂石桩处理后，上层6m复合土层按式(5-9)计算：

$$E_{ps}=\zeta E_s$$

$$\zeta=\frac{f_{spk}}{f_{ak}}=\frac{115.7}{89}=1.3$$

$$E_{ps}=1.3\times 4=5.2(\text{MPa})$$

6m以下仍按原淤泥质粉质黏土，$E_s=4\text{MPa}$，计算地基的沉降，计算过程从略。

例 5-3 地基和基础情况同例5-2，但作用的标准组合为 $F_k=250\text{kN/m}$，鉴于荷载较大，改用CFG桩，桩的直径 $d_0=0.5\text{m}$，水平桩距为 $s_x=1.5\text{m}$，矩形布置。试设计CFG桩复合地基(按当地经验，地基土的桩侧阻力 $q_s=10\text{kPa}$，端阻力 $q_p=200\text{kPa}$)。

解：(1) 计算CFG桩复合地基的承载力

初设基础宽度为2.0m，布置两排桩，置换率为

$$m=\frac{2\times\frac{\pi}{4}\times 0.5^2}{2.0\times 1.5}=\frac{0.393}{3}=0.131$$

由式(5-13)和式(5-14)计算复合地基的承载力：

$$f_{spk}=\lambda m\frac{R_a}{A_p}+\beta(1-m)f_{sk}$$

其中

$$R_a=u_p\sum q_{si}h_i+\alpha q_pA_p$$

$$A_p=\frac{\pi}{4}\times 0.5^2=0.196(\text{m}^2)$$

计算中取 $\lambda=0.85$，$\beta=0.95$，$\alpha=1.0$，则

$$R_a=0.5\pi\times 10\times 6+1.0\times 200\times 0.196=133.4(\text{kPa})$$

$$f_{spk}=0.85\times 0.131\times\frac{133.4}{0.196}+0.95\times(1-0.131)\times 89=76+73.5=150(\text{kPa})$$

可见CFG桩复合地基承载力提高约70%。

(2) 确定基础宽度

$$b\geqslant\frac{F_k}{f_a-\bar{\gamma}d}=\frac{250}{150-19.6\times 1.2}=1.98(\text{m})$$

基础宽度选为2.0m，为了使条形基础的受力均匀，对称布置，由于非挤土的CFG桩的桩间距为(3～5)d，桩距取 $s_x=s_y=1.5\text{m}$。取300mm砂石垫层，见图5-15。

(3) 计算地基变形

经CFG桩加固后，复合地基压缩模量按式(5-9)计算：

$$E_{sp}=\zeta E_s=\frac{150}{89}\times 4=6.74(\text{MPa})$$

具体地基沉降计算从略。

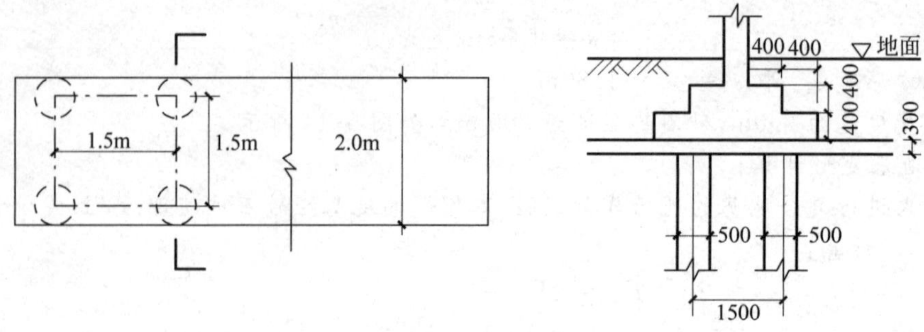

图 5-15 例 5-3 附图

5.3 加 密 法

5.3.1 机械压密法

利用一定的机具在土体中产生瞬时重复荷载,以克服颗粒间的阻力,使颗粒间相互移动,孔隙体积减小,密度增加,称为机械压密法。这种方法常用于大面积填土的压实和杂填土、黄土等地基的处理中。

机械压密的方法有三大类。

(1) 碾子静重压密:采用平碾、羊脚碾和气胎碾等机具压密。

(2) 冲击荷重压密:采用夯板、偏心碾和动力夯等机具压密。

(3) 振动压密:采用振动碾、振动板等机具压密。

三类机械压密的方法示意见图 5-16。

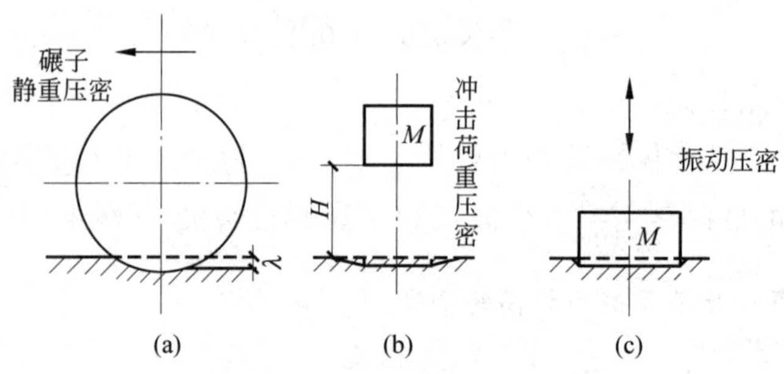

图 5-16 三种压密方法示意图

机械压密的效果取决于土的性质和机械的荷重参数。土是否容易压密与土的种类关系很大。对黏性土而言,重要影响因素是土的含水量。含水量较低的土,因为大量空气的存在,孔隙水都成毛细水,弯液面曲率大,毛细力也大,因而土粒间存在着可观的摩擦阻力,阻碍颗粒的移动,所以土不容易压密。而当含水量很大时,气体处于封闭状态,在短暂荷载作用下,水不容易排出,土也就不容易被压密。对于砂土,由于很容易排水,所以水的存在,可以减小粒间摩擦而不会影响颗粒间的相互挤密,所以压密砂土时要充分洒水。

三类压密机械的荷重参数变化范围如表 5-4 所示。

表 5-4　碾压工具的荷重参数

压密机械	最大应力/MPa	应力状态的变化速率/(MPa/s)	应力持续时间/s
平碾	0.7～1.2	2.8～30.0	0.01～0.25
夯板	0.8～1.5	45.0～200.0	0.008～0.011
振动板	0.03～0.09	1.0～9.0	0.01～0.03

黏性土的压实，要求有较大的静压力，而对于无黏性土，振动荷载将会产生更大的压密效果。

应该指出，机械压密方法，除夯板(也称重锤)夯实外，有效的压密厚度都比较小，在地基处理中一般只用以作为地基表层处理，对于提高地基的承载力作用不大。

夯板压密法如图 5-17 所示，锤的质量为 1～2t，落距为 3.5～4.0m，用 3t 起重机作为提升机械。夯板压密法有效加固深度达 1.5～2.5m，可用于加固稍湿的高压缩性土，如填土、松砂、湿陷性黄土等，效果很好。我国西北城市常用该法加固黄土地基，消除其湿陷性。经夯实后，地基的容许承载力可以达到 150kPa。

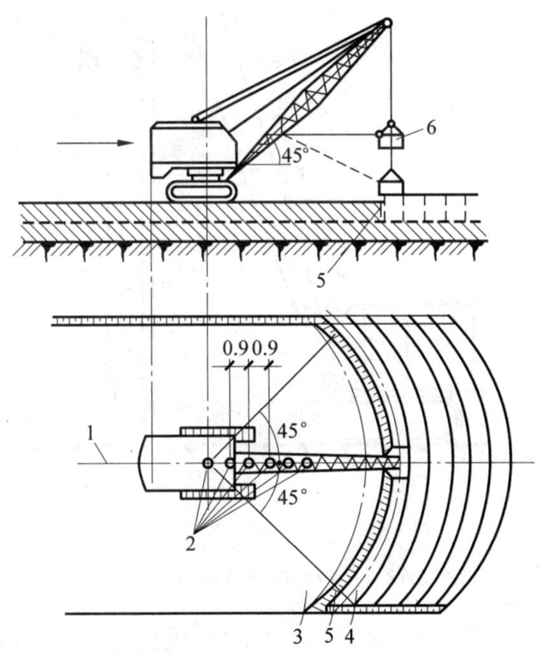

图 5-17　夯板压密法(单位：m)

1—起重机步进轴线；2—起重机位置；3—已加密带；4—正在压密带；5—搭接带；6—重锤

5.3.2　深层挤密法

1. 砂桩、土桩和灰土桩

图 5-18 是一台打砂桩用的设备。施工时，借助振动器把套管沉入要加固的土层中直到

设计的深度。套管的一端有可以自动打开的活瓣式管嘴。打入时管嘴闭合,管外周围土体受到强烈的挤压而变密。成孔后在管中灌入砂料,同时射水使砂尽可能饱和。当管子装满砂后,一边拔管,一边振动,这时管嘴的活瓣张开,砂灌入孔内。当套管完全拔出后,就在土体中形成一根**砂桩**。有时还可以在已形成的砂柱中,再次打入套管,进行第二次作业,以扩大桩径。

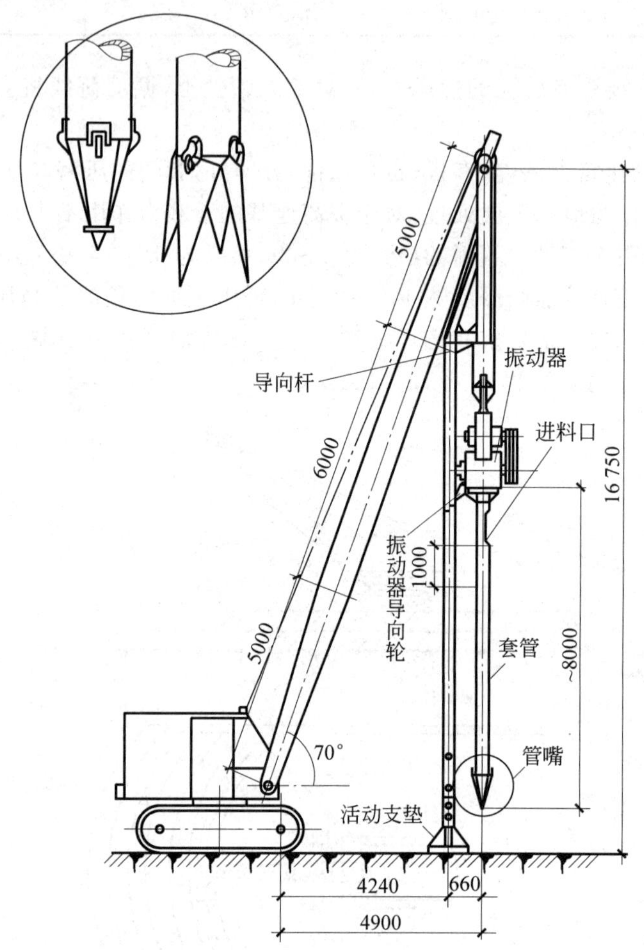

图 5-18　打砂桩的设备(单位:mm)

用类似的方法成孔,若孔中填以素土,分层击实,则成**土桩**,填以灰土,则为**灰土桩**。这类方法与5.2节中的砂石桩置换法十分相似,一般都包含有挤密和置换两种作用,不过侧重点有所不同。砂石桩置换法以置换为主,经置换后,桩体的刚度高于四周土的刚度,故按复合地基设计。砂桩挤密法则以沉管挤密改善土性为主,桩体的刚度与挤密后土体的刚度差别不是很大,处理后可按均匀土层设计。

砂桩和土桩一般用于加固松散砂土,地下水位以上的湿陷性黄土、素填土和杂填土地基。含水量较大,饱和度高于0.65的黏性土,不容易在沉管过程中完成固结压密,挤密的效果差,不宜采用此法。

砂桩在平面上按等边三角形排列,如图5-19所示。为了使基础底面压力能较好地在地基内扩散，加固的范围应大于基础的面积。土桩用于非自重湿陷性黄土、素填土和杂填土等地基时，每边伸出基础外缘不应小于基底宽度的0.25倍，且不应小于0.5m；用于自重湿陷性地基，每边伸出基础外缘不应小于基底宽度的0.75倍，且不应小于1.0m。砂桩用于处理非液化地基时，每边应伸出基础外缘1～3排桩，处理液化地基时，则伸出宽度不应小于可液化土层厚度的1/2，且不应小于5m。

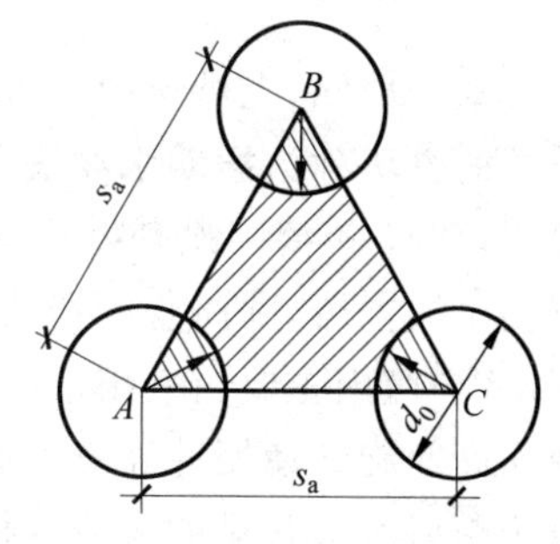

图5-19 砂桩孔位布置图

如果加固的是砂土地基，则桩的间距、直径和加固前后孔隙比的关系，可以按式(5-16)确定。该式推导的依据是图5-19中，三角形ABC内，土的起始孔隙比为e_1，打入套管后，圆孔内扇形面积的土体被挤出孔外，三角形面积不变而孔隙比减少为e_2，于是得：

$$\frac{\frac{\sqrt{3}}{4}s_a^2}{1+e_1}=\frac{\frac{\sqrt{3}}{4}s_a^2-\frac{\pi d_0^2}{8}}{1+e_2}$$

简化后得

$$s_a=0.952d_0\sqrt{\frac{1+e_1}{e_1-e_2}} \tag{5-16}$$

式中：s_a——砂桩的中心距离，m；

d_0——砂桩的直径，m；

e_1——加固前地基土的孔隙比；

e_2——加固后地基土的孔隙比，一般可取为相对密度$D_r=0.70\sim0.85$时相应的孔隙比。

式(5-16)由于没有考虑到打桩时地面上抬和侧面膨胀的影响，因此计算的e_2值偏小，即密度偏高，应根据经验作适当修正。若加固的是黏性土地基，桩的间距和直径可按下式计算：

$$s_a=0.952d_0\sqrt{\frac{\lambda_c\rho_{dmax}}{\lambda_c\rho_{dmax}-\rho_d}} \tag{5-17}$$

式中：λ_c——经土桩挤密后，桩间土的平均**压实系数**，不宜小于0.93；

ρ_{dmax}——桩间土的最大干密度，g/cm^3，由试验确定；

ρ_d——加固前桩间土的干密度，g/cm^3。

对孔内填料的密度要求，当用砂料时，应不低于加固后地基砂层的相对密度；当用素土时，其平均压实系数λ_c应不小于0.97；当用灰土时，石灰与土的体积比宜为2∶8或3∶7，平均压实系数λ_c也不应小于0.97。

经过挤密加固后，地基承载力特征值可按现场载荷试验确定或根据加固后的密实状态按《建筑地基基础设计规范》的有关规定确定。工程实践经验表明，对黏性土地基，用土桩加密后，承载力不应高于加固前的1.4倍，且不宜大于180kPa。当用灰土桩加密时，承载力不应高于加固前的2.0倍，且不宜大于250kPa。在地基变形验算中，加固后土层的压缩模量可采用现场载荷试验或参考地区经验确定。

2. 振冲法

众所周知,在砂土中注水振动容易使砂土压密,利用这一原理发展起来的加固深层软弱土层的方法称为**振动水冲法**,简称**振冲法**。振冲法是德国斯图门(S. Steuerman)在1936年提出,1937年德国凯勒(Joham Keller)公司研制成功第一个振冲器。振冲器像一个插入式混凝土振捣器,圆筒直径通常为274~450mm,长1.6~3.0m,自重8~20kN,功率为13~75kW。筒内主要由一组偏心块,电动机和通水管三部分组成。工作时,潜水电机带动偏心块作高速旋转使振冲器产生高频振动。振冲器上下端设有喷水口,用于下沉和提升振冲器时不断射水。常见的振冲器构造见图5-20。

振冲法的施工程序如图5-21所示。振冲器由吊车就位后,先打开喷水口,启动振冲器,从下喷水口喷水,并在振动力作用下,将振冲器沉至需要加固的深度,然后关闭下喷水口,打开上喷水口,一边向孔中填砂石,一边喷水振动,并上提振冲器,如是操作直到形成振冲桩。孔内的填料越密实,则振冲时所耗的能量越大,所以通过观察电流的变化就可以判断加固的质量。

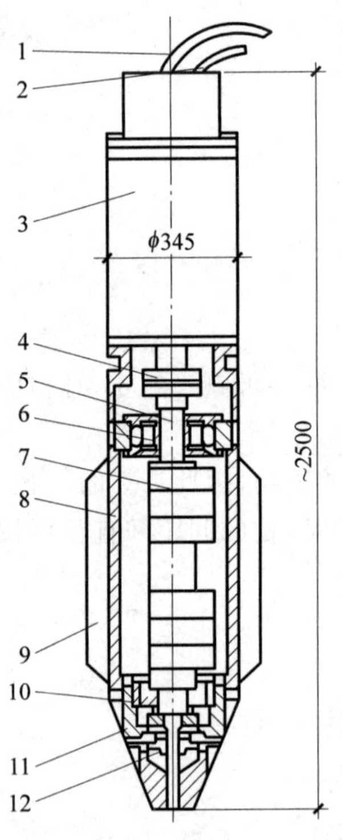

图5-20 振冲器构造图(单位:mm)

1—水管;2—电缆;3—电机;4—联轴器;5—轴;6—轴承;7—偏心块;8—壳体;9—叶片;10 轴承;11—头部;12—水管

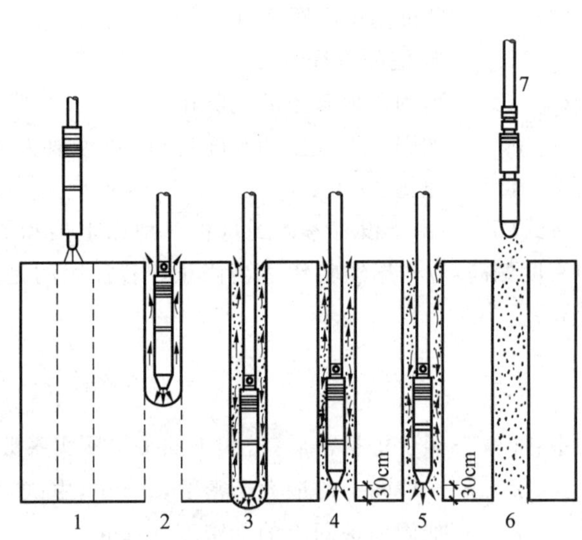

图5-21 振冲加固施工工序示意图

1—就位;2—造孔;3—造孔完毕;4—上提30cm;5—填料振冲;6—逐层加固完毕;7—振冲器提出孔口

早期,振冲法多用于振密松散的砂层和砂坡。砂土在振冲器不断射水和振动作用下,饱水液化,丧失强度,振冲器很容易靠自重不断沉入土中。在这一过程中,加固范围内的砂土自身在振密,悬浮着的砂粒被挤入孔壁,同时饱和了的土中产生孔隙水压力引起渗流固结,整个加固过程是挤密、液化和渗流固结三种作用的综合结果,形成加固后的密实排列结构。

由于设备简单、工效高，振冲法被进一步推广用于加固粉土、粉质黏土和人工填土，这时振冲法更多的是用以振冲置换，即用振冲法造孔，并在孔内投料，靠振动压密成桩，构成复合地基。所以在工程上，振冲法若以挤密原位土、提高地基承载力、减少沉降为目的时，可以按上述的砂桩挤密法进行设计；若以置换为主，在地基中形成增强体以提高地基承载力，减少沉降时，则应按砂石桩复合地基设计。

选择合适的填料是振冲法设计的重要内容。回填料的作用有二：一是把振冲器的振动作用传给地基；二是填充振冲器提升后所形成的孔洞。实践证明，填料的级配，回填速度，以及向上的水流速度等对加密效果及施工速度都有重要影响。

细砂、粗砂、圆砾、碎石和炉渣都可以作为回填材料。炉渣的特点是比较便宜，但沉淀速度不如砂石材料快。理论上讲，填料粒径越粗，挤密效果越好。但颗粒太粗，容易在孔内形成**拱架**，阻碍填料下沉到底，故最大粒径宜控制在 50mm 以内。

根据实践经验建立的式(5-18)和表 5-5 可用来评价填料的适宜程度。

$$S = 1.7\sqrt{\frac{3}{{D_{50}}^2}+\frac{1}{{D_{20}}^2}+\frac{1}{{D_{10}}^2}} \tag{5-18}$$

式中：D_{50}，D_{20}，D_{10}——颗粒大小分析曲线上对应于 50%，20%，10%的颗粒直径，mm；

S——评价填料适宜性的指标，S 值越低，填料在孔中的下沉速度越快，振冲器提升的速率也越快，能获得较好的压密效果。

表 5-5　填料适宜性评价

S 值	0～10	10～20	20～30	30～50	>50
填料适宜性评价	最好	好	良	差	不适宜

例 5-4　某场地为细砂地基，天然孔隙比 $e_1=0.95$，$e_{max}=1.12$，$e_{min}=0.60$。基础埋深 1.0m，有效覆盖压力为 18kPa。使用砂桩加密地基，砂桩长 8.0m，直径 $d_0=500$mm，间距 $s_a=1.5$m，正三角形排列，试计算加密后的相对密度，并按砂土允许承载力表 2-2 估计加密后地基的允许承载力。

解　(1) 求加密后的孔隙比 e_2

按式(5-16)
$$s_a=0.952d_0\sqrt{\frac{1+e_1}{e_1-e_2}}$$

$$e_2=e_1-\frac{0.906d_0^2}{s_a^2}(1+e_1)$$

代入
$$e_2=0.95-\frac{0.906\times0.5^2}{1.5^2}\times(1+0.95)=0.754$$

(2) 求地基承载力

加密后地基细砂的相对密度：

$$D_r=\frac{e_{max}-e_2}{e_{max}-e_{min}}$$

代入
$$D_r=\frac{1.12-0.754}{1.12-0.60}=0.704>0.67$$

即经砂桩加密后，细砂已达到密实状态。查图 1-5，当 $D_r=0.704$，上复压力为 18kPa 时，标准贯入击数 $N=10$。由表 2-2 查得相应的地基允许承载力 14tf/m^2，即 140kPa。

5.3.3 强夯法

强夯法是将几十千牛至几百千牛，亦即几吨到几十吨的重锤，从几米至几十米的高度自由下落，利用落体的巨大能量对地基土冲击而起加固作用，是有效的深层加固方法。

强夯法虽然是在过去重锤夯实的基础上发展起来的一种地基处理技术，但其加固原理要比一般重锤夯实复杂。它利用重锤下落产生的强大夯击能量，在土中形成冲击波和很大的应力，其结果除了使土粒挤密外，还可在高含水量的土体中产生较大的孔隙水压力，甚至可导致土体暂时液化。同时，巨大能量的冲击，使夯点周围产生裂缝，形成良好的排水通道，加快孔隙水压力消散，从而使土进一步加密。

强夯法适用于处理碎石土、砂土、低饱和度的粉土和黏性土、湿陷性黄土、素填土和杂填土等地基。对高饱和度的软黏土，加固的效果差，应在现场试验的基础上考虑应用与否。

强夯法的有效加固深度从最初起夯面算起，并应根据现场试验或当地的经验确定。当缺乏试验资料和经验时，也可按下式估算：

$$H = k\sqrt{\frac{Gh}{10}} \tag{5-19}$$

式中：H——有效加固深度，m；

G——锤重，kN；

h——落距，m；

k——与土的性质和夯击方法有关的系数，一般变化范围为0.4～0.8，夯击能量大，取低值。

H值也可用表5-6的资料预估。

表5-6 强夯法的有效加固深度 m

单击夯击能/(kN·m)	碎石土、砂土等	粉土、黏性土、湿陷性黄土等
1000	4.0～5.0	3.0～4.0
2000	5.0～6.0	4.0～5.0
3000	6.0～7.0	5.0～6.0
4000	7.0～8.0	6.0～7.0
5000	8.0～8.5	7.0～7.5
6000	8.5～9.0	7.5～8.0
8000	9.0～9.5	8.0～8.5
10 000	9.5～10.0	8.5～9.0
12 000	10.0～11.0	9.0～10.0

注：单击夯击能量大于12 000kN·m时，有效加固深度应通过试验确定。

强夯中，每次夯击能量应根据地基土的类别，结构物的类型，荷载大小和要求处理的深度等因素综合考虑，并通过现场夯击试验确定。在一般情况下，对于粗颗粒土，可取1000～3000kN·m/m²；细颗粒土可取1500～4000kN·m/m²。

夯击应分遍进行，遍数应根据地基土的性质确定，一般情况下，可采用2～4遍，最后再以低能量满夯一遍。对于渗透性弱的细颗粒土，必要时遍数可以适当增加。

第一遍夯点的间距可取夯锤直径的2.5～3.5倍，夯点的布置可以根据建筑物的结构类型，分别采用正方形、等边三角形或等腰三角形排列。第二遍夯点和第三遍夯点的间距可与第一遍夯点相同，也可适当缩小。夯点的位置插于第一遍夯点之间，尽量使处理范围内夯点分布均匀，以求取得最好的加固效果，如图5-22所示。

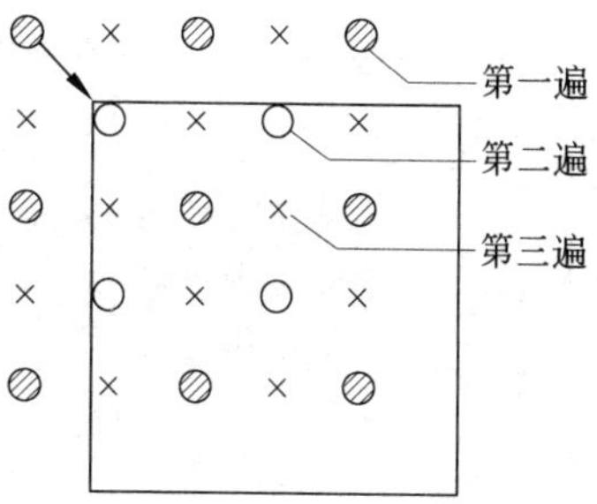

第一遍
第二遍
第三遍

图5-22　夯点的布置

每遍每一夯点的夯击数应由现场试夯试验的结果来确定。确定时，应同时满足下列条件：

(1) 一般最后两击的平均夯沉量不宜大于如下数值：

单击夯击能量小于4000kN·m时为50mm；

单击夯击能量为4000～6000kN·m时为100mm；

单击夯击能量大于6000kN·m时为200mm。

(2) 夯坑周围地面不要发生过大的隆起。

(3) 不因为夯坑过深而发生起锤的困难。

强夯处理的范围应大于建筑物基础的范围，每边超出基础外缘的宽度可取为处理深度的$\frac{1}{2}\sim\frac{2}{3}$，而且不宜小于3m。对可液化地基，基础外缘以外的处理宽度不应小于5m。

施工时，在平整场地、标出夯点位置后，即按设计规定的夯击次数和控制标准，按次序逐点进行夯击。每遍夯完后用推土机将夯坑填平，并测量场地高程。经过一定时间间隔后再进行下一遍的夯击。间隔时间取决于夯击在土中产生的超静孔隙水压力的消散速度。当缺少实测资料时，可根据地基土的渗透性确定。对于渗透性差的黏性土地基，间隔时间应不少于3～4周，对于渗透性好的砂土地基，则可连续夯击。在完成全部夯击遍数后，应再以低能量夯点相搭接全面积满夯，以便将表层松土夯实。

表5-7　强夯加固地基工程举例

序号	工程名称	地层土质	加固目的	施工情况	加固效果
1	新建厂址	地表下深约12m内为Q_4，Q_3新黄土，都具有湿陷性。地下水在17～20m	提高地基承载力，消除湿陷性	1500kN履带起重机，锤重250kN，落距25m	地基承载力提高0.5～2倍，压缩模量提高1～3倍，深度在14m范围内消除湿陷性
2	小麦储仓	地表下深约30m厚，$f_{ak}=80$kPa。以下有3.5m厚Q_3，Ⅰ级非自重湿陷，$f_{ak}=160$kPa，下卧粉质黏土厚4.5m，呈软塑～流塑状态，$f_{ak}=110$kPa	提高地基承载力，消除湿陷性	150kN履带起重机，锤重115kN，落距14m	地基承载力提高1倍以上

续表

序号	工程名称	地层土质	加固目的	施工情况	加固效果
3	住宅楼	地面以下7m范围为湿陷性粉土和粉质黏土，下卧风化页岩，上铺黏性土夹强风化凝灰岩填土，分层碾压，厚约2.8m	提高地基承载力，消除湿陷性，解决不均匀沉降	300kN履带起重机，锤重120kN，落距17m，夯击2遍	地基承载力提高到450kPa以上，消除了湿陷性
4	乙烯工程	第一层粉质黏土，层厚1.6～2.7m，呈软塑状；第二层粉土，层厚2.5m，呈流塑状态；第三层淤泥质粉质黏土夹薄层粉砂，层厚12m，呈流塑状态	提高地基承载力，消除液化	500kN履带起重机，锤重150kN，落距16m，夯击4遍	地基承载力达180～200kPa，加固深度10m，影响深度15m，可消除7度地震液化
5	惠州华德石化原油库回填地基	场地由低山和山前冲积平原组成，爆破挖填，最大填土厚度11～14m，需处理最大厚度达17m，填土中夹大块石	提高地基承载力，减少地基不均匀沉降	采用3000～10 000kN·m单点夯击能量，夯击2遍，满夯采用1000 kN·m夯击能量	3000kN·m和6000kN·m能级处理的地基承载力特征值为240kPa，8000kN·m能级处理的地基承载力达284kPa，10000 kN·m能级处理的地基承载力大于300kPa
6	北京乙烯工程设备生产区	场地属海河流域北运河水系一级冲积阶地，主要由可液化的粉土和砂土组成，厚度约8m，地下水埋深约4.5m	提高地基承载力，消除液化	采用单点夯击能量为2750～3000kN·m，第一、二遍点夯，每点夯击8击，第三遍采用1000 kN·m能级一击满夯	强夯地基承载力特征值可取为220kPa，基本消除砂土液化，加固深度为9～10m
7	深圳市布吉镇半岛花园住宅小区	场地内为厚度不均匀的松填饱和粉质黏土，最大厚度为10m，局部有大块石。填土结构松散，承载力为60kPa，部分填土下有鱼塘和有机粉土下卧层	提高地基承载力，减少地基沉降	通过强夯置换形成块石墩复合地基。采用单点夯击能量为3000 kN·m，块石墩直径约2m，深度4.5m	通过墩的侧向挤密作用，墩的排水作用加固高含水量填土，处理后复合地基承载力达到180kPa
8	重庆市南岸区山区填土地基	山区填土地基，填土层厚度不均匀，填土中夹砂质泥岩、砂岩碎块石，渗透性好，承载力特征值70～100kPa	提高地基承载力，减少地基沉降	采用3000kN·m单击夯击能量夯击2遍，再采用低夯击能满夯2遍	处理后的地基承载力特征值达220kPa，地基变形模量大于15MPa，强夯加固深度已达6m以上

续表

序号	工程名称	地层土质	加固目的	施工情况	加固效果
9	太原某水厂车间湿陷性黄土地基	湿陷性黄土厚度大于10m,承载力特征值135～145kPa,地下水埋藏深	消除地基湿陷变形	主夯级能6000～8000kN·m,间距6m	有效加固深度12.5m,7.5m以上加固效果好,承载力特征值350kPa,压缩模量大21MPa
10	西安咸阳国际机场二期扩建工程	场地属于低级黄土塬,主要为湿陷性黄土层,厚度达20m。要求地基处理深度为4m	消除地基湿陷性、降低压缩性、提高承载力	采用2000～4000kN·m单点夯击能量进行点夯,满夯采用1000kN·m夯击能量	采用1500kN·m、2000kN·m、3000kN·m强夯区域的复合地基承载力特征值均不小于200kPa,加固效果受土层含水率影响

注:工程1～4引自:陈仲颐,叶书麟.基础工程学[M].北京:中国建筑工业出版社,1990.

工程5和6引自:王铁宏.全国重大工程项目地基处理工程实录[M].北京:中国建筑工业出版社,2005.

工程7引自:姚裕昌,万超.强夯块石墩复合地基的实践与研究[J].地基处理,2000,11(4):12-18.

工程8引自:陆新,周培岳,王兵.强夯法处理山区填土地基的试验研究[M].地基处理,2007,18(4):21-25.

工程9引自:徐至均,赵锡宏,胡中雄,等.地基处理技术与工程实例[M].北京:科学出版社,2008.

工程10引自:丁侃.强夯法在西安咸阳国际机场二期扩建工程地基处理的应用[J].机场建设,2012(2):27-31.

经强夯加固后,地基承载力有大幅度提高,一般应通过现场试验或邻近工程经验确定。初步设计时也可以根据夯实后的测试资料和土工试验指标,按照第2章提供的方法确定。表5-7的工程实测资料可供参考。

近年来在高饱和度的粉土和软塑至流塑的黏性土中,采用在夯坑内回填块石、碎石或其他粗粒材料,通过夯击将填料挤入土中,不断填料、不断夯击,直到夯点处形成一个墩体,称为**强夯置换法**。强夯置换法墩的计算直径取夯锤直径的1.1～1.2倍。墩的间距,当满堂布置时,可取夯锤直径的2～3倍,对独立基础或条形基础可取夯锤直径的1.5～2.0倍。一般要求墩底穿透软弱土层,墩高不少于软土层的厚度。这种情况应按散体材料桩复合地基进行设计。

强夯法是一种施工速度快、效果好、价格较为低廉的软弱地基加固方法。但要注意由于每次夯击的能量很大,除发生噪声、污染环境外,振动对邻近建筑物可能产生有害的影响。现场观测表明,单击能量小于2000kN·m时,离夯击中心超过15m的建筑物,一般不会受到危害,对于距夯击中心小于15m的建筑物则应做具体分析。例如,对于振动敏感的建筑物应适当加大安全距离或采用隔振等工程措施。某工程在离建筑物7.5m处挖深1.5m、宽1.0m的隔振沟,测得沟内外的加速度由54mm/s^{2}减小到19.1mm/s^2,减振的效果甚为明显。另外,在施工前要注意查明场地范围内的地下构筑物和地下管线的位置和标高等,并采取必要的措施,以免因强夯施工而造成损失。

5.3.4 预压加固法

1. 预压加固法的工程应用

预压加固法就是在拟造建筑物的地基上，预先施加荷载（一般为堆石、堆土、真空等），使地基产生相应的压缩固结，然后将这些荷载卸除再进行建筑物的施工。由于地基的沉降大部分在修筑建筑物前堆载预压的过程中已完成，所以建筑物的实际沉降量大大减小。同时软弱土层已被压密，强度提高，因而增加了地基的承载能力。

我国劳动人民很早就采用将原有堤坝挖除，再在坝基上建造水闸，以防止建闸后地基产生过大的沉降，这实际上就是预压加固原理的运用。近年来在软弱地基上建造大型的储油罐时，常在油罐建好后，先按一定的速度充水预压，等沉降稳定后，再将油罐与四周管路连接，投入正常运用，这也是预压固结法的一种最为经济的加载方式。

有时可以在要进行预压加固的地基中打井点，进行抽水，使地下水位下降，用提高土层的有效自重应力的方法对地基土进行压密，这种方法称为**降水预压法**；也可以在建筑物场地上铺设一层透水的砂或砾石，并在其上覆盖一层不透气的材料，如橡胶布、塑料布、黏土膏或沥青膏等，然后用真空泵抽气，使透水材料中保持650mm汞柱以上的真空度，即利用大气对地基中软弱土层进行预压，这种方法称为**真空预压法**。也可采用真空和堆载联合预压，以控制地基变形。预压固结法可用以大范围深层加固淤泥、淤泥质土、冲填土等饱和的软弱黏性土层。对于这类土层，用其他各种加固方法往往难以取得良好的效果，而且很不经济。

2. 堆载预压法

堆载预压法通常要求堆载的强度达到基础底面的设计压力，加载后的固结度达到90%以上。对于沉降有严格要求的建筑物，可以提高预压荷载，例如达到设计荷载的1.2～1.5倍，并控制在预定的时间内受压土层各点的竖向有效预压压力等于或大于建筑物荷载在相应点所引起的附加压力，因此预压需要有足够的时间。此外，为保证加载过程中，软弱土层不会发生强度破坏，导致地基失稳，应控制加载速率，不能过快。换言之，确定堆载的历时和加载的速率是堆载预压法的关键所在。

1）预压历时和加速排水方法

从固结理论可知，饱和土层在均布荷载作用下，达到某一固结度所需的时间，主要取决于土的渗透性、压缩性以及边界排水条件。下面通过例5-5说明堆载预压所需要的时间。

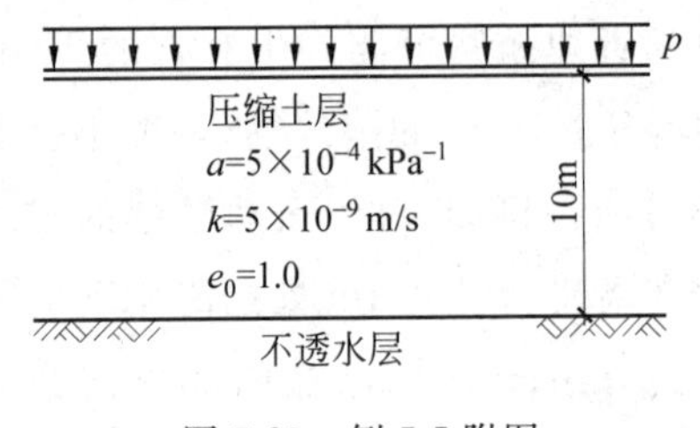

图5-23 例5-5附图

例5-5 在致密黏土层（不透水层）上有厚度为10m的饱和高压缩性土层，土的特性指标如图5-23所示。如果采用堆载预压固结法进行地基加固，试估计固结度达到94%所需要的时间。

解 (1) 求竖向固结系数 c_v

$$c_v=\frac{k(1+e_0)}{a\gamma_w}=\frac{5\times10^{-9}\times(1+1.0)}{5\times10^{-4}\times9.8}=2.04\times10^{-6}(\mathrm{m^2/s})$$

（2）求固结度为94%时的时间因数 T_v

$$U \approx 1-\frac{8}{\pi^2}\left(e^{-\frac{\pi^2}{4}T_v}+\frac{1}{9}e^{-9\frac{\pi^2}{4}T_v}\right)$$

求得相应于 $U=0.94$ 时 $T_v=1.0$。

（3）求达固结度94%所需的时间

由公式

$$T_v=\frac{c_v t}{h^2}$$

得

$$t=\frac{T_v h^2}{c_v}$$

代入

$$t=\frac{1\times 10^2}{2.04\times 10^{-6}}=4.9\times 10^7(\mathrm{s})=567(\mathrm{d})$$

本例题计算中假定堆载是一次瞬时加载，实际上堆载要持续一段时间，故真实的固结时间还要更长。通过这一例子说明，对于透水性差的深厚塑性软弱土层，如果不采取有效的加速排水措施，预压固结要得到预期的效果往往需要很长时间，这在工程上是难以接受的。

为了加速土层的固结，常用的办法就是在要进行预压的土层中设置竖向排水体，常用的是打**砂井**。井的间距远小于加固土层的厚度，有效缩短渗流途径，加快土层固结速度，称为**砂井预压固结法**。砂井预压法的布置一般如图5-24所示。砂井常按正三角形网格排列（图5-24(b)）或正方形网格排列（图5-24(c)）。每个砂井实际的控制面积分别为正六边形或正方形。可以将正六边形或正方形的面积等价成直径为 d_e 的圆柱体（图5-24(d)）。每个砂井的渗流条件完全一样；圆心是排水砂井的中心，顶面是排水砂垫层，底面是不透水层。圆柱体内渗流的方向，平面上径向渗向砂井，立面上竖向渗向砂垫层。各个圆柱体之间没有水的交流，因此圆柱表面可以当成不透水面。这样，整个地基的渗流固结问题就可以简化成一根根圆柱体的渗流固结问题。

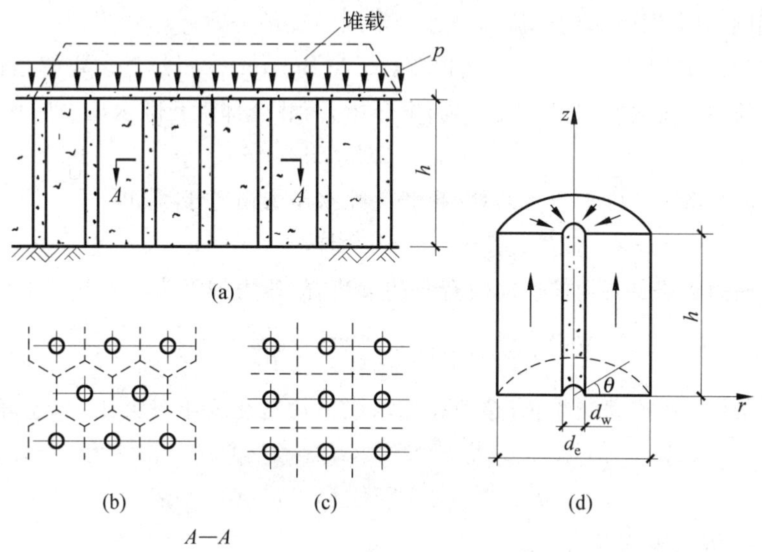

图5-24 砂井预压固结法布置图

2) 砂井预压法的固结度计算

取其中一个圆柱体进行渗流固结分析,这是一个轴对称三维渗流固结课题,在直角坐标上,三维渗流固结方程为

$$\frac{\partial u}{\partial t}=c'_{\mathrm{v}}\left(\frac{\partial^2 u}{\partial x^2}+\frac{\partial^2 u}{\partial y^2}+\frac{\partial^2 u}{\partial z^2}\right)=c'_{\mathrm{v}}\nabla^2 u \tag{5-20}$$

由于是一个轴对称问题,渗流固结方程改用柱坐标更为方便,则式(5-20)改为

$$\frac{\partial u}{\partial t}=c'_{\mathrm{v}}\left[\frac{1}{r}\frac{\partial}{\partial r}\left(r\frac{\partial u}{\partial r}\right)+\frac{1}{r^2}\frac{\partial^2 u}{\partial \theta^2}+\frac{\partial^2 u}{\partial z^2}\right] \tag{5-21}$$

孔隙水压力不依 θ 角而变化,即 $\frac{\partial u}{\partial \theta}=0$

故

$$\frac{\partial u}{\partial t}=c'_{\mathrm{v}}\left(\frac{1}{r}\frac{\partial u}{\partial r}+\frac{\partial^2 u}{\partial r^2}+\frac{\partial^2 u}{\partial z^2}\right) \tag{5-22}$$

式中:r——离开砂井轴线的径向距离;

c'_{v}——三向渗流固结的固结系数。

卡雷洛(N. Carrillo)证明,上述固结方程可以先分解为垂直渗流和平面轴对称渗流两种情况,即

$$\frac{\partial u}{\partial t}=c_{\mathrm{v}}\frac{\partial^2 u}{\partial z^2} \tag{5-23}$$

$$\frac{\partial u}{\partial t}=c_{\mathrm{vr}}\left(\frac{1}{r}\frac{\partial u}{\partial r}+\frac{\partial^2 u}{\partial r^2}\right) \tag{5-24}$$

分别求解上列两式,求出时间 t 时这两种情况下的固结度分别为 U_{zt} 和 U_{rt}。然后考虑这两种渗流固结是同时发生、互相影响的。总的固结度 U_t 可表示为

$$U_t=1-[(1-U_{zt})(1-U_{rt})] \tag{5-25}$$

U_{zt} 可以直接用土力学课中单向渗流固结理论求固结度的公式计算。

平面轴对称渗流固结方程(5-24)由巴隆(R. A. Barron)求得解答。定解条件如下。

(1) 初始条件:加载瞬间,渗流固结尚未开始,荷载全部由孔隙水压力所承担,即

$$t=0,\ r_{\mathrm{w}}\leqslant r\leqslant r_{\mathrm{e}}\ 时,\quad u=u_0=p;$$

(2) 砂井边界条件:排水边界面处,超静孔隙水压力恒等于零,即

$$0<t\leqslant\infty,\ r=r_{\mathrm{w}}\ 时,\quad u=0;$$

(3) 分界面边界条件:圆柱表面没有水的渗流,故压力梯度为零,即

$$0\leqslant t\leqslant\infty,\ r=r_{\mathrm{e}}\ 时,\quad \frac{\partial u}{\partial r}=0;$$

(4) 终止条件:渗流固结终止,超静孔隙水压力均转化成土骨架压力,超静孔隙水压力回零,即

$$t=\infty,\quad r_{\mathrm{w}}\leqslant r\leqslant r_{\mathrm{e}},\quad u=0$$

方程(5-24)解的表达式为

$$u_{rt}=\frac{4\bar{u}}{d_{\mathrm{e}}^2 f(n)}\left[r_{\mathrm{e}}^2\ln\left(\frac{r}{r_{\mathrm{w}}}\right)-\frac{r^2-r_{\mathrm{w}}^2}{2}\right] \tag{5-26}$$

式中：

$$\bar{u}=u_0 e^{\lambda}$$

$$\lambda=-\frac{8T_r}{f(n)}$$

$$f(n)=\frac{n^2}{n^2-1}\ln(n)-\frac{3n^2-1}{4n^2} \tag{5-27}$$

式中：$\bar{u}$——径向渗流条件下，直径为(d_e-d_w)环形面积内的平均超静孔隙水压力，kPa；

u_0——起始平均径向超静孔隙水压力，kPa，$u_0=p$；

T_r——平面径向渗流固结的时间因数，$T_r=\frac{c_{vr}t}{d_e^2}$；

c_{vr}——水平向固结系数，m^2/s；

n——井径比，$n=\frac{r_e}{r_w}$；

r_w——砂井半径，m；

r_e、d_e——砂井的有效工作半径和直径，m；

r——计算点与砂井的中心距，m；

u_{rt}——t时刻任意半径r处的孔隙水压力，kPa。

平面轴对称渗流固结的平均固结度为

$$U_{rt}=1-\frac{\bar{u}}{u_0}=1-e^{\lambda} \tag{5-28}$$

显然，固结度U_{rt}是时间因数T_r和井径比n的函数。为方便计算，表5-8给出不同井径比n，固结度U_{rt}与时间因数T_r的相关数值。

U_{zt}和U_{rt}分别求出后，就可以用式(5-25)求地基总的固结度。

但是这种理论分析方法与工程实际情况尚有一些区别，主要表现为如下两方面。

(1) 计算中假定堆载是一次性**瞬时加载**，实际上堆载要持续相当长的时间，因此由式(5-28)求得的固结度偏大，应该进行修正。修正的方法可参阅本章参考文献[7]，或采用《建筑地基处理技术规范》提供的公式，此处不予详述。

(2) 把砂井当成一个理想的无阻力排水通道，且砂井的施工对周围土层的性质，特别是渗透性质完全没有影响。实际上水在砂井中渗流受到井中填料的阻力，称为井阻。当土层的渗透系数较大而井径小、井深大时，井阻会影响土的固结速度，不能忽略。另外，砂井施工时，井周土受扰动，井壁土受涂抹作用，都会降低砂井的排水效果，影响土层的固结速度，应进行适当修正。有关井阻涂抹作用的修正方法可参阅《建筑地基处理技术规范》或其他有关文献。

3) 堆载速率

堆载时要保证堆载速率与软弱土层因固结压密而引起强度增长的速率相适应。堆土太快，大部分堆载压力为孔隙水所承担，有效应力增长很少，土的强度得不到应有的提高，这种情况可能导致堆载过程中地基土发生破坏，所以控制加载速率是一个很重要的问题。为了加深对这一问题的认识，以地基中某点在堆载过程中应力和强度的变化为例，予以说明。

图5-25(a)中，M点在堆载前的应力为σ_v和$\sigma_h=K_0\sigma_v$，K_0为静止土压力系数，在图5-25(b)中p'-q坐标图上相应于K_0线上的m点。m点的纵坐标q_m表示该点的偏应力(即最大剪

表 5-8　固结度 U_r 与时间因数 T_r 关系

固结度 U_r/%	时间因数 T_r (当 $n=\frac{r_e}{r_w}$ 时)										
	$n=5$	10	15	20	25	30	40	50	60	80	100
5	0.006	0.010	0.013	0.014	0.016	0.017	0.019	0.020	0.021	0.023	0.025
10	0.012	0.021	0.026	0.030	0.032	0.035	0.039	0.042	0.044	0.048	0.051
15	0.019	0.032	0.040	0.046	0.050	0.054	0.060	0.064	0.068	0.074	0.079
20	0.026	0.044	0.055	0.063	0.069	0.074	0.082	0.088	0.092	0.101	0.107
25	0.034	0.057	0.071	0.081	0.089	0.096	0.106	0.114	0.120	0.131	0.139
30	0.042	0.070	0.088	0.101	0.110	0.118	0.131	0.141	0.149	0.162	0.172
35	0.050	0.085	0.106	0.121	0.133	0.143	0.158	0.170	0.180	0.196	0.208
40	0.060	0.101	0.125	0.144	0.158	0.170	0.188	0.202	0.214	0.232	0.246
45	0.070	0.118	0.147	0.169	0.185	0.198	0.220	0.236	0.250	0.291	0.288
50	0.081	0.137	0.170	0.195	0.214	0.230	0.255	0.274	0.290	0.315	0.334
55	0.094	0.157	0.197	0.225	0.247	0.265	0.294	0.316	0.334	0.363	0.385
60	0.107	0.180	0.226	0.258	0.283	0.304	0.337	0.362	0.383	0.416	0.441
65	0.123	0.207	0.259	0.296	0.325	0.348	0.386	0.415	0.439	0.477	0.506
70	0.137	0.231	0.289	0.330	0.362	0.389	0.431	0.463	0.490	0.532	0.564
75	0.162	0.273	0.342	0.391	0.429	0.460	0.510	0.548	0.579	0.629	0.668
80	0.188	0.317	0.397	0.453	0.498	0.534	0.592	0.636	0.673	0.730	0.775
85	0.222	0.373	0.467	0.534	0.587	0.629	0.697	0.750	0.793	0.861	0.914
90	0.270	0.455	0.567	0.649	0.712	0.764	0.847	0.911	0.963	1.046	1.110
95	0.351	0.590	0.738	0.844	0.926	0.994	1.102	1.185	1.253	1.360	1.444
99	0.539	0.907	1.135	1.298	1.423	1.528	1.693	1.821	1.925	2.091	2.219

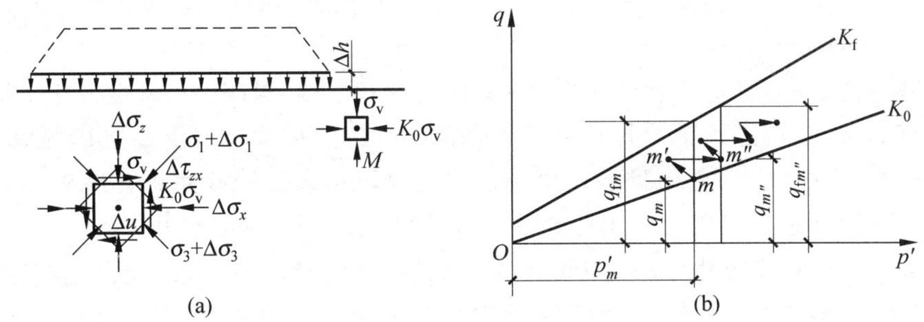

图 5-25 堆载过程软土强度增长示意图

应力),横坐标 p'_m为该点的平均有效主应力。K_f 线是土的破坏主应力线(即 p'-q 图的破坏包线,其中 $q=(\sigma_1-\sigma_3)/2, p'=(\sigma'_1+\sigma'_3)/2$),相应于 p'_m的抗剪强度为 q_{fm}。显然当 $q_{fm}>q_m$ 时,M 点土体处于稳定状态。假定在 Δt 时间内,堆土上升高度 Δh,竖直荷载增量为 $\gamma\Delta h$,γ 为堆土的重度。按弹性理论可以计算得 M 点的应力增量为 $\Delta\sigma_z$、$\Delta\sigma_x$ 和 $\Delta\tau_{xz}$,或 $\Delta\sigma_1$ 和 $\Delta\sigma_3$。如果 Δh 不大,荷载在地基中引起的应力变化,可以看成是因瞬时加载(即不排水加载)引起总应力增量 $\Delta\sigma_1$、$\Delta\sigma_3$ 和孔隙水压力 Δu,继而经过 Δt 时间,孔隙水压力消散一部分,有效应力得到相应提高。当瞬时加载总应力增加 $\Delta\sigma_1$ 和 $\Delta\sigma_3$ 时,相应土中孔隙水压力的增量为 Δu,且

$$\Delta u = B[\Delta\sigma_3 + A(\Delta\sigma_1 - \Delta\sigma_3)] \tag{5-29}$$

其中 A 和 B 称为孔隙水压力系数,可以由实验测定,见本章参考文献[8]。这时 M 点的有效应力增量为$\Delta\sigma'_1=\Delta\sigma_1-\Delta u, \Delta\sigma'_3=\Delta\sigma_3-\Delta u$,于是平均有效主应力增量为 $\Delta p'=\frac{1}{2}(\Delta\sigma'_1+\Delta\sigma'_3)=\frac{1}{2}(\Delta\sigma_1+\Delta\sigma_3)-\Delta u$,偏应力增量为 $\Delta q=\frac{1}{2}(\Delta\sigma'_1-\Delta\sigma'_3)=\frac{1}{2}(\Delta\sigma_1-\Delta\sigma_3)$。$M$ 点应力,在图 5-25(b)中从 m 点移动 m'点。经过 Δt 时间,孔隙压力 Δu 已部分消散,若固结度为 U_t,则剩余的孔隙水压力为$(1-U_t)\Delta u$,实际上的平均有效主应力增量为 $\Delta p'=\frac{1}{2}(\Delta\sigma_1+\Delta\sigma_3)-(1-U_t)\Delta u$,而 Δq 不变。M 点应力,在 p'-q 图上实际上是移到 m''点的位置。应力路径 m—m'—m''表示在 Δt 时间内,堆载增加 $\gamma\Delta h$ 的过程中 M 点应力的变化轨迹,称为 m 线。如果加载的速度比较慢,相当于剪应力 Δq 增加得慢而平均应力 $\Delta p'$以及抗剪强度 Δq_f 增加得快,m 线远离 K_f 线;反之,如果加载的速度比较快,相当于剪应力 Δq 增加得快而平均应力 $\Delta p'$以及抗剪强度 Δq_f 增加得慢,m 线靠近 K_f 线。荷载逐级增加。M 点的应力路径在 K_0 线与 K_f 线间移动,如图 5-25(b)所示。当加荷的速度过快而导致 m 线上的点落在 K_f 线上或超出 K_f 线时,M 点的剪应力大于抗剪强度,发生剪切破坏。施工中应该控制加载速率,使应力路径的发展总是在 K_f 线以下,就能保证土体总是稳定的。

以上仅从一个点的应力变化来研究加载速率问题。实际上,地基内各点在堆载预压过程中应力的发展并不一样,是一个二维或三维问题,分析更为复杂,但原理是一样的。

在施工中通常要监测堆载过程中堆体的竖向变形、边桩的水平位移、沉降速率和孔隙水压力发展的情况。根据观测结果,严格控制加载速率,使竖向变形每天一般不超过 10mm(对天然地基)和 15mm(对砂井地基),边桩水平位移每天不超过 5mm,孔隙水压力保持在

堆土荷载的50%以内,并且随着荷载的增加,为了安全起见,加载速率应逐渐减小。

4) 排水系统的布置

在堆载预压法中,建立一个有效的排水系统是缩短工期、提高固结程度的重要措施。用预压法处理地基,地表必须铺设厚度不小于500mm的排水砂垫层。垫层砂料宜用中、粗砂,黏粒含量应小于3%。竖向排水体可用砂井或塑料排水带。砂井分普通砂井和袋装砂井两种。**普通砂井**指直接在现场成孔灌砂而成的砂井,直径一般为300~500mm。**袋装砂井**则是预先将砂灌入直径为70~100mm的细长砂袋中。施工时,先在地基中按设计位置沉入直径稍大于砂袋直径的钢管,然后将砂袋放入孔内至少高出孔口400mm,以便与砂垫层连接,再拔出钢管就形成袋装砂井。

塑料排水带是一种不受腐蚀、不膨胀、耐酸、耐碱、具有良好透水性的高分子材料做成的透水带,典型断面如图5-26所示。其当量换算直径为

$$d_p = \alpha \frac{2(b+h)}{\pi} \tag{5-30}$$

式中:b——排水板的宽度,mm;

h——排水板的厚度,mm;

α——换算系数,无试验资料时,可取$\alpha=0.75\sim1.0$。

使用时,用特制插板机按设计位置插入到要预压处理的土层中,就能起砂井的功用。

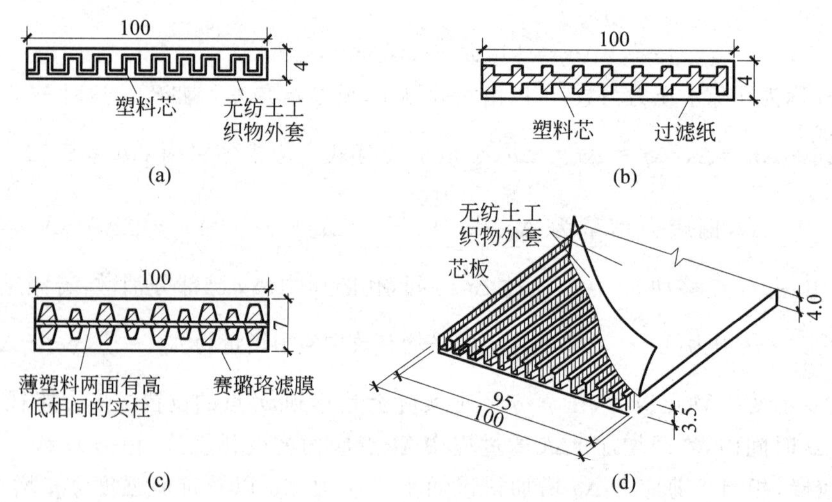

图5-26 塑料排水带(单位:mm)

(a) Ⅰ型排水板;(b) Ⅱ型排水板;(c) Ⅲ型排水板;(d) Ⅰ型排水板构造

砂井或排水带的平面布置可采用等边三角形或正方形排列,如图5-24所示。若井间的距离为s_a,则一眼砂井所控制的排水圆柱体的直径d_e为:等边三角形布置时,$d_e=1.05s_a$;正方形布置时,$d_e=1.13s_a$。这样才能认为整个排水固结面积基本上为砂井的工作范围所覆盖(局部有搭接)。

砂井的间距s_a可按地基土的固结特性和预定时间内所要求达到的固结度来确定。对渗透系数小而要求固结度高的土层要采用较小的井距。对于普通砂井,井径比n可取为6~8,袋装砂井或塑料排水板的n值可取为15~22。

砂井的填料要满足两个要求,一是有足够的透水性;二是渗流时不会让细粒料带入填

料的孔隙中,导致砂井淤堵。一般采用黏粒含量小于 3%的中、粗砂,有时也可用合格的矿渣材料。

3. 真空预压法

1952 年瑞典皇家地质学院克捷尔曼(W. Kjellman)发表"利用大气压力加固黏土"一文,报道了其于 20 世纪 40 年代末所做的 5 组现场真空预压试验的结果,并对**真空预压法**首先提出理论解释。1957 年美国费城国际机场跑道扩建工程,采用真空预压与深井降水结合加固获得成功。但是这种方法仍然很少在实际工程中应用。至 20 世纪 70 年代,一方面由于堆载的工程量很大,另一方面也由于真空预压的密封材料实现了成批生产,使这一方法得到了较大的发展。1982 年,日本在大阪南港采用真空井点降低水位的方法加固大面积吹填土,最大管内真空度达到 630mm 水银柱高度,取得了很好的效果。我国在 20 世纪 50 年代就开始研究过这种方法,但是由于工艺问题未解决,真空度达不到要求,未能在工程上应用。近年来,对这种方法从理论到实践都进行了较多的工作,取得了成功的经验,并已用于天津新港等多处地基加固工程中。

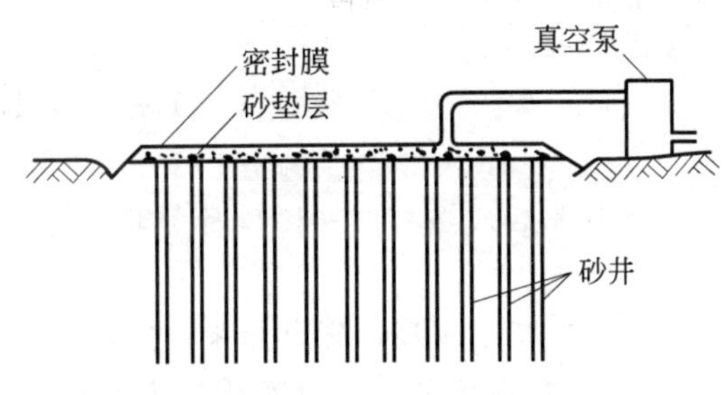

图 5-27　真空预压法

真空预压法就是将不透气的薄膜铺设在准备加固的地基表面的砂垫层上,借助于真空泵和埋设在垫层内的管道将垫层内和砂井中的空气抽出,形成真空腔,促使垫层下待加固的软土排水压密,其布置见图 5-27。在铺设密封膜前,大气压力 p_a 作用于土内孔隙水上,但没有压差,孔隙水不渗流,土体也未压密。铺膜后,地基土与大气隔开,当膜下空气被抽出,砂垫层和砂井内的气压降低至 p_v,出现压差 $\Delta p(\Delta p=p_a-p_v)$,使砂井周围土中水向砂井渗流并经砂垫层排出。在渗流的过程中,地基土内孔隙水的压力也逐渐降至 p_v,这时渗流就停止了。大气压力 p_a 不变,亦即地基内的总应力不变,根据有效应力原理,孔隙流体压力的减小等于骨架压力的增加,显然渗流的过程就是压差 Δp 从孔隙水转移到土骨架的过程,也就是地基土压密的过程。于是可见,真空预压的压力,就是压差 Δp,也称为真空度。工程上要求真空度应稳定地保持在 650mmHg①。这样看来,真空预压法与堆载预压法有很大的不同,堆载预压法是在要加固的地基表面堆填荷载,使地基内土的总应力增加,剪应力也随着增加,导致堆载下面的土体向外挤出。如果加载的速率没有控制好,就会出现前面所述的地基土发生剪切破坏的现象。真空预压法因为地面没有增加荷载,地基土中的总应力不变,剪应力没有增加,土体没有向外挤出的趋势,因而不会发生地基剪切破坏。所以真空预压法可以不必控制加载速率,可以在短期内一次提高真空度达到要求的数值,缩短预压时间。

根据国内的实践经验,真空预压法具有设备简单、施工方便、工期较短、对环境污染少的优点。在条件合适的场地,该方法与常规堆载法相比,加固每平方米软土造价、加固时间和能源消耗均节 1/3 左右。但是由于真空度的限制,该法还不适用于荷载较大的场地。为了

---

① 1mmHg=133.3224Pa。

进一步提高真空预压的加固效果和地基承载力,目前还可以用真空预压联合碎石桩、真空预压法联合堆载等方法加固地基。

例 5-6 在例 5-5 中,如果采用排水砂井,砂井直径 $d_w=250\text{mm}$,有效工作直径 $d_e=2.5\text{m}$,求 20 天的固结度。

解 假定地基土为均匀等向,即 $c_{vr}=c_v$。

(1) 按轴对称问题求水平渗流固结度:

$$T_r=\frac{c_{vr}t}{d_e^2}=\frac{2.04\times10^{-6}\times20\times24\times3600}{2.5\times2.5}=0.564$$

查表 5-8,得固结度 $U_{rt}=0.94$

(2) 求竖直向渗流的固结度:

$$T_v=\frac{c_v t}{H^2}=\frac{2.04\times10^{-6}\times20\times24\times3600}{10\times10}=0.035$$

求得固结度 $U_{zt}=0.25$

(3) 计算地基总的固结度:

按式(5-25)

$$\begin{aligned}U_t&=1-[(1-U_{rt})(1-U_{zt})]\\&=1-[(1-0.94)(1-0.25)]=0.955\end{aligned}$$

即打砂井后只要 20 天(按瞬时加载计算)固结度就达到 95%,超过不打砂井 567 天所达到的固结度。

比较上述两个例题的计算结果,可以发现砂井对加快土层的排水固结作用很大,特别是一般沉积土层,由于水平向的固结系数常大于竖直向的固结系数,砂井对加快固结速度的作用尤为明显。

5.4 胶 结 法

胶结法是通过向土中注入固化材料,或通过冰冻或焙烧使土颗粒牢固黏结在一起,从而提高土的强度,减少土的压缩性,可分为灌浆法、冷热处理法等,其中最常用的是灌浆法。

5.4.1 灌浆法

灌浆法是将某些固化材料,如水泥、石灰或其他化学材料灌入基础下一定范围内的地基岩土中,以填塞岩土中的裂缝和孔隙,防止地基渗漏,提高岩土整体性、强度和刚度的一种方法。在闸、坝、堤等挡水建筑物中,常用灌浆法构筑地基防渗帷幕,是水工建筑物的主要地基处理措施。图 5-28 是我国某土坝地基防渗处理的示意图。

灌浆法依其功能可以分成如下三类。

1. 渗透灌浆

通过灌浆孔用压力将浆液灌注入岩体的裂隙或土的孔隙中。浆液置换孔隙中的气体和

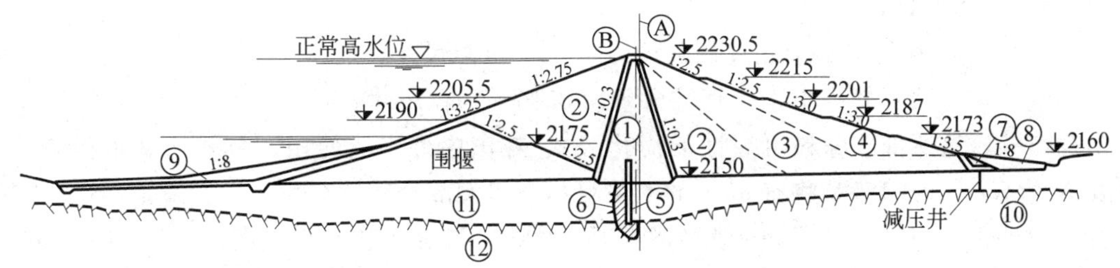

图 5-28 某心墙坝坝基防渗处理

① 黏土心墙；② 坡积料；③ 冲积料；④ 石渣料；⑤ 混凝土防渗墙；⑥ 冲积层灌浆帷幕；⑦ 滤水坝趾；⑧ 下游盖重；⑨ 上游盖重；⑩ 减压井；⑪ 河床冲积层；⑫ 二叠纪玄武岩；Ⓐ 坝轴线；Ⓑ 心墙轴线

孔隙水，凝固后将破碎岩体或碎散土颗粒黏结在一起，从而使岩土的渗透性大为减小，整体性、强度和刚性明显提高。按灌浆材料分，有如下几类方法。

1）**水泥灌浆和黏土水泥灌浆**

将水泥浆或黏土水泥浆灌入岩基以堵塞裂隙，或灌入砂砾石地基覆盖层，充填孔隙，是水工建筑物常用的地基处理方法，其作用是形成防渗帷幕，增加裂隙岩体的整体性。采用这种粒状材料的浆液，应特别注意可灌性问题。原则上只要灌浆材料的颗料尺寸 d 小于被灌土的有效孔隙或裂隙的尺寸 D_p 时，即**净空比** $R(R=D_p/d)$大于1，浆液就是可灌的。

但是在灌浆过程中，尤其当浆液浓度较大时，材料往往以两粒或多粒的形式同时进入孔隙或裂隙，从而堵塞渗浆的通道。因此，仅仅满足 $R>1$ 的条件还不够，还要考虑群粒堵塞作用带来的附加影响。

此外，多数地基都不是均质体，都含有大小不同的孔隙，灌浆材料的颗粒尺寸也很不均匀，因而怎样选用 D_p 和 d 值就成为颇为复杂的问题。如果 D_p 采用被灌土的最小孔隙，d 采用灌浆材料的最大颗粒，理论上就能把所有的孔隙封闭，但这样做就要求灌浆材料的分散性很高，即颗粒很细，技术上和经济上都有困难。相反，若选用 D_p 偏大和 d 值偏小，则可能使很多孔隙不能受浆，使灌浆效果很低，甚至无效。

因此在设计灌浆材料时，除应满足 R 值的要求外，还要根据具体的地层情况确定一个合理的灌浆标准。目前的技术条件还很难准确地测定砂砾石土的天然孔隙尺寸。因此必须在已往实践经验的基础上，对可灌性问题作如下三个假定。

（1）当净空比 $R\geqslant 2\sim 3$ 时，可以防止群粒的堵塞。

（2）砂砾土的有效孔隙尺寸 D_p 与土颗粒直径 D 的关系可表示为

$$D_p = De_e$$

式中：e_e——有效孔隙比。

试验证明，砂砾的 e_e 值多在 0.195～0.215 之间变化，若取 $e_e=0.2$，$R=2\sim 3$，则

$$\frac{D_p}{d} = \frac{e_e D}{d} = 2 \sim 3$$

即

$$\frac{D}{d}=10\sim 15$$

（3）不均匀土以 D_{15} 代表 D，灌浆材料以 d_{85} 代表 d，于是可得

$$N = \frac{D_{15}}{d_{85}} \geqslant 10 \sim 15 \tag{5-31}$$

式中：N——**可灌比值**；

D_{15}——砂砾料中小于此直径含量为15%的颗粒尺寸；

d_{85}——灌浆材料中小于此直径含量为85%的颗粒尺寸。

式(5-31)是评价砂砾料可灌性的简化公式，在国内外广泛使用。公式的基本概念是，只要N值大于10～15，就将有85%的灌浆材料充填大部分砂砾石孔隙。实践证明，只要灌浆材料满足式(5-31)的要求，一般经灌浆后，砂砾的渗透系数会降低至10^{-6}～10^{-7}m/s，表5-9为三个工程的灌浆结果，可供参考。

表5-9 三个工程的灌浆效果

工程代号	被灌土的D_{15}/mm	灌浆材料的d_{85}/mm	N	灌浆后的渗透系数/(m/s)
A	1.0	0.03	33	3×10^{-7}
B	0.9	0.06	15	1×10^{-6}
C	1.0	0.08	12.5	3×10^{-6}

为了满足可灌性的要求，灌浆材料应要求有高的**分散度**。国内外常用的水泥颗粒组成大体如表5-10所示。其最大颗粒尺寸变化在60～100μm之间，这种颗粒难以灌入渗透系数低于5×10^{-4}m/s的砂土或裂隙宽度小于200μm的裂隙。

表5-10 水泥的颗粒尺寸

水泥标号	各级颗粒尺寸(mm)的含量/%					
	0～0.01	0.01～0.02	0.02～0.04	0.04～0.06	0.06～0.10	0.10～0.20
52.5	33	23	22	12	7	3
32.5～42.5	29	18	20	16	14	3

黏土是一种高分散性的材料，许多工地附近都能找到符合灌浆要求的黏土。分析表明，水泥和黏土粗粒部分的含量相差不多，而细粒部分黏土含量更高，表5-11是根据六个工程中所用的黏土所统计得到的材料。这就说明，在水泥浆中加入黏土以后并不致使浆液的可灌性变差。

表5-11 水泥和黏土颗粒尺寸比较

材料名称	各级颗粒尺寸(mm)的含量/%		
	＜0.04	＜0.02	＜0.01
水泥	72.5	52.5	31.0
黏土	76.3	67.5	55.0

除了可灌性以外，还要求浆液应有好的流动性，在灌浆压力的作用下能够扩散较远，且压力损失较小。此外，浆液不应很快沉淀析水，以免堵塞管路和造成灌浆孔附近土中的孔隙过早被堵塞的现象。

浆液在土的孔隙中随时间逐渐凝结、硬化。水泥浆的初凝时间一般为2～4h，黏土水泥浆要慢一些，以后水化的过程很缓慢。水泥结石强度的增长可延续数十年。

总而言之，由于水泥颗粒和黏土颗粒都有一定的尺度，只能用于粗砂以上的地基的防渗处理。对于这类地基，变形和强度一般问题较小。如前所述软弱土层通常都属于细粒土，不能用这种灌浆方法进行加固。

2）**化学材料灌浆**

好的灌浆材料应该有好的可灌性，可以控制浆液的凝固时间，凝固后强度高，不受水的浸蚀或溶解，耐久性好。随着近代化学工业的发展，已经研制出各种各样的性能良好的化学灌浆材料。化学灌浆材料可分成几大类，即：聚氨酯类、丙烯酰胺类、环氧树脂类、甲基烯酸酯类、木质素类、硅酸盐类和氢氧化钠类等。丙烯酰胺类材料虽然可灌性好、灌浆过程能够精确控制，但由于会对空气和地下水造成污染，所以在日本和美国已先后被禁止使用。以下简述在地基灌浆中常用的化学浆液。

（1）聚氨酯

聚氨酯是采用多异氰酸酯和聚醚树脂等作为主要原材料，再掺入各种外加剂配制而成。浆液灌入地层后遇水即反应生成聚氨酯泡沫体，可起加固地基和防渗堵漏作用。

聚氨酯材料又分成水溶性与非水溶性两类。水溶性聚氨酯能与水以各种比例混溶，并与水反应成含水凝胶体。非水溶性聚氨酯可以在工厂先把主剂合成聚氨酯的低聚物（预聚体），使用时，再和外加剂按需要配成浆液，预聚体已在我国天津、常州、上海等地厂家成批生产。

（2）硅酸盐

硅酸盐类灌浆也称**水玻璃灌浆**，或称硅化法，开始使用于1887年，是一种古老的化学灌浆。它具有价格较低、渗入性较好和无毒性等优点，国内外至今仍广泛应用于粉细砂、黄土和大坝、隧道、矿井等建筑工程中。

硅酸盐灌浆材料是以硅酸钠（即水玻璃）为主剂，加入胶凝剂以形成凝胶。常用的胶凝剂为氯化钙、乙二醛等，其反应方程为

$$\left.\begin{aligned}&\mathrm{Na_2O\cdot}n\mathrm{SiO_2}+\mathrm{CaCl_2}+m\mathrm{H_2O}\longrightarrow\\&n\mathrm{SiO_2}+(m-1)\mathrm{H_2O}+\mathrm{Ca(OH)_2}+2\mathrm{NaCl}\\&\mathrm{Na_2O\cdot}n\mathrm{SiO_2}+2\begin{array}{c}\mathrm{CHO}\\|\\\mathrm{CHO}\end{array}+\mathrm{H_2O}\longrightarrow2\begin{array}{c}\mathrm{CH_2OH}\\|\\\mathrm{COONa}\end{array}+n\mathrm{SiO_2}\end{aligned}\right\}\tag{5-32}$$

胶凝剂的品种很多，有些反应的速度很快，例如氯化钙。灌浆时主剂和胶凝剂必须分别灌注，所以称为**双液法**。另外一些胶凝剂，如盐酸等，与主剂的反应速度较缓慢，故能预先混合后再一次灌入，称为**单液法**。

单液法凝胶强度不如双液法，但因为黏度增长慢，所以扩散半径大。

（3）氢氧化钠

应用氢氧化钠溶液（简称碱液）加固湿陷性黄土是我国于20世纪60年代试验成功的一种地基加固方法。它具有设备简单、施工操作容易，且造价较硅化法低廉的优点。

当氢氧化钠溶液进入黄土后，逐步在土粒外壳形成硅酸盐及铝酸盐胶膜，其反应为

$$\left.\begin{aligned}&2\mathrm{NaOH}+n\mathrm{SiO_2}\longrightarrow\mathrm{NaO\cdot}n\mathrm{SiO_2}+\mathrm{H_2O}\\&2\mathrm{NaOH}+m\mathrm{Al_2O_3}\longrightarrow\mathrm{Na_2O\cdot}m\mathrm{Al_2O_3}+\mathrm{H_2O}\end{aligned}\right\}\tag{5-33}$$

若土料表面有充分的钙离子时，上述胶结物即变成高强度难溶解的钙-碱-硅络合物，使

土粒相互牢固黏结在一起,土体因而得到加固。

若土中钙镁离子含量较少时,可采用双液法,即在灌完氢氧化钠溶液后,再灌入氯化钙溶液,增加钙离子以形成加固土所需要的氢氧化钙和水硬性的胶结物。试验表明,碱液加固后,土体的湿陷性可基本消除,压缩性显著降低,水稳性大大提高。

2. 劈裂灌浆

渗透灌浆依赖于土的渗透性,靠压力将浆液压入土的孔隙中。对于渗透系数较小的黏性土或渗透系数很小的软黏土,浆液无法在较短的时间内灌入土孔隙中,渗透灌浆就无法应用。为消除这类土中隐藏的裂隙和孔洞,常采用劈裂灌浆。**劈裂灌浆**就是以合适的压力向钻孔内泵送浆液,要求泵送的压力足以克服土层的初始应力(通常为自重应力)和土的抗拉强度,土体就被劈裂。劈裂缝一般与小主应力方向垂直,即为竖直向的裂缝。它很容易与土体内的隐蔽裂隙和孔洞贯通,于是浆液即经过裂缝将隐蔽的裂隙和孔洞填充,从而起加固土体的作用。

劈裂灌浆是处理堤坝内隐患的一种重要手段。沿江河、湖泊的黏性土堤,施工时可能因局部漏压而在堤内存在松软土体或孔洞,或因不均匀沉降而产生内部裂缝,这些隐蔽的内部损伤可能形成隐患。在找不到确切裂隙位置的情况下,采用劈裂灌浆是一种行之有效的加固方法。

国内劈裂灌浆还成功应用于堤坝下细砂层透水地基的防渗加固中。这时,灌浆时间宜选择在上游无水或较低水位时期。浆液不宜用纯黏土浆,可以根据防渗的要求,选用不同配比的黏土水泥浆或其他自凝灰浆。

3. 压密灌浆

与上述两种灌浆的作用不同,**压密灌浆**是通过钻孔在地基土中灌入很浓的浆液。稠浆不能渗入土的孔隙,因而在出浆段处将四周土挤密而形成浆泡,如图5-29所示。浆泡的形状一般为圆柱形。当浆泡的直径较小时,灌浆压力基本上是沿钻孔的径向,即水平方向发展,使周围的土体受挤压。实践证明,离浆泡界面0.3~2.0m范围内,土体能得到明显的压密。随着浆泡继续向外扩张,形状可能变成球形,这时会产生较大的上抬力,能使地面抬动。若能合理使用灌浆压力以形成适当的上抬力,可使下沉的建筑物回升到要求的位置。

压密灌浆适用于加固软弱的黏性土,如淤泥、淤泥质土等。但对于渗透系数小、排水不畅的条件,可能在被加固的软土中引起较高的孔隙水压力,这种情况下,为防止土体破坏,必须用很低的注浆速率和凝固速率。

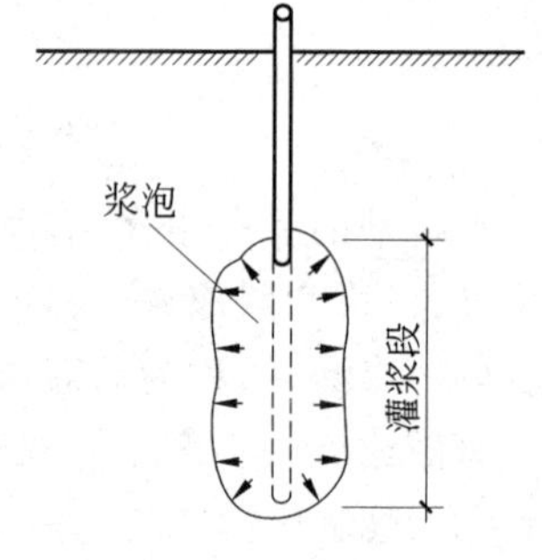

图5-29 压密灌浆原理示意图

5.4.2 冷热处理法

冷热处理法包括冻结法和烧结法。

冻结法是通过人工冷却,使一定范围内的地基土温度降低到孔隙水的冰点以下,形成冻土。冻土中所含水分大部分成冰，矿物颗粒牢固被冰所胶结，所以质地坚硬，强度很高，压缩性和透水性都很小。此法可用于饱和砂土和黏性土地层中，作为临时性工程措施，如深基坑的防渗或围护结构。

烧结法是在软弱的黏性土地基中钻孔，通以温度达 600～700℃的高温燃烧气体以焙烧孔壁土体。经焙烧后，土中水分丧失，土颗粒牢固黏结，土的强度大为提高，压缩性显著减小。可用于处理低含水量的黄土和黄土类土。

例 5-7　某砂砾地基料物的颗料分析曲线如图 5-30 中曲线ⓐ，水泥的颗粒分析曲线如图 5-30 中曲线ⓑ，试判断地基对水泥浆的可灌性。

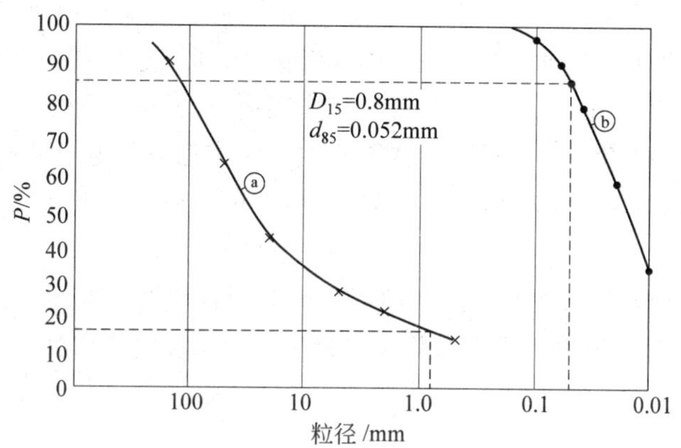

图 5-30　例 5-7 附图

解　查图 5-30 中曲线ⓐ得被灌材料 $D_{15}=0.8\text{mm}$。

查图 5-30 中曲线ⓑ得灌浆材料 $d_{85}=0.052\text{mm}$。

由式(5-31)得
$$N=\frac{D_{15}}{d_{85}}=\frac{0.8}{0.052}=15.4>15$$

故这种砂砾材料对水泥浆属可灌土料。

5.5　加　筋　法

常用的加筋法有土工合成材料加筋法、土钉加固法。土钉加固法是深基坑开挖中坑壁支护的重要方法，将在第 6 章中讲述。土工合成材料是岩土工程中广泛应用的一种新材料，其作用不限于加筋，本节除着重讲述其加筋作用外，还对其他方面的岩土工程应用作简略的介绍。

5.5.1　土工合成材料的种类和应用

土工合成材料(geosynthetics)是指岩土工程中应用的合成材料产品，它是以人工合成的聚合物(如塑料、化纤、合成橡胶等)为原料，制成各种产品，置于土体的内部、表面或各层土之间，发挥加强或保护土体的作用。土工合成材料的出现和广泛应用是 20 世纪下半叶以来岩土工程实践中取得的最重要的成果之一。

合成材料出现在市场上已有七十余年的历史,而几乎在同时它们就被用于土木工程中。约在20世纪30年代末,聚氯乙烯薄膜首先被用于游泳池的防渗。1953年,美国垦务局在渠道上首先应用聚乙烯薄膜防渗,以后又广泛应用到水闸、土石坝的防渗中。1958年,美国佛罗里达州利用聚氯乙烯织物作为海岸块石护坡的垫层,27年后检查发现其仍处于良好状态。1959年,日本也在海岸护坡的修复中使用维尼龙织物代替传统的柴排。1967年英国耐特龙(Netlon)公司生产出合成纤维网。1979年,F. S. Mercer博士发明了土工格栅,并由耐特龙公司生产出产品。随后各种新型的土工合成材料产品层出不穷,应用范围也逐渐拓宽。在我国,20世纪70年代末到20世纪80年代初,铁道部门开始研究并在现场试验,用土工合成材料治理基床的翻浆冒泥。20世纪80年代初,水利和港口部门开始用土工织物作为反滤、防冲及排水材料。近年来,土工合成材料在国内外应用发展很快,已广泛地应用于土木、水利、公路、港口、铁路、市政等领域,特别是在环境工程中成为不可缺少的材料。

目前,土工合成材料种类繁多,日新月异,大体上可以分为如下几类。

1) 土工膜

土工膜(geomembranes)按其使用的原料可分为沥青和聚合物两大类,按其产品可分为单一的膜和复合膜,后者是土工膜用织物加筋做成。土工膜的透水性极小,可广泛地用作防渗材料。

2) 土工织物

土工织物(geotextiles)可分为无纺(non woven)和有纺(woven)两种。它们是将加工成长丝、短纤维、纱或条带的聚合物再制成平面结构的织物,一般用于排水、反滤、加筋和土体隔离。

3) 土工格栅

土工格栅(geogrids)有两大类:一类是拉伸格栅,或称为塑料土工格栅,是将聚合物的片材经冲孔后,再单向或双向拉伸而成。另一类是编织格栅,它是采用聚酯纤维在编织机上制成的。另外,玻璃纤维格栅也是一种编织格栅。土工格栅主要用于土体的加筋,不同的土工格栅如图5-31所示。

4) 土工复合材料

人们发现几种不同土工合成材料的组合可达到更理想的效果,这就出现了各种**土工复合材料**(geocomposites),如单层膜加土工织物形成复合土工膜;土工织物加塑料瓦楞状板形成的塑料排水带;土工织物加土工格栅组成用于黏性土中的加筋材料等,并且不同的组合还在不断地形成新的产品。

5) 其他土工合成材料(geo-others)

针对不同的条件和用途,新型的、特殊的土工合成材料产品不断涌现,如,土工格室、土工泡沫塑料、土工织物膨胀土垫(GCL)、土工模袋、土工网垫、土工条带、土工纤维等。

土工合成材料在岩土工程中的应用,主要发挥如下几种功能和作用。

(1) 排水作用

一些土工合成材料在土中可形成排水通道,将土中水汇集起来,在水位差作用下将土中水排出。在上述的预压固结处理饱和软黏土中所用的塑料排水板即为一例。

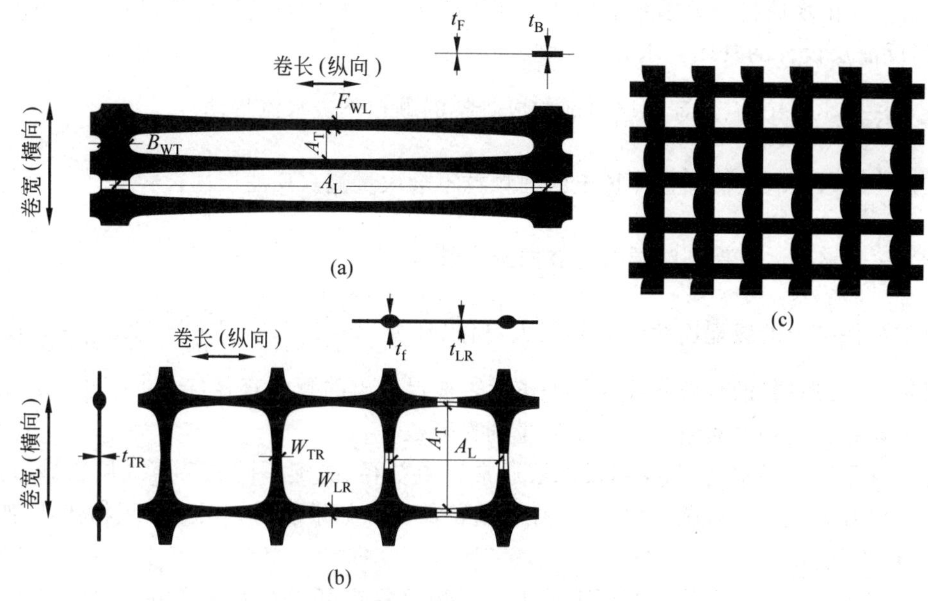

图 5-31 土工格栅示意图

(a) 单向拉伸土工格栅；(b) 双向拉伸土工格栅；(c) 编织格栅

(2) 滤层作用

土中水可通畅地通过土工织物，而织物的纤维又能阻止土颗粒通过，防止土因细颗粒过量流失而发生渗透破坏。

(3) 隔离作用

有些土工合成材料可以将不同粒径的土料或材料隔开，也可将它们与地基或建筑物隔开，防止土料的混杂和流失。

(4) 加筋作用

在土体产生拉应变的方向布置土工织物，当它们伸长时，可通过与土体间的摩擦力向土体提供约束压力，从而提高了土的模量和抗剪强度，减少土体变形，增强了土体的稳定性。

(5) 防渗作用

用几乎不透水的土工膜可达到理想的防渗效果，可用于渠、池、库和土石坝、闸和地基的防渗。近年来也广泛应用于垃圾填埋场，防止渗滤液对地下水的污染。

(6) 防护作用

土工织物的防护作用常常是以上几种功能发挥的综合效果，如隔离和覆盖有毒有害的物质，防止水面蒸发、路面开裂、土体的冻害、水土流失、防护土坡避免冲蚀等。在以上各种功能中，排水、反滤、防渗和加筋是最基本和最重要的。

5.5.2 土工织物的反滤作用

反滤层的作用是保护某一特定部位的土在渗流过程中不会发生过量的颗粒流失，例如在颗粒粗细悬殊的两种土的交界面处或水流逸出的土表面处常要设置反滤层。反滤层用料需要满足如下三个基本要求：①料物本身有足够的渗流稳定性；②能阻止被保护土的颗粒过量流失；③排水通畅。美国水道站和其他一些机构对粒状材料反滤层进行系统试验的结果，提出反滤层设计的具体要求为：

(1) $\frac{D_{60}}{D_{10}} \leqslant 8 \sim 10$，以保证滤层内部构成骨架的颗粒不被水流带动；

(2) $\frac{D_{15}}{d_{85}} \leqslant 4 \sim 5$，以保证被保护土的细颗粒不会大量流入反滤层内；

(3) $\frac{D_{15}}{d_{15}} \geqslant 4 \sim 5$，以保证滤层有足够的透水性。

由于被保护土的级配连续性差异很大，所以还要求$\frac{D_{15}}{d_{15}} < 20$，且$\frac{D_{50}}{d_{50}} < 25$。以上式中，$D$代表保护土(反滤层)的颗粒直径(mm)；$d$代表被保护土的颗粒直径(mm)。脚标15、50、85表示小于某粒径的颗粒质量占全部土质量的百分数。

为了满足这些要求，粒状材料反滤层通常得由粒径、级配不同的2至3层粗砂、砾石组成。由于层数多、层厚小，施工要求高，往往造价昂贵。如果能用一层土工织物代替，则施工简单，造价也低。

用土工织物作滤层是将符合要求的土工织物放置在可能发生渗透破坏的两层土之间。土工织物对于无黏性土的过滤作用机理如图5-32所示。在渗流的初期，紧靠织物处的被保护土内的部分细颗粒向滤层移动，有少量细粒可通过滤层流失。细颗粒流失的过程向被保护土的内部发展，从而在离织物一定距离的范围内形成天然的反滤结构，与织物一起发挥反滤的作用。

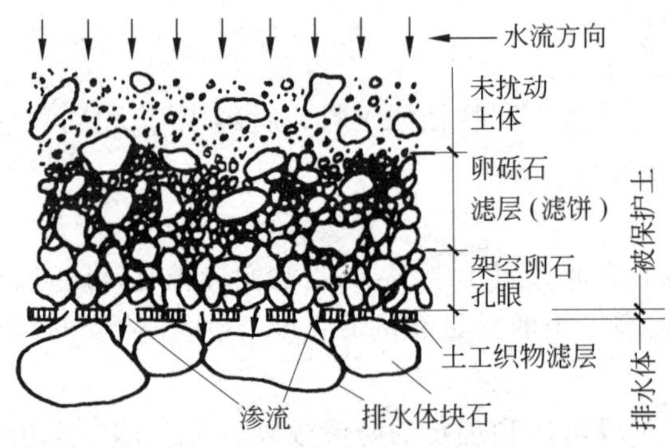

图5-32　土工织物反滤示意图

与粒状材料的反滤层相似，土工织物用于作为反滤层时也应满足保土性和透水性，同时还应保证不被淤堵。因此它的孔径和渗透系数应满足一定的条件。

(1) 保土性：防止被保护土过量的流失而发生渗透破坏，其条件满足

$$O_{95} \leqslant nd_{85} \tag{5-34}$$

式中：O_{95}——土工织物的等效孔径，指织物中小于该孔径的孔眼占95%，mm；

d_{85}——被保护土的特征粒径，mm；

n——与被保护土的种类、级配，织物的品种和状态有关的经验系数，一般为1～2。

(2) 透水性：对于土工织物的透水性有如下要求，

$$k_{g} \geqslant mk_{s} \tag{5-35}$$

式中：k_g、k_s——土工织物、被保护土的渗透系数；

m——与被保护土种类、渗流流态、水力梯度及工程性质有关的经验系数，按工程经验确定，不宜小于10。

(3) 防堵性：防止织物孔眼不致被细土粒淤堵而失效。一般情况下应满足

$$O_{95} \geqslant 3d_{15} \tag{5-36}$$

对于被保护土易发生管涌，具有分散性，水力梯度高，流态复杂，一旦发生淤堵修理费用大的情况，应进行淤堵试验。

5.5.3 土工合成材料的加筋作用

筋材提高土的抗剪强度的机理可由图5-33来说明。图5-33(a)表示未加筋的素土在围压等于σ_3情况下的三轴试验中试样破坏的情况。在竖向应力σ_1作用下，竖向变形为Δv，侧向伸长为Δh。试样的应力状态如图5-33(c)中的莫尔圆A所示，它与素土的强度包线相切。如果在试样中沿水平方向加筋，在试样破坏时侧面发生同样的变形，如图5-33(b)所示。如果筋材也发生了同样的伸长Δh，则它们将通过与周围土的摩擦作用而向土体施加一个附加的约束应力$\Delta\sigma_3$。这时，作用在加筋土试样中的土体实际上的围压为$\sigma_3+\Delta\sigma_3$，破坏时的应力状态如图5-33(c)中的莫尔圆C所表示。应力圆C与素土的强度包线相切，竖向应力增加到σ_{1r}。对于加筋土试样，受到的试验围压为σ_3，竖向应力为σ_{1r}，表示为图5-33(c)中的莫尔圆B。由于一般认为加筋后土的内摩擦角φ是不变的，所以黏聚力增加了Δc。从图5-33(c)可以推导出：

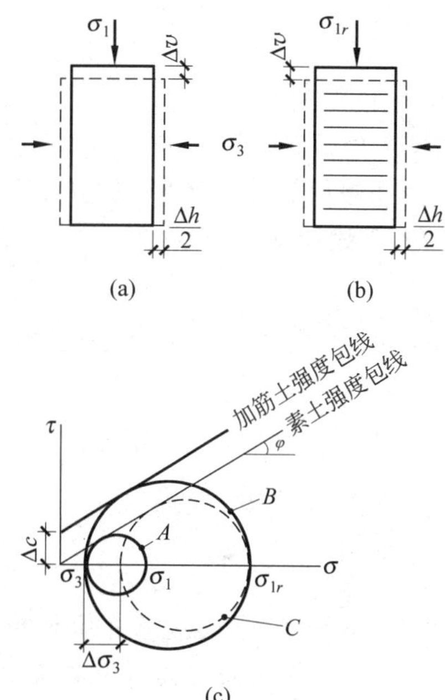

图5-33　加筋机理简图

$$\Delta c = \frac{\Delta\sigma_3}{2}\tan\left(45^\circ + \frac{\varphi}{2}\right) \tag{5-37}$$

目前用土工合成材料作为土的加筋材料有多种形式，但主要为以下三种情况：①加筋挡土墙；②加筋土坡；③软弱地基加筋。

1. 加筋挡土墙

图5-34表示的是土工合成材料加筋的挡土墙，筋材常用土工格栅和土工织物。对于土工合成材料加筋的计算问题，工程上常用的方法仍然是极限平衡理论。

加筋挡土墙的验算包括墙体的外部稳定性验算和筋材的内部稳定性验算。外部稳定性验算采用重力式挡墙的稳定验算方法验算墙体的抗水平滑动、抗深层滑动稳定性和地基承载力，亦即将加筋体当成是一个整体的重力式挡土墙，墙背土压力按朗肯土压力理论确定。

筋材的内部稳定性验算包括筋材强度验算和抗拔稳定性验算。

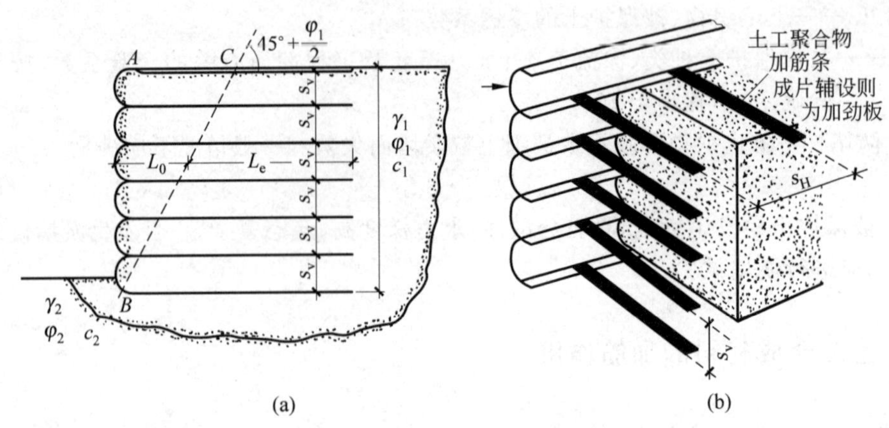

图 5-34　土工合成材料加筋挡土墙

(a) 剖面图；(b) 透视图

(1) 筋材强度验算

对于每层筋材都应进行验算。在柔性片状筋材情况下，单位宽度筋材承受的水平拉力 T_i 可按下式计算：

$$T_i = K_a p_{ci} s_{vi} \tag{5-38}$$

式中：p_{ci}——第 i 层筋材所受的土的垂直有效自重压力；

s_{vi}——筋材的垂直间距，m；

K_a——主动土压力系数。

每层水平拉力应满足

$$\frac{T_a}{T_i} \geqslant 1.0 \tag{5-39}$$

式中：T_a——筋材单位宽度的允许拉力，它一般为筋材单位宽度的极限拉力除以蠕变、破损等折减系数后确定，kN/m。

(2) 筋材抗拔稳定性验算

筋材在一定上覆压力下单位宽度的抗拔力按下式计算：

$$T_{pi} = 2 p_{ci} L_{ei} f \tag{5-40}$$

式中：p_{ci}——第 i 层筋材上的垂直有效自重压力；

f——筋、土之间的摩擦系数；

L_{ei}——第 i 层筋材有效长度，按破裂面以外筋材长度确定(图 5-35)。

抗拉拔稳定性要满足

$$\frac{T_{pi}}{T_i} \geqslant 1.3 \tag{5-41}$$

第 i 层筋材的总长度应按下式计算：

$$L_i = L_{0i} + L_{ei} + L_{wi} \tag{5-42}$$

式中：L_{0i}——第 i 层筋材滑动面以内长度；

L_{wi}——第 i 层筋材端部包裹或筋材与墙面连接所需要的长度。

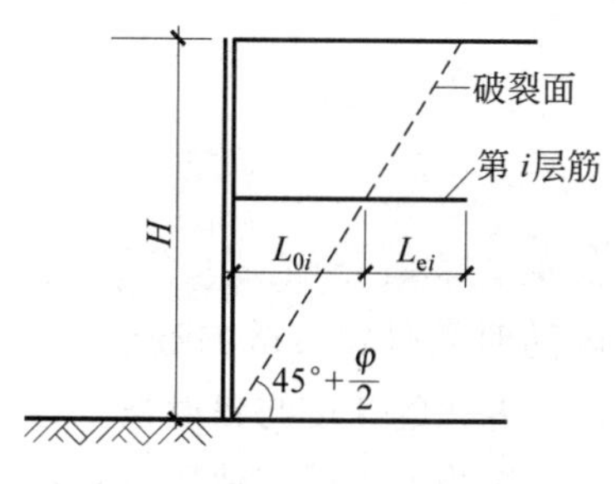

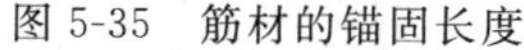

图 5-35　筋材的锚固长度

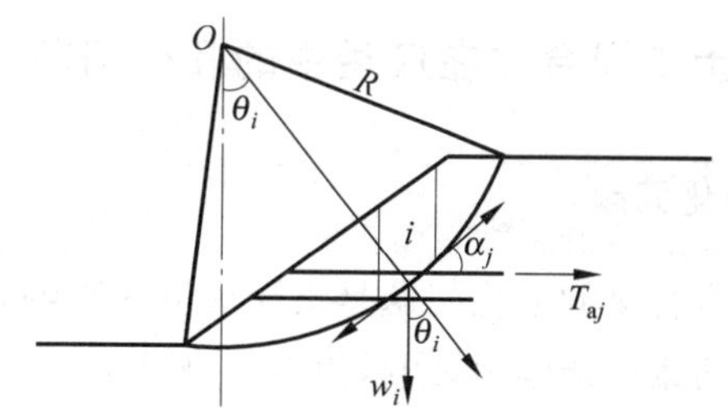

图 5-36　加筋土堤的滑弧计算

2. 加筋土坡

加筋土坡是沿高度按一定垂直间距，在水平方向铺设筋材。设计计算方法一般仍按极限平衡分析的圆弧条分法，如图 5-36 所示。

$$F_s = \frac{\sum_{i=1}^{n}(w_i\cos\theta_i\tan\varphi_i + c_i l_i) + \sum_{j=1}^{m} T_{aj}\cos\alpha_j}{\sum_{i=1}^{n}(w_i\sin\theta_i)} \tag{5-43}$$

式中：α_j——第 j 层筋材与圆弧交点处切线方向夹角；

T_{aj}——第 j 层筋材的允许抗拉强度；

F_s——设计要求的安全系数。

3. 软弱地基加筋

当在软弱地基上筑堤时，常常在地基表面铺设土工合成材料加筋以增强整体抗滑稳定性，如图 5-37 所示。其稳定分析一般仍采用圆弧法，计算方式仍采用式(5-43)，计算的筋材拉力还要按式(5-41)进行抗拉拔稳定验算。

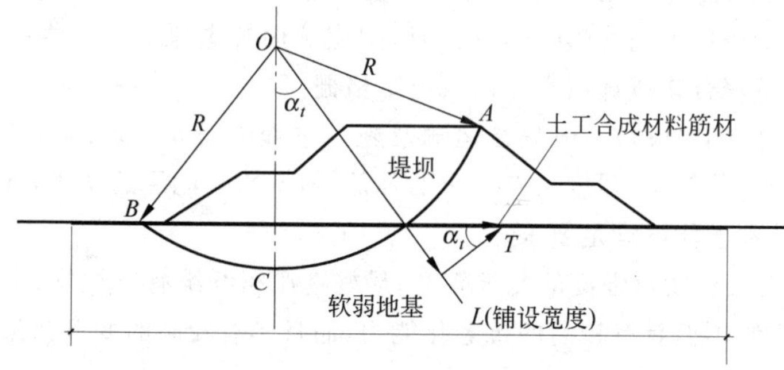

图 5-37　地基稳定分析简图

用圆弧法计算，当采用 1～2 层加筋时，提高的安全系数很少。但模型试验及工程应用表明，其加筋效果要比计算结果大得多。这说明还有一些有利因素没有考虑。

5.5.4 土工聚合物在应用中的几个问题

1. 老化问题

土工聚合物的老化问题是指受环境的影响，强度随时间日益衰减的过程。**老化**主要是受日光中的紫外线辐射影响，使聚合物发生分解作用。老化的速度与辐射强度、温度、湿度、聚合物种类、颜色、外加材料、聚合物的结构形式以及建筑物所处的其他环境密切相关。

各种化纤暴露在阳光之下，由于紫外线的照射而发生老化。以丙纶和锦纶老化速度最快，维纶和氯纶次之，腈纶和涤纶最慢。白色和浅色的化纤老化快，深色和黑色的老化慢；表面积大老化快，表面积小老化慢。网型、格栅型等表面积更小，所以抗老化能力更强，美国北卡罗来纳州白色丙纶轻型无纺织物(重 150g/m^2)暴露在室外 8 星期，抗拉强度损失 50%以上，不到半年全部强度损失殆尽。

土工聚合物在有覆盖或埋在土中的情况下老化的速度要慢得多。1958 年在美国佛罗里达州海岸护坡上所用的聚氯乙烯织物，27 年以后取样检查，性能仍良好。法国 1970 年修建的 Valcros 土坝中所用的涤纶针刺无纺织物在有覆盖情况下，6 年后取样检查，断裂强度减少 8%以下，峰值强度减少 20%以下。在法国，20 世纪 70 年代初期修建的一些工程上使用的土工织物，经 12 年后取样检查，绝大部分减少不到 30%。根据汉诺威大学的试验，在有保护情况下，经过 15 年，涤纶强度减少不到 5%，丙纶不到 10%，而且老化速度随时间有明显的减慢趋势。

在土工聚合物中，掺入一定重量的炭黑和各种抗老化剂，可以起到阻止聚合物分解和吸收辐射性紫外线的作用，这些年来利用一系列的抗老化措施来增强聚合物的稳定性，已经取得很好的成果。

综合上述合成材料的老化特点，提出以下几点意见。

(1) 对于永久性的建筑物，任何土工聚合物都不宜长期暴露在阳光之下，施工期间应尽量缩短暴露时间。如果受条件限制暴露时间较长时，则应选用抗老化能力较强的黑色或深色的加有抗老化剂的土工聚合物或选用土工网或土工格栅。

(2) 单纯作为滤层的土工织物，一般只在运输及施工过程中需要一定的强度。工程完成以后，土工织物所受的荷载较小，强度虽有一定的降低，但不影响滤层的功用，选用一般的有纺织物和无纺织物，基本上能够满足要求。

(3) 作为加筋的土工聚合物对强度的要求较高，最好选用粗纤维有纺织物、带状织物和土工格栅等合成材料，它们不但具有较高的抗老化能力，而且具有较高的变形模量。

2. 土工合成材料的蠕变

土工合成材料的另一个力学特性是其很强的蠕变性。其中丙纶材料的蠕变值最大；涤纶材料蠕变值最小。由于蠕变性，筋材在荷载不变、拉力一定的情况下，变形会不断发展，在拉力远低于极限拉力时发生断裂。或者在变形不变情况下，筋材的拉力发生应力松弛，使荷载转移，最后导致结构破坏。一般认为蠕变强度为断裂强度的$\frac{1}{3}$左右。

3. 土与土工合成材料的摩擦力

土与土工织物间的黏聚力很小,常常可以忽略不计,但土与土工格栅间的咬合力较大。土与土工合成材料间的摩擦角与土的颗粒大小、形状、密实程度以及土工合成材料的种类、孔径和厚度等因素有关。

根据国内外试验成果,对于细粒土如砂质粉土、细砂(其颗粒小于织物孔径),以及松的中等颗粒土,它们与土工织物间的摩擦角接近于土的内摩擦角;对于粗粒土及密实的中细砂,它们与织物间的内摩擦角略小于土的内摩擦角。

4. 土工织物的渗透性

一般用下列两种方式表示土工织物的渗透性。

(1) 用达西定律中的渗透系数 k 表示织物的渗透性

这种方法有两个缺点:一是水流经土工织物时有时呈紊流状态,不符合达西定律;二是织物一般很薄,而水头一般比织物的厚度大很多倍,厚度量测上的少许误差就会导致水力坡降很大的差异,因此求出的 k 值不准确。

(2) 用透水率表示土工织物的渗透性。

透水率就是单位水头、单位时间、流经单位面积的水量,测试时一般用100mm水头,故单位为 $L/m^2 \cdot s \cdot 100mm$。这种表示方法优点较多,例如测试方法简单可靠,不同织物容易比较,不受层流和紊流等流态的影响等。唯一的缺点是不能与土料的渗透系数进行比较。

思考题和练习题

5-1 什么叫做软弱地基?

5-2 哪些土类属于软弱土?

5-3 如何从图5-1所示的饱和松砂不排水剪切试验曲线中解释流砂现象?

5-4 地基处理要达到哪些目的?

5-5 地基处理分成哪几大类?其加固土的机理何在?

5-6 换土垫层主要有哪些功用?

5-7 对垫层材料主要有哪些要求?哪些土料(或掺料)适用于作为垫层材料?

5-8 垫层的主要尺寸(宽度和厚度)如何确定?

5-9 什么叫做压力扩散角 θ?为什么 θ 值与垫层 $\frac{z}{b}$ 的比有关?

5-10 什么叫做复合地基?它与复合桩基有什么主要的区别?

5-11 复合地基分成哪几类?设计上最主要的特点是什么?

5-12 散体材料桩复合地基的承载力如何计算?说明承载力计算式的物理概念。

5-13 什么叫做面积置换率 m 和桩土应力比 n?

5-14 试说明石灰桩加固地基的机理,它适用于加固哪些土类?

5-15 什么叫做CFG桩?用它加固地基时,地基的承载力该如何计算?

5-16 如何确定CFG桩的单桩承载力?

5-17 在复合地基的桩顶与基础之间总设置有砂垫层,说明该垫层的主要作用。

5-18 水泥土搅拌桩可分成几类?如何成桩?

5-19 高压喷射注浆法按成桩设备分成几类?为什么双管法(或双重管法)比单管法能制作出直径较大的桩?

5-20 水泥土搅拌法和高压喷射注浆法的主要特点是什么?适用于什么土类?

5-21 为什么压实黏性土要控制适当的含水量而压实砂土则要充分洒水?

5-22 深层挤密法中的土桩与置换法中复合地基的土石桩功能上的主要差异是什么?

5-23 振冲法是常用的一种地基加固方法,试说明其加固地基的机理?

5-24 在振冲法中选择填料很重要,应该如何选择填料和评价填料的适宜性?

5-25 如何确定经过砂桩加固后地基的承载能力?

5-26 什么叫做强夯法?说明强夯法加固地基的机理。

5-27 如何确定强夯法的有效加固深度?

5-28 为什么强夯法施工中每遍夯之间要有一定的间歇时间?间歇时间的长短该如何确定?

5-29 预压加固法分成哪几类?简要说明每类方法的加固原理。

5-30 堆载预压法是最常用的预压法,如何确定堆载的强度和预压的时间?

5-31 砂井预压法的原理是什么?如何计算预压的固结度?

5-32 为什么堆载预压固结法要严格控制加载的速率?定性说明加载速率的控制原理。

5-33 试说明真空预压法的基本原理,为什么用这种方法可以不必控制加载速率?

5-34 灌浆法是水工建筑物地基加固的主要方法,灌浆法分成哪几类?各应用于什么条件?

5-35 何为浆液的可灌性?用什么指标来衡量?

5-36 常用的化学灌浆有哪些种类?主要的优缺点是什么?

5-37 何为劈裂灌浆?适用于什么条件?

5-38 何谓压密灌浆?适用于什么情况?

5-39 土工合成材料是20世纪下半叶以来岩土工程最重要的发展成果之一,常用的有哪些土工合成材料?各用于什么情况?

5-40 一般反滤层设计需要满足哪些要求?如何利用土工织物来满足这些要求?

5-41 如何利用土工筋材提高土的抗剪强度?试说明其原理。

5-42 加筋挡土墙已成为常用的一种挡土墙,试说明如何布置和计算需用的筋材?

5-43 土工合成材料用于很重要的建筑物尚处于试验阶段,主要有哪些问题尚待研究解决?

5-44 土工织物的渗透性如何表示?表示方法有何优缺点?

5-45 某建筑物内墙为承重墙,厚370mm。按作用标准组合每延米竖向荷载(至设计地面)为 $F_k=250\text{kN/m}$。地基表层为1.0m杂填土,$\gamma=17\text{kN/m}^3$;其下为较深的淤泥质黏性土,$\gamma=18.0\text{kN/m}^3$,抗剪强度指标 $\varphi_k=10°$,$c_k=10\text{kPa}$。地下水位埋深3.5m。初步设定基础为条形混凝土无筋扩展基础,宽1.5m,埋深1.0m,下设置砂垫层。试设计砂垫层并进行有关验算(压密后垫层料重度 $\gamma=19\text{kN/m}^3$)。

5-46 某住宅楼墙下条形基础宽 1.6m，埋深 1.2m。地基第一层为粉土，厚 10m，天然重度 $\gamma=16.7\text{kN/m}^3$，孔隙比 $e=1.02$，抗剪强度指标 $\varphi_k=18°$，$c_k=5\text{kPa}$；其下为密实砂砾石层，地下水位较深。拟采用砂石桩置换法处理地基，初步确定桩径 0.6m、桩距 1.2m，正方形排列，求复合地基的承载力。

5-47 工程同题 5-46，但地基加固方案改成水泥土搅拌桩，桩径和桩距同砂石桩，正方形排列，求复合地基承载力（粉土层的单位侧壁摩阻力为 $q_s=15\text{kN/m}^2$，砂砾层的桩端阻力为 $q_p=1250\text{kN/m}^2$）。

5-48 某建筑物建造在较深的细砂地基上，细砂的天然干密度 $\rho_d=1.45\text{g/cm}^3$，土粒比重 $G_s=2.65$，最大干密度 $\rho_{dmax}=1.74\text{g/cm}^3$，最小干密度 $\rho_{dmin}=1.30\text{g/cm}^3$。拟用砂桩加固地基，选用砂桩直径 $d_0=600\text{mm}$，正三角形排列。按地区抗震要求，加固后细砂的相对密度 $D_r \geqslant 0.7$。求砂桩的最大中心距。

5-49 松散砂土地基加固前的承载力 $f_{ak}=100\text{kPa}$，采用振冲桩加固，振冲桩直径为 500mm，桩距为 1.2m，正三角形排列，经振冲后，由于振密作用，原土的承载力提高 25%，若桩土应力比 $n=3$，求复合地基的承载力。

5-50 某场地软黏土层厚 20m，其下为砂砾石层。今选用砂井预压固结法加固地基，砂井直径 $d_0=400\text{mm}$，井距 2.5m，正三角形排列。软黏土固结试验表明（土样厚 20mm，双面排水），加压后 10min 固结度达 90%。若该软黏土的水平向固结系数 c_{vr} 为竖直向固结系数 c_v 的 3 倍，求该场地经过 30d 预压后的固结度。

5-51 某厂房地基为 10m 厚各向同性淤泥质土层，其下为基本不透水致密硬黏土（压缩量可忽略不计）。采用砂井预压法处理地基，砂井直径 300mm，井距 2.0m，正三角形排列，经计算淤泥质黏性土层的最终沉降量为 320mm，预压 60 天的实测沉降量为 256mm（预压荷载等于设计荷载）。求固结度达到 90%时所需的时间。

5-52 已知地基砂土的粒径级配如表 5-12 所示，今有砂石料的粒径级配如表 5-13 所示，试分析该砂石料是否适于作为地基土的滤层料。

表 5-12 地基砂土粒径级配

粒组直径/mm	>2	2～0.5	0.5～0.25	0.25～0.05	0.05～0.005	<0.005
粒组含量/%	1	37	28	29	3	2

表 5-13 砂石粒料径级配

粒组直径/mm	500～100	100～50	50～20	20～10	10～5	5.0～2.0	2.0～1.0	<1.0
粒组含量/%	18	20	20	10	8	9	5	10

参 考 文 献

[1] 中国建筑科学研究院. JGJ 79—2012 建筑地基处理技术规范[S]. 北京：中国建筑工业出版社，2013.

[2] 水利部水利水电规划设计总院. GB 50290—1998 土工合成材料应用技术规范[S]. 北京：中国计划出版社，1999.

[3] 地基处理手册编委会.地基处理手册[M]. 北京：中国建筑工业出版社，1998.
[4] 陈仲颐，叶书麟. 基础工程学[M]. 北京：中国建筑工业出版社，1990.
[5] BRAJA M D. Principles of foundation engineering [M]. PWS－KENT Publishing Company，1990.
[6] Б. И. Далматов. Механика Грунтов Основания И Фундаменты. Стройиздт，1988.
[7] 李广信. 高等土力学[M]. 北京：清华大学出版社，2004.
[8] 李广信，张丙印，于玉贞. 土力学[M]. 2版. 北京：清华大学出版社，2013.

第
6
章

基坑开挖与地下水控制

6.1 概　　述

20 世纪初，美国帝国大厦的建成标志着现代意义上的超高层建筑物的正式诞生。到 70 年代中期，世界上高于 300m 的建筑物已超过 10 座，大部分建在美国，其中包括建于 1972—1973 年，并于 2001 年 9 月 11 日被撞毁的世界贸易中心，这座钢结构的双塔地面以上有 110 层，高达 412m。1974 年在美国芝加哥市区建成的西尔斯大厦(Sears Tower)高达 441m，曾雄踞世界最高楼达 20 余年。在 20 世纪末，高层建筑热潮席卷亚洲。目前世界最高楼为阿联酋的迪拜塔，高达 828m。改革开放之后的中国内地，高层建筑迅速发展，超高层建筑在各地拔地而起。鳞次栉比的高楼大厦成为现代化大城市的标志。

为满足地震及其他横向荷载作用下高层建筑的稳定要求，除岩石地基外，要求高层建筑有一定的埋置深度。如第 3 章所述，天然地基上的高层建筑埋深不宜小于建筑物高度的 1/15。因而高层建筑与深基坑往往密不可分。

随着城市化进程的加快，城市规模和人口不断膨胀。城市地下空间成为一种重要的资源：近年来，一些发达国家，关于城市的理念不断在发生变化，人们现今强调更开敞的空间和绿色的环境，使城市回归自然，于是，他们把目光投向了城市地下空间，相应地，城市地下工程成为岩土工程的一个重点。地下管线、地下商场、停车场、地下铁道、地下存储空间等的修建也不可避免地涉及地下工程及基坑的开挖、支护和地下水控制等问题。

基坑工程所在的大城市的地下土层一般分布复杂，经常是土质软弱，地下水赋存形态及其运动形式复杂，分布变化大。这就使基坑的开挖与支护技术十分复杂，成为岩土工程中一个极具风险和挑战性的课题。例如美国的世贸大厦位于纽约市中心的曼哈顿区，开挖基坑面积达 6.5 万 m^2，总开挖土石方约 1200 万 m^3，当时地下有两条正在施工的地铁线路通过，所以设计人员最终采用了地下连续墙和深入岩层的锚杆支护。上海金茂大厦的基坑是在软土地基中开挖的深基坑，基坑施工面积达2 万 m^2，主楼开挖深度为 19.65m，地下连续墙深达 36m，墙厚 1m。

在我国的高层建筑总造价中，地基基础部分常占 1/4～1/3，在复杂地质条件下,还不止于此。地基基础工程的工期往往占总工期的1/3以上。其中基坑工程是保证主体建筑物的地基基础工程成功完成的关键。一方面,它要确保基坑本身的土体和支护结构的稳定;另一方面还要确保周围建筑物、地下设施及管线、道路的安全与正常使用。也应看到,由于基坑工程一般是临时性工程,在设计施工中常常有很大的节省造价和缩短工期的空间。因而基坑工程既具有很大的风险,也有很高的灵活性和创造性。

在我国,高层建筑和地下工程实践在迅速发展,但相应的理论和技术落后于工程实践。这表现在:一方面设计偏于保守而造成财力和时间的浪费;另一方面,基坑工程事故频发,造成很大经济损失和人员的伤亡。图6-1为某地铁工程车站基坑垮塌的情况,事故造成20余人死亡。影响基坑工程精确设计的理论难点主要有如下几方面。

图6-1 某地铁车站基坑事故

(1) 基坑支护结构上的土压力计算

不同地区的大量现场监测资料表明,按传统土压力理论计算的支护结构中的内力常常比实测值大。这主要是由于在原状土中开挖,作用于预先设置的支挡结构上土压力的大小及分布形态受原状土的性质、支护的变形、基坑的三维效应和地基土的应力状态及应力路径等诸多因素影响,与墙后人工填土作用于挡土墙上的土压力有很大的不同,准确分析目前尚有困难。

(2) 土中水的赋存形态及其运动

随着基坑开挖深度的增加,它可能涉及赋存形态不同的几层地下水,如上层滞水,潜水和承压水。基坑开挖、排水和降水将引起复杂的地下水渗流,这不但增加了计算支护结构上的水压力和土压力的难度,也使基坑在渗流作用下的渗透稳定性成为深基坑开挖中必须解决的问题。

(3) 基坑工程对周围环境的影响

如果说确保基坑本身的安全主要采用极限平衡的稳定分析进行设计,则在分析估计基坑开挖、支护、降水对于相邻建筑物、地下设施及管线的影响时,常常需要进行变形计算,而变形预测的难度远高于稳定分析。

解决这三个难点,固然要依赖于岩土力学理论的发展和工程师们经验的积累,改进现有尚不成熟的设计方法;更需要在施工过程中,对基坑及支护结构进行严密精细的实时监测,用监测获得的信息及时修正设计并采取必要的工程措施以保证基坑的安全。也就是说，信息化施工是应对上述难点的一种有效方法。在上海基坑和地下铁的施工中提出的时空效应理论就是这种信息化施工的科学总结。

近年来我国在高层建筑深基坑工程实践中发展了许多新的技术和设计方法，也大大推动了土力学基础工程科学研究工作的进程。

6.2　基坑的开挖和支护方法

6.2.1　基坑支护结构的安全等级

基坑的开挖及支护结构的设计应满足以下两方面功能的要求：

(1) 不致使坑壁土体失稳或支护结构发生破坏从而导致基坑本身、周边建筑物和环境的破坏。

(2) 基坑及支护结构的变形不应影响主体建筑物的地下结构施工或导致相邻建筑物和地下设施、管线、道路等不能正常使用。

根据建筑物本身及周边环境的具体情况，《建筑基坑支护规程》(JGJ 120—2012)》将基坑支护结构安全等级分为三级。应指出，同一基坑的不同部位可以有不同的安全等级，从而采用不同的开挖与支护方案。表 6-1 为上述规程所提供的安全等级，并给出可靠度分析设计中相应的重要性系数 γ_0。对于不同安全等级的基坑支护结构，其支护方案、监测项目和设计计算也都有所不同。

表 6-1　支护结构的安全等级

安全等级	破 坏 后 果	γ_0
一级	支护结构失效、土体过大变形对基坑周边环境或主体结构施工安全的影响很严重	1.1
二级	支护结构失效、土体过大变形对基坑周边环境或主体结构施工安全的影响严重	1.0
三级	支护结构失效、土体过大变形对基坑周边环境或主体结构施工安全的影响不严重	0.9

6.2.2　基坑开挖及支护的类型

基坑开挖是否采用支护结构，采用何种支护结构应根据基坑周边环境、主体建筑物、地下结构的条件、开挖深度、工程地质和水文地质、施工作业设备、施工季节等条件因地制宜地按照经济、技术、环境综合比较确定。

不用任何支护结构的基坑开挖为放坡开挖，有时也可对开挖的坡面进行简单的防护。城市的深基坑开挖则常需用支护结构，支护结构有很多形式，可概括为表 6-2 所示的几种类型。在一个基坑中，不同安全等级的支护结构可以采用不同支护形式，同一断面的上下部分的支护结构也可以不同。例如施工中，经常是上部采用放坡开挖或者土钉墙支护，下部采用排桩支护。

表 6-2 为主要开挖及支护结构的选型表。

表 6-2 各类支护结构的适用条件

<table>
<tr><th colspan="2" rowspan="2">结构类型</th><th colspan="3">适 用 条 件</th></tr>
<tr><th>安全等级</th><th colspan="2">基坑深度、环境条件、土类和地下水条件</th></tr>
<tr><td rowspan="5">桩板式支挡结构</td><td>锚拉式结构</td><td rowspan="5">一级
二级
三级</td><td>适用于较深的基坑</td><td rowspan="5">1. 排桩适用于可采用降水或截水帷幕的基坑
2. 地下连续墙宜同时用作主体地下结构外墙,可同时用于截水
3. 锚杆不宜用在软土层和高水位的碎石土、砂土层中
4. 当邻近基坑有建筑物地下室、地下构筑物等,锚杆的有效锚固长度不足时,不应采用锚杆
5. 当锚杆施工会造成基坑周边建(构)筑物的损害或违反城市地下空间规划等规定时,不应采用锚杆</td></tr>
<tr><td>支撑式结构</td><td>适用于较深的基坑</td></tr>
<tr><td>悬臂式结构</td><td>适用于较浅的基坑</td></tr>
<tr><td>双排桩</td><td>当锚拉式、支撑式和悬臂式结构不适用时,可考虑采用双排桩</td></tr>
<tr><td>支护结构与主体结构结合的逆作法</td><td>适用于基坑周边环境条件很复杂的深基坑</td></tr>
<tr><td rowspan="4">土钉墙</td><td>单一土钉墙</td><td rowspan="4">二级
三级</td><td>适用于地下水位以上或经降水的非软土基坑,且基坑深度不宜大于 12m</td><td rowspan="4">当基坑潜在滑动面内有建筑物、重要地下管线时,不宜采用土钉墙</td></tr>
<tr><td>预应力锚杆复合土钉墙</td><td>适用于地下水位以上或经降水的非软土基坑,且基坑深度不宜大于 15m</td></tr>
<tr><td>水泥土桩复合土钉墙</td><td>用于非软土基坑时,基坑深度不宜大于 12m;用于淤泥质土基坑时,基坑深度不宜大于 6m;不宜用在高水位的碎石土、砂土层中</td></tr>
<tr><td>微型桩复合土钉墙</td><td>适用于地下水位以上或经降水的基坑,用于非软土基坑时,基坑深度不宜大于 12m;用于淤泥质土基坑时,基坑深度不宜大于 6m</td></tr>
<tr><td colspan="2">重力式水泥土墙</td><td>二级
三级</td><td colspan="2">适用于淤泥质土、淤泥基坑,且基坑深度不宜大于 7m</td></tr>
<tr><td colspan="2">放坡</td><td>三级</td><td colspan="2">1. 施工场地应满足放坡条件
2. 可与上述支护结构形式结合</td></tr>
</table>

注:1. 当基坑不同侧壁的周边环境条件、土层性状、基坑深度等不同时,可在不同部位分别采用不同的支护形式;
2. 支护结构可采用上、下部以不同结构类型组合的形式。

1. 放坡开挖

当条件允许时,放坡开挖是最为经济和快捷的基坑开挖方法,采用这种开挖方法需要满足下列条件:首先是土质条件,它适用于一般黏性土或粉土、密实碎石土和风化岩石等情况。其次是地下水条件,它适用于地下水位较低,或者采用人工降水措施的情况。第三是场地具有可放坡的空间,也要求基坑周围有堆放土料、机具的空间和交通道路,并且放坡对相邻建筑和市政设施不会产生不利影响。

对于基坑深度范围内为密实碎石土、黏性土、风化岩石或其他良好土质,并且基坑较浅,也可接近竖直开挖。这种无支护的竖直开挖可认为是放坡开挖的一种特例。

放坡开挖可以单独使用,也经常与其他支护开挖相结合。例如基坑上部放坡开挖,下部采用土钉墙、排桩等支护开挖；也可在基坑一侧或一部分采用放坡开挖，其余采用支护开挖。

为了防止边坡的岩土风化剥落及降雨冲刷，可对放坡开挖的坡面实行保护，如水泥抹面、铺设土工膜、喷射混凝土护面、砌石等。有时在坡脚采用一定的防护措施。在有上层滞水的情况下，坡面应采用一定排水措施。为了防止周围雨水入渗和沿坡面流入基坑，可在基坑周围地面设排水沟、挡水堤等，也可在周围地面抹砂浆。

放坡坡度可参考表6-3和表6-4(选自《深圳市基坑支护技术规范》(DB SJG 05—2011))，对于深度大于5m的基坑，可分级开挖，并设分级平台；边坡可按上陡、下缓的原则设计。由于基坑的开挖常常是在非饱和的黏性土中进行，原状土的结构性强度和非饱和土的吸力可对地基土提供可观的附加抗剪强度。也由于基坑是临时工程，如果施工速度快，实践中常采用比表内规定更陡的坡度，甚至直立边坡开挖。但是一旦降雨、浸水或者施工拖延，会引起边坡坍落，欲速则不达。

表6-3 岩石边坡

岩土类别	风化程度	坡度允许值(高宽比)	
		坡高在8m以内	坡高8～15m
硬质岩石	微风化	1:0.10～1:0.20	1:0.20～1:0.35
	中等风化	1:0.20～1:0.35	1:0.35～1:0.50
	强风化	1:0.35～1:0.50	1:0.50～1:0.75
软质岩石	微风化	1:0.35～1:0.50	1:0.50～1:0.75
	中等风化	1:0.50～1:0.75	1:0.75～1:1.00
	强风化	1:0.75～1:1.00	1:1.00～1:1.25

注：本表适用于无外倾软弱结构面的边坡。

表6-4 土质边坡坡率允许值

土质类别	状态	坡率允许值(高宽比)	
		坡高5m以内	坡高5～10m
碎石土	密实	1:0.35～1:0.50	1:0.50～1:0.75
	中实	1:0.50～1:0.75	1:0.75～1:1.00
	稍实	1:0.75～1:1.00	1:1.00～1:1.25
黏性土	坚硬	1:0.75～1:1.00	1:1.00～1:1.25
	硬塑	1:1.00～1:1.25	1:1.25～1:1.50
残积黏性土	硬塑	1:0.75～1:0.85	1:0.85～1:1.00
	可塑	1:0.85～1:1.00	1:1.00～1:1.15
全风化黏性土	坚硬	1:0.50～1:0.75	1:0.75～1:0.85
	硬塑	1:0.75～1:0.85	1:0.85～1:1.00

注：1. 表中碎石土的充填物若为黏性土，应为坚硬或硬塑黏性土；

2. 对砂土或充填物为砂土的碎石土，边坡坡率允许值宜按自然休止角确定；

3. 表中残积黏性土主要指花岗岩残积黏性土，全风化黏性土主要指花岗岩全风化黏性土。

2. 土钉墙支护和复合土钉墙

1) 土钉墙支护

土钉墙支护是由较密排列的土钉体和喷射混凝土面层所构成的一种支护。其中土钉是主要的受力构件，它是将一种细长的金属杆件(通常是钢筋)插入在土壁中预先钻(掏)成的斜孔中，钉端焊接于混凝土面层内的钢筋网上，然后全孔注浆封填而成。基坑侧壁一般开挖成一定的斜坡，通常不陡于1∶0.1。但是由于城市地价昂贵，也有很多采用竖直开挖的情况。土钉长度宜为开挖深度的0.5～1.2倍，与水平方向俯角宜为5°～20°。

土钉墙支护的基坑施工步骤见图6-2。

(1) 根据不同土质，在无支护情况下开挖一定深度；

(2) 在这一深度的作业面上钻孔，设置土钉，挂钢筋网，喷射混凝土面层；

(3) 继续下挖，重复以上步骤，直至开挖到设计的基坑深度。

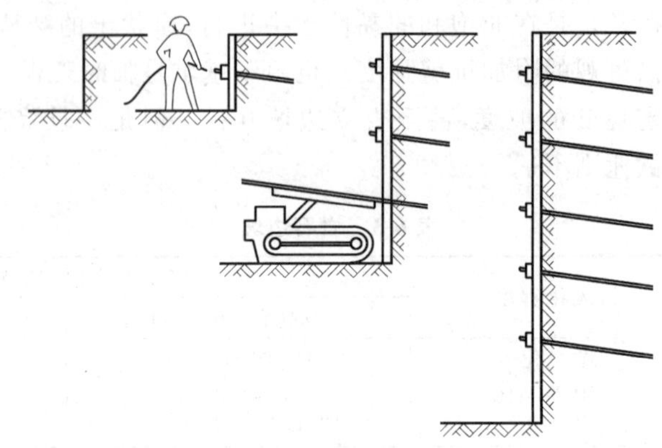

图6-2 土钉墙支护步骤施工示意图

20世纪70年代初期，土钉墙支护技术出现在法国，主要用于公路和铁路的边坡施工。随后很快被用于基坑开挖的支护中。后来德国、美国、加拿大和英国先后将其用于基坑工程中。我国于20世纪90年代在较浅的基坑开挖时开始应用这种技术。由于与此前广泛使用的地下连续墙和排桩相比，其造价低廉，施工快捷，所以目前成为应用最广的基坑支护形式之一。同时各国也相应开展了施工工艺、加筋机理和设计计算方面的研究，成为岩土工程中一个重要的课题。由于土钉是在土中全长注浆与周围土连接，增加了土体的强度，如果将含有土钉的土体作为复合土体，则土钉与土间黏结和摩擦力为内力，改善了整个土体的力学性质，所以土钉也是一种土的加筋技术。

土钉墙支护适用于一般黏性土、粉土、杂填土和素填土、非松散的砂土、碎石土等，但不太适用于有较大粒径的卵石、碎石层，因为在这种土层钻(掏)孔比较困难。它也不适用于饱和的软黏土场地。对基坑底在地下水位以下的情况应采用降水措施。特别值得注意的是当有上层滞水，上、下水管道漏水，或有积水的化粪池、枯井、防空洞等情况时，常会引起土钉墙局部坍陷，要查清水的来源和分布，并妥善处理。土钉墙的喷射混凝土面层中一般应设排水孔，有时可将排水孔向上斜插入含水土层，以利于排水。

土钉全孔注浆，不施加预应力，而钢筋与土的变形模量相差很大，因而只有土体与土钉间发生一定的相对位移，土钉才会起到加筋作用，因而基坑侧壁的位移及基坑周围地面的沉降将是比较大的，当周边有重要建(构)筑物时不宜使用土钉墙支护。

2) 复合土钉墙

如上所述，土钉墙支护造价低、便于土方开挖、可缩短工期，因而被广泛应用。但它不能用于软黏土地基、未经人工降水的地下水以下土层和对地面沉降有严格要求的场地。工程技术人员在工程实践中，将其他一些工程技术手段应用于土钉墙，创造出复合土钉墙这种新型支护形式。目前主要是将土钉与预应力锚杆、微型桩和水泥土桩或水泥土帷幕相结合，从而拓宽了土钉墙的使用范围。图 6-3 为 3 种不同形式的复合土钉墙的示意图，还有同时使用两种以上支护构件的情况。

当地基土存在软土层时，在植入土钉和挂网喷浆之前侧壁难以自稳，这时可以打入钢管桩、微型钢筋混凝土桩等进行超前支护；如果土层含有地下水，并且人工降水受限制，可以预先完成旋喷、深层搅拌等水泥土帷幕后，再在帷幕内进行土钉施工；如果基坑开挖可能引起环境不允许的变形与沉降，则可土钉与预应力锚杆联合使用。

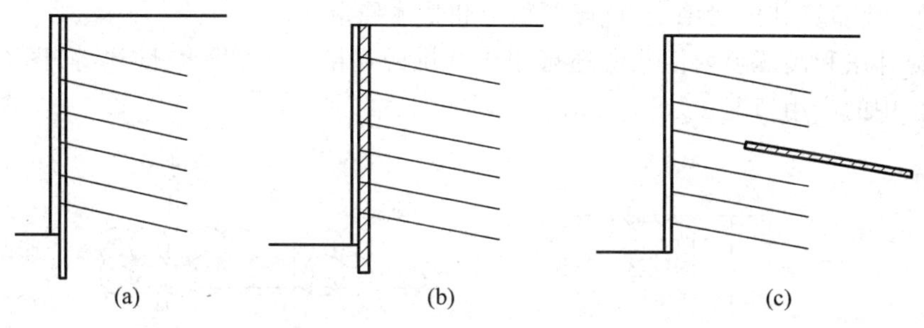

图 6-3　复合土钉墙

(a) 土钉墙＋微型桩；(b) 土钉墙＋水泥土截水墙；(c) 土钉墙＋预应力锚杆

3) 喷锚支护

从表面上看，**喷锚支护**与土钉墙支护没有明显的区别，实际上二者的加固机理有很大不同。喷锚支护的构造，如图 6-4 所示，主要受力构件是土层锚杆。每根土层锚杆严格区分为锚固段与自由段，锚固段设在土体主动滑裂面之外，采用压力注浆；自由段在土体滑动面之内，全段不注浆。锚杆杆体一般选用钢绞线或精轧螺纹钢筋。锚杆一般施加预应力张拉，在墙面要设置有足够刚度的腰梁以传递锚杆拉力。喷锚支护原来主要用于风化岩层的开挖，现在也常用于硬黏土、一般黏性土和粉土层。但不适用于有机土层、相对密度$D_r<0.3$的砂土层和液限含水量$w_L>50\%$的黏土层。锚杆上下排间距不宜小于 2.5m，水平方向间距不宜小于 1.5m。**锚固体**上覆土层厚度不宜小于 4.0m，倾斜锚杆的倾角为 15°～35°。

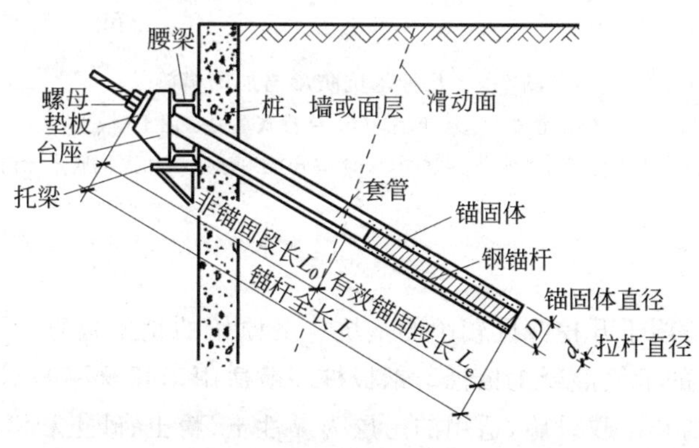

图 6-4　锚杆的构造

由于锚杆上施加了预应力，锚杆通过腰梁及钢筋网喷射混凝土将压力施加在墙面土体上，并锚固在墙后被动区土体中，所以其受力机理与土钉墙不同，因而其基坑侧壁和地面变形较小,可用于深度在 12m 以上的基坑。

3. 重力式水泥土墙支护与水泥土坑底加固

水泥土墙是在设计基坑的外侧用深层搅拌法或高压喷射注浆法施工的数排相互搭接的水泥土桩,形成格栅式或连续式的墙体。墙体的深度为基坑的深度加必要的嵌固深度。开挖基坑时就成为重力式水泥土墙支护,其适用土层情况见表 6-2。水泥土墙有一定的防渗能力,作为一种重力式挡土结构,使用的基坑深度不宜大于 7m。其设计计算与一般重力式挡土墙相似,要验算其抗滑稳定,抗倾覆稳定和整体稳定等。

深层搅拌法和高压喷射注浆法还可用于基坑的局部加固、截水、防渗等,图 6-5 为它们在基坑工程中的应用情况。

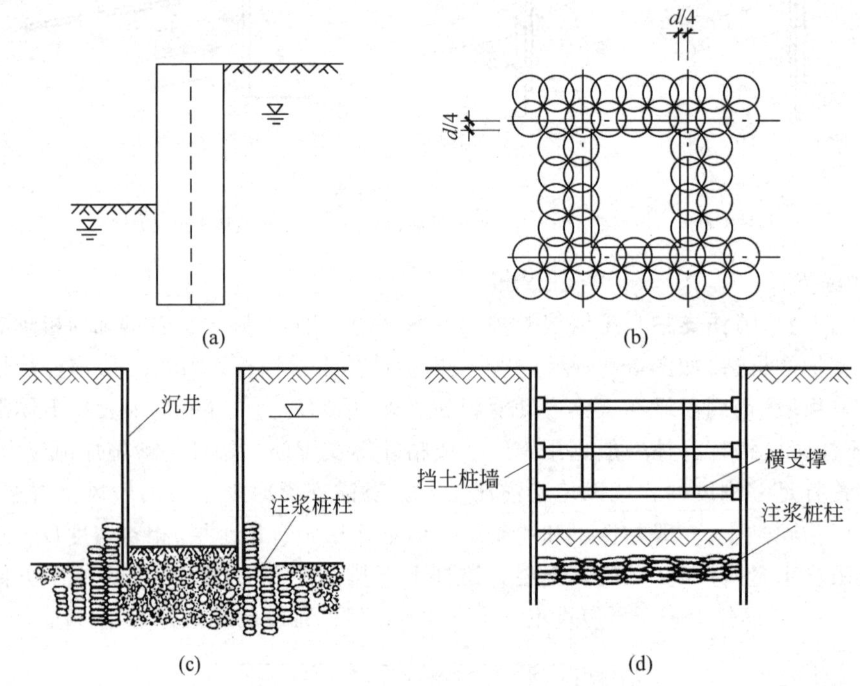

图 6-5　几种基坑防渗与加固措施

(a) 重力式水泥土墙;(b) 格栅式重力水泥土墙;

(c) 高压喷射注浆侧壁防渗减少向上渗透力;(d) 高压喷射注浆法加固坑底增加内部支撑和防渗

4. 板桩支护

板桩支护一般适用于开挖深度较小的基坑。最原始的是木板桩,目前使用广泛的是各种钢板桩,也有少量的钢筋混凝土板桩。钢板桩一般适用于开挖深度不大于 7m 的基坑,且临近无重要的建筑物和市政设施,适用的土层为黏性土、粉土、砂土和素填土,以及厚度不大的淤泥和淤泥质土,含有大颗粒的土和坚硬土层不宜使用。

钢板桩可以是钢管、钢板、各种型钢和工厂专门制作的定型产品,它们可以间隔式打入,也可以是带榫槽连接,中间有专门的防渗构件;还可以预先连接成片,形成"屏风",整片沉入。用完后可以拔出,也可以不拔出而留在土中。图 6-6、图 6-7 为几种钢板桩的断面和结构。

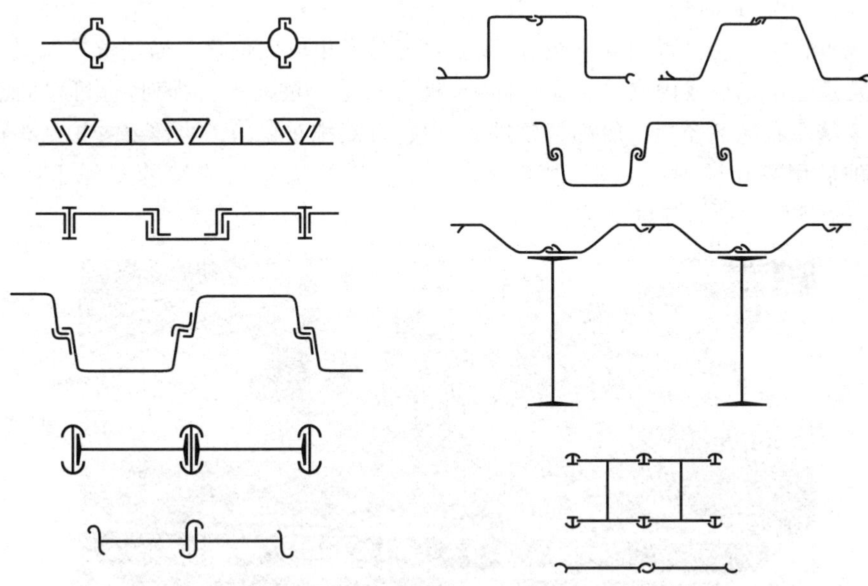

图 6-6　几种定型产品的钢板桩

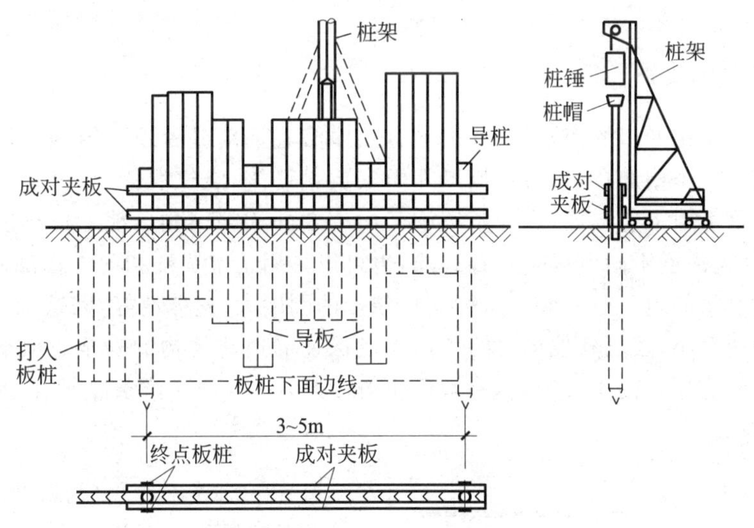

图 6-7　“屏风式”钢板桩施工

对于较浅的基坑，可用悬臂式板桩；对于较深的基坑，可采用带内支撑或外部锚定的板桩。

5. 排桩(护坡桩)支护

排桩支护是应用最为广泛的基坑支护结构形式之一。它一般是钻孔灌注桩，有时也采用人工挖孔桩。采用钻孔灌注桩时，桩径不小于 400～500mm；采用人工挖孔桩，桩径不小于 800mm，并且应在地下水位以上，或采用人工降水。

施工时预先在设计的基坑外缘的地面向下浇筑钢筋混凝土桩，待桩身混凝土达到一定强度后再开挖基坑,这时排桩就可支挡其后的土体。排桩可以是悬臂式的,采用悬臂式排桩支护的基坑不宜深过6m,否则既不经济,侧壁也容易发生较大位移。当基坑较深时,常常加设一道或几道土层锚杆或内支撑。在平面上,桩可以是一根根紧密排列,也可以间隔布置,通常相距2倍左右的桩径。一般都是单排的,但也有双排布置的。当需要支护结构挡水时,可以在排桩后用高压喷射注浆法(摆喷)或者深层搅拌法做出连续的水泥土防渗帷幕。图6-8为一个排桩支护的基坑全貌。

图6-8 排桩支护基坑全貌

6. 地下连续墙支护

地下连续墙是用专门的挖槽设备,按一定顺序沿着基础或者地下结构的周边按要求的宽度和深度挖出一个槽形孔,然后在槽形孔内安放钢筋笼,浇筑混凝土,再将一个个槽板连成一道钢筋混凝土地下连续墙,成为基坑施工中有效的支挡结构。地下连续墙支护可以挡土和防渗,按开挖深度不同可以是悬臂式的,也可以采用土层锚杆和内支撑加固;有时还可以成为永久建筑物的地下室外墙。这种支护结构的刚度大,整体性好,因基坑开挖而引起的四周地基土的变形小,较之其他形式的支护更能保证周边建筑物的安全。地下连续墙的施工步骤见图6-9,它适用的土类很广,一般无土类限制;在合理支撑条件下,目前尚没有深度限制,但造价较高。

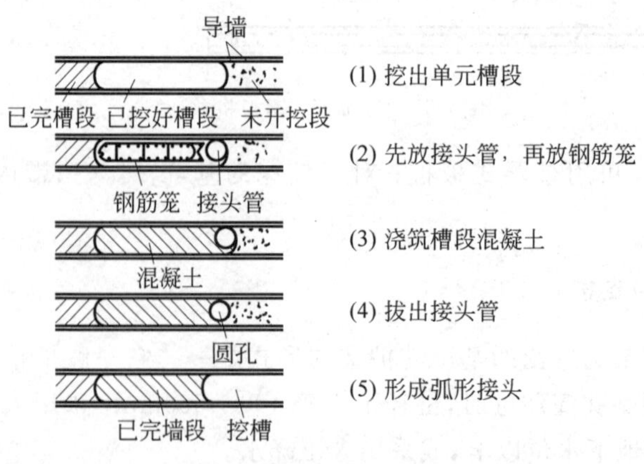

图6-9 地下连续墙的施工步骤平面示意图

7. 型钢水泥土墙

与钢板桩、地下连续墙和排桩一样，型钢水泥土墙也是靠自身的抗弯强度抵抗横向水土压力的，属于桩墙式支挡结构。图 6-10 所示为两种不同形式和不同施工方法的型钢水泥土墙。图 6-10(a)表示的是咬合式水泥土桩内插入型钢形成，图 6-10(b)所示为直接开槽搅拌水泥土后插入型钢形成。前者可用 SMW 工法，后者为 TRD 工法。TRD 工法是采用与墙深相等的开挖搅拌机械沿墙的纵向移动、纵向无接缝地形成水泥土墙，随后插入 H 型钢。型钢水泥土墙可以挡土，也可截水，适用于不是很坚硬的土层。

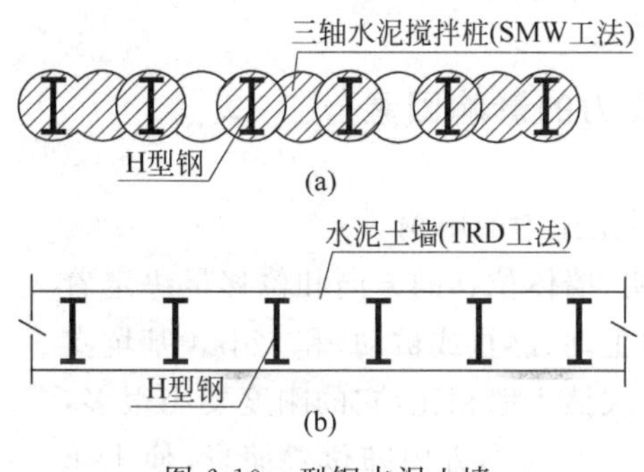

图 6-10　型钢水泥土墙

8. 逆作法

所谓**逆作法**是以主体工程的地下结构的梁、板、柱等作为开挖的支撑，自上而下施工的方法。由于支护结构与永久地下室结构合二为一，节省了临时支护结构，施工速度可以加快，同时地下与地上部分可以同时施工。但施工开挖工作面狭小，出土受限制，柱、墙与梁、板的结点需妥善处理。图 6-11 为位于道路下方的地铁车站的逆作法施工示意图。

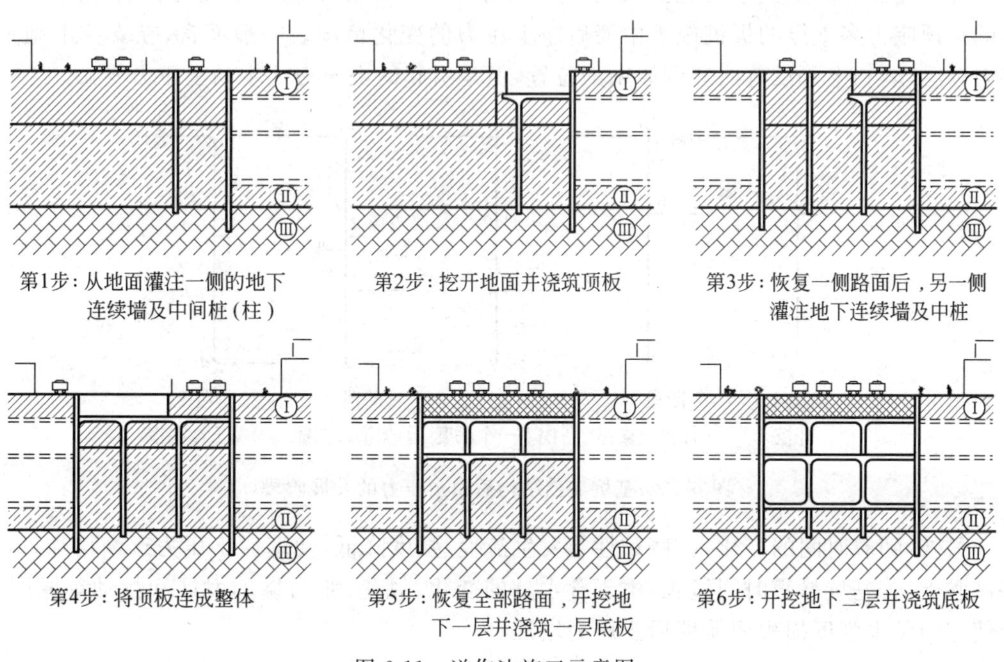

图 6-11　逆作法施工示意图

6.3 基坑支护结构上的水、土压力计算

基坑和支护结构的稳定、支护结构的内力和位移都决定于作用在其上的水、土压力的大小及分布。一般而言,基坑支护结构外侧的土压力及两侧水压力差被认为是荷载,而内侧基底以下的被动土压力被认为是抗力。与一般挡土墙上的土压力相比,支护结构上的土压力影响因素更加复杂,很难准确计算。

6.3.1 支护结构上土压力的影响因素

(1) 支护结构的变形对土压力的影响

挡土墙土压力分布表明,墙体位移的方向和位移量决定着所产生的土压力的性质(如主动、静止或被动)和大小。基坑支护结构是挡土结构,与重力式挡土墙相比,它的刚度要小很多,受荷载后要产生挠曲,变形量和变形方向随位置而异,使土压力的分布十分复杂。设计中一般认为,支护结构受力后产生的位移足以使墙后土体达到主动极限平衡状态,产生主动土压力。图6-12表示**单锚式板桩墙**后土压力的实际分布情况,图中虚线为静止土压力分布。多支撑的板桩上的土压力分布就更复杂。

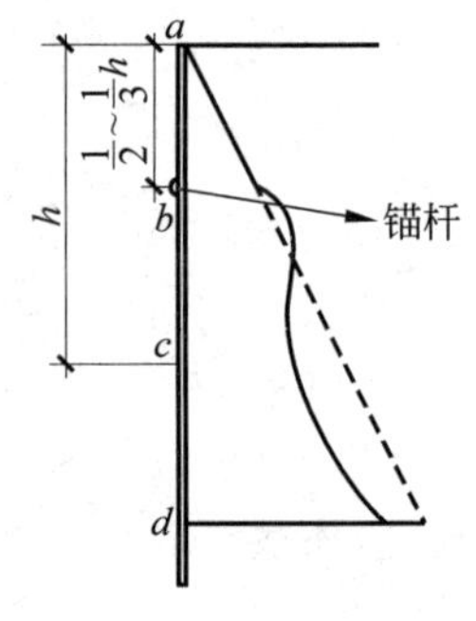

图6-12 单支点挡土结构上的土压力分布图

(2) 施工状况对土压力的影响

施工方法和施工次序对支护结构上土压力的大小和分布也有很大的影响。图6-13表示的是预应力多支撑的板桩施工中墙后净土压力的变化情况。一般而言,在支撑上施加预应力以后,墙和土并没有回复到原来的位置,但是引起的土压力比主动土压力要大。

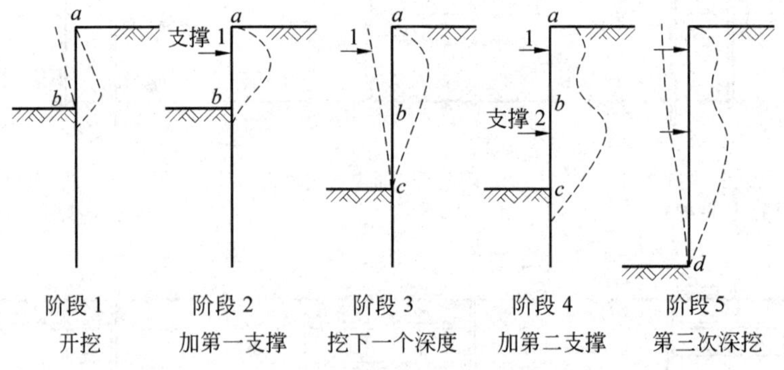

图6-13 基坑支挡结构后净土压力的发展阶段

另外,随着时间的变化,一些黏性土发生流变,强度降低,使墙后土压力逐渐增加;对某些硬黏土,若基坑暴露时间过长,由于含水量的变化、风化、张力缝的发展和扰动等原因,也会使土的黏聚强度损失而使墙后土压力增加。

(3) 不同土类对压力的影响

作用在支护结构后的土压力的大小和分布与土的种类关系很大。原状土的结构强度、非饱和土的吸力会明显减少支护结构上的土压力。黄土和膨胀土的土压力对土的含水量十分敏感；冻胀性土在冻结时会产生很大的冻土压力，而这些因素又都随外界的气候条件变化。

(4) 影响土压力的其他因素

除上述因素外，还有以下因素影响基坑中土压力：基坑及支护结构的三维效应；地下水的赋存形式和降排水方式；相邻建筑物、周边堆载、道路交通和施工机械等也不同程度地影响支护结构上的土压力。支挡结构前后土体在基坑开挖过程中的应力路径也是影响土压力的重要因素。

由于影响支护土压力的因素十分复杂，至今无法用理论精确地计算支护土压力。一般认为作用于支护结构外侧(墙后)的土压力为主动土压力，用朗肯或者库仑土压力理论计算；基底以下，支护内侧(墙前)的土压力视为抗力，尽管产生被动土压力所需的位移较大，实际上被动土压力难以完全发挥作用，但是由于原状土的强度通常比室内试验土样的强度高，所以在我国的相关规范中仍规定，在设计中稳定分析用库仑或者朗肯理论计算被动土压力作为水平抗力。如果按变形原则设计支护结构，则应根据结构与土的相互作用原理计算土压力。

6.3.2 支护结构上的水压力及其对土压力的影响

地下水位以上土压力不受地下水的影响。而在地下水位以下的土是饱和的，土中一般存在静水压力，这时土压力的计算应考虑地下水赋存的形态。

1. 地下水的赋存形态与土压力计算

地下水按其赋存形态可分为上层滞水、潜水和承压水。

(1) 上层滞水

上层滞水可能是由于降雨或者输水管线漏水等原因形成的，也称为包气带水。它是不与其他水域相连的暂时性水，时空变化较大。图6-14中表示上层弱透水层(1)中充满了滞水，由于它被大气隔离，所以并没有静水压力，即支护结构上的水压力为0。这种情况也适用于原来地下水位在地面，后在土层(2)中人工降水，而弱透水层(1)中土在一段时间内是饱和的。这时主动土压力的计算可采用黏性土层的饱和重度 γ_{sat}。如果以土骨架作隔离体，当稳定渗流时，考虑滞水向下的渗流，则

水力坡降 $$i=1.0 \tag{6-1}$$

渗透力 $$j=\gamma_w i \tag{6-2}$$

有效竖向应力 $$\sigma'_z=\sigma'_{cz}+jz=(\gamma'+\gamma_w)z=\gamma_{sat}z \tag{6-3}$$

式中：σ'_z——考虑渗透力作用，深度 z 处土的有效竖向应力；

σ'_{cz}——深度 z 处土的自重应力，取浮重度计算。

亦即在计算墙后主动土压力时，上层滞水范围内土的重度应当采用饱和重度。

(2) 潜水

潜水是地表以下具有自由水面的含水层中的自由水，见图6-14土层(2)。潜水一般被

弱(不)透水层隔开,通常认为是静水。

水压力

$$p_w = \gamma_w(z - h_w) \tag{6-4}$$

主动土压力

$$p_a = K_a\sigma'_z \tag{6-5}$$

σ'_z的计算,滞水位下的弱透水层按饱和重度计算,潜水位以下的砂层按浮重度计算。

(3) 承压水

承压水是充满于两个隔水层间含水层的重力水,其测管水头高于所在含水层的上界限,所以未能形成自由水面,如图6-14所示。

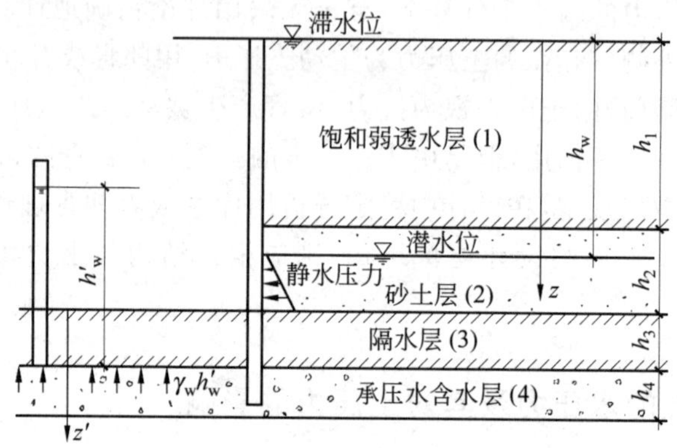

图6-14 滞水、潜水和承压水的水压力

基坑底如果接近承压水层,必须验算承压水作用下基底的渗透稳定性,亦称**突涌**,必要时采用降水减压措施。在图6-14中承压水含水层(4)的承压水头为h'_w,因此墙前流经隔水层(3)的渗流坡降为

$$i = \frac{h'_w - h_3}{h_3} \tag{6-6}$$

而在计算墙前的被动土压力时,隔水层(3)的重度除采用浮重度外,尚应减去竖直向上的渗透力,即

$$p_p = K_p(\gamma' - \gamma_w i)z' \tag{6-7}$$

2. 基坑内排水情况下的均匀土层中的水压力

除水下挖土沉井法施工外,地下水位以下的基坑开挖一般采用人工井点降水或基坑内集水井排水的方法进行土方开挖。这时支护结构内外有水位差,一般应通过渗流计算确定水压力。均匀土的地基中基坑内降水情况见图6-15(c)。当采用基坑内集水井排水时,由于这时地基土的渗透系数很小,而基坑的开挖速度较快,不一定会在地基土内形成稳定的渗流,这样就存在着不同的假设。图6-15(a)假设无渗流发生,两侧水压力均按静水压力计算,但这样在墙底处存在无限大的水力坡降,显然不合理,这只适用于支挡结构插入不透水层的情况;另一种假设认为渗流只发生在坑底高程以下,如图6-15(b)所示,墙后坑底高程以上按静水压计算,坑底高程以下净水压力为三角形分布;如果认为基坑内外达到了稳定渗流,则如图6-15(c)所示的流网,其两侧的水压力如图6-15(d)所示;也可以假设

$i=\Delta h/(h+2l_d)$，简化计算水压力如图 6-15(e)所示。上述的不同水压力计算结果，将产生不同的渗透力，从而也影响土压力的大小及分布。

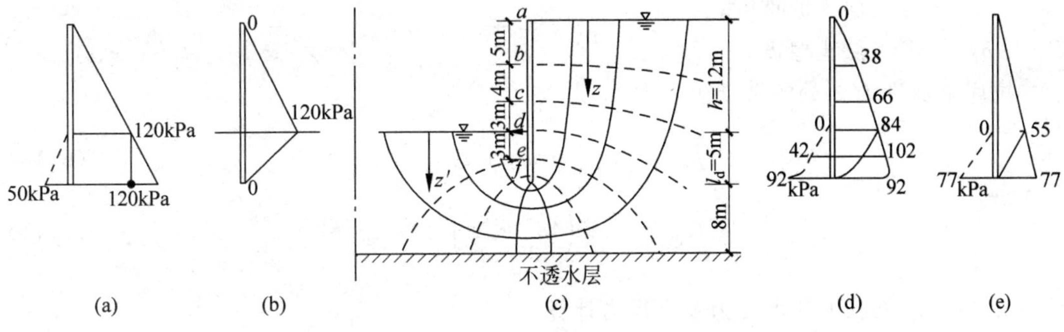

图 6-15　坑内集水井排水的水压力计算

6.3.3　水、土压力的计算

我国的《建筑地基基础设计规范》规定，当验算支护结构稳定时，土压力一般可按主动土压力或被动土压力计算，采用库仑或朗肯土压力理论。但当对支护结构水平位移有严格限制时，则应采用静止土压力计算。而当按变形控制原则设计支护结构时，作用在支护结构的土压力可按支护结构与土体的相互作用原理计算。

1. 地下水位以上的土压力计算

在基坑支护结构的稳定计算中，一般按朗肯土压力理论计算坑壁外侧的主动土压力和内侧的被动土压力，见图 6-16。

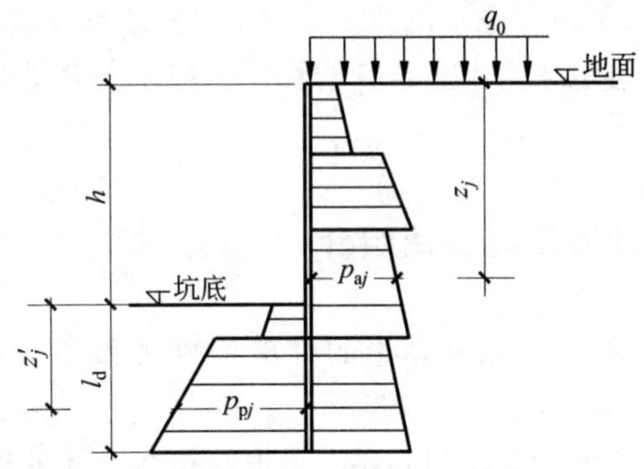

图 6-16　支护结构上的土压力计算示意图

支护结构后地面以下深度为 z_j 点的主动土压力 p_{aj} 为

$$p_{aj}=K_{aj}\left(q_0+\sum_{i=1}^{j}\gamma_i h_i\right)-2c_j\sqrt{K_{aj}} \tag{6-8}$$

$$K_{aj}=\tan^2\left(45°-\frac{\varphi_j}{2}\right) \tag{6-9}$$

式中：φ_j——深 z_j 处土的内摩擦角；

c_j——深 z_j 处土的黏聚力；

q_0——墙后地面上均布荷载；

γ_i——第 i 层土的重度；

h_i——第 i 层土厚度。

坑底下深度为 z_j' 处的被动土压力 p_{pj} 为

$$p_{pj} = K_{pj} \sum_{i=1}^{j} \gamma_i h_i + 2c_j \sqrt{K_{pj}} \tag{6-10}$$

$$K_{pj} = \tan^2\left(45° + \frac{\varphi_j}{2}\right) \tag{6-11}$$

2. 地下水位以下的水压力及土压力计算

按照有效应力原理，一点的竖向应力可表示为

$$\sigma_z = \sigma_z' + u \tag{6-12}$$

这样，该点的横向主动土压力为

$$p_a = K_a \sigma_z' - 2c\sqrt{K_a} \tag{6-13}$$

水压力

$$p_w = u \tag{6-14}$$

我国的多数规范都规定对于砂土和碎石土，采用有效应力强度指标计算土压力；对于黏性土采用固结不排水强度指标计算土压力。

如上所述，水下的黏性土中由于渗流和渗透力作用，其中的土压力计算较为复杂；而基坑开挖过程中墙前后土体复杂的应力路径，使采用常规计算的主动、被动土压力加上静水压力的结果偏于保守，往往使结构材料的设计内力远大于实测值。因而有人提出对黏性土的所谓“水土合算”的方法，亦即在按式(6-8)和式(6-10)计算主动、被动土压力时采用饱和重度与固结不排水强度指标，不再考虑水压力。目前很多规范都规定：在有经验的情况下，对于地下水位以下的黏性土可以采用水土合算的算法。但水土合算是一种经验的方法，存在一定的片面性。

6.3.4 基坑工程的设计方法与作用组合

基坑工程设计方法有基于可靠度理论的分项系数法和基于不同极限状态的安全系数法。

属于承载能力极限状态的设计项目包括：支护结构与土体的整体滑动，坑底的隆起失稳，挡土构件的倾覆与滑移，锚杆与土钉的拉拔失稳，地下水渗流引起的渗透破坏等。属于正常使用极限状态的项目有：支护结构的变形位移影响主体结构的正常施工，地下水渗漏影响正常施工，基坑开挖与降水引起支护结构的位移及土体变形，使周边地面、道路、建筑物和地下管线沉降变形损坏等。分项系数法的设计用于验算支护结构与连接件的强度。

不同设计的作用组合的效应是不同的。

(1) 支护结构与连接件的强度验算采用分项系数法，其作用组合采用基本组合。

$$\gamma_0 S_d \geqslant R_d \tag{6-15}$$

式中：S_d——作用基本组合的效应，$S_d=\gamma_F S_k$，作用分项系数采用 $\gamma_F=1.25$，S_k 为作用标准组合时的效应值；

R_d——结构构件抗力的设计值，为其承载力或强度的标准值乘以抗力分项系数；

γ_0——重要性系数，对于支护结构安全等级为一、二、三级的基坑，γ_0 分别为 1.1，1.0 和 0.9。

（2）岩土体、构件与岩土体一起失稳，或构件与岩土之间失稳的情况，采用承载能力极限状态的安全系数法设计，这时采用作用的标准组合的效应。

$$\frac{R_k}{S_k} \geqslant K \tag{6-16}$$

式中：S_k——作用标准组合的效应；

R_k——极限抗力的标准值；

K——设计要求的安全系数。

（3）支护结构的位移及地面与建筑物的沉降验算，属于正常使用极限状态的设计，采用作用的标准组合的效应。

$$S_k \leqslant C \tag{6-17}$$

式中：S_k——作用标准组合的效应（位移、沉降等）；

C——支护结构位移、基坑周边建筑物和地面的沉降的限值。

如第 2 章所述，地基沉降计算中采用的是作用准永久组合的效应，而这里采用作用标准组合的效应。二者的区别在于，对于地基的沉降，我们更关注“工后沉降”，亦即主要是黏性土地基的固结沉降。这种沉降对于可变荷载不敏感，所以采用准永久组合，将可变荷载乘以一个小于 1.0 的组合系数，例如对于宿舍与办公楼，其楼面均布活荷载的准永久系数只有 0.4。

但是基坑的变形与沉降主要发生在饱和软黏土地基，这时支护结构上的活荷载（堆土、车辆、人群等）会立即产生瞬时的变形和沉降，并且荷载撤销，变形也不会恢复，如图 6-17 所示。所以采用活荷载的标准组合是合适的。

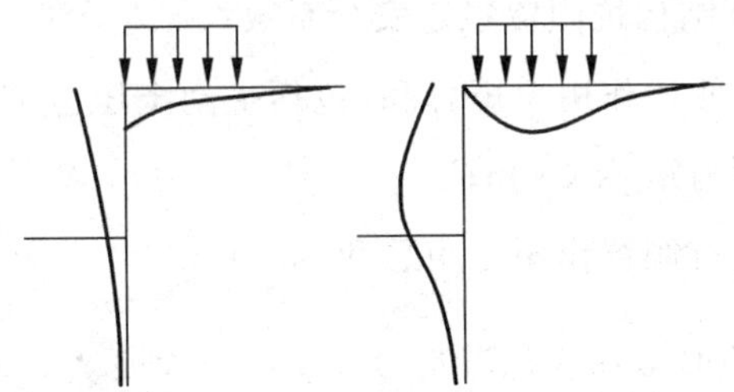

图 6-17　活荷载引起的支护结构变形与地面沉降

6.4　基坑的稳定计算

基坑失事主要是由于失稳，失稳的形式有局部失稳和整体失稳。基坑的稳定性计算属于承载能力极限状态设计的内容，一般采用作用标准组合的效应进行验算。导致失稳的原因可能是土的抗剪强度不足、支护结构的强度不足或渗透破坏。应当注意的是，土中水常常是引起基坑失稳的主要因素。降雨、浸水、邻近水管漏水或地下水处理不当都会使地基土的抗剪强度降低，引起异常的渗流。异常渗流常常会增加荷载，冲刷地基土或使地基土发生渗透破坏，严重时引起基坑失事。

6.4.1 桩、墙式支挡结构的稳定验算

1. 抗倾覆稳定验算

支挡式结构坑底以下的**嵌固深度** l_d 主要是由其**抗倾覆稳定**决定的。这种结构有两大类：悬臂式和锚支式，如图 6-18(a)和图 6-18(b)所示。

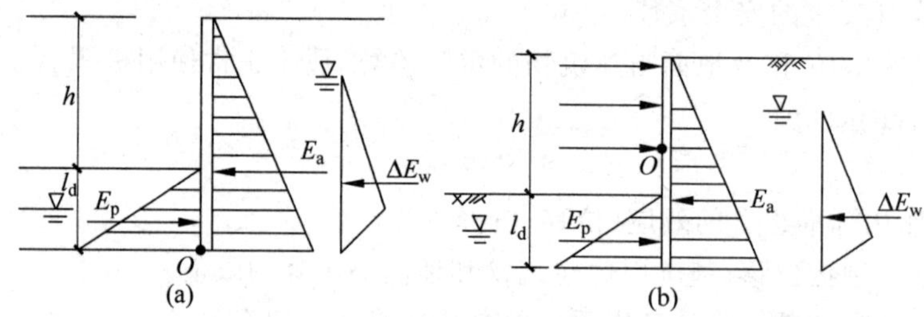

图 6-18 悬臂式支挡结构与锚支式支挡结构的抗倾覆稳定

悬臂式支挡结构的嵌固深度应满足桩、墙整体相对于墙底内侧点 O 的抗倾覆稳定，即抗倾倒稳定性(图 6-18(a))；锚杆或者内支撑的支挡结构，应满足相对于最下一道锚杆或支撑的锚、支点 O 的抗倾覆稳定(抗踢脚)(图 6-18(b))。它们应满足式(6-18)的要求：

$$\frac{\sum M_{E_p}}{\sum M_{E_a}} \geqslant K_t \tag{6-18}$$

式中：K_t——桩、墙式支挡结构抗倾覆稳定安全系数；

$\sum M_{E_a}$——主动区倾覆作用力矩总和，包括主动土压力 E_a 和两侧的水压力差 ΔE_w 的倾覆力矩，kN·m；

$\sum M_{E_p}$——被动区抗倾覆作用力矩总和，kN·m。

例 6-1 某高层建筑物的基坑开挖深度为 6.1m，地面超载 $q_0=65$kPa，拟采用钢筋混凝土排桩支挡，土质分布如图 6-19 所示，地下水位在地面下 15m。

(1) 如果采用悬臂式排桩(见图 6-19(a))，嵌固深度为 8m，要求安全系数 K_t 为 1.2，验算其抗倾覆稳定；

(2) 如果采用单锚式排桩(见图 6-19(b))，锚杆头在地面以下 3.1m，排桩嵌固深度为 2.5m，要求安全系数为 1.2，验算其抗倾覆稳定。

解 分别计算各土层的主(被)动土压力及其作用点位置，计算安全系数。计算结果见表 6-5 和表 6-6。a_{ai} 为排桩上各土层主动土压力作用点到 O 点的距离，a_{pi} 为被动土压力作用点到 O 点的距离。

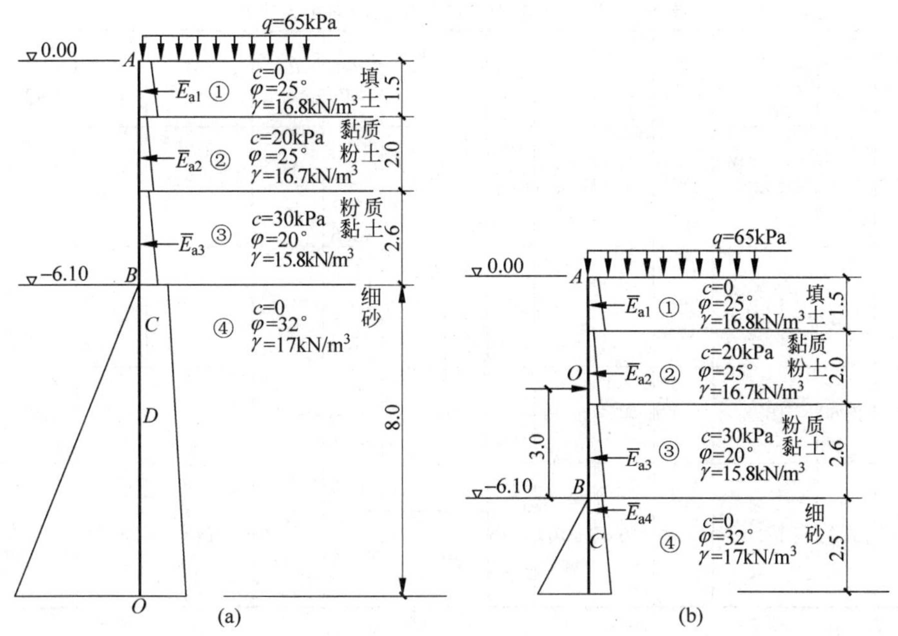

图 6-19　例题 6-1 附图

表 6-5　悬壁式排桩单位长度上侧向土压力的计算

z/m	土层	h_i /m	γ_i /(kN/m³)	φ_i /(°)	c_i /kPa	K_{ai}	K_{pi}	$q+\sum\gamma_i h_i$ /kPa	p_{ai} /kPa	p_{pi} /kPa	$\overline{E}_{ai}=\frac{1}{2}(p_{ai1}+p_{ai2})h_i$ /(kN/m)	a_{ai} /m	E_{pi} /(kN/m)	a_{pi} /m
0	①	1.5	16.8	25	0	0.406		65	26.4		47.25	13.3		
1.5								90.2	36.6					
	②	2.0	16.7	25	20	0.406			11.1		35.8	11.47		
3.5								123.6	24.7					
	③	2.6	15.8	20	30	0.49			18.6		74.5	9.15		
6.1								164.7	38.7					
	④	8.0	17.0	32	0	0.307	3.26		50.6	0	571.6	3.61	1771	2.67
14.1								300.7	92.3	$8\times17\times K_p=443$				

对于桩底抗倾覆安全系数

$$K=\frac{1771\times2.67}{47.25\times13.3+35.8\times11.47+74.5\times9.15+571.6\times3.61}$$

$$=\frac{4723}{3784}=1.248>K_t=1.20$$

表 6-6 单锚式排桩单位长度上侧向土压力计算

z/m	土层	h_i /m	γ_i /(kN/m³)	φ_i /(°)	c_i /kPa	K_{ai}	K_{pi}	$q+\sum\gamma_i h_i$ /kPa	p_{ai} /kPa	p_{pi} /kPa	E_{ai} /(kN/m)	a_{ai} /m	E_{pi} /(kN/m)	a_{pi} /m
0								65	26.4					
	①	1.5	16.8	25	0	0.406					47.25	−2.31		
1.5								90.2	36.6 11.1					
	②	2.0	16.7	25	20	0.406					35.8	−0.47		
3.5								123.6	24.7 18.6					
	③	2.6	15.8	20	30	0.49					74.6	1.85		
6.1								164.7	38.7 50.6	0				
	④	2.5	17.0	32	0	0.307	3.26				143	4.3	173	4.67
8.6								207.2	63.6	2.5×17×K_p=138.6				

相对于锚杆支点的抗倾覆安全系数

$$K=\frac{173\times 4.67}{-47.25\times 2.31-0.47\times 35.8+74.6\times 1.85+4.3\times 143}$$

$$=\frac{808}{627}=1.29>K_t=1.20$$

2. 整体稳定性验算

支挡结构的整体稳定性可采用瑞典圆弧滑动条分法进行验算，见图 6-20。采用圆弧滑动条分法时，其整体稳定性应符合下列规定，当为悬臂式支挡结构时，没有式(6-19)中分子的后一项(即 $R'_{k,k}=0$)：

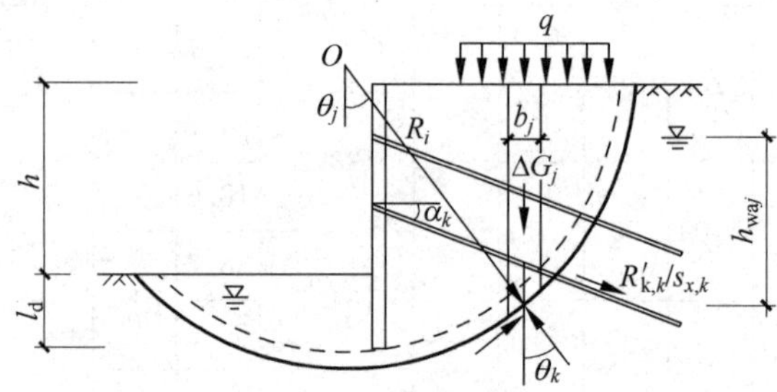

图 6-20 支挡式结构的整体稳定验算

$$\frac{\sum\{c_j l_j+[(q_j l_j+\Delta G_j)\cos\theta_j-u_j l_j]\tan\varphi_j\}+\sum R'_{k,k}[\cos(\theta_k+\alpha_k)+\psi_v]/s_{x,k}}{\sum(q_j b_j+\Delta G_j)\sin\theta_j}\geqslant K_s \tag{6-19}$$

$$\psi_v=0.5\sin(\theta_k+\alpha_k)\tan\varphi \tag{6-20}$$

式中：K_s——圆弧滑动整体稳定安全系数；

c_j、φ_j——第 j 土条滑弧面处土的黏聚力，kPa，内摩擦角，(°)；

b_j——第 j 土条的宽度，m；

θ_j——第 j 土条滑弧面中点处的半径与垂直线的夹角，(°)；

l_j——第 j 土条的滑弧段长度，m，取 $l_j=b_j/\cos\theta_j$；

q_j——作用在第 j 土条上的附加分布荷载标准值，kPa；

ΔG_j——第 j 土条的自重，kN，按天然重度计算；

u_j——第 j 土条在滑弧面上的孔隙水压力，kPa；

$R'_{k,k}$——第 k 层锚杆对圆弧滑动体的极限拉力值，kN，应取锚杆在滑动面以外的锚固体极限抗拔承载力标准值与锚杆杆体受拉承载力标准值的较小值；

α_k——第 k 层锚杆的倾角，(°)；

θ_k——滑动面在第 k 层锚杆处的法线与垂直线的夹角，(°)；

$s_{x,k}$——第 k 层锚杆的水平间距，m；

ψ_v——锚杆在滑动面上法向力产生的抗滑力矩的计算系数；

φ——第 k 层锚杆与滑弧交点处土的内摩擦角，(°)。

上式是对于某一圆弧滑动面的整体稳定计算，还需进行不同圆心和半径的各种滑动面稳定计算，其中最小的安全系数亦应满足 $\geqslant K_s$ 的要求。

3. 坑底隆起稳定性验算

当坑底为饱和软黏土时，如果支挡结构的插入深度 l_d 不足，则可能发生坑底隆起，见图6-21。坑底隆起会引发地基土结构破坏，支挡结构水平位移和墙后地面沉降等一系列问题。坑底隆起稳定性应满足式(6-21)的要求。

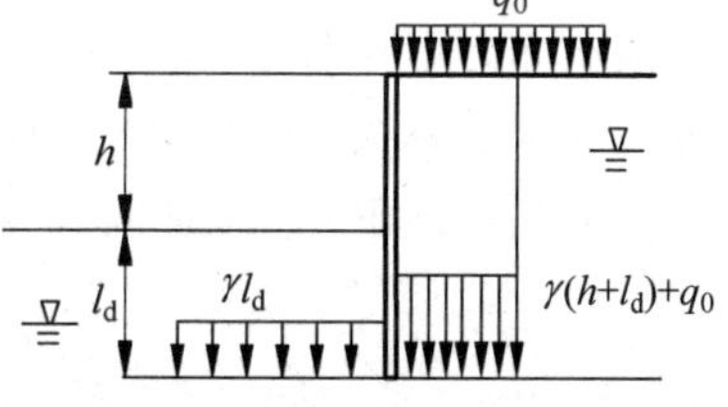

图6-21 坑底隆起稳定验算

$$\frac{N_c c_u+\gamma l_d}{\gamma(h+l_d)+q_0}\geqslant K_d \tag{6-21}$$

式中：K_d——入土深度底部土抗隆起稳定安全系数；

N_c——承载力系数，$N_c=5.14$；

c_u——由十字板试验确定的墙底以下土的不排水抗剪强度，kPa；

γ——土的天然重度，kN/m^3；

l_d——支护结构入土深度，m；

h——基坑开挖深度，m；

q_0——地面荷载，kPa。

4. 渗透稳定验算

当采用基坑内排水，产生稳定渗流时，可参考图6-15(c)绘制的流网，对粉土和砂土进行抗渗稳定性验算，渗流的水力梯度不应超过抗流土临界水力梯度。

$$\frac{i_{cr}}{i}\geqslant K_f \tag{6-22}$$

当悬挂式截水帷幕底端位于碎石土、砂土或粉土含水层时(图6-22)，对均质含水层，也可用式(6-23)进行近似计算。两式的计算大体上相同，都是以土骨架为隔体，考虑渗透力的流土破坏的稳定分析。对渗透系数不同的非均质含水层，宜采用数值方法进行渗流稳定性分析。

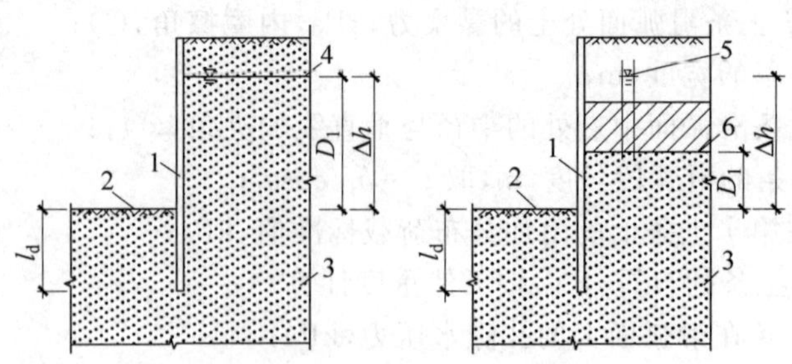

图 6-22 采用悬挂式帷幕截水时的流土稳定性验算

1—截水帷幕；2—基坑底面；3—含水层；4—潜水水位；5—承压水测管水位；6—承压含水层顶面

$$\frac{(2l_d + 0.8D_1)\gamma'}{\Delta h \gamma_w} \geqslant K_f \tag{6-23}$$

式中：K_f——流土稳定性安全系数；

l_d——截水帷幕在坑底以下的插入深度，m；

D_1——潜水水面或承压水含水层顶面至基坑底面的土层厚度，m；

γ'——土的浮重度，kN/m^3；

Δh——基坑内外的水头差，m；

γ_w——水的重度，kN/m^3。

当上部为不透水层，坑底下某深度处有承压水层时，基坑底也可能发生隆起，见图 6-23。这种情况常被称为“突涌”，突涌也是一种考虑饱和土体竖向稳定的坑底隆起的现象，但是在稳定渗流的情况下，它同时也是一种流土破坏。可按下式验算

$$\frac{\gamma_m(l_d + \Delta t)}{p_w} \geqslant K_h \tag{6-24}$$

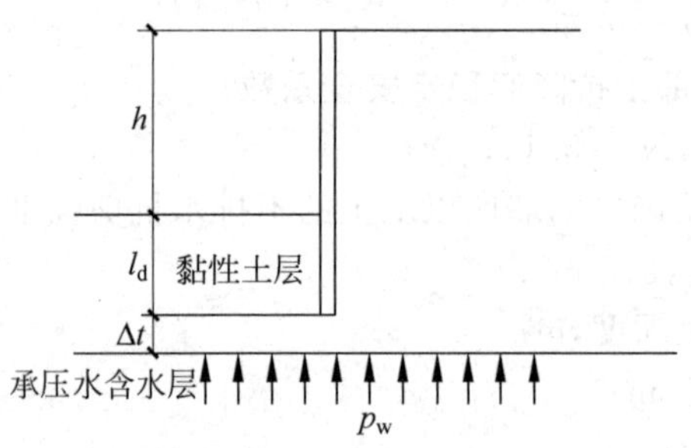

图 6-23 承压水基坑的突涌稳定

式中：K_h——抗突涌稳定安全系数，因为黏性土存在黏聚力，它通常比无黏性土的流土稳定性安全系 K_f 要小；

γ_m——坑底以下，透水层以上土的天然重度，kN/m^3；

$l_d+\Delta t$——透水层顶面距基坑底面的深度，m；

p_w——含水层顶处水压力，kPa。

6.4.2　重力式水泥土墙的稳定和墙身强度验算

重力式水泥土墙常用于较软的黏性土中，除需验算以上介绍的抗圆弧滑动、抗基底隆起和抗渗稳定外，还有如下几项验算。

1. 抗倾覆稳定验算

图 6-24 为重力式水泥土墙的抗倾覆稳定验算示意图，重力水泥土墙的宽度主要是由其抗倾覆稳定决定的。

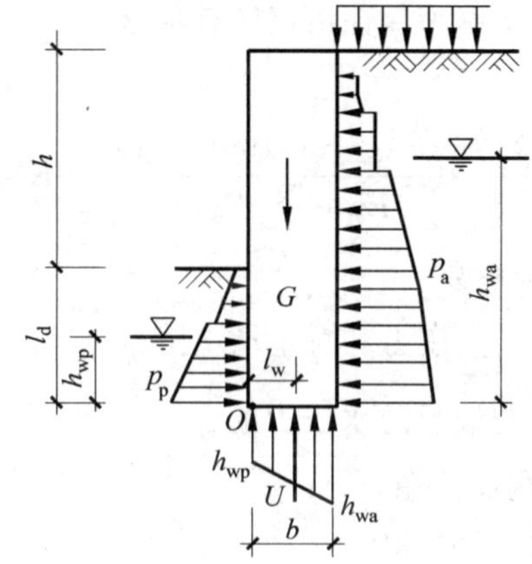

图 6-24　重力式水泥土墙的抗倾覆稳定验算示意图

重力式水泥土墙为了保证有足够的抗倾覆稳定性，应当有一定的底宽 b 及埋深 l_d。一般可采用：

$$l_d = (0.8 \sim 1.2)h;\quad b = (0.6 \sim 0.8)h$$

式中：h——墙的挡土高度，m。墙趾处 O 点要达到抗倾覆稳定要求，应满足

$$\frac{\sum M_{E_p} + G\,\dfrac{b}{2} - Ul_w}{\sum M_{E_a} + \sum M_w} \geqslant K_{ov} \tag{6-25}$$

式中：K_{ov}——抗倾覆稳定安全系数；

$\sum M_{E_p}$、$\sum M_{E_a}$——被动土压力与主动土压力对于 O 点的总力矩，kN·m；

$\sum M_w$——墙前与墙后水压力对于 O 点力矩的代数和，kN·m；

G——墙身重量，kN；

b——墙身宽度，m；

l_w——U 的合力作用点距 O 点距离，m；

U——作用于墙底面上水的扬压力合力，kN。

$$U = \frac{\gamma_w (h_{wa} + h_{wp})}{2} b \tag{6-26}$$

例 6-2　一位于饱和淤泥质土地基上的基坑，开挖深度为 5m，采用重力式水泥土墙支护，墙的嵌入深度为 6m，水泥土重度 $\gamma_{cs} = 20\text{kN/m}^3$。淤泥质土的重度 $\gamma = 17.4\text{kN/m}^3$，墙底

处不排水强度 $c_u=40\text{kPa}$。如图6-25所示,如果抗隆起安全系数为 $K_d-1.4$,验算该基坑的抗隆起稳定性。

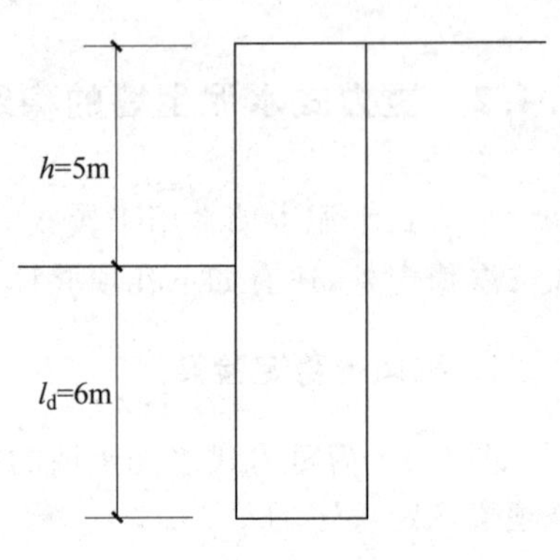

图6-25 例题6-2附图

解 根据式(6-21)

$$\frac{N_c c_u+\gamma l_d}{\gamma_{cs}(h+l_d)}=\frac{5.14\times 40+17.4\times 6}{20\times(5+6)}=\frac{310}{220}$$
$$=1.41>K_d=1.4$$

满足抗坑底隆起稳定性。

2. 抗水平滑动稳定验算

参看图6-24,重力式水泥土墙为保证沿墙底有足够的抗水平滑动的能力,应满足

$$\frac{\sum E_p+(G-U)\tan\varphi+cb}{\sum E_a+\sum E_w}\geqslant K_{sl} \tag{6-27}$$

式中:K_{sl}——抗滑移稳定安全系数;

$\sum E_p$、$\sum E_a$——总被动土压力和总主动土压力,kN;

$\sum E_w$——作用于墙前与墙后总水压力的合力,kN;

φ——取为墙底处土的内摩擦角,(°);

c——取为墙底处土的黏聚力,kPa。

计算中土的强度指标对于砂土可用有效应力强度指标;对于黏性土取固结不排水强度指标。

3. 重力式水泥土墙的墙身强度验算

由于水泥土的材料强度不高,所以尽管属于"重力式"挡土墙,仍然需要进行桩身强度的验算。这种验算属于材料的强度问题,应采用分项系数法进行,荷载项采用作用基本组合的效应。

(1) 拉应力:

$$\frac{6M}{b^2}-\gamma_{cs}z\leqslant 0.15f_{cs} \tag{6-28}$$

(2) 压应力:

$$\gamma_0\gamma_F\gamma_{cs}z+\frac{6M}{b^2}\leqslant f_{cs} \tag{6-29}$$

式中:M——作用基本组合的水泥土墙验算截面的弯矩设计值,kN·m;

b——验算截面处水泥土墙的宽度,m;

γ_{cs}——水泥土的重度,kN/m^3;

z——验算截面至水泥土墙顶的垂直距离,m;

f_{cs}——水泥土开挖龄期时的轴心抗压强度设计值,kPa,应根据现场试验或工程经验确定;

γ_F——作用基本组合的综合分项系数,取 $\gamma_F=1.25$。

6.4.3 土钉墙的稳定验算

土钉墙实际上是一种土工加筋体，亦即利用钢筋与土间模量的不同，在砂浆界面产生摩阻力，从而约束土体，提高土的强度和刚度。被加固的复合土体形成一个重力式挡土墙，所以土钉墙的整体稳定与水泥土墙相似，也要进行抗滑移稳定，抗倾覆稳定，抗坑底隆起及整体圆弧滑动稳定的验算。另外在加筋土体内还要满足局部稳定及土钉的锚固稳定。

为了满足以上稳定要求，在设计施工中土钉墙一般应满足如下条件：

土钉墙墙面与垂直方向成0°～25°倾角；土钉水平方向俯角一般为5°～20°；土钉长度L不宜小于6m。

土钉的间距：水平间距为(10～15)D，D为锚固体(钢筋＋灌注水泥砂浆)的直径，一般水平与竖直间距为1.0～2.0m。

土钉采用直径不小于16mmHRB400级以上的螺纹钢筋；采用水泥砂浆或水泥素浆注浆，其强度不宜低于20MPa。

1. 土钉墙的整体稳定验算

近年来土钉的布置常常采用长短不同的形式，其中复合土钉墙桩的锚杆更长，因而一般都不再对土钉墙的加筋土体进行整体的倾覆、滑移稳定性验算，而是采用各种不同滑动面的圆弧滑动面，用瑞典条分法进行验算，如图6-26所示。

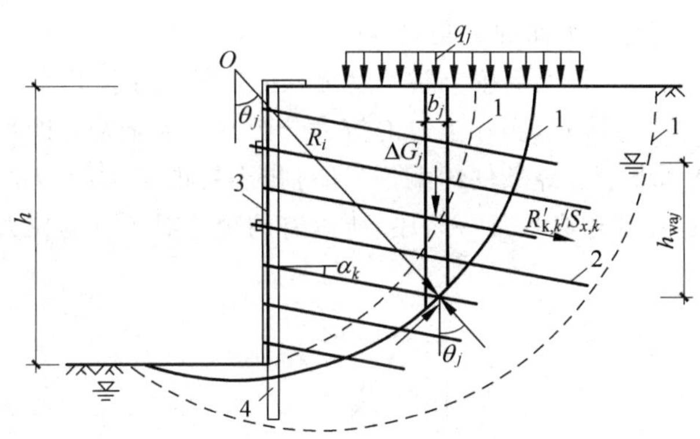

图6-26　土钉墙整体稳定性验算

1—滑动面；2—土钉或锚杆；3—喷射混凝土面层；4—水泥土桩或微型桩

由于圆弧可穿过一些土钉和锚杆，因而它们所产生的抗滑力矩应当计入，具体的计算公式与式(6-19)相同。但其中的$R'_{k,k}$为第k层土钉或锚杆的极限拉力标准值，它取以下两个值的较小者：

(1) 土钉或者锚杆的滑动面以外的极限锚固抗拔力的标准值；

(2) 土钉或者锚杆的极限抗拉强度的标准值。

在复合土钉墙中，考虑土钉、锚杆、水泥土桩和微型桩承载力机理不同，共同作用时拉力的发挥次序不同，因而它们的抗力应乘以不同的折减系数。

这种圆弧滑动的稳定分析也要假设不同圆心和半径的滑动面，使最小计算安全系数也能满足$\geqslant K_s$的要求。

2. 土钉的抗拔稳定验算

单根土钉的抗拔承载力应符合式(6-30)的规定：

$$\frac{R_{k,j}}{N_{k,j}} \geqslant K_t \tag{6-30}$$

式中：K_t——土钉抗拔安全系数；

$N_{k,j}$——第j层土钉的轴向拉力标准值，kN，按式(6-31)计算；

$R_{k,j}$——第j层土钉的极限抗拔承载力标准值，kN。

$$N_{k,j} = \frac{1}{\cos\alpha_j}\zeta p_{ak,j} s_{xj} s_{zj} \tag{6-31}$$

式中：α_j——第j层土钉的倾角，(°)；

ζ——墙面倾斜时的主动土压力折减系数，要按式(6-32)确定。

$p_{ak,j}$——第j层土钉处的主动土压力强度标准值，kPa；

s_{xj}——土钉的水平间距，m；

s_{zj}——土钉的垂直间距，m。

坡面倾斜时的主动土压力折减系数可按下式计算：

$$\zeta = \tan\frac{\beta-\varphi_m}{2}\left(\frac{1}{\tan\frac{\beta+\varphi_m}{2}} - \frac{1}{\tan\beta}\right)\Big/\tan^2\left(45° - \frac{\varphi_m}{2}\right) \tag{6-32}$$

式中：β——土钉墙坡面与水平面的夹角，(°)；

φ_m——基坑底面以上各土层按土层厚度加权的等效内摩擦角平均值，(°)。

值得注意的是，在土钉墙中，实际土钉的拉力分布并不完全符合朗肯土压力计算的直线分布，如图6-27所示。由于边界条件约束，并且每排土钉的最大拉力值不一定同时发生在基坑挖到坑底时，而是在开挖高程某一阶段，所以有的规范对土钉的拉力分布进行了调整。

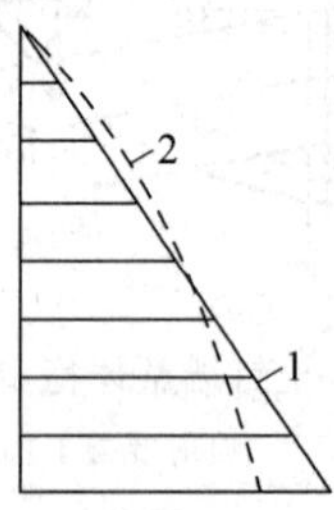

图6-27 土钉最大拉力的分布示意图

1—用朗肯土压力理论计算结果；2—实测结果

单根土钉的极限抗拔承载力标准值可按下式估算，但应通过土钉抗拔试验进行验证：

$$R_{k,j} = \pi d_j \sum q_{sik} l_i \tag{6-33}$$

式中：d_j——第j层土钉的锚固体直径，m；

q_{sik}——第j层土钉在第i层土的极限黏结强度标准值，kPa，可根据工程经验并结合表6-7取值；

l_i——第 j 层土钉在滑动面外第 i 土层中的长度，m，计算单根土钉极限抗拔承载力时，取图 6-28 所示的直线滑动面，直线滑动面与水平面的夹角取 $\frac{\beta+\varphi_m}{2}$。

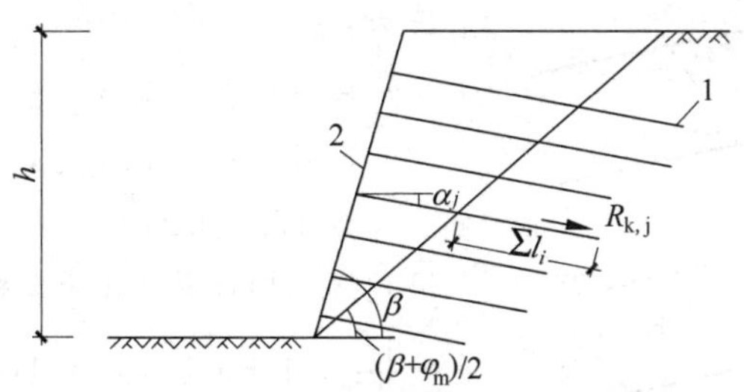

图 6-28 土钉抗拔承载力计算图

1—土钉；2—喷射混凝土面层

表 6-7 土钉的极限黏结强度标准值 q_{sik}

土的名称	土的状态	q_{sik}/kPa	
		成孔注浆土钉	打入钢管土钉
素填土		15～30	20～35
淤泥质土		10～20	15～25
黏性土	$0.75<I_L\leqslant 1.00$	20～30	20～40
	$0.25<I_L\leqslant 0.75$	30～45	40～55
	$0<I_L\leqslant 0.25$	45～60	55～70
	$I_L\leqslant 0$	60～70	70～80
粉土		40～80	50～90
砂土	松散	35～50	50～65
	稍密	50～65	65～80
	中密	65～80	80～100
	密实	80～100	100～120

3. 土钉的抗拉强度验算

土钉杆体的抗拉强度应符合下列规定：

$$N_j \leqslant f_y A_s \tag{6-34}$$

式中：N_j——作用基本组合第 j 层土钉的轴向拉力设计值，kN，$N_j=\gamma_0\gamma_F N_{k,j}$；

f_y——土钉杆体的抗拉强度设计值，kPa；

A_s——土钉杆体的截面面积，m^2。

例 6-3 有一基坑开挖深度为 6m，采用竖直的土钉墙支护。地基为均匀的黏性土，$I_L=0.5$，$\gamma=19kN/m^3$，$c=20kPa$，$\varphi=25°$，地面超载 $q_0=30kPa$。土钉采用钢筋Ф20 HRB400($f_y=360N/mm^2$)，土钉长度为 6m，倾角 15°，水平和竖直间距都是 1.5m，锚固体直径为 100mm。如果抗拔的安全系数为 1.4，作用基本组合效应的分项系数为 1.25，验算地面以下 4m 处土钉的抗拔稳定与抗拉强度。

解 计算滑动面倾角 $\theta=45°-\varphi/2=45°-25°/2=32.5°$，土钉在滑动面内的长度：$l_n=$

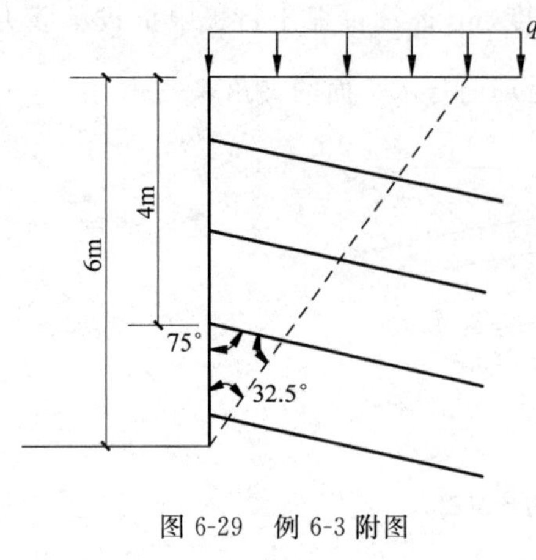

图 6-29　例 6-3 附图

$\frac{2\times\sin32.5^\circ}{\sin72.5^\circ}=1.13(\text{m})$；土钉在滑动面外的长度：$l_w=6-l_n=4.87(\text{m})$；地面下 4m 处主动土压力：

$$
\begin{aligned}
p_a &= K_a(\gamma z+q_0)-2c\sqrt{K_a}\\
&= 0.406\times(19\times4+30)-2\times20\times0.64\\
&= 17.5(\text{kPa})
\end{aligned}
$$

用式(6-31)计算 4m 处土钉轴向力的标准值：$N_k=\frac{1}{\cos15^\circ}\times1.5\times1.5p_a=41(\text{kN})$，查表 6-7，地基土的极限黏结强度为 $q_{sk}=37.5\text{kPa}$，该土钉的抗拔极限承载力为：$R_k=37.5\times\pi\times0.1\times4.87=57.4(\text{kN})$。

(1) 根据式(6-30)验算抗拔稳定性：$\frac{R_k}{N_k}=\frac{57.4}{41}=1.4$，满足抗拔稳定性要求。

(2) 根据式(6-34)验算土钉的抗拉强度：

$$
\begin{aligned}
&N=\gamma_F N_k=1.25\times41=51.3(\text{kN})\\
&f_y A_s=360\times\pi\times20^2/4=113(\text{kN})；\\
&N<f_y A_s
\end{aligned}
$$

6.5　桩、墙式支挡结构的设计计算

6.5.1　桩、墙式支挡结构的内力变形计算

桩、墙式支挡结构断面刚度较小，在横向水土压力作用下会发生较大的变形。所以仅仅保证稳定性还不够，也需要进行内力和变形的计算。计算内力和变形是基于支护结构与地基土之间的共同作用与变形协调原理，其中最简单的共同作用计算就是侧向弹性地基反力法，或称侧向弹性地基梁法。它和文克尔地基梁原理是相同的，但由于这个梁是竖向放置的，所以地基抗力系数(基床系数)不再是常数，而是与深度有关，亦即采用 m 法。

对于平面问题，侧向弹性地基反力法一般可取单位计算宽度的支护结构进行计算，包括单位宽度的桩墙、内支撑(或锚杆)在单位宽度内的作用力及墙后单位宽度的土体，按平面的梁、杆系统计算。其中内支撑(或锚杆)当作弹性支座，支挡结构作为弹性梁，坑内坑底以下地基土当作弹性地基，按照变形协调条件进行结构的内力与变形分析，如图 6-30 所示。

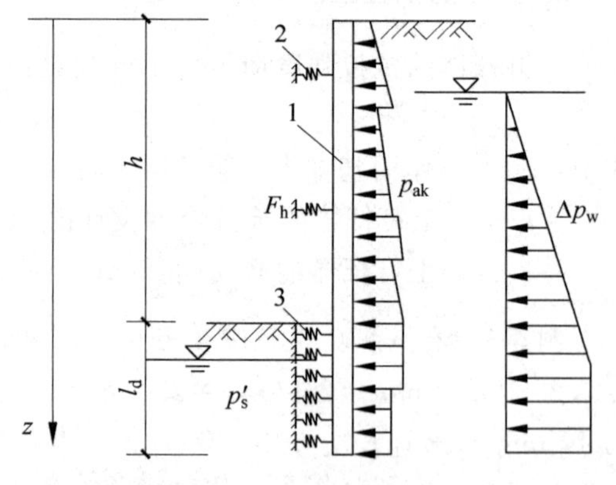

图 6-30　侧向弹性地基反力法

1—地下连续墙；2—支撑或锚杆；3—弹性地基

对于支挡结构的受力变形可采用如下的弹性梁微分方程：

$$EI\frac{d^4 v}{dz^4}=p_a+\Delta p_w-k_s v \tag{6-35}$$

式中：E——支挡结构梁材料弹性模量，kN/m^2；

I——梁截面惯性矩，m^4；

p_a——图 6-30 中的外侧土压力，开挖面以下取两侧主动土压力差，kPa；

Δp_w——两侧水压力差，kPa；

k_s——地基抗力系数，kN/m^3；

v——梁的挠度，即 x 方向的位移，m。

其中地基抗力系数随着深度线性增加，用式(6-36)计算：

$$k_s=m(z-h) \tag{6-36}$$

式中：m——地基抗力系数的比例系数，kN/m^4；

z——计算点距地面的距离，$z>h$，m。

因为土的种类极多，土性又极为复杂，各地域的土性相差很大。系数 m 主要靠地方的经验，表 6-8 和表 6-9 所列数值可供参考。

表 6-8　《建筑桩基技术规范》建议排桩 m 的经验值

序号	地基土类别	预制桩、钢桩		灌注桩	
		m /(MN/m^4)	桩顶水平位移 /mm	m /(MN/m^4)	桩顶水平位移 /mm
1	淤泥；淤泥质土；饱和湿陷性黄土	2～4.5	10	2.5～6	6～12
2	流塑($I_L>1$)、软塑($0.75<I_L\leqslant 1$)状黏性土；$e>0.9$ 粉土；松散粉细砂；松散、稍密填土	4.5～6.0	10	6～14	4～8
3	可塑($0.25<I_L\leqslant 0.75$)状黏性土；湿陷性黄土；$e=0.75$～0.9 粉土；中密填土；稍密细砂	6.0～10	10	14～35	3～6
4	硬塑($0<I_L\leqslant 0.25$)、坚硬($I_L\leqslant 0$)黏性土；湿陷性黄土；$e<0.75$ 粉土；中密的中粗砂、密实老填土	10～22	10	35～100	2～5
5	中密、密实的砾砂；碎石	—	—	100～300	1.5～3

表 6-9　上海地区 m 的经验取值

地基土分类		m/(kN/m^4)
流塑的黏性土		1000～2000
软塑的黏性土、松散的粉砂性土和砂土		2000～4000
可塑的黏性土、稍密～中密的粉性土和砂土		4000～6000
坚硬的黏性土、密实的粉性土、砂土		6000～10000
水泥土搅拌桩加固，置换率>25%	水泥掺量<8%	2000～4000
	水泥掺量>12%	4000～6000

对于地下连续墙，弹性支座在单位宽度上的支点力计算引用式(6-37)：

$$F_h=k_R(v_R-v_{R0})+P_h \tag{6-37}$$

式中：F_h——单位宽度内弹性支座的水平反力，kN/m；

k_R——单位宽度内弹性支座的刚度系数，(kN/m)/m；

v_R——挡土结构支点处的水平位移，m；

v_{R0}——设置支撑或锚杆时，支点的初始水平位移，m；

P_h——单位宽度上水平方向的预加力，kN/m。

其中弹性支座的刚度系数 k_R 相对比较容易确定，对于锚杆可以通过现场拉拔试验确定，见式(6-38)：

$$k_R = \frac{Q_2 - Q_1}{(s_2 - s_1)s} \tag{6-38}$$

式中：Q_1、Q_2——锚杆循环加荷或逐级加荷试验中 Q-s 曲线上对应锚杆锁定值与轴向拉力标准值的荷载值，kN；

s_1、s_2——Q-s 曲线上对应于荷载为 Q_1、Q_2 的锚头位移值，m；

s——锚杆水平间距，m。

支撑式支挡结构的弹性支点刚度系数可通过杆件的线弹性计算求得弹性支座的刚度系数。

利用式(6-35)的微分方程求解支护结构上的内力与变形，还必须代入一定的边界条件。对于**悬臂式支挡结构**，没有支撑结构，亦即无支座；对于图6-30所示有几个内支撑或锚杆的情况，可以将它们当成弹性支座，它对支挡结构作用有单位宽度上水平方向的作用力 F_h。

6.5.2 土层锚杆和内支撑

如上所述，采用基坑内部的内支撑或基坑外的锚杆，可以大大减少支挡结构上的内力，减小支挡结构的变形和周边地面的沉降，从而减少对主体建筑物施工和相邻道路、建筑物、地下设施的影响。

1. 土层锚杆

对于土质条件较好，具备土层锚杆施工条件的场地，应首先考虑使用土层锚杆。因为它可以在基坑内形成开阔的空间，便于开挖与施工，缩短工期。土层锚杆由锚头、锚筋和锚固体三部分组成，见图6-4。锚杆的验算与土钉类似，但由于锚杆施加预应力及锚固体是用压力注浆，所以与土钉有一些区别。

(1) 抗拔承载力验算

用于基坑的支护结构中，锚杆的极限抗拔承载力验算与式(6-30)相同，可表示为式(6-39)的形式：

$$\frac{R_k}{N_k} \geqslant K_t \tag{6-39}$$

式中：K_t——锚杆抗拔安全系数；

N_k——锚杆轴向拉力标准值，kN，按式(6-40)计算；

R_k——锚杆极限抗拔承载力标准值，kN，按式(6-41)确定。

锚杆的轴向拉力标准值应按下式计算：

$$N_k = \frac{F_h s}{\cos\alpha} \tag{6-40}$$

式中：F_h——挡土构件单位计算宽度内的弹性支点水平反力，kN/m，按式(6-37)计算；

s——锚杆水平间距，m；

α——锚杆倾角，(°)。

锚杆极限抗拔承载力标准值应通过抗拔试验确定；也可按式(6-41)估算，但应通过抗拔试验进行验证：

$$R_k = \pi d \sum q_{sik} l_i \tag{6-41}$$

式中：d——锚杆的锚固体直径，m；

l_i——锚杆的锚固段在第 i 土层中的长度，m，锚固段长度为锚杆在理论直线滑动面以外的长度，理论直线滑动面按图 6-31 确定；

q_{sik}——锚固体与第 i 土层之间的极限黏结强度标准值，kPa，应根据工程经验并结合表 6-10 取值。

表 6-10　锚杆的极限黏结强度标准值 q_{sik}

土的名称	土的状态或密实度	q_{sik}/kPa	
		一次常压注浆	二次压力注浆
填土		16～30	30～45
淤泥质土		16～20	20～30
黏性土	$I_L>1$	18～30	25～45
	$0.75<I_L\leqslant 1.00$	30～40	45～60
	$0.50<I_L\leqslant 0.75$	40～53	60～70
	$0.25<I_L\leqslant 0.50$	53～65	70～85
	$0<I_L\leqslant 0.25$	65～73	85～100
	$I_L\leqslant 0$	73～90	100～130
粉土	$e>0.90$	22～44	40～60
	$0.75\leqslant e\leqslant 0.90$	44～64	60～90
	$e<0.75$	64～100	80～130
粉细砂	稍密	22～42	40～70
	中密	42～63	75～110
	密实	63～85	90～130
中砂	稍密	54～74	70～100
	中密	74～90	100～130
	密实	90～120	130～170
粗砂	稍密	80～130	100～140
	中密	130～170	170～220
	密实	170～220	220～250
砾砂	中密、密实	190～260	240～290
风化岩	全风化	80～100	120～150
	强风化	150～200	200～260

注：1. 当砂土中的细粒含量超过总质量的 30%时，按表取值后应乘以系数 0.75；

2. 对有机质含量为 5%～10%的有机质土，应按表取值后适当折减；

3. 当锚杆锚固段长度大于 16m 时，应对表中数值适当折减。

锚杆的自由段长度 l_f 应按式(6-42)确定，且不应小于 5.0m，还应在滑动面以外不小于 1.5m(图 6-31)：

$$l_f \geqslant \frac{(a_1+a_2-d\tan\alpha)\sin\left(45°-\frac{\varphi_m}{2}\right)}{\sin\left(45°+\frac{\varphi_m}{2}+\alpha\right)}+\frac{d}{\cos\alpha}+1.5 \tag{6-42}$$

式中：l_f——锚杆自由段长度，m；

α——锚杆的倾角，(°)；

a_1——锚杆的锚头中点至基坑底面的距离，m；

a_2——基坑底面至 O 点的距离，O 点为两侧(主、被动)土压力强度相等的点，m；

d——挡土构件的水平尺寸，m；

φ_m——O 点以上各土层按厚度加权的等效内摩擦角平均值，(°)。

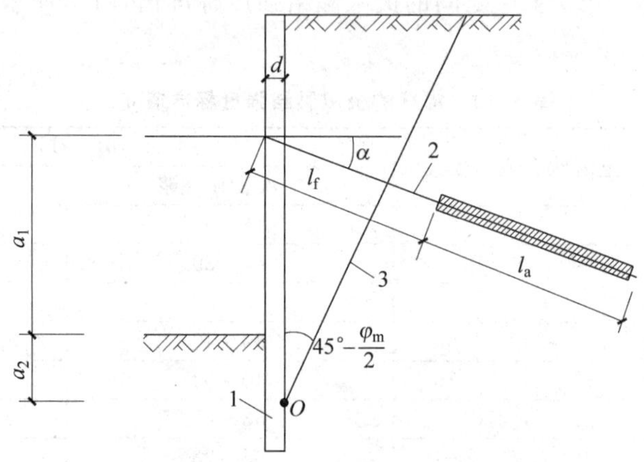

图 6-31　理论直线滑动面

1—挡土构件；2—锚杆；3—理论直线滑动面

(2) 锚杆的抗拉强度验算

锚杆杆体的抗拉强度应符合式(6-43)规定：

$$N \leqslant f_{py}A_p \tag{6-43}$$

式中：N——作用基本组合下的锚杆轴向拉力设计值，kN，$N=\gamma_0\gamma_F N_k$；

f_{py}——预应力钢筋抗拉强度设计值，kPa；

A_p——预应力钢筋的截面面积，m^2。

2. 内支撑结构

土层锚杆在下列情况下不适用：①土层为软弱土层，不能为锚杆提供足够的锚固力；②坑壁外侧很近的范围有相邻建筑物的地下结构与重要的公用地下设施；③相邻建筑物基础以下不允许锚杆的锚固段置入。在这些情况下就需要在基坑内部设置内支撑。

支撑体系包括围檩、支撑、立柱及其他附属构件，其中关键部分为支撑结构。

支撑结构按材料可分为木结构、钢结构和钢筋混凝土结构或者混合结构。其中木结构只适用于规模较小的基坑，目前已很少使用。

钢结构的支撑见图 6-32，它可以采用钢管、工字钢、槽钢及各种型钢组合的桁架，通常采用装配式。可以采用多种布置形式，如在竖向截面上可以是斜撑，也可以是水平支撑；在水平平面上，可以是对撑、井字撑、角撑等。支撑中可以施加预应力从而控制和调整挡土结构的变形。钢结构的支撑、拆除和安装比较方便。

图 6-32　钢结构支撑

钢筋混凝土的支撑见图 6-33。对于形状比较复杂或者对变形要求较高的基坑，可采用现浇混凝土结构支撑。混凝土硬化后刚度大、变形小，强度的安全可靠性也较高。但支撑的浇筑和养护时间长，施工工期长，拆除常需爆破，对环境有影响。

图 6-33　现浇钢筋混凝土支撑

一般情况下，支撑结构由腰梁、水平支撑和立柱三部分构件组成，见图 6-34 和图 6-35。支撑的布置应考虑与主体工程地下结构施工不相干扰。相邻支撑之间的水平距离不宜小于 4m，当采用机械开挖时，不宜小于 8m。

支撑体系的受力计算按结构力学方法进行。腰梁按多跨连续梁计算；立柱按受压构件计算；立柱除了承受本身自重及其负担范围内的水平支撑结构的自重外，还要承担水平支撑压弯失稳时产生的荷载。

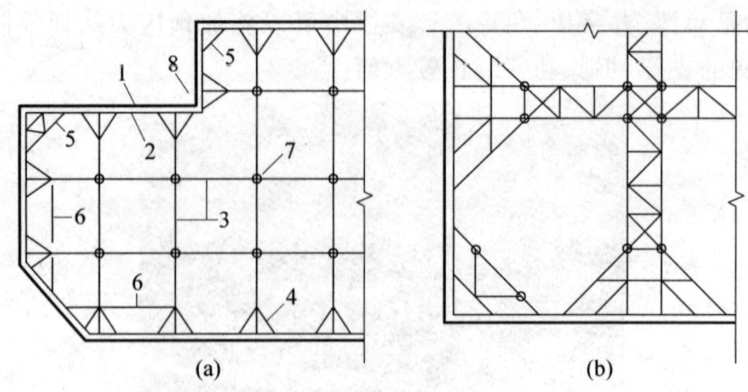

图 6-34　水平支撑体系(一)

1—围护墙；2—腰梁；3—对撑；4—八字撑；5—角撑；6—系杆；7—立柱；8—阳角

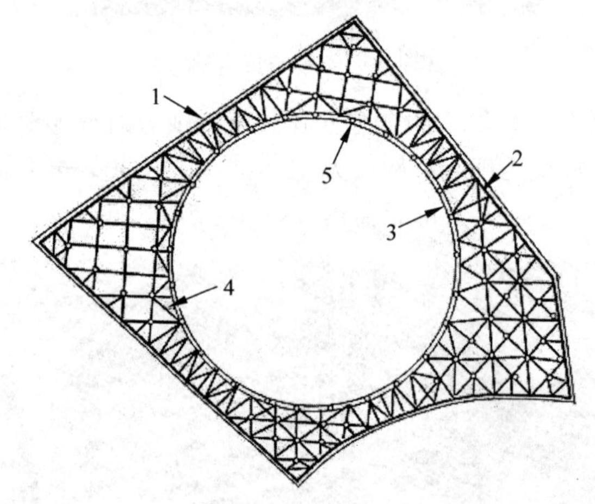

图 6-35　水平支撑体系——环形支撑

1—支护墙；2—腰梁；3—环形支撑；4—桁架式对撑；5—立柱

6.6　基坑的地下水控制

当地下水位高于基坑坑底高程时，开挖中会因基坑渗漏积水影响施工，扰动地基土，增加支护结构上的荷载。当坑底弱透水层之下的含水层中有承压水时，承压水还可能引起基底弱透水土层发生突涌破坏。为此常常需要降低地下水位，但是单纯地抽取地下水，降低水位又可能引起附近地面及邻近建筑物、管线的沉降与变形。另一方面地下水作为一种资源，大量长期被抽出排走也是很大的浪费，因而需要对地下水进行控制。控制地下水的方法有：截水、集水明排、井点降水、回灌和引渗法等。

6.6.1　截水

除了在基坑外围地面采用封堵、导流等措施以防止地表水流入或渗入基坑以外，还可采用垂直防渗措施和坑底水平防渗措施以防止地下水涌入基坑或引起地基土的渗透变形。

用于基坑工程的垂直防渗措施主要包括各类防渗墙和灌浆帷幕。防渗墙可以采用深层搅拌法、高压喷射注浆法及开槽灌注法在基坑周边构筑。防渗墙和灌浆帷幕一般应插入下卧的相对不透水岩土层一定深度，以完全截断地下水，但当透水层厚度较大时，也可以采用悬挂式(防渗墙下端没有插入相对不透水层)垂直防渗墙，如图 6-15(c)所示，有时将垂直防渗墙与坑内水平防渗相结合，如图 6-36 所示，这时要注意验算坑底地基土的抗渗稳定性。

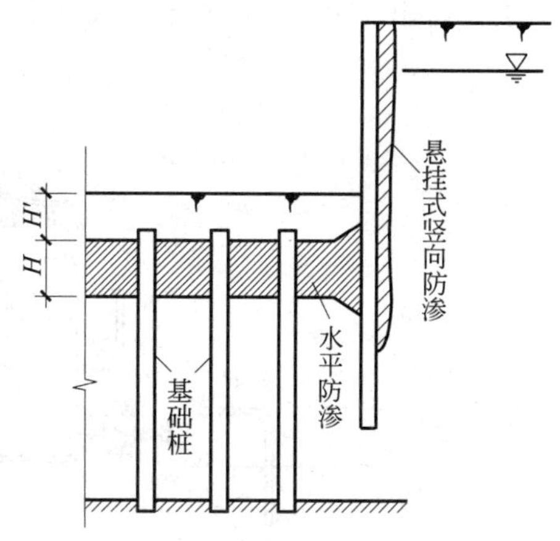

图 6-36　悬挂式竖向防渗与水平防渗结合

垂直防渗有时也设置在降水井线的外侧以防止降水时地下水位大范围下降而影响相邻建筑物和地下设施的正常使用，这种情况，垂直防渗线在平面上可能是不封闭的局部布置。

6.6.2　集水明排

当基坑深度不大，降水深度小于 5m，地基土为黏性土、粉土、砂土或填土，地下水为上层滞水或水量不大的潜水时，可考虑集水明排的方案：首先在地表采用截水、导流措施，然后在坑底沿基坑侧壁设排水管或排水沟形成明排系统，也可设置向上斜插入基坑侧壁的排水管，以排除侧壁的土中水，减小侧壁压力。

在坑底四周距拟建建筑物基础 0.4m 以外设排水沟，排水沟比挖土面低 0.3～0.4m。在基坑四角或每隔 30～40m 设一个集水井，集水井底比沟底低 0.5m 以上。设计排水量应不小于基坑总涌水量的 1.5 倍。抽水设备可以是离心泵和潜水泵，根据排水量和基坑深度确定。排水沟和集水井随着基坑的开挖逐步加深。

6.6.3　井点降水

1. 井点降水的种类

井点降水是最常用的大面积降低地下水位的方法，分两大类。一类是围绕基坑外侧布置一系列井点管，井点管与集水总管连接，用真空泵或射水泵抽水，将地下水位降低。按工作原理不同，又可分为轻型井点、喷射井点和电渗井点三种。另一类是沿基坑外围，按适当距离布置若干单独互不相连的管井，组成井群，在管井中抽水以降低地下水位。井点降水按照是否贯穿含水层又分为完整井和非完整井。**完整井**贯穿含水层，井底落在隔水层上，能全断面进水。**非完整井**只穿入含水层部分厚度，井底落在含水层中。

(1) 轻型井点

轻型井点的工作原理见图 6-37。井点管中的水通过集水管用真空泵抽至集水箱，然后用离心泵排出。由于它是靠真空泵吸水,所以降水深度一般为3～6m。

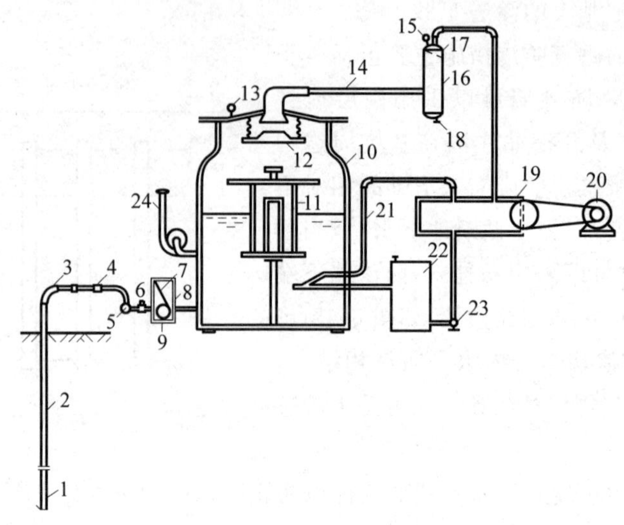

图6-37 轻型井点设备主机原理图

1—滤管;2—井管;3—弯管;4—阀门;5—集水总管;6—集水总管的闸门;
7—滤网;8—过滤室;9—掏砂孔;10—集水箱;11—浮筒;12—进气管阀门;
13,15—真空计;14—进水管;16—分水室;17—挡水板;18—放水口;19—真空泵;
20—电动机;21—冷却水管;22—冷却水箱;23—冷却循环水泵;24—离心泵

轻型井点的布置见图6-38。井点一般布置在距坑壁外缘0.5～1.0m处,井距大于15倍井管直径,在基坑外缘封闭式布置。当基坑面积较大,开挖深度较深时,也可在基坑内分层设置井点。

(2) 喷射井点

喷射井点的管路布置与轻型井点的相同,但其井点管分为内管和外管,下端装有如图6-39所示的喷嘴。用高压水泵将高压工作水经进水总管压入内外管间的环状空间,再自上向下经喷嘴进入内管,由于喷嘴断面突然缩小,水流速度加快,可达30m/s,从而产生负压,并卷吸地下水一起沿内管上升,排出坑外,见图6-39。它适用于排降上层滞水和排水量不很大的潜水,降水深度比轻型井点大。

(3) 电渗井点

对于渗透系数小于0.1m/d(约为1×10^{-6}m/s)的饱和黏土,尤其是淤泥质饱和黏土,用上述两种井点降水的效果很差,这时可采用**电渗井点**。

电渗井点排水的设备布置如图6-40所示。用井点管作阴极,在其内侧平行布设直径38～50mm的钢管或直径大于20mm的钢筋作阳极。接通直流电(可用9.6～55kW的直流电焊机)后,在电势作用下,带正电荷的孔隙水向阴极方向流动(电渗),带负电荷的黏土颗粒向阳极移动(电泳)。配合轻型井点或喷射井点法将进入阴极附近的土中水经集水管排出,降低了地下水位。

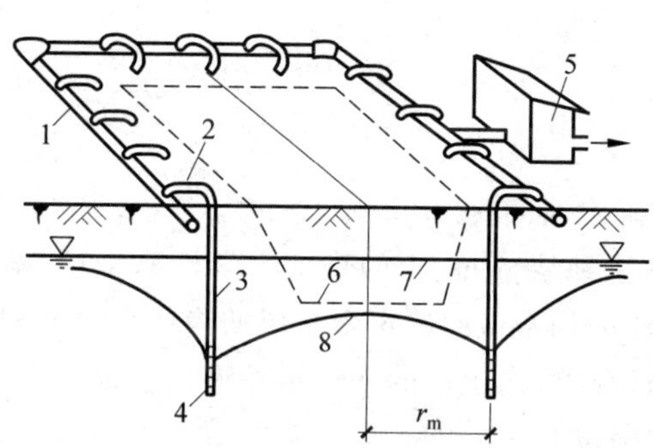

图 6-38　轻型井点降水的布置
1—集水总管；2—连接管；3—井点管；4—滤管；
5—水泵房；6—基坑；7—原地下水位；
8—降水后地下水位

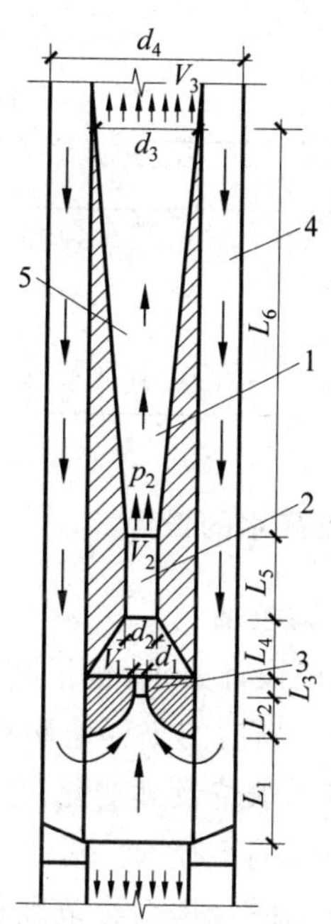

图 6-39　喷射井点扬水装置(喷嘴和混合室)构造
1—扩散室；2—混合室；3—喷嘴；
4—喷射井点外管；5—喷射井点内管

(4) 管井法

管井法是围绕基坑每隔 10～30m 设置一个管井，可采用直径大于 200mm 的钢管、铸铁管、水泥管(包括水泥砾石滤水管)或者塑料管，其下部为滤水段。每个管井配备一台水泵(离心泵、潜水泵、深井泵)。降水深度从几米到一百米以上，单井抽水量从 $10m^3/d$ 到 $1000m^3/d$。

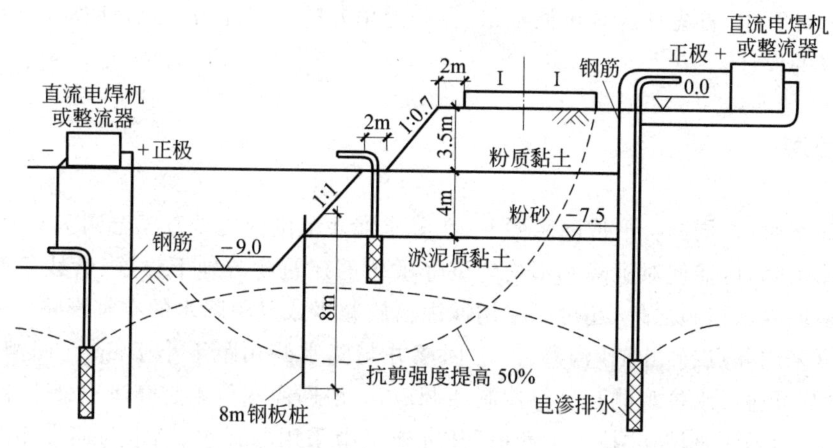

图 6-40　上海真北路立交工程电渗法降水施工示意图

上述各种井点降水法所适用的土层和降水深度参见表6-11。

表6-11 各种降水方法的适用条件

方法	土类	渗透系数/(m/d)	降水深度/m
管井	粉土、砂土、碎石土	0.1～200.0	不限
真空井点	黏性土、粉土、砂土	0.005～20.0	单级井点<6 多级井点<20
喷射井点	黏性土、粉土、砂土	0.005～20.0	<20

2. 井点降水的设计

设计步骤包括:

(1) 明确设计要求,包括降水面积、降水深度、降水时间等。

(2) 勘察场地的工程地质和水文地质条件,掌握地层分布、土的物理力学性质指标、地下水的分布和水位及其变化等。可用单孔稳定渗流的抽水试验确定含水层的渗透系数 k 和降水漏斗的影响半径 R。对于含水层为多层土的情况,求出土层的平均水平渗透系数。

不同土类的渗透系数范围也可从表6-12大致确定。

表6-12 渗透系数参考值

土名	黏土	粉质黏土	粉土	粉砂	细砂	中砂	粗砂	砾石 卵石
渗透系数 k/(m/d)	<0.001	0.001～0.05	0.05～0.5	0.5～1	1～5	5～20	20～50	>50

(3) 了解场地施工条件,调查分析降水对邻近建筑物、地下设施和管线的影响。

(4) 根据以上条件,选择降水方法和地下水控制方案。

(5) 布置、设计井点。

(6) 制定施工和管理技术要求。

在设计降水方案以及具体的点位布置时,都要进行相应的基坑涌水量的水力学计算。在基坑降水计算中,首先计算基坑涌水量,再确定单井的出水能力,然后计算井点数,最后进行井点布置的设计。

6.6.4 回灌

基坑降水时,在周围会形成降水漏斗,在降水漏斗范围内的地基土会因为有效应力的增加发生压缩沉降,可能使对沉降和不均匀沉降敏感的建筑物或地下设施、管线等受到损害。这时除了采取隔水措施之外,还可以采用回灌措施减少或避免降水的有害影响。

回灌可采用井点、砂井、砂沟等,一般回灌井与降水井相距不小于6m。回灌水宜用清水,回灌水量可通过水位观测孔进行控制和调节,一般回灌水位不宜高于原地下水位标高。

图6-41为墨西哥城在“拉丁美洲塔”基坑施工中采用的降水、隔水与回灌系统布置,合理的施工设计与施工程序确保了周围地面的稳定,并保证邻近建筑物的变形不超过限定的数值。

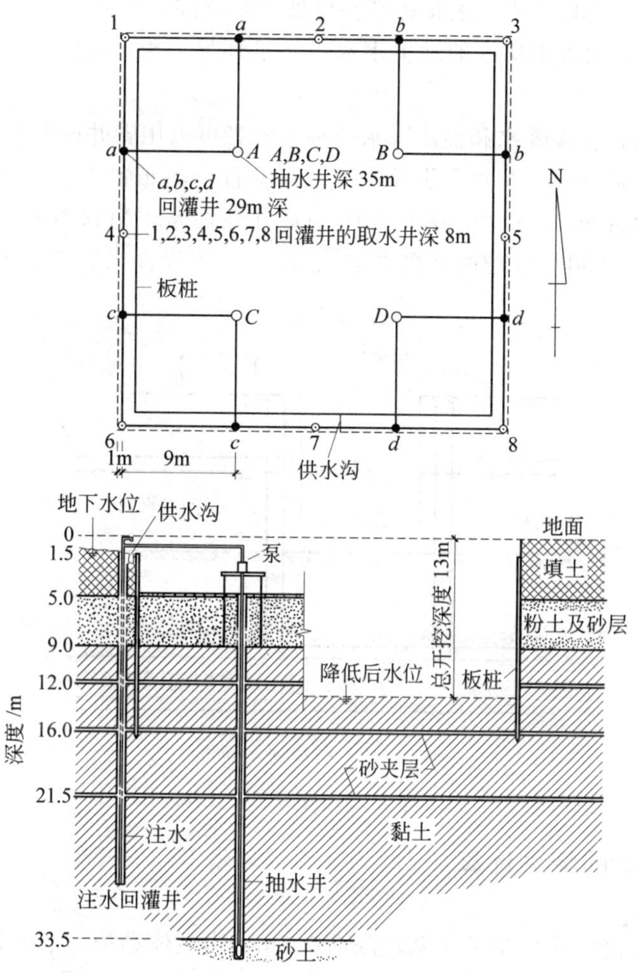

图 6-41　墨西哥城“拉丁美洲塔”基坑的地下水控制

6.6.5　引渗法

在大型基坑施工中，往往需要大范围、长时间抽取地下水并且排走，浪费了珍贵的水资源和电力，还可能危害环境。近年来一种新型的工程降水方法——引渗法开始得到应用。其基本原理是，在具备多层含水层，并且存在水头差的情况下，可以用引渗井穿越不同的含水层，将上部的浅层地下水通过引渗井自渗，或者抽渗到下部的含水层中去，使上部疏干，达到基坑降水的目的。在我国的许多大中城市，地下水利用量加大，地下水位不断下降，给深大基坑的引渗降水提供了良好的条件。

引渗井降水的适用条件为：

(1) 工程降水区内存在两层及两层以上的含水层，各含水层中地下水的水头差较大，含水层间存在着稳定的相对隔水层。

(2) 引渗进入的下伏含水层的导水性要成倍地大于被排水疏干的含水层的透水性，并且下伏含水层厚度应大于 3.0m，不致造成下伏含水层中水位明显升高。

(3) 引渗进入的下伏含水层的顶板埋深要低于基坑底3.0～5.0m。

(4) 被排水疏干的含水层中的地下水水质满足环保要求,不致引起下伏含水层中地下水水质的恶化。

引渗井的类型有自渗降水和抽渗降水两种。前者可以用管井或者砂砾井;后者一般用管井。具体布置有垂直引渗和水平引渗两种。在垂直引渗布置中,引渗井通过穿越不同的含水层达到降水的目的;在水平引渗布置中,引渗井往往是辐射状布置形成控制降水区,可以在同一含水层内,也可以穿越两层含水层,然后引入下伏含水层中。图6-42是一个引渗法降水的示意图。

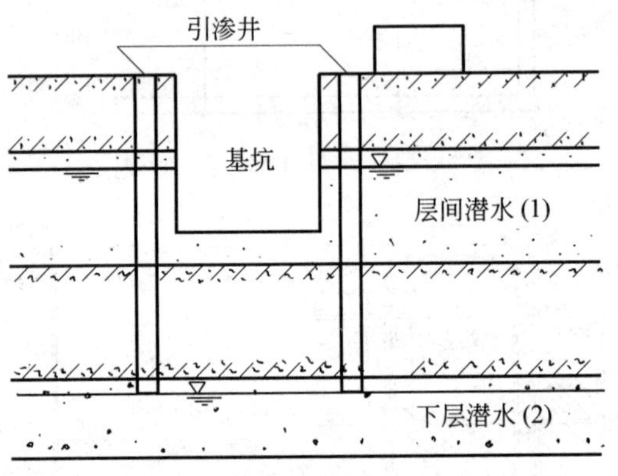

图6-42　引渗法示意图

6.6.6 基坑降水的降深计算

基坑内的设计降水水位应低于基坑底面0.5m。当主体结构的电梯井、集水井等部位使基坑局部加深时,应按其深度考虑设计降水水位或对其另行采取局部地下水控制措施。

基坑地下水位降深应符合下式规定:

$$s_i \geqslant s_d \tag{6-44}$$

式中:s_i——基坑地下水位降深,应取地下水位降深的最小值,m;

s_d——基坑地下水位的设计降深,m,低于基坑底面0.5m。

1. 潜水完整井

当含水层为粉土、砂土或碎石土,各降水井所围平面两个尺度较为接近,且n个降水井的型号、间距、降深相同时,潜水完整井的基坑地下水位降深和单井流量可按下列公式计算:

$$s_i = H - \sqrt{H^2 - \frac{q}{\pi k}\sum_{j=1}^{n}\ln\frac{R}{2r_0\sin\frac{(2j-1)\pi}{2n}}} \tag{6-45}$$

$$q = \frac{\pi k(2H - s_w)s_w}{\ln\frac{R}{r_w} + \sum_{j=1}^{n-1}\ln\frac{R}{2r_0\sin\frac{j\pi}{n}}} \tag{6-46}$$

式中：q——按干扰井群计算的降水井单井流量，m^3/d；

r_0——等效圆形分布的降水井所围面积的等效半径，m，可取 $r_0=u/(2\pi)$，u 为各降水井所围面积的周长；

j——第 j 口降水井；

s_w——各降水井水位的设计降深，m；

r_w——降水井半径，m；

k——含水层的渗透系数，m/d；

H——潜水含水层厚度，m。

2. 承压水完整井

当含水层为粉土、砂土或碎石土，各降水井所围平面两个尺度较为接近，且 n 个降水井的型号、间距、降深相同时，承压完整井的基坑地下水位降深也可按下列公式计算：

$$s_i = \frac{q}{2\pi Mk}\sum_{j=1}^{n}\ln\frac{R}{2r_0\sin\dfrac{(2j-1)\pi}{2n}} \tag{6-47}$$

$$q = \frac{2\pi Mks_w}{\ln\dfrac{R}{r_w}+\sum\limits_{j=1}^{n-1}\ln\dfrac{R}{2r_0\sin\dfrac{j\pi}{n}}} \tag{6-48}$$

式中：M——承压含水层厚度，m。

按地下水稳定渗流计算井距、井的水位降深和单井流量时，影响半径宜通过试验确定。缺少试验时，可按下列公式计算并结合当地经验取值：

(1) 潜水含水层

$$R = 2s_w\sqrt{kH} \tag{6-49}$$

(2) 承压含水层

$$R = 10s_w\sqrt{k} \tag{6-50}$$

式中：R——影响半径，m；

s_w——井水位降深，m，当井水位降深小于 10m 时，取 $s_w=10$m。

6.6.7 基坑涌水量计算

基坑降水的总涌水量是降水设计的主要依据，可根据不同的条件假设基坑为一个大口径的降水井，计算这一大口径降水井的出水量。

1. 潜水完整井

群井按大口径井简化的均质含水层潜水完整井的基坑降水总涌水量可按下式计算(图 6-43)：

$$Q = \pi k\frac{(2H_0-s_d)s_d}{\ln\left(1+\dfrac{R}{r_0}\right)} \tag{6-51}$$

式中：Q——基坑降水的总涌水量，m^3/d；

k——渗透系数，m/d；

H_0——潜水含水层厚度，m；

s_d——基坑内水位设计降深，m；

R——降水影响半径，m；

r_0——沿基坑周边均匀布置的降水井群所围面积等效圆的半径，m，可按 $r_0=\sqrt{A/\pi}$ 计算，A 为降水井群连线所围的面积。

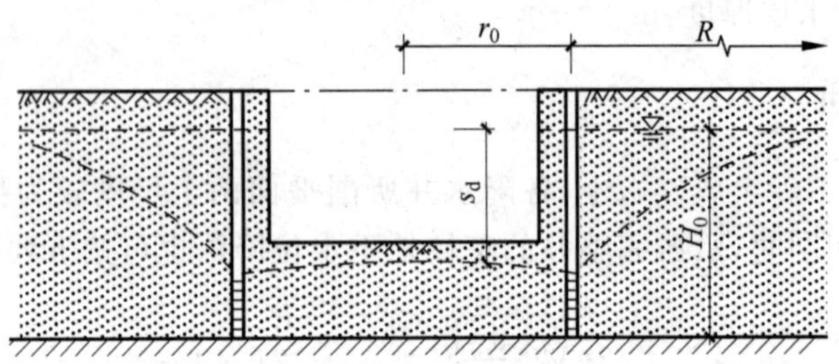

图 6-43 按均质含水层潜水完整井简化的基坑涌水量计算

2. 承压水完整井

群井按大井简化的均质含水层承压水完整井的基坑降水总涌水量可按下式计算(图 6-44)：

$$Q = 2\pi k \frac{Ms_d}{\ln\left(1+\frac{R}{r_0}\right)} \tag{6-52}$$

式中：M——承压含水层厚度，m。

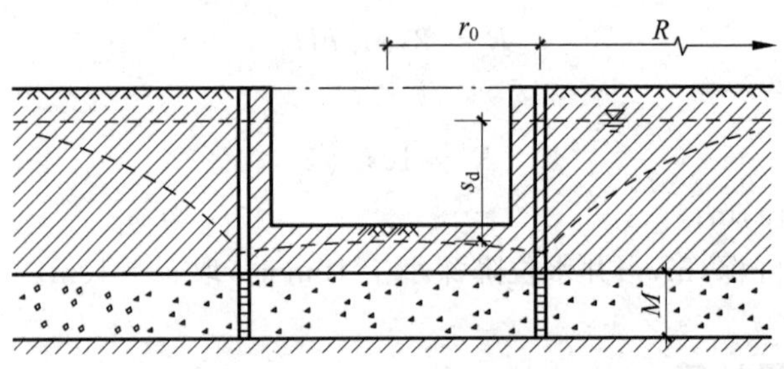

图 6-44 按均质含水层承压水完整井简化的基坑涌水量计算

对应于不同的情况，还有潜水非完整井和承压非完整井等，可通过类似的公式计算。

在确定了基坑的总涌水量后，就可以按照式(6-53)计算单井的设计流量，以选择合适的井点类型。

$$q = 1.1\frac{Q}{n} \tag{6-53}$$

式中：Q——基坑降水的总涌水量，m^3/d，可按式(6-51)和式(6-52)计算；

n——降水井数量。

6.6.8　降水引起的地层变形计算

降水引起的地层变形量 s 可按下式计算：

$$s = \psi_{\mathrm{w}} \sum_{i=1}^{n} \frac{\Delta\sigma'_{zi} \Delta h_i}{E_{si}} \tag{6-54}$$

式中：ψ_{w}——沉降计算经验系数，应根据地区工程经验取值，无经验时，宜取 $\psi_{\mathrm{w}}=1$；

$\Delta\sigma'_{zi}$——降水引起的地面下第 i 土层中点处的附加有效应力，kPa；

Δh_i——第 i 层土的厚度，m；

E_{si}——第 i 层土的压缩模量，kPa。

对于图 6-45 所示的计算断面 1，各段的有效应力增量为：

（1）位于初始地下水位以上部分

$$\Delta\sigma'_{zi} = 0 \tag{6-55}$$

（2）位于降水后水位与初始地下水位之间部分

$$\Delta\sigma'_{zi} = \gamma_{\mathrm{w}} z \tag{6-56}$$

（3）位于降水后水位以下部分

$$\Delta\sigma'_{zi} = \frac{\lambda_i}{\gamma_{\mathrm{w}} s_i} \tag{6-57}$$

式中：λ_i——计算系数，应按地下水渗流分析确定；

s_i——计算剖面地下水降深，m。

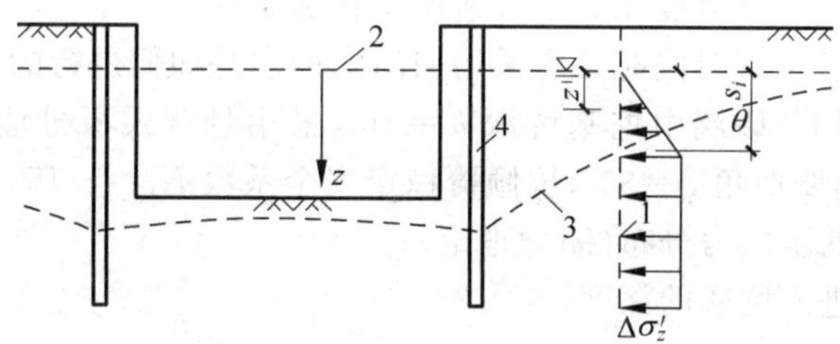

图 6-45　降水引起的附加有效应力计算

1—计算断面；2—初始地下水位；3—降水后的水位；4—降水井

思考题和练习题

6-1　支护结构有哪些类型？各适用于什么条件？

6-2　放坡开挖是最为经济快捷的开挖方式，它适用于什么条件？

6-3　何谓土钉墙支护？试说明用土钉墙加固边坡的机理以及适用的条件。

6-4　土钉和锚杆在加固机理、施工方法和设计计算中有何异同？

6-5　何谓逆作法？适用于什么条件？

6-6　何谓板桩和排桩（护坡桩）？

6-7　何谓地下连续墙，它与板桩或排桩等支护方法有何异同？

6-8 作用在支护结构上的土压力与重力式挡土墙上的土压力有什么差异?

6-9 何谓滞水、潜水和承压水?它们之间最主要的区别是什么?

6-10 何谓渗透力 j?它与水压力有什么不同?

6-11 图 6-46 中,当渗流稳定时,a 点处,近似计算板桩前后测压管的水位各有多高?

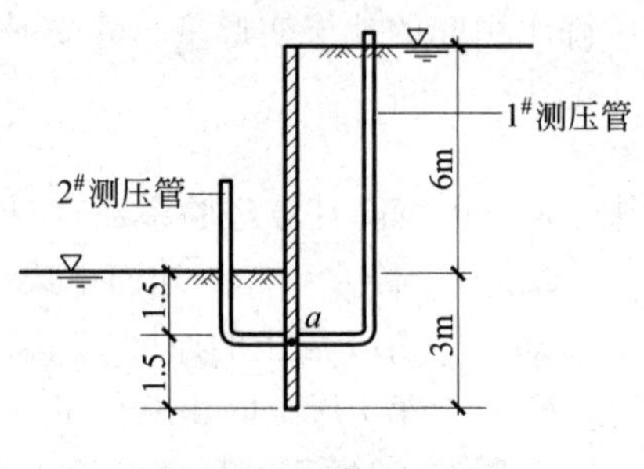

图 6-46 习题 6-11 图

6-12 砂沸(砂土中的流土)、流砂和管涌发生的机理有什么不同?突涌和砂沸有何不同?

6-13 水位以下,支护结构上的土压力和水压力应该如何计算?

6-14 工程上有所谓"水土压力合算"的方法,该法是如何计算水土压力的?评述该法的合理性和实用范围。

6-15 瑞典条分法的基本假定是什么?式(6-19)中分子和分母各代表什么物理量?

6-16 用式(6-21)验算软土地基基坑坑底的隆起稳定性,说明这种情况下地基中滑动面的形状。

6-17 用式(6-24)说明图 6-23 中基坑发生突涌的物理概念。

6-18 用式(6-27)验算水泥土墙水平滑移稳定性时,c、φ 值取为墙底处土的黏聚力和内摩擦角是否合理?理论上应该如何选用 c、φ 值?

6-19 如何布置土钉墙和选用土钉墙材料。

6-20 土钉墙的稳定分析应包括哪些内容?

6-21 支护结构中,锚杆沿长度分成几部分?各部分长度如何确定?

6-22 井点降水法中的井点分成几类?各适用于什么条件?

6-23 基坑降水时为什么有时同时又要采用回灌?回灌是如何进行的?

6-24 图 6-47 中,在均匀砂层中挖基坑深 $h=3\text{m}$,采用悬臂式板桩墙护壁,砂的重度 $\gamma=16.7\text{kN/m}^3$,内摩擦角 $\varphi=30°$,抗倾覆稳定安全系数 $K_t=1.15$,试计算:

(1) 板桩前后的土压力分布(朗肯理论);

(2) 板桩需要进入坑底的深度。

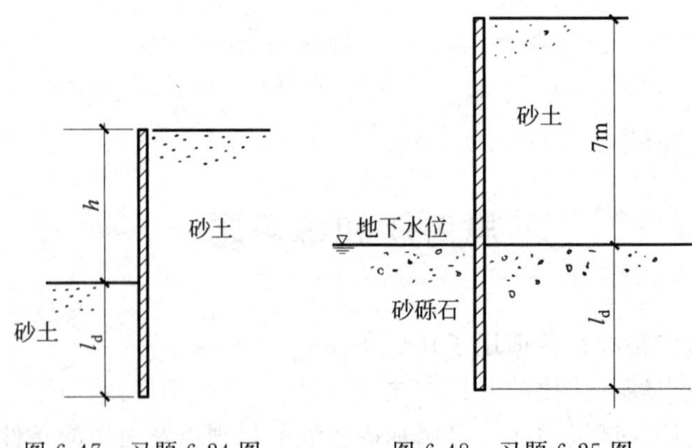

图 6-47 习题 6-24 图　　图 6-48 习题 6-25 图

6-25 悬臂式板桩墙如图 6-48 所示。砂土的天然重度 $\gamma=17.3\text{kN/m}^3$,$\varphi=30°$。砂砾石的饱和重度 $\gamma_{sat}=22.0\text{kN/m}^3$,$\varphi=35°$。地水位与砂砾石顶面齐平。抗倾覆稳定安全系数 $K_t=1.20$,试计算:

（1）板桩前后的土压力和水压力分布；

（2）板桩需要进入坑底的深度。

6-26　在砂土地基中开挖基坑，采用单锚式板桩墙，布置如图 6-49 所示。砂土重度 $\gamma=17.0\text{kN/m}^3$，内摩擦角 $\varphi=32°$，试计算：

（1）板桩墙前后的土压力分布；

（2）验算抗倾覆稳定安全系数 K_t。

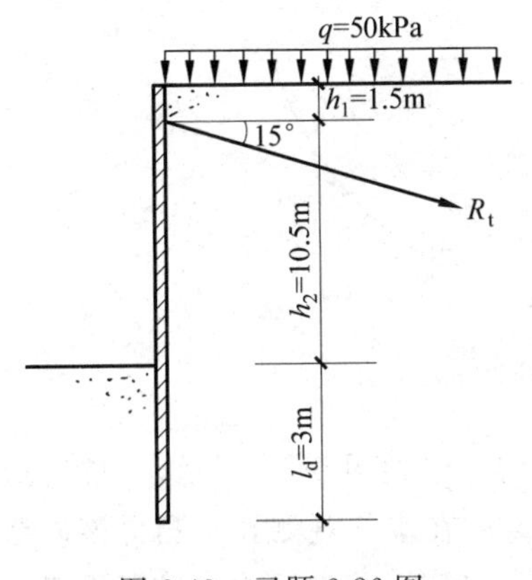

图 6-49　习题 6-26 图

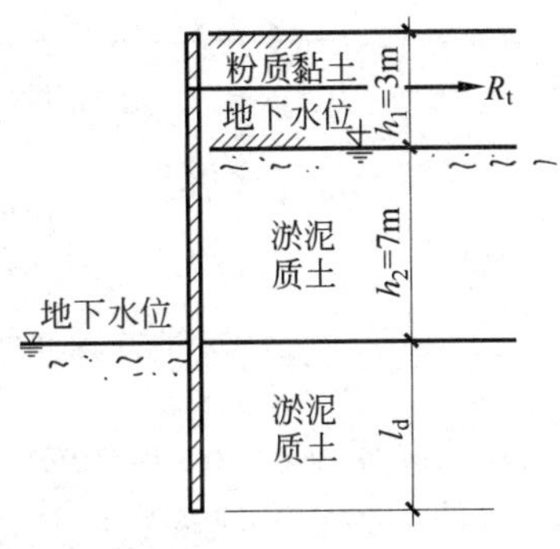

图 6-50　习题 6-27 图

6-27　在黏性土和淤泥质土中开挖基坑，土层断面和支护布置见图 6-50。粉质黏土的重度 $\gamma=18.0\text{kN/m}^3$，$\varphi=28°$，$c=15\text{kPa}$。淤泥质土的比重 $G_s=2.70$，饱和重度 $\gamma_{sat}=17.8\text{kN/m}^3$，不排水抗剪强度 $c_u=25\text{kPa}$，$l_d=10\text{m}$，不考虑渗流的因素，试计算：

（1）用水土分算计算板桩墙前后的土压力和水压力分布；

（2）用水土合算计算板桩墙前后的土压力分布。

6-28　基坑开挖支护和土层分布见图 6-51，饱和软土层：$c_u=30\text{kPa}$，$\varphi_u=0$。验算基底隆起的稳定性。

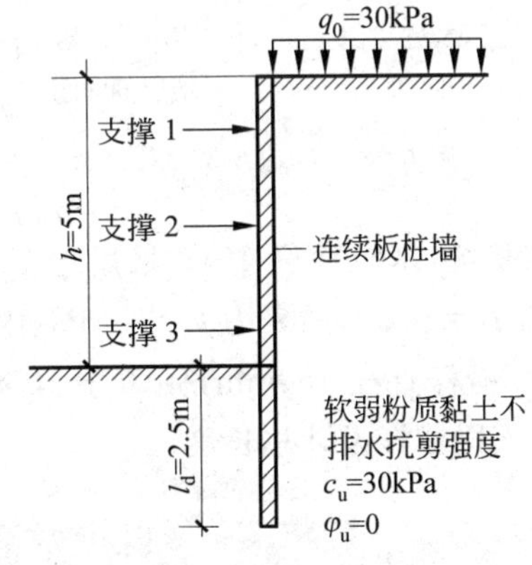

图 6-51　习题 6-28 图

6-29 在饱和软黏土中基坑开挖采用地下连续墙支护,已知软土的十字板剪切试验的抗剪强度 c_u=34kPa;基坑开挖深度 16.3m,墙底插入坑底以下的深度 17.3m,设有两道水平支撑,第一道支撑位于地面高程,第二道水平支撑距坑底 3.5m,每延米支撑的轴向力均为 2970kN。沿着图 6-52 所示的以墙顶为圆心,以墙长为半径的圆弧整体滑动,若已知每延米的滑动力矩为 154 230kN·m,计算其整体抗滑稳定安全系数。

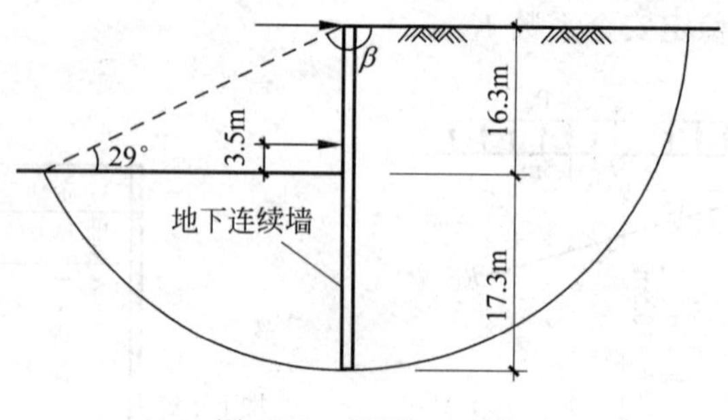

图 6-52 习题 6-29 图

6-30 某基坑开挖深度为 8.0m,其基坑形状及场地土层如图 6-53 所示,基坑周边无重要构筑物及管线。砂层渗透系数为 12×10^{-2}cm/s,在水位观测孔中测得该砂层地下水水位高度在地面以下 0.5m。拟采用完整井降水措施,将地下水水位降至基坑开挖面以下 0.5m,采用单井出水能力 q_0=1600m³/d 的管井井点降水。计算需要布置的降水井数量(口)。

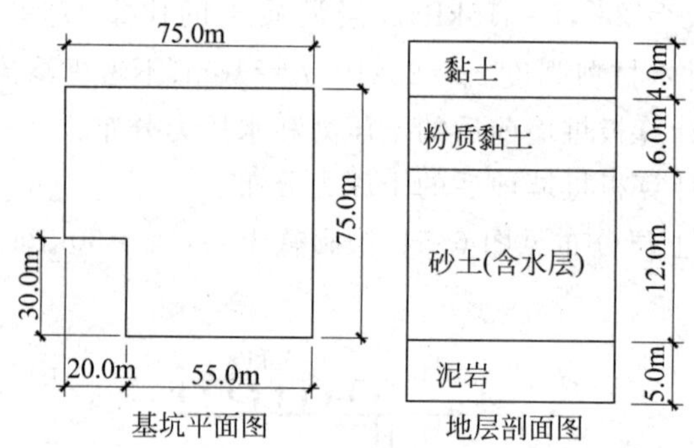

图 6-53 习题 6-30 图

6-31 在一均质黏性土层中开挖基坑,基坑深度 15m,采用地下连续墙支挡,一次常压注浆的桩锚支撑。黏性土层的 I_L=0.55,黏聚力 c=15kPa,内摩擦角 φ=20°。第一道锚杆设置在地面下 4m 位置,锚杆直径 150mm,倾角 15°,该点锚杆水平拉力设计值为 $H=F_h\cdot s$=250kN,计算该层锚杆设计总长度。

参考文献

[1] 中国建筑科学研究院. GB 50007—2011 建筑地基基础设计规范[S]. 北京:中国建筑工业出版社,2012.

[2] 中国建筑科学研究院. JGJ 120—2012 建筑基坑支护技术规程[S]. 北京：中国建筑工业出版社，2012.

[3] 冶金工业部建筑研究总院. YB 9258—1997 建筑基坑工程技术规程[S]. 北京：冶金工业出版社，1998.

[4] 重庆市设计院. GB 50330—2002 建筑边坡工程技术规程[S]. 北京：中国建筑工业出版社，2002.

[5] 深圳市勘察测绘院有限公司，深圳市岩土工程有限公司. DB SJG 05—2011 深圳市基坑支护技术规范[S]. 北京：中国建筑工业出版社，2011.

[6] 铁道第二勘察设计院. TB 10025—2006，铁路路基支挡结构设计规范[S]. 北京：中国铁路出版社，2006.

[7] 济南大学，江苏省第一建筑安装有限公司. GB 50739—2011 复合土钉墙基坑支护技术规范[S]. 北京：中国计划出版社，2012.

[8] 李广信. 高等土力学[M]. 北京：清华大学出版社，2004.

[9] 杨光华. 深基坑支护结构的实用计算方法及其应用[M]. 北京：地质出版社，2004.

[10] 李广信. 基坑支护结构上水土压力的分算与合算[J]. 岩土工程学报，2000，22(3)：348-352.

第7章 特殊土地基

在我国不少地区，分布着一些与一般土性质显著不同的特殊土。由于生成过程中不同的地理环境、气候条件、地质成因以及次生变化等原因，使它们具有一些特殊的成分、结构和性质。当用作建筑物的地基时，如果不注意这些特点就容易造成事故。通常把那些具有特殊工程性质的土类称为**特殊土**。特殊土种类很多，大部分都带有地区特点，故又有**区域性特殊土**之称。

我国主要的区域性特殊土包括**湿陷性黄土**、**膨胀土**、**红黏土**、**软土**和**多年冻土**等。有关软土，已在第5章中作过介绍，本章不再赘述。限于篇幅，本章将主要介绍在我国分布较广的湿陷性黄土和膨胀土特殊的工程性质及用作地基时应采取的工程措施。

7.1 湿陷性黄土地基

7.1.1 概述

黄土是一种第四纪地质历史时期干旱和半干旱气候条件下的堆积物，在世界许多地方分布甚广，约占陆地总面积的9.3%。黄土的内部物质成分和外部形态特征都不同于同时期的其他沉积物，在地理分布上也有一定的规律性。

1. 黄土的主要特征

黄土具有以下一些主要特征：

(1) 外观颜色呈黄色或褐黄色。

(2) 颗粒组成以粉土颗粒为主，含量常占60%以上。表7-1为我国一些主要湿陷性黄土地区黄土的颗粒组成。

(3) 孔隙比e较大，一般在0.8～1.2，具有肉眼可见的大孔隙，且垂直节理发育。

(4) 富含碳酸钙盐类。

2. 黄土的分布

世界上黄土主要分布于中纬度干旱和半干旱地区，如法国的中部和北部，东欧的罗马尼亚、保加利亚、俄罗斯、乌克兰、乌兹别克，美国沿密西西比河流域及西部不少地方。在我国，黄土地域辽阔，面积达 60 多万 km^2，其中湿陷性黄土约占黄土总面积的 3/4，主要分布在山西、陕西、甘肃的大部分地区，河南西部和宁夏、青海、河北的部分地区。此外，新疆、内蒙古和山东、辽宁、黑龙江等省区也有分布，但不连续。在这些地区中，以黄河中游地区最为发育，在这里黄土几乎整片覆盖于全区的地表，厚度大，可达 100m 以上，而湿陷性黄土的厚度也可达 20～30m。

表 7-1 湿陷性黄土的颗粒组成 (%)

地区	粒径/mm		
	砂粒 >0.05	粉粒 0.05～0.005	黏粒 <0.005
陇西	20～29	58～72	8～14
陕北	16～27	59～74	12～22
关中	11～25	52～64	19～24
山西	17～25	55～65	18～20
豫西	11～18	53～66	19～26
总体	11～29	52～74	8～26

注：陇——甘肃；关中——函谷关以西，今西安、咸阳一带；豫——河南。

3. 黄土的分类

由于分布的地域广，形成时间所跨越的年代长，黄土的性质差异很大。为了更好地了解和应用各类黄土，长期以来我国的地质界和岩土工程界对黄土的分类与命名进行了许多研究工作，对黄土的认识不断深化和提高，从不同的角度提出各自的分类体系。目前人们经常遇到的分类体系有如下两种：一种是按形成的**地质年代**分类，将黄土按形成时代的早晚分为**老黄土**和**新黄土**。老黄土是指早更新世形成的黄土（简称 Q_1 黄土或午城黄土）和中更新世形成的黄土（Q_2 黄土或离石黄土）；新黄土是指晚更新世形成的黄土（Q_3 黄土或马兰黄土）和全新世形成的黄土（Q_4 黄土）。在 Q_4 黄土中存在一些沉积年代较短、土质不均、结构疏松、压缩性高、承载力低且湿陷性差别较大的黄土，为引起工程设计上的注意而称为**新近堆积**黄土（Q_4^2）。一般认为 Q_1、Q_2、Q_3 黄土为**原生黄土**，以风成为主；Q_4 和新近堆积黄土为**次生黄土**，以水成为主。显然，黄土形成的年代越久，地层位置越深，黄土的密实度越高，工程性质越好，且湿陷性减少直至无湿陷性。另一种分类体系是按黄土遇水后的湿陷性分类，分为**湿陷性**黄土与**非湿陷性**黄土两大类。

黄土在天然含水量（w=10%～20%）状态下，饱和度大都在 40%～60%以内，一般强度较高，压缩性小，能保持直立的陡坡。当在一定压力下（指土的自重压力或自重压力及附加压力之和），受水浸湿，结构迅速破坏，强度随之降低，并产生显著的附加下沉的现象，叫做黄土的**湿陷性**，具有这种湿陷性的黄土叫湿陷性黄土。也有的黄土因含水量高或孔隙比较小，在一定压力下受水浸湿，并无显著下沉的，叫做非湿陷性黄土。非湿陷性黄土的地基设计与一般地基无甚差异，在此不再讨论，本书后面讨论的主要指湿陷性黄土。从黄土形成的地质年代看，Q_1 黄土无湿陷性，Q_2 黄土无湿陷性或有轻微湿陷性，Q_3、Q_4 黄土一般均具有湿陷性乃至强湿陷性。我国新修订的《湿陷性黄土地区建筑规范》(GB 50025—2004)，给出了我国湿陷性黄土工程地质分区略图（图 7-1）及黄土地层的划分与湿陷性关系，见表 7-2。

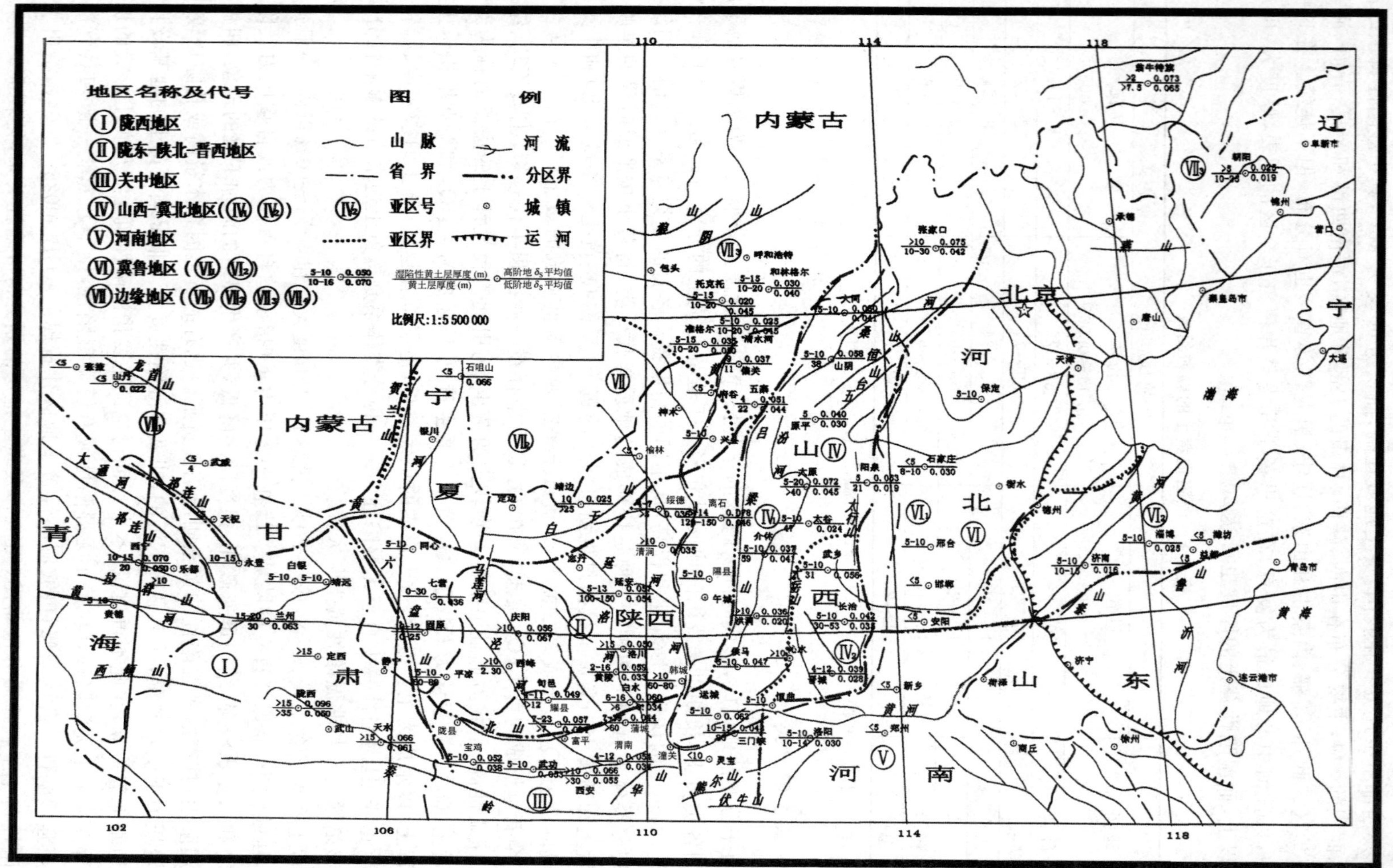

图 7-1 中国湿陷性黄土工程地质分区略图

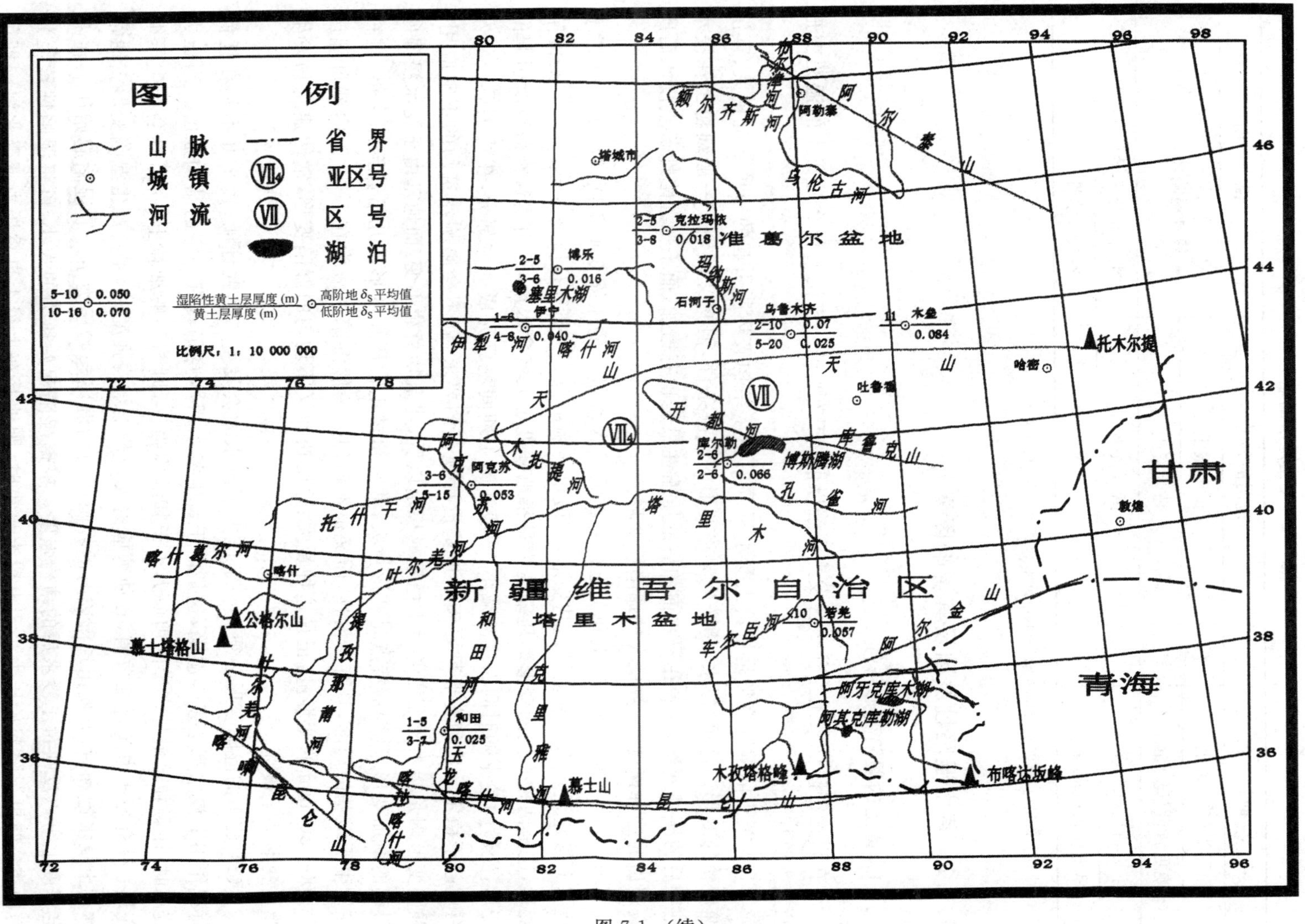
图例
山脉
城镇
河流
省界
亚区号
区号
湖泊
湿陷性黄土层厚度 (m)
黄土层厚度 (m)
高阶地 δ_s 平均值
低阶地 δ_s 平均值
比例尺：1：10 000 000
新疆维吾尔自治区
甘肃
青海
准噶尔盆地
塔里木盆地
阿尔泰山
天山
昆仑山
阿尔金山
库鲁克山
博斯腾湖
赛里木湖
阿牙克库木湖
阿其克库勒湖
托木尔提
公格尔山
慕士塔格山
慕士山
木孜塔格峰
布喀达坂峰
阿勒泰
塔城市
克拉玛依
博乐
伊宁
石河子
乌鲁木齐
木垒
哈密
吐鲁番
库尔勒
阿克苏
喀什
和田
若羌
敦煌

图 7-1（续）

表 7-2 黄土地层的划分

时代		地层的划分	说明
全新世(Q_4)黄土	新黄土	黄土状土	一般具湿陷性
晚更新世(Q_3)黄土		马兰黄土	
中更新世(Q_2)黄土	老黄土	离石黄土	上部部分土层具湿陷性
早更新世(Q_1)黄土		午城黄土	不具湿陷性

注：全新世(Q_4)黄土包括湿陷性(Q_4^1)黄土和新近堆积(Q_4^2)黄土。

7.1.2 黄土湿陷性原因及其影响因素

1. 黄土的湿陷变形特性

在讨论湿陷性黄土为什么会发生湿陷以前，有必要进一步说明什么是黄土的**湿陷变形**及其主要特点。

(1) 黄土的湿陷变形是指黄土受水浸湿后由于结构破坏所引起的一种下沉量大、下沉速度快的变形。这里"浸水"是产生湿陷变形的先决条件，但它又区别于**一般细粒土**在浸水饱和后的压缩变形，后者在浸水饱和后的压缩性只是稍有增加，而不像湿陷性黄土浸水后所表现出的这种速度快、数量大的塌陷性变形。

另外，黄土的湿陷变形也和黄土自身在天然含水量下的压缩变形不同。在湿陷性黄土地基上修建建筑物所发生的地基变形，一般包括两部分：一部分是压缩变形，一部分是湿陷变形，这是两种不同的变形。压缩变形是指地基处于天然含水量时，由建筑物荷载所引起的变形，变形的速率随时间而逐渐减小，一般在施工期间就已完成一大部分，在竣工后一年左右就趋于稳定。这种变形只要满足地基设计规范的要求，就不会影响建筑物的正常应用。湿陷变形则是指当压缩变形尚未稳定或稳定以后，建筑物荷载不变，而地基由于受水浸湿所引起的附加变形，其变形特点是变形量大，常常超过正常压缩变形的几倍甚至几十倍，且往往发生于地基的局部，具有突发性，而又很不均匀。一般湿陷事故常在1～2天内就可能产生200～300mm的变形量，正是这种量大、速度快而又不均匀的湿陷变形，常使建筑物发生严重变形甚至破坏。

(2) 黄土的湿陷变形必须在一定压力下浸水才会发生。实践证明，黄土并不是在任何荷载作用下浸水都会发生湿陷，这是由于黄土浸水后本身仍具有一定的结构强度。当压力较小时，在颗粒接触处产生的剪应力小于其结构强度，则与一般细粒土一样，只会产生压缩变形；只有当压力超过某数值，致使剪应力大于黄土结构强度时，才会产生湿陷变形。通常称黄土浸水饱和后，开始出现湿陷时的界限压力为**湿陷起始压力** p_{sh}，故湿陷起始压力在一定程度上可以反映黄土浸水后的结构强度。根据湿陷起始压力的大小，可将湿陷性黄土分为两类：如果湿陷起始压力小于上覆土自重时，则地基在上覆土自重压力下受水浸湿即可发生湿陷，称这类黄土为**自重湿陷性黄土**；如果土的湿陷起始压力大于上覆土的自重，则在上覆土自重压力下，地基土受水浸湿并不产生湿陷，而是当自重压力与附加压力之和大于土的湿陷起始压力时，地基土受水浸湿才发生湿陷，称这类黄土为**非自重湿陷性黄土**。显然，前者的湿陷性大于后者。

2. 黄土的湿陷原因

黄土的湿陷现象是一个复杂的地质、物理、化学过程。黄土湿陷的原因和机理，是半个世纪以来国内外岩土工程工作者所探求的重要课题，虽然他们已提出了多种不同的理论和假说，但至今尚未获得一种大家公认的理论能够充分地解释所有的湿陷现象和本质。尽管解释黄土湿陷原因的观点各异，但归纳起来可分为外因和内因两个方面：外因就是前面已讲的水和荷载，内因是组成黄土的物质成分和其特有的结构体系。本书只将其中几种被公认为能比较合理解释湿陷现象的假说和观点作简要介绍。

（1）黄土的欠压密理论

该理论首先由苏联学者捷尼索夫（Н. Я. Денисов）于 1953 年提出。他认为黄土在沉积过程中处于欠压密状态，存在着超额孔隙是黄土遇水产生湿陷的原因。造成黄土这种欠压密状态的主要原因是与黄土在形成过程中的干旱、半干旱的气候条件分不开的。在这种干燥、少雨的气候条件下，土层中的蒸发影响深度常大于大气降水的浸湿深度。处于降水影响深度以下的土层内，水分不断蒸发，土粒间的盐类析出，胶体凝固形成固化黏聚力，从而阻止了上面的土对下面土的压密作用而成为欠压密状态，长此往复循环，使得堆积的欠压密土层越积越厚，以致形成了目前存在的这种低湿度、高孔隙比的欠压密、非饱和的湿陷性黄土。一旦水浸入较深，固化黏聚力消失，就产生湿陷。

该理论中的欠压密状态的观点被公认是可取的，且易于被人们接受，但该理论并未涉及黄土湿陷变形的具体机理。

（2）溶盐假说

该假说认为黄土湿陷性原因是由于黄土中存在大量的可溶盐。当黄土中含水量较低时，易溶盐处于微晶状态，附在颗粒表面，起着胶结作用；当受水浸湿后，易溶盐溶解，胶结作用丧失，因而产生湿陷。对这种假说，长期以来也存在不同看法。应该说浸水湿陷现象与黄土中易溶盐的存在有一定的关系，但尚不能解释所有的湿陷现象，例如我国湿陷性黄土中的易溶盐含量都较少。此外，拉里诺夫（Ларионов）于 1959 年提出，即使黄土中含水量只有 10％左右，黄土中的易溶盐也已溶解于毛细角边水中，因此不存在易溶盐的浸水溶解问题。我国学者的研究也证明了这一点，如有人从西安大雁塔的马兰黄土中取样进行试验研究得知，其中易溶盐含量仅占 0.195％，而且天然含水量为 21.7％，足以将其全部溶解，故认为仅是易溶盐溶解尚不足以说明黄土的湿陷性。

（3）结构学说

该学说是通过对微观黄土结构的研究，应用黄土的结构特征来解释湿陷产生的原因和机理。随着现代科学技术的发展，特别是扫描电镜和 X 射线能谱探测的应用，结构学说获得迅速发展，我国不少学者较早就对这一学说进行了深入的研究。

按照该学说，黄土湿陷的根本原因是由于湿陷性黄土所具有的特殊结构体系所造成的。这种结构体系是由集粒和碎屑组成的骨架颗粒相互连接形成的一种粒状架空结构体系，见图 7-2。这种架空结构体系首先在堆积过程中，除了形成有正常配位排列的粒间孔隙外，还存在着大量非正常配位排列的**架空孔隙**；其次，颗粒间的连接强度是在干旱、半干旱条件下形成的，这些连接强度主要来源于：①上覆荷重传递到连接点上的有效法向应力；②少量的水在粒间接触处形成的毛细管压力；③粒间电分子引力；④粒间摩擦系数及少量胶凝物质的固化黏聚等。这个粒状架空结构体系在水和外荷的共同作用下，必然迅速导致连接强度降低、连接点破坏，使整个结构体系失去稳定(图7-3)。结构学说认为这就是湿陷变形发展的机制。

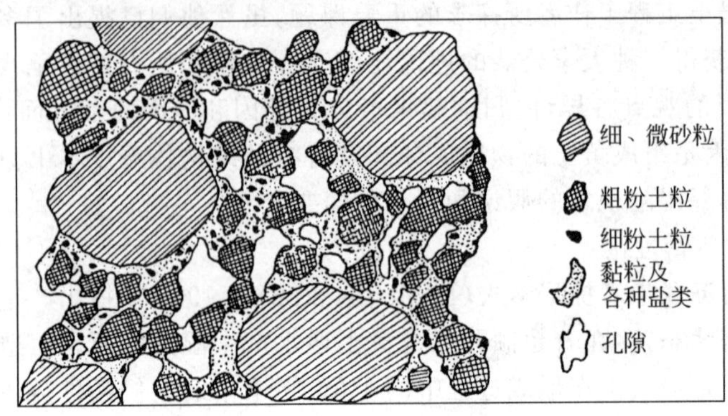

图7-2　黄土结构示意图

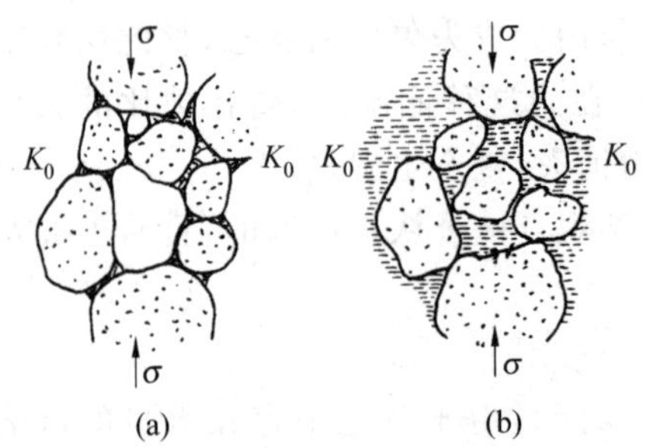

图7-3　浸水前后黄土结构示意图

(a)浸水前；(b)浸水后

3. 影响黄土湿陷性的因素

(1) 物质成分的影响

如前所述，黄土具有湿陷性的原因是来自组成黄土的物质成分和其特殊的结构，而黄土的结构也与组成黄土的物质成分有关。在组成黄土的物质成分中，黏粒含量对湿陷性有一定的影响，一般情况下，黏粒含量越多则湿陷性越小，特别是胶结能力较强的小于0.001mm颗粒的含量影响更大。在我国分布的黄土中，其湿陷性存在着由西北向东南递减的趋势，这与自西北向东南方向砂粒含量减少而黏粒增多的情况相一致。另外，黄土中所含的盐类及其存在的状态对湿陷性有着更为直接的影响。例如，起胶结作用而难溶解的碳酸钙含量增大时，黄土的湿陷性减弱；而中溶性石膏及其他碳酸盐、硫酸盐和氯化物等易溶盐的含量越多，则湿陷性越强。

(2) 物理性质的影响

这主要是指孔隙比和含水量的大小对湿陷性的影响。在其他条件相同的情况下，黄土的孔隙比越大，湿陷性越强；而含水量越高，则湿陷性越小；但当天然含水量相同时，黄土的湿陷变形随湿度增长程度的增加而加大。浸水前饱和度 $S_r \geqslant 85\%$ 的黄土，可称为饱和黄土，饱和黄土的湿陷性已退化，可按一般细粒土进行地基计算。

除以上两项因素外，黄土的湿陷性还受外加压力的影响，外加压力越大，湿陷结构受破坏越完全，所以随着外加荷载的增大，湿陷量也将显著增大。

7.1.3　黄土湿陷性评价

在湿陷性黄土地区进行建设，正确评价地基的湿陷性具有重大的实际意义。黄土的湿陷性评价一般包括 3 方面内容：首先需要查明，黄土土层在一定压力下浸水有无湿陷性；其次，如果是湿陷性黄土土层，则要判定**场地的湿陷类型**，是自重湿陷性，还是非自重湿陷性，因为在其他条件相同时，自重湿陷性黄土地基受水浸湿后的湿陷事故，要比非自重湿陷性黄土地基更严重；最后，判定湿陷性黄土**地基的湿陷等级**，即根据场地的湿陷类型和在**规定的压力**作用下，地基充分浸水时可能产生的湿陷变形量，判定湿陷的严重程度。

关于对黄土地基湿陷性的评价标准，各国不尽相同。下面所介绍的评价方法是我国现行《湿陷性黄土地区建筑规范》所规定的标准。

1. 湿陷系数及黄土湿陷性的判别

黄土是否具有湿陷性以及湿陷性的强弱，应按室内湿陷性试验所测定的**湿陷系数** δ_s 值判定。

1) δ_s 的测定及应用

δ_s 测定方法与一般原状土的侧限压缩试验方法基本相同。将原状不扰动土样装入侧限压缩仪内，逐级加压，在达到**规定压力** p 且下沉稳定后，测定土样的高度，然后对土样浸水饱和，待附加下沉稳定后，再测出土样浸水后的高度(图 7-4)，即可按下式计算湿陷系数 δ_s：

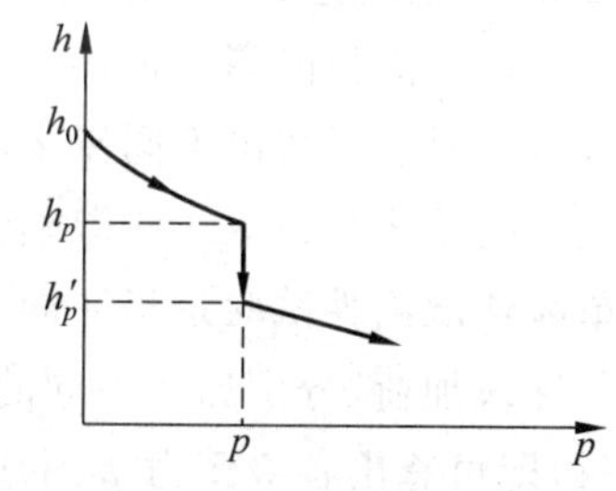

图 7-4　在压力 p 下黄土浸水压缩曲线

$$\delta_s = \frac{h_p - h'_p}{h_0} \tag{7-1a}$$

或

$$\delta_s = \frac{e_p - e'_p}{1 + e_0} \tag{7-1b}$$

式中：h_0——土样原始高度，mm；

h_p——土样在压力 p 作用下压缩稳定后的高度，mm；

h'_p——土样浸水(饱和)作用下，附加下沉稳定后的高度，mm；

e_0——土样的原始孔隙比；

e_p——土样在压力 p 作用下，下沉稳定后的孔隙比；

e'_p——浸水(饱和)下沉稳定后的孔隙比。

从式(7-1)不难看出，湿陷系数 δ_s 是土样因浸水饱和所产生的附加应变。显然，试验测得的 δ_s 小，则湿陷性弱；δ_s 大则湿陷性强。δ_s 的大小不但取决于土的湿陷性，而且还与浸水时的压力 p 有关。试验中，测定湿陷系数时所用的压力 p 用地基中黄土的实际压力虽然比较合理,但存在不少具体问题,特别是在初勘阶段,建筑物的平面位置、基础尺寸和基础埋深等均尚未确定,故实际压力的大小难以预估。鉴于一般工业与民用建筑基底下10m内的附加压力与土的自重压力之和接近200kPa,10m以下附加压力很小,主要是上覆土层的自重压力,故《湿陷性黄土地区建筑规范》规定:自基础底面(如基底标高不确定则自地面下1.5m)算起,基底10m以内的土层,p值应用200kPa;10m以下至非湿陷性土层顶面,应用其上覆土的饱和自重压力(当大于300kPa时,仍应用300kPa)。但若基底压力大于300kPa时,宜按实际压力下所测定的δ_s值判别黄土的湿陷性。对于压缩性较高的新近沉积黄土,基底5m内的土层则宜用100~150kPa压力,5~10m和10m以下至非湿陷性黄土层顶面,应分别用200kPa和上覆土层的饱和自重压力。

湿陷系数δ_s在工程中的主要用途是用来判别黄土的湿陷性,当$\delta_s<0.015$时,定为**非湿陷性黄土**,当$\delta_s\geqslant0.015$时,则定为**湿陷性黄土**。《湿陷性黄土地区建筑规范》还根据多年的试验研究资料及工程实践增加了对湿陷性黄土"湿陷程度"的判别,可根据湿陷系数δ_s的大小分为下列三种:

(1) 当$0.015\leqslant\delta_s\leqslant0.03$时,湿陷性轻微;

(2) 当$0.03<\delta_s\leqslant0.07$时,湿陷性中等;

(3) 当$\delta_s>0.07$时,湿陷性强烈。

2) δ_s与湿陷起始压力p_{sh}

用上述方法只能测出在某一个规定压力下的湿陷系数,有时工程上需要确定湿陷起始压力p_{sh},这时就要找出不同浸水压力p与湿陷系数δ_s之间的变化关系。为此,可采用室内压缩试验的单线法或双线法湿陷性试验确定。

单线法湿陷性试验是指在同一取土点的同一深度处至少取5个环刀试样,均在天然含水量下逐级加荷,分别加至不同的规定压力,下沉稳定后浸水饱和至附加下沉稳定为止,按式(7-1)即可算出各级压力p对应的湿陷系数δ_s。

双线法湿陷性试验是指在同一取土点的同一深度处取两个环刀试样,一个在天然含水量下逐级加荷,另一个在天然含水量下加第一级荷载,下沉稳定后浸水,至湿陷稳定,再逐级加荷,如图7-5(a)所示。以两曲线同一压力下的下沉量之差作为湿陷量,同样可按式(7-1)计算出各级压力下对应的湿陷系数值,并可绘出如图7-5(b)所示的p-δ_s关系曲线图。取该曲线上$\delta_s=0.015$所对应的压力作为湿陷起始压力p_{sh}值。p_{sh}值是个很有用的指标,当地基中的应力(自重应力与附加应力之和)小于p_{sh}值时,浸水所产生的湿陷量很小,可按照一般非湿陷性地基考虑。一般来说,双线法测得的湿陷量小于单线法。

2. 建筑场地湿陷类型的划分

工程实践表明,自重湿陷性黄土场地的湿陷引起的事故要比非自重湿陷性黄土场地多,而且对建筑物的危害较大。因此,在设计前对建筑场地进行勘察,正确划分场地的湿陷类型是非常重要的。划分建筑物场地的湿陷类型有两种方法:一种是按现场试坑浸水试验的自重湿陷量**实测值**Δ'_{zs}判定;另一种是按室内黄土湿陷性试验累计的自重湿陷量**计算值**Δ_{zs}判定。第一种方法虽然比较准确可靠,但费时、费水,有时受各种条件的限制,往往不易做到。因此除在新建区中的重要建筑应采用试坑浸水试验外,对一般建筑物可按自重湿陷量的计

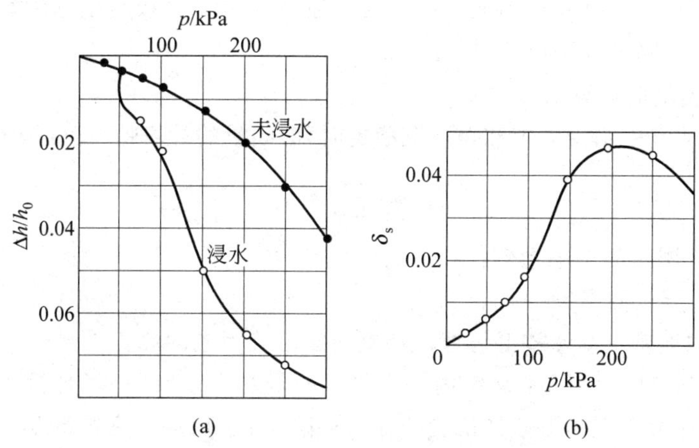

图 7-5　浸水压缩试验曲线

(a) 双线法压缩曲线；(b) p-δ_s 关系曲线

算值划分场地湿陷类型。

(1) 自重湿陷量的计算

为计算自重湿陷量，首先要测定自重湿陷系数指标 δ_{zs}。δ_{zs} 的测定方法与 δ_s 的测定方法相同，即 $\delta_{zs}=\dfrac{h_z-h'_z}{h_0}$。式中 h_z 是加压至上覆土饱和自重压力时下沉稳定的高度，h'_z 是浸水后，附加下沉稳定后的高度。

根据各深度土层测得的自重湿陷系数 δ_{zs} 和自天然地面算起（当挖、填方的厚度和面积较大时，应自设计地面算起）的全部湿陷性黄土层的厚度（不包括自重湿陷系数 $\delta_{zs}<0.015$ 的土层），即可由下式计算该场地的自重湿陷量计算值 Δ_{zs}：

$$\Delta_{zs}=\beta_0\sum_{i=1}^{n}\delta_{zsi}h_i \tag{7-2}$$

式中：δ_{zsi}——第 i 层土的自重湿陷系数；

h_i——第 i 层土的厚度，mm；

β_0——因地区土质而异的修正系数，该值根据各地室内试验值和现场试坑浸水资料进行对比分析后得出，在缺乏实测资料时对陇西地区可取 1.5，陇东、陕北、晋西地区可取 1.2，关中地区取 0.9，其他地区可取 0.5，用 β_0 值修正后，可提高场地湿陷类型判定的准确性和可靠度。

(2) 场地湿陷类型的划分

建筑场地的湿陷类型，不论是按上述室内湿陷性试验累计的自重湿陷量计算值 Δ_{zs}，或是按现场浸水试验测定的自重湿陷量实测值 Δ'_{zs}，其判定标准一样，均为：

当 Δ_{zs}（或 Δ'_{zs}）$\leqslant$70mm 时，应定为**非自重湿陷性黄土场地**；

当 Δ_{zs}（或 Δ'_{zs}）$>$70mm 时，应定为**自重湿陷性黄土场地**。

当自重湿陷量的实测值 Δ'_{zs} 和计算值 Δ_{sz} 出现矛盾时，应按自重湿陷量的实测值进行判定。

3. 湿陷性黄土地基湿陷等级的划分

作为建筑物的地基，在评价其湿陷等级时，除了要考虑自重引起的湿陷量外，还要考虑地基中附加应力引起的湿陷量,因而湿陷性黄土地基的湿陷等级是根据**地基**湿陷量的计算值 Δ_s 和**场地**自重湿陷量计算值 Δ_{zs} 划分的。

(1) **地基**湿陷量的计算值 Δ_s

湿陷性黄土地基受水浸湿饱和至下沉稳定时,湿陷量的计算值 Δ_s 应按下式计算:

$$\Delta_s = \sum_{i=1}^{n} \beta \delta_{si} h_i \tag{7-3}$$

式中:δ_{si}——第 i 层土的湿陷系数;

h_i——第 i 层土的厚度,mm;

β——考虑地基土受水浸湿可能性和侧向挤出等因素的修正系数。

考虑修正系数 β 的原因是:从室内外大量试验资料发现,同一场地浸水现场载荷试验的实测湿陷量往往大于室内湿陷性试验的计算湿陷量,这是由于室内湿陷性试验试件无侧向挤出,而现场载荷试验土体侧向挤出较明显所导致。为此,在地基湿陷量的计算值公式中,乘以反映地基土侧向挤出等因素的修正系数 β 值,可使计算的湿陷量接近于实测的湿陷量。β 值不是固定不变的常数,《湿陷性黄土地区建筑规范》规定,在基底下 0~5m 深度内,取 $\beta=1.5$;5~10m 深度内,取 $\beta=1$;基底下 10m 以下至非湿陷性黄土层顶面,在自重湿陷性黄土场地,可取工程所在地区的 β_0 值。

计算 Δ_s 时,土层厚度应自基础底面(如基底标高不确定时,自地面下 1.5m)算起。对非自重湿陷性黄土场地,累计至基底下 10m(或压缩层)深度为止;对自重湿陷性黄土场地,累计至非湿陷黄土层的顶面止。其中湿陷系数 δ_s(10m 以下为 δ_{zs})小于 0.015 的土层不应累计。

这里要指出的是,按此方法求得的湿陷量计算值 Δ_s 是在最不利情况下的湿陷量,即地基要受水浸湿达完全饱和时的可能湿陷量,也即最大湿陷量。而黄土的湿陷变形是与浸水中含水量的变化有密切关系的,故有的学者指出,黄土地基上建筑物的破坏与其说是湿陷量过大,还不如说是湿陷差过大,黄土地基的主要威胁不是来自均匀土层的全面浸水。而且,地基的浸水(地下水位上升除外)也不会都达到饱和的湿陷水平,而只是沿地基深度土的含水量有不同程度的增加。因而认为这种以最大湿陷势为主线的地基设计思想可能在有些条件下造成不必要的浪费。当然也应看到,在目前情况下,考虑采用不同含水量下的湿陷量试验较为复杂,一些生产单位不易接受,故《湿陷性黄土地区建筑规范》仍以地基浸水饱和条件下的湿陷量作为判别地基湿陷等级的依据。

(2) 湿陷等级的划分

根据上述地基湿陷量计算值 Δ_s 和场地自重湿陷量计算值 Δ_{zs} 的大小,将湿陷性黄土地基的湿陷等级分为Ⅰ(轻微),Ⅱ(中等),Ⅲ(严重),Ⅳ(很严重)四级,见表 7-3。

表 7-3 湿陷性黄土地基的湿陷等级 mm

Δ_s	湿陷类型		
	非自重湿陷性场地	自重湿陷性场地	
	$\Delta_{zs} \leqslant 70$	$70 < \Delta_{zs} \leqslant 350$	$\Delta_{zs} > 350$
$\Delta_s \leqslant 300$	Ⅰ(轻微)	Ⅱ(中等)	—
$300 < \Delta_s \leqslant 700$	Ⅱ(中等)	Ⅱ(中等)或Ⅲ(严重)*	Ⅲ(严重)
$\Delta_s > 700$	Ⅱ(中等)	Ⅲ(严重)	Ⅳ(很严重)

* 当湿陷量的计算值 $\Delta_s > 600$mm,自重湿陷量的计算值 $\Delta_{zs} > 300$mm 时,可判为Ⅲ级,其他情况可判为Ⅱ级。

例 7-1 河北地区某黄土建筑场地,工程勘察时每1m取一土样,测得各土样的δ_{zs}和δ_s如表7-4所示,试判定场地的湿陷类型和地基的湿陷等级。

表7-4 例7-1中土样的δ_{zs}和δ_s

取土深度/m	0.5	1.5	2.5	3.5	4.5	5.5	6.5	7.5	8.5	9.5	10.5
δ_{zs}	0.01*	0.014*	0.02	0.017	0.05	0.01*	0.02	0.015	0.04	0.002*	0.002*
δ_s	0.045	0.038	0.052	0.027	0.056	0.048	0.040	0.036	0.025	0.012*	0.011*

* δ_{zs}或$\delta_s<0.015$,属非湿陷性土层。

解 (1) 场地湿陷类型判别

计算自重湿陷量Δ_{zs}自天然地面算起,至其下非湿陷性黄土层顶面止。

根据《湿陷性黄土地区建筑规范》在河北地区β_0可取0.5,按式(7-2)知

$$\Delta_{zs}=\beta_0\sum_{i=1}^{n}\delta_{zsi}h_i$$

则 $\Delta_{zs}=0.5\times(0.02+0.017+0.05+0.02+0.015+0.04)\times1000$

$=81.0(\mathrm{mm})>70(\mathrm{mm})$

故该场地应判定为自重湿陷性黄土场地。

(2) 地基湿陷性等级判别

先计算黄土地基湿陷量的计算值Δ_s,按式(7-3)

$$\Delta_s=\sum_{i=1}^{n}\beta\delta_{si}h_i$$

根据规范,β值的选取为:基底下0~5m深度内取$\beta=1.5$;5~10m深度内取$\beta=1$。Δ_s的计算深度因本题基底标高不确定,故自地面下1.5m算起,累计至非湿陷性黄土层顶面止。

则

$$\begin{aligned}\Delta_s&=1.5\times(0.5\times0.038+0.052+0.027+0.056+0.048+0.5\times0.040)\times1000\\&\quad+1.0\times(0.5\times0.040+0.036+0.025)\times1000\\&=414(\mathrm{mm})\end{aligned}$$

查表7-3知:该湿陷性黄土地基的湿陷等级可判定为Ⅱ级(中等)。

7.1.4 湿陷性黄土地基的工程措施

在湿陷性黄土地区进行建设,地基应满足承载力、湿陷变形、压缩变形和稳定性的要求。计算方法与一般浅基础相同,具体的控制数值,如承载力等,则按《湿陷性黄土地区建筑规范》所给的资料查用。此外,尚应根据各地湿陷性黄土的特点和建筑物的类别,因地制宜,采取以地基处理为主的综合措施,以防止或控制地基湿陷,保证建筑物的安全与正常使用。建筑工程设计的综合措施主要有地基处理措施、防水措施和结构措施三种。

1. 地基处理措施

地基处理是防止黄土湿陷性危害的主要措施。通过换土或加密等各种方法,改善土的

物理力学性质,消除地基的全部湿陷量,使处理后的地基不具湿陷性;或者是消除地基的部分湿陷量,控制下部未处理土层的湿陷量不超过规范规定的数值。

当地基的湿陷性大,要求处理的土层深,技术上有困难或经济上不合理时,也可采用深基础或桩基础穿越湿陷性土层将上部荷载直接传到非湿陷性土层或岩层中。

《湿陷性黄土地区建筑规范》根据建筑物的重要性及地基受水浸湿可能性的大小,和在使用期间对不均匀沉降限制的严格程度,将建筑物分为甲、乙、丙、丁四类,见表7-5。

表7-5 建筑物分类

建筑物分类	各类建筑的划分
甲 类	高度大于60m和14层及14层以上体型复杂的建筑 高度大于50m的构筑物 高度大于100m的高耸结构 特别重要的建筑 地基受水浸湿可能性大的重要建筑 对不均匀沉降有严格限制的建筑
乙 类	高度为24～60m的建筑 高度为30～50m的构筑物 高度为50～100m的高耸结构 地基受水浸湿可能性较大的重要建筑 地基受水浸湿可能性大的一般建筑
丙 类	除乙类以外的一般建筑和构筑物
丁 类	次要建筑

对甲类建筑要求消除地基的全部湿陷量,或采用桩基础穿透全部湿陷性土层,或将基础设置在非湿陷性黄土层上。对乙、丙建筑则要求消除地基的部分湿陷量。丁类属次要建筑,地基可不作处理。我国常用的地基处理方法在本书第5章中已有较详细叙述。表7-6列出了处理湿陷性黄土地基的常用方法及其适用范围和可处理的湿陷性黄土层厚度。这些方法在工程实践中应用较广,设计、施工有一定经验。

表7-6 湿陷性黄土地基常用处理方法

名 称	适 用 范 围	可处理的湿陷性黄土层厚度/m
垫层法	地下水位以上,局部或整片处理	1～3
强夯法	地下水位以上,$S_r \leqslant 60\%$的湿陷性黄土,局部或整片处理	3～12
挤密法	地下水位以上,$S_r \leqslant 65\%$的湿陷性黄土	5～15
预浸水法	自重湿陷性黄土场地,地基湿陷等级为Ⅲ级或Ⅳ级,可消除地面下6m以下湿陷性黄土层的全部湿陷性	6m以上,尚应采用垫层或其他方法处理
其他方法	经试验研究或工程实践证明行之有效	

2. 防水措施

防水措施的目的是消除黄土发生湿陷变形的外因,因而也是保证建筑物安全和正常使用的重要措施之一,一定要做好建筑物在施工中及长期使用期间的防水、排水工作,防止地基土受水浸湿。一些基本的防水措施包括:做好场地平整和排水系统,不使地面积水;压实建筑物四周地表土层,做好散水,防止雨水直接渗入地基;主要给排水管道离开房屋要有一定防护距离;配置检漏设施,避免漏水浸泡局部地基土等。具体要求见《湿陷性黄土地区建筑规范》。

3. 结构措施

对于一些地基不处理,或处理后仅消除了地基的部分湿陷量的建筑,除了要采用防水措施外,还应采取结构措施,以减小建筑物的不均匀沉降或使结构能适应地基的湿陷变形,因此结构措施是前两项措施的补充手段。这些措施与第2章所述"减轻建筑物不均匀沉降危害措施"基本相同,可供参考。

7.2 膨胀土地基

7.2.1 膨胀土的特征及对建筑物的危害

膨胀土也是一种很重要的地区性特殊土类,按照我国新修订的《膨胀土地区建筑技术规范》(GB 50112—2013)中的定义,膨胀土应是土中黏粒成分主要由亲水性矿物组成,同时具有显著的吸水膨胀和失水收缩两种变形特性的黏性土。众所周知,一般黏性土也都有膨胀、收缩特性,但其量不大,对工程没有太大的影响;而膨胀土的膨胀—收缩—再膨胀的周期性变形特性非常显著,并常给工程带来危害,因而工程上将其从一般黏性土中区别出来,作为特殊土对待。此外,由于它**同时**具有吸水膨胀和失水收缩的往复胀、缩性,故也称为**胀缩性土**。

1. 膨胀土的一般特征及分布

膨胀土在自然状态下,液性指数 I_L 常小于零,呈坚硬或硬塑状态,孔隙比 e 一般为0.6~1.1,压缩性较低,具有红褐、黄、白等色。过去对这种土的特性不很了解,工程技术人员常误认为其土性坚硬、强度高、压缩性小,可以作为良好的天然地基。实践证明,这种土对工程建设潜伏着严重的破坏性,而且一旦发生工程事故,治理难度很大。

裂隙发育是膨胀土的一个重要特性,常见的裂隙有竖向、斜交和水平三种。竖向裂隙常出露地表,裂隙宽度随深度增加而逐渐尖灭,裂隙间常充填有灰绿色或灰白色黏土。

膨胀土在我国分布范围很广,据现有的资料,广西、云南、湖北、安徽、四川、河南、山东等20多个省、自治区、直辖市均有膨胀土,见图7-6。国外也一样,如美国,50个州中有膨胀土的占40个州,此外印度、澳大利亚、南美洲、非洲和中东广大地区,也都不同程度地分布着膨胀土。目前膨胀土的工程问题已成为世界性的研究课题。自1965年在美国召开首届国际膨胀土学术会议以来,每4年一届。我国对膨胀土的工程问题给予高度重视。自1973年开始有组织地在全国范围内开展了大规模的研究工作,总结出在勘察、设计、施工和维护等方面的成套经验。于1987年编制出我国第一部《膨胀土地区建筑技术规范》(GBJ 112—

1987)。2013年对上述规范进行了修订,编制了《膨胀土地区建筑技术规范》(GBJ 50112—2013),修订的规范总结了1987年以来20余年的工程建设实践经验,参考了国外技术法规和技术标准。

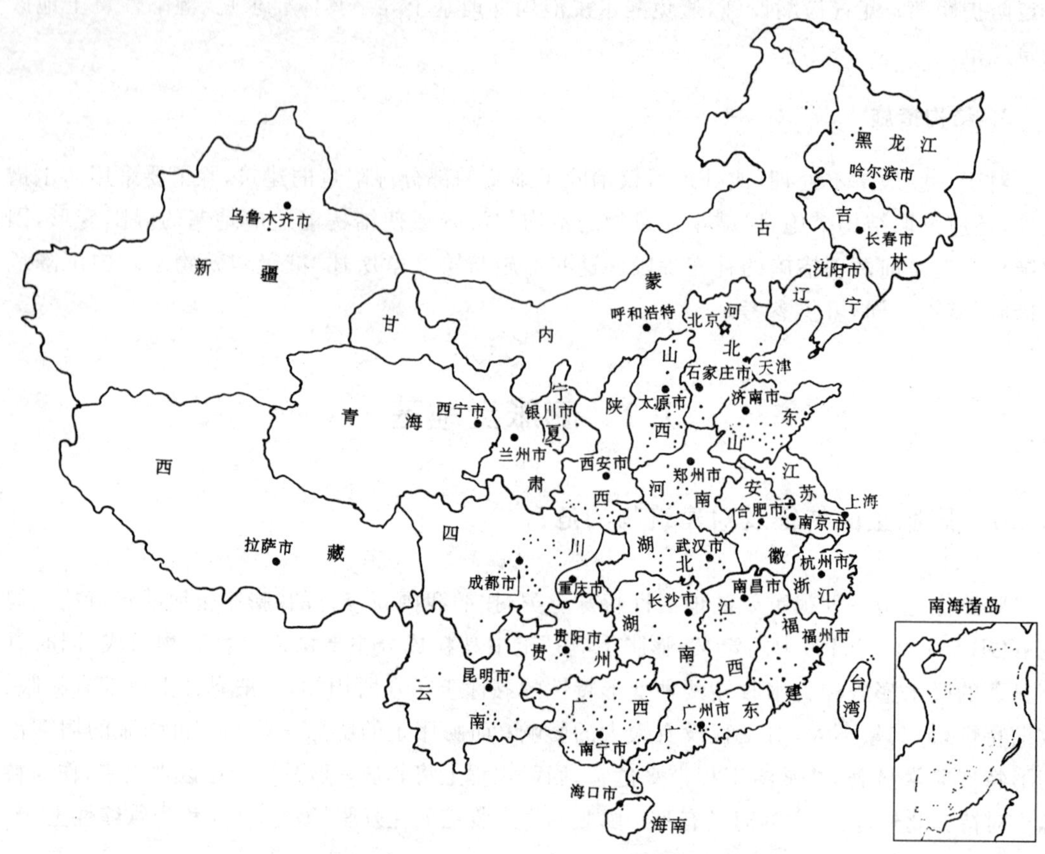

图7-6 经初步调查膨胀土在全国分布概况(黑点为取样位置)

2. 影响膨胀土胀缩特性的主要因素

膨胀土具有胀、缩特性的机理很复杂,属于当前国内外岩土界正在研究中的非饱和土的理论与实践问题。膨胀土之所以具有显著的胀、缩特性,可归因于膨胀土的内在机制与外界因素两个方面。

影响膨胀土胀缩性质的内在机制,主要是指矿物成分及微观结构两方面。实验证明,膨胀土含大量的活性黏土矿物,如蒙脱石和伊利石,尤其是蒙脱石,比表面积大,在低含水量时对水有巨大的吸力,土中蒙脱石含量的多寡直接决定着土的胀缩性质的强弱。除了矿物成分因素外,这些矿物成分在空间上的联结状态也影响其胀缩性质。经对大量不同地点的膨胀土扫描电镜分析得知,面-面连接的叠聚体是膨胀土的一种普遍的结构形式,这种结构比团粒结构具有更大的吸水膨胀和失水收缩的能力。

影响膨胀土胀、缩性质的最大外界因素是水对膨胀土的作用,或者更确切地说,水分的迁移是控制土胀、缩特性的关键外在因素。因为只有土中存在着可能产生水分迁移的梯度和进行水分迁移的途径，才有可能引起土的膨胀或收缩。尽管某一种黏土具有潜在的较高的膨胀势，但如果它的含水量保持不变，则不会有体积变化发生；实践证明，含水量的轻微变化，哪怕只是1%～2%的量值，就足以引起有害的膨胀。土中水分迁移的方式与各种环境因素诸如气候条件、地下水位、地形特征、地面覆盖以及地质构造、土的种类等条件有关。

3. 膨胀土对建筑物的危害

膨胀土这种显著的吸水膨胀、失水收缩特性，给工程建设带来极大危害，使大量的轻型房屋发生开裂、倾斜，公路路基发生破坏，堤岸、路堑产生滑坡。美国土木工程学会在1973年曾进行过统计报道，在美国由于膨胀土问题造成的损失，至少达23亿美元，而据1993年第七届国际膨胀土会议中的报道，目前这种损失每年已超过100亿美元，比洪水、飓风和地震所造成的损失总和的2倍还多。在我国，据不完全统计，在膨胀土地区修建的各类工业与民用浅表层轻型结构，因地基土胀缩变形而导致损坏或破坏每年造成的经济损失达数百亿元。全国通过膨胀土地区的铁路线约占铁路总长度的15%～25%，因膨胀土而带来的各种病害非常严重，每年直接的整修费就在数亿元以上。由于上述情况，膨胀土的工程问题引起学术界和工程界的高度重视。例如途经膨胀土地区的南水北调中线工程，组织了专项科学研究。

在我国，房屋建筑工程是涉及膨胀土较早的工程，故有关膨胀土对房屋建筑造成危害的研究开展较早。研究结果表明，建造在膨胀土地基上的房屋破坏具有如下一些规律：

(1) 建筑物的开裂破坏一般具有地区性成群出现的特点，且以低层、轻型、砌体结构损坏最为严重，因为这类房屋重量轻，结构刚度小，基础埋深浅，地基土易受外界环境变化的影响而产生胀缩变形。

(2) 房屋在垂直和水平方向都受弯和受扭，故在房屋转角处首先开裂，墙上出现正、倒八字形裂缝和X形交叉裂缝(图7-7(a)，(c))，外纵墙基础由于受到地基在膨胀过程中产生的竖向切力和侧向水平推力的作用，造成基础外移而产生水平裂缝，并伴有水平位移(图7-7(b))。图7-8和图7-9为两座建造在膨胀土地基上的轻型建筑物发生裂缝破坏的实例。

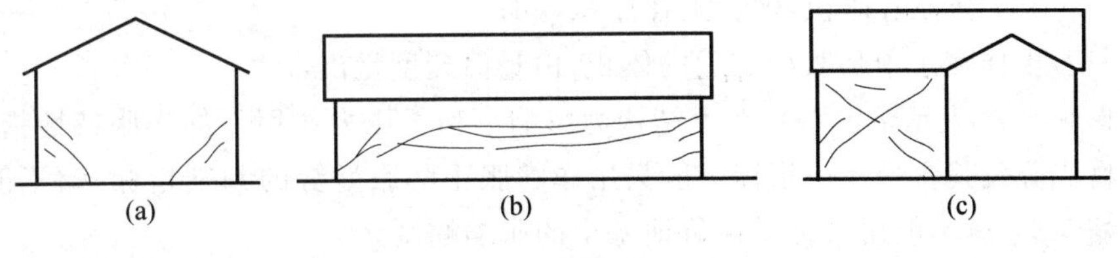

图7-7 墙面裂缝

(a) 山墙上的对称斜裂缝；(b) 外纵墙的水平裂缝；(c) 墙面的交叉裂缝

(3) 坡地上的建筑物，地基变形不仅有垂直向，还伴随有水平向，因而损坏要比平地上普遍而又严重。

图 7-8 房屋一楼转角处的斜裂缝和竖向裂缝
(引自：Proceedings of the 7th International Conference on Expansive Soils. Volume 1，384)

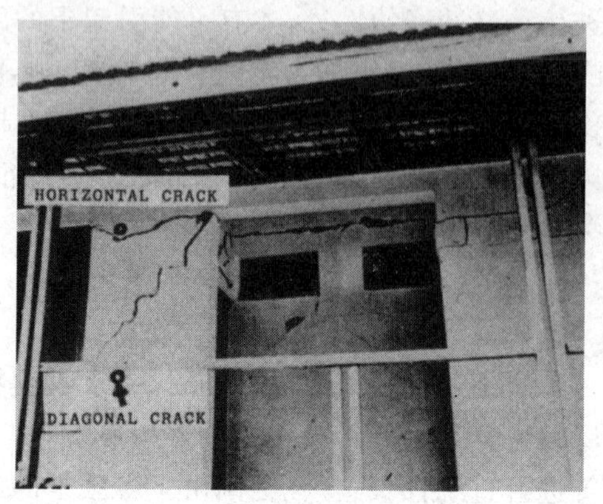

图 7-9 一层建筑物外墙的斜裂缝和水平裂缝
(引自：Proceedings of the 7th International Conference on Expansive Soils. Volume 1，496)

7.2.2 膨胀土的特性指标和膨胀土地基的胀缩等级

1. 膨胀土的胀缩性指标

为判别膨胀土以及评价膨胀土的胀缩性，常用下述一系列胀缩性指标。

(1) 自由膨胀率 δ_{ef}

将人工制备的磨细烘干土样，经无颈漏斗注入量土杯(图 7-10)，量其体积，然后倒入盛水的量筒中，经充分吸水膨胀稳定后，再测其体积。增加的体积与原体积比值的百分率 δ_{ef} 称为**自由膨胀率**。

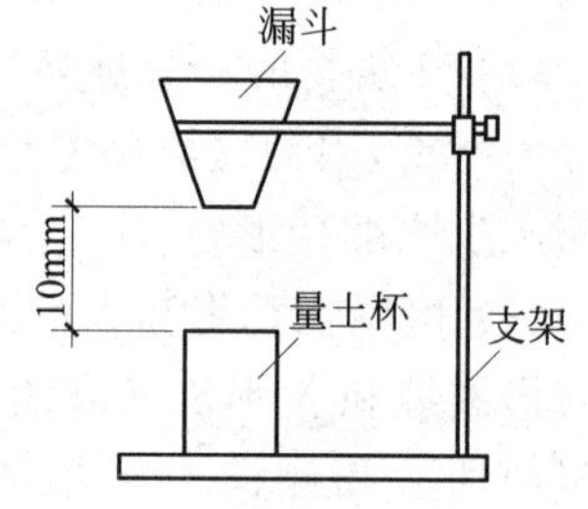

图 7-10 自由膨胀率试验装置

$$\delta_{ef}=\frac{V_w-V_0}{V_0}\times 100\% \tag{7-4}$$

式中：V_0——干土样原有体积，即量土杯体积，ml；

V_w——土样在水中膨胀稳定后的体积，由量筒刻度量出，ml。

自由膨胀率 δ_{ef} 表示干土颗粒在无结构力影响下和无压力作用下的膨胀特性指标，可反映土的矿物成分及其含量。该指标一般只用作膨胀土膨胀潜势的判别指标，它不能反映原状土的胀缩变形，也不能用来定量评价地基土的胀缩幅度。

(2) 膨胀率 δ_{ep} 与膨胀力 p_e

膨胀率 δ_{ep} 表示原状土或扰动土样在侧限压缩仪中，在**一定压力**下，浸水膨胀稳定后，土样增加的高度与原高度之比的百分率，表示为

$$\delta_{ep}=\frac{h_w-h_0}{h_0}\times 100\% \tag{7-5}$$

式中：h_w——某级荷载下土样浸水膨胀稳定后的高度，mm；

h_0——土样的原始高度，mm。

在不同压力下的膨胀率可用于计算地基的实际膨胀变形量或胀缩变形量，其中在50kPa压力下的膨胀率用于计算地基的分级变形量，划分地基的胀、缩等级。

以各级压力下的膨胀率δ_{ep}为纵坐标，压力p为横坐标，将试验结果绘制成p-δ_{ep}关系曲线，该曲线与横坐标的交点p_e称为试样的**膨胀力**，见图7-11。膨胀力表示在侧限条件下原状土样或扰动土样，在体积不变时，由于浸水膨胀产生的最大内应力。膨胀力在选择基础形式及基底压力时，是个很有用的指标。在设计上如果希望消除膨胀变形，应使基底压力接近等于膨胀力。

(3) 线缩率δ_{sr}与收缩系数λ_s

膨胀土失水收缩，其收缩性可用线缩率与收缩系数表示。

线缩率δ_{sr}是指天然湿度下烘干或风干后的环刀土样的竖向收缩变形与原高度之比的百分率，表示为

$$\delta_{sri}=\frac{h_0-h_i}{h_0}\times 100\% \tag{7-6}$$

式中：h_0——土样的原始高度，mm；

h_i——某含水量w_i时的土样高度，mm。

根据不同时刻的线缩率及相应含水量，可绘成收缩曲线(图7-12)。可以看出，随着含水量的蒸发，土样高度逐渐减小，δ_{sr}增大，图中ab段为直线收缩段，bc段为曲线收缩过渡段，至c点后，含水量虽然继续减少，但体积收缩已基本停止。

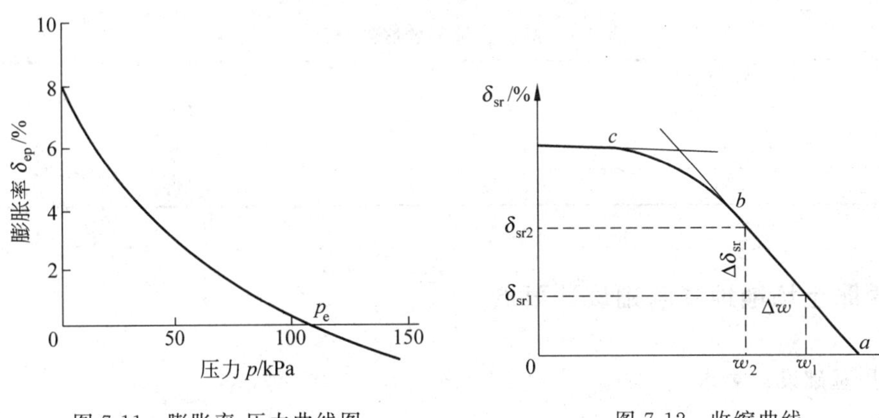

图7-11　膨胀率-压力曲线图

图7-12　收缩曲线

利用直线收缩段可求得**收缩系数**λ_s，其定义为：环刀土样在直线收缩阶段内，含水量每减少1%时所对应的竖向线缩率的改变值，即

$$\lambda_s=\frac{\Delta\delta_{sr}}{\Delta w} \tag{7-7}$$

式中：Δw——收缩过程中，直线变化阶段内，两点含水量之差，%；

$\Delta\delta_{sr}$——收缩过程中，直线变化阶段，两点含水量之差对应的竖向线缩率之差，%。

收缩系数与膨胀率是膨胀土地基变形计算中的两项主要指标。

2. 场地膨胀土的判别

按地貌地形条件，场地可分为两类，即平坦场地与坡地场地。平坦场地是指地形坡度小于5°或地形坡度虽为5°～14°，但距坡肩水平距离大于10m的坡顶地带；坡地场地是指地形

坡度大于5°或地形坡度虽小于5°,但同一建筑物范围内局部地形高差大于1m的场地。在进行地基基础设计时要注意区别对待。

判别场地膨胀土的主要依据是工程地质特征与自由膨胀率。《膨胀土地区建筑技术规范》中规定,凡具有下列工程地质特征及建筑物破坏形态的场地,且自由膨胀率$\delta_{ef}\geqslant 40\%$的黏性土应判定为膨胀土。

(1) 裂隙发育,常有光滑面和擦痕,有的裂隙中充填着灰白、灰绿等杂色黏土,在自然条件下呈坚硬或硬塑状态;

(2) 多出露于二级或二级以上阶地、山前和盆地边缘丘陵地带,地形较平缓,无明显自然陡坎;

(3) 常见有浅层滑坡、地裂,新开挖坑(槽)壁易发生坍塌等现象;

(4) 建筑物多呈"倒八字"、"X"或水平裂缝,裂缝随气候变化而张开和闭合。

3. 膨胀土地基的胀缩等级划分

在评价膨胀土地基胀缩等级时,应根据地基的**膨胀变形量和收缩变形量**对低层砌体房屋的影响程度进行划分,这是因为轻型结构的基底压力小,**胀缩变形量**大,易引起结构破坏的缘故,所以《膨胀土地区建筑技术规范》规定以50kPa压力下(相应于一层砖石结构的基底压力)测定的土的膨胀率计算的地基分级变形量,作为划分胀缩等级的标准,表7-7给出了膨胀土地基的胀、缩等级。

表7-7 膨胀土地基的胀缩分级

地基分级变形量 s_c/mm	级 别
$15\leqslant s_c<35$	Ⅰ
$35\leqslant s_c<70$	Ⅱ
$s_c\geqslant 70$	Ⅲ

7.2.3 膨胀土场地地基基础设计要点

1. 地基基础设计要求

膨胀土场地上的建筑物,根据其重要性、规模、功能要求和工程地质特征,以及土中水分变化可能造成建筑物破坏或影响正常使用的程度,将地基基础分为甲、乙、丙三个设计等级,见表7-8。

表7-8 膨胀土场地地基基础设计等级

设计等级	建筑物和地基类型
甲级	(1) 覆盖面积大、重要的工业与民用建筑物 (2) 使用期间用水量较大的湿润车间,长期承受高温的烟囱、炉、窑以及负温的冷库等建筑物 (3) 对地基变形要求严格或对地基往复升降变形敏感的高温、高压、易燃、易爆的建筑物 (4) 位于坡地上的重要建筑物 (5) 胀缩等级为Ⅲ级的膨胀土地基上的低层建筑物 (6) 高度大于3m的挡土结构、深度大于5m的深基坑工程

续表

设计等级	建筑物和地基类型
乙级	除甲级、丙级以外的工业与民用建筑物
丙级	(1) 次要的建筑物 (2) 场地平坦、地基条件简单且荷载均匀的胀缩等级为Ⅰ级的膨胀土地基上的建筑物

根据建筑物地基基础设计等级及长期作用下地基胀缩变形和压缩变形对上部结构的影响程度，地基基础设计应符合下列规定：

(1) 建筑物的地基计算应满足承载力计算的有关规定；

(2) 地基基础设计等级为甲级、乙级的建筑物，均应按地基变形设计；

(3) 建造在坡地或斜坡附近的建筑物以及经常受水平荷载作用的高层建筑、高耸构筑物和挡土结构、基坑支护等工程，尚应进行稳定性验算。验算时应考虑水平膨胀力的作用。

2. 基础埋置深度

考虑到地表土层长期受到胀缩干湿循环变形的影响，土中裂隙发育，土的强度指标，特别是黏聚力显著降低，坡地上的大量浅层滑坡往往发生在地表下1.0m的范围内，是活动性极强的地带，因此规范规定建筑物的基础埋置深度不应小于1.0m。

建筑物对变形有特殊要求时，应通过地基胀缩变形计算确定。平坦场地上的多层建筑物，以基础埋深为主要防治措施时，基础埋深不应小于大气影响急剧层深度。对于坡脚为5°～14°的坡地，当基础外边缘至坡肩的水平距离为5～10m时，基础埋深(图7-13)可以按照式(7-8)确定

$$d = 0.45d_a + (10 - l_p)\tan\beta + 0.3 \tag{7-8}$$

式中：d——基础埋置深度

d_a——大气影响深度

β——斜坡坡角

l_p——基础外边缘至坡肩的水平距离

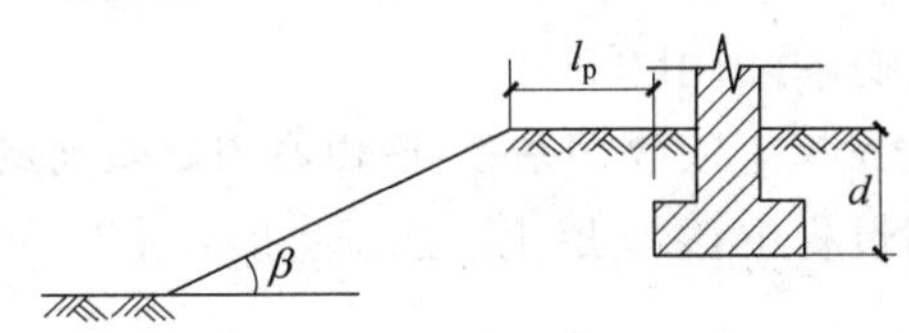

图7-13 坡地上的基础埋深

3. 地基承载力计算

膨胀土场地地基承载力的要求参照第2章式(2-35)和式(2-41)的要求，修正后的地基承载力特征值应按式(7-9)计算。

$$f_a = f_{ak} + \gamma_m(d - 1.0) \tag{7-9}$$

式中：γ_m——基础底面以上土的加权平均重度，地下水位以下取浮重度；

f_{ak}——地基承载力特征值，对于重要建筑物宜采用现场浸水载荷试验确定，对于已有大量试验资料和工程经验的地区可按当地经验确定。

4. 地基变形量计算和变形允许值

膨胀土地基的变形指的是胀、缩变形，而其变形形态与当地气候、地形、地湿、地下水运动以及地面覆盖、树木植被、建筑物重量等因素有关，在不同条件下可表现为三种不同的变形形态，即：上升型变形，下降型变形，升降型变形。因此，膨胀土地基变形量计算应根据实际情况，可按下列三种情况分别计算：①当离地表1m处地基土的天然含水量等于或接近最小值时，或地面有覆盖且无蒸发可能时，以及建筑物在使用期间经常受水浸湿的地基，可按**膨胀变形量**计算；②当离地表1m处地基土的天然含水量大于1.2倍塑限含水量时，或直接受高温作用的地基，可按**收缩变形量**计算；③其他情况下可按**胀、缩变形量**计算。

地基变形量的计算方法仍采用分层总和法。这里分别将上述三种变形量计算方法介绍如下。

(1) 地基土的膨胀变形量 s_e(mm)

$$s_e = \psi_e \sum_{i=1}^{n} \delta_{epi} h_i \tag{7-10}$$

式中：ψ_e——计算膨胀变形量的经验系数，宜根据当地经验确定，若无可依据经验时，3层及3层以下建筑物，可采用0.6；

δ_{epi}——基础底面下第 i 层土在该层土的平均自重应力与平均附加应力之和作用下的膨胀率，由室内试验确定；

h_i——第 i 层土的计算厚度，mm；

n——自基础底面至计算深度 z_n 内所划分的土层数(图7-14(a))，计算深度应根据大气影响深度确定，有浸水可能时，可按浸水影响深度确定。

(2) 地基土的收缩变形量 s_s(mm)

$$s_s = \psi_s \sum_{i=1}^{n} \lambda_{si} \Delta w_i h_i \tag{7-11}$$

式中：ψ_s——计算收缩变形量的经验系数，宜根据当地经验确定，若无可依据经验时，3层及3层以下建筑物，可采用0.8；

λ_{si}——基础底面下第 i 层土的收缩系数，应由室内试验确定；

Δw_i——地基土收缩过程中，第 i 层土可能发生的含水量变化的平均值(以小数表示)(图7-14(b))；

n——自基础底面至计算深度内所划分的土层数，在计算深度内，各土层的含水量变化平均值 Δw_i(图7-14(b))应按式(7-12)、式(7-13)计算，地表下4m深度内存在不透水基岩时，可假定含水量变化值为常数(图7-14(c))。

$$\Delta w_i = \Delta w_1 - (\Delta w_1 - 0.01)\frac{z_i - 1}{z_n - 1} \tag{7-12}$$

$$\Delta w_1 = w_1 - \psi_w w_P \tag{7-13}$$

式中：w_1、w_P——地表下1m处土的天然含水量和塑限含水量(以小数表示)；

ψ_w——土的**湿度系数**；

z_i——第 i 层土的深度，m；

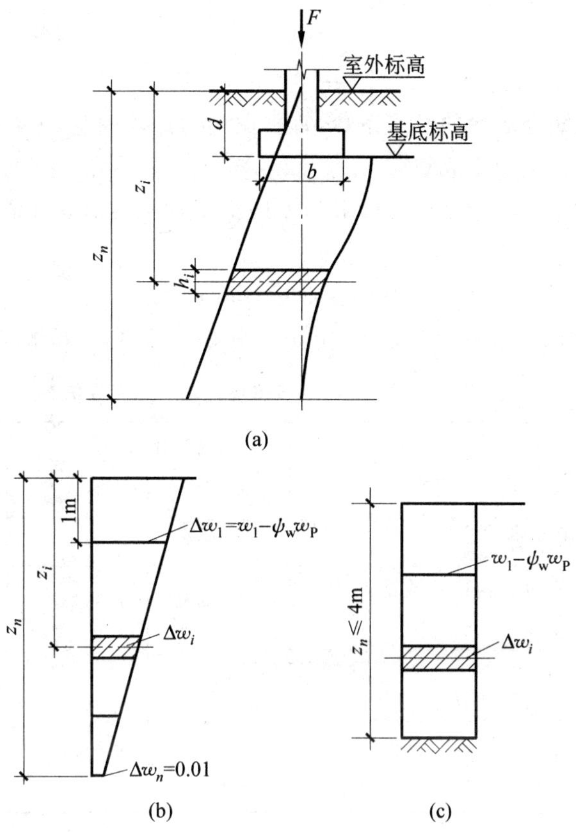

图 7-14　膨胀土地基变形计算示意图

z_n——收缩变形计算深度，应根据大气影响深度确定，当有热源影响时，可按热源影响深度确定，在计算深度内有稳定地下水位时，可计算至水位以上 3m。

膨胀土湿度系数指在自然气候影响下，地表下 1m 深度处土层**含水量可能达到的最小值与其塑限值之比**，应根据当地记录资料确定，无此资料时可按《膨胀土地区建筑技术规范》所给公式计算。

膨胀土的大气影响深度，应由各气候区的深层变形观测或含水量观测及地温观测资料确定；无此资料时，可按表 7-9 采用。

表 7-9　大气影响深度

土的湿度系数 ψ_w	大气影响深度 d_a/m
0.6	5.0
0.7	4.0
0.8	3.5
0.9	3.0

(3) 地基土的胀缩变形量 s_{es}(mm)

$$s_{es} = \psi_{es} \sum_{i=1}^{n} (\delta_{epi} + \lambda_{si} \Delta w_i) h_i \tag{7-14}$$

式中：ψ_{es}——计算胀缩变形量的经验系数,宜根据当地经验确定,无可依据经验时,3层及3层以下建筑物可取0.7。

膨胀土地基上建筑物的地基变形计算值不应大于地基变形允许值,即：

$$s \leqslant [s]$$

式中：s——天然地基或经处理后地基的变形量,mm;

$[s]$——建筑物的地基变形允许值,mm,对膨胀土地基,可按表7-10取值。

表7-10 膨胀土地基建筑物地基变形允许值

结构类型	相对变形		变形量/mm
	种类	数值	
砌体结构	局部倾斜	0.001	15
房屋长度三到四开间及四角有构造柱或配筋的砌体承重结构	局部倾斜	0.0015	30
工业与民用建筑相邻柱基			
(1) 框架结构无填充墙时	变形差	$0.001\,l$	30
(2) 框架结构有填充墙时	变形差	$0.0005\,l$	20
(3) 当基础不均匀升降时不产生附加应力的结构	变形差	$0.003\,l$	40

注：l 为相邻柱基的中心距离,m。

例7-2 某单层住宅位于平坦场地,基础形式为墙下单独基础,基础底面积为800mm×800mm,基础埋置深度 $d=1$m,基础底面处的平均附加压力 $p_0=100$kPa。基底下各层土的试验指标见表7-11。又根据该地区10年以上有关气象资料统计,并按《膨胀土地区建筑技术规范》计算结果知地表下1m处膨胀土的湿度系数 $\psi_w=0.8$。试求地基胀缩总变形量。

表7-11 土的室内试验指标

土号	取土深度/m	天然含水量 w	塑限 w_P	不同压力下的膨胀率 δ_{epi}/kPa				收缩系数 λ_s
				0	25	50	100	
1#	0.85～1.00	0.205	0.219	0.0592	0.0158	0.0084	0.0008	0.28
2#	1.85～2.00	0.204	0.225	0.0718	0.0357	0.0290	0.0187	0.48
3#	2.65～2.80	0.213	0.232	0.0435	0.0205	0.0156	0.0083	0.31
4#	3.25～3.40	0.211	0.242	0.0597	0.0303	0.0249	0.0157	0.37

解 (1) 由于 $\psi_w=0.8$,查表7-9得该地区的大气影响深度 $d_a=3.50$m,因而取地基胀缩变形的计算深度 $z_n=3.50$m。

(2) 将基础埋置深度 d 至计算深度 z_n 范围的土按0.4倍基础宽度分成 n 层,并分别计算出各分层顶面处的自重压力 p_{ci} 和附加压力 p_{zi}(图7-15)。

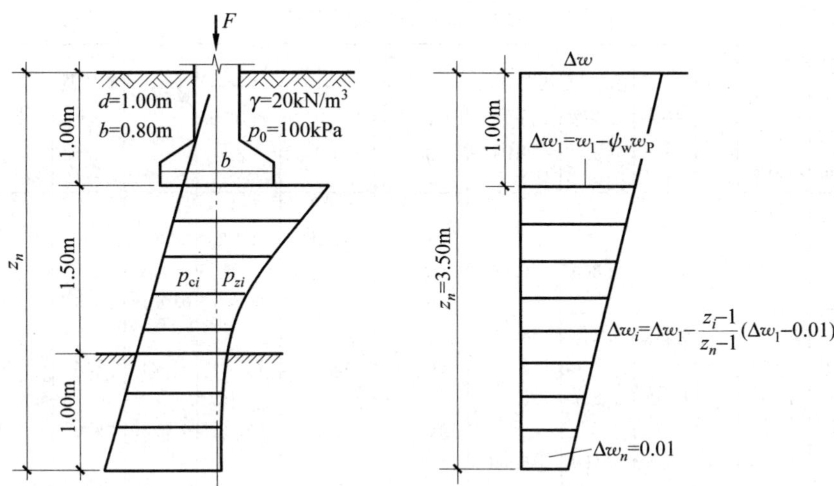

图 7-15 例 7-2 的地基胀缩变形量计算分层示意图

(3) 求出各分层的平均总压力 p_i，在各相应的 δ_{ep}-p 曲线(图 7-16)上查出 δ_{epi}，并计算 $\sum_{i=1}^{n}\delta_{epi}h_i$（表 7-12）。

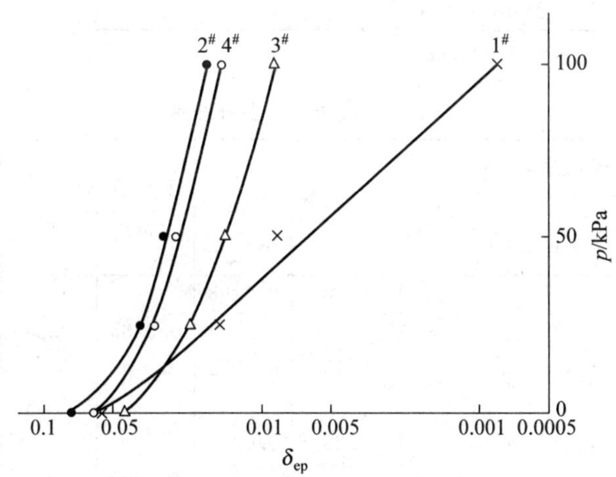

图 7-16 例 7-2 的 δ_{ep}-p 曲线

$$\sum_{i=1}^{n}\delta_{epi}h_i = 40.7(\text{mm})$$

(4) 从表 7-11 查出地表下 1m 处的天然含水量：

$w_1=0.205$，塑限 $w_P=0.219$。则 $\Delta w_1=w_1-\psi_w w_P=0.205-0.8\times0.219=0.0298$。按式(7-12)$\Delta w_i=\Delta w_1-\dfrac{z_i-1}{z_n-1}(\Delta w_1-0.01)$，分别计算出各分层土的含水量变化值，并计算 $\sum_{i=1}^{n}\lambda_{si}\Delta w_i h_i$（表 7-13）；

$$\sum_{i=1}^{n}\lambda_{si}\Delta w_i h_i = 18.5\text{mm}$$

表 7-12 膨胀变形量计算表

点号	深度 z_i /m	分层厚度 h_i /mm	自重压力 p_{ci} /kPa	$\frac{a}{b}$	$\frac{z_i-d}{b}$	附加压力系数 α	附加压力 p_{zi} /kPa	平均值/kPa 自重压力 p_{ci}	平均值/kPa 附加压力 p_{zi}	平均值/kPa 总压力 p_i	膨胀率 δ_{epi}	膨胀量 $\delta_{epi}\cdot h_i$ /mm	累计膨胀量 $\sum\delta_{epi}\cdot h_i$ /mm	备注
0	1.00		20.0		0	1.000	100.00							
		320						23.20	90.00	113.20	0	0	0	
1	1.32		26.40		0.400	0.800	80.00							1#
		320						29.60	62.45	92.05	0.0015	0.5	0.5	
2	1.64		32.80		0.800	0.449	44.90							
		320						36.00	35.30	71.30	0.0240	7.7	8.2	
3	1.96		39.20		1.200	0.257	25.70							
		320						42.40	20.85	63.25	0.0250	8.0	16.2	
4	2.28		45.60	1.0	1.600	0.160	16.00							2#
		220						47.80	14.05	61.85	0.0260	5.7	21.9	
5	2.50		50.00		1.875	0.121	12.10							
		320						53.20	10.30	63.50	0.0130	4.2	26.1	
6	2.82		56.40		2.275	0.085	8.50							3#
		320						59.60	7.50	67.10	0.0220	7.0	33.1	
7	3.14		62.80		2.675	0.065	6.50							
		360						66.40	5.65	72.05	0.0210	7.6	40.7	4#
8	3.50		70.00		3.125	0.048	4.80							

注：基础长度为 a(mm)，基础宽度为 b(mm)。

表 7-13 收缩变形量计算表

点号	深度 z_i /m	分层厚度 h_i /mm	计算深度 z_n /m	$\Delta w_1 = w_1-\psi_w w_P$	$\frac{z_i-1.00}{z_n-1.00}$	Δw_i	平均值 Δw_i	收缩系数 λ_{si}	收缩量 $\lambda_{si}\Delta w_i h_i$ /mm	累计收缩量 /mm
0	1.00				0.00	0.0298				
		320					0.0285	0.28	2.6	2.6
1	1.32				0.13	0.0272				
		320					0.0260	0.28	2.3	4.9
2	1.64				0.26	0.0247				
		320					0.0235	0.48	3.6	8.5
3	1.96				0.38	0.0223				
		320					0.0210	0.48	3.2	11.7
4	2.28		3.50	0.0298	0.51	0.0197				
		220					0.0188	0.48	2.0	13.7
5	2.50				0.60	0.0179				
		320					0.0166	0.31	1.6	15.3
6	2.82				0.73	0.0153				
		320					0.0141	0.37	1.7	17.0
7	3.14				0.86	0.0128				
		360					0.0114	0.37	1.5	18.5
8	3.50				1.00	0.0100				

（5）按式(7-14)求得地基胀缩变形总量为

$$s_{es}=\psi_{es}\sum_{i=1}^{n}(\delta_{epi}+\lambda_{si}\Delta w_i)h_i=0.7\times(40.7+18.5)=0.7\times59.2=41.44(\mathrm{mm})$$

7.2.4　膨胀土地基的主要工程措施

由于膨胀土的变形受外界影响因素较多，对环境变化极为敏感，使得膨胀土地基问题十分复杂，在该种地基上建筑物的设计应遵循预防为主、综合治理的原则。鉴于膨胀土地基的胀缩特点，地基设计时必须严格控制地基最大变形量不超过建筑物的允许变形值；当不满足要求时，应从地基、基础、上部结构以及施工等方面采取措施。

1. 建筑措施

（1）建筑物应尽量布置在地形条件比较简单、土质比较均匀、地形坡度小，胀缩性较弱的场地，不宜建在地下水位升降变化大的地段。

（2）建筑物体型应力求简单。在挖方与填方交界处或地基土显著不均匀处；建筑物平面转折部位或高度(荷重)有显著变化部位以及建筑结构类型不同部位，应设置沉降缝。

（3）加强隔水、排水措施，尽量减少地基土的含水量变化。室外排水应畅通，避免积水，屋面排水宜采用外排水。散水宽度宜稍大，一般均应大于1.2m，并加隔热保温层。

（4）室内地面设计应根据要求区别对待。

对Ⅲ级膨胀土地基和使用要求特别严格的地面，可采取地面配筋或地面架空的措施。对一般工业与民用建筑地面，可按普通地面进行设计，也可采用预制混凝土块铺砌，但块体间应嵌填柔性材料。大面积地面应作分格变形缝。

（5）建筑物周围散水以外的空地宜种草皮。在植树绿化时应注意树种的选择，例如不宜种植吸水量和蒸发量大的桉树等速生树种，而尽可能选用蒸发量小且宜成林的针叶树种或灌木。

2. 结构措施

（1）膨胀土地区宜建造3层以上的高层房屋以加大基底压力，防止膨胀变形。

（2）较均匀的弱膨胀土地基可采用条形基础，若基础埋深较大或条基基底压力较小时，宜采用墩基础。

（3）承重砌体结构可采用实心墙，墙厚不应小于240mm，不得采用空斗墙、砌块墙或无砂混凝土砌体，不宜采用砖拱结构、无砂大孔混凝土和无筋中型砌块等对变形敏感的结构。

（4）为增加房屋的整体刚度，基础顶部和房屋顶层宜设置圈梁，多层房屋的其他各层可隔层设置，必要时也可层层设置。

（5）钢和钢筋混凝土排架结构、山墙和内隔墙应采用与柱基相同的基础形式；围护墙应砌置在基础梁上，基础梁底与地面之间宜留有100mm左右的空隙。

3. 地基处理

膨胀土地基处理的目的在于减小或消除地基胀缩对建筑物产生的危害，常用的方法有如下几种。

(1) 换土垫层

在较强或强膨胀性土层出露较浅的建筑场地,或建筑物在使用上对不均匀变形有严格要求时,可采用非膨胀性的黏性土、砂石、灰土等置换全部或部分膨胀土,以达到减少地基胀缩变形量的目的。换土厚度应通过变形计算确定。平坦场地上Ⅰ、Ⅱ级膨胀土的地基处理,宜采用砂、碎石垫层,垫层厚度不应小于300mm,基础两侧宜采用与垫层相同的材料回填,并做好防水隔水处理。

(2) 增大基础埋深

平坦场地上的多层建筑物,当以基础埋深为主要防治措施时,基础最小埋深不应小于大气影响急剧层深度。

(3) 石灰灌浆加固

在膨胀土中掺入一定量的石灰能有效提高土的强度,增加土中湿度的稳定性,减少膨胀势。工程上可采用压力灌浆的办法将石灰浆液灌注入膨胀土的裂隙中起加固作用。

(4) 桩基

当大气影响深度较深,膨胀土层厚,选用地基加固或墩式基础施工有困难或不经济时,以及胀缩等级为Ⅲ级或设计等级为甲级的膨胀土地基,可选用桩基。这种情况下,桩端应锚固在非膨胀土层或伸入大气影响急剧层以下的土层中。具体桩基设计应满足《膨胀土地区建筑技术规范》的要求。

除了这些常用的方法外,还可根据膨胀土的特性和本书第5章所述各类地基加固方法的特点,因地制宜,选用切实可行的加固方法。例如我国某援外工程在厚8.7m的强膨胀土上修建晒谷场,经研究比较,最后采用填筑密度较低、孔隙比$e>0.85$的砂桩进行处理。砂桩占有的空间对膨胀土的胀缩能起调节作用,颗粒间的孔隙有吸水和蓄水能力,对四周土体的含水量起调节作用,因而能减缓土体的胀缩变形。该工程已应用数年,加固结果良好。

在膨胀土地基上进行基础施工时,宜采用分段快速作业法。施工过程不得使基坑暴晒或泡水,雨季施工应采取防水措施。基础施工出地面后,基坑应及时分层回填完毕。

对于坡地,由于膨胀土边坡具有多向失水性及不稳定性,且坡地建筑一般都需要挖填方,致使土质不均匀性更为突出,因此坡地上的建筑破坏普遍比平坦场地严重,应尽量避免将房屋建造在这类坎坡上。当必须在坎坡上修建房屋时,则应首先治坡,整治环境,待治坡完成后再开始兴建建筑物。因为如果坡体一旦处于不稳定状态,单纯的局部地基处理是很难奏效的。

治坡包括排水措施,设置支挡和设置护坡三个方面。护坡对膨胀土边坡的作用不仅是防止冲刷,更重要的是保持坡体内含水量的稳定。

思考题和练习题

7-1 湿陷性黄土主要分布在我国哪些地区?具有什么主要的特征?

7-2 什么叫黄土的湿陷性?黄土为什么具有湿陷性?是不是所有黄土都具有湿陷性?

7-3 如何从黄土的组成和物理性质来分析其湿陷性的高低?

7-4 黄土的湿陷性用什么指标判定？这个指标是如何测得的？判定的标准是什么？

7-5 黄土的湿陷性与压力有何关系？什么叫湿陷起始压力？

7-6 什么叫做自重湿陷性黄土和非自重湿陷性黄土？如何区分？

7-7 何谓自重湿陷性系数？非自重湿陷性黄土是否仍具有湿陷性？

7-8 如何计算场地的自重湿陷量和判定场地是否为自重湿陷性场地？

7-9 地基的湿陷量和场地的湿陷量有什么不同？

7-10 按湿陷性，黄土地基分成几个等级？如何划分等级？

7-11 对于湿陷性黄土地基，可以采取哪些措施以消除其湿陷性或减少其湿陷性？

7-12 什么叫做膨胀土？它具有哪些主要的外观特征？

7-13 如何从土的组成和构造说明胀缩性的机理？

7-14 什么叫做自由膨胀率 δ_{ef}？如何测定土的自由膨胀率？

7-15 什么叫做膨胀率 δ_{ep} 和膨胀力 p_e？

7-16 什么叫做线缩率 δ_{sr} 和收缩系数 λ_s？

7-17 膨胀土地基按胀缩量划分成几种等级？胀缩变形量如何计算？计算时膨胀变形量取多大的基底压力？

7-18 膨胀土地基的实际变形量计算分成几种情况？各种情况的变形量如何计算？

7-19 膨胀土地基上建筑物允许沉降量的控制标准，较一般地基，应更为严格还是可略为降低？

7-20 膨胀土地基的最小埋置深度多大？这个规定有何依据？

7-21 膨胀土地基当变形量不能满足要求时，可以采取哪些工程措施？

7-22 对某黄土样进行压缩试验，试验时切取原状土样用的环刀高 20mm，土样浸水前后的压缩变形量见下表。已知黄土的比重 $G_s=2.71$，天然状态下干重度 $\gamma_d=14.1\text{kN/m}^3$。要求：①绘出浸水前后压力与孔隙比关系曲线；②求 $p=200\text{kPa}$ 时土的湿陷系数 δ_s。

土样浸水情况	天然含水量					浸水饱和			
垂直压力/kPa	0	50	100	150	200	200	250	300	400
土样变形量/mm	0	0.22	0.41	0.43	0.45	2.51	2.56	2.62	2.82

7-23 在甘肃东部(陇东)地区某建筑场地进行工程地质勘察，其中一个探井的土工试验资料如下表，试确定该场地的湿陷类型和黄土地基的湿陷等级。

取土深度/m	1.5	2.5	3.5	4.5	5.5	6.5	7.5	8.5	9.5	10.5
δ_s	0.075	0.057	0.073	0.028	0.086	0.085	0.072	0.037	0.002	0.039
δ_{zs}	0.0018	0.014	0.020	0.013	0.027	0.055	0.050	0.013	0.001	0.025

7-24 对某膨胀土样进行自由膨胀率试验，已知土样原始体积为 10ml，膨胀稳定后测得土样体积为 15.6ml，试求此土的自由膨胀率。

参考文献

[1] 陕西省计划委员会. GB 50025—2004 湿陷性黄土地区建筑规范[S]. 北京：中国建筑工业出版社,2004.

[2] 中国建筑科学研究院. GB 50112—2013 膨胀土地区建筑技术规范[S]. 北京：中国建筑工业出版社,2012.

[3] 钱鸿缙. 湿陷性黄土地基[M]. 北京：中国建筑工业出版社,1985.

[4] 陈仲颐,叶书麟. 基础工程学[M]. 北京：中国建筑工业出版社,1990.

[5] 高国瑞. 黄土湿陷变形的结构理论[J]. 岩土工程学报,1990, 12 (4) .

[6] 谢定义. 试论我国黄土力学研究中的若干新趋向[J]. 岩土工程学报,2001, 23 (1) .

[7] 孙建中. 黄土的未饱和湿陷、剩余湿陷和多次湿陷[J]. 岩土工程学报,2000, 22 (1) .

第8章 地基抗震分析和设计

8.1 概　　述

我国地处世界上两个最活跃的地震带，东濒环太平洋地震带，西部和西南部是欧亚地震带所经过的地区，是世界上多震国家之一。据不完全统计，有历史记载以来，截至1994年，我国共发生破坏性地震2600余次，其中6级以上500多次，9级以上9次，给人民生命财产和国家经济造成十分严重的损失。

2008年5月12日发生的汶川里氏8级地震是新中国成立以来发生的最为强烈的地震。它是由于印度洋板块向欧亚板块俯冲造成青藏高原快速隆升所引起的地震。震源位于四川龙门山断裂带南端，震中位置北纬30.986°、东经103.364°，震源深度14km，中心烈度11度。地震形成三条断裂带，其中最长为北川—映秀湾断裂带，长约180km，最大竖直和水平位移分别为6.2m和4.9m。地震时，全国除黑龙江、吉林和新疆外，都有不同程度的震感。地震受灾面积超过50万km^2，死亡和失踪人数达8.7万人、受伤37.5万人。按当年9月份统计，直接经济损失为8451亿元人民币。主震后，余震频发，至今记录到的约4.1万次，其中6.0～6.9级8次。另一次严重的地震是1976年7月28日发生的唐山地震，里氏7.8级。地震几乎将整个唐山市夷为平地，死亡人数达24.2万人，直接经济损失按当年币值计算在百亿元以上。以上两次灾情，足以说明地震是一种多么严重的自然灾害。

我国地震灾害之所以严重，有如下三个原因：

(1) 地震活动区域的分布范围广。基本烈度在7度和7度以上地区的面积达312万km^2，占全部国土面积的32.5%，如果包括6度的地震区，则达到60%。

(2) 地震的震源浅。我国地震总数的2/3发生在大陆地区，这些地震绝大多数属于二三十公里深度以内的浅源地震，因此地面振动的强度大，对建筑物的破坏比较严重。

(3) 地震区内的大中城市数量多。我国三百多个城市中有一半位于基本烈度为7度或7度以上的地区，特别是一批重要城市，如北京、唐山、太原呼和浩特、包头、汕头、海口、昆明、西安、兰州、银川、西昌、乌鲁木齐、拉萨、台北、高雄、基隆等城市都位于基本烈度为8度的高烈度地震区。

此外,新中国成立前及成立后前期的二十多年中,所建造的工程一般均未考虑抗震设防。直到1974年才颁布我国第一部《工业与民用建筑抗震设计规范》(TJ 11—1974)。在此之前所建造的建筑物和构筑物的抗震能力都偏低,因而在地震中容易造成严重的灾害。

建筑物都建造在岩土地基上。地震时,在岩土中传播的地震波引起地基岩土体震动。震动引起土体附加变形,强度也要发生相应的变化。有关土在震动荷载作用下的特性已在《土力学》[6]书中讲述,本章不再重复。当地基土受震动作用,强度大幅度降低时,就会失去支撑建筑物的能力,导致地基失效,严重时可产生像地裂、坍滑、液化、震陷等震害。地基抗震设计就是研究地震中地基的稳定性和变形,包括地震承载力验算、地基液化可能性判别和液化等级的划分,震陷分析以及为保证地基能有效工作所必须采取的抗震措施等内容。

8.2 地震和地震反应

8.2.1 地震成因

地震是由地壳构造运动(少量由其他原因)所引起的地壳岩层的振动。据统计,地球每年发生能为人所感觉到的地壳震动可达5万次,而能为地震仪所记录的就更多。强烈的地壳震动常造成规模巨大的建筑物破坏,甚至带来毁灭性的灾害。近数十年来,我国地震出现频繁,造成大量的震害。表8-1是我国20世纪60—80年代历次地震中土坝震害调查的概数。统计虽不完全,但仍可见一斑。地震所引起的地基土液化、震陷乃至失稳,从而造成建筑物破坏或不能正常使用的实例就更多。

表8-1 20世纪60—80年代我国土坝震害调查表

年	月	日	地 点	震 级	调查座数	受害座数	重害座数	重害百分率/%
1961	4	14	新疆巴楚	6.8	1	1	1	100
1965	11	13	新疆乌鲁木齐	6.6	1	1	0	0
1966	2	5	云南东川	6.5	1	0	0	0
1966	3	8,22	河北邢台	6.8,7.2	9	4	0	0
1969	7	18	山东渤海湾	7.4	11	3	3	27
1969	7	26	广东阳江	6.4	5	5	1	20
1970	1	5	云南通海	7.7	73	41	17	23
1974	4	22	江苏溧阳	5.5	11	6	1	9
1974	5	11	云南昭通	7.1	7	2	0	0
1975	2	4	辽宁海城	7.3	54*	35*	24*	44
1976	4	6	内蒙古和林格尔	6.3	52	44	31	60
1976	5	29	云南龙陵	7.3,7.4	28	21	14	50
1976	7	28	河北唐山	7.8	52*	39*	18*	35
1979	7	9	江苏溧阳	6	15	7	2	13
1985	4	18	云南禄劝—录甸	6.3	1	1		
1985	8	23	新疆乌恰	7.4	1	1		

* 只包括库容100万m^3以上水库。引自汪闻韶先生编讲义《抗震问题》。

地震发生的原因，据目前资料分析是由于地球在它的运动和发展过程中内部积存着大量的能量，在地壳内的岩层中产生巨大的地应力，致使岩层发生变形褶皱。当地应力逐渐加强到超过某处岩层强度时，就会使岩层产生破裂或错断。这时，由于地应力集中作用而在该处岩层积累起来的能量，随着断裂而急剧地释放出来，引起周围物质振动，并以地震波的形式向四周传播。当地震波传至地面时，地面也就振动起来，这就是地震。这种由地壳运动引起的地震，称为**构造地震**。大多数地震，都属于这种地震。

一般来说，这类地震发生在活动性大断裂带的两端和拐弯的部位、两条断裂的交汇处，以及现代断裂差异运动变化强烈的大型隆起和凹陷的转换地带。这些地方是地应力比较集中、构造比较脆弱的地段，往往容易发生地震。

此外，在火山活动区，当火山喷发时，会引起附近地区发生振动，称**火山地震**。在石灰岩地下溶洞地区，有时因溶洞塌陷，也能引起小范围的地面振动，叫做**陷落地震**。在进行地下核爆炸及爆破工程，或在有活动性断裂构造的地区修建大型水库，以及往深井内高压注水时，也可以激发和引起地震。

发生地震的部位称为**震源**。震源铅垂于地面的位置，称为**震中**，它是受地震影响最强烈的地区。从地面上某一点至震中的距离，称为**震中距**，如图 8-1 所示。

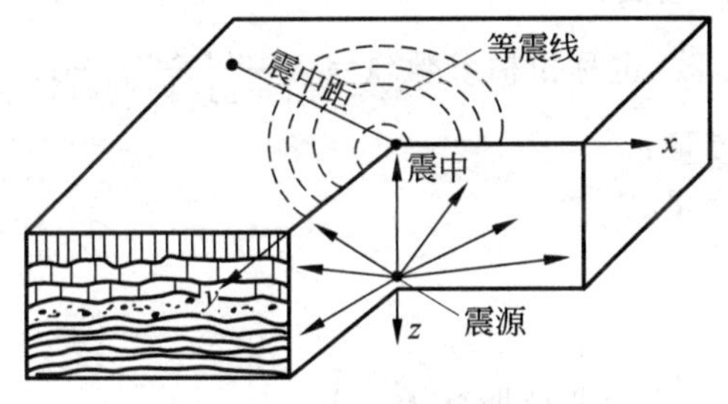

图 8-1　地震波传播

8.2.2　地震波

地震所引起的振动，以波的形式从震源向各个方向传播，这就是**地震波**。地震波包含通过地球本体传播的"**体波**"和限于地面附近传播的"**面波**"两种类型。

1. 体波

体波又分为"**纵波**"和"**横波**"两种。

(1) 纵波

纵波是由震源向外传播的压缩波，质点的振动方向与波前进的方向一致(例如声波)。在纵波传播的途径上，岩体只发生胀缩变形而不发生转动，也即沿 x、y、z 轴的转动分量为零，即

$$\left.\begin{aligned}\bar{\omega}_x &= \frac{1}{2}\left(\frac{\partial W}{\partial y}-\frac{\partial V}{\partial z}\right)=0\\ \bar{\omega}_y &= \frac{1}{2}\left(\frac{\partial U}{\partial z}-\frac{\partial W}{\partial x}\right)=0\\ \bar{\omega}_z &= \frac{1}{2}\left(\frac{\partial V}{\partial x}-\frac{\partial U}{\partial y}\right)=0\end{aligned}\right\}\tag{8-1}$$

式中：U、V、W——质点在 x、y、z 方向的位移；

$\bar{\omega}_x$、$\bar{\omega}_y$、$\bar{\omega}_z$——质点对 x、y、z 轴的转动分量。

把岩土体看成无限均匀的弹性介质，则质点的运动基本方程为：

$$\left.\begin{aligned}\rho\frac{\partial^2 U}{\partial t^2}&=(\lambda+G)\frac{\partial\varepsilon_v}{\partial x}+G\nabla^2 U\\\rho\frac{\partial^2 V}{\partial t^2}&=(\lambda+G)\frac{\partial\varepsilon_v}{\partial y}+G\nabla^2 V\\\rho\frac{\partial^2 W}{\partial^2 t}&=(\lambda+G)\frac{\partial\varepsilon_v}{\partial z}+G\nabla^2 W\end{aligned}\right\}\tag{8-2}$$

满足式(8-1)的要求，式(8-2)可以简化为

$$\left.\begin{aligned}\rho\frac{\partial^2 U}{\partial t^2}&=(\lambda+2G)\nabla^2 U\\\rho\frac{\partial^2 V}{\partial t^2}&=(\lambda+2G)\nabla^2 V\\\rho\frac{\partial^2 W}{\partial t^2}&=(\lambda+2G)\nabla^2 W\end{aligned}\right\}\tag{8-3}$$

式(8-3)代表纵波在无限弹性介质中的传播规律，称为纵波的波动方程。

式中：ε_v——弹性介质的体应变；

λ——介质的弹性参数，也称拉梅参数，$\lambda=\frac{\nu E}{(1+\nu)(1-2\nu)}$；

G——介质的剪切模量；

E——介质的弹性模量；

ν——介质的泊松比；

ρ——介质的密度；

$\nabla^2=\frac{\partial^2}{\partial x^2}+\frac{\partial^2}{\partial y^2}+\frac{\partial^2}{\partial z^2}$，称拉普拉斯算子。

式(8-3)进一步简化，可以算成

$$\frac{\partial^2\varepsilon_v}{\partial t^2}=\frac{\lambda+2G}{\rho}\left(\frac{\partial^2\varepsilon_v}{\partial x^2}+\frac{\partial^2\varepsilon_v}{\partial y^2}+\frac{\partial^2\varepsilon_v}{\partial z^2}\right)=v_{\mathrm{P}}^2\nabla^2\varepsilon_v\tag{8-4}$$

式(8-4)中 $v_{\mathrm{P}}=\sqrt{\frac{\lambda+2G}{\rho}}$ 为体积应变的传播速度，称为纵波(或称 P 波或压缩波)的波速。

(2) 横波

横波是剪切波，质点的振动方向与波的前进方向相垂直。在横波传播的路径上不发生体积应变。令式(8-2)中，$\varepsilon_v=0$，得到

$$\left.\begin{aligned}\frac{\partial^2 U}{\partial t^2}&=\frac{G}{\rho}\nabla^2 U=v_{\mathrm{S}}^2\nabla^2 U\\\frac{\partial^2 V}{\partial t^2}&=\frac{G}{\rho}\nabla^2 V=v_{\mathrm{S}}^2\nabla^2 V\\\frac{\partial^2 W}{\partial t^2}&=\frac{G}{\rho}\nabla^2 W=v_{\mathrm{S}}^2\nabla^2 W\end{aligned}\right\}\tag{8-5}$$

式(8-5)表示剪切波在弹性介质中的传播规律，称为横波的波动方程。式中 $v_{\mathrm{S}}=\sqrt{\frac{G}{\rho}}$，称为横波的波速。

由此可知，纵波和横波的波速是随介质的 E,ν,ρ 值变化的。一般情况下，取 $\nu=0.22$，则$v_{\mathrm{P}}=1.67v_{\mathrm{S}}$，即纵波比横波有较高的波速。在地震记录上，纵波先于横波到达，因此通常

称纵波为 P 波(初到波),横波为 S 波(次到波)。

2. 面波

面波只限于沿地球表面传播。一般可以认为,它是体波绕地层界面多次反射所形成的次生波。面波又可分为**瑞利波**和**乐甫波**。

(1) 瑞利波

图 8-2,xy 为弹性体的表面。接近表面的质点,在 xz 平面内作椭圆形运动,并向 x 方向传播,这时在 y 方向没有振动,就如质点在地面上呈滚动的形式前进,这种形式的波称为瑞利波。当泊松比$\nu=0.25$ 时,瑞利波的速度为

$$v_R = 0.92 v_S = 0.92\sqrt{G/\rho} \tag{8-6}$$

瑞利波在靠近弹性体表面处的振动大,离表面越深,振动越小。

(2) 乐甫波

图 8-3,设弹性体中,表层土 M' 与下层土 M 的弹性性质不同。上层的横波波速为 v'_S,而下层为 v_S。这时在表层 M' 及两层介质的交界面附近将发生乐甫波。乐甫波沿 x 轴方向传播,质点的运动方向是水平的,即在 xy 平面内作蛇形摆动。波速为 v_L,其值介于 v_S 和 v'_S 之间。

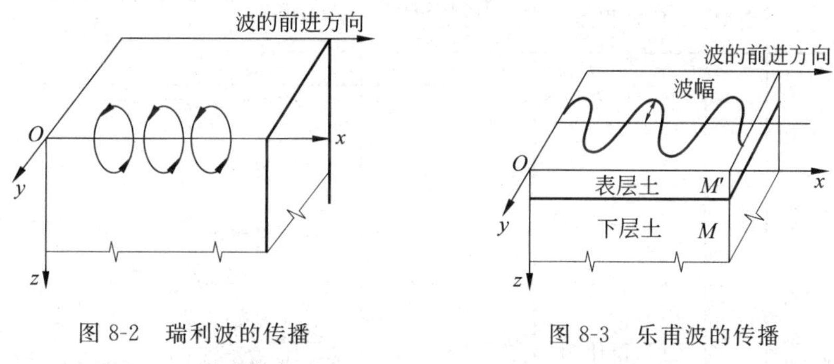

图 8-2　瑞利波的传播　　图 8-3　乐甫波的传播

一般在地震的过程中,当横波或面波到达时,地表面的振动最为强烈。

8.2.3　震级和烈度

地震震级是表示地震本身能量大小的尺度,以 M 表示,其数值是根据地震仪记录的地震波图来确定的。**震级**的原始定义由 1935 年里希特(Richter)所给出。

$$M = \lg A \tag{8-7}$$

式中,A 是标准地震仪(指周期为 0.8s,阻尼系数 0.8,放大倍数为 2800 倍的地震仪)在距震中 100km 处记录的以微米(10^{-3}mm)为单位的最大水平地动位移对数值。例如,震中距 100km 处的地震仪记录的幅值是 10mm,即 10 000μm,取其对数为 4,根据定义,这次地震就是 4 级。实际上,距震中 100km 处,不一定有地震台。现今也都不用上述的地震仪,因此,对于地震台的震中距不是 100km 时的记录,要作修正后才能确定震级。

震级直接与震源释放能量的大小有关,震级 M 与释放能量 E(尔格)之间,有如下关系。

$$\lg E = 11.8 + 1.5M \tag{8-8}$$

一个 1 级地震释放的能量相当于 $2\times10^{13}E$(尔格)。震级每增加 1 级,能量增加 30 倍左右。一般来说,小于 2 级的地震,人们感觉不到,称做**微震**。2～4 级地震,人们就能感觉到,

叫做**有感地震**。5级以上就要引起不同程度的破坏,统称为**破坏性地震**。7级以上的地震,则称为**强烈地震**。

地震烈度是指某一地区地面和各种建筑物遭受一次地震影响的强弱程度。一次地震只有一个震级,而烈度则随震中距的远近而不同。一般来说,距震中越远,地震影响越小,烈度就越低;反之,距震中越近,烈度就越高。目前国际上采用的是划分为12度的烈度表。中国科学院地球物理研究所,根据我国地震调查经验、建筑物特点和历史资料,并参照国外的烈度表,编制《中国地震烈度表》(GB/T 17742—2008)如表8-2所示,可供查用。按烈度表,6度以下的地震,对一般建筑物影响不大;6~9度,对建筑物就有不同程度影响,须采取相适应的抗震措施;10度以上,地震引起的破坏程度是毁坏性的,难以设防。所以我国《建筑抗震设计规范》规定:该规范适用于抗震**设防烈度**为6~9度地区建筑工程的抗震设计及隔震和消能减震设计。设防烈度大于9度地区,则需要按专门规定执行。在《水工建筑物抗震设计规范(SL 203—1997)》中,也规定该规范适用于设防烈度为6~9度,高于9度的水工建筑物也应进行专门研究。

表8-2 中国地震烈度表

地震烈度	人的感觉	房屋震害			其他震害现象	水平向地震动参数	
		类型	危害程度	平均震害指数		峰值加速度/(m/s^2)	峰值速度/(m/s)
1	无感	—	—	—	—	—	—
2	室内个别静止中的人有感觉	—	—	—	—	—	—
3	室内少数静止中的人有感觉	—	门、窗轻微作响	—	悬挂物微动	—	—
4	室内多数人、室外少数人有感觉,少数人梦中惊醒	—	门、窗作响	—	悬挂物明显摆动,器皿作响	—	—
5	室内绝大多数、室外多数人有感觉,多数人梦中惊醒		门窗、屋顶、屋架颤动作响,灰土掉落,个别房屋墙体抹灰出现细微裂缝,个别屋顶烟囱掉砖	—	悬挂物大幅度晃动,不稳定器物摇动或翻倒	0.31 (0.22~0.44)	0.03 (0.02~0.04)
6	多数人站立不稳,少数人惊逃户外	A	少数中等破坏,多数轻微破坏和(或)基本完好	0.00~0.11	家具和物品移动;河岸和松软土出现裂缝,饱和砂层出现喷砂冒水;个别独立砖烟囱轻度裂缝	0.63 (0.45~0.89)	0.06 (0.05~0.09)
		B	个别中等破坏,少数轻微破坏,多数基本完好				
		C	个别轻微破坏,大多数基本完好	0.00~0.08			

续表

地震烈度	人的感觉	房屋震害			其他震害现象	水平向地震动参数	
		类型	危害程度	平均震害指数		峰值加速度/(m/s^2)	峰值速度/(m/s)
7	大多数人惊逃户外，骑自行车的人有感觉，行驶中的汽车驾乘人员有感觉	A	少数毁坏和(或)严重破坏，多数中等破坏和(或)轻微破坏	0.09～0.31	物体从架子上掉落；河岸出现塌方，饱和砂层常见喷砂冒水，松软土地上地裂缝较多；大多数独立砖烟囱中等破坏	1.25 (0.90～1.77)	0.13 (0.10～0.18)
		B	少数中等破坏，多数轻微破坏和(或)基本完好				
		C	少数中等和(或)轻微破坏，多数基本完好	0.07～0.22			
8	多数人摇晃颠簸，行走困难	A	少数毁坏，多数严重和(或)中等破坏	0.29～0.51	干硬土上亦出现裂缝，饱和砂层绝大多数喷砂冒水；大多数独立砖烟囱严重破坏	2.50 (1.78～3.53)	0.25 (0.19～0.35)
		B	个别毁坏，少数严重破坏，多数中等和(或)轻微破坏				
		C	少数严重和(或)中等破坏，多数轻微破坏	0.20～0.40			
9	行动的人摔倒	A	多数严重破坏或(和)毁坏	0.49～0.71	干硬土上多数出现裂缝，可见基岩裂缝、错动，滑坡、塌方常见；独立砖烟囱多数倒塌	5.00 (3.54～7.07)	0.50 (0.36～0.71)
		B	少数毁坏，多数严重和(或)中等破坏				
		C	少数毁坏和(或)严重破坏，多数中等和(或)轻微破坏	0.38～0.60			
10	骑自行车的人会摔倒，处不稳状态的人会摔离原地，有抛起感	A	绝大多数毁坏	0.69～0.91	山崩和地震断裂出现，基岩上拱桥破坏；大多数独立砖烟囱从根部破坏或倒毁	10.00 (7.08～14.14)	1.00 (0.72～1.41)
		B	大多数毁坏				
		C	多数毁坏和(或)严重破坏	0.58～0.80			

续表

地震烈度	人的感觉	房屋震害			其他震害现象	水平向地震动参数	
		类型	危害程度	平均震害指数		峰值加速度/(m/s^2)	峰值速度/(m/s)
11	—	A	绝大多数毁坏	0.89～1.00	地震断裂延续很长；大量山崩滑坡	—	—
		B					
		C		0.78～1.00			
12	—	A	几乎全部毁坏	1.00	地面剧烈变化，山河改观	—	—
		B					
		C					

注：表中给出的“峰值加速度”和“峰值速度”是参考值，括号内给出的是变动范围。

场地烈度越高，地震时地面运动的加速度就越大，其变化范围如表8-2所示。《建筑抗震设计规范》则以重力加速度 g 为量纲，规定烈度自6度至9度相对应的地面水平运动加速度如表8-3所示。地震记录表明，竖直向的地震加速度，通常低于水平向地震加速度，可以取为水平向加速度的2/3左右。

表8-3　抗震设防烈度和设计基本水平地震加速度值的对应关系

抗震设防烈度	6	7	8	9
水平地震加速度	0.05g	0.10(0.15*)g	0.20(0.30*)g	0.40g

*用于《建筑抗震设计规范》指定的地区。

对应于一次地震，根据烈度表，可以对某一地点评定出一个烈度。所有烈度相同点的外包线，称为**等震线**，它与地形等高线相仿，用以表示烈度的分布情况。一般随着震中距增大，烈度逐渐降低。图8-4是一个**等震线图**的示例。

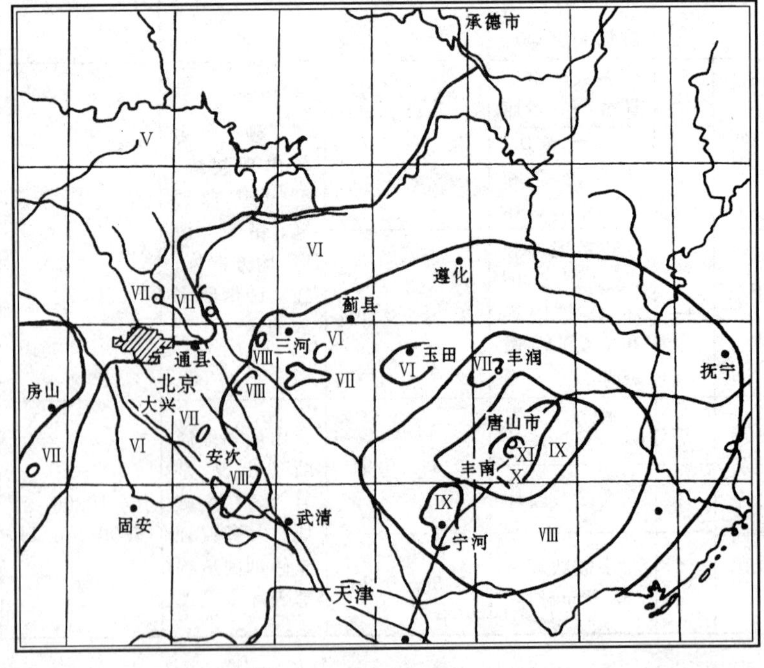

图8-4　唐山地震等震线图

地震波在基岩和土层传播的过程中，受到它们的滤波作用，靠近震中处和远离震中处，地震波的特性自然有所不同。一般来说，震中区地震加速度记录的频谱组成比较复杂，其频率变化范围比较宽，高频分量较大。随着震中距增加，频率变化范围变窄，震动周期加长。显然同样的烈度区，由于震中距不同、震级不同，对不同建筑物的影响也不一样。近年来根据我国的地震经验表明，在宏观烈度相似的条件下，处在大震级远震中距的柔性结构物，其震害要比小震级近震中距下的柔性结构物严重得多。这是因为柔性结构物的自震周期长，比较接近于远震中距的地面运动周期的缘故。由此看来，地震的作用，除了要考虑烈度外，还应考虑震中距的影响。

地震是随机的动力作用，某一城镇或场地的烈度与地震发生的概率密切相关。小地震经常发生而强烈地震发生的概率很小。50 年内超越概率为 63%（地震重现期为 50 年）的地震称为**多遇地震**，相应的烈度称为**众值烈度**。50 年内超越概率为 10%（地震重现期为 475 年）的烈度称为**基本烈度**。50 年内超越概率为 2%～3%（地震重现期为 1600～2400 年）的烈度称为**罕遇烈度**。由国家授权的机构批准，作为某一地区抗震设防所依据的地震烈度称为**抗震设防烈度**。设防烈度定得太高，用在抗震设防的费用很大，而设防烈度定得过低，遭遇地震破坏的可能性又过大，可能都不是最经济合理的选择。依据我国的实际情况，提出一般建筑物的抗震设防目标为：当遭遇众值烈度地震时，要求建筑物保持正常使用状况；当遭遇基本烈度地震时，结构可以进入非弹性工作阶段，允许局部损坏，但可以修复；当遭遇罕遇地震时，结构可以有较大的非弹性变形，但仍控制在规定的范围内，不至于倒塌或发生危及性命的严重破坏。即所谓“小震不坏，中震可修，大震不倒”。

具体确定基本烈度的方法，对于重要的城镇或建筑场地，应该通过地震危险性分析。地震危险性分析主要内容之一就是依据所在区域的地震地质背景，地震记录和历史地震文献，确定可能影响本区域的潜在震源及其类型，在此基础上，建立适合于所研究区域的地震发生概率模型。有了概率模型就可以按照上述的标准，确定基本烈度值。有关地震危险性分析方法可参阅文献[3]，不予详述。

对于一般城镇或建筑场地，没有条件进行地震危险性分析，可以从《建筑抗震设计规范》附录 A“我国主要城镇抗震设防烈度、设计基本地震加速度和设计地震分组”中查用。应该再次说明的是“基本烈度”是按地震地质背景所确定的烈度，而设防烈度则是按国家授权的机构批准作为某建筑物抗震设防依据的地震烈度。对于一般建筑物，都是按基本烈度设防，故设防烈度就是基本烈度，而对于重要的建筑物，设防烈度则要高于基本烈度。

8.2.4　地震加速度反应谱

加速度反应谱是用以表述单质点弹性体系在某一定地震动作用下，体系的最大反应与体系的自振周期的关系。图 8-5(a)表示三个建筑物，将每个建筑物的质量集中在一起成为三根弹性杆上的单自由度的质量-阻尼-弹簧体系。假设三个振动体系的自振周期分别为 0.3s、0.5s 和 1.0s，阻尼比 ζ 都是 0.05。图 8-5(b)表示作用于这三个单质点体系底面的加速度时程曲线。受同一种振动作用，由于体系的振动特性不同，反应当然也不相同。若经动力分析，算出这三个体系的加速度反应时程曲线，并求得其最大加速度值，例如分别为

0.75g、1.02g 和 0.48g。将最大加速度反应和相应的周期,标在图 8-5(c)上,得到 a、b、c 三点。如果研究的不仅是三个结构,而是很多自振周期互异的结构(都当成单质点体系),按同样的分析方法就可以计算出很多最大加速度反应点。这些最大加速度反应点的连线,示于图 8-5(c)的曲线。这条曲线就称为实际地震**加速度反应谱曲线**。简言之,所谓实际地震加速度反应谱曲线就是若干具有同样的阻尼特性,但基本周期互不相同的单自由度体系,在某次地震中各自的最大加速度反应值的连线。当然,如果用另外一条地面加速度时程曲线,或者体系的阻尼比不是 0.05,则得到的加速度反应谱曲线也就不一样。区域或场地的地面加速度时程曲线在地震前无法预测,于是国内外学者把能够收集到的世界各地历次强震所记录的地面运动加速度时程曲线都作为图 8-5(b)的曲线,逐一进行分析,得到许多"某次"地震的加速度反应谱曲线,再对这些曲线进行归纳统计分析,最后将曲线平滑化,就得到**设计地震加速度反应谱**。

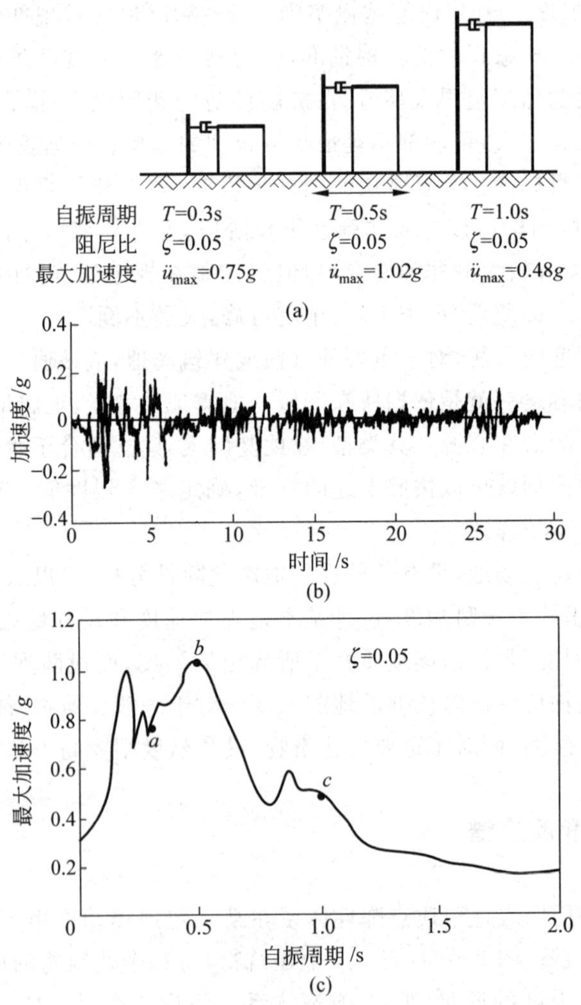

图 8-5 某次地震加速度反应谱曲线($g=9.8\text{m/s}^2$)

(a) 三个单自由度的质量-阻尼-弹簧体系;(b) 某次地震加速度记录;
(c) 某次地震加速度反应谱曲线

图 8-6 是我国《水工建筑物抗震设计规范》采用的设计地震加速度反应谱。图中纵坐标 β 表示反应谱值与场地设计基本水平地震加速度(表 8-3)的比值,横坐标为结构物的基本周期 T。曲线分三段,第一段从 $T=0$ 至 $T=0.1\text{s}$ 为直线上升段,β 从 1.0 上升至最大值 $\beta_{\max}$。$\beta_{\max}$ 大小取决于建筑物的性质,见表 8-4。第二段从 $T=0.1\text{s}$ 至 $T=T_g$ 为水平段,$\beta=\beta_{\max}$ 不变。T_g 为场地的特征周期,其值与建筑物所在的场地类别有关,见表 8-5。第三段为指数衰减段,β 值按 $\beta(T)=\beta_{\max}\left(\frac{T_g}{T}\right)^{0.9}$ 函数衰减。这样只要给定建筑物的类型和场地的类别,从表 8-4 和表 8-5 查取最大反应谱值 $\beta_{\max}$ 和特征周期 T_g,就可绘制出该类建筑物的地震加速度设计反应谱,供同类建筑物查用。

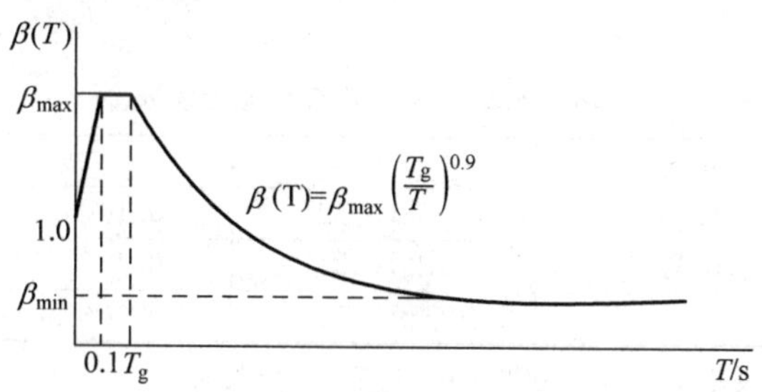

图 8-6　水工建筑物设计反应谱

表 8-4　水工建筑物设计反应谱最大值 $\beta_{\max}$

建筑物类型	重力坝	拱坝	其他混凝土结构
$\beta_{\max}$	2.00	2.50	2.25

表 8-5　水工建筑物特征周期 T_g　s

场地类别	Ⅰ	Ⅱ	Ⅲ	Ⅳ
T_g	0.20	0.30	0.40	0.65

《建筑抗震设计规范》中的**地震影响系数曲线**(图 8-7)是另一种设计地震反应谱。其纵坐标也是以重力加速度 g 归一化后的无量纲数 α,α 称为**地震影响系数**。地震影响系数曲线

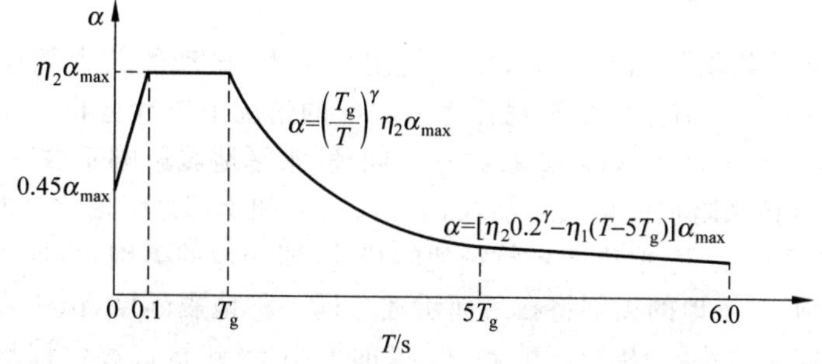

图 8-7　地震影响系数曲线

α—地震影响系数;$\alpha_{\max}$—地震影响系数最大值;η_1—直线下降段的下降斜率调整系数;γ—衰减指数;T_g—特征周期;η_2—阻尼调整系数;T—结构自振周期

分成如下四段：地震开始至0.1s为第一段，α值从$0.45\alpha_{max}$直线上升至最大值$\eta_2\alpha_{max}$；第二段为平台段，在0.1s至**场地特征周期**T_g间保持最大值不变；第三段为指数衰减段，从T_g至5倍T_g时段内，地震影响系数α按式(8-9)衰减；第四段为直线衰减段，在$5T_g$至6s区段，地震影响系数按式(8-10)衰减。

$$\alpha = \left(\frac{T_g}{T}\right)^{\gamma}\eta_2\alpha_{max} \tag{8-9}$$

$$\alpha = [\eta_2 0.2^{\gamma} - \eta_1(T - 5T_g)]\alpha_{max} \tag{8-10}$$

在上述两式中，α_{max}为水平地震影响系数的最大值，可根据地区或场地的地震烈度由表8-6查用。η_2称为阻尼调整系数，γ称为衰减指数，η_1称为斜率调整系数，可分别由式(8-11)～式(8-13)求得。

表8-6 水平地震影响系数最大值α_{max}

地震影响	6度	7度	8度	9度
多遇地震	0.04	0.08(0.12)	0.16(0.24)	0.32
基本烈度地震	0.12	0.23(0.34)	0.45(0.68)	0.90
罕遇地震	0.28	0.50(0.72)	0.90(1.20)	1.40

注：括号中数值分别用于设计基本地震加速度为0.15g和0.30g的地区。

$$\eta_2 = 1 + \frac{0.05 - \zeta}{0.08 + 1.6\zeta} \tag{8-11}$$

$$\gamma = 0.9 + \frac{0.05 - \zeta}{0.3 + 6\zeta} \tag{8-12}$$

$$\eta_1 = 0.02 + \frac{(0.05 - \zeta)}{4 + 32\zeta} \tag{8-13}$$

式中：T_g——特征周期，其值见表8-7。

表8-7 特征周期值T_g s

设计地震分组	场地类别				
	I_0	Ⅰ	Ⅱ	Ⅲ	Ⅳ
第一组	0.20	0.25	0.35	0.45	0.65
第二组	0.25	0.30	0.40	0.55	0.75
第三组	0.30	0.35	0.45	0.65	0.90

地震反应与系统的阻尼密切相关，系统的阻尼越大，振动的放大效应，或能够达到的α_{max}就越小，而表中的α_{max}值是根据阻尼比$\zeta=0.05$的情况下统计分析得出的，对于系统的阻尼比不是0.05的情况，应乘以调整系数η_2。同理，水平地震影响系数α值随体系振动周期T的衰减规律因体系阻尼的增大而加快，显然η_2、η_1和γ都是阻尼比ζ的函数。

表8-7中，特征周期T_g取决于建筑场地的特性(即场地的类别)和地震的类型(即地区或场地的地震组别)。场地的类别将在后面讲述。同一种地震烈度，由于震中距不同，地震波的频率特性有较大的差异，从而影响到T_g值的大小。《建筑抗震设计规范》依据地震历史，将国内地震区中的城镇按T_g值分成三组，如表8-7所示，例如对于Ⅰ类场地，一、二、三组的特征周期分别为0.25s、0.30s和0.35s。具体到某一城镇应属于哪一组，可查阅《建筑抗震设计规范》附录A。

8.2.5　地震作用

1. 水平地震作用

有了地震影响系数曲线，就可以根据结构物的自振周期 T(多质点体系可用基本周期)，查到该结构物在相应的地震烈度下的影响系数 α 值，也就是最大的水平加速度反应。于是结构所受的总水平**地震作用**，或称水平**地震力** F_E 为

$$F_E = \alpha G_{eq} \tag{8-14}$$

式中：G_{eq}——结构物的总**等效重力荷载**，单质点取总重力荷载代表值，多质点可取总重力荷载代表值的 85%。

所谓总重力荷载代表值就是包括结构自重和某些可变荷载之和，按 8.4 节式(8-37)计算所得的地震作用效应标准组合值。

按式(8-14)计算的地震力假定作用于结构物底面，即基础的顶面，称为**底部剪应力法**。对于多层建筑物，需要考虑地震作用引起基础底面应力分布的不均匀性，则地震力应分别作用于各楼层的集中质点上。质点 i 的水平地震力 F_{iE} 为

$$F_{iE} = \frac{G_i H_i}{\sum_{j=1}^{n} G_j H_j} F_E(1-\delta_n) \tag{8-15}$$

$$\Delta F_n = \delta_n F_E \tag{8-16}$$

式中：F_{iE}——质点 i 的水平地震力，$i=1\sim n$；

G_i、G_j——分别为集中于质点 i 和 j 的重力荷载代表值。

H_i、H_j——分别为质点 i 和 j 的计算高度；

ΔF_n——顶部附加地震作用，或称顶部附加地震力；

δ_n——顶部**附加的地震作用系数**。

实测地震加速度反应表明，地震作用不仅随质点高度的增加而加大，而且在顶部还有突出的增加，因此顶部质点要增加一个由式(8-16)计算的附加地震力 ΔF_n。式中的 δ_n 值与建筑物的基本自振周期 T_1 有关，对于多层钢筋混凝土和钢结构房屋，可按表 8-8 采用；对于内框架砖房可以取为 0.2，其他房屋可以取零。

多质点体系水平地震作用的计算简图见图 8-8。

表 8-8　顶部附加地震作用系数 δ_n

T_g/s	$T_1>1.4T_g$	$T_1\leqslant 1.4T_g$
$\leqslant 0.35$	$0.08T_1+0.07$	0
$<0.35\sim 0.55$	$0.08T_1+0.01$	0
>0.55	$0.08T_1-0.02$	0

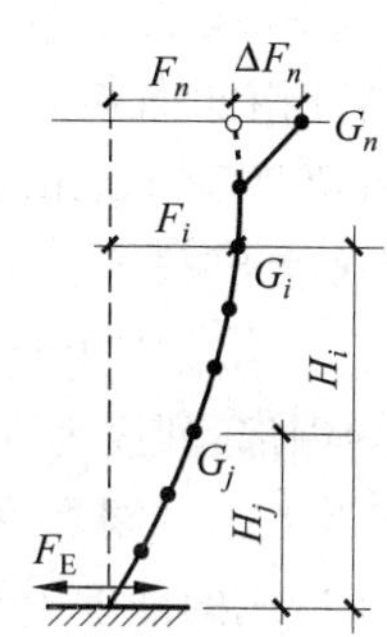

图 8-8　结构水平地震作用计算简图

2. 竖向地震作用

地震波在岩土体中的传播是空间传播，因此地震作用可分解为水平作用和竖向作用。很多地震记录表明，通常竖向作用弱于水平作用。按《水工建筑物抗震设计规范》竖向水平作用可取为水平作用的2/3。按《建筑抗震设计规范》，竖向作用取为水平作用的65%。并且都规定，只有烈度在9度以上，才须要考虑竖向地震作用。

8.3 场地与地基

8.3.1 地震区场地的选择与分类

场地是指一个工程群体所处的和直接使用的土地，同一场地内具有相似的反应谱特征，其范围相当于厂区、居民小区和自然村或不小于1km^{2}的面积。**地基**则指场地范围内直接承托建筑物基础的那一部分岩土体。地震影响的范围很大，是牵涉到整个建筑群的宏观问题，所以要保证建筑物的抗震安全，首先就要研究场地。

1. 场地对地震作用的影响

地震中某地区地震作用的强弱决定于震级、震中距、传波介质(岩土)的特性以及传播途径的地形地貌等因素。人们常常看到在基本烈度相同的地区内，由于场地的地形和地质条件不同，建筑物的破坏程度很不一样。国内研究机构对20世纪60年代至80年代发生的十多次强烈地震进行震害调查，研究场地的地形地质条件对建筑物震害的影响，取得了大量宝贵的资料。但是由于震害是地震特性、场地特征和建筑物性质的综合表现，问题十分复杂，还难以定量地计算分析各个因素所起的作用。定性而言，场地的影响主要表现为如下两个方面。

(1) 地形的影响

地形的影响主要表现在突出的山梁、孤立的山丘、高差大的黄土台地边缘和山嘴等处。图8-9为1974年云南省昭通地震时，芦家湾六队局部山梁的地震异常区。该村距震中约18km，坐落在南北向孤立突出的山梁上。山梁长约150m，顶部宽约15m，坡角40°～60°，深50～60m，地表覆盖层很薄，一般不超过0.5m。山梁上的房子受到震害影响的差别很大，孤立突出最明显的端部，烈度为9度，最低的鞍部烈度为7度，靠近大山一端烈度为8度(图8-9)。这种因地形所造成的烈度差异在其他的地震中也都可以遇到，往往在很小的范围内，因地形造成的烈度差可达2～3度。

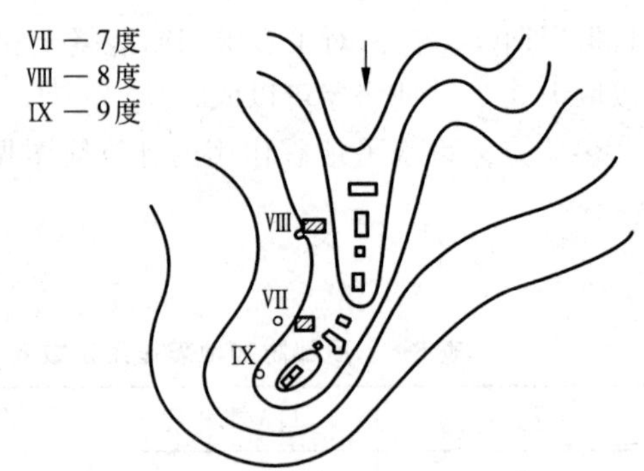

图8-9 芦家湾六队地形与烈度示意图
(引自参考文献[4])

(2) 覆盖层厚度和土性的影响

覆盖层的厚度和土性是影响震害的两个难以截然分开的因素。一般而言,在深厚而松软的覆盖层上建筑物的震害较重,基岩埋藏浅,土质坚硬的地基则震害相对较轻。进一步分析表明,震害的程度还与建筑物的性质密切相关。自震周期较长的建筑,即层数高、柔性大的结构,在深软的地基上震害较严重;而周期短,即低层刚度大的建筑在坚硬地基上震害较严重。这样的例子很多,例如 1957 年和 1985 年两次墨西哥地震时,远离震中 400km 的墨西哥城中,很多软土层上的高层建筑都遭到较大的破坏,而附近短周期的老旧建筑则完好无损。再如 1976 年唐山地震时,位于 10 度区的唐山陶瓷厂,由于地处大城山山脚,基岩埋藏浅,震害比较轻,而其附近 100～200m 处的房屋,地基覆盖层较厚,都普遍倒塌。

地震时由基岩传播的地震波,初始时频率特性很复杂,变化的范围很大,当其进入覆盖层时犹如进入滤波器,某些频率的波得以通过并放大,而另外的一些波则被缩小或滤除。震中距大,传波的距离长,自然滤波的作用也更显著。其结果,通常是大震级、远距离的地震,在厚土层上地面运动的长周期成分比较显著,对自震周期较长的建筑,容易产生共振,造成较大的损害。相反,震中距近,在薄土层上,地面运动的短周期成分比较丰富,对低层砖石结构等刚性较大的建筑容易因共振引起较大的破坏。另外还要注意到,在薄层坚硬地基上,建筑物的震害通常都是因为地震作用的直接结果,而深厚、软弱地基上的震害则既可能是地震作用的直接结果,也可能是地基液化、软土震陷等原因引起建筑物地基失稳或过量沉陷造成建筑物破坏。因此,在选择场地时还应该注意饱和土的液化和软土的震陷问题。

2. 场地的分类

由于场地对建筑物的抗震安全性有很大的影响,而评价场地的因素又比较复杂,因此如何科学地划分场地就是一项很重要的工作。《建筑抗震设计规范》归纳我国地震灾害和抗震工程经验,并参考许多国外场地分类方法,提出如下分类标准。

1) 按地形、地貌、地质划分为对抗震有利、一般、不利和危险四种地段

各种地段的标准如表 8-9 所示。在选择场地时,首先应该了解该场地所属地段的地震活动情况,掌握工程地质和地震地质的有关资料,按表 8-9 判定地段的性质。不要把建筑物建造在危险的地段上,尤其是甲类和乙类建筑物更要严格禁止;尽量避开不利地段,确实无法避开时,应针对问题,采取有效的工程措施;力争把建筑物建造在有利地段上。

表 8-9　有利、一般、不利和危险地段的划分

地段类别	地质、地形、地貌
有利地段	稳定基岩,坚硬土,开阔、平坦、密实、均匀的中硬土等
一般地段	不属于不利、有利和危险的地段
不利地段	软弱土,液化土,条状突出的山嘴,高耸孤立的山丘,陡坡,陡坎,河岸和边坡的边缘,平面分布上成因、岩性、状态明显不均匀的土层(含故河道、疏松的断层破碎带、暗埋的塘浜沟谷和半填半挖地基),高含水量的可塑黄土,地表存在结构性裂缝等
危险地段	地震时可能发生滑坡、崩塌、地陷、地裂、泥石流等及发震断裂带上可能发生地表错位的部位

表 8-9 中,危险地段包括发震断裂带上可能发生地表错位的部位。通常发震断裂带的位置可以从地震地质资料查取。从国内外震害调查资料分析表明,下列两种情况,不会发生错位。

(1) 地震烈度低于8度;

(2) 1万年内(全新世)没有发生过断裂活动的断层。

另外,虽然基岩发生错位,但若是其上有足够厚的覆盖层,经覆盖层调节后,错位对地面建筑物实际上已经没有影响,这种情况,也可以当成不发生错位。实践表明,当地震烈度为8度和9度,覆盖层厚度分别大于或等于60m和90m时,就可以不考虑错位。

条状突出的山嘴、高耸孤立的山丘和陡坡、陡坎等局部不利地形对地震动参数可能起放大作用,若难以避开而必须在这些抗震不利的地段上建造建筑物时,应对地震影响系数适当增大,但增大倍数不宜大于1.6倍。

2) 按剪切波速评价地基土的性质

坚硬土中波的传播速度快,软弱土中波的传播速度慢。地基土根据剪切波的传播速度可以分成岩石、坚硬土或软质岩石、中硬土、中软土和软弱土五类,其相应的剪切波速和相对应的实际土的种类见表8-10。地基通常都是由性质不一样的土层所组成,在划分地基土类时,应按等效波速计算。**等效波速**的概念就是剪切波穿越整个计算土层的时间等于分别穿过各个土层所用的时间之和时所对应的波速。用公式表示则为

$$v_{se} = h_s / t \tag{8-17}$$

$$t = \sum_{i=1}^{n} h_i / v_{si}$$

式中:v_{se}——等效剪切波速,m/s;

h_s——地基的计算土层厚度,一般取地面至剪切波速$v_s>500$m/s且其下卧各层岩土的剪切波速均不小于500m/s的土层顶面距离,当这一厚度大于20m时,取20m;

t——剪切波速从地面至计算深度的传播时间,s;

h_i——计算深度范围内第i层土的厚度,m;

v_{si}——计算深度范围内第i层土的剪切波速,m/s,应实测求得;

n——计算深度范围内土层的分层数。

表8-10 土的类型划分和剪切波速范围

土的类型	岩土名称和性状	土层剪切波速范围/(m/s)
岩石	坚硬、较硬且完整的岩石	$v_S>800$
坚硬土或软质岩石	破碎和较破碎的岩石或软和较软的岩石,密实的碎石土	$800\geqslant v_S>500$
中硬土	中密、稍密的碎石土,密实、中密的砾、粗、中砂,$f_{ak}>150$的黏性土和粉土,坚硬黄土	$500\geqslant v_S>250$
中软土	稍密的砾、粗、中砂,除松散外的细、粉砂,$f_{ak}\leqslant150$的黏性土和粉土,$f_{ak}>130$的填土,可塑新黄土	$250\geqslant v_S>150$
软弱土	淤泥和淤泥质土,松散的砂,新近沉积的黏性土和粉土,$f_{ak}\leqslant130$的填土,流塑黄土	$v_S\leqslant150$

注:f_{ak}为由现场载荷试验等方法得到的地基承载力特征值,kPa;v_S为岩土剪切波速。

3) 按岩土的性质和覆盖层的厚度划分场地类别

反映地基岩土性质的等效波速v_{se}确定以后,再结合覆盖层的厚度就可以按表8-11确

定场地的类别。

表 8-11　各类建筑场地的覆盖层厚度　m

岩石的剪切波速或土的等效剪切波速/(m/s)	场地类别				
	I_0	Ⅰ	Ⅱ	Ⅲ	Ⅳ
$v_S>800$	0				
$800\geqslant v_S>500$		0			
$500\geqslant v_{se}>250$		<5	$\geqslant5$		
$250\geqslant v_{se}>150$		<3	3～50	>50	
$v_{se}\leqslant150$		<3	3～15	15～80	>80

例 8-1　某水闸建造在Ⅲ级场地上，场地设计烈度为 8 度，闸室每延米质量为 85×10^3kg，经计算，水闸的基本自振周期为 0.45s。试用地震反应谱估算水闸的最大水平地震力 F_E。

解　(1) 水闸属混凝土水工建筑物，查表 8-4，$\beta_{max}=2.25$。建筑场地为Ⅲ级，查表 8-5，特征周期 $T_g=0.4$s。根据以上资料，绘水闸的地震加速度反应谱如图 8-10 所示。

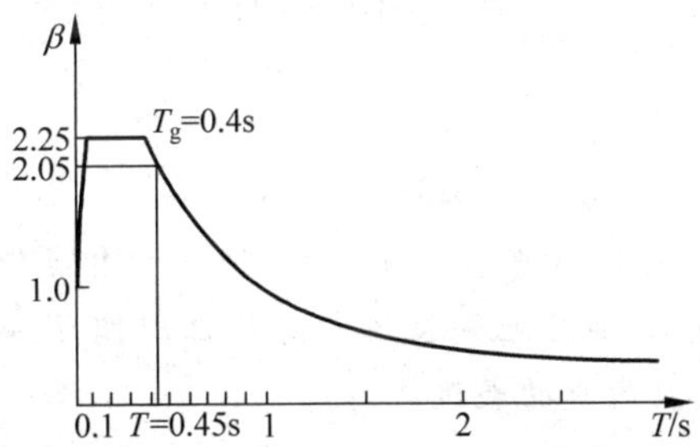

图 8-10　例 8-1 水闸设计加速度反应谱

(2) 已知水闸的自振周期为 0.45s，大于特征周期 T_g。按 $\beta=\beta_{max}\left(\frac{T_g}{T}\right)^{0.9}$ 计算

$$\beta=2.25\times\left(\frac{0.4}{0.45}\right)^{0.9}=2.02$$

(3) 查表 8-3，8 度地震的地面水平地震加速度为 $0.2g$，故水闸承受的最大地震加速度为

$$a_{max}=\beta\times0.2g=0.404g$$

故最大水平地震力为

$$\begin{aligned}F_E&=ma_{max}=85\times10^3\times0.404\times9.8\\&=336.5\text{kN}\end{aligned}$$

例 8-2　某场地表层 3m 为人工填土，以下为中密砂层，厚约 8m，砂层以下为致密碎石土，其下为坚硬的基岩。经波速测定，各层土的剪切波速分别为 100m/s、180m/s 和 520m/s。场地地震烈度为 7 度，地震分组属第一组。

(1) 系统阻尼比 $\zeta=0.06$，试按多遇地震绘制该场地的地震影响系数曲线。(2)在该场

地上修建一高 $H=100\text{m}$(计至设计地面),直径 $d=8\text{m}$ 的烟囱,若烟囱的基本自振周期按 $T=(0.45+0.0011H^2/d)\text{s}$ 计算,求地震影响系数 α。

解 (1) 绘制地震影响系数曲线

建筑物的阻尼比 $\zeta=0.06$,由式(8-12)得

$$\gamma=0.9+\frac{0.05-0.06}{0.3+6\times0.06}=0.9-\frac{0.01}{0.3+0.36}=0.885$$

由式(8-13)得

$$\eta_1=0.02+\frac{(0.05-0.06)}{4+32\times0.06}=0.0183$$

由式(8-11)得

$$\eta_2=1+\frac{0.05-0.06}{0.08+1.6\times0.06}=0.943$$

由表 8-6 查得,多遇地震 7 度时的地震影响系数最大值 $\alpha_{\max}=0.08$,则 $\eta_2\alpha_{\max}=0.943\times0.08=0.075$,$0.45\alpha_{\max}=0.036$。

地基情况是 11m 以下为致密碎石土,剪切波速为 520m/s,故覆盖层计算深度按 11m 计。

$$t=\sum_{i=1}^{n}(h_i/v_{si})=\frac{3}{100}+\frac{8}{180}=0.074(\text{s})$$

代入式(8-17)得等效剪切波速:

$$v_{se}=\frac{11}{0.074}=148.6(\text{m/s})$$

按 $v_{se}=148.6\text{m/s}$,覆盖层厚度 11m 查表 8-11 知场地属于Ⅱ类场地。

按地震分组属第一组、第Ⅱ类场地查表 8-7 得特征周期 $T_g=0.35\text{s}$,则 $5T_g=1.75(\text{s})$。T_g 至 $5T_g$ 区间,地震影响系数曲线的表达式为

$$\alpha=\left(\frac{T_g}{T}\right)^{\gamma}\eta_2\alpha_{\max}=\left(\frac{0.35}{T}\right)^{0.885}\times0.075$$

$5T_g$ 至 6s 区段的地震影响系数曲线表达式为

$$\begin{aligned}\alpha&=0.2^{\gamma}\times\eta_2\alpha_{\max}-\eta_1(T-5T_g)\alpha_{\max}\\&=0.018-0.00146(T-1.75)\end{aligned}$$

根据以上数据,绘制该场地地震影响系数曲线如图 8-11 所示。

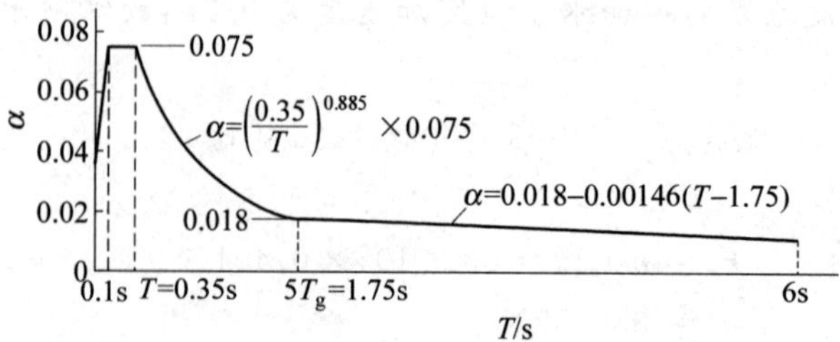

图 8-11 例 8-2 场地地震影响系数曲线

(2) 计算烟囱的地震影响系数

烟囱的自振周期为

$$T = 0.45 + 0.0011\frac{H^2}{d} = 0.45 + 1.375 = 1.825(\mathrm{s})$$

由图 8-11 地震影响系数曲线查得烟囱的地震影响系数 $\alpha=0.018$。

8.3.2　场地(或地基)液化判别和液化等级划分

1. 场地(或地基)液化判别方法

场地或地基内的松或较松饱和无黏性土和少黏性土受动力作用,体积有缩小的趋势,若土中水不能及时排出,就表现为孔隙水压力的升高。当孔隙水压力累计至相当于土层的上覆压力时,粒间没有有效压力,土丧失抗剪强度,这时若稍微受剪切作用,即发生黏滞性流动,称为**液化**。场地液化可发生于地震过程中或地震发生后相当长的一段时间内,它常导致建筑物地基失稳、下陷或过量不均匀沉降,是地震带来的一种严重的震害。

土体在振动荷载作用下孔隙水压力的发展规律是一个很复杂的问题,目前尚难以作出准确的计算。因此,地基土液化可能性的判别也还没有十分可靠的理论分析方法,而要依靠现场或室内试验的结果,结合一定的理论分析和实践经验,作出综合判断。水平场地(没有附加荷载)或地基土液化可能性判别方法很多,以下介绍当前最常用且有代表性的四种。

1) 规范法

我国科研和生产部门对新中国成立以来国内几次大地震进行了宏观的调查、勘探、分析,在此基础上提出一种较为完整的通过地基土的历史年代、埋藏条件以及标准贯入试验,判别地基土液化的可能性办法。这种方法已为《建筑抗震设计规范》所采用,故称为规范法。按规范法,对于后面所述的丙类和丁类建筑物,当地震烈度不高于 6 度时可不进行液化判别外,其他情况液化判别,可分两步进行。

(1) 初步判别

地面下存在着饱和砂土和粉土,当符合下列条件之一时,可初步判别为不液化或液化程度很低,可不考虑液化的影响。

① 土层的地质年代为第四纪晚更新世(Q_3)或更早,且地震烈度仅为 7 度和 8 度时;

② 粉土中黏粒含量(粒径小于 0.005mm)不少于表 8-12 所列百分率时;

表 8-12　黏粒含量界限值

烈　度	7 度	8 度	9 度
黏粒含量	10%	13%	16%

注:黏粒含量采用六偏磷酸钠为分散剂测定,用其他方法时应按有关规定换算。

③ 上覆非液化土层的厚度和地下水位的深度符合下列条件之一时:

$$h_u > d_0 + d - 2 \tag{8-18}$$

$$d_w > d_0 + d - 3 \tag{8-19}$$

$$h_u + d_w > 1.5d_0 + 2d - 4.5 \tag{8-20}$$

式中:d_w——地下水位深度,m,宜按建筑物使用期内年平均最高水位采用,也可按近期内最高水位采用;

h_u——**上覆非液化土层厚度**,m,若上覆土层内有淤泥和淤泥质土时,应扣除;

d——基础埋置深度,m,不超过 2m 时采用 2m;

d_0——**液化土特征深度**,即经常发生液化的深度,规范对近年来邢台、海城、唐山等地震液化的现场资料统计分析,提出表 8-13 的特征深度。

表 8-13 液化特征深度 m

饱和土类别	烈度		
	7 度	8 度	9 度
粉 土	6	7	8
砂 土	7	8	9

注:当区域的地下水位处于变动状态时,应按不利的情况考虑。

(2) 标准贯入试验判别

凡是经过初判认为属于可能液化土层或需要考虑液化的影响时,应采用标准贯入试验方法进一步确定是否可液化。从土的液化机理可知,松的土容易发生液化,密实的土难以液化,而标准贯入试验是测定原位土密实度的比较有效的方法。在大量工程实践经验的基础上,规范确定对于地面下 20m 范围内土层采用如下的液化判别标准:当饱和砂土或饱和粉土实测的标准贯入击数 N 值(未经杆长修正)小于按式(8-21)所确定的临界值 N_{cr} 时,应判别为可液化土,大于或等于该值时,则为非液化土。

$$N_{cr} = N_0\beta[\ln(0.6d_s + 1.5) - 0.1d_w]\sqrt{\frac{3}{\rho_c}} \tag{8-21}$$

式中:d_s——饱和土标准贯入点的深度,m;

d_w——地下水位深度,m;

ρ_c——**饱和土的黏粒含量百分率**,当 $\rho_c(\%)<3$ 时,取 $\rho_c=3$;

N_{cr}——饱和土**液化临界标准贯入锤击数**;

N_0——饱和土液化判别的**基准标准贯入锤击数**,可自表 8-14 采用。显然,表中的数值是来自经验的总结。

β——调整系数,设计地震第一组取 0.8,第二组取 0.95,第三组取 1.05。

表 8-14 基准标准贯入锤击数 N_0

设计基本地震加速度/g	0.10	0.15	0.20	0.30	0.40
液化判别基准标准贯入锤击数 N_0	7	10	12	16	19

2) 抗液化剪应力法

这一方法是由美国学者西特(H. B. Seed)等人提出的地基液化可能性评定方法。它的基本出发点是把地震作用看成是一种由基岩垂直向上传播的水平剪切波,剪切波在土层内引起**地震剪应力**。另一方面,对地基土进行振动液化试验,测出引起液化所需的震动剪应力,称为**抗液化剪应力**。当作用于地基土上的地震剪应力大于土的抗液化剪应力时,土即发生液化;反之,则不液化。因此这一方法的关键在于计算地震剪应力和测定土的抗液化剪应力。

(1) **地震剪应力**

地震中,地基内各处产生的剪应力是随时间而变化的。应力变化的时程曲线可以通过

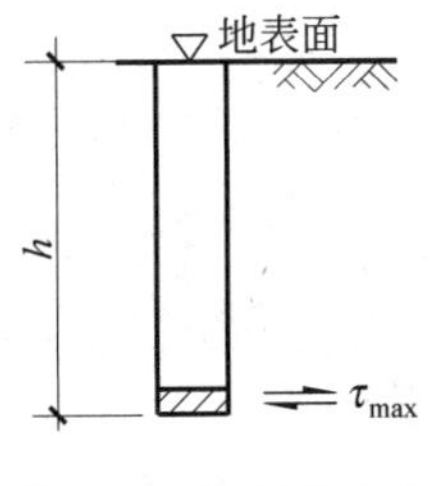

图 8-12　地震剪应力

动力反应分析求得，但计算比较复杂。在抗液化剪应力法中，西特把地震剪应力简化成一个等效的周期应力。周期应力的幅值取为最大地震剪应力的 0.65 倍。循环周数与地震的震级有关，震级越高，地震的持续时间越长，循环周数就越多，具体可按表 8-15 取值。经过这样简化后，地基中深度 h 处的地震剪应力可计算如下：如图 8-12 所示，从地基中取出单位面积，高度为 h 的土柱，假定土柱是刚体，则地震中，土柱底面，即深度为 h 处的最大地震剪应力为

$$\tau_{max} = \frac{\gamma h}{g} a_{max} \tag{8-22}$$

式中：γ——土的重度(水下用饱和重度)；

g——重力加速度；

a_{max}——地震时地面的最大加速度。

但是实际的土体并不是刚体，而是接近于黏弹性体，震动中要消耗能量，使剪应力有所减小，应乘以校正系数 Γ_d。Γ_d 的值随土的深度而异，本法建议采用表 8-16 的数值。于是**等效地震剪应力**为

$$\tau_{av} = 0.65\frac{\gamma h}{g} a_{max}\Gamma_d \tag{8-23}$$

表 8-15　等效循环周数 N_{eq}

震　级	等效振幅	等效循环周数 N_{eq}	持续时间/s
5.5～6		5	8
6.5		8	14
7.0	$0.65\tau_{max}$	12	20
7.5		20	40
8.0		30	60

表 8-16　校正系数 Γ_d

深度 h/m	5	10	20	30
校正系数	0.97	0.91	0.65	0.52

(2) **抗液化剪应力**

抗液化剪应力在实验室用振动单剪仪或振动三轴仪测定，国内目前主要用振动三轴仪。振动三轴仪测定土的抗液化剪应力的原理见参考文献[6]或相关《土动力学》教材，本书不多赘述。

试验时，按砂层的组成和密度制备物理性质相同的几个试件，在周压力 $\sigma_3=\gamma' h$ 下固结。然后分别加周期动应力 $\sigma_{d1},\sigma_{d2},\sigma_{d3},\cdots$，让试件在每种动应力作用下发生液化破坏，测出发生液化破坏的振动次数分别为 $N_{f1},N_{f2},N_{f3},\cdots$。以破坏振次 N_f 为横坐标，动剪应力$\frac{1}{2}\sigma_d$ **或动剪应力比** $\sigma_d/2\sigma_3$ 为纵坐标，绘制抗液化强度曲线，如图 8-13 所示。有了抗液化强度曲线，如果地震的等效循环周数也已确定，就得以从图 8-13 查得该振次所相应的发生液化所

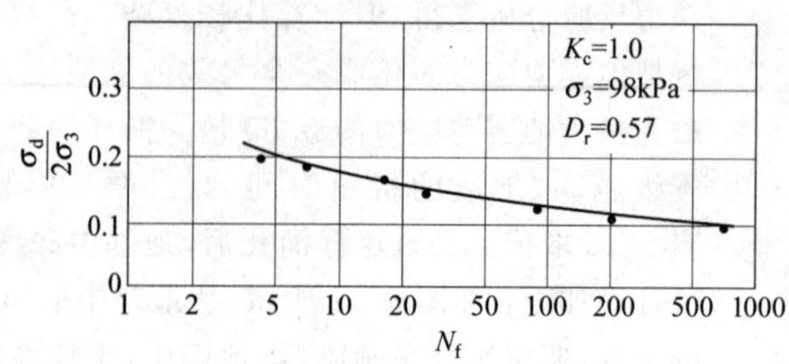

图 8-13 抗液化强度曲线

需的剪应力值,即为土的抗液化剪应力$\frac{1}{2}\sigma_d$。实际上深度 h 处土的抗液化剪应力尚应考虑如下几个因素:

① 测定抗液化剪应力的动三轴试验是在固结比 $K_c=\frac{\sigma_1}{\sigma_3}=1.0$ 的条件下进行的,而地基土的固结状态则属于 K_0 固结。通常 $K_0<1.0$,K_0 越小,土所受的平均固结压力也越小,动强度越低。因此用动三轴试验测得的抗液化剪应力不能直接用于地基,而需乘以小于 1 的校正系数 C_r。C_r 值可在 0.55～0.59 之间选用,振次多时用低值,少时用高值。

② 动三轴试验结果表明,在一般固结压力范围内,抗液化剪应力值与固结压力 σ_3 成正比。因此,为减少试验工作量,有时只需做一种固结压力 σ_3 的动力试验,对不同深度 h 处的土,抗液化剪应力可乘以校正数 $\gamma' h/\sigma_3$。固结压力属有效应力,故采用浮重度 γ'。

③ 动三轴试验结果还表明,当土的密度不很大时(例如相对密度 $D_r<0.75$),抗液化剪应力值与相对密度 D_r 也成正比增加,因此有时为减少试验工作量,常只需做一组 $D_r=0.5$ 的动力试验,对于其他不同密度的土,只需乘以改正数 $D_r/0.5$,就得到密度为 D_r 时的抗液化剪应力。

综合上述 3 个因素,土的抗液化剪应力的一般表达式为

$$\tau_d = C_r \frac{\sigma_d}{2\sigma_3}\gamma' h \frac{D_r}{0.5} \tag{8-24}$$

地震剪应力 τ_{av} 和地基土的抗液化剪应力 τ_d 求出后,就可以进行对比。当 $\tau_{av}>\tau_d$ 时,表明地基土要液化,反之则不液化。

抗液化剪应力法由于概念简明,易于计算,因此在国内外得到比较多的应用。但是采用这种方法时,需取原状土样以测定土的抗液化剪应力。而易于液化的土,通常是饱和松散的砂土和粉土,这类土很难从地基深处取得原状土样。实验室有时用人工制备土样代替,然而,尽管控制土样的密度与原位土的密度相同,由于无法模拟原状土的结构,所以测得的抗液化剪应力仍然不能代表原位土的抗液化剪应力,一般数值偏小。

为了克服这一缺点,西特等学者搜集了包括我国在内的世界各地在 7.5 级地震中所表现的场地液化或不液化的现场资料,包括土层性质、液化深度、有效覆盖压力 σ'_v、最大地面加速度 a_{max},以及标贯击数 N 等数据;再按式(8-23)计算地震剪应力 τ_{av} 或地震剪应力比 τ_{av}/σ'_v,并以 τ_{av}/σ'_v 为纵坐标,N_1 为横坐标,将各场地的实测 τ_{av}/σ'_v 和 N_1 值分液化和不液化两种标点示于该坐标图上,如图 8-14 所示;然后根据液化点和不液化点的分布绘出液化和不液化的分界线,这一分界线也就是抗液化剪应力比 τ_d/σ'_v 与标贯击数 N_1 的关系曲线。显

然，对于某一标贯击数为 N_1 的场地，如果以它的地面最大加速度，用式(8-23)计算得到的地震剪应力比 τ_{av}/σ'_v 位于分界线以上，表示场地的地震剪应力大于场地的抗液化强度，场地将发生液化；反之，则不液化。这样，实际上就是用原位标贯试验取代了在实验室测定土的抗液化剪应力，因而避免了需要取原状土样的缺点。

在图 8-14 的基础上，西特等人又根据砂土液化强度的统计资料和表 8-15 所示的各种震级的等效循环次数，对 7.5 级的曲线进行修正，得出图 8-15 所示的震级从 $M=5$ 至 $M=8.5$ 等数条 $\frac{\tau_d}{\sigma_v}$-N_1 关系曲线。这样对各种工程常见的震级，就都可以根据场地的标贯击数和地震剪应力比，判别场地能否液化。

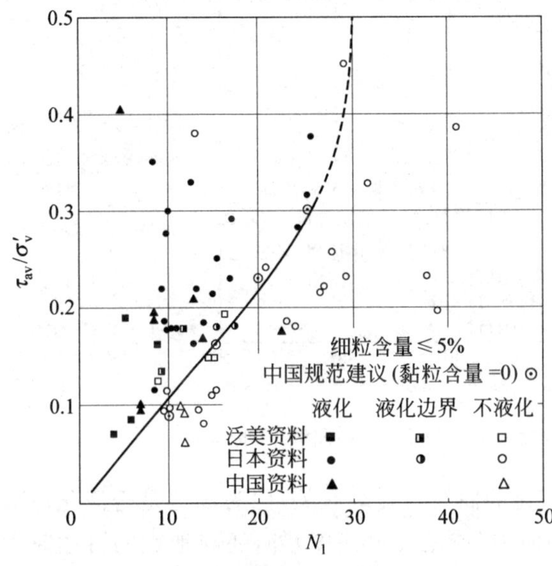

图 8-14　7.5 震级纯砂抗液化剪应力与 N_1 关系曲线(西特等 1984 年)

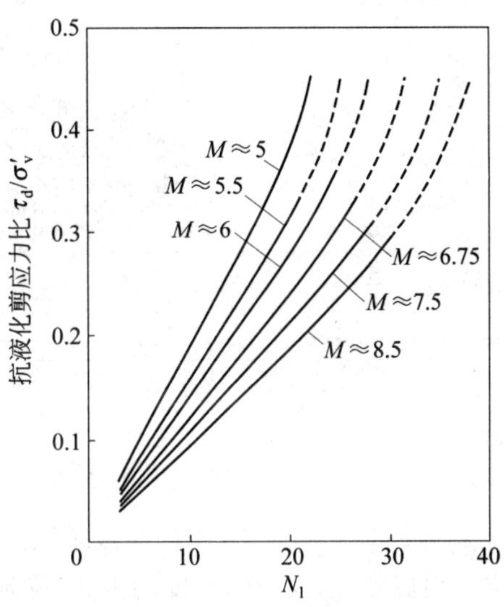

图 8-15　不同震级纯砂的抗液化剪应力与 N_1 关系曲线(西特等)

以上所引述的资料只适用于细粒土($d\leqslant0.075$mm)含量小于 5%的砂土。对于细粒土含量大于 5%的粉质砂土或粉土，西特等人也收集许多在地震中场地液化或不液化的有关资料，用同样方法绘制细粒土含量分别为 15%和 35%的 $\frac{\tau_d}{\sigma_v}$-N_1 关系曲线，如图 8-16 所示，以供相应的地基土查用。

需要说明，同一种土，埋藏深度不同，标准贯入击数也不一样。图 8-14～图 8-16 中的标准贯入击数 N_1 是指换算成上覆压力为 100kPa 时的击数。换算公式如下：

$$N_1 = c_N N \tag{8-25}$$

$$c_N = 1 - 1.25\lg\frac{\sigma'_v}{\sigma'_1} \tag{8-26}$$

式中：N_1——换算后的标准贯入击数；

N——上覆有效压力为 σ'_v 时测定的标准贯入击数；

σ'_1——标准有效覆盖压力，定为 100kPa；

c_N——换算系数。

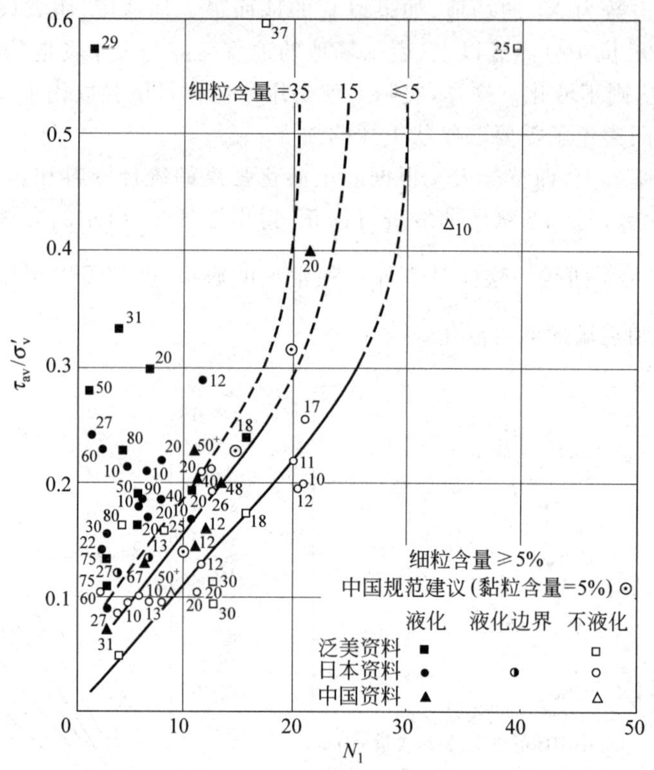

图 8-16 7.5 震级粉质砂的抗液化剪应力与 N_1 关系曲线(西特等)

图 8-14～图 8-16 中的曲线表明，判别液化的曲线与震级有关，因为场地是否液化应取决于地震烈度，而影响烈度的因素，除地震动应力(或地震加速度)外，还与地震的持续时间和地震波的特性有关，地震动应力用 τ_{av} 表示，而持续时间和地震波特性则用震级为代表，震级越高，地震的持续时间越长。

3) 动力反应分析法

这是一种借助理论分析以判断液化势的方法。假定水平场地土的振动是由竖直向上传播的剪切波所引起。为求得水平场地的地震反应，即土中各点的加速度、速度、位移、应变、应力和孔隙水压力等量在地震过程中的变化，可以取单位面积的土柱作为剪切梁进行分析。把剪切梁离散化，将每层土的质量分别集中于土层分界面的质点上，用代表土弹性的弹簧和黏滞性的阻尼器相连接，使之成为一维多质点的剪切型振动体系，如图 8-17 所示。这种表示土在动荷载作用下具有弹性和黏滞性的模型，称为**黏弹体模型**。

列出这一振动体系的运动方程

$$\boldsymbol{M}\ddot{\boldsymbol{u}}+\boldsymbol{C}\dot{\boldsymbol{u}}+\boldsymbol{K}\boldsymbol{u}=-\boldsymbol{M}\ddot{\boldsymbol{u}}_g(t) \tag{8-27}$$

式中：$\boldsymbol{M}$——集中质量矩阵；

$\boldsymbol{C}$——阻尼矩阵；

$\boldsymbol{K}$——刚度矩阵；

$\ddot{\boldsymbol{u}}_g(t)$——地震时基岩加速度；

$\ddot{\boldsymbol{u}}$、$\dot{\boldsymbol{u}}$、$\boldsymbol{u}$——质点相对于基岩的加速度列阵、速度列阵和位移列阵。

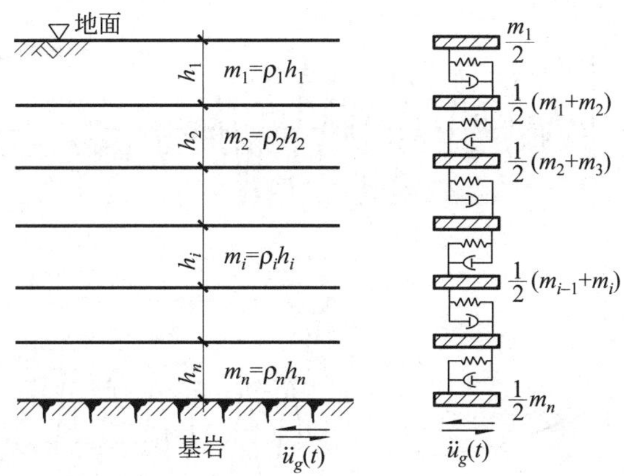

图 8-17　地基动力分析简化计算模型

对于某一基岩加速度$\ddot{u}_g(t)$，用动力学中的**振型叠加法**或**逐步积分法**，即可求出体系的动力反应，得出各质点的加速度$\ddot{\boldsymbol{u}}$、速度$\dot{\boldsymbol{u}}$和位移$\boldsymbol{u}$随时间的变化过程，也即各量值的时程曲线。根据质点的动位移可以求相应土单元的动应变，根据动应变和动模量可以求解土体的动应力，从而得出动剪应力的时程曲线。

地震过程中质点的动剪应力时程曲线是不规则变化的曲线，如图 8-18(a)所示。为了与实验室中用等幅值的周期动力试验结果相对比，必须将这种不规则的动应力时程曲线等价为均匀周期应力和振次。等价的方法如下：

假定每一次应力循环所具有的能量对材料都要起一定的破坏作用，且这种破坏作用与能量的大小成正比而与应力循环的先后次序无关。根据这一原则，就可以利用图 8-18(b)的抗液化强度曲线，将一列不规则的动应力，等价成幅值为τ_{eq}、周次为N_{eq}的均匀周期应力。设图 8-18(a)中不规则动应力的最大幅值为τ_{max}，今取$\tau_{eq}=R\tau_{max}$作为等效均匀周期应力的幅值，其中R可以是任意小于1的小数，习惯上取为0.65。再把该列不规则的应力时程曲线，按幅值的大小分成若干组，例如组数为k。分别算出每一组等幅值应力波的**等效循环周数**n_{eqi}。如果在这一列不规则的应力波中，幅值为τ_i的周数为n_i，从图 8-18(b)中的抗液化强度曲线可查出，当幅值为τ_i时引起液化破坏的振次为N_{if}，而幅值为τ_{eq}时的液化破坏振次为N_{ef}。若认为每一次应力循环所具有的能量与应力幅值成正比，则幅值为τ_i的一次应力循环所引起的破坏作用相当于幅值为τ_{eq}时的N_{ef}/N_{if}倍。因此，幅值为τ_i的n_i次应力循环等价于幅值为τ_{eq}的等效循环数为

$$n_{eqi}=n_i\frac{N_{ef}}{N_{if}} \tag{8-28}$$

故整个不规则应力时程曲线等价为幅值为τ_{eq}的等幅周期应力后，其等效周数N_{eq}应为

$$N_{eq}=\sum_{i=1}^{k}n_{eqi}=\sum_{i=1}^{k}n_i\frac{N_{ef}}{N_{if}} \tag{8-29}$$

如果以N_{eq}为破坏振次，从图 8-18 中(b)的抗液化强度曲线，可查出其相应的动应力，也就是该种土的抗液化强度τ_d。显然，如果$\tau_{eq}>\tau_d$，表明作用于质点上的动应力大于抗液化强度，土体要发生液化；反之，若$\tau_{eq}<\tau_d$，则不发生液化。这样，通过上述动力分析，得出各质点的动应力时程曲线后，就可以求出各质点所代表的地基土层是否发生液化，进而能够

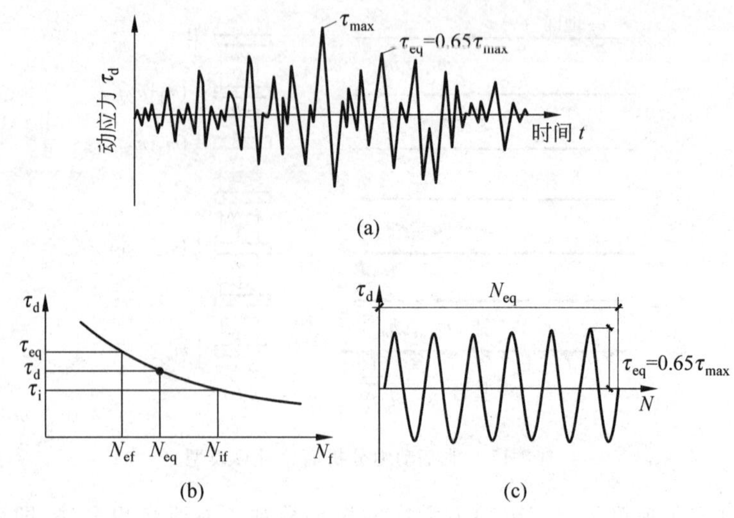

图 8-18　不规则荷载的等效循环周数

(a) 动力分析得出的某质点动应力时程曲线；(b) 抗液化强度曲线；
(c) 等效循环周数

勾画出发生液化的范围。

4) 概率统计法

以上所讲述的方法都属于定值的分析方法，得到的结论是肯定的，或者是**液化**，或者是**不液化**。实际上，液化问题所涉及的因素很复杂，而且都有很大的不确定性。我国国家标准《建筑结构可靠度设计统一标准》(GB 50068—2001)已完全采用国际上正在发展和推行的以概率统计理论为基础的极限状态设计方法。在分析地基土液化的问题上就更应该向这一方向发展。目前已有很多建立在概率统计理论和模糊数学基础上的地基土液化可能性分析方法。以下介绍其中一种较为简明的概率统计法，它是日本学者谷本喜一所提出的。该法的主要内容如下：

(1) 液化控制方程

谷本喜一分析了35个地震区中发生液化和不发生液化的场地事例，认为场地**液化势**(即液化可能性的高低)可以用一个**液化灵敏性指标** Z 表示。他对影响液化势的诸多因素进行了分析和数据处理后，提出液化灵敏性指标可表示为如下取决于4个因素的线性函数。

$$Z = d_w - 0.28h_u - 1.09N + 0.39a_{max} \tag{8-30}$$

式中：d_w——地下水位深度，m；

h_u——砂层的埋深，即上覆非液化土层的厚度，m；

N——砂层的标准贯入击数；

a_{max}——地面最大加速度，m/s^2。

对于每个具体场地，都可以根据实测的资料，计算出液化灵敏性指标的数值。公式的物理意义表明，Z 值越大，液化的可能性越大，也即液化势越高。

(2) 临界液化势和成功判别率

临界液化势是指场地从未液化进入液化的临界状态。在本法中用**临界液化灵敏性指标** Z_{cr} 表示。在式(8-30)中，影响液化灵敏性指标 Z 的4个因素实际上都有随机性，因此，临界

值 Z_{cr} 不能依靠解析方法求得，而只能对已发生的事例通过统计分析后确定。将收集到的实例，按实际的表现，分成“液化”和“未液化”两组，并分别计算出每个事例的 Z 值。然后按第 2 章所述的方法，对 Z 值的概率进行统计并分别绘制“液化组”和“非液化组”的概率分布曲线，如图 8-19(a)所示。曲线的横坐标为液化灵敏性指标 Z，纵坐标为概率密度函数 $f(Z)$。$f_1(Z)$ 表示液化组的概率分布曲线，$f_2(Z)$ 表示未液化组的概率分布曲线。通常其概率分布属于正态分布。

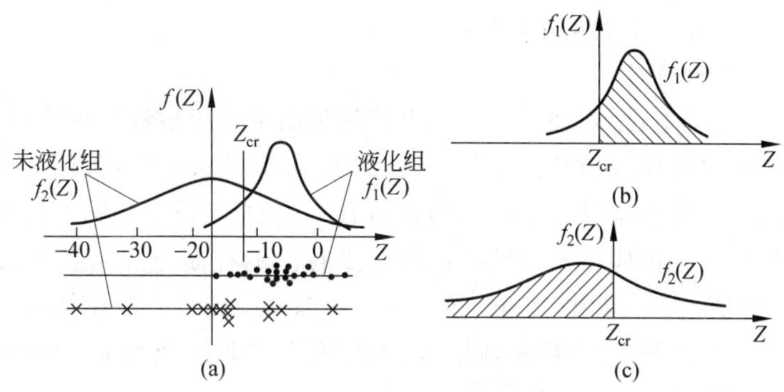

图 8-19　场地液化势的概率分布

今设 Z_{cr} 为临界液化灵敏性指标，用它来表示临界液化势，意思是当场地算得的 $Z \geqslant Z_{cr}$ 时，场地发生液化，而 $Z < Z_{cr}$ 时，则不液化。用图 8-19(b)液化组的概率分布曲线 $f_1(Z)$ 分析，$Z > Z_{cr}$，发生液化的概率为图中的阴影面积，它等于 $\int_{Z_{cr}}^{\infty} f_1(Z)\mathrm{d}Z$。因此，用液化组的分布曲线分析，以 Z_{cr} 为液化临界值的**成功判别率**为

$$P_{r1} = \frac{\int_{Z_{cr}}^{\infty} f_1(Z)\mathrm{d}Z}{\int_{-\infty}^{\infty} f_1(Z)\mathrm{d}Z} \tag{8-31}$$

式中分母 $\int_{-\infty}^{\infty} f_1(Z)\mathrm{d}Z$ 为概率密度函数曲线与 Z 轴所包围的整个面积，其值等于 1。分布曲线(图 8-19(b))还表明，$Z < Z_{cr}$ 时也发生液化的概率为 $f_1(Z)$ 曲线下非阴影面积，其值等于 $\int_{-\infty}^{Z_{cr}} f_1(Z)\mathrm{d}Z$。显然以 Z_{cr} 作为液化的临界值，把液化场地误判为非液化场地的误判率为 $1-P_{r1}$。如果我们规定一个成功判别率，从式(8-31)可以计算出临界液化灵敏性指标 Z_{cr} 的具体值。

同样的道理，用未液化组的分布曲线 $f_2(Z)$(图 8-19(c))分析，当 $Z < Z_{cr}$ 不发生液化的概率为该图中的阴影面积，等于 $\int_{-\infty}^{Z_{cr}} f_2(Z)\mathrm{d}Z$。也即，用未液化组的分布曲线分析，以 Z_{cr} 为液化临界值的成功判别率为

$$P_{r2} = \frac{\int_{-\infty}^{Z_{cr}} f_2(Z)\mathrm{d}Z}{\int_{-\infty}^{\infty} f_2(Z)\mathrm{d}Z} \tag{8-32}$$

同样，把非液化场地判为液化场地的误判率为 $1-P_{r2}$。

因此 Z_{cr}是一个待定值,如果认为液化组和未液化组两组资料都有同等价值,因而无论用哪一组资料,其成功判别率都应该一样,即 $P_{r1}=P_{r2}$。于是从式(8-31)和式(8-32)有

$$\frac{\int_{Z_{cr}}^{\infty} f_1(Z)\mathrm{d}Z}{\int_{-\infty}^{\infty} f_1(Z)\mathrm{d}Z}=\frac{\int_{-\infty}^{Z_{cr}} f_2(Z)\mathrm{d}Z}{\int_{-\infty}^{\infty} f_2(Z)\mathrm{d}Z} \tag{8-33}$$

从式(8-33)也可以解出临界液化灵敏性指标 Z_{cr}。谷本喜一用他所统计的资料,即图8-19(a),求得$Z_{cr}=-9.17$,相应的成功判别率为78.5%。

(3) 场地液化势的判别

对于某一具体的场地,用式(8-30)计算出该场地的液化灵敏性指标 Z,并根据对成功判别率的要求,得出临界液化灵敏性指标 Z_{cr},然后按 $Z\geqslant Z_{cr}$或 $Z<Z_{cr}$,确定场地是否在地震中发生液化。例如,若认为谷本喜一所统计的资料有广泛的代表性(实际上这类资料都有很大的地区性,各个国家或地区应根据当地的资料建立自己的控制方程),且认为液化组和未液化组都有相同的价值,则可得出,当场地的$Z\geqslant-9.17$时,应判为液化场地;而 $Z<-9.17$的场地则应判为非液化场地。无论判定为液化场地或非液化场地,判别的成功率都是78.5%,或者说,误判的概率为21.5%。

显然,从安全的角度考虑,这一标准,误判的概率过大。按工程观点,将非液化场地误判为液化场地,其后果仅是增加些工程措施的费用,不会造成严重的事故;相反,若将液化场地误判为非液化场地,则在地震时将直接威胁到工程的安全,造成严重的后果。如前所述,将液化场地误判为非液化场地的概率为 $1-P_{r1}$,而将非液化场地误判为液化场地的概率为 $1-P_{r2}$。为保证工程的安全,可适当降低临界液化灵敏性指标 Z_{cr}值,提高液化组的成功判别率 P_{r1},相应地减小非液化组的成功判别率 P_{r2},即让 $1-P_{r1}<1-P_{r2}$,以保证工程的安全。所以 Z_{cr}值的确定是一个牵涉到工程安全与经济的决策问题,应通过技术经济比较选择优化数值。

2. 地基液化等级划分

当确定地基中某些土层属于可液化土后,需要进一步估计整个地基产生液化后果的严重性,即危害程度。显然,土很容易液化,而且液化土层的范围很大,属于严重液化地基;土不大容易液化,且液化土的范围不大则属于轻度液化地基。规范中将这一概念具体用**液化指数** I_{lE}表示。

$$I_{lE}=\sum_{i=1}^{n}\left(1-\frac{N_i}{N_{cri}}\right)h_i W_i \tag{8-34}$$

式中:N_i 和 N_{cri}——表示液化土层中,第 i 个标准贯入点的实测标准贯入锤击数和临界标准贯入锤击数,但当实测值大于临界值时,则取 $N_i/N_{cri}=1.0$;

n——判别深度范围内各个钻孔标准贯入试验点的总数;

h_i——第 i 个标准贯入点所代表的液化土层厚度,m;

W_i——反映第 i 个液化土层**层位影响的权函数**,按图8-20取值,取层厚 h 中点处的权函数值。

地基按液化指数 I_{lE}的大小,分成表8-17所示的3个等级。

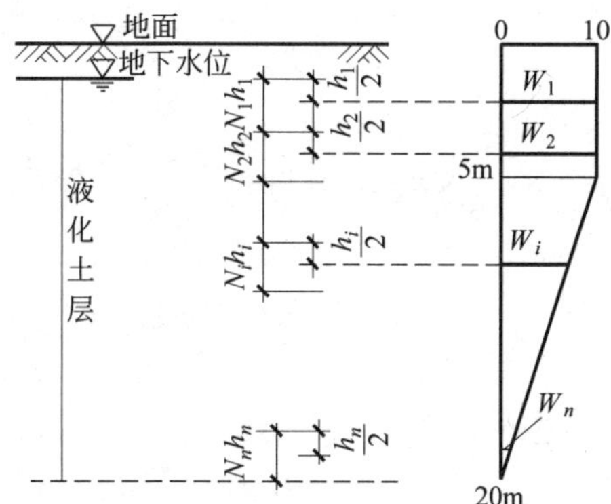

图 8-20　地基液化指数的权函数

表 8-17　地基液化等级划分

液化等级	轻　微	中　等	严　重
液化指数 I_{lE}	$0<I_{lE}\leqslant 6$	$6<I_{lE}\leqslant 18$	$I_{lE}>18$

例 8-3　场地的土层分布和沿深度标准贯入击数如图 8-21 所示。场地的烈度为第一组 8 度。试用规范法判别地基土层液化的可能性(基础埋深在 2m 以内)。

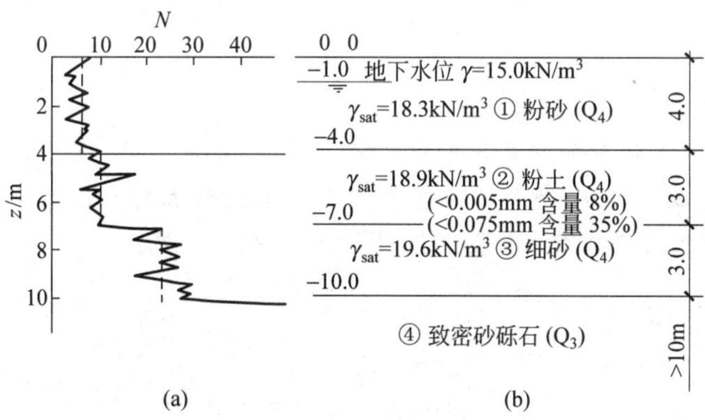

图 8-21　例 8-3 附图(单位：m)

解　(1) 初判

根据地质年代,土层④为不液化土层,其他土层都不能排除液化的可能性。

用式(8-18)～式(8-20)进行液化初判。

对土层①粉砂

$$h_u = 0,\quad d_w = 1.0\text{m},\quad d = 2.0\text{m},\quad d_0 = 8\text{m}$$

不满足式(8-18)～式(8-20)任何一式的要求,故不能判定为非液化土。同样,土层②和土层③也不能判定为非液化土。

(2) 用标贯击数进行液化可能性判别

取土层中点为判别点,按图中的 N-z 曲线,3 层土地下水以下中点处的标准贯入击数分别为 6,10 和 24。本场地地震分组属第一组 8 度,按表 8-3 水平地震加速度为 $0.2g$,调整系

数β值取0.8。根据表8-14,基准标准贯入锤击数$N_0=12$。根据式(8-21)判定液化可能性:

对于土层①

$d_s=2.5\text{m}$,$d_w=1.0\text{m}$,$\rho_c=3$,代入式(8-21):

$$\begin{aligned}N_{cr}&=N_0\beta[\ln(0.6d_s+1.5)-0.1d_w]\times\sqrt{3/\rho_c}\\&=12\times0.8\times[\ln(0.6\times2.5+1.5)-0.1]\\&=9.6>N_1=6\end{aligned}$$

故第一层土应判为可液化土层。

对于土层②

$d_s=5.5$,$d_w=1.0$,$\rho_c=8\%$。代入同式得

$$\begin{aligned}N_{cr}&=12\times0.8\times[\ln(0.6\times5.5+1.5)-0.1]\times\sqrt{\frac{3}{8}}\\&=8.63<N_2=10\end{aligned}$$

故第二层土应判为非液化土层。

对于土层③

$d_s=8.5$,$d_w=1.0$,$\rho_c=3$,代入同式

$$\begin{aligned}N_{cr}&=12\times0.8\times[\ln(0.6\times8.5+1.5)-0.1]\times\sqrt{\frac{3}{3}}\\&=17.1<N_3=24\end{aligned}$$

故第三层土也判为非液化土层。

例8-4 场地土层分布如例8-3中图8-21所示。震级7级,设防烈度为第一组7度。按原位土密度进行液化试验,测得土层①粉砂和土层②粉土的液化强度曲线如图8-22所示。试用抗液化剪应力法判断土层①、②中点处液化的可能性。

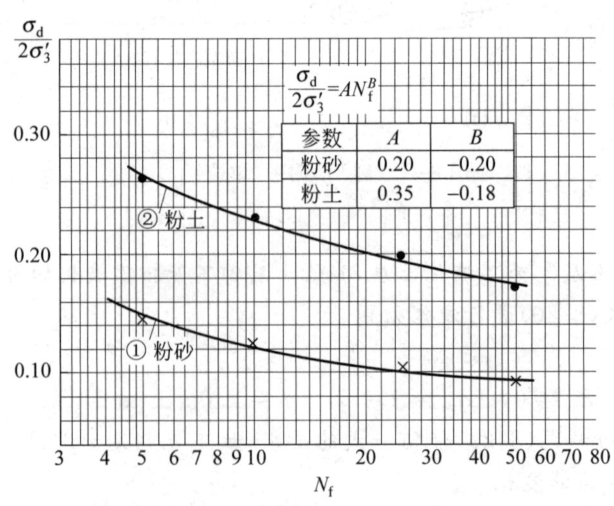

图8-22 例8-4附图

解 (1) 计算土层①,②中点处的地震剪应力

根据式(8-23)

$$\tau_{av} = 0.65\,\frac{\gamma h}{g} a_{max} \Gamma_d$$

由表 8-3,7 度地震第一组的地震加速度为 $0.1g$,由表 8-16 得校正系数 $\Gamma_d = 0.97$

对第①层土中点(指液化层)有

$$\begin{aligned}\tau_{av} &= 0.65 \times \frac{15 \times 1.0 + 18.3 \times 1.5}{g} \times 0.10g \times 0.97 \\ &= 2.68(\text{kN/m}^2)\end{aligned}$$

对第②层土中点有

$$\begin{aligned}\tau_{av} &= 0.65 \times \frac{15 \times 1.0 + 18.3 \times 3.0 + 18.9 \times 1.5}{g} \times 0.10g \times 0.97 \\ &= 6.19(\text{kN/m}^2)\end{aligned}$$

(2) 计算土层①,②中点处的抗液化剪应力

根据式(8-24)

$$\tau_d = C_r\,\frac{\sigma_d}{2\sigma_3'}\gamma' h$$

由表 8-15,7 级地震的等效循环周次 $N_{eq} = 12$,取 $C_r = 0.57$

对第①层土中点,按图 8-22 曲线①,有

$$\frac{\sigma_d}{2\sigma_3'} = AN_f^B = 0.20 \times 12^{-0.2} = 0.122$$

故

$$\begin{aligned}\tau_{d1} &= 0.57 \times 0.122 \times [15 \times 1.0 + (18.3 - 9.8) \times 1.5] \\ &= 1.93(\text{kN/m}^2)\end{aligned}$$

对第②层土中点,按图 8-22 曲线②,有

$$\frac{\sigma_d}{2\sigma_3'} = AN_f^{-0.18} = 0.35 \times 12^{-0.18} = 0.224$$

故

$$\begin{aligned}\tau_{d2} &= 0.57 \times 0.224 \times [15 \times 1.0 + (18.3 - 9.8) \times 3.0 + (18.9 - 9.8) \times 1.5] \\ &= 0.57 \times 0.224 \times 54.2 = 6.92(\text{kN/m}^2)\end{aligned}$$

(3) 液化可能性判别

土层①中点:$\tau_{av} = 2.68\text{kN/m}^2$,$\tau_{d1} = 1.93\text{kN/m}^2$

因为 $\tau_{av} > \tau_{d1}$

故土层在该点处发生液化。

土层②中点:$\tau_{av} = 6.19\text{kN/m}^2$,$\tau_{d2} = 6.92\text{kN/m}^2$

因为 $\tau_{av} < \tau_{d2}$

故土层在该点处不发生液化。

例 8-5　判别例 8-4 地基的液化等级。

解　按式(8-34)

$$I_{lE} = \sum_{i=1}^{n}\left[1 - \frac{N_i}{N_{cri}}\right] h_i W_i$$

经例 8-4 判别,只有土层①为液化土层。该土层 $N_{cr} = 9.6$,$N = 6$,水下部分厚度 $h = 3\text{m}$。由图 8-20 查得,权函数 $W_1 = 10$。代入上式

$$I_{lE} = \left(1 - \frac{6}{9.6}\right) \times 3 \times 10 = 11.25$$

由表 8-17 查得,该地基属于中等液化程度地基。

8.3.3 地基震陷

震陷是指地震产生的竖向永久变形(即塑性变形)。在上述的地基动力反应分析中,由于把地基当成黏弹性材料,黏性表示因阻尼作用而使变形有滞后效应,但就变形性质而言,则仍然是弹性的、可恢复的,也即动力作用结束后,变形也就完全复原,没有残留值。但是土并非弹性体,而是碎散颗粒集合体,受振动作用,要振密,发生塑性变形,即为震陷。如果震陷量不大,例如在 50mm 以内,对一般建筑物的危害不大,可以不必采取专门的防范措施。但是对于液化土或软弱黏性土,受地震作用,常常要产生较大的震陷,甚至造成结构物的塌陷或失稳,就需要进行分析研究并采取有效的工程防范措施。

1. 震陷成因

(1) 因土体体积缩小引起的震陷

土体受振动,常要产生一定数量的体积缩小,称为震密。体积缩小所产生的竖向变形是不可恢复的永久变形。这种变形的大小一是与土的种类有关,砂、砾等无黏性土较之黏性土更容易产生震密;二是与土的状态关系更为密切,砂越松,震密量越大。饱和土受地震作用,由于加荷载的时间很短,孔隙水不能及时排出,体缩的趋势引起孔隙水压力上升,地震过后,振动所产生的孔隙水压力随时间而消散,正值孔压的消散必定伴随着土体体积的缩小,其结果也同样产生震陷。

(2) 剪切变形引起的震陷

试验表明,当试件内有初始剪应力 τ_s 作用时(图 8-23),受循环荷载 $\sigma_d(t)$ 作用,在静剪应力 τ_s 的方向上要累积残留剪应变 γ_r,其结果,试件产生形状变化,如图 8-23 虚线所示,也出现竖向残留应变 ε_r。这种因形状变化引起的震陷,在软土地基受振动时,表现尤为明显。

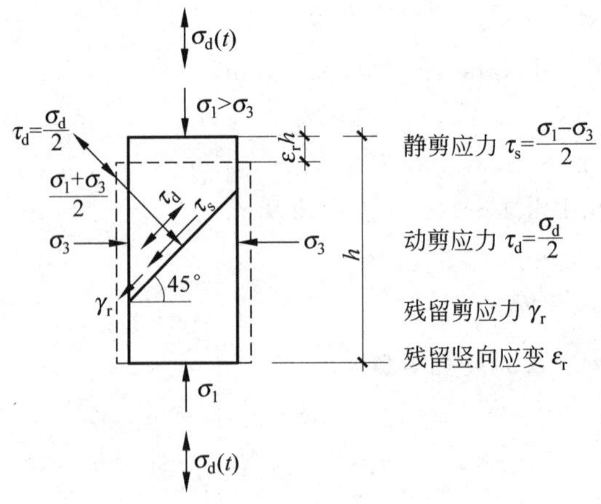

图 8-23　动三轴试验试件的残留应变

(3) 地基土流失引起的震陷

地震若引起地基土液化,出现喷水冒砂现象,这时地下部分土颗粒被带出地面或侧向流失,造成地表下沉。这种原因的震陷常常量大且不均匀,引起建筑物严重下陷或倾斜。例如日本新潟地震时,高烈度地区建筑物的震陷量有的达3m之多。图8-24是日本新潟地震中楼房由于地基中饱和砂层丧失承载力而下陷的实例。此外,在矿区,如果地下采空区较浅,在强震作用下,也会引起地面塌落,这也是地基震陷的另一种形式。这种震陷的特点常常是面积广,震陷量大,往往造成灾难性的后果。

图8-24　日本新潟地震中楼房由于地基中饱和砂层丧失承载力而下陷

(引自:Committee on Earthquake Engineering, Commission on Engineering and Technical Systems, National Research Council. Liquefaction of Soils During Earthquakes. Washington D C,1985,15)

因第一类和第二类原因引起的震陷,可以进行估算,然后根据其危害性,采取一定的工程措施予以控制。第三类震陷一经发生,往往是灾难性的,应在选择场地和布置建筑物时,精心设计以避免其发生。

2. 震陷量的分析方法

1) 弹塑性理论动力分析方法

这种方法的要点是把地基土体当成黏-弹-塑性材料。通过土的动力试验,建立土在往复荷载作用下的时间-应力-应变(包括弹性应变和塑性应变)的关系,称为土的弹塑性动力本构关系模型。然后在地基的动力反应计算中引入这种模型,就能直接求得地震中地基的弹性变形和塑性变形的发展过程以及震后的震陷值。但是这种理论方法,无论在本构模型的建立上或具体的计算上都十分复杂,目前尚处于研究阶段,工程应用尚有一定的困难。

2) 实验基础上的半理论分析方法

目前这类方法较多,其共同的特点是仍然以弹性理论的静、动力应力变形计算为基础,同时通过土的动力试验求动力产生的塑性应变,然后引入计算中以求震陷量。以下介绍一种工程中常用,概念也比较清晰的**模量软化法**。以非饱和土为例,其分析的过程如下:

(1) 在实验室进行地基土的动力三轴试验,建立动应力幅 τ_d(或动应变幅 γ_d)、试件的动力体积应变 ε_{vd} 和动力轴向线性应变 ε_{1d} 与循环次数 N 的关系曲线,如图8-25所示。

(2) 把地基当成非线性弹性体,用当前常用的静应力应变关系模型,例如E-B模型[6]计算地基的震前沉陷量 s_1,以某结点 i 为例,即为 s_{1i}。

(3) 把地基土体当成非线性黏弹性体,用上述方法进行动力反应分析,得到起震后某时

刻 Δt_1 地基内某单元的等价动应力幅 τ_{di}(或等价动应变幅 γ_{di})及等价震次 N_i,然后从图 8-25 查得相应的单元体应变增量 $\Delta\varepsilon_{vdi}$ 和线应变增量 $\Delta\varepsilon_{1di}$。

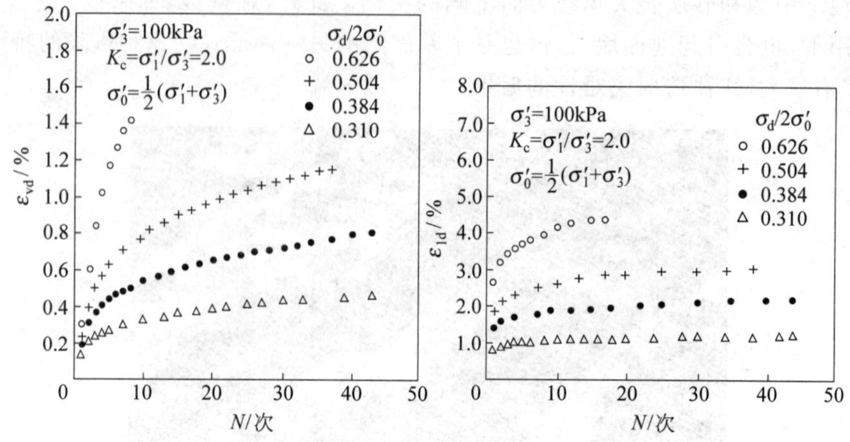

图 8-25 某种非饱和砂砾料残余体应变和残余轴应变与振次的关系

(4) $\Delta\varepsilon_{vdi}$ 和 $\Delta\varepsilon_{1di}$ 代表经过 Δt_1 时刻动力作用,单元 i 内引起的体应变和线应变的潜在应变势。可以想象,如果只有一个单元,应变会如期产生。因为土体是连续单元的集合体,在众多的单元内,为保持边界的连续性,单元间相互约束,$\Delta\varepsilon_{vdi}$ 和 ε_{1di} 不能单独发生;今想象把应变势当成单元材料的模量发生软化,见图 8-26。图中,单元 i 振前的应力为 σ_{1i} 和 σ_{3i},体应变为 ε_{vi},线应变为 ε_{1i},相应的变形模量为 $E_i=\dfrac{\sigma_{1i}-\sigma_{3i}}{\varepsilon_{1i}}$,体积模量为 $B_i=\dfrac{\sigma_{1i}-\sigma_{3i}}{3\varepsilon_{vi}}$。由步骤(3),经 Δt_1 的地震作用,产生的线应变增量为 $\Delta\varepsilon_{1di}$,体应变增量为 $\Delta\varepsilon_{vdi}$,相当于震后的模量变成 $E_i'=\dfrac{\sigma_{1i}-\sigma_{3i}}{\varepsilon_{1i}+\Delta\varepsilon_{1di}}$ 和 $B'=\dfrac{\sigma_{1i}-\sigma_{3i}}{3(\varepsilon_{vi}+\Delta\varepsilon_{vdi})}$。$E_i'$ 和 B_i' 称为**软化模量**,这种方法称为模量软化法。

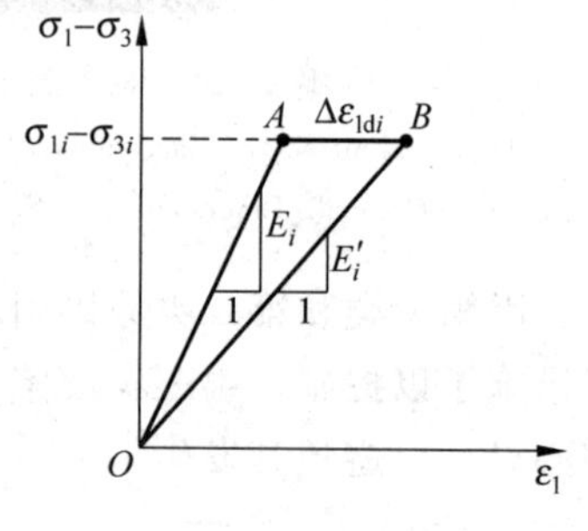

图 8-26 软化模量

(5) 用模量 E_i' 和 B_i' 按步骤(2)再进行一次静力计算,得到 i 结点经过 Δt_1 震后的地基沉陷量 s_{2i}。显然 $\Delta s_i=s_{2i}-s_{1i}$ 应该就是地震历时 Δt_1 后,i 结点所产生的地基震陷量。如是,按时段连续进行上述步骤计算,直至地震结束,就能得到地基总的震陷量以及震陷随地震的发展过程。

对于饱和土体,因为地震的历时很短,可认为地震期间,土中水来不及排出,体积不发生变化,震密的趋势表现为孔隙水压力的升高。这种情况下,上述分析方法原则上仍可应用,但计算的直接结果是土体型状变化引起的部分震陷量和振动孔隙水压力的升高值,必须再结合孔隙水压力的消散计算,才能得到地震引起的全部震陷量。

3) 经验计算方法

国内研究单位根据国内外震害调查资料,同时进行一些室内振动台试验和计算分析,提出如下估算砂土和粉土因液化而发生的平均震陷量的经验公式,可供参考。

对于砂土

$$s_E = \frac{0.44}{b}\xi S_0(d_1^2 - d_2^2)(0.01p)^{0.6}\left(\frac{1-D_r}{0.5}\right)^{1.5} \tag{8-35}$$

对于粉土

$$s_E = \frac{0.44}{b}\xi k S_0(d_1^2 - d_2^2)(0.01p)^{0.6} \tag{8-36}$$

式中：s_E——液化震陷量平均值，多层液化土时，分别计算后叠加；

b——基础宽度，m，对于住房等密集型基础，取建筑平面宽度、当 $b \leqslant 0.44d_1$ 时，取$b=0.44d_1$；

S_0——经验系数，对地震烈度为 7、8、9 度时，分别取 0.05、0.15 和 0.3；

d_1——由地面算起的液化深度，m；

d_2——由地面算起的上覆非液化层深度，m，液化层即为持力层时，取 $d_2=0$；

p——基础底面地震作用标准组合的压力，kPa；

D_r——砂的相对密度；

k——与粉土承载力有关的经验系数，当承载力特征值不大于 80kPa 时，取 0.3，当不小于 300kPa 时，取 0.08，其余可内插取值；

ξ——修正系数，当上覆非液化土层厚度 h_u 满足式(8-18)或式(8-20)要求时，ξ 取 0，无非液化层时，ξ 取 1.0，中间情况，内插确定。

另一类容易产生较大震陷的土是震陷性软土，它是指在 8 度和 9 度地震中，塑性指数 $I_P<15$，天然含水量 $w \geqslant 0.9w_L$(液限含水量)，液性指数 $I_L \geqslant 0.75$ 的黏性土。我国 1976 年唐山地震时，天津塘沽地区位于软土上的多层建筑，在 8、9 度地震作用下，多产生 150～300mm 的震陷量。但至目前，这方面积累的资料尚不够丰富，不能形成可供计算用的经验公式。有的部门作为暂时性的规定，认为："对于 7、8、9 度地震，若软土地基相应承载力大于 70kPa、90kPa 和 100kPa 时，可以不考虑软土震陷的影响"可以作为参考。当然如果有条件从现场取原状土样进行动力试验，获得类似于图 8-25 的资料，也可以用前述第二种方法，即实验基础上的半理论分析方法，计算地基的震陷量，从而判断对建筑物的危害程度。

8.4 地基抗震验算

8.4.1 设防标准

如前所述，我国建筑物抗震设计的设防目标规定为：当建筑物遭受多遇的低于本地区设防烈度的地震影响，应保证建筑物的主体结构不受损坏或不经修理仍可以继续使用；当遭受本地区设防烈度时，建筑物可能有一定的损坏，经一般的修理或不修理仍可继续使用；当遭到高于本地区设防烈度的罕遇地震时，建筑物不致倒塌或发生危及生命的严重破坏。根据这一目标，确定设计中的建筑物，应以哪种烈度进行核算，并采用哪一等级的抗震措施，就称为设防标准。

当然，建筑物的设防标准与建筑物的重要性有关，按重要性，建筑物分如下四类：

甲类建筑——具有重大政治、经济和社会影响的建筑,或地震时可能产生严重次生灾害的建筑,如产生放射性物质的污染、剧毒气体的扩散或大爆炸等。

乙类建筑——地震时使用功能不能中断或需要尽快恢复的建筑物,包括城市生命线工程建筑和救灾需要的建筑,诸如广播、通信、供电、供水、供气、救护、医疗、消防救火等建筑。

丙类建筑——甲、乙、丁以外的一般工业与民用建筑。

丁类建筑——次要的建筑物,如地震时破坏不致造成人员伤亡和较大经济损失的建筑。

根据以上的设计思想,各类建筑物的设防标准,应当满足如下要求:

(1) 甲类建筑,设计用的地震作用应高于本地区的抗震设防烈度的要求,其值应按照经批准的地震安全评价的结果确定;采用的抗震措施,当抗震设防烈度为6~8度时,应按提高1度的要求;当设防烈度为9度时,应高于9度的设防要求。

(2) 乙类建筑,设计用的地震作用应符合本地区抗震设防烈度的要求;采用的抗震措施,一般情况下,当设防烈度为6~8度时,应按本地区的烈度提高1度,当为9度时,则应比9度有更高的要求。对于一些较小的建筑物,如果其结构改用抗震性能较好的结构时,则可以仍按本地区抗震设防烈度的要求,并采用相应的抗震措施。

(3) 丙类建筑,设计用的地震作用和采取的抗震措施均应符合本地区抗震设防烈度的要求。

(4) 丁类建筑,一般情况下,设计用的地震作用仍应符合本地区抗震设防烈度的要求;采用的抗震措施允许比本地区的要求适当降低,但抗震设防烈度为6度时就不应该再降低。

另外在6度设防地区,除有特别规定外,对于乙、丙、丁等类建筑物可以不进行地震作用的计算,只需要采取相应的抗震措施。

有关各种烈度所对应的抗震措施,包括抗震构造措施,详见《建筑抗震设计规范》各类建筑物的抗震设计,本书不予列举。

8.4.2 天然地基抗震承载力验算

1. 荷载组合

地基基础的抗震验算,水平荷载一般采用"拟静力法",即把地震作用当成一个静力,称为地震力。地震力的大小可由式(8-14)或式(8-15)和式(8-16)确定。经常承受水平荷载的建筑物,如水坝、挡土墙等,除静水压力和土压力外,还应考虑地震动水压力和地震动土压力。计算方法参见相关规程。竖向荷载则采用地震作用标准组合。按式(2-22),并令其中各个分项系数 γ 和各个作用效应系数 C 均取为1.0,得到建筑的总重力荷载代表值为

$$G = G_k + Q_{1k} + \sum_{i=2}^{n} \psi_{ci} Q_{ik} \tag{8-37}$$

式中:G_k——永久荷载标准值;

Q_{1k}、Q_{ik}——第1个和第 i 个可变荷载标准值,第1个指可变荷载中起控制作用的一个;

ψ_{ci}——可变荷载组合值系数,对于地震工况,可采用表8-18数值。

表 8-18　组合值系数ψ_c

可变荷载种类		组合值系数
雪荷载		0.5
屋面积灰荷载		0.5
屋面活荷载		不计入
按实际情况计算的楼面活荷载		1.0
按等效均布荷载计算的楼面活荷载	藏书库、档案库	0.8
	其他民用建筑	0.5
吊车悬吊物重力	硬钩吊车	0.3
	软钩吊车	不计入

注：硬钩吊车的吊重较大时，组合值系数应按实际情况采用。

对 9 度以上地震区的重要建筑物(包括高层建筑物)尚应考虑竖向的地震作用。即式(8-37)的重力荷载代表值中尚应包括 8.2 节所述的竖向地震作用。

2. 考虑地震作用地基的极限荷载

地震作用下地基承载力的理论分析方法目前系统研究还不多见。萨马(S. K. Sarma)等将地震作用当成水平力作用于地基，它包括作用于基底表面上，由基础及上部结构重力引起的水平力 αG，由基础两侧土重引起的水平力 kq 以及地基内滑裂土体重量引起的水平力 kW，如图 8-27 所示。其中 k 为场地的水平地震加速度系数，即表 8-3 中的水平地震加速度与重力加速度 g 的比值；α 则为考虑建筑物地震反应，由图 8-7 提供的地震影响系数；W 中包括主动楔的重量 W_a、被动楔的重量 W_p 和对数螺线内土重 W_s。用楔体极限平衡分析法，推导出条形基础，考虑地震水平力后，地基极限承载力式(8-38)，式中的承载力系数 N_{qE}，N_{cE}和 $N_{\gamma E}$可根据地基土的内摩擦角 φ 和水平地震加速度系数 k 由图 8-28～图 8-30 查用。

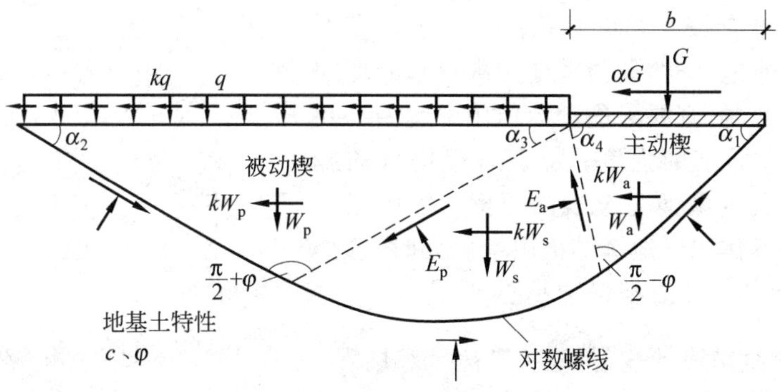

图 8-27　地基临界滑动面(地震荷载)

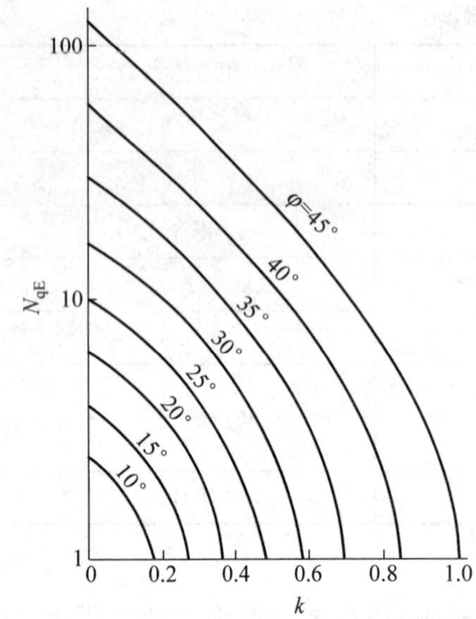

图 8-28　地基极限承载力系数 N_{qE}(地震荷载)

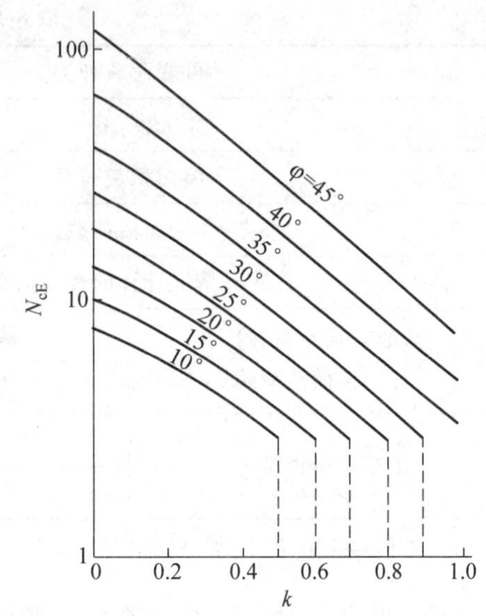

图 8-29　地基极限承载力系数 N_{cE}(地震荷载)

$$p_{uE} = qN_{qE} + cN_{cE} + \frac{1}{2}\gamma bN_{\gamma E} \tag{8-38}$$

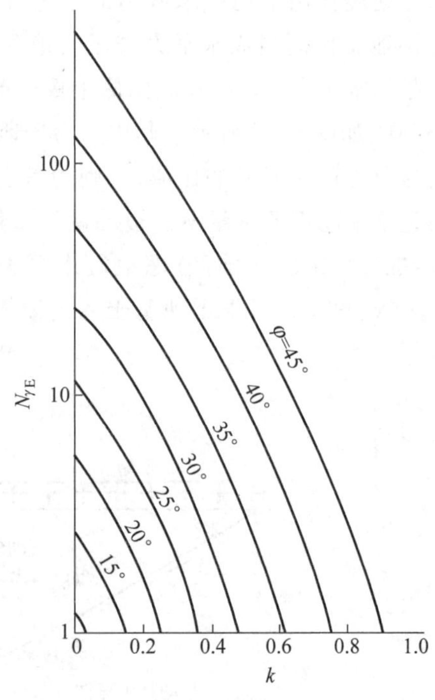

图 8-30　地基极限承载力系数 $N_{\gamma E}$(地震荷载)

式中：p_{uE}——考虑地震作用的地基极限承载力,kPa;

q——基础两侧地基表面的竖向荷载,kPa;

c——土的黏聚力,kPa;

b——基础宽度,m;

γ——地基土的重度,kN/m^3。

图中曲线表明,随着地震作用加强,地震加速度系数加大,地基的极限承载力将有明显降低。另一方面,地震荷载作用的时间很短,加载的速率较快,根据动荷载作用下土的强度研究表明,黏性土的动强度,较之静强度有较大幅度的提高。对于无黏性土则比较复杂,非饱和时,动强度随加载速率的增加而稍有提高,饱和时,则要考虑动力作用引起振动孔隙水压力从而降低土的强度;特别对于松散的砂土,可能出现液化现象而完全丧失强度。因此用上述公式,计算地震作用下地基的极限承载力时,选择地基土的动强度指标 c、φ 要倍加小心。

3. 按《建筑抗震设计规范》验算天然地基抗震承载力

在第2章中已经阐明,地基承载力特征值是一个很笼统的概念,既包括变形控制,也包括稳定控制。就变形而言,地震引起的永久变形,即震陷，仅限于液化土和软土会造成震害，对一般地基岩土可不考虑它的影响。就稳定性而言，虽然式(8-38)表明，地基极限承载力 p_{uE} 因地震烈度提高而降低，但是由于土的动强度一般高于其静强度，所以除去因地震而导致强度大幅下降的一些土类外，一般情况，地基稳定性也不会显著降低。

《建筑抗震设计规范》总结大量的工程经验，并考虑到地震作用是一种特殊工况，出现的概率较小，安全度可以适当降低，因此规定地基的抗震承载力应取为地基的承载力特征值乘以**地基土抗震承载力调整系数**，表示为

$$f_{aE}=\zeta_a f_a \tag{8-39}$$

式中：f_{aE}——调整后的地基抗震承载力；

ζ_a——地基土抗震承载力调整系数，可从表 8-19 查用；

f_a——经过深度和宽度修正后的地基承载力特征值，按第 2 章方法确定。

表 8-19　地基土抗震承载力调整系数

岩土名称和性状	ζ_a
岩石，密实的碎石土，密实的砾、粗、中砂，$f_{ak}\geqslant300$kPa 的黏性土和粉土	1.5
中密、稍密的碎石土，中密和稍密的砾、粗、中砂，密实和中密的细、粉砂，150kPa$\leqslant f_{ak}<$300kPa 的黏性土和粉土，坚硬黄土	1.3
稍密的细、粉砂，100kPa$\leqslant f_{ak}<$150kPa 的黏性土和粉土，可塑黄土	1.1
淤泥，淤泥质土，松散的砂，杂填土，新近堆积黄土及流塑黄土	1.0

验算天然地基地震工况竖向承载力时，按地震作用标准组合计算基础底面的平均压力 p_E 和边缘最大压力 $p_{E\max}$，并要求 p_E 和 $p_{E\max}$ 满足式(8-40)和式(8-41)的要求。

$$p_E\leqslant f_{aE} \tag{8-40}$$

$$p_{E\max}\leqslant 1.2f_{aE} \tag{8-41}$$

式中：p_E——地震作用标准组合的基础底面平均压力；

$p_{E\max}$——地震作用标准组合的基础边缘最大压力。

此外要求高宽比大于 4 的高层建筑，在地震作用下，基础底面不宜出现拉应力，亦即要求基础边缘最小压力 $p_{E\min}\geqslant0$。对于其他建筑物，则要求基础底面与地基表面之间的零应力区面积不应超过基础底面积的 15%。

ζ_a 是大于 1.0 的系数，即考虑地震作用，允许地基的承载力适当提高。地震作用经常只考虑水平向地震力，它只影响到基础的边缘压力 $p_{E\max}$ 和 $p_{E\min}$，对平均基底压力 p_E 值没有影响。因此对于地基主要受力层范围内不存在软弱土层情况下的低层建筑物，包括砌体房屋、单层厂房和单层空旷房屋以及不超过 8 层且高度在 24m 以内的一般民用框架房屋均可以不必进行地基及基础的抗震承载力验算。

8.4.3　桩基的抗震验算

1. 桩基的抗震能力和常见的震害

与天然地基相比较，桩基有更好的抗震性能。震害调查表明，在同一地震区，同种类型

的结构,天然地基上的建筑物震害较重,而桩基上的建筑物震害要轻得多,甚至无明显震害,通常只有数毫米的附加沉陷量(震陷)。唐山地震后,国内曾对天津地区的桩基建筑物进行了震害调查。调查地区的地震烈度大体上在7度至9度范围。在所统计的102项工程中,桩基发生破坏的仅有3%,远低于同一地区天然地基上建筑物的震害率。另外,房屋建筑所用的桩基,一般都是埋入地基土中的低承台桩基,这种桩基,即便桩本身破坏或桩周土丧失承载力,其破坏效果不会突然表现出来,往往是在地震后才逐渐显现,如发生缓慢持续的下沉现象等,不至于造成突然倒塌等灾难性的后果。

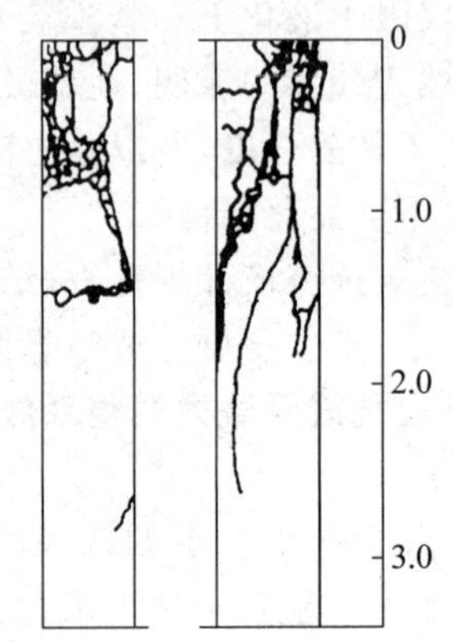

图8-31 宫城地震高层住宅桩基桩头压剪破坏(单位:m)
(引自参考文献[3])

常见的桩身震害,有如下几种类型:

(1) 桩头部位因受过大剪、压、拉、弯等作用而破坏。图8-31为日本宫城地震时,某高层建筑下桩基的桩头破坏情况,当然也伴随着桩基下沉量增加。

(2) 桩头受弯产生环向裂缝。通常发生于桩头下2~3m范围内,呈环向分布裂缝。原因是桩承台受过大的弯矩或侧向水平力所致。图8-32为日本姊泽高架桥的桩基破坏,桩顶普遍出现环向裂缝,缝宽达0.5~3mm。

(3) 地面一侧荷载过大桩身弯折

图8-33表示天津某厂原料栈桥的桩基震害。由于一侧荷载达200kN/m²,地基土因地震液化,承载力降低,钢锭陷入土中,侧向挤压桩台下的灌注桩,造成桩身折断,桩基倾斜。

(4) 液化土层中,桩长未穿过液化土层导致桩基失效

当地基为液化土层时,若桩长未能穿过液化土层,液化时,桩尖支撑在几乎没有抗剪强度的黏滞液体上,当然要导致桩基失效。图8-34是唐山地震时天津某厂柱下桩基破坏的情况。该桩基承台四周未回填土,地基液化深度约15m。两排桩的桩长为9m,12m和18m不等,液化深度以内的桩下陷,导致长桩因受过大偏压力而折断。

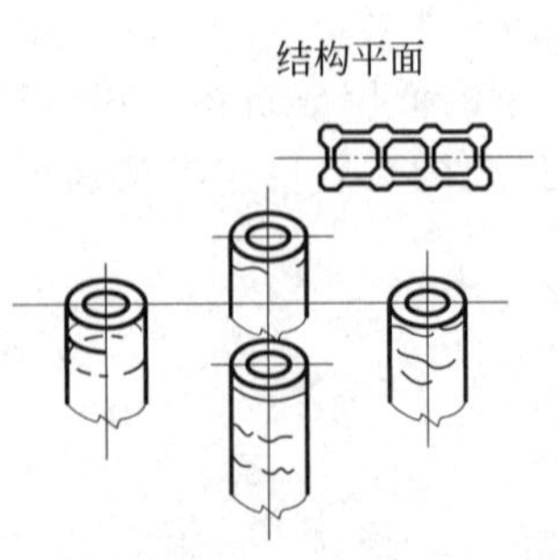

图8-32 桩头环向弯曲裂缝(日本)
(引自参考文献[3])

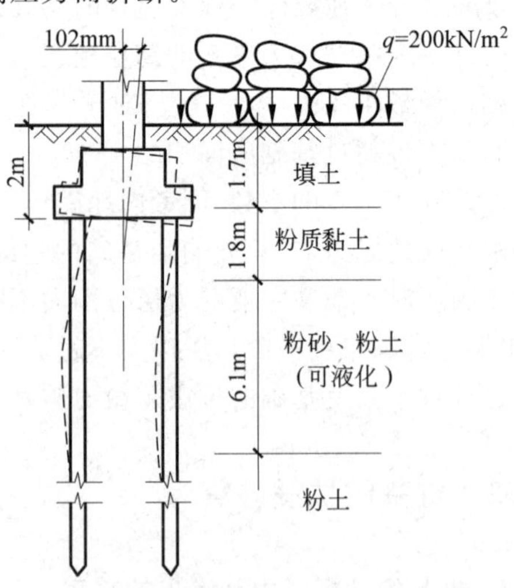

图8-33 天津某厂原料栈桥桩基震害
(引自参考文献[3])

(5) 液化土因侧向扩展引起桩身弯曲与侧移

图 8-35 是日本新潟市的一座建筑物经新潟地震后桩基的破坏情况。破坏的原因是地基土液化产生侧向扩展，造成地面水平位移 1～2m，引起桩强烈弯曲而折断。

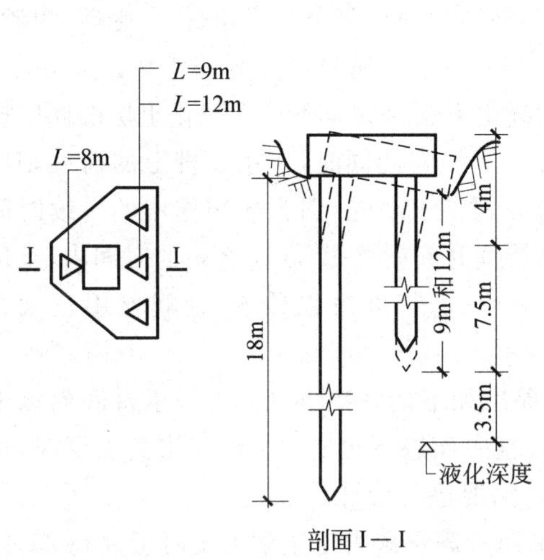

图 8-34　天津某厂散装糖库

(引自参考文献[3])

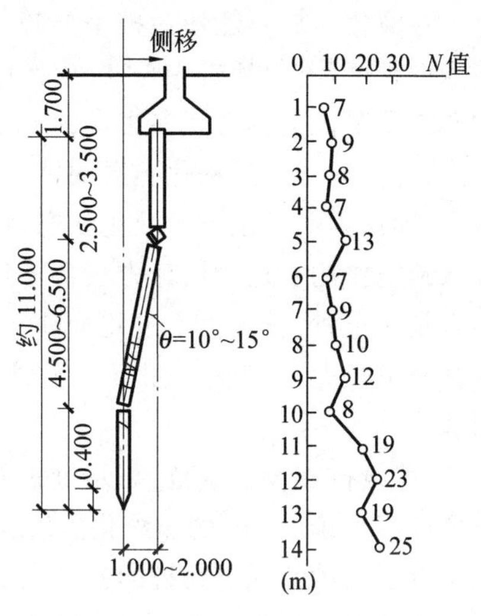

图 8-35　掘出的桩及土的标贯值

(引自参考文献[3])

2. 单桩抗震承载力和桩基抗震验算

1) 单桩抗震承载力

地震作用下单桩承载力是一个复杂的研究课题，它与地基土的性质，以及地震特征，如震级、烈度及持续时间等因素有关。总的说来，对于桩端进入基岩或硬土层的端承型桩，承载力受地震的影响较小，而对于摩擦型桩，承载力受地震的影响要大一些。但除非桩端支撑在液化土或很弱的软土上，桩基一般不会失稳。国内外对桩基震害调查表明，受地震作用，增加附加沉降也很小，说明桩的承载力受地震的影响不大。从另一方面考虑，地震作用属于特殊荷载，设计上应允许采用较小的安全系数，也即较之静荷载作用，单桩承载力可以有所提高。这点国内外的看法是一致的，但是提高的幅值，不同国家或国内不同部门都不一样，其范围为 0～50%。我国《建筑抗震设计规范》规定，非液化土的低承台桩基，单桩的竖向和水平向承载力特征值可以比非抗震设计时提高 25%，可作为设计的依据。

2) 桩基抗震验算

由于较之天然地基，桩基有更好的抗震性能，而且考虑地震作用，单桩承载力可以提高，所以对地震烈度不很高地区内的一般建筑物，例如 7 度和 8 度时，一般的单层厂房和单层空旷房屋，不超过 8 层且高度在 24m 以下的一般民用框架房屋或荷载与之相当的多层框架厂房，可以不进行桩基抗震承载力验算。不在规定范围内的建筑物桩基，则应按式(4-38)～式(4-43)的要求进行桩基承载力验算。验算中，作用于桩基承台顶面的竖向力 F_k 应取为式(8-37)的建筑物总重力荷载代表值，H_k 则为包括水平地震力在内的总横向荷载。单桩的竖向承载力 R_a 和水平向承载力 R_{Ha} 可按静力作用下的单桩承载力提高 25%。

此外，对于低承台柱基，若四周填土的密度满足应有的要求，还可考虑填土与桩共同承担水平地震作用；但不应计入承台底面与地基土间的摩擦力。

3) 地基中有液化土层时的桩基抗震验算

可液化土层不能作为桩基的持力层，所以桩端必须穿过液化土层伸入稳定的土层中。伸入的长度(不包括桩尖长度)应按照下述方法计算确定，并且要求对于碎石土、砾砂、粗砂、中砂以及坚硬的黏性土和密实的粉土应不少于0.8m，对于其他非岩石土不宜少于1.5m。

以前，对于穿过液化土层的桩，单桩承载力的确定方法是完全不计入液化土层的侧摩擦阻力，即认为既然土处于液化状态，摩阻力应该等于零。与此同时，作用在桩上的荷载则应计入地震作用。这种设计方法常导致桩基造价过高，过于保守。因为地震作用的持续时间短者仅几十秒，长者也不过几分钟，其中高震幅的持续时间就更短，在这么短的时间内，土层往往来不及完全液化。而且一旦地基土层完全液化，剪切波难以传递，地震作用就大大减弱。

《建筑抗震设计规范》总结过去的工程经验，提出如下的解决办法：当桩承台底面以上有厚度不小于1.5m的非液化土层或非软弱土层，且底面以下也有1.0m的该类土层时，可以按以下两种情况进行桩的抗震验算，并按不利的情况进行设计。

(1) 单桩承受全部地震作用，桩的竖向和水平向抗震承载力比正常工况时可提高25%，但是在计算单桩竖向承载力时，液化土层的桩周摩擦力应乘以表8-20的折减系数，水平抗力也乘以同一折减系数。

表8-20 土层液化影响折减系数

实际标贯锤击数/临界标贯锤击数	深度 d_s/m	折减系数
≤0.6	$d_s \leqslant 10$	0
	$10 < d_s \leqslant 20$	1/3
>0.6～0.8	$d_s \leqslant 10$	1/3
	$10 < d_s \leqslant 20$	2/3
>0.8～1.0	$d_s \leqslant 10$	2/3
	$10 < d_s \leqslant 20$	1

(2) 地震作用按水平影响系数最大值的10%采用，桩承载力同样提高25%，但在计算单桩承载力时，应扣除液化土层的全部摩擦力以及桩承台下2m深度范围内非液化土的桩周摩擦力。

通过以上的要求和计算就能确定桩端应该伸入非液化土层的深度。

此外，如果采用的是预制桩和挤土桩，当桩距为2.5～4倍桩径，且桩数不少于5×5时，还可以考虑打桩时对桩周土的挤密效用。对打桩后，桩间土的标准贯入锤击数达到不液化的要求时，桩周摩擦力就可以不折减。打桩后，桩间土的标准贯入锤击数最好由现场试验确定。无此条件时，也可由下式计算。

$$N_l = N + 100\mathrm{m}(1 - \mathrm{e}^{-0.3N}) \tag{8-42}$$

式中：N_l——打桩后的标准贯入锤击数；

N——打桩前的标准贯入锤击数；

m——打入桩的面积置换率。

8.4.4　地基基础抗震措施

地基震害是指地震作用下，或是地基中的饱和松散砂土或粉土发生液化，或是软弱黏性土发生震陷，或是地基的抗震承载力不足等原因导致地基失稳或因过量沉陷造成建筑物破坏的现象。因此，以前有关章节讲述的提高地基承载力、减少地基变形和不均匀变形的工程措施，也都是提高地基基础抗震能力的有效工程措施。例如，在结构物的布置上要求建筑平面、立面尽量规整，对称；建筑物的整体性要好，刚度要大，长高比应控制在 2～3 的范围；特别要注意侧向刚度的变化要均匀，避免突变；同一结构单元不要设置在土质截然不同的地基上。在基础的布置上要合理增加基础的埋置深度，增加地基对上部结构的约束作用，以求减少建筑物的震幅，减轻震害，增加地基的整体稳定性。对于高层建筑的筏形、箱形基础，埋深不宜小于建筑物高度的 1/15。此外在基础类型的选择上，要尽量采用刚度大、整体性好的基础，可以调整因地震作用所产生的附加不均匀沉降。当地基为软弱黏性土、液化土、新近填土，土层分布或土质严重不均匀时，应估算地震造成地基的不均匀沉降或其他不利影响，必要时须采取适当的地基加固措施，如换土、强夯、振冲等都是常用的方法。

如果是属于液化地基，则应根据地基的液化等级和建筑物的类别，按表 8-21 采取相应的抗液化措施。表中所谓全部消除地基液化措施，包括采用桩基或深基穿越液化土层，支撑于稳定土层上。或者采用加密法（如振冲、振动加密、挤密碎石桩、强夯等），处理地基的深度达到液化土层的下界，且处理后土的密度应达到式（8-21）标准贯入击数临界值 N_{cr} 的要求。当然条件合适时也可用非液化土全部替换液化土。

表 8-21　抗液化措施

建筑抗震设防类别	地基的液化等级		
	轻　微	中　等	严　重
乙类	部分消除液化沉陷，或对基础和上部结构处理	全部消除液化沉陷，或部分消除液化沉陷且对基础和上部结构处理	全部消除液化沉陷
丙类	对基础和上部结构处理，亦可不采取措施	对基础和上部结构处理，或更高要求的措施	全部消除液化沉陷，或部分消除液化沉陷且对基础和上部结构处理
丁类	可不采取措施	可不采取措施	对基础和上部结构处理，或其他经济的措施

注：甲类建筑的地基抗液化措施应进行专门研究，但不宜低于乙类的相应要求。

所谓部分消除地基液化沉陷措施就是指不必对全部液化土层均进行处理，而仅处理其中一部分。经处理后，地基的液化指数 I_{lE} 应有显著减小，一般不宜大于 5。

所谓减轻液化影响的基础和上部结构处理，就是根据本工程的特点，综合采用上述为提高抗震能力在建筑物的布置、结构体系的设计以及基础选型和布置上可以采用的一些工程措施。

例 8-6　在例 8-2 的场地上建造高 100m 烟囱。已知囱身重 45 000kN，基础为直径 14m 圆板上的圆锥壳体，包括两侧土重在内，重量为 12 000kN，基础埋深 4m。地基土特性如

图 8-36 所示，若地震力作用于地面以上 60m 处，试用规范法验算地基承载力。烟囱的自振周期按式 $T=0.45+0.0011\dfrac{H^2}{d}$(s)计算。

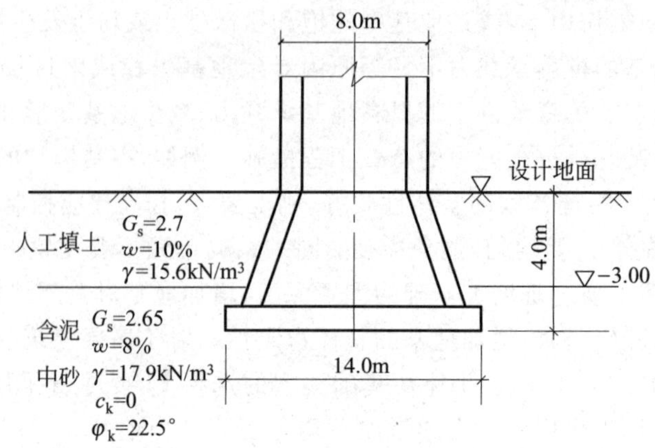

图 8-36 例 8-6 附图

解 (1) 求地基抗震承载力 f_{aE}

地基静载承载力按式(2-36)计算：

$$f_a = M_b\gamma b + M_d\gamma_m d + M_c c_k$$

用 $\varphi_k=22.5°$ 查表 2-16 得 $M_b=0.66$，$M_d=3.55$。

$$\gamma = 17.9\text{kN/m}^3 \quad \gamma_m = \frac{1}{4}\times(3\times15.6+1\times17.9) = 16.2(\text{kN/m}^3)$$

代入式(2-36)：

$$f_a = 0.66\times17.9\times14+3.55\times16.2\times4 = 165.4+230 = 395.4(\text{kN/m}^2)$$

抗震承载力 $f_{aE}=\zeta_a f_a$

查表 8-19 $\zeta_a=1.3$

故 $f_{aE}=1.3\times395.4=514(\text{kN/m}^2)$

(2) 求基底压力

基底平均压力 $p=\dfrac{1}{A}(G_1+G_2)=\dfrac{4}{\pi\times14^2}\times(45\,000+12\,000)$

$$=\frac{57\,000}{153.9}=370.3(\text{kN/m}^2)<514(\text{kN/m}^2)$$

水平地震力计算按式(8-14) $F_E=\alpha G_{eq}$

烟囱的自振周期 $T=0.45+0.0011\dfrac{H^2}{d}=0.45+0.0011\times\dfrac{100^2}{8}=1.825(\text{s})$

查图 8-11 得烟囱地震影响系数 $\alpha=0.018$。

烟囱的等效重力荷载取为总重量的 85%，故

$$F_E = 0.018\times0.85\times45\,000 = 688.5(\text{kN})$$

地震力引起基底力矩 $M=F_E(H'+d)=688.5\times(60+4)=44\,064(\text{kN}\cdot\text{m})$

基底截面系数 $W=\dfrac{\pi D^3}{32}=\dfrac{\pi\times14^3}{32}=269.4(\text{m}^3)$

基底边缘压力

$$p_{\min}^{\max}=\frac{G_1+G_2}{A}\pm\frac{M}{W}$$

$$=370.3\pm\frac{44\ 064}{269.4}=370.3\pm163.6$$

$$p_{\max}=533.9(\mathrm{kN/m^2})<1.2f_{aE}=1.2\times514=616.8(\mathrm{kN/m^2})$$

$$p_{\min}=206.7\mathrm{kN/m^2}>0$$

地基满足抗震承载力要求。

思考题和练习题

8-1　什么叫做压缩波、剪切波、瑞利波和乐甫波？

8-2　地震的震级和烈度有什么区别？

8-3　何谓震源、震中、震中距和等震线？

8-4　某地区的地震烈度为 7 度，问其水平向和竖直向的地震加速度约多大？

8-5　如何定义众值烈度、基本烈度和罕遇烈度？

8-6　什么叫地震设防烈度？如何确定地区的地震设防烈度？

8-7　什么叫做地震设计反应谱？

8-8　地震影响系数曲线有何功用？影响曲线形状的有哪些主要因素？

8-9　建筑场地对地震作用有什么影响？起影响的主要因素是什么？

8-10　从抗震的角度，场地如何分类？分成哪几类？

8-11　地震波在地基土内的传播速度与土的性质有关，土越坚硬密实，波速越快还是越慢？

8-12　土发生液化的机理是什么？它与土体受剪切发生体积变化有什么关系？为什么饱和松砂容易液化而饱和密砂不容易液化？

8-13　按《建筑抗震设计规范》，如何初步判定地基土层是否可能液化？

8-14　按《建筑抗震设计规范》规定，应按标准贯入试验结果判定地基土层能否液化，依据是什么？用什么标准判定？

8-15　用美国学者 H. B. Seed 的抗液化剪应力法进行地基土层液化判定时，需要进行哪些试验和计算？

8-16　题 8-15 抗液化剪应力法的主要缺点是什么？如何补救？

8-17　等价震次的概念是什么？如何将一列不规则地震波等价成等幅值的规则波(例如正弦波)？

8-18　简要说明场地地震动力反应分析的基本假定和主要内容。

8-19　何谓地基的液化指数 I_{lE}，如何按 I_{lE} 划分地基的液化等级？

8-20　何谓地基震陷？震陷的成因有哪几类？

8-21　在上述的场地地震动力反应分析中，土的应力-应变关系模型常取为黏弹性体模型，这种情况，计算得到的动变形是否就是“震陷”？

8-22　工程上常用模量软化法以简化地基震陷的计算，什么叫“软化模量”？说明模量软化法的基本内容。

8-23 在天然地基抗震承载力验算中,如何组合荷载?如何简化地震作用?

8-24 考虑地震作用,地基的抗震承载力应该降低还是提高?理由是什么?

8-25 工程实践表明,桩基有较好的抗震性能,如何给予说明?

8-26 当地基内有液化土层时,桩的承载力如何确定?

8-27 震害调查中发现,液化地基上的建筑物,常发生严重的下陷、倾斜,但上部结构却无重大破损,试分析其原因。

8-28 地基覆盖层为厚5m的粉土夹碎石层,剪切波速为200m/s,以下为基岩。振动体系阻尼比$\zeta=0.04$,场地抗震设防烈度为第一组8度。(1)试绘制该场地的地震影响系数曲线(多遇地震)。(2)已知建筑物的基本振动周期$T=1.5$s,求地震影响系数α。

8-29 地基土层如图8-37所示,第一层粉土黏粒含量$\rho_c=8\%$,第二层细砂黏粒含量$\rho_c=1\%$,均为新近沉积土,第三层砂砾土为第四纪老沉积土(Q_3),各层土的饱和重度如图8-37所示。基础埋置深度1.5m,场地设防烈度为第二组8度,试用规范法判别各层土是否属于地震可液化土。

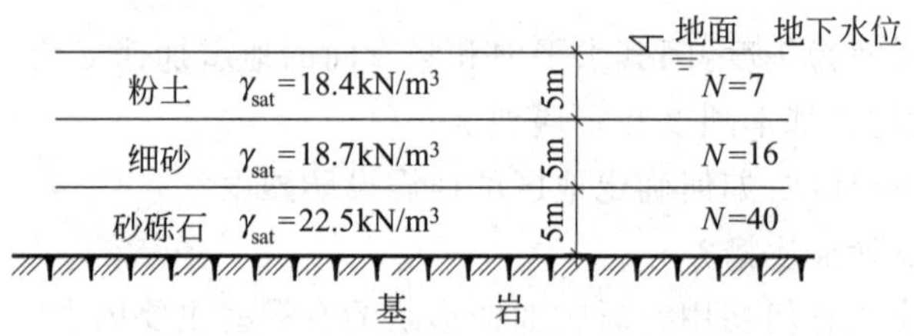

图8-37 习题8-29图

8-30 地基土层如图8-38所示,砂层的细粒(<0.075mm)含量占10%,场地震级为7.5级,场地设防烈度为第一组7.5度。地下水位以上细砂天然重度$\gamma=17.3\text{kN/m}^3$,地下水位以下饱和重度$\gamma_{sat}=19.3\text{kN/m}^3$。标准贯入试验$A$点和$B$点的锤击数分别为7和10。动三轴试验结果,细砂的抗液化强度可表示为$\frac{\sigma_d}{2\sigma_3}=0.25N_f^{-0.18}$。

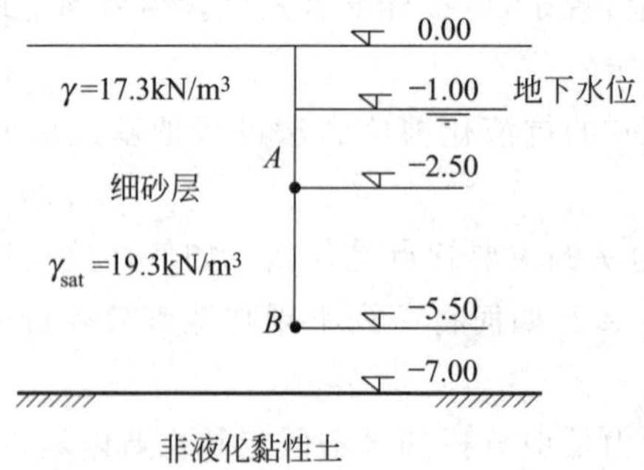

图8-38 习题8-30图(标高单位:m)

(1) 用西特抗液化剪应力法分析A、B处细砂液化的可能性。

(2) 用图8-16分析A、B处细砂液化的可能性。

(3) 若砂层为液化层,求地基的液化等级。

参考文献

[1] 中国建筑科学研究院. GB 50011—2010 建筑抗震设计规范[S].北京：中国建筑工业出版社,2010.

[2] 中冶建筑研究总院有限公司. GB 50191—2012 构筑物抗震设计规范[M]. 北京：中国计划出版社,2012.

[3] 刘惠珊,张在明.地震区的场地与地基基础[M].北京：中国建筑工业出版社,1994.

[4] 周锡元,王广军,苏经宇. 场地·地基·设计地震[M].北京：地震出版社,1991.

[5] [美]BRAJA M D.土动力学原理[M]. 吴世明,顾尧章,译.杭州：浙江大学出版社,1984.

[6] 李广信,张丙印,于玉贞. 土力学[M].2 版.北京：清华大学出版社,2013.

[7] 王余庆,辛鸿博,高艳平.岩土工程抗震[M].北京：中国水利水电出版社,2013.

附录A 按弹性理论矩形板计算表

（摘自《建筑结构静力学计算手册》中国建筑工业出版社，1975 年）

使用说明

（1）适用范围

表 A1～表 A6 适用于泊松比 $\nu=0$ 的假想材料。当 ν 值不等于零时，其挠度及支座中点弯矩仍可按这些表求得；当求其跨内弯矩时，可用下式近似计算：

$$M_x^{(\nu)} = M_x + \nu M_y$$
$$M_y^{(\nu)} = M_y + \nu M_x$$

（2）表中符号意义

$$B_c = \frac{Eh^3}{12(1-\nu^2)}$$

式中：B_c——刚度；

E——材料弹性模量，kPa；

h——板厚，m；

ν——材料泊松比。

f、f_{max}——板中心点的挠度和最大挠度，m；

M_x、$M_{x\max}$——平行于 l_x 方向板中心点的弯矩和板跨内最大弯矩，kN·m；

M_y，$M_{y\max}$——平行于 l_y 方向板中心点的弯矩和板跨内最大弯矩，kN·m；

M_x^0——固定边中点沿 l_x 方向的弯矩，kN·m；

M_y^0——固定边中点沿 l_y 方向的弯矩，kN·m。

┈┈┈ 代表简支边；

ııııııı 代表固定边。

正负号规定：

弯矩——使板的受荷面受压者为正；

挠度——变位方向与荷载方向相同者为正。

计 算 表

表 A1

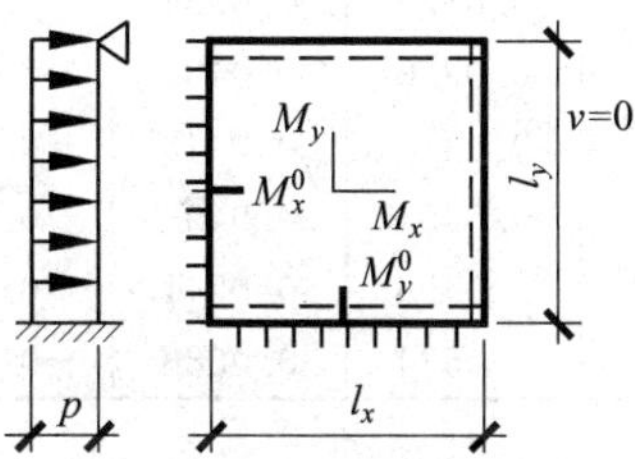

挠度＝表中系数×$\frac{pl^4}{B_c}$；

弯矩＝表中系数×pl^2。

式中 l 取用 l_x 和 l_y 中之较小者。

l_x/l_y	f	f_{max}	M_x	M_{xmax}	M_y	M_{ymax}	M_x^0	M_y^0
0.50	0.004 68	0.004 71	0.0559	0.0562	0.0079	0.0135	－0.1179	－0.0786
0.55	0.004 45	0.004 54	0.0529	0.0530	0.0104	0.0153	－0.1140	－0.0785
0.60	0.004 19	0.004 29	0.0496	0.0498	0.0129	0.0169	－0.1095	－0.0782
0.65	0.003 91	0.003 99	0.0461	0.0465	0.0151	0.0183	－0.1045	－0.0777
0.70	0.003 63	0.003 68	0.0426	0.0432	0.0172	0.0195	－0.0992	－0.0770
0.75	0.003 35	0.003 40	0.0390	0.0396	0.0189	0.0206	－0.0938	－0.0760
0.80	0.003 08	0.003 13	0.0356	0.0361	0.0204	0.0218	－0.0883	－0.0748
0.85	0.002 81	0.002 86	0.0322	0.0328	0.0215	0.0229	－0.0829	－0.0733
0.90	0.002 56	0.002 61	0.0291	0.0297	0.0224	0.0238	－0.0776	－0.0716
0.95	0.002 32	0.002 37	0.0261	0.0267	0.0230	0.0244	－0.0726	－0.0698
1.00	0.002 10	0.002 15	0.0234	0.0240	0.0234	0.0249	－0.0677	－0.0677

表 A2

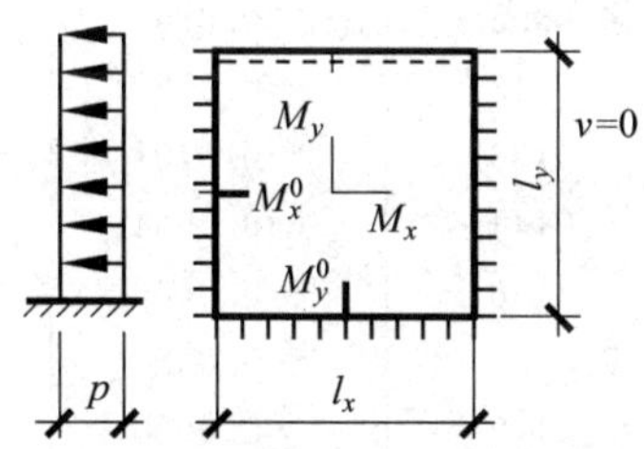

挠度＝表中系数×$\frac{pl^4}{B_c}$；

弯矩＝表中系数×pl^2。

式中 l 取用 l_x 和 l_y 中之较小者。

l_x/l_y	l_y/l_x	f	f_{max}	M_x	M_{xmax}	M_y	M_{ymax}	M_x^0	M_y^0
0.50		0.002 57	0.002 58	0.0408	0.0409	0.0028	0.0089	－0.0836	－0.0569
0.55		0.002 52	0.002 55	0.0398	0.0399	0.0042	0.0093	－0.0827	－0.0570
0.60		0.002 45	0.002 49	0.0384	0.0386	0.0059	0.0105	－0.0814	－0.0571
0.65		0.002 37	0.002 40	0.0368	0.0371	0.0076	0.0116	－0.0796	－0.0572
0.70		0.002 27	0.002 29	0.0350	0.0354	0.0093	0.0127	－0.0774	－0.0572
0.75		0.002 16	0.002 19	0.0331	0.0335	0.0109	0.0137	－0.0750	－0.0572
0.80		0.002 05	0.002 08	0.0310	0.0314	0.0124	0.0147	－0.0722	－0.0570
0.85		0.001 93	0.001 96	0.0289	0.0293	0.0138	0.0155	－0.0693	－0.0567
0.90		0.001 81	0.001 84	0.0268	0.0273	0.0159	0.0163	－0.0663	－0.0563
0.95		0.001 69	0.001 72	0.0247	0.0252	0.0160	0.0172	－0.0631	－0.0558
1.00	1.00	0.001 57	0.001 60	0.0227	0.0231	0.0168	0.0180	－0.0600	－0.0550
	0.95	0.001 78	0.001 82	0.0229	0.0234	0.0194	0.0207	－0.0629	－0.0599

续表

l_x/l_y	l_y/l_x	f	f_{max}	M_x	M_{xmax}	M_y	M_{ymax}	M_x^0	M_y^0
	0.90	0.002 01	0.002 06	0.0228	0.0234	0.0223	0.0238	−0.0656	−0.0653
	0.85	0.002 27	0.002 33	0.0225	0.0231	0.0255	0.0273	−0.0683	−0.0711
	0.80	0.002 56	0.002 62	0.0219	0.0224	0.0290	0.0311	−0.0707	−0.0772
	0.75	0.002 86	0.002 94	0.0208	0.0214	0.0329	0.0354	−0.0729	−0.0837
	0.70	0.003 19	0.003 27	0.0194	0.0200	0.0370	0.0400	−0.0748	−0.0903
	0.65	0.003 52	0.003 65	0.0175	0.0182	0.0412	0.0446	−0.0762	−0.0970
	0.60	0.003 86	0.004 03	0.0153	0.0160	0.0454	0.0493	−0.0773	−0.1033
	0.55	0.004 19	0.004 37	0.0127	0.0133	0.0496	0.0541	−0.0780	−0.1093
	0.50	0.004 49	0.004 63	0.0099	0.0103	0.0534	0.0588	−0.0784	−0.1146

表 A3

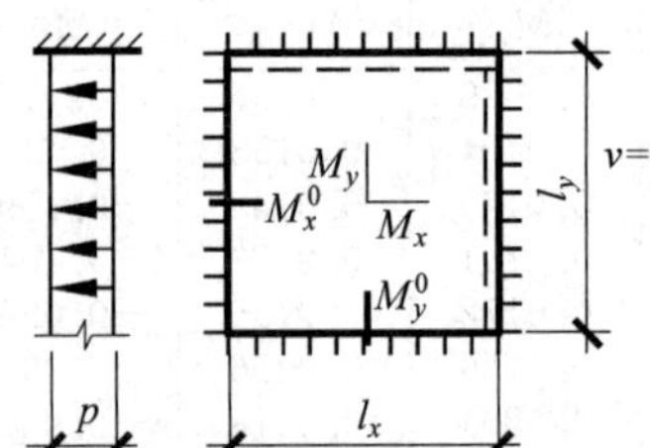

挠度＝表中系数×$\frac{pl^4}{B_c}$；

弯矩＝表中系数×pl^2。

式中 l 取用 l_x 和 l_y 中较小者。

l_x/l_y	f	M_x	M_y	M_x^0	M_y^0
0.50	0.002 53	0.0400	0.0038	−0.0829	−0.0570
0.55	0.002 46	0.0385	0.0056	−0.0814	−0.0571
0.60	0.002 36	0.0367	0.0076	−0.0793	−0.0571
0.65	0.002 24	0.0345	0.0095	−0.0766	−0.0571
0.70	0.002 11	0.00321	0.0113	−0.0735	−0.0569
0.75	0.001 97	0.0296	0.0130	−0.0701	−0.0565
0.80	0.001 82	0.0271	0.0144	−0.0664	−0.0559
0.85	0.001 68	0.0246	0.0156	−0.0606	−0.0551
0.90	0.001 53	0.0221	0.0165	−0.0588	−0.0541
0.95	0.001 40	0.0198	0.0172	−0.0550	−0.0528
1.00	0.001 27	0.0176	0.0176	−0.0513	−0.0513

表 A4

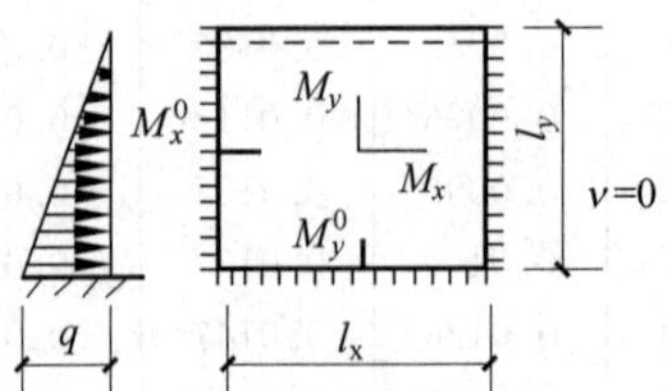

挠度＝表中系数×$\frac{ql^4}{B_c}$；

弯矩＝表中系数×ql^2。

式中 l 取用 l_x 和 l_y 中较小者。

l_x/l_y	l_y/l_x	f	f_{max}	M_x	M_{xmax}	M_y	M_{ymax}	M_x^0	M_y^0
	0.50	0.002 03	0.002 06	0.0044	0.0045	0.0252	0.0253	−0.0367	−0.0622
	0.55	0.001 90	0.001 95	0.0056	0.0059	0.0235	0.0235	−0.0365	−0.0599
	0.60	0.001 76	0.001 80	0.0068	0.0071	0.0217	0.0217	−0.0362	−0.0572

续表

l_x/l_y	l_y/l_x	f	f_{max}	M_x	M_{xmax}	M_y	M_{ymax}	M_x^0	M_y^0
	0.65	0.001 61	0.001 63	0.0079	0.0081	0.0198	0.0198	−0.0357	−0.0543
	0.70	0.001 46	0.001 46	0.0087	0.0089	0.0178	0.0178	−0.0351	−0.0513
	0.75	0.001 32	0.001 32	0.0094	0.0096	0.0160	0.0160	−0.0343	−0.0483
	0.80	0.001 18	0.001 18	0.0099	0.0100	0.0142	0.0144	−0.0333	−0.0453
	0.85	0.001 05	0.001 05	0.0103	0.0103	0.0126	0.0129	−0.0322	−0.0424
	0.90	0.000 94	0.000 94	0.0105	0.0105	0.0111	0.0116	−0.0311	−0.0397
	0.95	0.00083	0.00083	0.0106	0.0106	0.0097	0.0105	−0.0298	−0.0371
1.00	1.00	0.00073	0.00073	0.0105	0.0105	0.0085	0.0095	−0.0286	−0.0347
0.95		0.00079	0.00079	0.0115	0.0115	0.0082	0.0094	−0.0301	−0.0358
0.90		0.00085	0.00085	0.0125	0.0125	0.0078	0.0094	−0.0318	−0.0369
0.85		0.00092	0.00092	0.0136	0.0136	0.0072	0.0094	−0.0333	−0.0381
0.80		0.00098	0.00099	0.0147	0.0147	0.0066	0.0093	−0.0349	−0.0392
0.75		0.00104	0.00106	0.0158	0.0159	0.0059	0.0094	−0.0364	−0.0403
0.70		0.00110	0.00113	0.0168	0.0171	0.0051	0.0093	−0.0378	−0.0414
0.65		0.00115	0.00121	0.0178	0.0183	0.0043	0.0092	−0.0390	−0.0425
0.60		0.00120	0.00130	0.0187	0.0197	0.0034	0.0093	−0.0401	−0.0436
0.55		0.00124	0.00138	0.0195	0.0211	0.0025	0.0092	−0.0410	−0.0447
0.50		0.00127	0.00146	0.0202	0.0225	0.0017	0.0088	−0.0416	−0.0458

表 A5

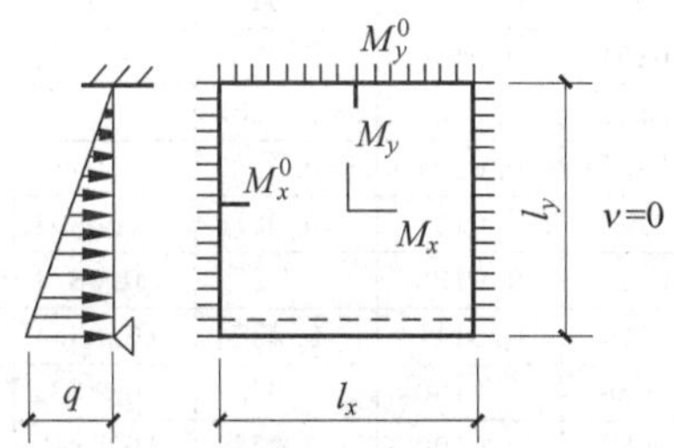

挠度＝表中系数×$\frac{ql^4}{B_c}$；

弯矩＝表中系数×ql^2。

式中 l 取用 l_x 和 l_y 中较小者。

l_x/l_y	l_y/l_x	f	f_{max}	M_x	M_{xmax}	M_y	M_{ymax}	M_x^0	M_y^0
	0.50	0.00246	0.00261	0.0055	0.0058	0.0282	0.0357	−0.0418	−0.0524
	0.55	0.00229	0.00246	0.0071	0.0075	0.0261	0.0332	−0.0415	−0.0494
	0.60	0.00210	0.00226	0.0085	0.0089	0.0238	0.0306	−0.0411	−0.0461
	0.65	0.00192	0.00205	0.0097	0.0102	0.0214	0.0280	−0.0405	−0.0426
	0.70	0.00173	0.00184	0.0107	0.0111	0.0191	0.0255	−0.0397	−0.0390
	0.75	0.00155	0.00165	0.0114	0.0119	0.0169	0.0229	−0.0386	−0.0354
	0.80	0.00138	0.00147	0.0119	0.0125	0.0148	0.0206	−0.0374	−0.0319
	0.85	0.00122	0.00131	0.0122	0.0129	0.0129	0.0185	−0.0360	−0.0286
	0.90	0.00108	0.00116	0.0124	0.0130	0.0112	0.0167	−0.0346	−0.0256
	0.95	0.00095	0.00102	0.0123	0.0130	0.0096	0.0150	−0.0330	−0.0229
1.00	1.00	0.00084	0.00090	0.0122	0.0129	0.0083	0.0135	−0.0314	−0.0204
0.95		0.00090	0.00097	0.0132	0.0141	0.0078	0.0134	−0.0330	−0.0199
0.90		0.00096	0.00104	0.0143	0.0153	0.0072	0.0132	−0.0345	−0.0194
0.85		0.00101	0.00112	0.0153	0.0165	0.0065	0.0129	−0.0360	−0.0187
0.80		0.00107	0.00119	0.0163	0.0177	0.0058	0.0126	−0.0373	−0.0178

续表

l_x/l_y	l_y/l_x	f	f_{max}	M_x	M_{xmax}	M_y	M_{ymax}	M_x^0	M_y^0
0.75		0.00112	0.00127	0.0173	0.0190	0.0050	0.0121	−0.0386	−0.0169
0.70		0.00117	0.00134	0.0182	0.0203	0.0041	0.0115	−0.0397	−0.0158
0.65		0.00122	0.00142	0.0190	0.0215	0.0033	0.0109	−0.0406	−0.0147
0.60		0.00125	0.00149	0.0197	0.0228	0.0025	0.0100	−0.0413	−0.0135
0.55		0.00128	0.00157	0.0202	0.0240	0.0017	0.0091	−0.0417	−0.0123
0.50		0.00130	0.00163	0.0206	0.0254	0.0010	0.0079	−0.0420	−0.0111

表 A6

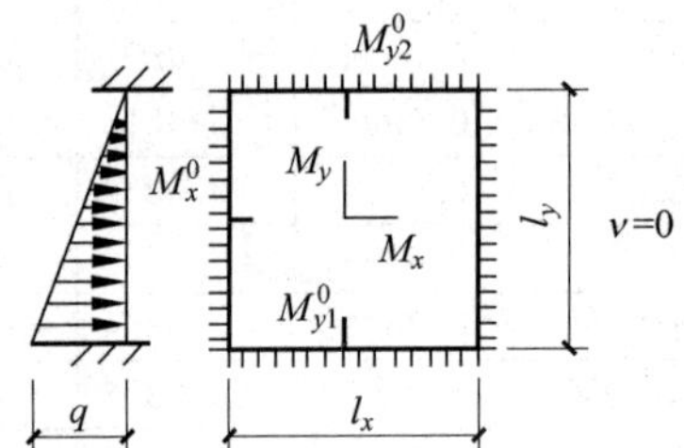

挠度＝表中系数×$\frac{ql^4}{B_c}$；

弯矩＝表中系数×ql^2。

式中 l 取用 l_x 和 l_y 中之较小者。

l_x/l_y	l_y/l_x	f	f_{max}	M_x	M_{xmax}	M_y	M_{ymax}	M_x^0	M_{y1}^0	M_{y2}^0
	0.50	0.00127	0.00127	0.0019	0.0050	0.0200	0.0207	−0.0285	−0.0498	−0.0331
	0.55	0.00123	0.00126	0.0028	0.0051	0.0193	0.0198	−0.0285	−0.0490	−0.0324
	0.60	0.00118	0.00121	0.0038	0.0052	0.0183	0.0188	−0.0286	−0.0480	−0.0313
	0.65	0.00112	0.00114	0.0048	0.0055	0.0172	0.0179	−0.0285	−0.0466	−0.0300
	0.70	0.00105	0.00106	0.0057	0.0058	0.0161	0.0108	−0.0284	−0.0451	−0.0285
	0.75	0.00098	0.00099	0.0065	0.0066	0.0148	0.0156	−0.0283	−0.0433	−0.0268
	0.80	0.00091	0.00092	0.0072	0.0072	0.0135	0.0144	−0.0280	−0.0414	−0.0250
	0.85	0.00084	0.00085	0.0078	0.0078	0.0123	0.0133	−0.0276	−0.0394	−0.0232
	0.90	0.00077	0.00078	0.0082	0.0082	0.0111	0.0122	−0.0270	−0.0374	−0.0214
	0.95	0.00070	0.00071	0.0086	0.0086	0.0099	0.0111	−0.0264	−0.0354	−0.0196
1.00	1.00	0.00063	0.00064	0.0088	0.0088	0.0088	0.0100	−0.0257	−0.0334	−0.0179
0.95		0.00070	0.00071	0.0099	0.0100	0.0086	0.0100	−0.0275	−0.0348	−0.0179
0.90		0.00077	0.00078	0.0111	0.0112	0.0082	0.0100	−0.0294	−0.0362	−0.0178
0.85		0.00084	0.00086	0.0123	0.0125	0.0078	0.0100	−0.0313	−0.0376	−0.0175
0.80		0.00091	0.00094	0.0135	0.0138	0.0072	0.0098	−0.0332	−0.0389	−0.0171
0.75		0.00098	0.00102	0.0148	0.0152	0.0065	0.0097	−0.0350	−0.0401	−0.0164
0.70		0.00105	0.00111	0.0161	0.0166	0.0057	0.0096	−0.0368	−0.0413	−0.0156
0.65		0.00112	0.00120	0.0172	0.0181	0.0048	0.0094	−0.0383	−0.0425	−0.0146
0.60		0.00118	0.00129	0.0183	0.0195	0.0038	0.0094	−0.0396	−0.0436	−0.0135
0.55		0.00123	0.00137	0.0193	0.0210	0.0028	0.0092	−0.0407	−0.0447	−0.0123
0.50		0.00127	0.00146	0.0200	0.0225	0.0019	0.0088	−0.0414	−0.0458	−0.0112

附录B

地基反力系数

摘自《高层建筑筏形与箱形基础技术规范》

黏性土地基反力系数

表 B1

$a/b=1$

1.381	1.179	1.128	1.108	1.108	1.128	1.179	1.381
1.179	0.952	0.898	0.879	0.879	0.898	0.952	1.179
1.128	0.898	0.841	0.821	0.821	0.841	0.898	1.128
1.108	0.879	0.821	0.800	0.800	0.821	0.879	1.108
1.108	0.879	0.821	0.800	0.800	0.821	0.879	1.108
1.128	0.898	0.841	0.821	0.821	0.841	0.898	1.128
1.179	0.952	0.898	0.879	0.879	0.898	0.952	1.179
1.381	1.179	1.128	1.108	1.108	1.128	1.179	1.381

表 B2

$a/b=2\sim3$

1.265	1.115	1.075	1.061	1.061	1.075	1.115	1.265
1.073	0.904	0.865	0.853	0.853	0.865	0.904	1.073
1.046	0.875	0.835	0.822	0.822	0.835	0.875	1.046
1.073	0.904	0.865	0.853	0.853	0.865	0.904	1.073
1.265	1.115	1.075	1.061	1.061	1.075	1.115	1.265

表 B3

$a/b=4\sim5$

1.229	1.042	1.014	1.003	1.003	1.014	1.042	1.229
1.096	0.929	0.904	0.895	0.895	0.904	0.929	1.096
1.081	0.918	0.893	0.884	0.884	0.893	0.918	1.081
1.096	0.929	0.904	0.895	0.895	0.904	0.929	1.096
1.229	1.042	1.014	1.003	1.003	1.014	1.042	1.229

表 B4

$a/b=6\sim8$

1.214	1.053	1.013	1.008	1.008	1.013	1.053	1.214
1.083	0.939	0.903	0.899	0.899	0.903	0.939	1.083
1.069	0.927	0.892	0.888	0.888	0.892	0.927	1.069
1.083	0.939	0.903	0.899	0.899	0.903	0.939	1.083
1.214	1.053	1.013	1.008	1.008	1.013	1.053	1.214

软土地基反力系数

表 B5

0.906	0.966	0.814	0.738	0.738	0.814	0.966	0.906
1.124	1.197	1.009	0.914	0.914	1.009	1.197	1.124
1.235	1.314	1.109	1.006	1.006	1.109	1.314	1.235
1.124	1.197	1.009	0.914	0.914	1.009	1.197	1.124
0.906	0.966	0.811	0.738	0.738	0.811	0.966	0.906

黏性土地基异形基础地基反力系数

表 B6

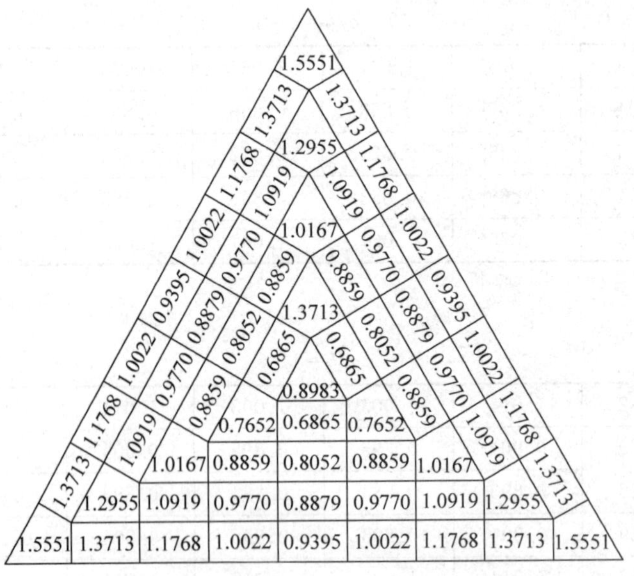

表 B7

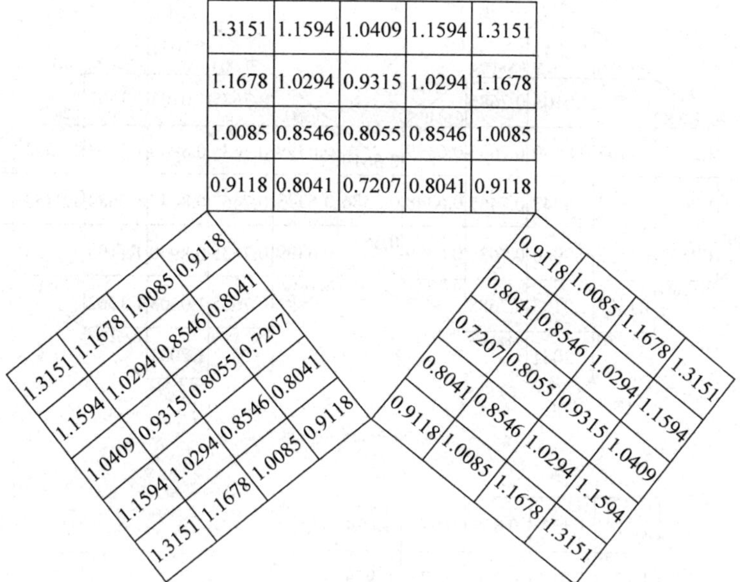

1.3151	1.1594	1.0409	1.1594	1.3151
1.1678	1.0294	0.9315	1.0294	1.1678
1.0085	0.8546	0.8055	0.8546	1.0085
0.9118	0.8041	0.7207	0.8041	0.9118

1.3151	1.1678	1.0085	0.9118
1.1594	1.0294	0.8546	0.8041
1.0409	0.9315	0.8055	0.7207
1.1594	1.0294	0.8546	0.8041
1.3151	1.1678	1.0085	0.9118

0.9118	1.0085	1.1678	1.3151
0.8041	0.8546	1.0294	1.1594
0.7207	0.8055	0.9315	1.0409
0.8041	0.8546	1.0294	1.1594
0.9118	1.0085	1.1678	1.3151

表 B8

			1.4799	1.3443	1.2086	1.3443	1.4799			
			1.2336	1.1199	1.0312	1.1199	1.2336			
			0.9623	0.8726	0.8127	0.8726	0.9623			
1.4799	1.2336	0.9623	0.7850	0.7009	0.6673	0.7009	0.7850	0.9623	1.2336	1.4799
1.3443	1.1199	0.8726	0.7009	0.6024	0.5693	0.6024	0.7009	0.8726	1.1199	1.3443
1.2086	1.0312	0.8127	0.6673	0.5693	0.4996	0.5693	0.6673	0.8127	1.0312	1.2086
1.3443	1.1199	0.8726	0.7009	0.6024	0.5693	0.6024	0.7009	0.8726	1.1199	1.3443
1.4799	1.2336	0.9623	0.7850	0.7009	0.6673	0.7009	0.7850	0.9623	1.2336	1.4799
			0.9623	0.8726	0.8127	0.8726	0.9623			
			1.2336	1.1199	1.0312	1.1199	1.2336			
			1.4799	1.3443	1.2086	1.3443	1.4799			

表 B9

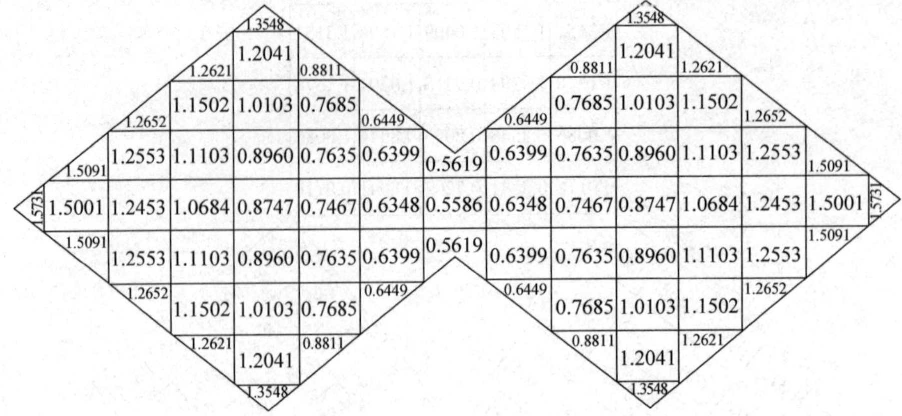

表 B10

1.314	1.137	0.855	0.973	1.074				
1.173	1.012	0.780	0.873	0.975				
1.027	0.903	0.697	0.756	0.880				
1.003	0.869	0.667	0.686	0.783				
1.135	1.029	0.749	0.731	0.694	0.783	0.880	0.975	1.074
1.303	1.183	0.885	0.829	0.731	0.686	0.756	0.873	0.973
1.454	1.246	1.069	0.885	0.749	0.667	0.697	0.780	0.855
1.566	1.313	1.246	1.183	1.029	0.869	0.903	1.012	1.137
1.659	1.566	1.454	1.303	1.135	1.003	1.027	1.173	1.314

砂土地基反力系数

表 B11

$a/b=1$

1.5875	1.2582	1.1875	1.1611	1.1611	1.1875	1.2582	1.5875
1.2582	0.9096	0.8410	0.8168	0.8168	0.8410	0.9096	1.2582
1.1875	0.8410	0.7690	0.7436	0.7436	0.7690	0.8410	1.1875
1.1611	0.8168	0.7436	0.7175	0.7175	0.7436	0.8168	1.1611
1.1611	0.8168	0.7436	0.7175	0.7175	0.7436	0.8168	1.1611
1.1875	0.8410	0.7690	0.7436	0.7436	0.7690	0.8410	1.1875
1.2582	0.9096	0.8410	0.8168	0.8168	0.8410	0.9096	1.2582
1.5875	1.2582	1.1875	1.1611	1.1611	1.1875	1.2582	1.5875

表 B12

$a/b=2\sim3$

1.409	1.166	1.109	1.088	1.088	1.109	1.166	1.409
1.108	0.847	0.798	0.781	0.781	0.798	0.847	1.108
1.069	0.812	0.762	0.745	0.745	0.762	0.812	1.069
1.108	0.847	0.798	0.781	0.781	0.798	0.847	1.108
1.409	1.166	1.109	1.088	1.088	1.109	1.166	1.409

表 B13

$a/b=4\sim5$

1.395	1.212	1.166	1.149	1.149	1.166	1.212	1.395
0.992	0.828	0.794	0.783	0.783	0.794	0.828	0.992
0.989	0.818	0.783	0.772	0.772	0.783	0.818	0.989
0.992	0.828	0.794	0.783	0.783	0.794	0.828	0.992
1.395	1.212	1.166	1.149	1.149	1.166	1.212	1.395

注：1. 附表表示将基础底面(包括底板悬挑部分)划分为若干区格，

$$\text{每区格基底反力}=\frac{\text{上部结构竖向荷载加箱形基础自重和挑出部分台阶上的土重}}{\text{基底面积}}\times\text{该区格的反力系数}$$

2. 本附录适用于上部结构与荷载比较匀称的框架结构，地基土比较均匀、底板悬挑部分不宜超过 0.8m，不考虑相邻建筑物的影响以及满足本规程构造要求的单幢建筑物的箱形基础。当纵横方向荷载不很匀称时，应分别将不匀称荷载对纵横方向对称轴所产生的力矩值所引起的基底不均匀反力和由附表计算的反力进行叠加。力矩引起的基底不均匀反力按直线变化计算。

3. 表 B7 中，三个翼和核心三角形区域的反力与荷载应各自平衡，核心三角区域内的反力可按均布荷载考虑。

附录C 集中荷载作用于梁端附近时的半无限长梁计算

摘自龙驭球.弹性地基梁的计算[M].人民教育出版社.1981.

方法说明：

图C1集中荷载F或力偶M_0作用于距梁端a处，可以用3.3节所述的文克尔地基求有限长梁的地基反力和截面内力的类似方法，求解半无限长梁距梁端任意距离x处的地基反力p、梁截面剪力V和弯矩M。

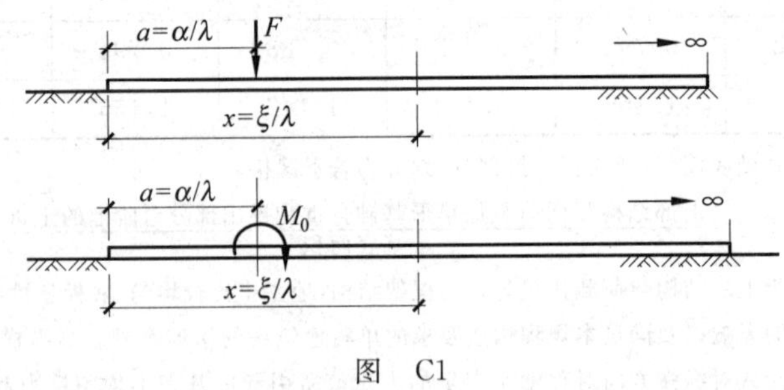

图 C1

集中力F作用下，距梁端x处的反力为

$$p_x = F\lambda\bar{p} \tag{C1}$$

力矩M_0作用下，距梁端x处的反力为

$$p_x = M_0\lambda^2\bar{p} \tag{C2}$$

式中：$\bar{p}$——反力系数，可由$a=\alpha\lambda$和$\xi=x\lambda$分别从表C1和表C2查用。

求截面剪力V和弯矩M的系数表较少用，限于篇幅，不列入本附录中。

表 C1 半无限长梁的反力系数 $\bar{p}$

$a=\alpha/\lambda$　F　O　x

$x=\xi/\lambda$　计算截面

$$p=ky=F\lambda\bar{p}$$

α \ ξ	0	0.2	0.4	0.6	0.8	1.0	1.2	1.4	1.6	1.8	2.0	2.2	2.4	2.6	2.8
0.0	2.0000	1.6048	1.2348	0.9059	0.6261	0.3975	0.2183	0.0838	−0.0118	−0.0751	−0.1126	−0.1304	−0.1338	−0.1273	−0.1146
0.2	1.6048	1.3485	1.0919	0.8484	0.6296	0.4417	0.2869	0.1642	0.0713	0.0043	−0.0409	−0.0685	−0.0825	−0.0865	−0.0835
0.4	1.2348	1.0919	0.9447	0.7877	0.6308	0.4844	0.3545	0.2442	0.1543	0.0839	0.0312	−0.0061	−0.0308	−0.0453	−0.0520
0.6	0.9059	0.8484	0.7877	0.7154	0.6237	0.5213	0.4186	0.3223	0.2366	0.1637	0.1041	0.0573	0.0222	−0.0027	−0.0193
0.8	0.6261	0.6296	0.6308	0.6237	0.5980	0.5453	0.4742	0.3955	0.3168	0.2433	0.1781	0.1228	0.0776	0.0423	0.0158
1.0	0.3975	0.4417	0.4844	0.5213	0.5453	0.5456	0.5137	0.4587	0.3918	0.3212	0.2529	0.1905	0.1363	0.0910	0.0546
1.2	0.2183	0.2869	0.3545	0.4186	0.4742	0.5137	0.5266	0.5044	0.4564	0.3944	0.3269	0.2603	0.1986	0.1443	0.0984
1.4	0.0838	0.1642	0.2442	0.3223	0.3955	0.4587	0.5044	0.5220	0.5032	0.4576	0.3971	0.3305	0.2642	0.2025	0.1479
1.6	−0.0118	0.0713	0.1543	0.2366	0.3168	0.3918	0.4564	0.5032	0.5216	0.5034	0.4582	0.3979	0.3314	0.2651	0.2033
1.8	−0.0751	0.0043	0.0839	0.1637	0.2433	0.3212	0.3944	0.4576	0.5034	0.5211	0.5025	0.4570	0.3967	0.3302	0.2640
2.0	−0.1126	−0.0409	0.0312	0.1041	0.1781	0.2529	0.3269	0.3971	0.4582	0.5025	0.5193	0.5001	0.4545	0.3941	0.3279
2.2	−0.1304	−0.0685	−0.0061	0.0573	0.1228	0.1905	0.2603	0.3305	0.3979	0.4570	0.5001	0.5162	0.4968	0.4513	0.3912
2.4	−0.1338	−0.0825	−0.0308	0.0222	0.0776	0.1363	0.1986	0.2642	0.3314	0.3967	0.4545	0.4968	0.5127	0.4933	0.4480
2.6	−0.1273	−0.0865	−0.0453	−0.0027	0.0423	0.0910	0.1443	0.2025	0.2651	0.3302	0.3941	0.4513	0.4933	0.5092	0.4901
2.8	−0.1146	−0.0835	−0.0520	−0.0193	0.0158	0.0546	0.0984	0.1479	0.2033	0.2640	0.3279	0.3912	0.4480	0.4901	0.5063
3.0	−0.0986	−0.0760	−0.0531	−0.0292	−0.0030	0.0267	0.0612	0.1016	0.1486	0.2024	0.2620	0.3253	0.3883	0.4452	0.4875

α \ ξ	3.0	3.2	3.4	3.6	3.8	4.0	4.2	4.4	4.6	4.8	5.0	5.2	5.4	5.6	5.8	6.0
0.0	−0.0986															
0.2	−0.0760	−0.0660														
0.4	−0.0531	−0.0504	−0.0453													
0.6	−0.0292	−0.0339	−0.0348	−0.0331						对	称					
0.8	−0.0030	−0.0154	−0.0227	−0.0261	−0.0267											
1.0	0.0267	0.0062	−0.0079	−0.0169	−0.0218	−0.0236										

续表

ξ / α	3.0	3.2	3.4	3.6	3.8	4.0	4.2	4.4	4.6	4.8	5.0	5.2	5.4	5.6	5.8	6.0
1.2	0.0612	0.0322	0.0107	−0.0044	−0.0143	−0.0199	−0.0224									
1.4	0.1016	0.0639	0.0344	0.0124	−0.0031	−0.0134	−0.0193	−0.0221								
1.6	0.1486	0.1022	0.0644	0.0348	0.0127	−0.0029	−0.0132	−0.0193	−0.0220							
1.8	0.2024	0.1478	0.1015	0.0639	0.0344	0.0125	−0.0031	−0.0133	−0.0193	−0.0220						
2.0	0.2620	0.2007	0.1464	0.1005	0.0631	0.0339	0.0121	−0.0033	−0.0134	−0.0193	−0.0220					
2.2	0.3253	0.2598	0.1989	0.1450	0.0994	0.0623	0.0334	0.0118	−0.0034	−0.0134	−0.0192	−0.0219				
2.4	0.3883	0.3229	0.2578	0.1974	0.1439	0.0986	0.0618	0.0331	0.0117	−0.0034	−0.0133	−0.0191	−0.0217			
2.6	0.4452	0.3860	0.3210	0.2564	0.1963	0.1431	0.0981	0.0615	0.0330	0.0117	−0.0034	−0.0132	−0.0190	−0.0216		
2.8	0.4875	0.4430	0.3842	0.3196	0.2553	0.1955	0.1427	0.0979	0.0614	0.0330	0.0118	−0.0032	−0.0131	−0.0188	−0.0214	
3.0	0.0504	0.4856	0.4415	0.3830	0.3187	0.2547	0.1951	0.1424	0.0978	0.0614	0.0330	0.0119	−0.0031	−0.0130	−0.0187	−0.0213

表 C2 半无限长梁的反力系数 $\bar{p}$

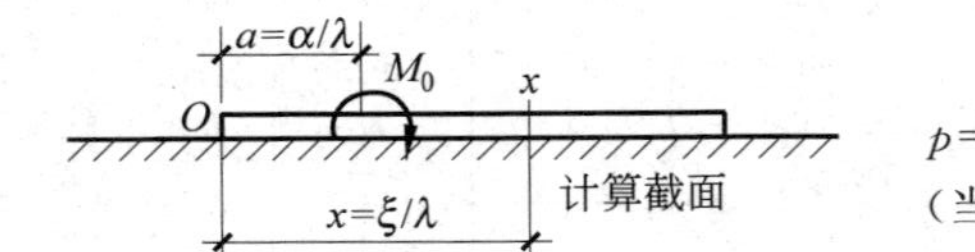

$p=M_0\lambda^2\bar{p}$

(当 $\xi-\alpha<0$ 时,式中第一项取正号,反之,取负号)

ξ / α	0	0.2	0.4	0.6	0.8	1.0	1.2	1.4	1.6	1.8	2.0	2.2	2.4	2.6	2.8
0	−2.0000	−1.2795	−0.7127	−0.2861	0.0186	0.2216	0.3432	0.4022	0.4154	0.3971	0.3588	0.3096	0.2563	0.2039	0.1553
0.2	−1.9301	−1.2877	−0.7191	−0.2909	0.0152	0.2194	0.3419	0.4016	0.4154	0.3974	0.3593	0.3102	0.2570	0.2045	0.1559
0.4	−1.7659	−1.2625	−0.7624	−0.3236	−0.0082	0.2037	0.3324	0.3969	0.4141	0.3986	0.3620	0.3138	0.2610	0.2084	0.1596
0.6	−1.5257	−1.1629	−0.7951	−0.4103	−0.0719	0.1596	0.3043	0.3814	0.4081	0.3993	0.3672	0.3217	0.2701	0.2178	0.1685
0.8	−1.2708	−1.0200	−0.7649	−0.4952	−0.1960	0.0710	0.2454	0.3462	0.3911	0.3956	0.3727	0.3329	0.2844	0.2333	0.1838
1.0	−1.0167	−0.8574	−0.6946	−0.5197	−0.3199	−0.0790	0.1413	0.2797	0.3542	0.3809	0.3738	0.3446	0.3025	0.2544	0.2055
1.2	−0.7797	−0.6922	−0.6019	−0.5021	−0.3821	−0.2281	−0.0238	0.1683	0.2860	0.3462	0.3639	0.3519	0.3208	0.2789	0.2326
1.4	−0.5698	−0.5362	−0.5004	−0.4574	−0.3987	−0.3130	−0.1866	−0.0035	0.1730	0.2801	0.3334	0.3474	0.3340	0.3031	0.2626
1.6	−0.3918	−0.3964	−0.3996	−0.3975	−0.3837	−0.3495	−0.2834	−0.1721	−0.0001	0.1688	0.2710	0.3217	0.3347	0.3214	0.2915
1.8	−0.2468	−0.2768	−0.3058	−0.3313	−0.3485	−0.3510	−0.3298	−0.2738	−0.1697	−0.0028	0.1629	0.2633	0.3133	0.3264	0.3137

续表

α \ ξ	0	0.2	0.4	0.6	0.8	1.0	1.2	1.4	1.6	1.8	2.0	2.2	2.4	2.6	2.8
2.0	−0.1335	−0.1785	−0.2229	−0.2652	−0.3021	−0.3291	−0.3393	−0.3240	−0.2723	−0.1713	−0.0063	0.1583	0.2583	0.3084	0.3218
2.2	−0.0488	−0.1009	−0.1528	−0.2035	−0.2512	−0.2928	−0.3234	−0.3365	−0.3233	−0.2731	−0.1730	−0.0085	0.1559	0.2559	0.3062
2.4	0.0112	−0.0423	−0.0958	−0.1489	−0.2007	−0.2493	−0.2916	−0.3228	−0.3363	−0.3234	−0.2734	−0.1734	−0.0089	0.1555	0.2555
2.6	0.0507	−0.0002	−0.0512	−0.1025	−0.1536	−0.2083	−0.2512	−0.2925	−0.3229	−0.3359	−0.3227	−0.2725	−0.1725	−0.0081	0.1563
2.8	0.0739	0.0280	−0.0181	−0.0647	−0.1120	−0.1600	−0.2076	−0.2530	−0.2928	−0.3223	−0.3347	−0.3212	−0.2708	−0.1708	−0.0066
3.0	0.0845	0.0451	0.0054	−0.0351	−0.0768	−0.1201	−0.1648	−0.2100	−0.2535	−0.2921	−0.3208	−0.3327	−0.3190	−0.2687	−0.1689

α \ ξ	3.0	3.2	3.4	3.6	3.8	4.0	4.2	4.4	4.6	4.8	5.0	5.2	5.4	5.6	5.8	6.0
0.0	0.1126															
0.2	0.1131	0.0770														
0.4	0.1164	0.0798	0.0500													
0.6	0.1244	0.0867	0.0557	0.0313						对	称					
0.8	0.1385	0.0991	0.0662	0.0398	0.0195											
1.0	0.1593	0.1179	0.0824	0.0532	0.0302	0.0127										
1.2	0.1863	0.1431	0.1048	0.0722	0.0456	0.0248	0.0093									
1.4	0.2182	0.1742	0.1332	0.0971	0.0665	0.0416	0.0222	0.0078								
1.6	0.2523	0.2096	0.1672	0.1278	0.0930	0.0636	0.0398	0.0212	0.0073							
1.8	0.2847	0.2466	0.2049	0.1635	0.1251	0.0911	0.0624	0.0391	0.0208	0.0073						
2.0	0.3097	0.2813	0.2438	0.2027	0.1619	0.1240	0.0904	0.0620	0.0389	0.0208	0.0074					
2.2	0.3199	0.3081	0.2800	0.2428	0.2020	0.1614	0.1236	0.0902	0.0619	0.0389	0.0209	0.0074				
2.4	0.3058	0.3195	0.3078	0.2798	0.2426	0.2019	0.1613	0.1236	0.0902	0.0619	0.0389	0.0209	0.0075			
2.6	0.2562	0.3064	0.3200	0.3081	0.2800	0.2428	0.2020	0.1614	0.1236	0.0902	0.0619	0.0388	0.0208	0.0074		
2.8	0.1576	0.2573	0.3073	0.3207	0.3087	0.2804	0.2431	0.2021	0.1614	0.1236	0.0901	0.0618	0.0388	0.0208	0.0074	
3.0	−0.0049	0.1590	0.2585	0.3082	0.3214	0.3091	0.2807	0.2432	0.2022	0.1614	0.1236	0.0901	0.0617	0.0387	0.0207	0.0073

基础工程词汇英汉对照表

A

active earth pressure　主动土压力
action　作用
adverse geologic actions　不良地质作用
ageing　老化
all round pressure　周围压力
allowable bearing capacity　容许承载力
allowable pile bearing capacity　单桩容许承载力
allowable settlement　容许沉降量
alluvial soil　冲积土
amplitude of vibration　振幅
anchor pile　锚桩
anchor rod　锚杆
anchored retaining structure　锚拉式支挡结构
angle of internal friction　内摩擦角
anti-slide pile　抗滑桩
arch action　拱作用
area ratio　面积比
artifical ground　人工地基
aseismatic design　抗震设计
aseismatic measures　抗震措施
auger drill　螺旋钻
automatic ram pile driver　自重冲锤打桩机
average stress　平均应力
axial strain　轴向应变
axial stress　轴向应力

B

basic variable　基本变量
bearing capacity factor　承载力系数
bearing pile　支承桩
bearing plate　荷载板
bearing stratum　持力层
bearing test　现场载荷试验
bedrock　基岩
behaviour　性状
benched foundation　台阶式基础
bleeder well　减压井
blown tip pile　爆扩桩
body force　体积力
body wave　体波
boiling　砂沸
bore hole　钻孔
bored pile　钻孔灌注桩
boring　钻探
box foundation　箱式基础
bracing　支撑
brick　砖
building foundation pit　建筑基坑

C

cantilever retaining structure　悬臂式支挡结构
capping beam　冠梁
cardboard drain　排水纸板
cast-in-place pile　灌注桩
cement deep mixing　水泥土搅拌法
cement grouting　水泥灌浆
cement mortar　水泥砂浆
cement-flyash-gravel pile　水泥粉煤灰碎石桩（CFG 桩）
characterictic value　标准值，特征值
characteristic value of subgrade bearing capacity　地基承载力特征值
charateristic combination　标准组合（荷载）
chemical grouting　化学灌浆
circle of stress　应力圆
circular arc analysis　圆弧分析法
clay　黏土
clay grouting　黏土灌浆
clay-cement grouting　黏土水泥灌浆
coarse sand　粗砂
coefficient of active earth pressure　主动土压力系数
coefficient of collapsibility　湿陷系数
coefficient of consolidation　固结系数

coefficient of collapsibility under over burden pressure 自重湿陷系数
coefficient of curvature 曲率系数
coefficient of earth pressure at rest 静止土压力系数
coefficient of friction 摩擦系数
coefficient of passive earth pressure 被动土压力系数
coefficient of permeability 渗透系数
coefficient of shrinkage 收缩系数
coefficient of subgrade reaction 基床抗力系数
coefficient of swelling 膨胀系数
coefficient of uniformity 不均匀系数
cohesion 黏聚力
cohesionless soil 无黏性土
collapse 湿陷
cohesive soil 黏性土
collapse deformation 湿陷变形
collapsible loess 湿陷性黄土
column pile 端承桩、柱桩
combination of actions 作用组合
combination value 组合值(荷载)
compacted fill 压实填土
compacting factor 压实系数
compaction pile 挤密桩
composite pile 组合桩
composite foundation pile 复合基桩
composite subgrade 复合地基
compression deformation 压缩变形
compression test 压缩试验
compression wave 压缩波
computed collapse 湿陷量计算值
concrete tubular pile 混凝土管桩
consolidation 固结
continuous footing 条形基础
critical edge pressure 临塑荷载
critical load 临界荷载
crushed stone 碎石
curtain for cutting off water 截水帷幕
curtain grouting 帷幕灌浆
cushion 换填垫层法

D

damping ratio 阻尼比
damping 阻尼
dam 坝
deep compaction 深层压实
deep foundation 深基础
deep mixing 深层搅拌法
deformation 变形
degree of consolidation 固结度
degree of reliability 可靠度
degree of saturation 饱和度
densification 加密
deposit 沉积
depth of foundation 基础埋置深度
depth of frost penetration 冻结深度
design basic acceleration of ground motion 设计基本地震加速度
design characteristic period of ground motion 设计特征周期
design reference period 设计基准期
design situation 设计状态
design value of a load 荷载设计值
design working life 设计使用年限
density index 相对密度
details of seismic design 抗震构造措施
diaphragm wall 地下连续墙
differential settlement 不均匀沉降
displacement pile 排土桩
drain pile 排水砂桩
dredger fill 吹填土
drill hole 钻孔
drilling 钻探
driven pile 打入桩
dry density 干密度
dry jet mixing 粉体喷搅法
dry unit weight 干重度
dynamic compaction 或 dynamic consolidation 强夯
dynamic replacement 强夯置换法

E

earth anchor 土层锚杆
earth pile 土桩
earth pressure at rest 静止土压力
earthquake 地震

earthquake action　地震作用
earthquake damage　震害
earthquake focus　震源
earthquake intensity　地震烈度
earthquake magnitude　地震震级
earthquake response spectrum　地震反应谱
earthquake wave　地震波
eccentricity　偏心距
eductor well point　喷射井点
effect of action　作用效应
elastic deformation　弹性变形
elastic foundation　弹性地基
elastic half-space theory　弹性半空间理论
elastic modulus　弹性模量
elastic state of equilibrium　弹性平衡状态
eluvial soil　残积土
embeded depth　埋置深度,嵌固深度
end-bearing pile　端承桩
eolian soil　风积土
equivalent opening size　等效孔径
excavation　开挖
excavations　基坑
expansion and contraction joint　伸缩缝
expansive force　膨胀力
expansive soil　膨胀土
exploration　勘探

F

field vane test　现场十字板试验
fill　填土
filling pile　灌注桩
filter　反滤层
filtration　反滤
fines　细粒土
finite slice method　条分法
fixed piston sampler　固定活塞式取样器
flowing sand　流砂
fluvial soil　冲积土
footing　基础
footing beam　基础梁
fortify intensity　设防烈度
foundation　基础地基
foundation engineering　基础工程
foundation pile　基桩
foundation pressure　基底压力
foundation slab　基础板
foundation soil　地基土
frequency　频率
friction pile　摩擦桩
frost depth　冻结深度
frost heave　冻胀
frozen soil　冻土
fundamental combination　基本组合

G

geogrid　土工格栅
geologic age　地质年代
geological column　地质柱状图
geological disaster　地质灾害
geomenbrane　土工膜
geonet　土工网
geophysical exploration　地球物理勘探
geosynthetics　土工合成材料
geotechnical engineering　岩土工程
geotechnical investigation　岩土工程勘察
geotechnical exploration　岩土工程勘探
geotextile　土工织物
glacial till　冰碛土
gradation test　粒径分析
grading curve　粒径分布曲线
grain　颗粒
gravity cement-soil wall　重力式水泥土墙
gravity retaining wall　重力式挡土墙
ground treatment　地基处理
ground water　地下水
ground subsidece　地面沉降
groundwater control　地下水控制
groundwater elevation　地下水位
group action　群桩作用
grout　浆液
grout curtain　灌浆帷幕
groutability ratio　可灌比

H

heat treatment　热处理
heave　隆胀

heavy tamping　重锤夯实
helical auger　螺旋钻
homogeneous soil　均质土
hydraulic gradient　水力梯度
hydrostatic excess pressure　超静水压力
hydrostatic pressure　静水压力

I

in-situ testing　原位试验
in-situ inspection　现场检验
in-situ monitoring　现场监测
individual footing　独立基础
initial collapse pressure　湿陷起始压力
inorganic soil　无机土
inspection pit　探坑
intact specimen　原状试件
investigation　勘察

J

jack　千斤顶
jacked pile　压入桩
jet grouting　高压喷射注浆法

L

laboratory soil test　室内土工试验
landslide　滑坡，地滑
lateral pile load test　桩的侧向载荷试验
laterite　红土
lime pile　石灰桩
lime soil　灰土
limit state　极限状态
linear shrinkage　线缩率
liquefaction　液化
liquidity index　液性指数
load combination　荷载组合
loess　黄土
loess collapsible under overdurden pressure　自重湿陷性黄土
loess uncollapsible under overdurden pressure　非自重湿陷性黄土
longitudinal wave　纵波
love wave　乐甫波

M

major principal stress　大主应力
Malan loess　马兰黄土
mass-spring-dashpot system　质量-弹簧-阻尼器体系
mat foundation　筏形基础
mean diameter　平均粒径
medium sand　中砂
micropile　微型桩
middle beam　腰梁
minimum principal stress　小主应力
minimum void ratio　最小孔隙比
mixed-in-place pile　就地搅拌桩
modulus of elasticity　弹性模量
modulus of shear deformation　剪切模量
Mohr's circle　莫尔圆
Mohr's envelope　莫尔包线
moisture migration　水分迁移
mortar　砂浆

N

negative skin friction　负摩擦
net foundation pressure　基底净压力
neutral point　中性点
non-reinforced spread foundation　无筋扩展基础

O

oedometric modulus　侧限压缩模量
open cut　明挖
open caisson　沉井
optimum moisture content　最优含水量
organic soil　有机质土
overburden pressure　自重压力

P

pack drain　袋装砂井
pad foundation　单独基础
passive earth pressure　被动土压力
peat　泥炭
penetration resistance　贯入阻力
penetration sounding　触探
penetration test　触探试验

performance function 功能函数
periphery beam 圈梁
permanent deformation 永久变形
permanent load 永久荷载
permeability 渗透性
pier 墩
pier foundation 墩式基础
piezometer 测压管
pile 桩
pile box foundation 桩箱基础
pile cap effect coefficient 承台影响系数
pile capacity 单桩承载力
pile drain 砂井
pile driver 打桩机
pile foundation 桩基
pile group 桩群
pile in row 排桩
pile load test 桩载荷试验
pile raft foundation 桩筏基础
piping 管涌
piston sampler 活塞取样器
plasticity index 塑性指数
pluvium 洪积层
pore water pressure 孔隙水压力
porosity 孔隙率
precast concrete pile 预制混凝土桩
predominant period 卓越周期
preloaded ground 预压地基
preloaded with surcharge of fill 堆载预压
pressed pile 压入桩
pressuremeter 旁压仪
primary loess 原生黄土
primary wave 初波,P波
principal stress 主应力
probabilistic design 概率设计
probability of failure 破坏概率
project 工程计划
pull strength 抗拔强度
pumping test 抽水试验
punching failure 冲剪破坏

Q

quasi-permanent combination 准永久组合
quasi-permanent value 准永久值
Quaternary deposit 第四纪沉积
quicksand 流砂

R

radial consolidation 径向固结
raft foundation 筏形基础
rammed soil-cement pile 夯实水泥土桩
rate of loading 加荷速率
Rayleigh wave 瑞利波
recently deposited loess 新近堆积黄土
recently deposited soil 新近堆积土
recharging 回灌(地下水)
reinforced earth 加筋土
relative density 相对密度
relative water content 液性指数
reliability 可靠性
reliability index 可靠指标
remnant collapse 剩余湿陷量
replacement layer of compacted fill 换填垫层
representative value of a load 荷载代表值
resistance 抗力
retaining and protecting for excavations 基坑支护
retaining structure 挡土结构
ring beam 圈梁
rock discontinuity structural plane 岩体结构面

S

safety factor 安全系数
safety class 安全等级
sample 试样
sampler 取样器
sampling 取样
sand blanket 砂垫层
sand boil 砂沸
sand column(pile) 砂桩
sand drain 砂井
sand gravel pile 砂石桩
sand wick 袋装砂井
saturated unit weight 饱和重度
seasonally frozen ground 季节性冻土
sedimentary soil 沉积土
seepage 渗流

seepage deformation 渗透变形
seepage failure 渗透破坏
seepage force 渗透力
seismic acceleration 地震加速度
seismic focus 震源
seismic precautionary criterion 抗震设防标准
seismic precautionary intensity 抗震设防烈度
seismic wave 地震波
self-weight collapse loess 自重湿陷性黄土
self-weight non-collapse loess 非自重湿陷性黄土
self-weight stress 自重应力
settlement 沉降量
shaft 竖井、桩身
shaft resistance 侧阻力
shallow foundation 浅基础
shear strength 抗剪强度
shear wave 剪切波
sheet pile 板桩
shell foundation 壳体基础
shrinkage 收缩
silicification grouting 单液硅化法灌浆
silt 粉土
site 场地
site investigation 场地勘察
slice method 条分法
slip circle 滑弧
sodo solution grouting 碱液法灌浆
soft clay 软黏土
soil 土
soil anchor 土层锚杆
soil auger 土钻
soil cement 水泥土
soil classification 土的分类
soil exploration 土质勘探
soil improvement 地基加固
soil mass 土体
soil mechanics 土力学
soil nailing wall 土钉墙
soil-rock composite ground 土岩组合地基
soil skeleton 土骨架
soil-structure interaction 土与结构物相互作用
soldier pile wall 排桩
sounding 触探
specific penetration resistance 比贯入阻力
specimen 试件
spiral drill 螺旋钻
spread footing 扩展基础
standard frost penetration 标准冻深
standard penetration test 标准贯入试验
standard value of geotechnical parameter 岩土参数标准值
state of limit equilibrium 极限平衡状态
static cone penetration test 静力触探试验
static sounding 静力触探
steel pile 钢桩
stepped wall footing 台阶式墙基础
stone column 碎石桩
stress distribution 应力分布
strip footing 条形基础
strip geodrain 塑料排水带(板)
strut 支撑
subgrade 地基,基床
submerged unit weight 浮重度
subsoil 地基土
substratum 下卧层
superstratum 上覆层
suporting course 持力层
surcharge 超载
surface wave 面波
suspended water 上层滞水
swell index 膨胀指数
swelling pressure 膨胀压力
swell-shrinking soil 胀缩土

T

tamping plate 夯板
tamping roller 羊足碾
tectonic earthquake 构造地震
tension pile 抗拔桩
test pit 探坑
test specimen 试件
thin wall sampler 薄壁取样器
time factor 时间因数
tip resistance 端阻力
total stress 总应力
transverse wave 横波

tubular pile 管桩

U

ultimate bearing capacity 极限承载力
ultimate load 极限荷载
ultimate shaft resistance 极限侧阻力
ultimate tip resistance 极限端阻力
uncollapsible loess 非湿陷性黄土
undisturbed sample 原状土样
unit shaft resistance 单位侧阻力
unit weight 重度
uplift pile 抗拔桩
uplift pressure 浮托力

V

vacuum preloading 真空预压法
vane borer 十字板仪
vane shear test 十字板剪切试验
variable load 可变荷载
vibro pile 振动灌注桩
vibro rammer 振动夯
vibroflotation method 振冲法

W

water bearing bed 含水层
water content 含水量
water table 地下水位
wave equation 波动方程
wave velocity 波速
well pumping test 抽水试验
wet unit weight 湿重度

索　引